Mechanical Engineering Design

기계설계

대표저자 이치우

JINSAEM 진샘미디어

머리말

모든 학문이 그렇듯이 본질적으로 변하지 않는 것들은 존재하기 나름이고, 그 변하지 않는 기계설계학 기본에 대한 책이 '기계요소설계'이다. 기계요소설계를 공부했다고 해서 기계설계에 대해 모두 아는 것은 아니겠으나 본질에 대해 공부를 하지 않고서 기계설계에 대해 안다고 말할 수는 없을 것이다.

기계를 설계하고 제작하기 위해서는 기계공학에 관한 기초지식과 체계적인 전문지식을 종합적으로 이해하여야만 최적의 요구기능과 신뢰성이 확보된 기계를 설계할 수 있을 것이다. 최근, 산업체에서 실무능력강화와 적용을 강조하는 현실에서 국가직무능력표준(NCS)이 사회적으로 화두가 되고 있는 중에 본서는 학습모듈로 선택이 가능할 것이고 기계기술자와 대학 등에서 기계요소설계 강의용 교재와 각종 국가자격시험 대비용으로도 충분히 활용이 가능 할 것이다. 위와 같은 관점에서 광범위한 내용과 적용범위가 복잡한 설계이론을 체계적으로 이해하고 응용 할 수 있는 내용 중심으로 창의적 문제해결과 설계능력을 점진적으로 자연스럽게 향상 시킬 수 있도록 구성요소들을 갖추었고 가능한 충분하게 설명하려고 노력하였다.

특히, 이 책은 기계설계학을 바탕으로 15장으로 구성하였고, 각장 마다 예제문제와 연습문제를 충분히 제공하여 학생들에게 실제 공학현장에서 다루는 업무문제를 제공하여 간접적으로 실무현장을 체험할 수 있도록 구성하였으며, 저자들이 실제 공학실무 문제를 성실히 선정하여 그 내용을 수정보완과 첨삭을 하였으나, 혹시 저자들이 미리 발견하지 못한 미비한 내용은 추후 거듭하여 보완할 것을 약속합니다.

끝으로 어려운 출판 환경여건에도 불구하고 사랑의 손길로 많은 수고와 노력을 담아 책을 만들어주신 진샘미디어 최봉조 대표와 임직원 여러분의 큰 노고에 깊은 감사를 드립니다.

2020년 2월 27일

저자 일동

차 례

CHAPTER 01 | 기계설계의 기본 개념

CHAPTER 02 | 나사

CHAPTER 03 | 리벳

차 례

CHAPTER 04 | 용접이음

CHAPTER 05 | 키, 코터, 핀

CHAPTER 06 | 축

차 례

CHAPTER 08 | 베어링

CHAPTER 09 | 마찰차

차 례

CHAPTER 10 | 기어

CHAPTER 11 | 헬리컬 기어, 베벨기어, 웜기어

CHAPTER 12 | 벨트 · 로프 · 체인

차 례

CHAPTER 13 | 브레이크

CHAPTER 14 | 스프링

CHAPTER 15 | 관, 관이음, 밸브

부 록

CHAPTER 01

기계설계의 기본 개념

1.1 기계와 기계설계

1. 기계와 기계요소

기계(machine)는, 저항력을 가지는 물체가 서로 조합되어 한정된 범위 내에서 상대운동을 하면서, 외부로 부터 에너지를 공급받아 인간에게 유용한 기계적인 일을 하는 물체를 말한다. 기계를 생산과 제작 과정을 살펴보면 다음과 같다.

① 사용자가 요구하는 성능에 따라 이것을 만족하는 기구(mechanism)를 설정한다.
② 이 기구에 대하여 사용되는 각 부품의 재료와 모양・치수를 상세히 결정한다.
③ 위의 사항들을 고려하여, 기계 제작을 위한 가공도면과 제작도를 그린다.
④ 기계를 제작과 생산을 하고, 시운전한다.

또, 기계설계(machine design)를 할 때 우선적으로 고려하여야 할 사항들은,

① 기계의 기구는 사용 목적에 맞도록 간단하고, 동작이 확실해야 한다.
② 구조와 외형은 변형과 수리가 쉽고, 운반이 편리하여야 한다.
③ 기계 각부는 신뢰성(reliability)과 내구성(durability)이 확보되어야 하고, 충분한 강도와 수명을 가져야 한다.
④ 제작비와 유지비가 저렴해야 하고, 효율이 좋고 취급에 용이함과 위험이 없어야 한다.
⑤ 제품의 표준화와 공용화가 창조적인 구성품으로 설계, 제작되어야 한다.

일반 기계에 사용되는 기계요소(machine element)에 대한 각각의 설계법이 KS표준으로 정해져 있으므로 그 방법을 이해하고 또, 관련 전문 제작회사에서 만들어진 기계요소를 그대로 사용하는 경우에는 제작회사의 카다로그를 참조하고 그 규격의 종류와 용도를 이해하고 이에 알맞은 시방과 적용방법을 정확하게 사용하는 것이 기계설계자로서는 기본이 되는 지식이다.

2. 기계제도

제도(drawing)란 선, 문자, 기호를 이용하여 어떤 기구나 구조물을 제작, 표현하기 위해 그림을 그리는 것으로, 정확하고 명확하게 표현하여 도면에 표시된 모든 정보들을 처음 접하는 사람들도 확실하게 이해 할 수 있도록 쉽고, 간단하며, 정확하게 그려져야 한다. 일반적인 언어도 일정한 문법에 의해서 표현되는 것과 같이, 제도 역시 약속된 규칙에 의해서 제품의 형태, 크기, 재료, 구조 등을 표현하는 국제적인 언어이다. 따라서, 이러한 특성을 가진 제도는 물품의 제작뿐만 아니라, 기계의 취급, 설치, 견적, 판매 및 공정관리 등 여러 가지 목적으로 사용된다. 도면을 용도에 따라 구분하여 분류하면 표 1. 1과 같다.

| 표 1.1 | 도면의 용도에 의한 분류

도면의 종류	설 명
계획도(Design drawing)	제작도의 기초가 되는 것으로, 설계자의 의도를 도면에 명시한 도면
제작도(Working drawing)	제품을 직접 제작할 때 사용하는 것으로, 설계자의 의도를 작업자에게 충분히 전달시키는 도면
주문도(Order drawing)	주문하는 주문서에 첨부시켜 제품의 향상, 기능 등 요구하는 사항을 주문자에게 제시하기 위한 도면
승인도(Approved drawing)	수주자가 주문자에게 승인을 의뢰하는 도면으로, 제작 및 설계의 기초가 되는 도면 (주로 도면이 승인되면 도면에 "Approved" 또는 "승인"이라는 표기를 하여 수주자에게 송부 한다)
견적도 (Estimation drawing)	견적서에 첨부하여 주문품의 내용을 설명한 도면
설명도(Explanatory drawing)	기계의 구조, 기능, 기본 원리 등을 설명하기 위한 것으로 주로 카다로그 취급 설명에 사용되는 도면

3. 기계설계

새로운 기계를 제작할 때 또는 이미 제작된 기계를 개량 또는 설계 변경할 경우에는 새로운 기계 도면을 작성해야 하는데, 기계에 요구되는 목적에 맞추어 계획하고 계산하여 그려져야 한다. 또, 이것을 기초로 하여 도면을 작성하는 과정을 넓은 의미에서 기계설계(mechanical design)라고 한다. 일반적으로, 기계를 설계하기 위해서는 기계요소에 관한 설계법 뿐만 아니라, 이것들에 대한 강도, 형상, 재료 및 제작공정에 관한 지식을 종합적으로 알아야 한다. 즉, 기구학(기계 각 부의 운동학), 재료역학(응력과 변형률에 관한 상호 관계), 기계 재료학(기계부품으로 사용되는 모든재료의 특성), 기계 공작법(기계부품을 가공, 제작하기 위한 여러 가지 공정) 등과 같은 기본적인 지식과 열역학, 유체역학, 유압공학, 전기전자제어공학 등과 같은 전문적인 지식도 반드시 필요하다.

4. 기계관련 표준규격

도면을 제도할 경우에는, 설계자가 구두로 설명하지 않아도 작업자가 의문이나 오해가 없도록 설계자의 뜻을 정확하게 이해하도록 하기 위하여, 제도에 관한 규격이나 규약이 필요하다. 이것을 제도 통칙이라고 하며, 이것은 각국에서 제정한 표준규격의 일부로 되어 있으며, 우리 나라에서는 한국 산업표준(Korean Standard : KS)이 있다. 우리 나라에서도 표준화 사업이 진행되면서 각종 표준이 제정되어 1966년 12월 22일 한국 산업규격 제도 통칙(KS A 0005)이 공업 표준국에서 통과되어 공업 전반에 적용할 수 있게 되었으며, 그 후 1969년 10월 25일에는 국제 표준화 기구(ISO)와 유사하게 개정하였다. 1972년 12월 30일 상공부 고시 제9706호로 재개정 공포하여 현재에 이르고 있으며 국가기술표준원(Korean Agency for Technology and Standards)에서 표준화를 수행하고 있다. 표 1. 2에는 각국의 주요 공업표준을 나타내었으며, 표 1. 3에는 한국 산업표준(KS)의 분류를, 표 1. 4에는 한국 산업표준의 기계(KSB)부분 분류를 나타낸 것이다.

| 표 1. 2 | 각국의 주요 공업표준

국 별	표 준 기 호	제정년도
한국 산업표준	KS(Korean Standards)	1966
독일 공업표준	DIN(Deutsche Industries Normen)	1917
영국 공업표준	BS(British Standards)	1901
미국 공업표준	ANSI(American National Standards Institute)	1918
일본 공업표준	JES-JIS(Japanese Industrial Standards)	1912(1952)
스위스공업표준	VSM(Normen des Vereins Schweizerischer Machineinndustrieller)	1918
국제 표준화 기구	ISA-ISO(International Organization for Standardization)	1928(1947)

| 표 1. 3 | 한국 산업표준(KS)의 분류

분류 기호	부 문	분류 기호	부 문
KS A	기본	KS H	식료품
KS B	기계	KS K	섬유
KS C	전기	KS L	요업
KS D	금속	KS M	화학
KS E	광산	KS P	의료
KS F	토건	KS V	조선
KS G	일용품	KS W	항공

| 표 1.4 | 한국 산업표준(KS)의 기계(KS B) 부분 분류

표준 번호	분 류	표준 번호	분 류
B 0001~0804	기계 기본	B 6001~6503	일반 기계
B 1001~2809	기계 요소	B 7001~7804	산업 기계
B 3001~4000	공구	B 7101~7903	농업 기계
B 4001~4904	공작 기계	B 8101~8154	철도 용품
B 5201~5624	측정 계산용 기계기구		

1.2 국제 단위계(SI)

1948년 제9회 국제도량형 총회에서 세계 여러 나라가 단일의 실용적 계량 단위계를 확립할 것을 결정하고, 1954년 제10차 총회에서는 실용적 계량계의 기본 단위로서 길이, 질량, 시간, 전류, 열역학 온도및 광학의 단위를 채용하였다. 1960년 제11회 총회에서는 7개의 기본 단위(표 1. 5)와 2개의 보조단위(표 1. 6), 고유명칭을 가진 13개의 조립 단위(표 1. 7) 및 12개의 접두어(표 1. 8)로 된 단위계를 사용할 것을 결정하였는데, 이것에 국제 단위계(SI : International System of Unit)라는 이름을 갖게 되었다.

1. 기본 단위

SI 단위는 표 1. 5와 같이 명확히 정의되는 7개의 단위 즉, 독립된 차원을 가지는 길이(m), 질량(kg), 시간(S), 전류(A), 열역학 온도(K), 물질량(mol), 광도(cd) 등이 있다.

| 표 1.5 | SI 기본 단위

양	명 칭	표시기호
길이	미터	m
질량	킬로그램	kg
시간	초	s
전류	암페어	A
열역학 온도	켈빈	K
물질량	몰	mol
광도	칸델라	cd

2. 보조 단위

SI 보조 단위는 표 1. 6과 같이 2개의 기하학적인 양으로 무차원 량이며, 기본 단위나 조립 단위의 어느 쪽에 속한다고 해도 상관없으나, 약속에 의해서 보조 단위라고 한다.

| 표 1. 6 | SI 보조 단위

양	명 칭	표시기호
평면각	라디안	rad
입체각	스테라디안	sr

라디안(radian)은 원주 상에서 그 반지름과 같은 길이의 원호를 절단하여 이루어진 2개의 반지름 사이의 평면각을 말하며, 스테라디안(steradian)은 구의 중심을 정점으로 하여 그 구의 반지름을 한 변으로 하는 정 4각형의 면적과 같은 면적을 그 구의 표면에서 절단된 입체각을 말한다.

3. 조립 단위

SI 조립 단위는 기본 단위와 보조 단위를 사용하여, 대수적인 관계로 구성된 단위이다. 예를 들면, 힘의 단위는 "kg · m · s^{-2}"이고, 그 명칭은 "킬로그램, 미터, 매초 제곱"이 되어 아주 비현실적이다. 그래서 고유의 명칭을 가진 19개의 조립 단위가 표 1. 7과 같이 결정되어 있다.

| 표 1. 7 | 고유 명칭을 가진 SI 조립 단위

양	명 칭	기 호	정 의
주파수	헤르쯔	Hz	s^{-1}
힘	뉴턴	N	m · kg · s^{-2}
압력, 응력	파스칼	Pa	N/m^2
에너지, 일량, 열량	주울	J	N · m
작업률(공률), 방사속	와트	W	J/s
전기량, 전하	쿠울롱	C	A · s
전압, 전위	볼트	V	W/A
정전용량	패럿	F	C/A
전기저항	옴	Ω	V/A
컨덕턴스	지이멘스	S	A/V
자속	웨버	Wb	V · s
자속밀도	테슬라	T	Wb/m^2
인덕턴스	헨리	H	Wb/A
온도	셀리우스도	℃	t℃=(t+273.15)K
광속	루멘	lm	cd · sr
조도	럭스	lx	lm/m^2
방사능	베크렐	Bq	s^{-1}
흡수선량	그레이	Gy	J/kg
선량당량	시벨트	Sy	J/kg

4. 기계설계에 사용되는 SI 단위

기계설계에 사용되는 주요한 조립 단위는 표 1. 8과 같으며, 표 1. 9는 고유의 명칭을 가진 조립 단위의 몇 가지 예를 나타내었다. 또, 아주 작거나 큰 양을 표시하기 위하여 사용되는 SI 단위의 10의 정수승배를 나타내는 16개의 접두어 명칭과 기호는 표 1. 10과 같다. 이 접두어를 SI 접두어라고 한다.

그리고, 응력의 단위로 Pa 또는 N/m^2의 어느 것으로 나타내어도 좋으나, 보통 응력 및 탄성 계수는 각각 MPa 및 GPa로 표시하는 것이 바람직하다. 단, 응력의 정의 및 계산 정도에 따라서는 N/m^2 또는 N/mm^2를 사용해도 좋다.

| 표 1. 8 | 기계설계에 사용되는 주요 조립 단위

양 \ SI	단위(명칭)	단위 기호
면적	제곱	m^2
체적	세제곱미터	m^3
속도	미터매초	m/s
가속도	미터매제곱초	m/s^2
각속도	라디안 매초	rad/s
각가속도	라디안 매초제곱	rad/s^2
진동수, 주파수	헤르쯔	Hz
회전속도	회매초	s^{-1}
밀도	킬로그램 매세제곱미터	kg/m^3
운동량	킬로그램미터 매초	kg · m/s
운동량의 모멘트 각 운동량	킬로그램 제곱매초	$kg \cdot m^2/s$
관성모멘트	킬로그램 제곱미터	$kg \cdot m^2$
힘	뉴턴	N
힘의 모멘트	뉴턴미터	N · m
압력	파스칼	Pa
응력	파스칼(뉴턴 매제곱미터)	Pa, (N/m^2)
표면 장력	뉴턴 매미터	N/m
에너지, 장력	줄	J
일률, 동력	와트	W

| 표 1. 9 | 고유 명칭을 가진 조립 단위

양	명 칭	단위기호	다른 SI 단위에 의한 표시	SI 기본 단위에 의한 표시
진동수, 주파수	헤르쯔	Hz	–	s^{-1}
힘	뉴턴	N	–	$m \cdot kg \cdot s^{-2}$
압력, 응력	파스칼	Pa	N/m^2	$m^{-1} \cdot kg \cdot s^{-2}$
에너지, 일량	줄	J	$N \cdot m$	$m^2 \cdot kg \cdot s^{-2}$
일률, 동력	와트	W	J/s	$m^2 \cdot kg \cdot s^{-3}$

| 표 1. 10 | SI 접두어

배수	접 두 어	기 호	배수	접 두 어	기 호
10^{18}	엑사	E	10^{-1}	데시	d
10^{15}	페타	P	10^{-2}	센티	c
10^{12}	테라	T	10^{-3}	밀리	m
10^{9}	기가	G	10^{-6}	마이크로	μ
10^{6}	메가	M	10^{-9}	나노	n
10^{3}	킬로	k	10^{-12}	피코	p
10^{2}	헥토	h	10^{-15}	펨토	f
10^{1}	데카	da	10^{-18}	아토	a

1.3 재료의 기계적 성질

1.3.1 응력과 변형률

어떤 물체에 외부에서 힘이 작용하면(외력), 물체 내부에는 이에 저항하는 내력이 생기는 동시에 물체는 변형을 한다. 이 내력의 단위 면적당의 크기를 응력(stress)이라고 하며, 변형의 단위 길이마다의 크기를 변형률(strain)이라고 한다. 만능재료시험기(UTM)에서 균일한 단면 봉을 체결하고 인장으로 인해 생기는 응력을 σ, 변형률을 ϵ이라고 하면, 탄성한도 내에서는 이 둘 사이에는 "후크의 법칙"이 성립하는데 $\sigma = E\epsilon$의 관계가 있고, $\sigma - \epsilon$ 선도(응력-변형률 선도 : stress-strain diagram)에서 이 부분은 그림 1. 1과 같이, 시작점에서부터 P점까지 직선으로 나타난다. 여기서, E는 재료의 세로탄성계수, 점 P를 비례한도(proportional limit)라고 한다.

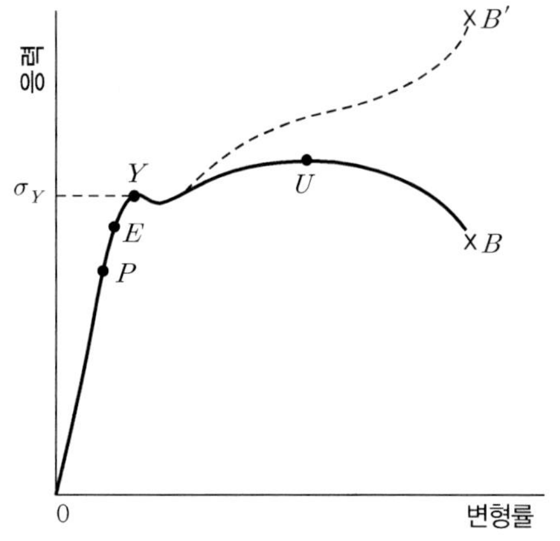

|그림 1.1| 연강의 응력-변형률 선도

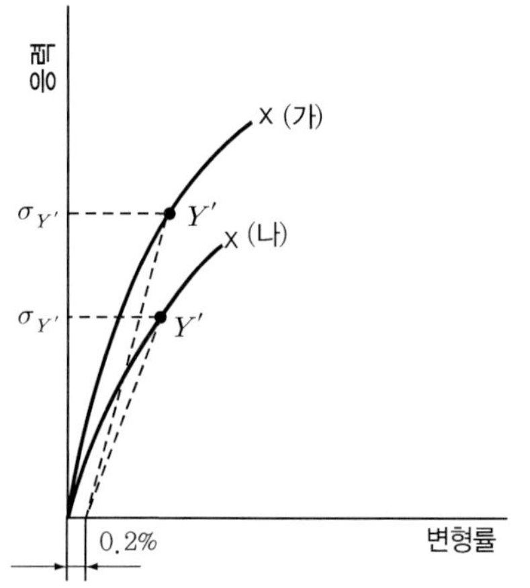

|그림 1.2| 주철의 응력-변형률 선도

다음에 E점을 지나서 다시 응력이 가해지면, 재료내에는 영구변형(permanent strain)이 잔류하게 된다. 또, Y점에서는 응력이 그대로 있든가 또는 감소하는데도 불구하고 변형률만이 급격히 증가하는데, 이 점을 항복점(yield point)이라고 부르고 재료는 탄성적 응집력을 잃어 소성변형상태로 된다. 특히 연강에서는 상항복점과 하항복점이 있고 하항복점은 시험속도와 시험편형상등에 영향을 받게 되나 실제 재료의 특성치로 나타낸다.

그러나 주철, 구리, 알루미늄 등과 같은 재료는 그림 1. 2와 같이 명확한 항복점이 나타나지 않으므로 미소한 영구변형을 일으키는 응력을 항복점에 엇비슷한 것으로 간주하고, 이 응력 $\sigma_{Y'}$를 항복강도(yield strength)라고 부른다. KS표준에서는 0.2%의 영구 변형률을 잔류시키는 응력으로 규정하고 있다.

일반적으로, 금속재료는 항복점을 지나면 네킹(necking)이 발생하기 시작하여 재료의 단면은 점차 감소하게 되어, 국부수축(local contraction)이 일어나므로 공칭응력(재료에 작용하는 하중을 최초의 단면적으로 나눈 값 : nominal stress)과 진응력(하중을 그때 그때의 단면적으로 나눈 값 : true stress)과의 차이는 커지게 된다. 그림 1. 1에서 실선으로 나타난 부분이 공칭응력이고, 점선으로 나타낸 것이 진응력이다. 하중이 계속 작용하여 U점에 도달되면, 재료가 견디어 낼 수 있는 최대 응력치가 되고, 곧 바로 B점에서 재료의 네킹부분에서 파단 된다. 이와 같은 U점의 응력을 극한강도(ultimate strength)라고 한다. 기계부품에 영구변형이 남게되면, 사용상 곤란하므로 응력의 한계로서 비례한도 또는 탄성한도를 정하는 것이 합리적이나, 이들은 매우 불명확하기 때문에 항복점 또는 항복강도를 한계 응력으로 생각하고, 이들을 설계의 기준 응력으로 정한다. 표 1. 11은 공업용으로 사용되는 각종 금속재료의 기계적 성질을 나타낸 것이다.

| 표 1.11 | 금속 재료의 기계적 성질

(단위 : kg/mm^2)

<table>
<tr><th colspan="2" rowspan="2">재 료</th><th rowspan="2">세로탄성계수
E</th><th rowspan="2">가로탄성계수
G</th><th rowspan="2">탄성한도
σ_e</th><th rowspan="2">항복점
σ_Y</th><th colspan="3">극한 강도</th></tr>
<tr><th>인장강도</th><th>압축강도</th><th>전단강도</th></tr>
<tr><td colspan="2">연강</td><td>21,000</td><td>8,100</td><td>18~23</td><td>20~30</td><td>37~45</td><td>37~45</td><td>30~38</td></tr>
<tr><td colspan="2">반연강</td><td>21,000</td><td>8,100~8,400</td><td>28~36</td><td>30~40</td><td>48~62</td><td>48~62</td><td>40~</td></tr>
<tr><td colspan="2">경강</td><td>21,000</td><td>8,100~8,400</td><td>50~</td><td>–</td><td>100~</td><td>100~</td><td>65~70</td></tr>
<tr><td rowspan="2">스프링강</td><td>담금질 않음</td><td>21,000</td><td>8,500</td><td>50~</td><td>–</td><td>~100</td><td>–</td><td>–</td></tr>
<tr><td>담금질</td><td>21,500</td><td>8,800</td><td>75~</td><td>–</td><td>~170</td><td>–</td><td>–</td></tr>
<tr><td colspan="2">니켈
(2~3.5%)</td><td>20,900</td><td>–</td><td>33~</td><td>38</td><td>56~67</td><td>–</td><td>–</td></tr>
<tr><td colspan="2">주강</td><td>21,500</td><td>8,300</td><td>20~</td><td>21~</td><td>35~70</td><td>–</td><td>–</td></tr>
<tr><td colspan="2">주철</td><td>10,000</td><td>3,800</td><td>–</td><td>–</td><td>12~24</td><td>60~85</td><td>13~26</td></tr>
<tr><td rowspan="2">황동</td><td>주물</td><td>8,000</td><td>–</td><td>6.5</td><td>–</td><td>15</td><td>10</td><td>15</td></tr>
<tr><td>압연</td><td>–</td><td>–</td><td>–</td><td>–</td><td>30</td><td>–</td><td>–</td></tr>
<tr><td colspan="2">인청동</td><td>9,300</td><td>4,300</td><td>–</td><td>40</td><td>23~39</td><td>–</td><td>–</td></tr>
<tr><td rowspan="2">알루미늄</td><td>주물</td><td>6,750</td><td>2,000</td><td>–</td><td>–</td><td>6~9</td><td>–</td><td>–</td></tr>
<tr><td>압연</td><td>7,300</td><td>–</td><td>4.8</td><td>–</td><td>15</td><td>–</td><td>–</td></tr>
<tr><td colspan="2">두랄루민</td><td>5,000~6,000</td><td>–</td><td>–</td><td>24~34</td><td>38~48</td><td>–</td><td>–</td></tr>
<tr><td colspan="2">포금</td><td>9,000</td><td>4,000</td><td>9</td><td>–</td><td>25</td><td>–</td><td>24</td></tr>
</table>

1.3.2 하중의 종류

기계가 운동하여 에너지의 흡수, 전달, 변환과정을 거쳐서 유용한 에너지(energy)로 변환하려면 기계의 각 부분에 힘이 작용하는데, 이와 같은 힘을 하중(load)이라 부른다. 즉, 물체에 외부로부터 작용하는 힘을 말하며, 하중에 대하여 수동적으로 작용하는 힘을 반력(reaction force)이라고 한다. 일반적인 기계의 요소들은 하중에 충분히 견딜 수 있는 강도를 가져야 하며, 절대 파손되어서는 안 된다. 강도는 하중이 걸리는 상태에 따라 변하므로 강도 설계에서는 하중의 종류를 이해하여야 한다.

(1) 분포상태에 따라

① 집중 하중(concentrated load) : 한 점 또는 좁은 범위에 집중적으로 작용하는 하중

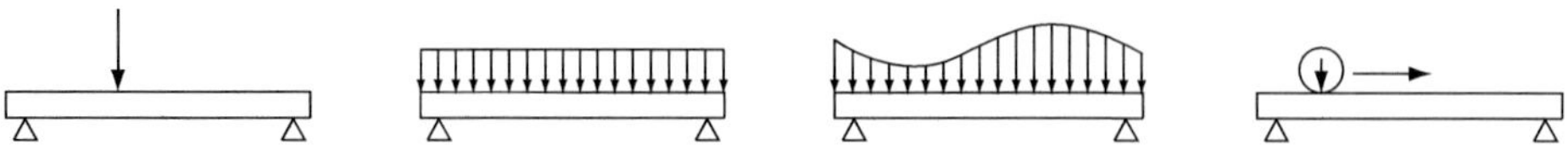

| 그림 1.3 | 하중의 분포상태에 의한 분류

② 분포 하중(distributed load) : 넓은 범위에 분포하여 작용하는 하중으로, 등분포 하중과 부등분포 하중이 있다.

(2) 방향에 따라

① 인장 하중(tension load) : 재료의 축선 방향으로 늘어나게 하는 하중
② 압축 하중(compression load) : 재료를 누르는 하중
③ 전단 하중(shear load) : 재료의 단면에 작용하여, 물체를 전단 하려는 하중
④ 굽힘 하중(bending load) : 재료를 구부려지게 하는 하중
⑤ 비틀림 하중(torsion load) : 재료를 비틀려고 하는 하중

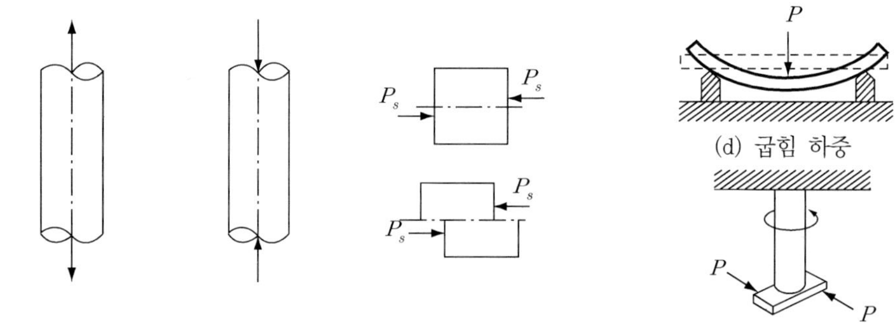

| 그림 1.4 | 하중의 방향에 의한 분류

(3) 시간적인 변화상태에 따라

① 정하중(static load) : 시간의 변화에 관계없이, 언제나 일정한 크기로 작용하는 하중
② 동하중(dynamic load) : 하중의 크기가 시간과 더불어 변화하는 하중
 i) 반복하중 : 일정한 진폭과 주기로 되풀이하면서 작용하는 하중
 ii) 변동하중 : 시간과 더불어 불규칙하게 변동하는 하중
 iii) 충격하중 : 순간적으로 짧은 시간에 충격적으로 작용하는 하중
 iv) 이동하중 : 물체 위를 이동하면서 작용하는 하중

1.3.3 응력

물체에 외력이 작용하면 변형이 생기는 동시에 물체 내부에 저항력이 생겨 외력과 평행을 이루게 되는데, 이 저항력을 응력(stress)이라고 한다. 응력은 단위 면적당 작용하는 하중의 크기로 나타내며, 그 단위로는 kg/cm^2 또는 kg/mm^2을 사용한다. 그 종류로는 아래와 같다.

(1) 수직응력(normal stress)

그림 1. 5와 같이 물체에 발생하는 응력이 단면에 직각 방향으로 작용하는 경우로써, 인장응력(tensile stress)과 압축응력(compression stress)으로 구분된다.

여기서,

$$\text{인장응력} : \sigma_t = \frac{P_t}{A}(\text{kgf/mm}^2) \quad (1.\ 1)$$

$$\text{압축응력} : \sigma_c = \frac{P_c}{A}(\text{kgf/mm}^2) \quad (1.\ 2)$$

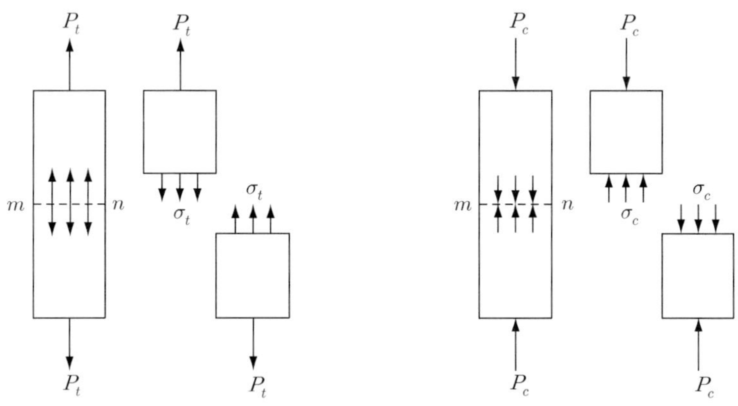

| 그림 1. 5 | 수직응력(인장, 압축응력)

(2) 전단응력(shearing stress)

그림 1. 6과 같이 물체의 단면에 평행하게 작용하여 물체를 전단 하려는 전단하중에 의하여 생기는 응력은,

$$\text{전단응력} : \tau = \frac{P_s}{A}(\text{kgf/mm}^2) \quad (1.\ 3)$$

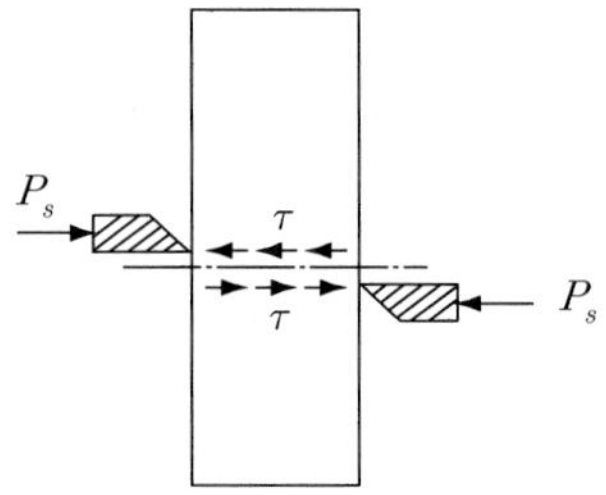

| 그림 1.6 | 전단응력

1.3.4 변형률

모든 재료에 외력을 가하면 내부에 응력이 발생하고, 강체(rigid body)가 아닌 이상 그 물체를 구성하는 요소 운동에 의하여 하중방향으로 신장(elongation)이 일어나는 현상을 변형(deformation)이라고 한다. 물체에 발생하는 변형량은 물체의 크기에 따라 다르므로, 응력값이 같더라도 크기가 큰 물체일수록 큰 변형을 일으킨다. 이때, 변형량과 원래의 치수와의 비율 즉, 단위 길이에 대한 변형량으로서 변형의 정도를 나타내며, 이 변형의 비를 변형률(strain)이라고 한다.

1. 세로 변형률(longitudinal strain)

그림 1. 7과 같이 인장하중 또는 압축하중이 작용하면, 하중 방향으로 신장하거나 수축되며, 하중을 받은 후의 길이 l'에서 원래의 길이 l을 뺀 변형량 λ와 원래의 길이와의 비를 세로 변형률 ϵ로 표시한다. 인장하중이 작용할 때를 인장 변형률(ϵ_c: tensile strain), 압축하중이 작용할 때를 압축 변형률(ϵ_c: compressive strain)이라고 하며 세로 변형률 ϵ를 구한다.

$$\epsilon = \frac{l'-l}{l} = \pm\frac{\lambda}{l} \quad (+\text{인장},\ -\text{압축}) \tag{1. 4}$$

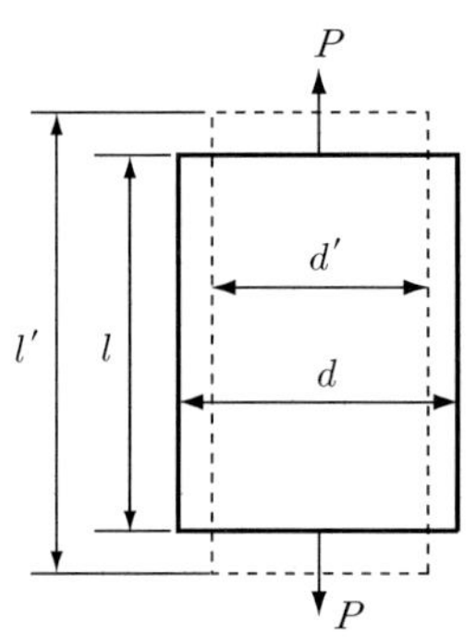

| 그림 1.7 | 세로 변형률

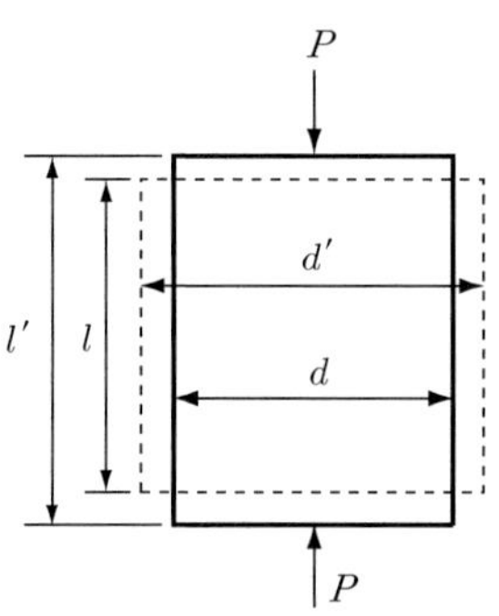

| 그림 1.8 | 가로 변형률

2. 가로 변형률(lateral strain)

그림 1. 8과 같이 하중방향으로 신축이 생기면, 그와 직각인 가로 방향에도 신축이 나타나므로 이 변형량 δ와 원래의 지름d와의 비를 가로 변형률 ϵ'라고 하면,

$$\epsilon' = \frac{d' - d}{d} = \pm \frac{\delta}{d} (+\text{압축},\ -\text{인장}) \tag{1. 5}$$

3. 전단 변형률(shearing strain)

그림 1. 9의 (a)와 같은 리벳이음에서 인장하중 P를 받아 리벳이 전단되는 경우로 미끄러지는 부분을 확대한 것이 그림 (b)와 (c)이다. AB와 CD면에는 하중 P에 대응되는 전단응력 τ가 작용하여, 직사각형 ABCD가 평행사변형 ABC′D′로 변형되었다면, C와 D점이 C′와 D′점으로 이동하여 결국 λ만큼 미끄러지며, 이 변형량 λ와 원래의 길이 l과의 비를 전단 변형률 ϵ_s이라고 하면,

$$\epsilon_s = \frac{CC'}{AC} = \frac{\lambda}{l} = \tan\gamma \fallingdotseq \gamma(\text{rad}) \tag{1. 6}$$

γ는 극히 미소한 각이므로, $\tan\gamma$는 γ(rad)로 나타낼 수 있다.

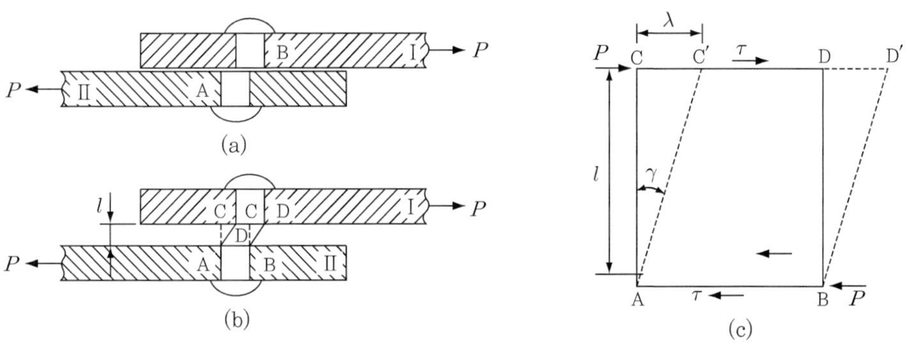

| 그림 1. 9 | 전단 변형률

4. 체적 변형률(volumetric strain)

어떤 물체가 전체 면에 직각으로 균일한 인장 또는 압축하중을 받으면 이로 인해 체적이 팽창 또는 수축하는데, 부피의 변화량 ΔV와 원래의 부피 V의 비를 체적 변형률 ϵ_v이라고 하면

$$\epsilon_v = \frac{V' - V}{V} = \frac{\Delta V}{V} \tag{1. 7}$$

1.3.5 후크의 법칙

1678년 영국의 물리학자 후크(Robert Hooke)는 "비례한도 내에서 신장량 δ 는 하중 P 와 길이 l 에 비례하고, 단면적 A 에 반비례한다"는 것을 인장시험을 통하여 규명하였고, 이것을 식으로 나타내면,

$$\delta \propto \frac{Pl}{A}, \quad \frac{\delta}{l} \propto \frac{P}{A} \qquad \therefore \epsilon \propto \sigma \tag{1. 8}$$

$$\delta = \frac{1}{E} \cdot \frac{Pl}{A}, \quad \frac{P}{A} = E \cdot \frac{\delta}{l}, \qquad \sigma = E\epsilon \tag{1. 9}$$

이 비례상수를 탄성계수(modulus of elasticity)라고 하며, 재료에 따라 각각 일정한 값을 가진다. 응력과 변형률의 종류에 의한 탄성계수는 아래와 같다.

1. 세로 탄성계수

인장 또는 압축시 수직응력 δ 와 그 방향의 세로 변형률 ϵ 과의 비를 세로 탄성계수(modulus of longitudinal elasticity) 또는 영률(Young's modulus)이라고 하며, E 로 표시한다.

$$E = \frac{\sigma}{\epsilon} \ \text{또는,}\ \sigma = E\,\epsilon \tag{1. 10}$$

길이l, 단면적 A의 재료에 축방향 하중P가 작용하였을 때, 길이 방향으로의 변형량을 λ 라고 하면 $\sigma = \frac{P}{A}$, $\epsilon = \frac{\delta}{l}$ 이므로,

$$E = \frac{\sigma}{\epsilon} = \frac{Pl}{A\lambda}$$
$$\lambda = \frac{Pl}{AE} = \frac{\sigma l}{E} \tag{1. 11}$$

2. 가로 탄성계수

전단응력τ와 전단 변형γ 사이에는 일정한 비례관계가 성립하고, 이 때의 상수 G 를 가로

탄성계수(modulus of transverse elasticity) 또는, 전단 탄성계수(modulus of shearing elasticity)라고 하면,

$$G = \frac{\tau}{\gamma} = \frac{P}{A\gamma} = \frac{Pl}{\lambda_S} \tag{1. 12}$$

여기서, λ_S는 미끄럼 변형량이며, 가로 탄성계수 G는 대략 세로탄성계수E의 40%정도이며, 강의 G=8,100kg/mm^{2}이다.

3. 체적 탄성계수

탄성체의 전 표면에 수직으로 하중이 작용할 때, 수직응력 σ와 체적 변형률 ϵ_v와의 비는 일정하다. 이 비를 체적 탄성계수(bulk modulus, modulus of volumetric elasticity) K라고 하면,

$$K = \frac{\sigma}{\epsilon_v} \quad \text{또는} \quad \sigma = K\epsilon_v \tag{1. 13}$$

또, 이 값은 세로탄성계수 E와 가로탄성계수 G와 같이 비례한도 내에서 재료에 따라 일정하다.

1.3.6 포아송 비

재료에 축방향으로 하중을 작용하면 세로변형률 ϵ과 함께 가로방향에도 가로변형률 ϵ'이 생기는데, 이 경우 비례한도 내에서 가로변형률과 세로변형률의 비를 포아송비(Poisson's ration)라고 하며, ν 또는 $\frac{1}{m}$으로 표시하고, m을 포아송 수(Poisson's number)라고 한다. 이 값은 동일 재료에서는 일정하다.

$$\begin{aligned} \nu &= \frac{1}{m} = \frac{\epsilon'}{\epsilon} = \frac{\frac{\lambda}{d}}{\frac{\delta}{l}} = \frac{l\lambda}{d\delta} \\ \nu &= \frac{\epsilon'}{\epsilon} = \frac{\frac{\lambda}{d}}{\frac{\sigma}{E}} = \frac{E\lambda}{d\sigma} \end{aligned} \tag{1. 14}$$

세로탄성계수 E, 가로탄성계수 G와 포아송 수 m 사이에는 아래와 같은 관계가 있으며, 표 1. 12는 각 재료의 포아송 비와 포아송 수를 나타내었다.

$$E = \frac{2G(m+1)}{m} \tag{1.15}$$

$$G = \frac{mE}{2(m+1)} \tag{1.16}$$

$$m = \frac{2G}{E-2G} \tag{1.17}$$

| 표 1.12 | 각 재료의 포아송 비

재 료	m	$1/m(\nu)$	재 료	m	$1/m(\nu)$
유리	4.1	0.24	황동	3.0	0.33
주철	3.7	0.27	셀룰로이드	2.5	0.40
연철	3.6	0.28	납	2.3	0.43
연강	3.3	0.30	고무	2.0	0.50
구리	3.0	0.33			

1.3.7 크리프

기계를 구성하고 있는 재료를 고온에서 장시간 외력이 작용 하면, 시간의 경과와 더불어 서서히 그 변형이 증가하는 현상을 크리프(creep)라고 하며, 이때의 변형률을 크리프 변형률(creep strain)이라고 한다. 최근 제트엔진, 가스터빈 및 로켓, 고압보일러 등과 같이 고온에서 작동 하는 기계의 부품재료는 크리프현상의 규명이 아주 중요하다.

크리프 현상에 대한 온도의 영향은 현저해서 강의 경우는 350℃ 이상이 되면 현저히 나타나고, 구리나 플라스틱은 상온에서 많은 크리프가 발생한다. 비교적 저하중・저온도의 경우는, 그림 1. 10의 B곡선처럼 어느 시간이 경과되면 크리프는 정지하여 일정한 변형률을 나타난다. 이와 같이 어느 온도에서 어느 시간 후에 크리프가 정지하는 한도의 응력을 그 온도에서의 크리프한도(creep limits)라고 하며, 고온에서 사용되는 재료에서는 이 크리프한도를 기준으로 하고, 적당한 안전율로 나눈 값을 그 재료의 허용응력으로 정한다. 고온고하중의 경우에는 C곡선에서와 같이 변형의 증가율이 일정하게 된 후에 다시 변형의 증가율이 크게 되어 이때 파단 된다. 이와 같은 곡선을 크리프곡선(creep time curve)이라고 한다.

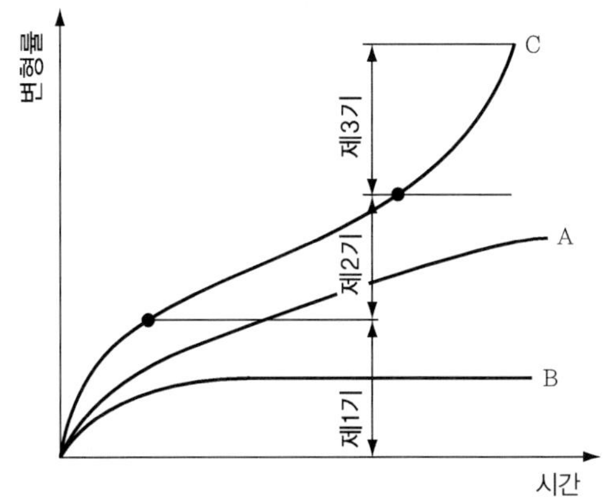

| 그림 1. 10 | 크리프 곡선

C곡선에서, 아래와 같은 영역들로 구분할 수 있다.

① 제1기 크리프(primary creep) : 최초의 빠른 크리프 속도에서 부하와 동시에 순간 변형률이 생기고, 그 후 점차로 감속되어 일정한 속도로 될 때까지의 범위를 말하며, 이 상태를 천이크리프(transient creep)라고 한다.

② 제2기 크리프(secondary creep) : 크리프 속도가 거의 일정한 구간을 말하며, 정상크리프(steady creep)라고도 한다.

③ 제3기 크리프(tertiary creep) : 최후에 다시 변형률 속도가 증가하여, 파단 될 때까지의 크리프를 말하며, 이 상태를 가속크리프(accelerationg creep)라고 한다.

1.3.8 피로 파괴

일반적인 금속재료에 반복하중이나 변동하중이 작용하는 경우에는, 단일 하중에 의해 파손이 일어나는 응력 보다 훨씬 작은 응력에서도 어느 반복 횟수 후에 파손하는 경우가 있다. 이러한 파손를 피로파손(fatigue failure)이라 하며, 이와 같은 현상을 일반적으로 피로(fatigue)라고 한다.

1. 피로한도

피로시험을 실시하여, 그림 1. 11과 같이 세로 축에 반복 굽힘응력, 가로 축에 반복 횟수로 나타내어, 여러 응력의 값에 따라 피로 파손를 일으키는 반복 횟수를 측정한 것을 $S-N$ 곡선($S-N$ curve) 혹은 Wohler 선도(Wohler diagram)라고 한다. 응력이 시간에 따라 변동하는 상태에서 재료가 파괴되는 것을 피로한도(fatigue limit) 또는 내구한도(endurance limit)라고 하며, 여기서 가로축에 평행한 선 위의 응력에 해당된다.

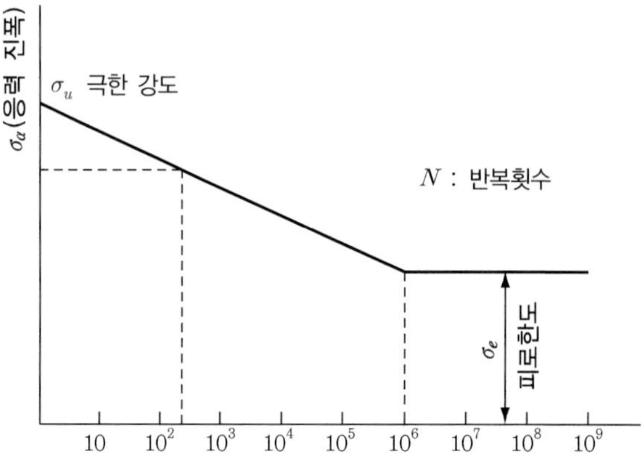

| 그림 1.11 | S–N 곡선

강재에서는 응력 반복회수가 $N=10^6 \sim 10^7$ 부근에서 $S-N$곡선은 수평을 이루는데, 이때의 응력 진폭보다 작은 응력 값에서는 영구히 파괴되지 않는다. 기계부품에는 이 값보다 작은 응력만 작용하도록 설계하면, 반영구적으로 파괴되지 않을 것이다. 일반적인 강의 반복 굽힘의 피로한도는 인장강도의 1/2이고, 주철이나 주강은 1/2.5 또, 비철금속에서는 1/3~1/4 정도로 정하여 설계하면 무방하다. 또한, 반복인장이나 압축응력의 경우에서 피로한도는 반복 굽힘의 비해 1/2정도 이다. 피로한도에 영향을 미치는 요인으로는 아래와 같다.

① 노치(notch) : 단면의 형상이 급격히 변화하는 부분에는 응력집중이 발생하여, 피로한도가 저하한다.

② 치수(size) : 부재의 치수가 크면 피로한도가 낮아진다.

③ 압입(force fit) : 축을 휨박음 또는 열박음을 할 경우, 피로한도는 약 50% 정도 낮아진다.

④ 표면 거칠기(surface roughness) : 표면의 조도가 거칠수록 피로한도는 낮아진다.

⑤ 부식(corrosion) : 재질의 부식환경에 대한 민감성에 크게 영향이 미친다.

2. 피로한도선도

피로한도는 수평응력에 의하여 변하며, 수평응력이 높을수록 저하한다. 이 관계를 가로축에 수평응력σ_m, 세로축에 피로한도 σ_a로 나타내면, 그림 1. 12의 직선 ABC와 같이 된다. 이 선도를 피로한도선도(fatigue limit diagram) 또는 내구선도(endurance diagram)이라고 한다.

그림에서 OA는 양진 피로한도를 표시하고, $2BO'$는 편진 피로한도이다. 또, ABC 사이는 거의 직선으로 볼 수 있으므로, 이것을 연장하여 가로축과의 교점 D를 구하면 점 D는 그

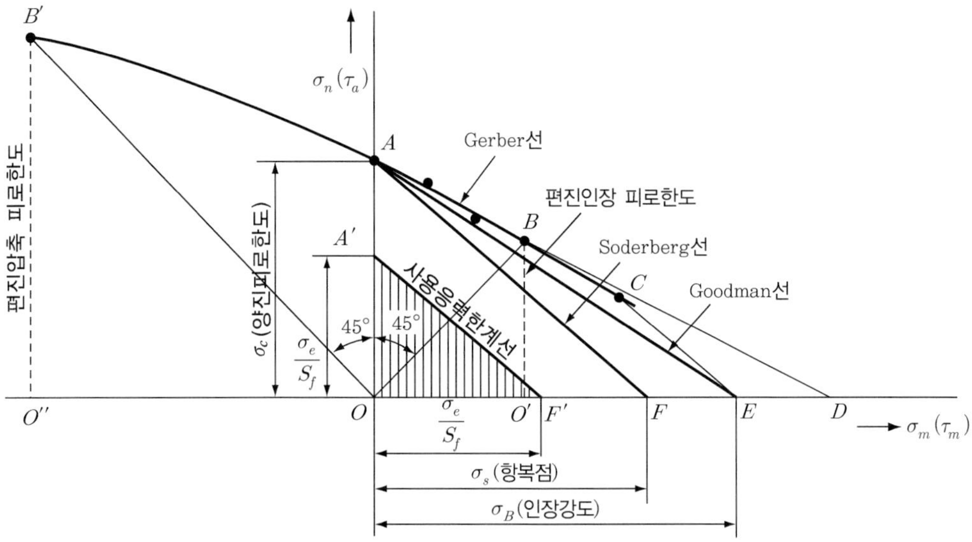

| 그림 1. 12 | 피로한도 선도

재료의 진정한 의미의 파단강도로 볼 수 있다. 그러나, 여러 가지 재료에 대한 각각의 내구선도를 그린다는 것은 쉬운 일이 아니므로, 일반적으로 가로축에 재료의 극한강도(또는 항복점)를 취하고, 그 재료의 양진 피로한도A점과 연결하여 AE선(또는 AF선)을 그어 근사적으로 내구선도를 정한다. 만약, 설계되는 부재에 응력 집중이 생기는 경우에는 보통 평균응력에 대한 영향은 무시하고, 응력 진폭에 피로의 응력집중 피로계수β를 곱하여 $\beta\sigma_a$라고 하고, 이것을 세로좌표로 잡고 사용응력한계에서 사용응력σ를 구한다.

1.3.9 응력집중

단면이 균일한 봉이나 판에 축하중이 작용하면 응력은 하중 끝에서부터 조금 떨어진 단면 위에 균일하게 분포하지만, 단면의 모양이 급변하는 노치 단면에서는 응력분포상태가 불균일하게 되고, 부분적으로 응력이 커지는 응력집중(stress concentration)현상이 생긴다. 특히, 취성재료(brittle material)에서는 그 국부응력이 재료의 강도 한계치를 넘으면, 재료는 균열이 생겨서 균열 선단에 극심한 응력집중이 생겨서 곧 바로 파단하게 된다.

1. 응력 집중계수

그림 1. 13의 (a)와 같이 단면 형상이 균일한 재료는, 단면(XX′)에 평균 응력σ_n이 균일하게 분포한다. 그러나, 그림 (b)와 같이 노치가 재료에 존재하면, 홈 부분을 지나는 단면(XX′)에서는 응력이 불균일하게 분포하여 홈 밑부분에는 최대응력 $\sigma_{\max}$가 발생하고, 중심부의 응력은 평균 응력 σ_n보다 작게된다. 그림 (c)는 원의 구멍이 있는 경우인데, 응력집중의 정도는

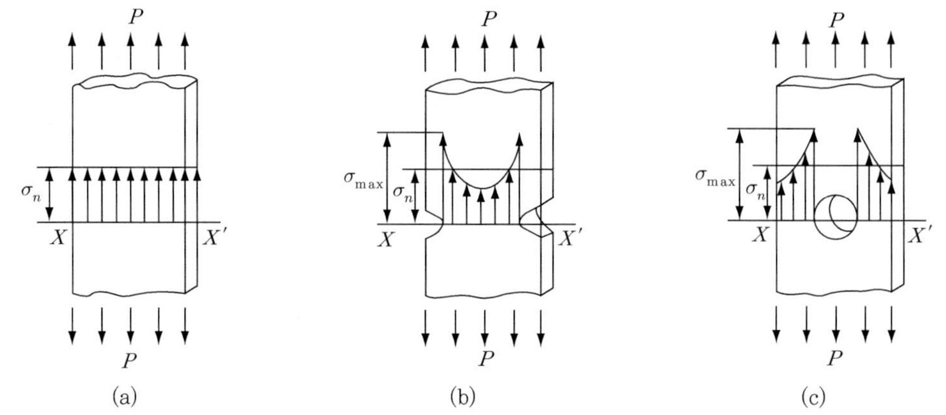

| 그림 1.13 | 응력집중

$\sigma_{\max}$을 σ_n으로 나눈 값을 응력집중계수(factor of stress concentration) 또는 형상계수(form factor)라 하고, α로 나타낸다.

$$\alpha = \frac{\sigma_{\max}}{\sigma_n} \tag{1. 18}$$

이 계수는 재료의 치수와 크기에는 무관하고, 다만 형상에 의하여 결정되나, 같은 노치라도 하중 상태에 따라 다르다. 일반적으로 인장하중일 때가 가장 크고 비틀림하중의 순으로 응력집중계수가 작게 나타난다.

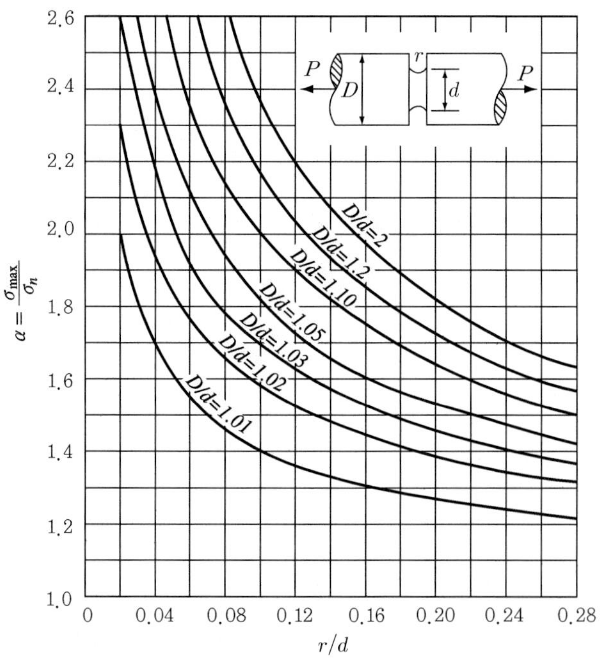

| 그림 1.14 | U형의 작은 홈을 가진 둥근 축의 인장하중에 대한 응력 집중계수

그림 1. 14는 홈이 있는 원형 단면축에 인장하중이 작용하는 경우, 응력 집중계수를 나타낸 것이다. 여기서, 응력 집중계수 α는 홈의 반지름 r과 축의 지름 d와의 비에 따라 변화한다. 즉, 지름 d가 일정하다면, 홈의 반지름 r이 클수록 응력 집중계수 α는 작아진다는 것을 알 수 있다.

2. 응력 집중의 경감

일반적으로 기계설계시 응력집중의 영향은 될 수 있는 한 경감되도록 해야하며, 기계 부품에서 파손의 대부분은 외부 표면에 작용하는 응력이 최대값으로 될 때 일어나므로, 외력으로써 휨이나 비틀림이 작용하게 되면 특별히 표면 부분의 응력집중이 경감되도록 유의해야 한다. 아래와 같은 방법들이 응력집중의 경감 대책으로 많이 이용된다.

① 필렛부의 반지름을 되도록 크게 하거나, 테이퍼 부분을 설치하여 단면 변화를 작게 하거나 완만하게 하여 금속선의 흐름을 좋게 한다.

② 하나의 단면 변화부분에 2~3의 단면부를 설치하여, 응력의 흐름을 좋게 한다.

③ 단면 변화부분에 보강재를 결합하여 응력 집중을 경감시킨다.

④ 단면 부분에 여러 종류의 기계적인 표면처리나, 롤러 압연 및 열처리를 실시 하여 그 부분을 강화시킨다.

1.4 재료의 파손이론

1.4.1 파괴와 파손

어떤 재료 내에 큰 응력이 작용하여 재료가 각각 2개 이상으로 분리되는 것을 파단(rupture)이라고 한다. 재료가 파단 될 때까지 소성변형(plastic deformation)을 일으켜 균열(crack)이 생기고, 이것이 시간이 지남에 따라 진전되어 파단을 일으키는 것을 파괴(fracture)라고 한다. 또, 어떤 응력을 받은 재료가 항복을 일으키거나 또는, 파괴되는 경우를 일반적으로 파손(failure)이라고 한다.

1.4.2 파손의 법칙

재료부품에 단순 응력이 작용하는 경우에 기계적 성질을 간편하고, 간단하게 알아보는 시험 방법으로 금속의 인장 또는 압축시험이 널리 사용되고 있다. 이러한 시험에서 얻어진 인장-하중곡선에서 금속의 인장강도, 항복점, 극한강도 등을 쉽게 얻어서 설계에 적용할 수 있다. 그러나, 기계부품에는 조합 응력의 상태로 작용하는 경우가 많으므로, 이때의 파손 조건을 제시하는 것이 파손의 법칙이다. 이전부터 재료의 파손에 대해 여러 가지 학설이 있는데, 주요한 학설은 아래와 같다.

1. 최대 주응력설(maximum principal stress theory : Rankine 설)

랭킨(Rankine)이 제안한 학설로 "최대 주응력이 인장 또는 압축의 한계 응력에 도달했을 때 파손된다"는 것이다. 이 학설은 주로 취성재료에 적용된다. 어떤 재료가 연성재료인지 취성재료인지 명확한 구별은 없으나 보통 50mm의 길이로 5%이하의 신장이 발생하여 파단되는 재료를 취성재료라 부른다.

2. 최대 주변형설(maximum principal strain theory : St. Venant 설)

생 배낭(St. Venant)이 제안한 가장 오래된 학설로 "연성재료에 발생하는 단위 변형량(unit strain)이 인장에서 항복점의 단위 변형률과 같아지는 경우에 재료가 파손된다"는 것으로, 이때 파손 조건은,

$$\frac{\sigma_1}{E} - \frac{\nu}{E}(\sigma_2 + \sigma_3) = \frac{\sigma_s}{E} \tag{1. 19}$$

여기서, σ_s 는 항복점(인장시),

ν 는 포아송 비,

E 는 세로탄성계수,

σ_1, σ_2, σ_3 는 각 좌표축에 작용하는 주응력

3. 최대 전단응력설(maximum shearing stress theory : Coulomb, Guest 설)

콜롱(Coulomb)과 게스트(Guest)에 의해서 제한된 학설로 "재료 내에 발생된 최대 전단응력이 단순 인장의 경우, 항복점에 해당되는 최대 전단응력과 같아지면 파손된다"는 것으로 연성재료에 대한 실험 결과와 잘 일치하고, 간편하므로 일반적으로 널리 적용된다. 최대 전단응력 $\tau_{\max}$ 는 최대주응력와 최소주응력 차이의 1/2와 같으므로, 이때 파손 조건은

$$\tau_{\max} = \frac{1}{2}(\sigma_1 - \sigma_2) = \frac{1}{2}\sigma_s \tag{1. 20}$$

4. 변형 에너지설(strain energy theory : Huber 설)

후버(Huber)에 의해 제안된 학설로 "재료 내의 단위 체적당 변형 에너지와 같아질 때 파손이 일어난다"는 것으로, 이때 파손 조건은,

$$\sigma_s = \sqrt{\sigma_1^2 + \sigma_2^2 + \sigma_3^3 - 2\nu(\sigma_1\sigma_2 + \sigma_2\sigma_3 + \sigma_3\sigma_1)} \tag{1. 21}$$

5. 전단 변형 에너지설(shearing distortion energy theory)

이것은 "어떤 재료 내의 변형 에너지는 체적의 변형 에너지와 전단의 변형 에너지와의 합이다. 이 전단 변형 에너지가 단순 인장의 항복점에 대한 전단 변형 에너지와 같아지면, 파손이 일어난다"는 것으로, 주로 연성 재료에 대한 실험 결과와 잘 일치한다. 그림 1. 15와 같이 단위 크기에 대한 전체의 변형에너지에 후크의 법칙에서 유도된 변형 에너지를 대입하여 파손조건을 구하면,

$$\sigma_s^2 = \frac{1}{2}\left[(\sigma_1 - \sigma_2)^2 + (\sigma_2 - \sigma_3)^2 + (\sigma_3 - \sigma_1)^2\right] \tag{1 .22}$$

여기서, $\sigma_1 = \sigma_2$ 또는 $\sigma_2 = \sigma_3$ 일 때는 $\sigma_1 - \sigma_3 = \sigma_y$ 가 되고, $\tau_{max} = \frac{1}{2}(\sigma_1 - \sigma_2) = \frac{1}{2}\sigma_s$ 가 되므로 최대 전단응력설과 일치한다.

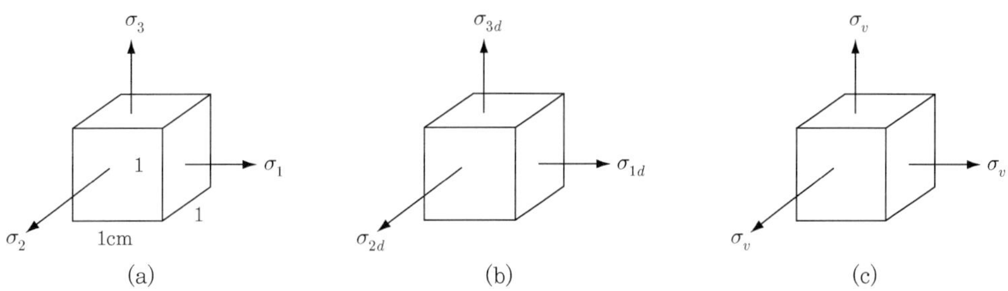

| 그림 1. 15 | 전단 변형 에너지

재료의 항복강도가 인장과 압축에서 같은 크기라고 하면, 여러 학설에 근거를 둔 파손조건을 구하면 표 1. 13과 같다.

| 표 1. 13 | 파손의 법칙 비교

파손 학설	조건식	비 고
최대 응력설	$\sigma_s = \tau_{max}$	취성재료에 적용
최대 변형률설	$\sigma_s = (1+\nu)\tau_{max}$	연성재료에 적용
최대 전단 응력설	$\sigma_s = 2\tau_{max}$	
변형 에너지설	$\sigma_s = \sqrt{2(1+\nu)\tau_{max}}$	
전단 변형 에너지설	$\sigma_s = \sqrt{3}\,\tau_{max}$	

1.5 안전계수와 허용응력

1.5.1 기준강도

기계를 설계할 경우에는 우선 사용하고자 하는 재료가 어떤 요인으로 파괴될 것인가를 결정하여야 하는데, 이것은 재료의 종류 및 사용되는 환경에 따라 달라진다. 이때 파괴되는 기준이 되는 강도를 기준강도(basic strength)라고 하고, 일반적으로 사용되는 기준강도는 아래와 같다.

① 항복점(yielding point) : 정하중이 연강과 같은 연성재료에 작용하여, 탄성 파손이 일어날 때에 적용한다.

② 극한강도(ultimate strength) : 정하중이 주철과 같은 취성재료에 작용하여, 취성 파손이 일어날 때 적용한다.

③ 크리프 한도(creep limit) : 고온에서 정하중이 작용할 때 적용한다.

④ 저온취성(cold shortness) : 저온에서 사용되는 경우에 적용한다. 특히, 천이온도 이하에서는 저온취성에 유의하여, 기준강도를 상당히 낮게 적용하여야 한다.

⑤ 좌굴응력 : 긴 기둥의 압축이나 편심하중에 의한 좌굴이 예상되는 경우에 적용한다.

⑥ 피로하중(fatigue strength) : 반복 하중을 받는 경우에 적용한다.

1.5.2 허용응력

기계 부품을 장시간 사용하려면, 각 부품의 내부에 작용하는 응력을 일정한 값 이하로 제한하고, 영구 변형하거나 파괴되지 않도록 하여야 한다. 즉, 기계가 충분한 안전도를 갖도록 실제의 사용 용도와 환경을 정확하게 파악하여, 절대적으로 안전하도록 사용 재료와 치수를 정하여야 한다.

실제로 안전하게 장시간 동안 운전 또는 사용 상태에 있을 때, 각 부품에 작용하고 있는 응력을 사용응력(working stress)이라 하며, 이 사용응력을 정확하게 구한다는 것은 거의 불가능하다. 따라서, 안전율을 고려하여 여유를 두고 제한한 탄성한도 이하의 응력 즉, 재료를 사용하는데 허용할 수 있는 최대응력을 허용응력(allowance stress) 이라 하며, 강도 설계의 기초 값이 되므로 설계강도(design stress)라고도 한다.

따라서, 사용응력 σ_w 는 허용응력 σ_a 보다 작든지 같아야 한다($\sigma_a \geq \sigma_w$) 결국, 인장(극한)강도 > 항복점 > 탄성한도 > 허용응력 ≧ 사용응력의 관계가 성립하고, 적당한 안전율을 사용하여 기계에 사용하는 재료의 허용응력으로 결정한다.

허용응력를 재료의 기준강도와 허용응력과의 비율로서 아래와 같다.

$$허용응력(\sigma_a) = \frac{재료의\ 기준강도}{안전계수\ 또는\ 안전율} \tag{1. 23}$$

1.5.3 안전계수

어떤 기계에 사용되는 재료의 설계상 허용응력을 정하기 위한 계수를 안전계수(safety factor)라고 하며, 기준강도와 허용응력과의 비를 나타내면,

$$안전계수(S_f) = \frac{재료의\ 기준강도}{허용응력} \tag{1. 24}$$

안전계수는 1보다 큰 값이 되나, 안전계수를 지나치게 크게 잡으면 설계는 안정성이 있어 좋으나, 경제성이 떨어지므로 최적설계(optimal design)를 하기위해 안전계수는 되도록 1보다 약간 큰 값을 취하면 된다. 안전계수를 결정할 때 고려해야 할 중요한 사항은 아래와 같다.

① 하중 및 응력의 종류와 성질
② 재료의 재질
③ 하중 계산과 응력 계산의 정확성
④ 사용되어지는 조건
⑤ 조립 및 공작의 정밀도와 잔류 응력
⑥ 수명
등이 있다.

안전계수는 위와 같은 여러 가지의 복잡한 인자들을 고려하여 결정하여야 하므로, 일반적으로 적용되는 안전계수의 정확한 값을 구하는 것은 결코 쉬운 일이 아니다. 대표적인 안전계수 값의 이론은, 재료의 극한강도를 기준 강도로 하는 경우 안전계수의 일반적 평균치로 계산한 "Unwin 이론"과 안전계수에 영향을 주는 인자를 상세하게 분석하여 이것으로 합리적인 값을 결정하는 것이 바람직하다는 "Cardullo 이론"이 있다. 표 1. 14와 1. 15는 Unwin과 Cardullo에 의한 계산된 안전계수를 나타내었다.

| 표 1. 14 | Unwin의 안전계수

재 료 명	정하중	반복 하중의 형태		변동 · 충격하중
		편진하중	양진하중	
철	3	5	8	12
주철	4	6	10	15
목재	7	10	15	20
석재	20	30	−	−

|표 1.15| Cardullo이론에 의한 안전계수의 최소치(정하중)

재 료 명	안전계수
주철	4
연강	3
니켈강	2.25
퀜칭강	3
청동·황동	3

1.6 치수 공차 및 끼워맞춤

1.6.1 개요

이 규격은 500mm 이하 기계부품의 부분에 대한 허용 한계 치수 및 끼워 맞추는 구멍과 축의 조합 및 500mm를 초과하고 3,150mm 이하의 허용 한계치수에 대하여 규정한다.

1.6.2 치수 공차에 사용되는 용어

① 구멍 : 주로 원통형의 내측 형체를 말하는데, 원형 단면이 아닌 내측 형체(대상물의 내측을 형성하는 형체)도 포함한다.

② 치수 : 형체의 크기를 나타내는 크기 또는, 2점 사이의 거리를 나타내는 수치를 말한다.

③ 축 : 원통형의 외측 윤곽을 말하는데, 원형 단면이 아닌 외측 형체(대상물의 외측을 형성하는 형체)도 포함한다.

④ 실치수 : 실제로 측정한 치수를 말한다.

⑤ 허용 한계치 : 형체의 실치수가 그 사이에 들어가도록 정한 대, 소 2개의 허용되는 치수의 한계를 표시한 치수를 말한다.

⑥ 최대 허용 치수 : 실치수에 대하여 허용되는 최대치수를 말한다.

⑦ 최소 허용 치수 : 실치수에 대하여 허용되는 최소치수를 말한다.

⑧ 치수 공차 : (최대 허용치수)−(최소 허용 치수)의 값을 말하며, 그림 1.16에 그 구간의 경계를 표시하였다.

⑨ 기준 치수 : 허용 한계 치수의 기준이 되는 치수로 구멍과 축의 지름을 표시하는 치수를 말한다.

⑩ 치수 허용차 : (허용 한계 치수)−(기준 치수)의 값을 말한다.

⑪ 위 치수 허용차 : (최대 허용 치수)−(기준 치수)의 값을 말하며, 기호로는 ES로 표시

한다.

⑫ 아래 치수 허용차 : (최소 허용 치수)−(기준 치수)의 값을 말하며, 기호로는 EI로 표시 한다.

⑬ 기준선 : 허용 한계 치수나 끼워맞춤을 표시할 때, 치수 허용차의 기준이 되는 선을 말 한다.

⑭ 허용범위 : 기준선과 치수 공차와의 관계를 표시할 때, 위 치수 허용차를 나타내며, 2 개의 선 사이에 의한 구역으로 치수 공차와 기준선에 대한 위치에 의하여 결정된다.

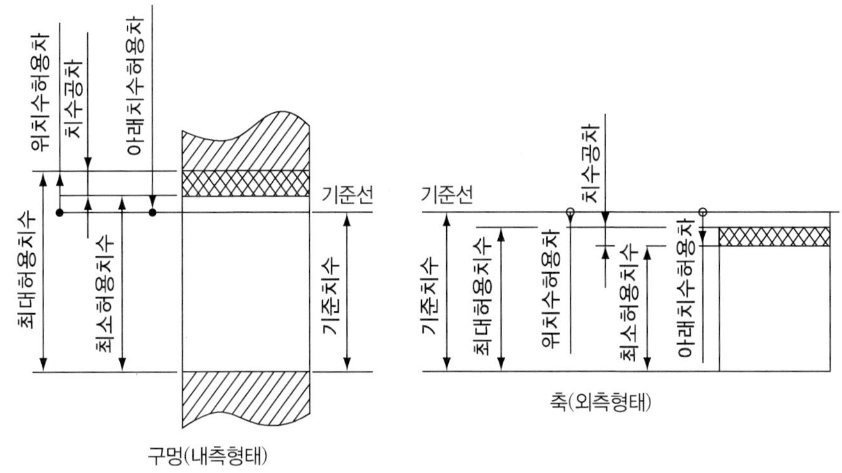

| 그림 1. 16 | 치수의 허용 한계 치수

⑮ 틈새 : 구멍의 치수가 축의 치수보다 클 때 생기는 여유공간의 치수를 말하며, 그림 1. 17에 그 영역을 표시하였다.

⑯ 죔새 : 구멍의 치수가 축의 치수보다 작을 때 생기는 치수차를 말하며, 그림 1. 17에 그 영역을 표시하였다.

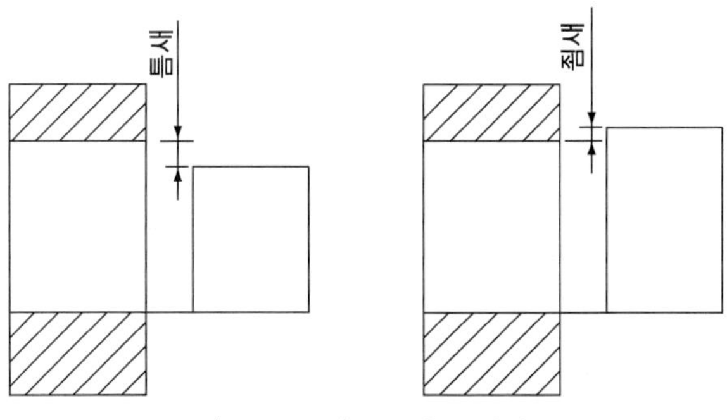

| 그림 1. 17 | 틈새와 죔새

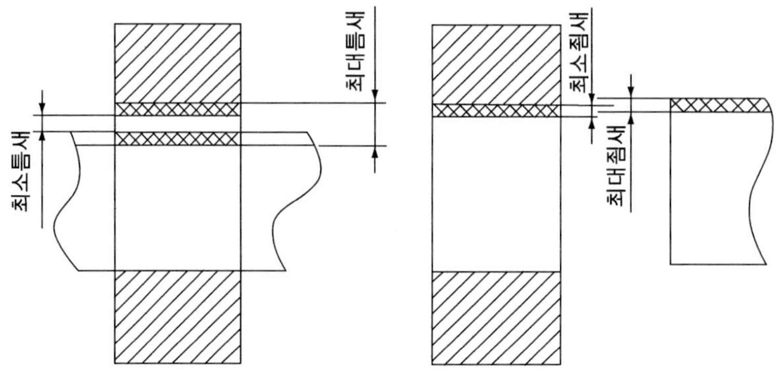

| 그림 1.18 | 최소 틈새, 최대 틈새와 최소 죔새, 최대 죔새

⑰ **최소 틈새** : 헐거움 끼워맞춤에서 (구멍의 최소 허용 치수)−(축의 최대 허용 치수)의 값을 말하며, 그림 1. 18에 그 영역을 표시하였다.

⑱ **최대 틈새** : 헐거움 끼워맞춤 또는 중간 끼워맞춤 공차에서 (구멍의 최대 허용 치수)−(축의 최소 허용 치수)의 값을 말하며, 그림 1. 18에 그 영역을 표시하였다.

⑲ **최소 죔새** : 억지 끼워맞춤에서 (조립전 구멍의 최대 허용 치수)−(축의 최소 허용 치수)의 값을 말하며, 그림 1. 18에 그 영역을 표시하였다.

⑳ **최대 죔새** : 억지 끼워맞춤 또는 중간 끼워맞춤에서, (조립전 구멍의 최소 허용치수)−(축의 최대 허용 치수)의 값을 말하며, 그림 1. 18에 그 영역을 표시하였다.

㉑ **기초가 되는 치수 허용차** : 허용 한계 치수와 기준 치수와의 관계를 결정하는 기초가 되는 치수 차로, 구멍과 축의 종류에 따라 위 치수 허용차나 아래 치수 허용차 어느 것이나 무방하다.

㉒ **공차역** : 치수 공차를 표시할 때, 치수 공차의 크기와 기준선에 대한 그 위치에 따라 정해지는 최대 허용 치수와 최소 허용 치수를 나타내는 2개의 직선 사이의 영역을 말하며, 그림 1. 19에 그 영역을 표시하였다.

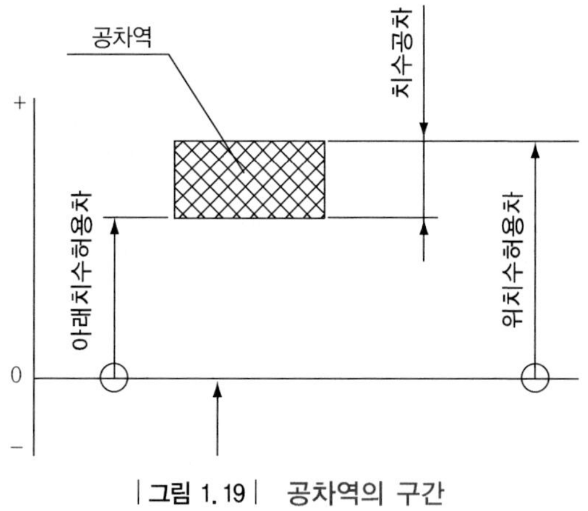

| 그림 1.19 | 공차역의 구간

㉓ **치수 공차의 등급** : 정밀도가 동일한 수준에 있다고 생각되는 치수 공차 군에 붙여진 정밀도의 단계를 말한다.

㉔ **IT 기본 공차** : 기본 규격으로 정해진 치수 공차로, 표 1. 16에 IT기본 공차의 수치를 나타내었다.

㉕ **헐거움 끼워맞춤** : 조립시 유격이 생기는 끼워맞춤으로, 축의 허용범위는 완전히 구멍의 허용 범위보다 아래에 있다. 그림 1. 20에 그 영역을 표시하였다.

㉖ **억지 끼워맞춤** : 항상 죔새가 생기는 끼워맞춤으로, 축의 허용 범위는 완전히 구멍의 허용 범위 보다 위에 있다. 그림 1. 20에 그 영역을 표시하였다.

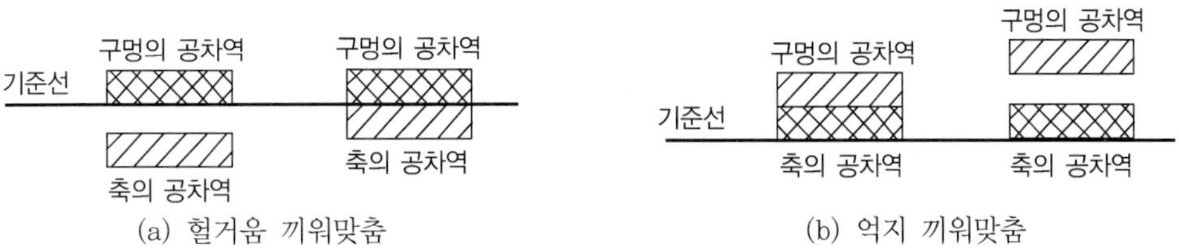

| 그림 1. 20 | 헐거움 끼워맞춤과 억지 끼워맞춤

㉗ **중간 끼워맞춤** : 각각 허용 한계 치수 내에서 다듬질된 구멍과 축이 결합되었을 경우, 그 실제 치수에 의한 틈새나 죔새가 있는 끼워맞춤으로 축의 허용 범위는 구멍의 허용 범위에 겹친다. 그림 1. 21에 그 영역을 표시하였다.

㉘ **구멍 기준 끼워맞춤** : 각 종류의 축을 같은 종류의 구멍에 끼워맞출 때, 필요한 틈새 또는 죔새를 주는 끼워맞춤 방식이다. 이 규격은 구멍의 최소 허용 치수가 기준 치수와 같다.

㉙ **축 기준 끼워맞춤** : 각 종류의 구멍을 같은 종류의 축에 끼워맞출 때, 필요한 틈새 또는 죔새를 주는 끼워맞춤 방식이다. 이 규격은 축의 최대 허용 치수가 기준 치수와 같다.

㉚ **구멍기준** : 구멍 기준식 끼워맞춤에서 기준으로 된 구멍을 말하며, 이 규격에서는 아래 치수 허용차가 0(zero)인 구멍을 이용한다.

㉛ **기준 축** : 축 기준식과 끼워맞춤에서 기준으로 된 축을 말하며, 이 규격에서는 위 치수 허용차가 0(zero)인 축을 이용한다.

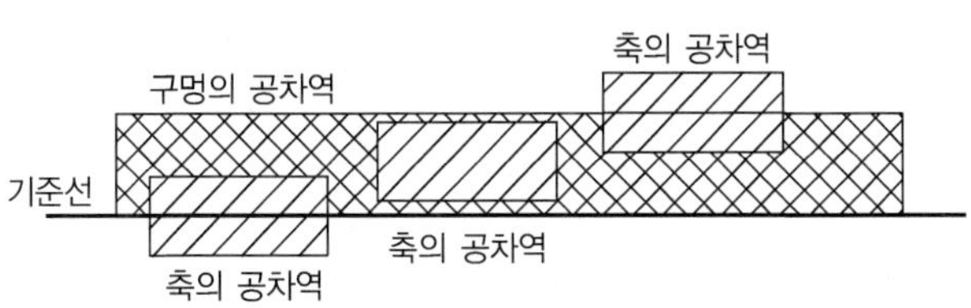

| 그림 1. 21 | 중간 끼워맞춤

| 표 1.16 | 기본 공차표

등급치수 구분(mm) 초과	등급치수 구분(mm) 이하	IT01 (01급)	IT0 (0급)	IT1 (1급)	IT2 (2급)	IT3 (3급)	IT4 (4급)	IT5 (5급)	IT6 (6급)	IT7 (7급)
–	3	0.3	0.5	0.8	1.2	2	3	4	6	10
3	6	0.4	0.6	1	1.5	2.5	4	5	8	12
6	10	0.4	0.6	1	1.5	2.5	4	6	9	15
10	18	0.5	0.8	1.2	2	3	5	8	11	18
18	30	0.6	1	1.5	2.5	4	6	9	13	21
30	50	0.6	1	1.5	2.5	4	7	11	16	25
50	80	0.8	1.2	2	3	5	8	13	19	30
80	120	1	1.5	2.5	4	6	10	15	22	35
120	180	1.2	2	3.5	5	8	12	18	25	40
180	250	2	3	4.5	7	10	14	20	29	46
250	315	2.5	4	6	8	12	16	23	32	52
315	400	3	5	7	9	13	18	25	36	57
400	500	4	6	8	10	15	20	27	40	63

등급치수 구분(mm) 초과	등급치수 구분(mm) 이하	IT8 (8급)	IT9 (9급)	IT10 (10급)	IT11 (11급)	IT12 (12급)	IT13 (13급)	IT14 (14급)	IT15 (15급)	IT16 (16급)
–	3	14	25	40	60	100	140	250	400	600
3	6	18	30	48	75	120	180	300	480	750
6	10	22	36	58	90	150	220	360	580	900
10	18	27	43	70	110	180	270	430	700	1100
18	30	33	52	84	130	210	330	520	840	1300
30	50	39	62	100	160	250	390	620	1000	1600
50	80	46	74	120	190	300	460	740	1200	1900
80	120	54	87	140	220	350	500	870	1400	2200
120	180	63	100	160	250	400	630	1000	1600	2500
180	250	72	115	185	290	460	720	1150	1850	2900
250	315	81	130	210	320	520	810	1300	2100	3200
315	400	89	140	230	360	570	890	1400	2300	3600
400	500	97	155	250	400	630	970	1550	2500	4000

비고
1. IT 01~04 : 게이지류에 적용
2. IT 05~10 : 끼워맞춤 부분의 치수 공차에 적용
3. IT 11~16 : 끼워맞춤이 아닌 부분의 치수 공차에 적용
4. IT 14~18은 기준치수 1mm이하에는 적용하지 않는다.

1.6.3 기호와 표시법

구멍, 축의 종류의 기초가 되는 치수 허용차에 따라 나누고, 그 기호는 그림 1. 22와 같다.

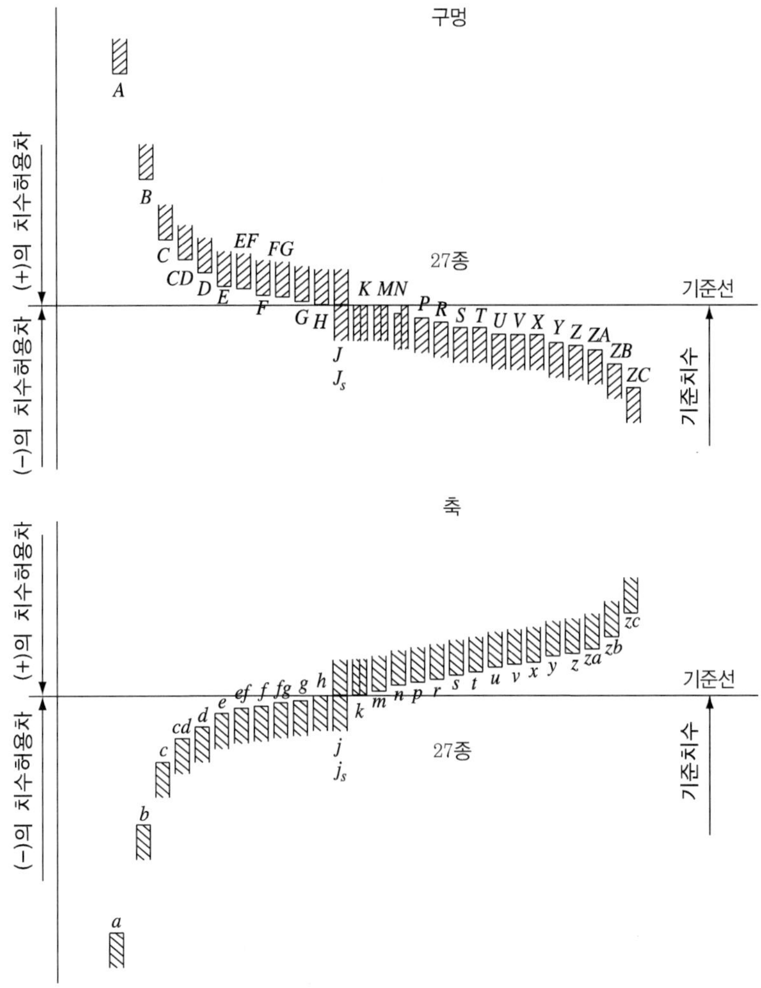

| 그림 1. 22 | 구멍과 축의 종류와 기호

비고 일반적으로 기초가 되는 치수 허용차는 기준선에 가까운 쪽의 허용 한계치수를 규정하고 있는 치수 허용차이다.

① **구멍의 등급 표기** : 주어지는 치수 공차의 등급으로 하고, 그 기호에는 IT 기본 공차의 등급의 값을 사용한다.

② **구멍의 등급 표시** : 기준 치수 값의 오른쪽에 표시하며, 크기는 구멍의 종류를 나타내는 기호와 같은 크기로 등급을 나타내는 숫자를 붙인다.

③ **공차역의 위치** : 구멍의 공차역의 위치는 위의 그림 1. 22와 같이 A부터 ZC까지의 대문자 기호로 나타내며, 축의 공차역의 표시는 a에서 zc까지의 소문자 기호로 나타낸다. 알파벳 중에서 의 문자는 *I*, *L*, *O*, *Q*, *W*, *I*, *l*, *o*, *q*, *w* 다른 문자와 혼동하기 쉬우므로 사용하지 않는다.

④ **치수 허용차** : 치수 허용차의 기호는 다음에 따른다.

- 위 치수허용차 : 구멍의 위 위치허용차는 기호 ES에 따르고, 축의 위 치수 허용차는 기호 es에 따라 표시한다.
- 아래 치수허용차 : 구멍의 아래 위치허용차는 기호 EI에 따르고, 축의 아래치수 허용차는 기호 ei에 따라 표시한다.

⑤ **치수의 허용 한계표시** : 치수의 허용 한계는 공차역 등급의 기호 또는 치수 허용차의 값을 기준치수에 계속해서 표시한다.

⑥ **끼워맞춤의 표시** : 구멍의 종류, 등급기호의 오른쪽에 사선과 축의 종류, 등급 기호를 기입 하든가 또는 수평선 위에 구멍의 종류, 등급기호 아래에 축의 종류, 등급기호를 기입한다.

1.6.4 기준 치수의 구분

표 1. 17에 기준 치수의 구분을 나타낸 것으로, 기본 공차와 기초가 되는 치수 허용차는 각각의 기준치수에 대하여 개별적으로 계산하는 것이 아니고, 표의 기준 치수의 구분마다 그 구분을 두 개의 치수 D_1 및 D_2 의 기하평균 D 로부터 계산한다.

| 표 1.17 | 축의 기초가 되는 치수 허용차(2)

아래치수허용차																
k			m	n	p	r	s	t	u	v	x	y	z	za	zb	zc
01~3	4~7	8~16	01~16													
0	0	0	+2	+4	+6	+10	+14	–	+18	–	+20	–	+26	+32	+40	+60
0	+	0	+4	+8	+12	+15	+19	–	+23	–	+28	–	+35	+42	+50	+80
0	+1	0	+6	+10	+15	+19	+23	–	+28	–	+34	–	+42	+52	+67	+97
			+7	+12	+18	+23	+28	–	+33	–	+40	–	+50	+64	+90	+130
										+39	+45	–	+60	+77	+108	+150
0	+2	0	+8	+15	+22	+28	+35	–	+41	+47	+54	+63	+73	+98	+136	+188
								+41	+48	+55	+64	+75	+88	+118	+160	+218
0		0	+9	+17	+26	+34	+43	+48	+60	+68	+80	+94	+112	+148	+200	+274
								+54	+70	+81	+91	+114	+136	+180	+242	+325
0		0	+11	+20	+32	+41	+53	+66	+87	+102	+122	+144	+172	+226	+300	+405
						+43	+59	+75	+102	+120	+146	+174	+210	+274	+360	+480
0	+3	0	+13	+23	+37	+51	+71	+91	+124	+146	+178	+214	+258	+335	+445	+585
						+54	+79	+104	+144	+178	+210	+254	+310	+400	+525	+690
0		0	+15	+27	+43	+63	+92	+122	+170	+202	+248	+300	+365	+470	+620	+800
						+65	+100	+134	+190	+228	+280	+340	+415	+535	+700	+900
						+68	+108	+146	+210	+252	+310	+380	+465	+600	+780	+1000
0	+4	0	+17	+31	+50	+77	+122	+166	+236	+384	+350	+425	+520	+670	+880	+1150
						+80	+130	+180	+258	+310	+385	+470	+575	+740	+960	+1250
						+84	+140	+196	+284	+340	+425	+520	+640	+820	+1050	+1350
0		0	+20	+34	+56	+94	+158	+218	+315	+385	+475	+580	+710	+920	+1200	+1550
						+98	+170	+240	+350	+425	+525	+650	+790	+1000	+1300	+1700
0		0	+21	+37	+62	+108	+190	+268	+390	+475	+590	+730	+900	+1150	+1500	+1900
						+114	+208	+294	+435	+530	+660	+820	+1000	+1300	+1650	+2100
0	+5	0	+23	+40	+60	+126	+232	+330	+490	+595	+740	+920	+1100	+1450	+1850	+2400
						+132	+252	+360	+540	+660	+820	+1000	+1250	+1600	+2100	+2600

1.6.5 기초가 되는 치수 허용차

기초가 되는 치수 허용차는 그림 1. 23과 같이 위 치수 허용차와 아래 치수 허용차 중에서 기준선에 가까운 쪽의 치수허용차이다. 공차역의 위치는, 기초가 되는 치수 허용차를 이용하여 나타낼 수 있다. 기초가 되는 치수허용차와 다른 하나의 치수 허용차는 그림 1. 24에 나타낸 것과 같이, 공차역의 위치를 나타내는 기초가 되는 치수 허용차와 공차 등급에 따른 IT 기본 공차의 수치에 따라 정해진다.

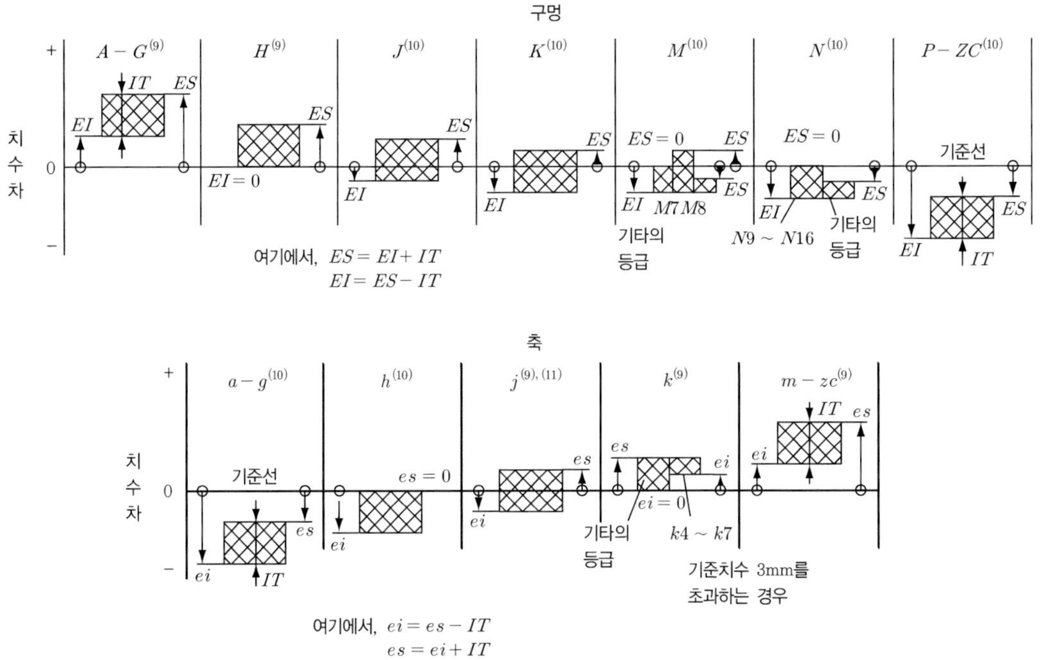

| 그림 1. 23 | 치수 허용차

주 9) 기초가 되는 치수 허용차는 아래 치수 허용차(EI 또는 ei)이다.

10) 기초가 되는 치수 허용차는 위 치수 허용차(ES 또는 es)이다.

11) 상하 대칭과 같이 표시 되어있지만, 공차 등급과 기준 치수에 따라서는 비대칭이다.

또, JS구멍 및 js축의 경우 기본 공차는 기준선에 관하여 그림 1. 24와 같이 대칭으로 나누어진다.

즉, JS 구멍의 경우 $|ES| = |EI| = IT/2$

js 축의 경우 $|es| = |ei| = IT/2$

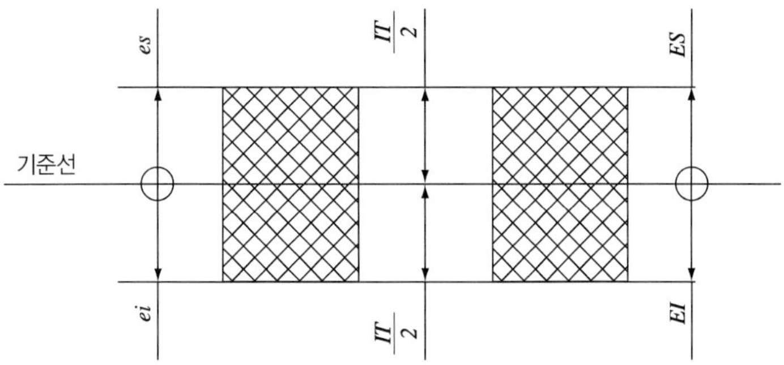

| 그림 1. 24 | JS구멍 및 js축의 치수 허용치

1.6.6 상용 끼워맞춤

일반적으로 두 개의 부품을 끼워맞춤 할 때는 H 구멍을 기준으로 하고, 이에 적당한 축을 선정하여 죔새 또는 끼워맞춤 하는 방식을 구멍 기준식 끼워맞춤이라고 한다. 또, h축을 기준 축으로 선정하고, 이것에 맞는 적당한 구멍을 선정하여 죔새 또는 끼워맞춤 하는 방식을 축 기준 끼워맞춤이라고 한다. 이와 같이, H구멍과 h축을 기준으로 선택하는 이유는, 기초가 되는 치수 허용차가 0(Zero)이어서 비교적 기준을 잡기 편리하기 때문이다. 상용하는 끼워맞춤에서 기준 구멍으로는 $H6 \sim H10$구멍, 기준 축으로는 $h5 \sim h9$축을 주로 사용하고 있으며, 구멍과 축의 조합은 표 1. 18와 표 1. 19에 나타내었다. 상용하는 끼워맞춤에 사용되는 구멍과 축의 치수 허용차 및 끼워맞춤에 관한 여러 치수는 KS B 0401의 부속서 2에 규정되어 있다.

| 표 1.18 | 상용하는 구멍기준 끼워맞춤

기준 구멍	축의 종류와 등급																
	헐거운 끼워맞춤						중간끼워맞춤				억지 끼워맞춤						
	b	c	d	e	f	g	h	js	k	m	n	p	r	s	t	u	x
H5						4	4	4	4	4							
H6						5	5	5	5	5							
					6	6	6	6	6	6	6*	6*					
H7				(6)	6	6	6	6	6	6	6	6*	6*	6	6	6	6
				7	7	(7)	7	7	(7)	(7)	(7)	(7)*	(7)*	(7)	(7)	(7)	(7)
H8					7		7										
				8	8												
			9	9													
H9			8	8			8										
		9	9	9			9										
H10	9	9	9														

| 표 1. 19 | 상용하는 축기준 끼워맞춤

기준 구멍	구멍의 종류와 등급																
	헐거운 끼워맞춤						중간끼워맞춤				억지 끼워맞춤						
	B	C	D	E	F	G	H	JS	K	M	N	P	R	S	T	U	X
h4							5	5	5	5							
h5							6	6	6	6	6*	6					
h6					6	6	6	6	6	6	6	6*					
				(7)	7	7	7	7	7	7	7	7*	7	7	7	7	7
h7				7	7	(7)	7	7	(7)	(7)	(7)	(7)	(7)*	(7)			
					8		8										
h8			8	8	8		8										
		9	9	9			9										
h9			8	8			8										
		9	9	9			9										
	10	10	10														

주 1. ( )는 가능하면, 사용하지 않는다.

2. 중간 끼워맞춤과 억지 끼워맞춤에서는 기능을 확보하기 위하여, 선택 조합을 권장한다.

3. * : 이들의 끼워맞춤은 치수의 구분에 따라 예외가 생긴다.

1.6.7 한계 게이지

끼워맞춤 방식에 의하여 설계된 부품을 제작할 경우에는 주어진 공차 내의 치수로 제품을 제작하면 된다. 그러나, 현대의 산업 현장에서는 대량의 제품을 정확한 치수로 만들어야 하는데, 이때 유용한 검사 방법으로 널리 사용되는 것이 한계 게이지(limit gauge)이다. 그림 1. 25는 한계 게이지로 가장 많이 사용되는 플러그 게이지(plug gauge)와 스냅 게이지(snap gauge)를 표현한 것인데 플러그 게이지는 구멍용, 스냅 게이지는 축 및 테이퍼 게이지이다.

게이지에는 통과측(go gauge)과 정지측(no go gauge)이 있어서 현장에서 작업자가 간편하게 통과측은 통과하고, 중지측에 통과하지 않는 제품을 만들면 허용된 오차 범위내의 치수를 갖게 된다. 그러나, 이 게이지의 사용상 주의해야 할 점은 게이지의 접촉부는 열처리하여 강하게 하여야 하며, 주기적으로 검사를 받아 정해진 규격에 적합한지를 필히 점검 받아야 한다.

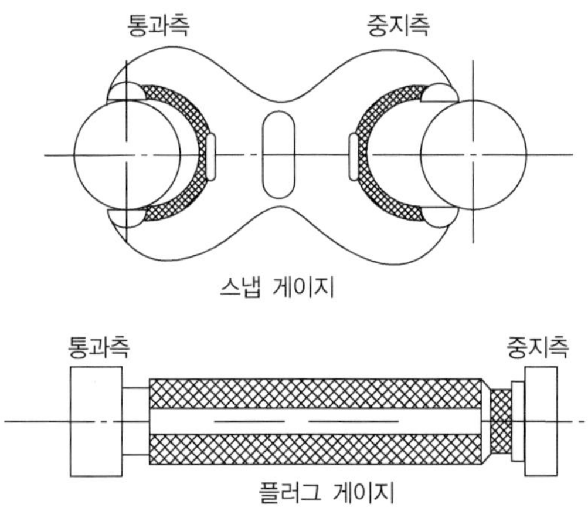

| 그림 1. 25 | 플러그 게이지와 스냅 게이지

1.7 기계재료의 표시

1.7.1 기계재료의 표시방법

기계를 구성하고 있는 재료는 그 기능이나 수명을 보장하기 위하여 신뢰성이 있어야한다. 기계부품의 재료는 금속재료가 주로 많이 사용되며 비금속재료도 사용된다. 도면의 부품에 대하여 재료를 지정할 때에는 재료기호를 부품란에 기입한다. 한국산업표준에서는 KS D에 규정되어 있으며 규격으로 재정되어 있지 않은 재료는 그 재료명을 문자로 기입한다.

1. 재료의 표시방법

재료 기호는 재질, 규격 또는 제품명, 종별 등 세 부분이 합쳐져서 나타나는 것이 보통이나 때로는 제조 방법, 제조 모양 기호 등을 첨가하여 5개 부분으로 표시하기도 한다.

(1) 제1위 기호

재질을 표시하는 기호로서, 영어의 머리 문자나 원소기호로 표시하며 대표적인 것은 표 1.20과 같다.

| 표 1.20 | 제1위 기호의 재료명

기 호	재료명	기 호	재료명
Al	알루미늄(Aluminium)	MgA	마그네슘 합금(Magnesium Alloy)
AlA	알루미늄 합금(Al Alloy)	NBs	네이벌 황동(Naval Brass)
Br	청동(Bronze)	Nis	양은(Nickel Silver)
Bs	황동(Brass)	PB	인청동(Phosphor Bronze)
C	초경질 합금(Carbide Alloy)	Pb	납(Lead)
Cu	동(Copper)	S	강철(Steel)
F	철(Ferrum)	SzB	실진 청동(Silzin Bronze)
HBs	강력 합금(High Strength Brass)	W	화이트 메달(White Metal)
L	경합금(Light Alloy)	Zn	아연(Zine)
K	켈밋(Kelmet)		

(2) 제2위 기호

제품명 또는 규격명을 나타내는 기호로서 판, 봉, 관, 선 주조품 등의 제품의 형상별 종류 등과 용도를 표시하며 대표적인 것은 표 1.21과 같다.

| 표 1.21 | 제2위 기호의 재료명

기 호	재료명	기 호	재료명
Au	자동차 용재	KH	철과 강 고속도강(High Speed Steel)
B	비철금속 봉재	L	궤도(Rail)
B	철과 강보일러(Boiler)용 압연재	M	조선(Marine)용 압연재
BF	단조용 봉재(Forging Bar)	MR	조선용 리벳(Marine Rivet)
BM	비철금속 머시닝(Machining)용 봉재	N	철과 강 니켈강(Nickel Steel)
BR	철과 강 보일러용 리벳(Rivet)	NC	니켈크롬강(Nickel Chromium Steel)

| 표 1.21 | 제2위 기호의 재료명(계속)

기 호	재료명	기 호	재료명
Au	자동차 용재	KH	철과 강 고속도강(High Speed Steel)
B	비철금속 봉재	L	궤도(Rail)
B	철과 강보일러(Boiler)용 압연재	M	조선(Marine)용 압연재
BF	단조용 봉재(Forging Bar)	MR	조선용 리벳(Marine Rivet)
BM	비철금속 머시닝(Machining)용 봉재	N	철과 강 니켈강(Nickel Steel)
BR	철과 강 보일러용 리벳(Rivet)	NC	니켈크롬강(Nickel Chromium Steel)

(3) 제3위 기호

재료 종류의 번호 또는 재료의 최저 인장강도 및 탄소함유량 등으로 표시하며, 표 1.22와 같다.

① 종류 번호의 숫자를 사용하는 경우 : 특수용도강, 공구강, 비철금속 등
② 최저인장강도를 나타내는 경우 : 일반 강재, 주철, 주강 및 탄소강, 단강 품
③ 탄소 함유량의 100배가 되는 수치를 사용하는 경우 : 기계 구조용 강재

| 표 1.22 | 금속재료 기호의 끝에 첨가하는 제3위 기호와 의미

구 분	기 호	기호의 의미	구 분	기 호	기호의 의미
종별에 의한 기호	A	갑		A	철강
	B	을		B	봉강
	C	병	알루미늄 합금의 열처리 기호	F	열처리를 하지 않은 재질
	D	정		O	풀림처리한 재질
	F	무		H	가공경화한 재질
가공법, 용도·형상등에 의한 기호	D	냉간 인발,		1/2H	반경질
	CK	절삭, 연삭		W	담금질한 후 시효경화 진행 중의 재료
	F	표면경화용		T_2	풀림처리한 재질(주물용)
	C	평판 ┐ 아연철판		T_6	담금질한 후 뜨임 처리한 재료
	P	파판 ┘			
	F	강판 ┐ 일반용 연강재			
		평강 ┘			

비고 1. 인장강도의 단위는 주로 kg/mm^2를 사용한다.
2. 숫자 다음에 부기하는 A는 연질, B는 반경질, C는 경질 등을 의미한다.
3. 단위길이당 중량을 ( ) 안에 기입한다.

(4) 제4위 기호

특히 필요한 경우 제 4 위 기호로서 재료의 제조방법을 지시하여야 할 경우에 사용되며 표 1.23과 같다.

| 표 1. 23 | 제조방법을 의미하는 제4위 기호

기 호	제조방법	기 호	제조방법
Oh	평로강(Open Hearth Steel)	Cc	도가니강(Crucible Steel)
Oa	산성(A챠얏) 평로강	R	압 연(Rolled)
Ob	염기성(Basic) 평로강	F	단 조(Forged)
Bes	전로강(Bessemer Steel)	Ex	압 출(Extruded)
E	전기로강(Electric Steel)	D	인 발(Drawn)

(5) 제5위 기호

특히 필요한 경우 제5위 기호로서 재료의 모양(형상)을 지시하여야 할 경우 사용되며 표 1.24와 같다.

| 표 1. 24 | 재료의 모양을 의미하는 제5위 기호

기 호	재료명	기 호	재료명	기 호	재료명
P	강 판	□	각 재	□	평 강
·	둥근강	⑥	6각형	I	I형강
◎	파이프	8	8각형	⊏	채널(channel)

(6) 재료기호의 표시 예

① SF34 : 탄소강 단강품[S(강), F(단조품), 34(최저 인장강도)] 제 1 종

② SC37 : 탄소강 주강품[S(강), C(주조품), 37(최저 인장강도)] 제 1 종

③ S1 : 초경합금 1종[S(초경합금), 1(1종)]

④ SHP1 : 열간압연강판 1종 [S(강), H(열간 가공품), P(강판), 1(1종)]

⑤ SM20C : 기계구조용 탄소강 강재[SM(기계구조용), 20C단(탄소함유량 0.15% ~ 0.25%의 중간값)] 제 3 종

⑥ PW1 : 피아노선 1종[PW(피아노선), 1(1종)]

⑦ CuR 1-0 : 구리막대 1종 연질[Cu(구리), R(막대), 1-O(1종-연질)]

⑧ Bs BMAD□ : [Bs(황동), BM(비철금속 봉재(maching bar)), A(연질), D(인발), □(각재)]

2. 금속재료의 열처리와 표시방법

기계 부품 전체에 열처리를 할 때에는 재료표에 재질과 함께 표시하거나 또는 표제란 근처에 있는 주서란에 기입한다. 또한 부품번호 옆에 개별적으로 기입하여도 된다. 그러나 국부적으로 열처리를 할 때에는 그 해당하는 곳을 도형 위에 명시한다. 표 1.25는 열처리의 종류와 표시 예를 나타낸다.

| 표 1.25 | 열처리의 종류와 표시 예

열처리의 종류		표시사항	표시 예
일반열 처리법	풀림(Normalizing)	풀림온도	830~880℃
		냉각법	대기 중 서랭
	불림(Annealing)	풀림온도	약 820℃ 이상
		냉각법	노중 냉각
	담금(Quenching)	경도	$H_B > 401$
표면강화 열처리법	화염경화(Flame Hardening)	표면경도	$H_V > 484$
		경화깊이	깊이 약 4
	침탄(Carburizing)	표면경도	표면 $H_V > 610$
		심부경도	심부 H_B 262~341
		경화깊이	깊이 0.7~1
	고주파경화(Induction Quenching)	표면경도	표면 $H_V > 577$
	질화(Nitriding)	표면경도	표면 $H_V > 700$
		경화깊이	깊이 2~3

3. 중량계산

부품란에는 다듬질 중량과 소재 중량을 기입한다. 다듬질 중량은 도면에서 계산한 물체의 중량이고, 소재 중량은 도면 치수에 다듬질량과 절삭량을 넣어서 계산한 중량이다. 단위는 kg이고 소수점 네 자리 이하는 기입하지 않는다.

$$\text{부품의 중량}(\mathrm{W}) = \text{체적}(V) \times \text{비중량}(\gamma)$$

복잡한 모양의 체적은 계산하기 쉬운 모양으로 적당히 분할하여 구하고, 작은 구멍이나 라운딩 부분은 무시하여 계산한 후 적당히 수정한다.

| 표 1.26 | 주요 재료의 중량

재 질	1cm³의 중량(g)	1in³의 중량(g)	재 질	1cm³의 중량(g)	1in³의 중량(g)
주철	7.21	118	주석	7.42	121
연강	7.70	126	구리	8.63	141
강	7.87	130	납	11.35	186
아연	6.87	112	알루미늄	2.56	42
황동	8.10	132	콘크리트	2.30	38
청동	8.56	140	연와적	1.90	31

4. KS 표준에 의한 기계재료 표시기호

(1) 보통강 - 압연강재

- SS(Steel Structual, 일반구조용 압연강재)
- SWS(Steel Welding Structure, 용접구조용 압연강재)
- SMA(Steel Maring Atmosphere, 용접구조용 내후성 압연강재)
- SV(Steel Rivet, 리벳용 압연강재)
- SBB(Steel, B-보통, Boiler, 보일러 및 압력용기 용 탄소강 및 몰리브덴 강판)

(2) 특수강

① 구조용 탄소강재 : SMxxC(Steel Machine Carbon, 기계구조용 탄소강)

② 구조용 합금강재

- SCr(Steel Chromium, 구조용 크롬강)
- SCM(Steel Chromium Molybdenum, 크롬 몰리브덴강)
- SNC(Steel Nickel Chromium, 니켈 크롬강)
- SNCM(Steel Nickel Chromium Molybdenum, 니켈 크롬 몰리브덴강)
- SMnC(Steel Manganese Chromium, 망간 크롬강)
- SACM(Steel Aluminium Chromium Molybdenum, 알루미늄 크롬 몰리브덴강)
- SGV(Steel General Vessel, 중·상온 압력용기용 탄소강판)
- SBV(Steel Boiler Vessel, 보일러 및 압력용기용 망간 몰리브덴강 및 망간 몰리브덴 니켈 합금강)
- SQV(Steel Quenching Vessel 압력용기용 조질형 망간 몰리브덴강 및 망간 몰리브덴 니켈 합금강 강판)

③ 공구강 강재

- STC(Steel Tool Carbon, 탄소공구강, SKC (Steel K-공구 Chisel, 중공강)
- STS(Steel Tool Special, 합금공구강)
- STD(Steel Tool Die, 합금공구강)
- STF(Steel Tool Forging, 합금공구강)
- SKH(Steel K-공구 High Speed, 고속도 공구강)

④ 특수용도용 강재

- STS(Stainless Steel, 스테인리스강)
- STB(Steel Stainless Bearing, 고탄소 크롬 베어링강)
- SPS(Spring Steel, 스프링강)
- STR(Stainless Steel for Heat Resisting Steel, 내열강)
- SUM(Stainless Use Machinability, 쾌삭강)

(3) 주강

① 탄소강 주강

- SC(Steel Casting, 탄소강 주강)
- SCW(Steel Casting Weld, 용접구조용 주강)

② 구조용 합금강 주강

- HSC(HIgh Tensile Steel Casting, 구조용 고장력 탄소강 및 저합금강 주강)
- LMnSC(Low Manganese Steel Casting, 저망간 주강)
- SiMnSC(Silicon Manganese Steel Casting, 실리콘 망간 주강)
- MnCrSC(Manganese Chromium Steel Casting, 망간 몰리브덴 주강)
- MnMoSC(Manganese Molybdenum Steel Castin, 망간 몰리브덴 주강)
- CrMoSC(Chromium Molybdenum Steel Casting, 크롬 몰리브덴 주강)
- MnCrMoSC(Manganese Chromium Molybdenum Steel Casting, 망간 크롬 몰리브덴 주강)
- NiCrMoSC (Nickel Chromium Molybdenum Steel Casting, 니켈 크롬 몰리브덴 주강)

③ 특수용도강 주강

- SCC(Stainless Steel Casting, 스테인리스 주강)
- HRSC(Heat Resistant Stell Casting, 내열강 주강)
- HMnSC(High Manganese Steel Casting, 고망간 주강)

- SCPH(Steel Casting Pressure high Temperature, 고온고압용 주강)
- SCPL(Steel Casting Prssure Low Temperature, 저온 고압용 주강)

(4) 단강

① 탄소강 단강 : SF(Steel Forging, 탄소강 단강)

② 구조용 합금강 단강

- SFV(Steel Forging Bessel, 압력용기용 조질형 탄소강 및 저합금강 주강)
- SFVV(Steel Forging Vessel Vacuum, 압력용기용 조질형 진공처리 탄소강 및 저합금강 주강)
- SFCM(Steel Forging Chromium Molybdenum, 크롬 몰리브덴 단강)
- SFNCM(Steel Forging Nickel Chromium Molybdenum, 니켈 크롬 몰리브덴 단강)

(5) 주철

① 회주철 : GC(Grey Casting)

② 구상흑연주철 : GCD(Grey Casting Dectile, 구상흑연 주철)

③ 가단 주철

- BMC (Black Malleable Casting, 흑심 가단 주철)
- PMC(Pearlite Malleable Casting, 퍼얼라이트 가단주철)
- WMC(White Malleable Casting, 백심 가단주철)

연습문제

1. 기계설계를 정의하고, 기계설계를 하기 위하여 고려해야 할 내용을 설명하여라.

2. 내구선도를 그리고 Soderberg의 식에 대한 유용성을 설명하여라.

3. 파손에 관한 여러 학설을 비교 설명하여라.

4. 끼워맞춤의 종류를 설명하고 상용끼워맞춤에 관한 하나의 보기를 들어 그 사용법을 설명하여라.

5. 공학단위로 널리 사용되고 있는 힘 1kg을 N으로, 응력 1kg/mm^{2}를 Pa로, 토크 1kg · mm를 J로 환산하라.

6. 안지름 50mm인 두께 1.5mm의 알루미늄제 파이프가 있다. 파손에 대한 최대전단응력걸로부터 이 파이프가 항복이 발생하는 경우의 비틀림모우멘트를 구하여라. 단 재료의 인장강도는 25kg/mm^{2}이다.

7. 교번비틀림피로한도가 14kg/mm^{2}인 정밀가공된 둥근봉의 지름이 10mm이다. 이 봉에 얼마의 반복비틀림 모우멘트를 작용시킬 수 있는가? 다만 안전율은 2이고 반복비틀림피로한도 τ_u는 교번비틀림피로한도 τ_w와는 $\dfrac{\sigma_u}{2} = (0.97)\tau_w$의 실험 결과를 가지고 있다.

8. 항복강도가 25kg/mm^{2}인 재료에 정하중을 작용시킬 때 허용인장 및 전단응력을 구하라. 단 항복강도를 기준강도로 하고 안전율은 2이다.

9. 나비 100mm, 두께 10mm인 평판의 중앙선상에 지름 50mm의 구멍이 뚫어져 있다. 이 판에 4000kg의 인장하중이 작용할 때 응력 집중에 의한 최대응력을 구하여라. 응력집중계수는 실험결과로부터 2.15를 얻었다.

10. 지름이 50mm의 축에 1.0×10^{4}kg/mm^{2}의 정적 비틀림전단응력을 받을 때의 안전율을 구하라. 단 재료의 기준강도는 항복강도 6.2×10^{4}kg/mm^{2}로 한다. 전단변형에너지설을 기준으로 구하여라.

11. 지름 48mm의 축에 평균응력 20kg/mm^2, 응력진폭 5kg/mm^{2}의 반복굽힘응력이 작용할 때, 설계상의 정적 상당 사용응력 및 안전율을 구하여라. 단, 재료의 항복강도는 34kg/mm^{2}이며 노치효과계수는 1.58이다. 축의 인장강도는 45kg/mm^{2}이며 교번피로한도는 22.5kg/mm^{2}이다.

12. 문제 11에서 평균응력이 10.5kg/mm^{2}로 변하면 응력진폭을 얼마로 해야 하는가? 단 안전율은 2이다.

13. 지름 190mm인 축을 5급으로 가공한다면 최대허용치수, 최소허용치수 및 치수공차를 구하여라. 공차는 IT 기본공차에 따른다.

CHAPTER

02 나사

기계는 여러 가지 요소들로 구성되어 있으며, 이 요소들이 서로 결합되어서 상대운동을 하는데, 이러한 기계요소들이 결합을 목적으로 하는 요소를 결합요소 또는 체결요소라고 한다.

2.1 나사의 구조

2.1.1 나사의 원리

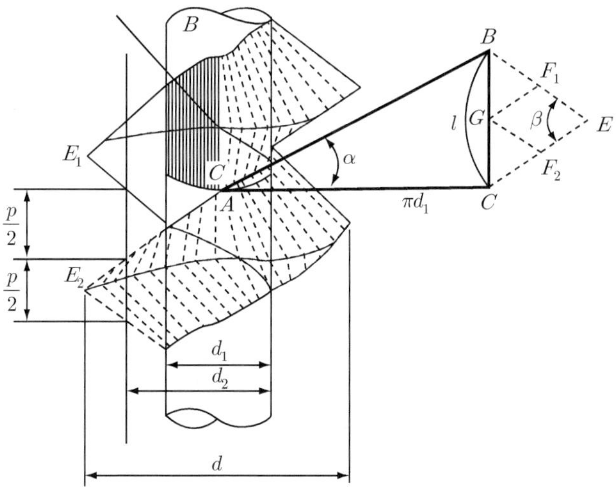

| 그림 2.1 | 나사의 기본 원리도

나사는 수나사와 암나사의 상호운동에 의한 회전운동과 직선운동과의 변환 요소로서, 작은 회전모멘트로 축방향에 큰 회전력의 힘을 얻는 운동용 나사와 볼트와 너트를 체결용으로 사용되는 중요한 기계요소이다. 또, 바이스(vise)나 잭(jack) 등에 응용하여 힘을 전달하는 경우에도 나사는 널리 사용되므로, 호환성을 고려하여 규격화되어 있고, 사용 용도와 목적에 따라 알맞은 것을 선정하도록 하여야 한다.

그림 2. 1은 지름d_1 인 원기둥에 밑변 AC$=\pi d_1$ 인 직각 삼각형 ABC를 감으면, 경사 AB는 원기둥 위에 나선형(helix)의 곡선이 나타나는데, 이 나선을 따라 원기둥을 1회전하면 BC$=l$ 만큼 위로 상승하게 된다. 이 길이l 을 리드(lead)라고 한다. 나선이 원기둥의 왼쪽으로 감기면서 회전하여 상승하면 왼나선(left handed helix)이라고 하고, 오른쪽으로 감기면 오른나선(right handed helix)이라고 한다. 그리고, 이 나선을 따라서 3각형 또는 4각형의 균일 단면을 갖는 띠를 감으면, 3각나사(triangular thread) 또는 4각나사(square thread)가 만들어진다. 또, 이들 띠를 원통의 외면에 감아서 만들어진 나사를 수나사(external screw thread), 원통 내면에 감아서 만들어진 나사를 암나사(internal screw thread)라고 한다.

2.1.2 나사의 명칭

1. 피치와 리드

한 나사의 꼭대기와 이웃하는 나사산의 꼭대기 간의 축선에 평행하게 측정한 거리를 피치(pitch)라고 하고, 나사를 1회전 하였을 때 축 방향으로 전진하는 거리를 리드(lead)라고 한다. 피치를 p 라하고, 줄 수를 n 이라고 하면 리드 l 은,

$$l = np \tag{2. 1}$$

1개의 나사 곡선을 기초로 하여 만든 나사를 한줄 나사(single thread)라고 하는데, 이 나사는 피치가 가늘고, 동시에 리드를 작게 하여 나사를 죄는데 시간이 다소 걸리지만, 잘 풀리지는 않는 특징이 있다. 그림 2.1에서 BC 위에 BC의 1/2를 밑면으로 하는 2개의 3각형을 감으면, 리드가 같은 2줄 나사가 생기게 된다. 마찬가지로 그림 2. 2와 같은 3줄, 4줄 나사가 된다.

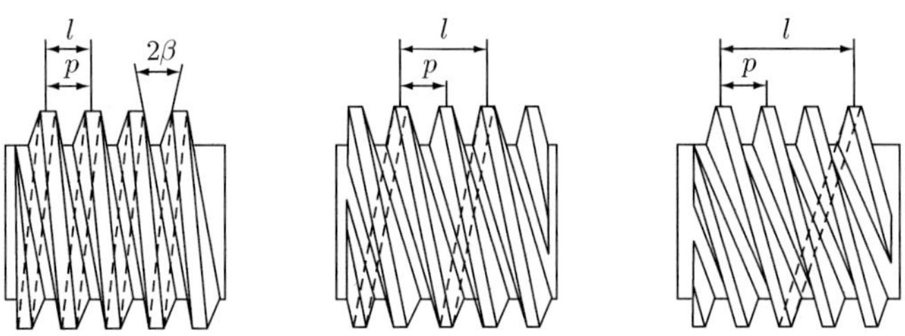

| 그림 2. 2 | 여러 줄 나사

2. 나사의 각부 명칭

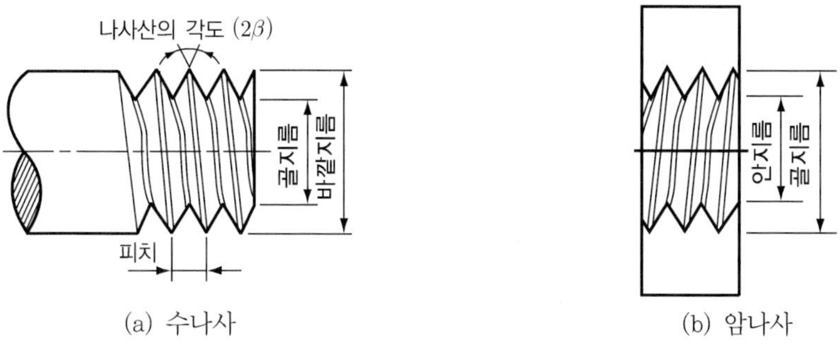

| 그림 2. 3 | 나사(수나사와 암나사)

(1) **바깥지름** : 수나사 산봉우리에서 접하는 가상적인 원통의 지름으로 수나사의 최대지름이 된다.

(2) **안지름** : 암나사의 산봉우리에서 접하는 가상적인 원통의 지름으로 암나사의 최소지름이 된다.

(3) **골지름(minor diameter)** : 수나사 또는 암나사의 골밑에 접하는 가상적인 원통의 지름으로 수나사의 최소지름이며, 암나사에서는 최대지름이 된다.

(4) **유효지름(pitch diameter)** : 나사산 사이의 홈의 폭이 산의 폭과 같게 되는 가상적인 원통(또는 원추)의 지름을 말한다.

(5) **나사산의 각도(angle of thread)** : 축 선을 포함한 단면형에 있어서 측정한 인접한 2개의 경사면이 이루는 각도(2β)를 말한다.

(6) **나사부**

① 완전 나사부(complete thread) : 산봉우리와 골 밑이 양쪽 모두 완전한 나사 모양을 갖는 나사부를 말한다.

② 불완전 나사부(incomplete thread) : 나사 공구에 의해 만들어진 나사산 모양에서 불완전한 나사부를 말한다.

③ 유효 나사부(effective thread) : 산봉우리의 골밑이 규정의 나사산에 가까운 모양을 갖는 나사부를 말하는데, 산봉우리가 완전하지 않는 부분이 있을 때는 허용한 범위 내에서 유효 나사부를 찾는다.

(7) **플랭크 각(flank angle)** : 나사의 봉우리와 나사의 골을 연결하는 나사산의 경사면으로 인접한 2개의 플랭크가 맺는 각을 나사산 각이라고 하며, 3각 나사에서는 플랭크 각의 2배이다.

(8) **리드각(lead angle)** : 그림 2. 4와 같이 가상의 원통을 원주 면에 전개했을 경우 수평 축은 원통 둘레가 되고, 수직 축은 리드(l)가 된다. 리드각(α)은 나선 곡선이 축선에 직각인 방향과 이루는 각으로서 나선의 경사각이며 바깥지름(d), 유효지름(d_2) 및 골지름(d_1)에 따라 다르다. 보통 유효지름의 리드각(α)을 사용한다.

따라서, $\tan\alpha = \dfrac{l}{\pi d_2}$ 이 되며, 나사의 작용에 중요한 평균 경사각이다.

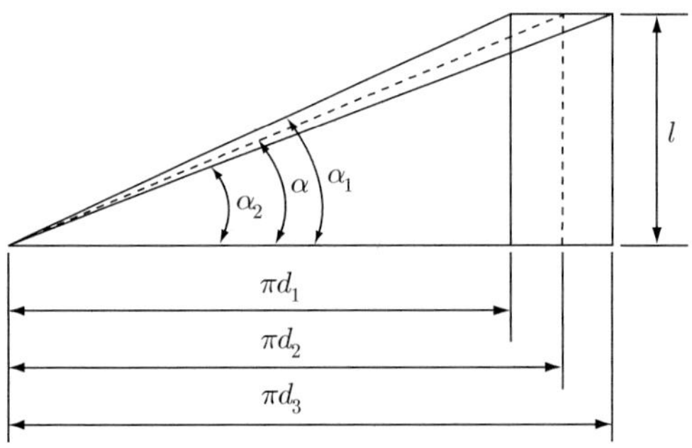

| 그림 2. 4 | 리드각

(9) **비틀림각** : 나사 곡선과 그 위의 한 점을 통과하는 나사의 축에 평행한 직선과 이루는 각을 말한다. 비틀림 각을 λ라고 하고, 리드각 α와는 아래와 같다.

$$\lambda + \alpha = 90° \tag{2. 2}$$

2.1.3 나사의 종류

나사는 나사산의 모양에 따라 3각 나사, 4각 나사, 사다리꼴 나사, 톱니 나사, 둥근 나사 등이 있으며, 기준 치수의 단위에 따라 미터나사, 인치나사로 구분한다.

1. 삼각나사(triangular screw thread)

나사산의 단면 모양이 대체로 3각형인 것으로 체결용으로 주로 사용되며, 나사산의 모양에 따라 미터 나사(metric screw thread), 유니파이 나사(unified screw thread), 휘트워스

나사(Whitworth screw thread)와 관이나 파이프의 연결용으로 사용하는 관용 나사(pipe thread) 등이 있다.

(1) 미터나사(metric screw thread)

지름과 피치를 mm로 표시하며 나사산의 각도는 60°이다. 미터 나사에는 보통 나사(coarse thread)와 가는 나사(fine thread)가 있으며, 가는 나사는 보통 나사에 비하여 같은 지름에서 나사산의 수가 많고, 산의 높이도 비교적 낮다. 보통 나사보다 강도를 요하는 곳이나 살이 얇은 원통부및 수밀과 기밀을 요하는 부분에 적당하다. 표 2. 1과 표 2. 2에는 미터 보통나사와 미터 가는나사의 KS규격을 각각 나타낸 것이다.

(2) 유니파이 나사(unified screw thread)

이 나사는 미국, 영국, 캐나다 3개국의 협정에 의하여 정한 것으로 국제적인 표준나사라고 할 수 있으며, ABC나사라고도 한다. 나사의 호칭 지름은 인치(inch)로 표시하며, 피치는 25.4mm(1인치)를 나사 산의 수로 나눈 값으로 표시되고, 나사산의 각도는 60°이다. 표 2. 3과 표 2. 4에는 유니파이 보통나사와 유니파이 가는나사의 KS규격을 각각 나타낸 것이다.

(3) 휘트워스 나사(Whitworth screw thread)

1941년 휘트워스(J. Whitworth)에 의해서 제안된 나사로 나사산의 각도는 55°이다. 암나사와 수나사 사이에 틈이 조금도 없으며, 공구로 절삭하지 않으면 정확하게 접합하지 않기 때문에 휘트워스 나사는 사용이 점차 줄어가며, 유니파이 나사로 사용이 대치 되어가고 있다. 우리 나라에서는 1962년 KS 1004에 표준화되었다가, 1971년에 폐기되었다.

(4) 관용나사(pipe thread)

관을 연결할 경우에 2개의 관 끝에 나사를 가공하여 소켓을 끼워 연결한다. 지름의 크기에 비하여 피치를 작게 하였다. 주로 가스관, 수도관등의 이음부분, 압력계의 고정부, 기밀, 수밀등을 필요로 하는 곳, 유체 기계등의 접촉을 목적으로 하는 부분에 사용된다. 종류로는 표 2. 5에 나타낸 것과 같이 관용 평행나사와 관용 테이퍼 나사의 2가지가 있다.

| 표 2.1 | 미터 보통나사(KS B 0201)

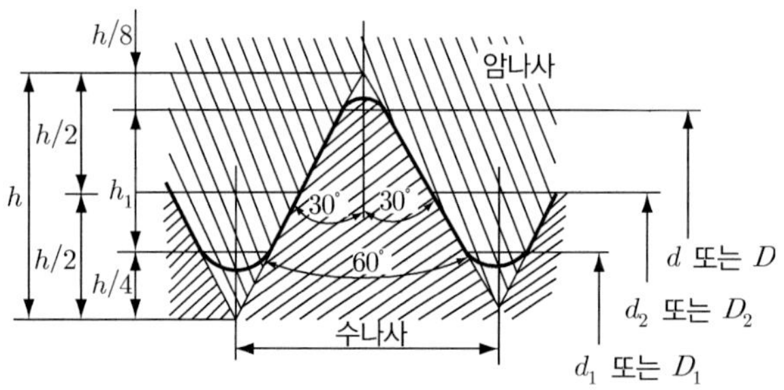

$h = 0.86602p$
$d_2 = d - 0.649519p$
$D = d$
$h_1 = 0.541266p$
$d_1 = d - 0.82532p$
$D_2 = d_2$
$D_1 = d_1$

(단위 : mm)

나사의 호칭[1]			피치 p	접촉높이 h_1	암나사		
					골지름 D	유효나사 D_2	안지름 D_1
					수나사		
1	2	3			바깥지름 d	유효지름 d_2	골지름 d_1
M0.25			0.075	0.041	0.250	0.201	0.169
M0.3			0.080	0.043	0.300	0.248	0.213
	M0.35		0.090	0.049	0.350	0.292	0.253
M0.4			0.1	0.054	0.400	0.335	0.202
	M0.45		0.1	0.054	0.450	0.385	0.342
M0.5			0.125	0.068	0.500	0.419	0.365
	M0.55		0.125	0.068	0.550	0.469	0.415
M0.6			0.15	0.081	0.600	0.503	0.438
	M0.7		0.175	0.095	0.700	0.586	0.511
M0.8			0.2	0.108	0.800	0.670	0.583
	M0.9		0.225	0.122	0.900	0.754	0.656
M1			0.25	0.135	1.000	0.838	0.729
	M1.1		0.25	0.135	1.100	0.938	0.829
M1.2			0.25	0.135	1.200	1.038	0.929
	M1.4		0.3	0.162	1.400	1.205	1.075
M1.6			0.35	0.189	1.600	1.373	1.221
			0.35	0.189	1.700	1.473	1.321
	M1.8		0.35	0.189	1.800	1.573	1.421
M2			0.4	0.217	2.000	1.740	1.567
	M2.2		0.45	0.244	2.200	1.908	1.713
			0.4	0.217	2.300	2.040	1.867

| 표 2.1 | 미터 보통나사 (KS B 0201)(계속)

나사의 호칭[1]			피치 p	접촉높이 h_1	암나사 골지름 D	암나사 유효나사 D_2	암나사 안지름 D_1
1	2	3			수나사 바깥지름 d	수나사 유효지름 d_2	수나사 골지름 d_1
M2.5			0.45	0.244	2.500	2.208	2.023
			0.45	0.244	2.600	2.308	2.113
M3×0.5			0.5	0.271	3.000	2.675	2.459
	M3.5		0.6	0.325	3.500	3.110	2.850
M4×0.7			0.7	0.379	4.000	3.545	3.242
	M4.5		0.75	0.406	4.500	4.013	3.688
M5×0.8			0.8	0.433	5.000	4.480	4.134
M6			1	0.541	6.000	5.350	4.917
		M7	1	0.541	7.000	6.350	6.917
M8			1.25	0.677	8.000	7.188	6.647
		M9	1.25	0.677	9.000	8.188	7.647
M10			1.5	0.812	10.000	9.026	8.376
		M11	1.5	0.812	11.000	10.026	9.376
M12			1.75	0.947	12.000	10.863	10.106
	M14		2	1.083	14.000	12.701	11.835
M16			2	1.083	16.000	14.701	13.835
	M18		2.5	1.353	18.000	16.376	15.294
M20			2.5	1.353	20.000	18.376	17.294
	M22		2.5	1.353	22.000	20.376	19.294
M24			3	1.642	24.000	22.051	20.752
	M27		3	1.642	27.000	25.051	23.752
M30			3.5	1.894	30.000	27.727	26.211
	M33		3.5	1.894	33.000	30.727	29.211
M36			4	2.165	36.000	33.402	31.670
	M39		4	2.165	39.000	36.402	34.670
M42			4.5	2.436	42.000	39.077	37.129
	M45		4.5	2.436	45.000	42.077	40.129
M48			5	2.706	48.000	44.752	42.587
	M52		5	2.706	52.000	48.752	46.587
M56			5.5	2.977	56.000	52.428	50.046
	M60		5.5	2.977	60.000	56.428	54.046
M64			6	3.248	64.000	60.103	57.505
	M68		6	3.248	68.000	64.103	61.505

비고 1. [1]의 1란을 우선으로 하고, 필요에 따라 2, 3란의 순서로 정한다.

2. 수나사의 산봉우리와 암나사의 골 밑 사이에는, 그림과 같은 약간의 틈새를 둔다.

|표 2.2| 미터 가는나사(KS B 0204)

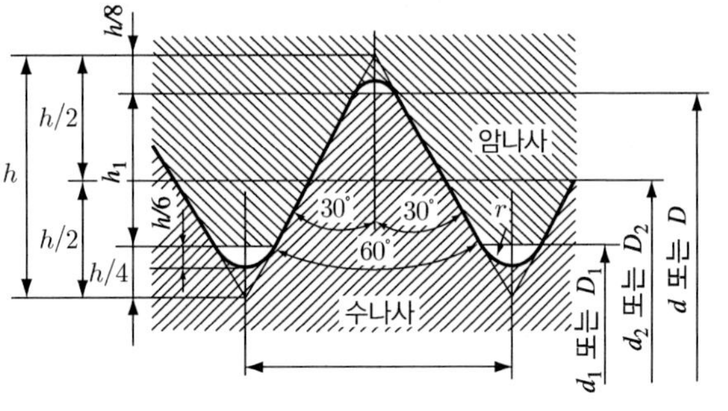

(단위 : mm)

나사의 호칭	피치 p	접촉높이 h_1	암나사 골지름 D / 수나사 바깥지름 d	암나사 유효나사 D_2 / 수나사 유효지름 d_2	암나사 안지름 D_1 / 수나사 골지름 d_1
M 1×0.2	0.2	0.108	1.000	0.870	0.783
M1.1×0.2	0.2	0.108	1.100	0.970	0.883
M1.2×0.2	0.2	0.108	1.200	1.070	0.983
M1.4×0.2	0.2	0.108	1.400	1.270	1.183
M1.6×0.2	0.2	0.108	1.600	1.470	1.383
M1.8×0.2	0.2	0.108	1.800	1.670	1.583
M2×0.25	0.25	0.135	2.000	1.838	1.729
M2.2×0.25	0.25	0.135	2.200	2.038	1.929
M2.5×0.35	0.35	0.189	2.500	2.273	2.121
M3×0.35	0.35	0.189	3.000	2.773	2.621
M3.5×0.35	0.35	0.180	3.500	3.273	3.121
M 4×0.5	0.5	0.271	4.000	3.675	3.459
M4.5×0.5	0.5	0.271	4.500	4.175	3.959
M5×0.5	0.5	0.271	5.000	4.657	4.459
M5.5×0.5	0.5	0.271	5.500	5.175	4.959
M6×0.75	0.75	0.406	6.000	5.513	5.188
M7×0.75	0.75	0.406	7.000	6.513	6.188
M8×1	1	0.541	8.000	7.350	6.917
M8×0.75	0.75	0.406	8.000	7.513	7.188
M9×1	1	0.541	9.000	8.350	7.917
M9×0.75	0.75	0.406	9.000	8.513	9.188

| 표 2.2 | 미터 가는나사(KS B 0204)(계속)

나사의 호칭	피치 p	접촉높이 h_1	암나사		
			골지름 D	유효나사 D_2	안지름 D_1
			수나사		
			바깥지름 d	유효지름 d_2	골지름 d_1
M10×1.25	1.25	0.677	10.000	9.188	8.647
M10×1	1	0.541	10.100	9.350	8.917
M10×0.75	0.75	0.406	10.000	9.513	9.188
M11×1	1	0.541	11.000	10.350	9.917
M11×0.75	0.75	0.406	11.100	10.513	10.188
M12×1.5	1.5	0.812	12.000	11.026	10.376
M12×1.25	1.25	0.677	12.000	11.188	10.647
M12×1	1	0.541	12.000	11.350	10.917
M14×1.5	1.5	0.812	14.000	13.026	12.376
M14×1.25	1.25	0.677	14.000	13.188	12.647
M14×1	1	0.541	14.000	13.350	12.917
M15×1.5	1.5	0.812	15.000	14.026	13.376
M15×1	1	0.541	15.000	14.350	13.917
M16×1.5	1.5	0.812	16.000	15.026	14.376
M16×1	1	0.541	16.000	15.350	14.917
M17×1.5	1.5	0.812	17.000	16.026	15.376
M17×1	1	0.541	17.000	16.350	15.917
M18×2	2	1.083	17.000	16.701	15.835
M18×1.5	1.5	0.812	18.000	17.026	16.376
M18×1	1	0.541	18.000	17.350	16.917
M20×2	2	1.083	20.000	18.701	17.835
M20×1.5	1.5	0.812	20.000	19.026	18.376
M20×1	1	0.541	20.000	19.350	18.917

| 표 2.3 | 유니파이 보통나사(KS B 0203)

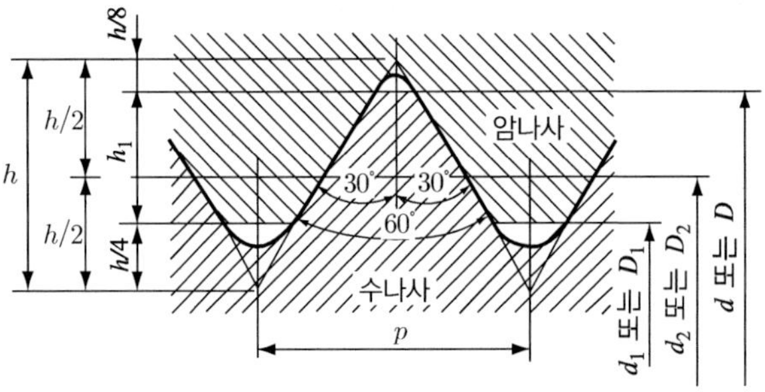

(단위 : mm)

나사의 호칭[1]		나사산수 (25.4mm에 대한) n	피치 p	접촉 높이 h_1	암나사		
					골지름 D	유효나사 D_2	안지름 D_1
					수나사		
1	2				바깥지름 d	유효지름 d_2	골지름 d_1
	No. 2-56 UNC	64	0.3969	0.215	1.854	1.598	1.425
No. 2-56 UNC		56	0.4536	0.246	2.184	1.890	1.694
	No. 3-48 UNC	48	0.5292	0.286	2.515	2.172	1.941
No. 4-40 UNC		40	0.6350	0.344	2.845	2.433	2.156
No. 5-40 UNC		40	0.6350	0.344	3.175	2.764	2.487
No. 6-32 UNC		32	0.7938	0.430	3.505	2.990	2.647
No. 8-32 UNC		32	0.7938	0.430	4.166	3.650	3.307
No.10-24 UNC		24	1.0583	0.573	4.826	4.138	3.680
	No.12-24 UNC	24	1.0583	0.573	5.486	4.798	4.341
1/4-20 UNC		20	1.2700	0.687	6.350	5.524	4.976
5/16-18 UNC		18	1.4111	0.764	7.938	7.021	6.411
3/8-16 UNC		16	1.5875	0.859	9.525	8.494	7.805
7/16-14 UNC		14	1.8143	0.982	11.112	9.934	9.149
1/2-13 UNC		13	1.9538	1.058	12.700	11.430	10.584
9/16-12 UNC		12	2.1167	1.146	14.288	12.913	11.996
5/8-11 UNC		11	2.3091	1.250	15.875	14.376	13.376
3/4-10 UNC		10	2.5400	1.375	19.050	17.3999	16.2999
7/8-9 UNC		9	2.8222	1.528	22.225	20.391	19.169

| 표 2.3 | 유니파이 보통나사(KS B 0203)(계속)

(단위 : mm)

나사의 호칭(1)		나사산수 (25.4mm에 대한) n	피치 p	접촉 높이 h_1	암나사		
					골지름 D	유효나사 D_2	안지름 D_1
					수나사		
1	2				바깥지름 d	유효지름 d_2	골지름 d_1
1−8 UNC		8	3.1750	1.719	25.400	23.338	21.963
$1\frac{1}{8}$−7 UNC		7	3.6286	1.964	28.575	26.218	24.648
$1\frac{1}{4}$−7 UNC		7	3.6286	1.964	31.750	29.393	27.823
$1\frac{3}{8}$−6 UNC		6	4.2333	2.291	34.925	32.174	30.343
$1\frac{1}{2}$−6 UNC		6	4.2333	2.291	38.100	35.349	33.518
$1\frac{3}{4}$−5 UNC		5	5.0800	2.750	44.459	41.151	38.951
2−$4\frac{1}{2}$ UNC		$4\frac{1}{2}$	5.6444	3.055	50.800	47.135	44.689
$2\frac{1}{2}$−$4\frac{1}{2}$ UNC		$4\frac{1}{2}$	5.6444	3.055	57.150	53.485	51.039
$2\frac{1}{2}$−4 UNC		4	6.3500	3.437	63.500	59.375	56.627
$2\frac{3}{4}$−4 UNC		4	6.3500	3.437	69.850	14.376	13.376
3−4 UNC		4	6.3500	3.437	76.200	17.3999	16.2999
$3\frac{1}{4}$−4 UNC		4	6.3500	3.437	82.550	20.391	19.169
$3\frac{1}{2}$−4 UNC		4	6.3500	3.437	88.900	84.775	82.027
$3\frac{3}{4}$−4 UNC		4	6.3500	3.437	95.250	91.125	88.377
4−4 UNC		4	6.3500	3.437	101.600	97.475	94.727

비고 1. (1)의 1란을 우선으로 하고, 필요에 따라 2란을 선택하여 사용한다.
2. 수나사의 산봉우리와 암나사의 골 밑 사이에는, 그림과 같은 약간의 틈새를 둔다.
3. 표의 나사의 호칭법은 아래의 규칙과 같다.
① 숫자가 No 뒤에 나오는 경우, 바깥지름은 (60+No 뒤의 숫자)/100(inch)이다.
② 처음부터 숫자가 나오는 경우, 첫 숫자가 인치(inch) 단위의 바깥지름이다.
③ "−" 다음에 나오는 숫자는 1인치당 나사산의 수를 의미한다.
4. 여기서 UNC : 유니파이 보통나사(Unified coarse thread)를 나타낸다.

| 표 2.4 | 유니파이 가는나사(KS B 0206)

(단위 : mm)

나사의 호칭[1]			나사산수 (25.4 mm에 대한) n	피치 p	접촉 높이 h_1	암나사		
						골지름 D	유효나사 D_2	안지름 D_1
						수나사		
1	2	참 고				바깥지름 d	유효지름 d_2	골지름 d_1
No. 0-80 UNF		0.0600-80 UNF	80	0.3175	0.172	1.524	1.318	1.181
	No. 1-72 UNF	0.0730-72 UNF	72	0.3528	0.191	1.854	1.626	1.473
No. 2-64 UNF		0.0860-64 UNF	64	0.3969	0.215	2.184	1.755	1.755
	No. 3-56 UNF	0.0990-56 UNF	56	0.4536	0.246	2.515	2.220	2.024
No. 4-48 UNF		0.1120-48 UNF	48	0.5292	0.280	2.845	2.502	2.271
No. 5-44 UNF		0.1250-44 UNF	44	0.5773	0.312	3.175	2.799	2.550
No. 6-40 UNF		0.1380-40 UNF	40	0.6350	0.344	3.505	3.094	2.817
No. 8-36 UNF		0.1640-36 UNF	36	0.7056	0.382	4.166	3.708	3.401
No.10-32 UNF		0.1900-32 UNF	32	0.7938	0.340	4.826	4.310	3.967
	No.12-28 UNF	0.2160-28 UNF	28	0.9071	0.491	5.486	4.897	4.503
$\frac{1}{4}$-28 UNF		0.2500-28 UNF	28	0.9071	0.491	6.350	5.761	5.367
$\frac{5}{16}$-24 UNF		0.3125-24 UNF	24	1.0583	0.573	7.938	7.249	6.792
$\frac{3}{8}$-24 UNF		0.3750-24 UNF	24	1.0538	0.573	9.525	8.837	8.379
$\frac{7}{16}$-20 UNF		0.4375-20 UNF	20	1.2700	0.687	11.112	10.287	9.738
$\frac{1}{2}$-20 UNF		0.5000-20 UNF	20	1.2700	0.687	12.700	11.874	11.326
$\frac{9}{16}$-18 UNF		0.5625-18 UNF	18	1.4111	0.764	14.288	13.371	12.761
$\frac{5}{8}$-18 UNF		0.6250-18 UNF	18	1.4111	0.764	15.875	14.958	14.348
$\frac{3}{4}$-16 UNF		0.7500-16 UNF	16	1.5875	0.859	19.050	18.019	17.330
$\frac{7}{8}$-14 UNF		0.8750-14 UNF	14	1.8143	0.982	22.225	21.046	20.262
1-12 UNF		1.0000-12 UNF	12	2.1167	1.146	25.400	24.026	23.109
$1\frac{1}{8}$-12 UNF		1.1250-12 UNF	12	2.1167	1.146	28.575	27.201	26.284
$1\frac{1}{4}$-12 UNF		1.2500-12 UNF	12	2.1167	1.146	31.750	30.376	29.459
$1\frac{3}{8}$-12 UNF		1.3750-12 UNF	12	2.1167	1.146	34.925	33.551	32.634
$1\frac{1}{2}$-12 UNF		1.5000-12 UNF	12	2.1167	1.146	38.100	36.726	35.809

비고 1. (1)의 1란을 우선으로 하고, 필요에 따라 2란을 선택하여 사용한다.

2. 수나사의 산봉우리와 암나사의 골 밑 사이에는, 그림과 같은 약간의 틈새를 둔다.

3. 표의 나사의 호칭법은 아래의 규칙과 같다.

① 숫자가 No 뒤에 나오는 경우, 바깥지름은 (60+No 뒤의 숫자)/100(inch) 이다.

② 처음부터 숫자가 나오는 경우, 첫 숫자가 인치(inch) 단위의 바깥지름이다.

③ "–" 다음에 나오는 숫자는 1인치당 나사산의 수를 의미한다.

4. 여기서 UNF : 유니파이 가는나사(Unified fine thread)를 나타낸다.

2. 사각나사(square thread)

나사산의 단면 모양이 4각형으로, 전동을 요구하는 곳에 사용되는 나사로서 또,큰 하중을 받으면서 운동하는 나사로써, 하중의 방향이 일정하지 않는 경우에도 효율적으로 사용할 수 있는 장점도 가지고 있으며, 마찰 저항이 적으므로 나사 잭(screw jack), 나사 프레스(screw press) 등에 이용된다. 그러나, 공작이 어려운 결점이 있고, 고정밀도의 것은 값이 비싸다. 나사산의 모양과 그 크기는 그림 2. 5와 같다.

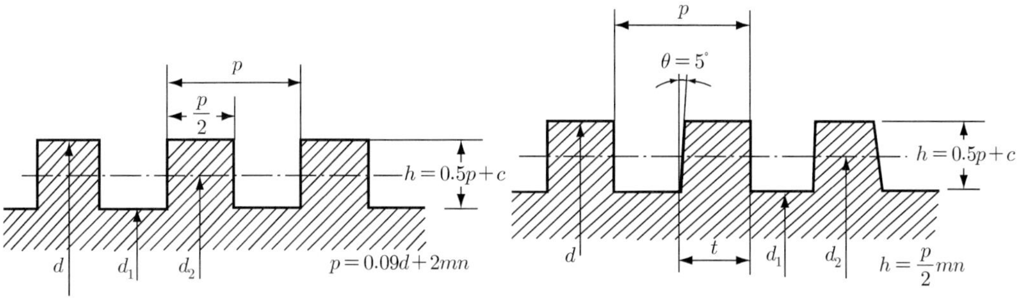

(a) 보통 사각나사 (b) 수정된 사각나사

| 그림 2. 5 | 사각나사

| 표 2. 5 | 관용 테이퍼 나사와 평행나사

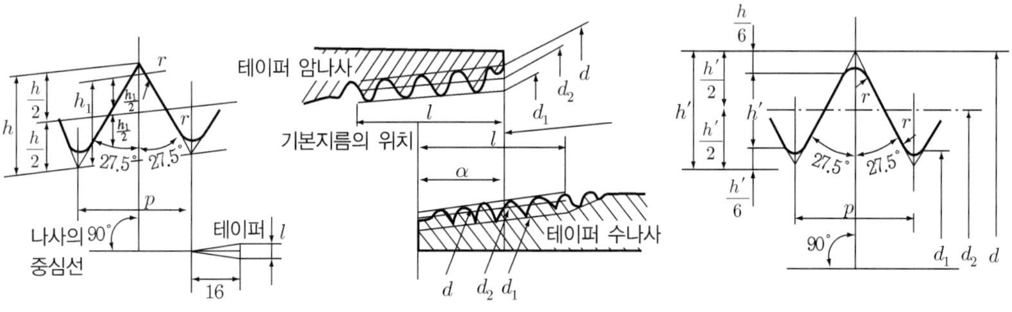

$$p=\frac{25.4}{n} \quad h=h'=0.96024p \quad h_1=0.64033p \quad r=0.13728p$$

| 표 2.5 | 관용 테이퍼 나사와 평행나사(계속)

(단위 : mm)

나사 호칭 mm(in)	배관용 가스관 근사 안지름	배관용 가스관 바깥 지름	나사 산수 (25.4 mm에 대한) n	테이퍼 나사 (PT)		평행나사 (PF)		수나사			유효 나사부의 길이 l	관끝에서의 거리 a
				산의 높이 h	둥글기 r	산의 높이 h'	둥글기 r'	바깥지름 d	유효지름 d_2	골지름 d_1		
								암나사				
								골지름 D	유효지름 D_2	안지름 D_1		
PT $6(\frac{1}{8})$ PF	6.5	10.5	28	0.581	0.12	0.581	0.12	9.728	9.147	8.566	8	3.97
PT $8(\frac{1}{4})$ PF	9.2	13.8	19	0.856	0.18	0.856	0.18	13.157	12.301	11.445	11	6.01
PT $10(\frac{3}{8})$ PF	12.7	17.3	19	0.856	0.18	0.856	0.18	16.662	15.806	14.950	12	6.35
PT $15(\frac{1}{2})$ PF	16.1	21.7	14	1.162	0.25	1.162	0.25	20.955	19.793	18.631	15	8.16
PT $20(\frac{3}{4})$ PF	21.6	27.2	14	1.162	0.25	1.162	0.25	26.441	25.279	24.117	17	9.53
PT 25(1) PF	27.6	34.0	11	1.479	0.32	1.479	0.32	33.249	31.770	30.291	19	10.39
PT $32(1\frac{1}{4})$ PF	35.7	42.7	11	1.479	0.32	1.479	0.32	41.910	40.431	38.952	22	12.70
PT $40(1\frac{1}{2})$ PF	41.6	48.6	11	1.479	0.32	1.479	0.32	47.803	46.324	44.845	22	12.70
PT 50(12) PF	52.9	60.5	11	1.479	0.32	1.479	0.32	59.614	58.135	56.656	26	15.88
PT $65(2\frac{1}{2})$ PF	67.9	76.3	11	1.479	0.32	1.479	0.32	75.184	73.705	72.226	30	17.46
PT 80(3) PF	80.7	89.1	11	1.479	0.32	1.479	0.32	87.884	86.405	84.926	34	20.64
PT $90(3\frac{1}{2})$ PF	93.2	101.6	11	1.479	0.32	1.479	0.32	100.030	98.851	97.372	35	22.23
PT 100(4) PF	105.3	114.3	11	1.479	0.32	1.479	0.32	113.030	111.551	110.072	40	25.40

3. 사다리꼴 나사(trapezoidal screw thread)

나사산의 각이 30°인 미터계(TM)와 애크미 나사(acme thread) 라고도 불리는 29°휘트워스계(TW)가 있다. 보통, 4각나사와 같은 용도로 사용되지만 4각나사에 비하여 공작이 쉽고, 강도가 크므로 힘과 운동전달용으로 적합하다. 이 나사는 공작기계의 이송나사등으로 널리 사용된다. 표 2. 6~2. 8은 30°와 29°인 사다리꼴 나사의 KS표준을 각각 나타낸 것이다.

| 표 2.6 | 30°사다리꼴 나사의 나사산 치수

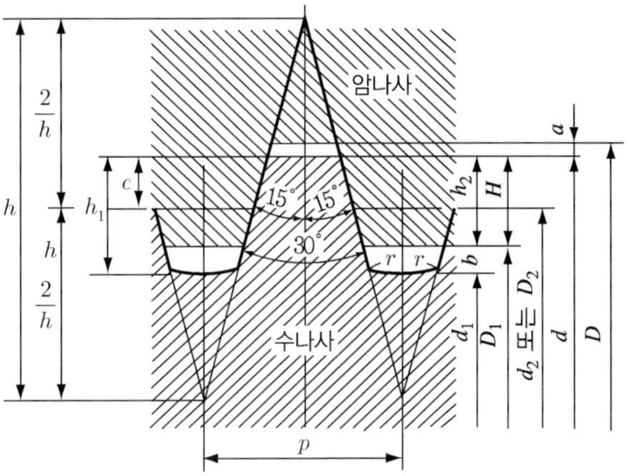

$h = 1.866p$, $d_2 = d - 2c$

$c = 0.25p$, $d_1 = d - 2h_1$

$h_1 = 2c + a$, $D = d + 2a$

$h_2 = 2c + a - b$, $D_2 = d_2$

$H = 2c + 2a - b$, $D_1 = d_1 + 2b$

(단위 : mm)

피치 p	틈 새		c	h_2	h_1	H	r
	a	b					
2	0.25	0.50	0.50	0.75	1.25	1.00	0.25
3	0.25	0.50	0.75	1.25	1.75	1.50	0.25
4	0.25	0.50	1.00	1.75	2.25	2.00	0.25
5	0.25	0.75	1.25	2.00	2.75	2.25	0.25
6	0.25	0.75	1.50	2.50	3.25	2.75	0.25
8	0.25	0.75	2.00	3.50	4.55	3.75	0.25
10	0.25	0.75	2.50	4.50	5.25	4.75	0.25
12	0.25	0.75	3.00	5.50	6.25	5.75	0.25
16	0.50	1.50	4.00	7.00	8.50	7.50	0.50
20	0.50	1.50	5.00	9.00	10.50	9.50	0.50
24	0.50	1.50	6.00	11.00	12.50	11.50	0.50

| 표 2.7 | 30°사다리꼴 나사의 기본치수

(단위 : mm)

호 칭	피치	수나사			암나사		
	p	바깥지름 d	유효지름 d_2	골지름 d_1	골지름 D	유효나사 D_2	안지름 D_1
TM 10	2	10	9.0	7.5	10.5	9.0	8.5
TM 12	2	12	11.0	9.5	12.5	11.0	10.5
1M 14	3	14	12.5	10.5	14.5	12.5	11.5
TM 16	3	16	14.5	12.5	16.5	14.5	13.5
TM 18	4	18	16.0	13.5	18.5	16.0	14.5
TM 20	4	20	18.0	15.5	20.5	18.0	16.5
TM 22	5	22	19.5	16.5	22.5	19.5	18.0
TM 25	5	25	22.5	19.5	25.5	22.5	21.0

| 표 2.8 | 29°사다리꼴 나사의 나사산 치수

(단위 : mm)

나사산수 (25.4mm에 대한) n	p	틈 새		c	h_2	h_1	H	r
		a	b					
12	2.1167	0.25	0.50	0.50	0.75	1.25	1.00	0.25
10	2.5400	0.25	0.50	0.60	0.95	1.45	1.20	0.25
8	3.1750	0.25	0.50	0.75	1.25	1.75	1.50	0.25
6	4.2333	0.25	0.50	1.00	1.75	2.25	2.00	0.25
5	5.0800	0.25	0.75	1.25	2.00	2.75	2.25	0.25
4	6.3500	0.25	0.75	1.50	2.50	3.25	2.75	0.25
$3\frac{1}{2}$	7.2511	0.25	0.75	1.75	3.00	1.75	3.25	0.25
3	8.4667	0.25	0.75	2.00	3.50	4.25	3.75	0.25
$2\frac{1}{2}$	10.1600	0.25	0.75	2.50	4.50	5.25	4.75	0.25
2	12.7000	0.25	0.75	3.00	5.50	6.25	5.75	0.25

4. 톱니나사(buttress thread)

그림 2. 6과 같이 나사산의 단면이 톱니형으로 3각나사와 4각나사의 장점만을 취하여 만든 것으로, 한쪽 방향으로 강력한 축 하중을 전달하는 경우에 적합하다. 나사산의 각도는 30°와 45°의 2가지가 있으며, 하중이 받지 않은 면에는 0.2mm의 틈새를 준다. 또, 하중을 받는 쪽은 제작을 간단하게 하기 위하여, 나사각이 30°인 경우에는 3°의 경사를, 45°의 경우에는 5°의 경사를 붙인다. 바이스, 스크루 잭, 압착기둥과 같이 압력의 방향이 일정하게 작용하는 곳 등의 나사용으로 사용된다.

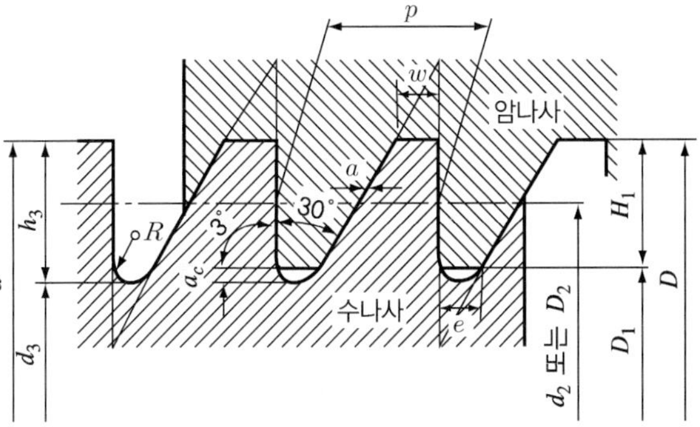

| 그림 2.6 | 톱니나사

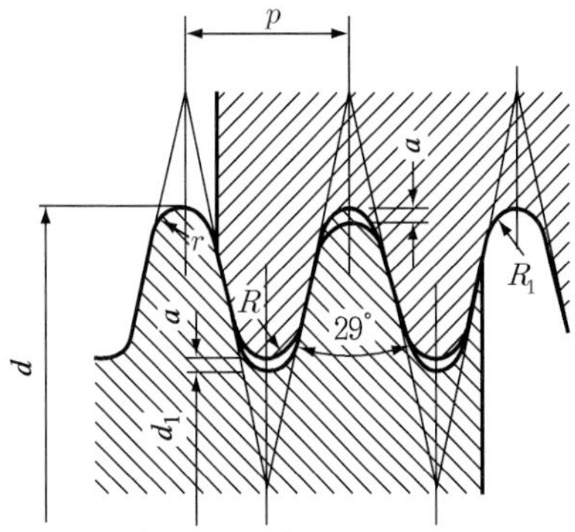

| 그림 2.7 | 둥근나사

5. 둥근나사(round thread)

그림 2. 7과 같이 나사산과 골부분이 같은 둥글게 제작되어 있으며 충격 또는 먼지 등이 많은 곳이나 전구나 소켓의 나사로도 쓰인다.

6. 볼 나사(ball screw)

그림 2. 8과 같이 수나사에 해당하는 부분과 너트에 해당하는 부분에 모두 나선형의 홈을 파고, 그 홈들을 맞대어 향하도록 맞추고, 여기에 강구(steel ball)를 넣어서 축과 구멍이 부드러운 나사운동을 하도록 만든 것이다. 따라서, 마찰이 극히 적어 공작기계의 수치제어용으로 공구대 이송장치, 자동차의 스테어링(steering) 등 이동용 나사로 사용되지만, 가격이 비싸다.

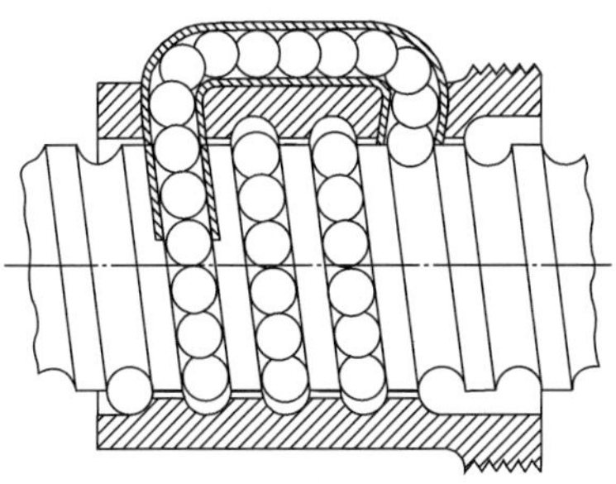

| 그림 2.8 | 볼 나사

2.1.4 나사의 등급

주로 체결용으로 사용되는 나사의 등급은 수나사의 바깥지름, 유효지름, 골지름, 암나사의 유효지름, 안지름 치수차 및 공차에 의하여 KS 표준에 규정되어 있다.

미터나사는 1급, 2급, 3급으로 구분하며 유니파이 수나사는 3A, 2A, 1A로, 유니파이 암나사는 3B, 2B, 1B로 구분한다. 유니파이 나사의 정밀도는 숫자가 클수록 높아서 3A가 1급, 2A가 2급, 1A가 3급에 해당한다. 나사의 등급을 선택하는 방법은 사용 목적에 따라 결정되지만, 대체적인 표준은 다음과 같다.

① 1급 나사 : 전동기와 같이 진동하중을 받는 곳이나 피로하중으로 인한 높은 성능이 요구되는 정밀나사로서 면의 거칠기,나사 산의 각도, 피치등의 오차가 적은나사용

② 2급 나사 : 일반 중급기계, 기기, 구조물 등에 사용하는 일반 체결나사용

③ 3급 나사 : 건축공사등 오염되기 쉬운 환경에서 사용되는 나사, 관통하지 않는 구멍에 나사탭을 내는 경우나 구멍의 깊이가 호칭지름의 1.5배이상으로 나사 가공이 곤란한 경우

2.2 나사의 역학

2.2.1 나사의 토크

1. 사각나사

나사를 죄거나 푼다는 것을 그림 2. 9와 같이 중량 Q를 나사 축선에 직각방향으로 힘을 가하여 밀어 올릴 때(죌 때)나, 밀어 내리는 것(풀 때)에 해당된다. 나사를 회전시켜서 죄는데 필요한 힘 P는, 유효지름의 원주에서 접선 방향으로 작용하며, 축선에 직각이다. 이때 가해진 Q는, 유효지름의 나선위에 집중하는 것으로 가정 한다.

회전력 P와 축방향 하중 Q를 나사면에 대한 평행한 힘과 수직한 힘으로 분리하여 나타내면,

$$\text{수직력} = Q\cos\alpha + P\sin\alpha$$

$$\text{평행력} = P\cos\alpha - Q\sin\alpha$$

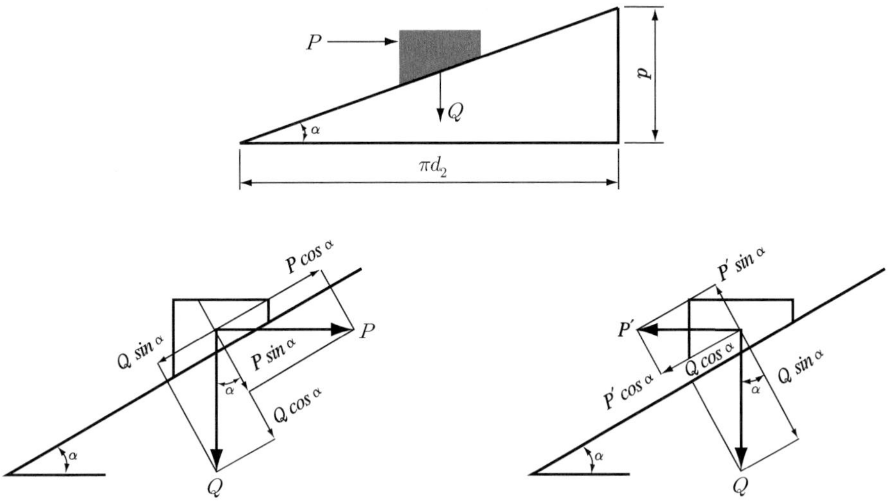

(a) 나사를 죌 때 (b) 나사를 풀 때

|그림 2.9| 나사의 역학

위의 수직력으로 인하여 빗면에 평행한 마찰력이 작용하므로 평행력과 평형상태를 유지한다. 이때의 마찰계수를 μ 라고 하면,

$$P\cos\alpha - Q\sin\alpha = \mu(Q\cos\alpha + P\sin\alpha)$$

여기서,

$$P(\cos\alpha - \mu\sin\alpha) = Q(\mu\cos\alpha + \sin\alpha)$$

마찰각 $\mu = \tan\rho$이므로, 회전력 P는,

$$P = Q\frac{\tan\rho\cos\alpha + \sin\alpha}{\cos\alpha - \tan\sigma\sin\alpha} = Q\frac{\tan\rho + \tan\alpha}{1 - \tan\rho\tan\alpha} = Q\tan(\alpha + \rho) \tag{2. 3}$$

또, $\tan\alpha = \dfrac{p}{\pi d_2}$ 이므로,

$$P = Q\frac{\mu\pi d_2 + p}{\pi d_2 - \mu p} \tag{2. 4}$$

따라서, 나사를 죄는 데 필요한 토크 T는,

$$T = P\frac{d_2}{2} = Q\frac{d_2}{2}\tan(\alpha + \rho) \tag{2. 5}$$

나사를 풀 때는 회전이 반대이므로, 이때의 회전력과 회전 토크를 각각 P', T'라고 하면

$$P' = Q\tan(\rho - \alpha) \text{ 또는, } P' = Q\frac{\mu\pi d_2 - p}{\pi d_2 + \mu p} \tag{2. 6}$$

$$T' = \frac{d_2}{2}P' = \frac{d_2}{2}Q\tan(\rho - \alpha) \text{ 또는, } T' = \frac{d_2}{2}Q\frac{\mu\pi d_2 - p}{\pi d_2 + \mu p} \tag{2. 7}$$

2. 삼각나사

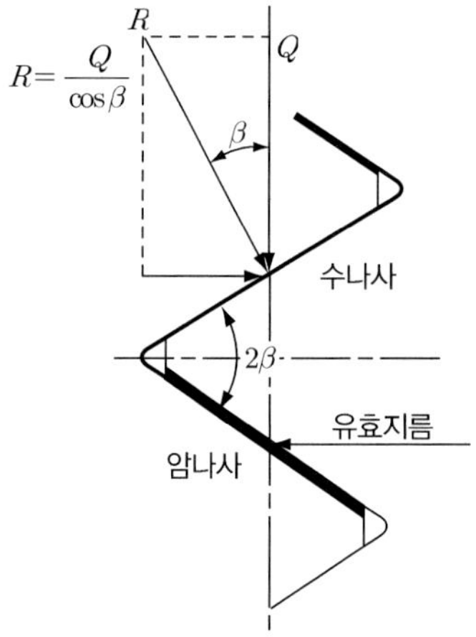

| 그림 2. 10 | 3각나사의 수직력

그림 2. 10은 3각나사의 나사산에 작용하는 힘의 상태를 나타낸 것이다.

$$P = Q\frac{\mu' + \tan\alpha}{1 - \mu'\tan\alpha} = Q\tan(\alpha + \rho') \text{ 또는, } P = Q\frac{\mu'\pi d_2 + p}{\pi d_2 - \mu' p} \tag{2. 10}$$

$$P' = Q\tan(\rho' - \alpha) \text{ 또는, } P' = Q\frac{\mu'\pi d_2 - p}{\pi d_2 + \mu' p} \tag{2. 11}$$

실제로, 나사를 체결할 때 너트와 와셔의 마찰도 고려하여야 한다. 이때 나사를 죄는데 필요한 토크 T는,

$$T = Q\left\{\frac{d_2}{2}\tan(\alpha + \rho') + r_n\mu_n\right\} \tag{2. 12}$$

여기서, r_n는 접촉되는 너트 또는, 와셔의 평균 반지름,

μ_n 는 너트와 와셔의 자리면의 마찰계수,

ρ' 는 3각나사의 상당 마찰계수에 대한 상당 마찰각

암나사의 골지름을 D, 와셔의 안지름을 d 라고 하면, 너트 자리면의 평균 반지름과 와셔 자리면의 평균 반지름 r은 아래와 같다.

$$r_n = 0.74D \tag{2. 13}$$

$$r_n = 0.35\sqrt{D^2 + d^2} \tag{2. 14}$$

2.2.2 나사의 효율

나사의 효율이란, Q 의 하중을 h 만큼 올리기 위하여 한 일 Qh 와 나사를 1회전시키기 위하여 외력 P 가 한 출력 $2\pi rP$ 와의 비이다, 즉, 외부에서 가해진 일량 중에서 유효한 일로 사용되어진 것이 몇 %인가를 말하는 것이다.

$$\text{효율} = \frac{\text{축방향이동에 사용된 일량}}{\text{나사를 회전시키는데 사용된 일량}} \tag{2. 15}$$

위의 식은 아래와 같다.

$$\begin{aligned} \eta &= \frac{Qh}{2\pi rP} = \frac{2\pi rP_0}{2\pi rP} = \frac{P_0}{P} \\ &= \frac{Qh}{2\pi T} = \frac{2\pi r\,Q\tan\alpha}{2\pi Qr\tan(\alpha+\rho)} = \frac{\tan\alpha}{\tan(\alpha+\rho)} \end{aligned} \tag{2. 16}$$

여기서. P_0는 나사면에 마찰이 전혀 없다고 가정한 경우의 회전력이다. 따라서, 3각 나사의 경우 나사의 효율을 η' 라고 하면,

$$\eta' = \frac{\tan\alpha}{\tan(\alpha+\rho')} \tag{2. 17}$$

나사의 효율은 리드각 α 의 함수이며, $\alpha = 0$ 및 $\alpha = \frac{\pi}{2} - \rho$일 경우 $\eta = 0$이 되고, η 와 α 와의 관계를 나타내면 그림 2. 11과 같다. 그러므로, 최대 효율이 되는 리드각 α 는, 0과 $\frac{\pi}{2} - \rho$의 중간에 존재하게 된다.

$$\alpha = \frac{\pi}{4} - \frac{\rho}{2} = 45° - \frac{\rho}{2} \tag{2. 18}$$

나사의 최대 효율 η_{max}는, $\frac{d\eta}{d\alpha} = 0$ 일 때 일어나므로,

$$\eta_{max} = \frac{\tan\left(45° - \frac{\rho}{2}\right)}{\tan\left(45° + \frac{\rho}{2}\right)} \tag{2. 19}$$

그런데, $\tan(45° + \frac{\rho}{2})\tan(45° - \frac{\rho}{2}) = 1$ 이므로, η_{max}는 아래와 같다.

$$\eta_{max} = \tan^2\left(45° - \frac{\rho}{2}\right) \tag{2. 20}$$

위의 식을 이용하여 3각나사와 4각나사의 효율을 비교하여 보면, 3각나사의 효율은 4각나사의 효율보다 작은 것을 알 수 있으며, 또 나사산의 각이 작을수록 μ'가 작아지므로, 3각나사의 효율보다 사다리꼴 나사의 효율이 커진다. 따라서, 4각나사와 사다리꼴 나사는 전동용으로, 3각나사는 체결용 나사로 사용한다. 한편, 나사가 저절로 풀리지 않는 자립상태(self locking)를 만족하는 조건은 $\alpha = \rho$일 때이므로, 이를 위의 나사의 효율의 식에 대입하면,

$$\eta = \frac{\tan\alpha}{\tan 2\alpha} = \frac{1}{2} - \frac{1}{2}\tan^2\alpha < 0.5$$

이므로, 나사가 자립하기 위한 효율은 반드시 50%보다 작아야 한다.

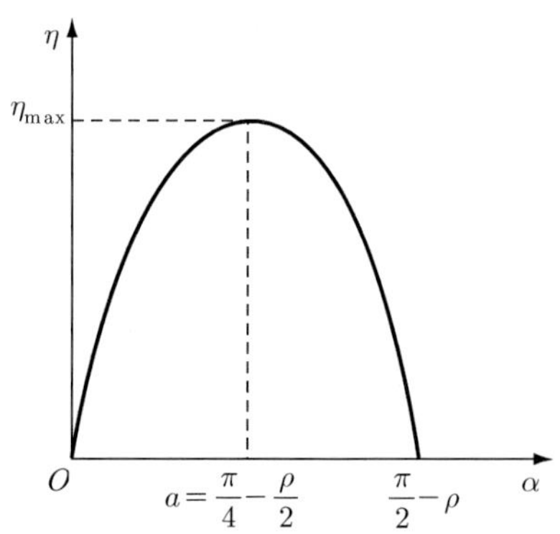

| 그림 2.11 | 나사의 효율과 리드각의 관계

예제 2.1

바깥지름 20mm, 골지름 16.8mm, 피치 2.5mm인 1줄 나사로 부품을 체결할 때, 나사의 유효지름과 나사산의 높이를 구하여라.

풀이 나사의 유효지름 : $d_2 = \dfrac{d+d_1}{2} = \dfrac{20+16.8}{2} = 18.4\,\text{mm}$

나사산의 높이 : $h = \dfrac{d-d_1}{2} = \dfrac{20-16.8}{2} = 1.6\,\text{mm}$

예제 2.2

피치 1mm, 유효지름 5.35mm인 나사를 길이 100mm의 스패너에 4kg의 힘을 작용하여 회전시킬 때, 나사 축에 걸리는 힘을 구하여라. 단, 마찰계수 $\mu = 0.1$이다.

풀이 회전 토크는 $T = P\dfrac{d_2}{2} = Fl$ 에서 $P = \dfrac{2l}{d_2}F$이므로

$$P = \frac{2\times 100}{5.35}\times 4 = 150\,\text{kg}$$

$$P = Q\tan(\alpha+\rho) = Q\frac{\tan\alpha + \tan\rho}{1-\tan\alpha+\tan\rho} = Q\frac{p+\mu\pi d_2}{\pi d_2 - \mu p}\text{이므로,}$$

그러므로 $Q = \dfrac{\pi d_2 - \mu p}{p+\pi d_2}\cdot P = \dfrac{3.14\times 5.35 - 0.1\times 1}{1+0.1\times 3.14\times 5.35}\times 150 = 935\,\text{kg}$

예제 2.3

바깥지름 16mm의 3각나사에서, 마찰계수 $\mu = 0.1$이라고 하면, 이 나사의 효율을 구하여라.

풀이 3각나사의 나사산 각은 60°이므로

$$\tan\rho' = \frac{\mu}{\cos 30°} = \frac{0.1}{0.866} = 0.1155 \quad \therefore\ \rho' = 6°30'$$

표 2. 1에서 M16인 삼각나사의 유효지름은 14.701mm, 피치는 2mm이므로,

$$\tan\alpha = \frac{p}{\pi d_2} = \frac{2}{3.14\times 14.701} = 0.043 \quad \therefore\ \alpha = 2°30'$$

나사의 효율은,

$$\eta = \frac{\tan\alpha}{\tan(\alpha+\rho')} = \frac{\tan 2°30'}{\tan(2°30' + 6°30)} \fallingdotseq 0.275 = 27.5\%$$

예제 2.4

바깥지름 36mm, 피치 8mm인 4각나사의 효율을 구하여라. 단, 마찰계수 $\mu = 0.12$이다.

풀이 유효지름 : $d_2 = \dfrac{d + d_1}{2} = \dfrac{36 + (36 - 8)}{2} = 32\,\text{mm}$

$$\tan\alpha = \frac{p}{\pi d_2} = \frac{8}{\pi \times 32} = 0.08$$

$$\mu = \tan\rho = 0.12$$

나사의 효율은,

$$\eta = \frac{\tan\alpha}{\tan(\alpha + \rho)} = \frac{\tan\alpha(1 - \tan\alpha\ \tan\rho)}{\tan\alpha\ + \tan\rho}$$

$$= \frac{0.08(1 - 0.08 \times 0.12)}{0.08 + 0.12} = 0.396 = 39.6\%$$

예제 2.5

유니파이 삼각나사 1/2-13UNC의 효율을 구하라.

단, 마찰계수 $\mu = 0.15$, 유효지름 $d_2 = (d - \dfrac{0.649519}{n}) \times 25.4$

풀이 유니파이 삼각나사의 1/2-13UNC에서, 1/2는 유니파이 나사의 바깥지름을 나타내며 (1/2inch), 다음의 13은 1인치에 대한 나사산의 수를 나타내므로 피치 $p = \dfrac{25.4}{13} = 1.95\,\text{mm}$

$$d_2 = (d - \frac{0.649519}{n}) \times 25.4 = 11.43\,\text{mm}$$

유니파이 나사의 나사산의 각도는 60°이므로,

$$\mu' = \tan\rho' = \frac{\mu}{\cos\dfrac{\beta}{2}} = \frac{0.15}{\cos 30°} = 0.173$$

$$\tan\alpha = \frac{p}{\pi d_2} = \frac{1.95}{3.14 \times 11.43} = 0.054$$

나사의 효율은, $\eta = \dfrac{\tan\alpha}{\tan(\alpha + \rho')} = \dfrac{\tan\alpha(1 - \tan\alpha\ \tan\rho)}{\tan\alpha\ + \tan\rho'}$

$$= \frac{0.054(1 - 0.054 \times 0.173)}{0.0054 + 0.173} = 0.235 = 23.5\%$$

2.3 나사의 강도계산

2.3.1 볼트의 강도

1. 축하중 만을 받는 경우

그림 2. 12와 같이 아이 볼트(eye bolt)에 축하중 Q가 작용하는 경우, 나사의 골지름을 d_1, 볼트 재료의 인장 응력을 σ_t 라고 하면,

$$Q = \frac{\pi}{4} {d_1}^2 \sigma_t \tag{2. 21}$$

나사의 골지름 d_1는,

$$\therefore \ d_1 = \sqrt{\frac{4Q}{\pi \sigma_t}} \tag{2. 22}$$

일반적으로, 나사의 호칭는 바깥지름으로 나타내므로, 위의 골지름을 바깥지름으로 바꾸면,

$$Q = \frac{\pi}{4} \left(\frac{d_1}{d} \right)^2 d^2 \sigma_t \tag{2. 23}$$

여기서, $\dfrac{d_1}{d}$ 이 주어진다면 바깥지름 d를 위의 식에서 구할 수 있다. d_1과 d의 관계는 표 2. 9와 같으며, 이 중에서 안전을 고려한 최소치 $\left(\dfrac{d_1}{d} \right)^2 = 0.63$이므로,

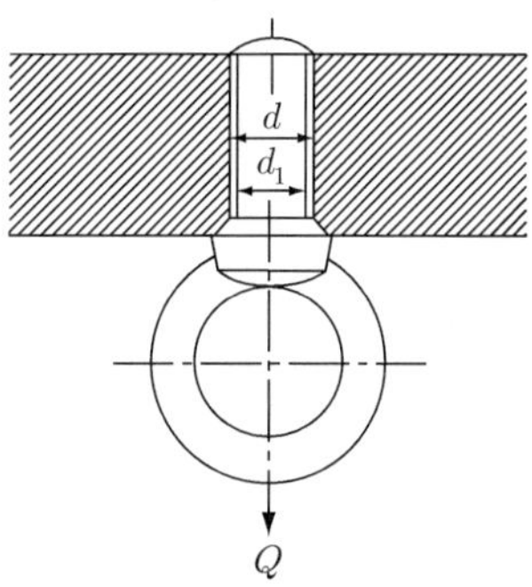

| 그림 2. 12 | 아이 볼트

$$Q = \frac{\pi}{4} \times 0.63 \times d_2 \sigma_t \fallingdotseq \frac{1}{2} d^2 \sigma_t$$

$$d = \sqrt{\frac{2Q}{\sigma_t}} \qquad (2.24)$$

| 표 2.9 | 골지름과 바깥지름과의 관계비

d(mm)	10	12	16	24	39	52	비 고
$\left(\frac{d_1}{d}\right)^2$	0.63	0.64	0.68	0.68	0.74	0.75	미터 보통나사

d(in)	$\frac{3}{8}''$	$\frac{1}{2}''$	$\frac{5}{8}''$	$\frac{3}{4}''$	1″	$1\frac{1}{2}''$	비 고
$\left(\frac{d_1}{d}\right)^2$	0.62	0.62	0.66	0.69	0.71	0.74	유니파이 보통나사

예제 2.6

그림과 같은 연강재 후크(hook)에 하중 1,500kg을 걸려고 한다. 이 경우 후크의 나사부 크기를 정하라. 단, 허용 인장응력은 6kg/mm^{2}이다.

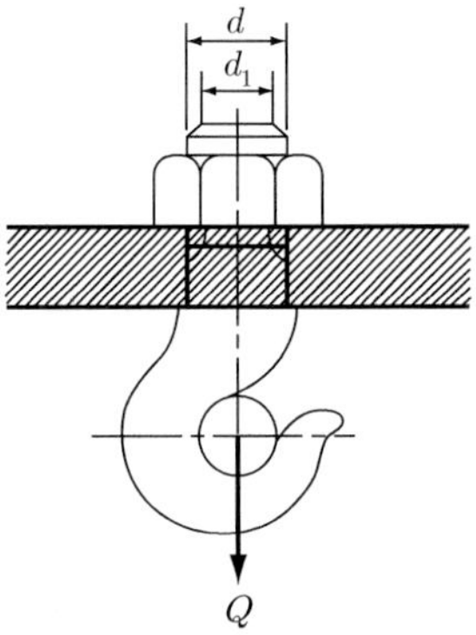

풀이 축방향의 하중만이 작용하므로

$$d = \sqrt{\frac{2Q}{\sigma_t}} = \sqrt{\frac{2 \times 1,500}{6}} = 22.3\,\text{mm}$$

따라서, 미터 보통나사의 규격 표에서 M24를 선정하면 된다.

예제 2.7

그림과 같은 아이 볼트(eye bolt)로 5ton의 하중을 수직으로 들어 올리려고 한다. 이 볼트의 나사부의 크기를 구하여라. 단, 허용 인장응력 6kg/mm², 골 지름과 바깥지름과의 비는 0.7이다.

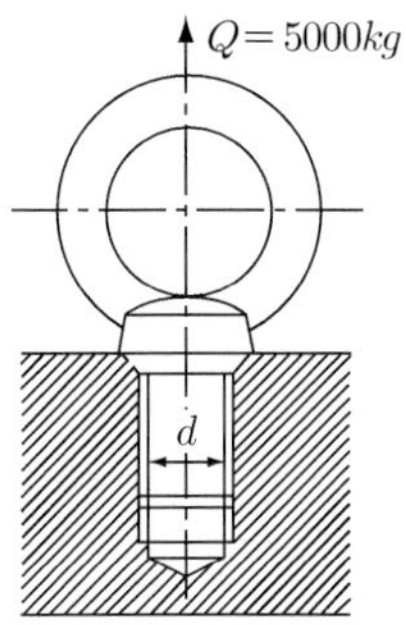

풀이 식 (2. 21)과 식 (2. 23)에 의하여,

$$Q = \frac{\pi}{4}{d_1}^2\sigma_t = \frac{\pi}{4}\left(\frac{d_1}{d}\right)^2 d^2\sigma_t$$

$$5,000 = \frac{\pi}{4}(0.7)^2 d^2 \times 6$$

$$d = \sqrt{\frac{5,000 \times 4}{\pi \times 0.7^2 \times 6}} = 44.7\,\text{mm}$$

따라서, 미터 보통나사의 규격표에서 44.7mm에 가까운 M45로 선정한다.

참고 만약, 이 볼트에 체결되는 암나사의 길이 H를 구하여 보자.

풀이 H는 보통 $H = 1.5d$로 규정하고 있으므로,

$H = 1.5 \times 45 = 67.5 \fallingdotseq 70\,\text{mm}$

2. 축방향의 힘과 비틀림 모멘트를 동시에 받는 경우

나사를 죄는데 필요한 모멘트 $T = Q\frac{d_2}{2}\tan(\alpha + \rho')$이고, 이 모멘트에 의해 나사에 생기는 전단응력 τ는,

$$\tau = \frac{T}{\frac{\pi}{16}d_1^3} = \frac{Q\frac{d_2}{2}\tan(\alpha+\rho')}{\frac{\pi d_1^3}{16}} \tag{2. 25}$$

또, 볼트에 작용하는 인장응력 σ_t 는,

$$\sigma_t = \frac{Q}{\frac{\pi}{4}d_1^2} = \frac{4Q}{\pi d_1^2} \tag{2. 26}$$

즉, 나사축에는 인장응력σ_t 와 비틀림 응력τ가 동시에 작용하므로, 최대 전단 응력설에 의하면 상당 인장응력이 작용하는 것과 같으므로, 이 값을 허용 응력 이내로 잡으면 된다. 상당 인장응력 σ_e 는,

$$\sigma_e = 0.35\sigma_t + 0.65\sqrt{\sigma_t + 4(\alpha\tau)^2} \tag{2. 27}$$

보통, 연강재볼트에서는 $\tau = (0.55 - 0.66)\sigma_t$, $\mu = 0.15$로 잡으면 $\sigma_e = (1.14 - 1.25)\sigma_t$ 가 된다. 일반적으로 σ_e 는 σ_t 보다 25% 정도 크게 되므로, σ_t 을 그 만큼 작은 값으로 잡으면 식 (2. 26)을 그대로 사용해도 된다. 또한, 최대 전단 응력설에 의한 등가 인장응력 σ_e 와 τ는 아래의 식을 사용하여 구할 수 있다.

$$\tau_{\max} = \frac{1}{2}\sqrt{\sigma_c{}^2 + 4\tau^2} \tag{2. 28}$$

예제 2.8

그림과 같이 지름 1″인 유니파이 보통나사의 볼트를 끼운 너트를 유효지름 $21d$인 스패너로써 $P = 15$ kg의 힘으로 체결할 경우, 볼트에 작용하는 인장응력 σ_t kg/cm²를 구하여라. 단, 1″유니파이 나사의 골지름 $d = 21.963$ mm, 나사의 유효 지름 $d_2 = 23.338$ mm, 피치 $p = 3.1750$ mm, 나사의 상당 마찰계수는 0.15이다.

풀이 나사각의 리드각 α 는,

$$\tan\alpha = \frac{p}{\pi d_2} = \frac{3.1750}{\pi \times 23.338} \fallingdotseq 0.043$$

$$\therefore \alpha = 2°30'$$

상당 마찰계수 $\mu' = 0.15$이면, 마찰각 $\rho' = 8°30'$이고, 일반적으로 $r = 0.75d_1$으로 잡는다.

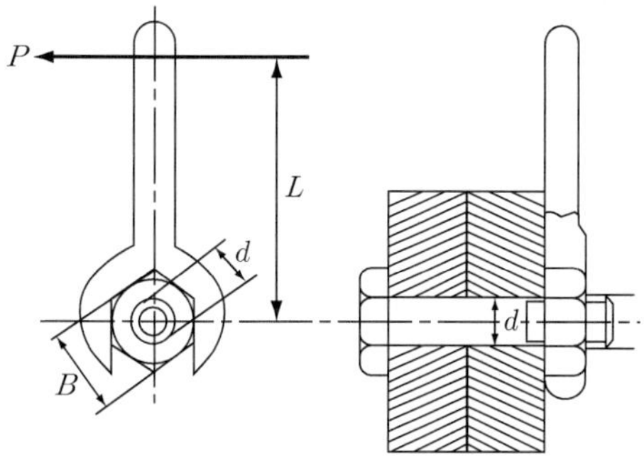

나사 체결부에서 스패너의 유효 길이를 L, 너트를 죄기 위하여 스패너 끝에 작용하는 힘을 P라 하면, 이 나사의 체결부에 대한 체결 모멘트는 $T=PL$이다.

이 모멘트는 체결력Q를 받고 있는 나사를 회전시키는데 필요한 회전모멘트 T_1과 너트 자리의 마찰저항 모멘트 T_2와의 합이 될 것이다.

나사를 회전시키는데 필요한 모멘트 $T_1 = Q\dfrac{d_2}{2}\tan(\alpha+\rho')$이다. 너트 접촉면의 평균 반지름을 R이라고 하면 $R=\dfrac{B+d}{4}$이고, 너트 자리부의 마찰계수를 μ_1, 유효지름 $r=\dfrac{d_2}{2}$이므로 너트 자리의 마찰 저항 모멘트$T_2=\mu_1 QR$이다.

$\therefore T=T_1+T_2=Q[r\tan(\alpha+\rho')+\mu_1 R]$

$=Q\left[0.15\times0.75\times21.963+\dfrac{2.3338}{2}\tan(2°30'+8°30')\right]$

$=0.4738\,Q(\text{kg-cm})$

또, $T=PL=P\times21d=15\times21\times2.54=80(\text{kg-cm})$

$0.4738Q=800 \qquad \therefore Q=1{,}689\,\text{kg}$

그러므로, 식 (2. 26)에 의한 볼트에 생기는 인장응력 σ_t 는,

$$\sigma_t=\frac{Q}{\frac{\pi}{4}d_1^2}=\frac{1{,}689}{\frac{\pi}{4}\times(2.1963)^2}=446\,\text{kg/cm}^2$$

예제 2.9

나사의 유효지름 $d_2=32$mm, 피치 $p=5$ mm, 레버 길이 $l=250$ mm인 나사잭(screw jack)으로 3,000kg의 무게를 들어 올리려고 한다. 마찰계수 $\mu=0.1$ 일 때 레버에 가해지는 힘 P을 구하라.

풀이 나사를 돌리는데 필요한 회전모멘트T는,

$$T=P\frac{d_2}{2}=Q\frac{d_2}{2}\,\frac{p+\mu\pi d_2}{\pi d_2-\mu p}$$

$$=3{,}000\times\frac{32}{2}\times\frac{5+0.1\times\pi\times32}{\pi\times32-0.1\times5}=7224.5\,\text{kg-mm}$$

레버에 가해지는 힘에 의한 작용모멘트 T는,

$$T = PL = P \times 250 = 7224.5$$

$$\therefore P = \frac{7224.5}{250} = 28.8\,\text{kg}$$

3. 죄여진 볼트에 외력이 작용하는 경우

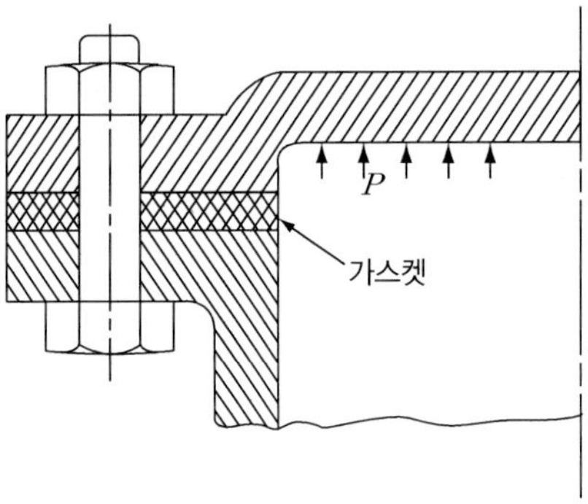

| 그림 2. 13 | 압력용 용기에 체결된 볼트

그림 2. 13과 같이 압력용기의 커버에 충분히 죈 볼트에 다시 하중을 작용하는 경우, 중간 물체와 볼트가 모두 탄성체이므로 볼트는 늘어나고, 중간재는 줄어들어서 균형상태를 이루게 된다.

이때 볼트에 Q_0의 인장력이 작용하고 있다고 하면, 이 인장력 Q_0에 대응하는 볼트의 신장력을 δ_b, 죄는 물체(중간부분)의 수축량을 δ_a라고 하면, 이 죔 상태를 힘-변형선도로 나타내면 그림 2. 14의 (a), (b), (c)와 같이 된다. 즉, (a)는 볼트의 힘-변형선도, (b)는 죄는 물체의 힘-수축선도이며, (c)는 (a)와 (b)를 조합한 그림이다.

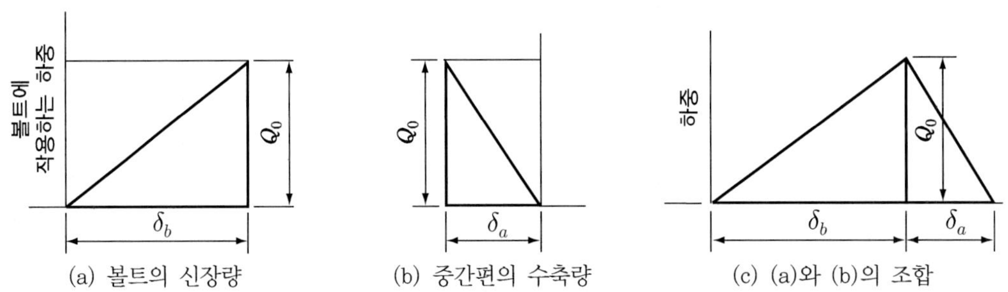

| 그림 2. 14 | 힘-변형선도

다음에, 이 상태에서 압력 p에 의한 하중 P가 다시 가해졌다면, 볼트는 P에 의해 다시 δ만큼 늘어나고, 중간부분의 수축은 δ만큼 회복된다. 그 작용상태를 그림으로 나타내면, 그림 2. 15의 (a)와 같이 된다.

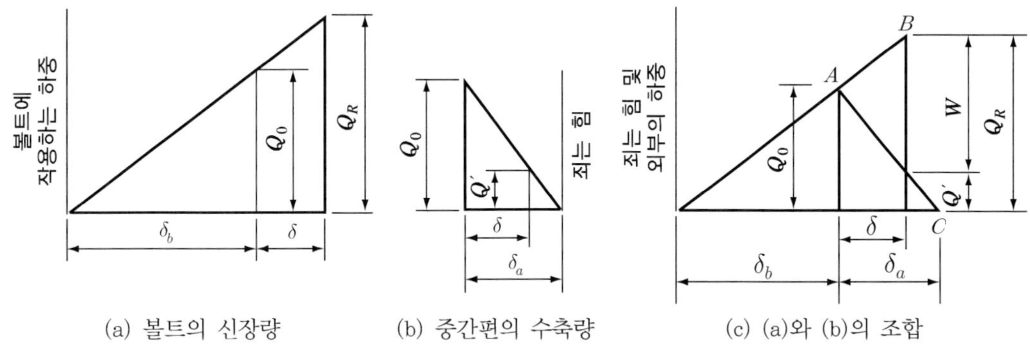

| 그림 2. 15 | 충분히 체결한 볼트에 다시 인장하중 P가 작용할 때의 힘-변형선도

P의 하중이 추가될 때, 볼트에 작용하는 인장력을 Q_R이라고 하면,

$$\frac{Q_R}{Q_0} = \frac{\delta_b + \delta}{\delta_b}$$

$$\therefore\ Q_R = Q_0 \frac{\delta_b + \delta}{\delta_b} \tag{2. 29}$$

또한, 죄는 물체의 수축(중간부분의 수축)은 $\delta_a - \delta$로 감소하고, 그 상태를 그림으로 나타내면, 그림 2. 15의 (b)와 같다. 이 때 죄는 물체의 압축력을 Q'라고 하면,

$$\frac{Q_0}{Q'} = \frac{\delta_a}{\delta_a - \delta}$$

$$\therefore\ Q' = Q_0 \frac{\delta_a - \delta}{\delta_a} \tag{2. 30}$$

그림 2. 15의 (c)는 (a)와 (b)를 조합한 것으로, 여기서 볼트에 작용하는 인장력 Q_R은, 하중 P와 죄는 물체에 가해지는 압축력 Q'와의 합으로 나타낼 수 있다. 즉,

$$Q_R = Q' + P = Q_0 \frac{\delta_a - \delta}{\delta_a} + P \tag{2. 31}$$

또, 식 (2. 29)에서 $\delta = \delta_b\left(\frac{Q_R}{Q_0} - 1\right)$이므로, 이것을 위의 식 (2. 30)에 대입하면,

$$Q_R = Q_0 \frac{\delta_a - \dfrac{Q_R \delta_b}{Q_0} + \delta_b}{\delta_a} + P$$

(2. 32)

$$\therefore \ Q_R = Q_0 + P \frac{\delta_a}{\delta_b + \delta_a}$$

P가 커져서 볼트의 신장 δ가 $\delta = \delta_a$로 되면, 죄는 물체의 수축은 0이 되고, 압축력 Q' 도 0이 되므로 $Q_R = P$가 된다.

Q_R는 볼트에 작용하는 합성 인장력이므로 볼트의 크기는 Q_R로서 설계하고, 엔진의 실린더 헤드의 뚜껑, 압력 용기의 뚜껑 등에서 P가 아주 크면, 볼트의 신장이 죄는 물체의 수축보다 커져서 틈이 생기게 되어 기밀을 유지 할 수 없게 된다. 그러므로, P의 값은 아래의 범위 내에 존재하여야 한다.

$$0 < P < Q_0 \frac{\delta_b + \delta}{\delta_b} \tag{2. 33}$$

위의 식 (2. 33)이 성립되면, 식 (2. 31)에서 $Q_R \rangle P$이므로 Q'가 0이 되지 않으므로, 내부압력이 누설되지 않는다.

예제 2.10

압력용기의 뚜껑을 6개의 볼트로 죄려고 할 때, 볼트의 지름을 구하라. 작용력은 6,000kg, 볼트의 허용 인장응력은 8kg/mm^{2}이다.

풀이

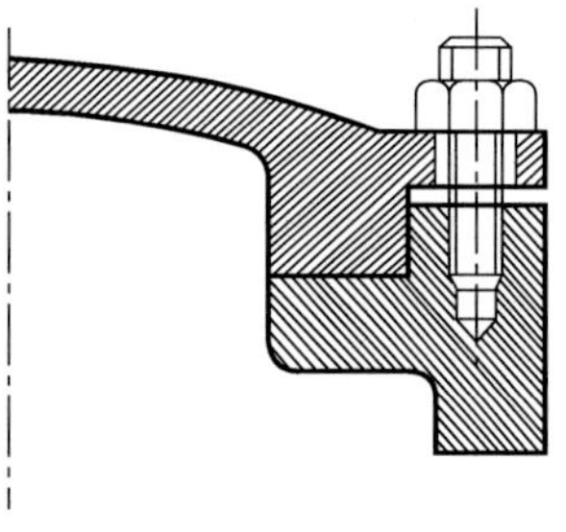

1개의 볼트가 받는 힘은 $Q = \dfrac{P}{n} = \dfrac{6,000}{6} = 1,000\,\text{kg}$이다.

구하는 볼트의 지름은 식 $d = \sqrt{\dfrac{2Q}{\sigma_t}}$ 에서, 비틀림에 의한 응력의 영향은 수직응력의 1/3을 넘는 일이 없으므로, 수직하중의 4/3배의 하중이 축방향에 걸리는 것으로 가정하여 구한다.

즉, Q 대신에 $\dfrac{4Q}{3}$ 를 대입하여 계산하면 아래와 같다.

$$d=\sqrt{\frac{8Q}{3\sigma_t}}$$

구하는 나사의 지름 $d=\sqrt{\dfrac{8\times 1,000}{3\times 8}}=18.26\text{mm}$

그러므로, M20을 선택하면 된다.

4. 전단력이 작용하는 경우

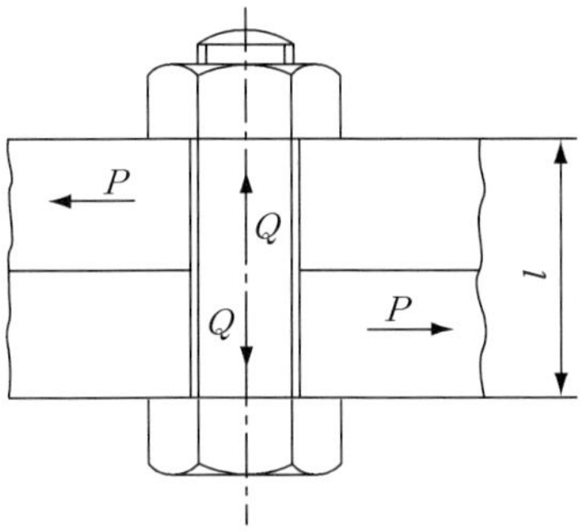

| 그림 2. 16 | 전단응력을 받는 볼트

그림 2. 16과 같이 서로 미끄러지는 판을 체결하는 볼트는 축방향으로 하중 Q가 작용하면, 볼트는 전단력을 받게 되어서 전단응력이 발생한다. 볼트의 전단 응력을 τ_a라고 하면, 볼트의 지름 d는,

$$Q=\frac{\pi d^2}{4}\tau_a$$

$$\therefore\ d=\sqrt{\frac{4Q}{\pi\tau_a}} \qquad (2.\ 34)$$

만약, 미끄러지면 굽힘 모멘트와 굽힘응력 σ_b는,

$$M=\frac{Pl}{8},\quad \sigma_b=\frac{Pl}{8\times\dfrac{\pi}{32}d^3}=\frac{4Pl}{\pi d^3} \qquad (2.35)$$

볼트와 구멍 사이에 틈새가 있으면, 볼트에서 굽힘 모멘트가 작용하여 큰 하중이 발생하게 되므로, 이때에는 그림 2. 17의 (a)와 같이 1/10~1/20 테이퍼를 만들어 서로 밀착시켜 접촉 면적을 크게 하여 틈새를 없애거나, 구멍과 꼭 맞는 리머(reamer)로 다듬질하고, 같은 지

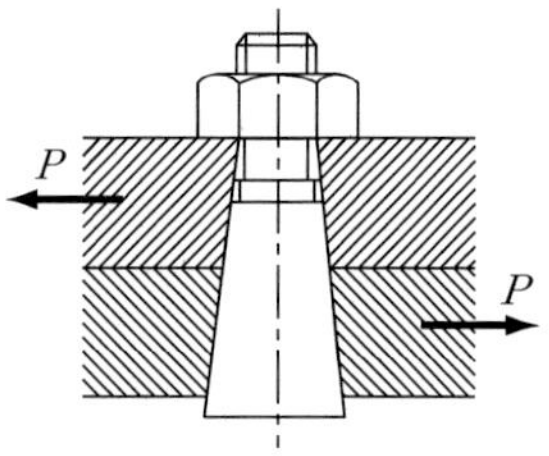

(a) 테이퍼 볼트

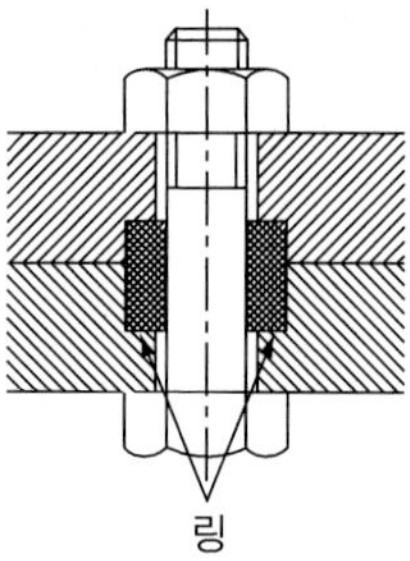

(b) 링의 삽입

| 그림 2. 17 | 볼트의 굽힘 방지법

름의 볼트를 끼워서 틈새가 없도록 한다. 전단력은 나사부에 작용하지 않도록 하는 것이 원칙이나, 부득이 사용할 경우에는 판의 미끄럼을 방지하기 위하여, 그림 2. 17의 (b)와 같이 강판 사이에 링(ring)을 삽입하여 볼트의 굽힘을 방지하기도 한다.

2.3.2 너트의 높이

너트에서 나사산 수를 n, 피치를 p 라고 하면, 너트의 높이 H는,

$$H = np \tag{2. 36}$$

나사에 힘을 가하면 나사산이 탄성 변형을 일으키며, 이 변형에 의하여 나사산에 굽힘응력과 전단응력이 생긴다. 나사산의 파괴시험에 의하면 3각나사는 굽힘작용을, 4각나사와 사다리꼴 나사는 전단작용으로 파괴되는 것으로 알려져 있다.

1. 굽힘강도

그림 2. 18과 같이 미터나사의 나사산 뿌리부분에서 $\frac{h}{3}(=0.32p)$의 곳에 하중 Q가 집중하중으로 작용한다면,

$$Q = \frac{\pi}{4} d_1^2 \sigma_t \tag{2. 37}$$

또, 굽힘 모멘트 M은,

$$M = \frac{h}{3} Q = 0.32pQ \tag{2. 38}$$

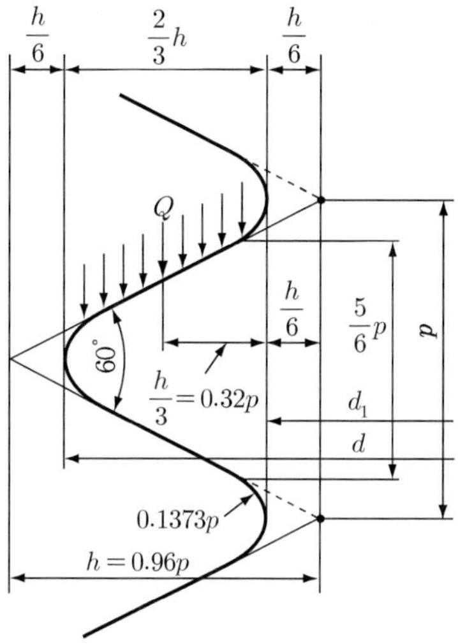

| 그림 2.18 | 나사산의 높이

나사를 외팔보로 생각할 때, 고정단의 단면 높이는 $\frac{5}{6}p$, 나비가 $n\pi d_1$ 인 4각형이므로 단면 계수는 Z는,

$$Z=\frac{1}{6}(n\pi d_1)(\frac{5}{6}p)^2=\frac{25}{216}nd_1p^2\pi \tag{2. 39}$$

따라서, 굽힘응력 σ_b 는,

$$\sigma_b=\frac{M}{Z}=\frac{0.32\times 216}{25\pi}\cdot\frac{Q}{n\pi d_1 p} \tag{2. 40}$$

위의 식 (2. 37)을 식 (2. 40)에 대입하면,

$$\sigma_b=\frac{2.76}{n\pi d_1 p}\times\frac{4}{\pi}d_1^2\sigma_t=0.69\frac{d_1\sigma_t}{np}$$

$H=np$ 을 위의 식에 대입하면,

$$H=np=0.69\frac{\sigma_t}{\sigma_b}d_1 \tag{2. 41}$$

일반적으로, $\sigma_b \fallingdotseq \sigma_t$ 이므로,

$$H=0.69d_1 \tag{2. 42}$$

보통, $d_1 \fallingdotseq 0.85d$ 로 잡으면,

$$H = 0.69d_1 = 0.69 \times d = 0.6d \tag{2. 43}$$

이 식에서 너트가 볼트와 같은 재료 또는 이 보다 강한 재료로 되어 있다면, 너트의 높이는 대체로 $0.6d$ 정도이면 된다는 것을 의미한다.

2. 전단강도

같은 방법으로 가정하여 전단 강도를 구하면,

$$Q = n\pi d_1 (\frac{5}{6}p)\tau$$

한편, $Q = \frac{\pi}{4}d_1^2\sigma_t$ 이고, $\tau = 0.5\sigma_t$ 이므로,

$$n\pi d_1 (\frac{5}{6}p)(0.5\sigma_t) = \frac{\pi}{4}d_1^2\sigma_t$$

$$d_1 = 1.7np$$

보통, $d_1 \fallingdotseq 0.85d$ 로 잡으면,

$$H = np = \frac{0.85d}{1.7} = 0.5d \tag{2. 44}$$

너트의 재료가 볼트 재료보다 강한 경우에는, 너트의 높이는 $0.5d$ 정도로 하지만 보통 볼트의 재료가 너트의 재료보다 강하므로, 너트의 높이는 안전을 고려하여 $0.5d$ 보다 크게 한다. 다른 재료에 대해서는 표 2. 10와 같다.

| 표 2. 10 | 너트의 높이

볼트의 재질	너트의 재질	너트의 높이(H)
강	강	d
강	주 철	$1.5d$
구 리	청 동	$1.25d$

3. 나사산의 접촉압력

나사산의 형상은 보통 불균일한 것이 일반적이며, 하중이 커질수록 나산산은 큰 면압력을 받게되어 마찰도 커지고, 응력 분포도 불균일하게 되어 결국 파괴가 일어난다. 따라서, 나사산에 작용하는 접촉 압력을 제한하여, 너트의 높이를 결정하는 방법을 보통 사용한다.

축 하중 Q가 나사산에 균일하게 분포된다고 하면, 나사산의 평균 접촉압력 p_m 은,

$$p_m = \frac{Q}{n\frac{\pi}{4}(d^2 - {d_1}^2)} = \frac{Q}{n\pi(\frac{d+d_1}{2})(\frac{d-d_1}{2})} \tag{2. 45}$$

유효지름 $d_2 = \frac{d+d_1}{2}$ 이고, 나사산의 높이 $h = \frac{d-d_1}{2}$ 이므로,

$$p_m = \frac{Q}{n\pi d_2 h} \tag{2. 46}$$

축 하중이 증가하면 나사를 돌릴 때 나사산 사이에 마찰이 커지고, 마멸이 아주 심하게 되므로, 실용상 p_m 의 값이 크게 되지 않도록 제한해야 한다. 나사산의 수를 증가시키지 않고, 접촉 압력을 낮게 하려면 나사의 지름을 크게 해도 무방하다. 일반적인 허용 접촉 압력은 표 2. 11과 같은 값으로 제한한다. 허용 접촉 압력 p_a 을 기준으로 너트의 높이 H를 구하면,

$$Q = \frac{\pi}{4}(d^2 - {d_1}^2) n p_a$$
$$n = \frac{4Q}{\pi(d^2 - {d_1}^2)p_a} = \frac{Q}{\pi d_2 h p_a} \tag{2. 47}$$

$$H = np = \frac{Qp}{\frac{\pi}{4}(d^2 - {d_1}^2)p_a} = \frac{Qp}{\pi d_2 h p_a} \tag{2. 48}$$

| 표 2. 11 | 허용 접촉 압력

재 료		허용 접촉 압력(kg/cm^2)	
볼트	너트	결합용	전동용
연강	연강 또는 청동	300	100
경강	경강 또는 청동	400	130
강	주철	150	500

예제 2.4

축하중 50,000kg을 받는 4각 프레스에서 바깥지름 120mm, 골지름 100mm, 리이드 2″의 2줄 나사이다. 이에 끼울 너트의 높이를 결정하라. 단, 너트의 허용 접촉 압력은 100kg/cm^{2}로 한다.

풀이 식 (2. 47)에서 나사산 수 n 은,

$$n = \frac{4Q}{\pi(d^2 - {d_1}^2)p_a} = \frac{4 \times 50,000}{\pi(12^2 - 10^2) \times 100} = 14.45$$

따라서, 나사산 수 $n = 15$, 리이드 2″의 2줄나사이므로,

피치 $p = \frac{25.4}{2} = 12.7\,\text{mm}$,

너트의 높이는 $H = np = 15 \times 12.7 = 190.5\,\text{mm} \fallingdotseq 190\,\text{mm}$

2.3.3 볼트 · 너트

그림 2. 19와 같이 볼트(bolt)와 너트(nut)는 나사를 이용하여 만들어진 것으로 결합 및 해체가 쉽기 때문에 체결용 기계요소로 많이 사용되고 있다. 재료로는 주로 연강(인장강도 : 34~45kg/mm^2, 연신율 : 15~30% 정도)이 사용되며, 부식의 우려가 있는 경우에는 청동, 황동 또는 스테인레스강 등이 사용되기도 한다.

볼트와 너트는 그 정밀도에 따라 상, 중, 흑의 3종류로 나누는데 "상"은 모든 면을 다듬질 하였거나, 머리의 측면만 냉간 단조하여 그대로 만든 것으로 치수의 정밀도가 높고 겉모양도 곱다. "중"은 볼트의 옆면을 가공하지 않고, 머리의 밑면과 축 부분만을 가공하여 만들 것으로, 다른 부분의 정밀도는 상급과 같다. "흑"은 단조한 그대로의 것에 나사부 만을 가공하여 만든 것을 말한다. 표 2. 12는 볼트의 등급을 표시한 것이며, 표 2. 13과 표 2. 14는 KS에 규정되어 있는 6각 볼트 · 너트의 규격을 표시한 것이다.

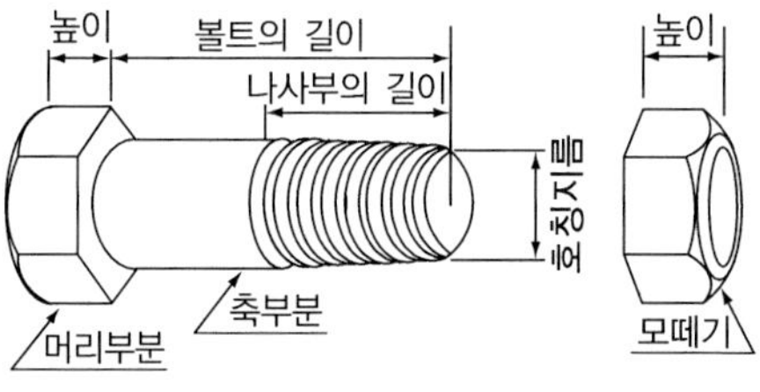

| 그림 2. 19 | 볼트와 너트 각 부 명칭

| 표 2. 12 | 볼트의 등급

종 류	등 급		
	가공정도	나사 정밀도	기계적 성질
6각 볼트	상, 중, 흑	1급, 2급, 3급	0T, 4T
소형 6각 볼트	상, 중	1급, 2급, 3급	0T, 4T

위에서 기계적 성질을 나타내는 0T, 4T는 인장강도(tensile strength)의 머리글자를 딴 것으로, 0T는 특별히 기계적 성질을 규정하지 않은 것으로 단지 강제(steel)임을 표시한 것이며, 4T의 4는 인장강도가 40kg/mm^2 이상인 것을 말한다.

| 표 2.13 | 6각 볼트(미터 보통나사)의 치수(KS B 1002)

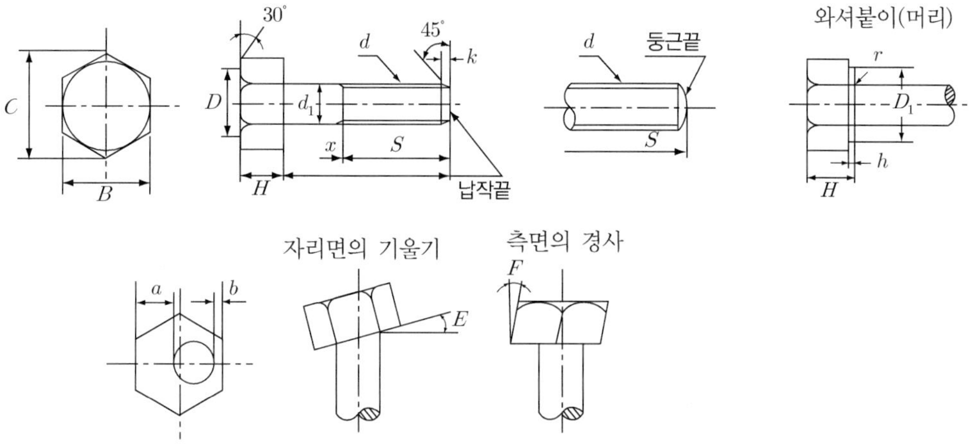

(단위 : mm)

나사 호칭 d	d_1		H		B		C	D	r(*)	κ	$a-b$	E 및 F	S	L
	기본 치수	허용차	기본 치수	허용차	기본 치수	허용차	약	약	최대	약	최대	최대	약	최소 최대
M3	3		2		5.5		6.4	5.3	0.2	0.6	0.2		12	5−32
M4	4	0	2.8	±0.1	7	0	8.1	6.8	0.3	0.8	0.2		16	6−40
M6	5	−0.1	3.5		8	−0.2	9.2	7.8	0.3	0.9	0.3		16	7−50
M6	6	0	4	±0.15	10		11.5	9.8	0.5	1	0.3		18	7−70
M8	8	−0.15	5.5		13	0	15	12.6	0.5	1.2	0.4		22	11−100
M10	10		7		17	−0.25	19.6	16.5	0.8	1.5	0.5		26	14−100
M12	12		8		19		21.9	18	0.8	2	0.7		30	18−140
(M14)	14		9		22		25.4	21	0.8	2	0.7		34	20−140
M16	16	0	10		24	0	27.7	23	1.2	2	0.8	1	38	20−140
(M18)	18	0.2	12	±0.2	27	0.35	31.2	26	1.2	2.5	0.9		42	22−140
M20	20		13		30		34.6	29	1.2	2.5	0.9		46	28−200
(M22)	22		14		32		37	31	1.2	2.5	1.1		50	28−200
M24	24		15		36	0	41.6	34	1.6	3	1.2		54	30−200
M30	30		19		46	0.4	53.1	44	1.6	3.5	1.5		66	40−240
M36	36	0	23	±0.25	55		63.5	53	2	4	1.8		78	50−240
M42	42	0.25	26		65	0	5	62	2	4.5	2.1		90	55−240
M48	48		30		75	0.45	86.5	72	2	5	2.4		102	60−325
M56	56		35		85		98.1	82	2.5	5.5	2.8		124	135−40

주 1. S : 유효 나사부 길이 x : 불완전 나사부의 길이로서 약 2산으로 한다.

2. r(*)의 치수는 목 밑 둥근새의 최대값으로서 목밑에는 반드시 둥급새를 붙인다.

3. 나사의 호칭에 ( )안의 수치는 되도록 사용하지 않는다.

| 표 2.14 | 6각 너트(미터 나사)의 치수(KS B 1012)

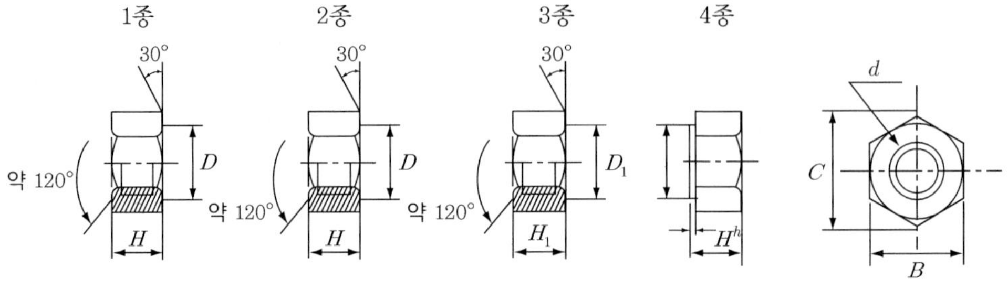

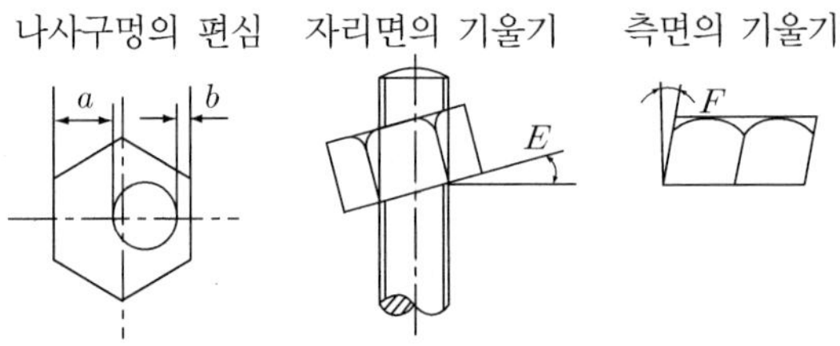

(단위 : mm)

나사 호칭 d	수나사의 바깥지름	H		H_1		B		C	D	D_1	h	$a-b$	E 및 F	드릴지름	
		기본치수	허용차	기본치수	허용차	기본치수	허차	약	약	최소	약	최대	최대	A열	B열
M3	3	2.4		1.8	±0.1	5.5		6.4	5.3	–	–	0.2		2.45	2.40
M4	4	3.2		2.4		7	0	8.1	6.8	–	–	0.2		3.25	3.30
M6	5	4	±0.1	3.2		8	−0.2	9.2	7.8	7.2	0.4	0.3		4.1	4.0
M6	6	5		3.6		10		11.5	9.8	9	0.4	0.3		5.0	4.9
M8	8	6.5	±0.15	5	±0.15	13	0	15	12.6	11.7	0.4	0.4		6.8	6.7
M10	10	8		6		17	0.25	19.6	16.5	15.8	0.4	0.5		8.5	8.4
M12	12	10		7		19		21.9	18	17.6	0.6	0.7		10.2	10.0
(M14)	14	11		8		22		25.4	21	20.4	0.6	0.7		12.0	11.8
M16	16	13		10	±0.2	24	0	27.7	23	22.3	0.6	0.8	1°	14.0	13.8
(M18)	18	15	±0.2	11		27	0.35	31.2	26	25.6	0.6	0.9		15.5	15.2
M20	20	16		12		30		34.6	29	28.5	0.6	0.9		17.5	17.2
(M22)	22	18		13		32		37	31	30.4	0.6	1.1		19.5	19.2
M24	24	19		14	±0.2	36	0	41.6	34	34.2	0.6	1.2		21.0	20.7
M30	30	24	±0.25	18		46	0.4	53.1	44	–	–	1.5		26.5	26.1
M36	36	29		21		55		63.5	53			1.8		2.0	31.6

주 1. 너트의 구멍을 드릴로 만들 때 보통 A열을 사용하나, 필요에 따라서 B열도 사용한다.
2. 나사의 호칭에서 ( )안의 것은 되도록 사용하지 않는다.

1. 볼트의 종류

일반적으로 사용되는 볼트의 종류는 체결 방법에 따라 아래와 같은 것들이 있다.

① 관통볼트(through bolt) : 일반적으로 가장 많이 사용하는 볼트이며, 그림 2. 20과 같이 체결할 부분에 관통 구멍을 뚫어 반대쪽에서 너트로 죈다.

② 탭볼트(tap bolt) : 그림 2. 21과 같이 볼트 구멍을 관통할 수 없는 경우에, 체결 할 재료에 구멍을 뚫고 암나사를 가공하여 체결한다.

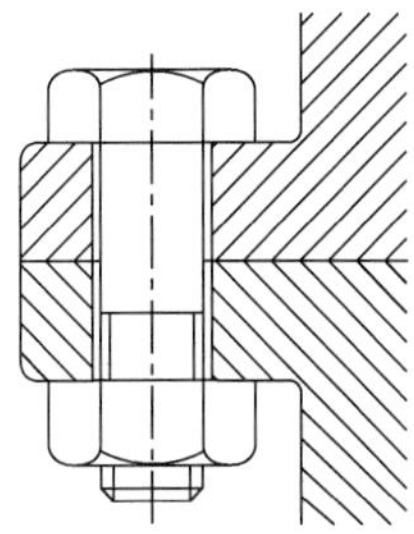

| 그림 2. 20 | 관통 볼트

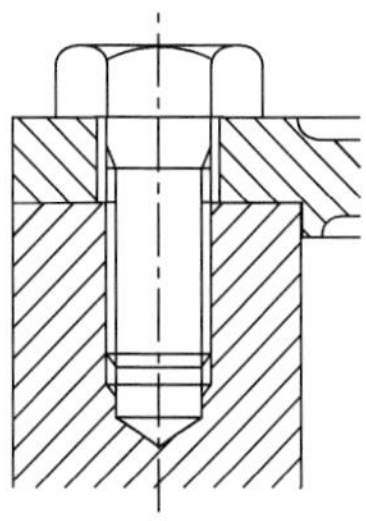

| 그림 2. 21 | 탭 볼트

③ 스터드 볼트(stud bolt) : 그림 2. 22와 같이 관통 구멍을 뚫을 수 없을 때 볼트의 양쪽 끝부분에 나사를 가공하여 한쪽은 모재에 나사를 끼우고, 다른 한쪽은 너트로 체결한다. 이것은 접합부를 체결하고, 해체할 경우가 많을 때 유용하게 사용된다.

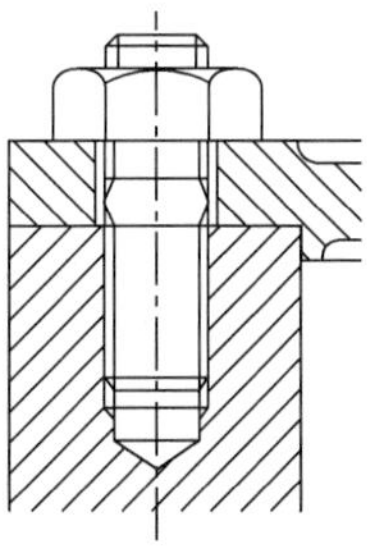

| 그림 2. 22 | 스터드 볼트

④ 리머볼트(reamer bolt) : 일반적으로 볼트 구멍은 볼트 지름보다 크게하지만 볼트에 전단력이 작용하고, 체결하고자 하는 판이 미끄러져서 볼트에 굽힘 모멘트가 작용하므로, 볼트와 볼트 구멍의 끼워맞춤이 중간 또는 억지 끼워맞춤이 되도록 볼트 구멍을 리머로 다듬질하고, 다듬질된 볼트를 때려서 박아서 꼭 끼운다. 이와 같은 목적으로 사용되는 볼트가 리머볼트이다. 그림 2. 23과 같이 전단력을 링으로 받게 하거나, 볼트의 축부를 테이퍼(taper)지게 하여 테이퍼 구멍에 끼우도록 한다. 자

동차의 스테어링(steering)의 볼 조인트(ball-joint)가 너클(knuckle) 쪽에 결합 될 때 사용된다.

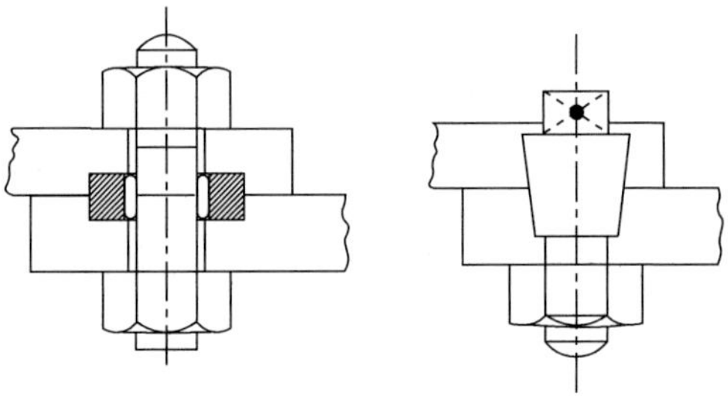

(a) (b)

| 그림 2. 23 | 리머 볼트

특수한 용도로 사용되는 볼트는 아래와 같은 것들이 있다.

⑤ 아이 볼트(eye bolt) : 그림 2. 24와 같이 볼트 머리부에 핀을 끼울 구멍이 있어 핀을 축으로 하여 회전 할 수 있으며, 커버의 손잡이나 무거운 물체를 들어올릴 때 사용된다.

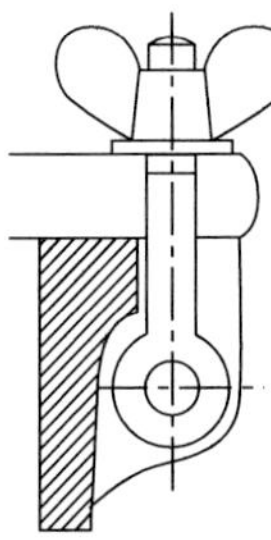

| 그림 2. 24 | 아이 볼트

⑥ 기초볼트(foundation bolt) : 주로 기계류를 기초에 고정할 때 사용하는 볼트로, 볼트의 한쪽 끝은 콘크리트에 고정하고, 다른 쪽은 나사부에 너트를 걸어 기계류를 고정시킨다. 그림 2. 25는 기초볼트를 나타내었다.

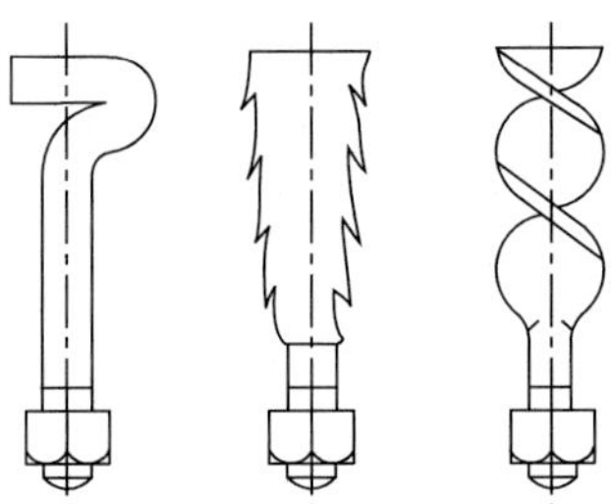

| 그림 2. 25 | 기초볼트

⑦ T볼트(T-bolt) : 그림 2. 26과 같이 공작기계의 테이블에 가공물을 고정시킬 때 사용하는 볼트로서, 죌 때 볼트가 너트와 회전하지 않도록 머리부를 4각형으로 하여 T홈을 끼우도록 한다.

⑧ 스테이 볼트(stay bolt) : 2개의 물체 사이에 간격을 유지하면서 체결하는데 사용 된다. 그림 2. 27은 스테이 볼트를 나타내었다.

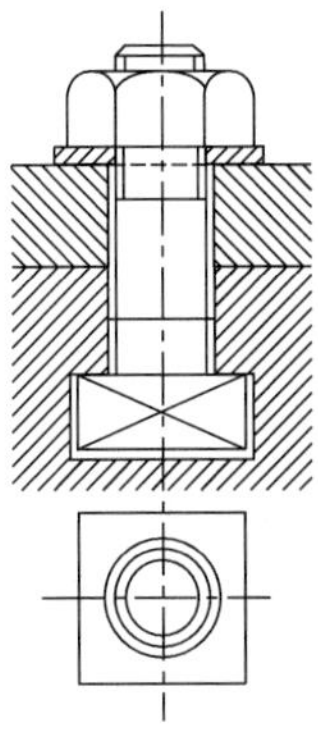

| 그림 2. 26 | T-볼트

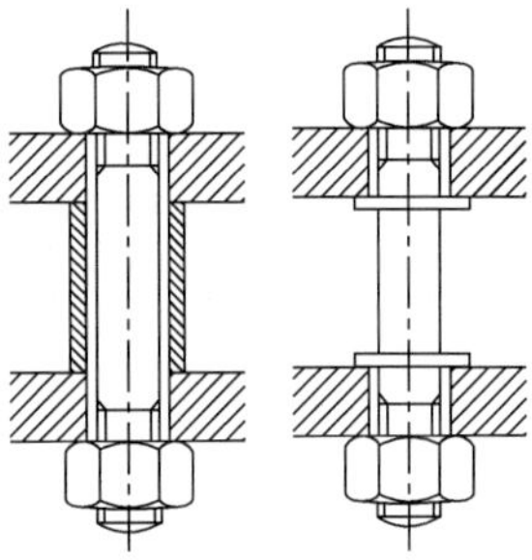

| 그림 2. 27 | 스테이 볼트

⑨ 나비볼트(wing bolt) : 그림 2. 28과 같이 볼트의 머리부분을 나비형으로 하여 스패너 없이 손으로 나사를 돌릴 수 있게 한 것이다.

⑩ 충격볼트(impact bolt) : 충격이 많이 걸리는 곳에 사용되며, 나사의 부분과 나사를 깍지 않는 부분과의 단면적을 같게 하여 균일한 강도를 갖도록 한다. 그림 2. 29는 충격볼트를 나타내었다.

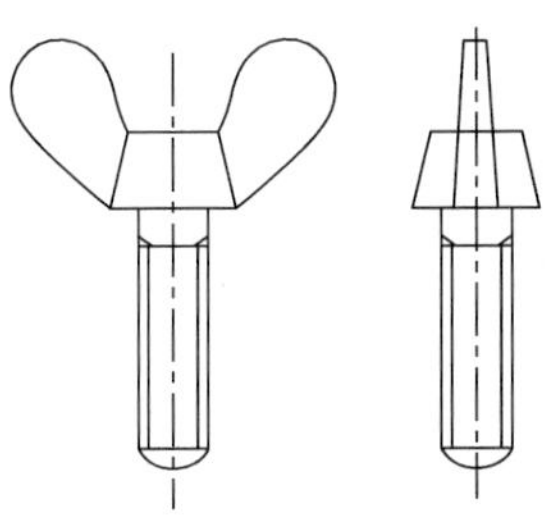

| 그림 2. 28 | 나비볼트

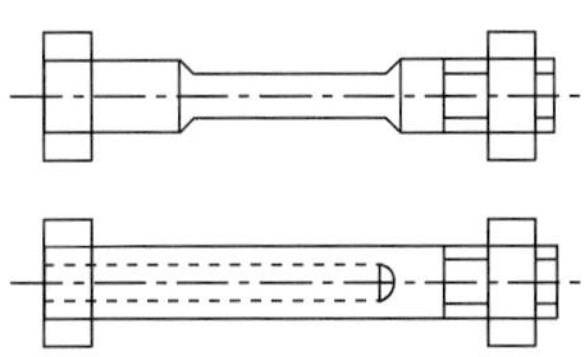

| 그림 2. 29 | 충격볼트

2. 너트의 종류

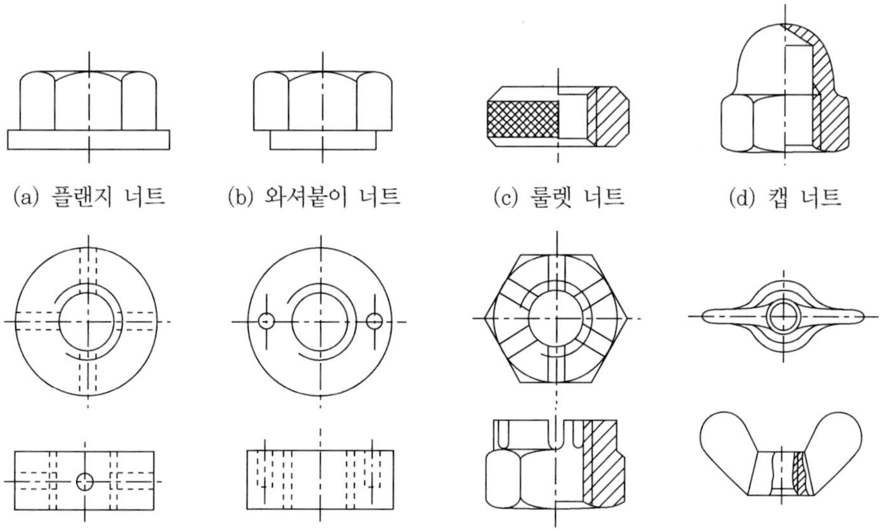

(a) 플랜지 너트 (b) 와셔붙이 너트 (c) 룰렛 너트 (d) 캡 너트

(e) 둥근 너트 (f) 홈붙이 너트 (g) 나비형 너트

| 그림 2. 30 | 여러 종류의 너트

그림 2. 30과 같이 너트의 여러 종류는 아래와 같다.

① 플렌지 너트(flange nut) : 볼트의 구멍이 클 때나 접촉면의 압력이 높을 때 사용하는 것으로, 너트의 밑면을 넓게 한 원형의 플렌지가 붙어 있다.

② 와셔붙이 너트(washer based nut) : 일명 자리있는 너트라 하며, 볼트 구멍의 자리면이 클 때나 접촉 압력을 작게 하고자 할 때 와셔의 역할을 겸한 너트이다.

③ 룰렛너트(roulette nut) : 손으로 풀고 죄어도 미끄러지지 않도록 널링 가공을 한 너트이다.

④ 갭너트(cap nut) : 나사면에 증기 또는 액체가 새어나오는 것을 방지하기 위하여 사용한다.

⑤ 둥근너트(round nut) : 주로 지름이 작은 볼트에 쓰인다.

⑥ 홈붙이 너트(castle nut or slotted nut) : 진동등으로 인한 나사의 풀림 방지용으로 사용된다.

⑦ 나비너트(wing nut) : 공구를 사용하지 않고, 손으로 돌릴 수 있도록 만든 너트이다.

3. 나사의 풀림 방지

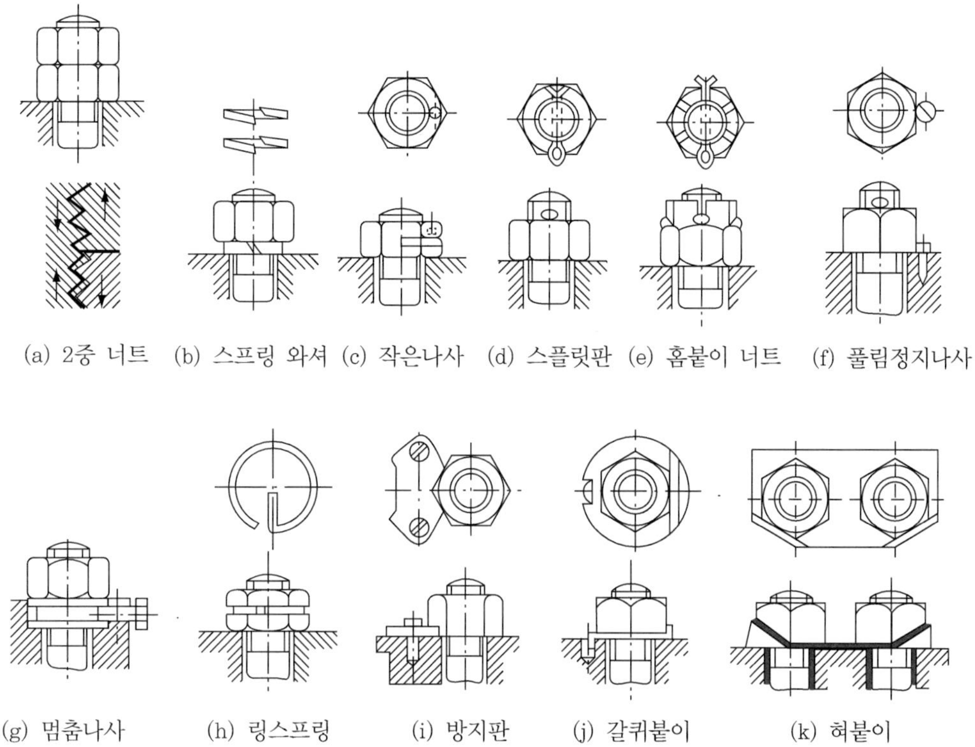

| 그림 2. 31 | 나사의 풀림 방지 방법

체결용 나사의 리드각은 나사면의 마찰각 보다 작게 취하여, 자립 죄임조건이 만족하도록 설계되어 있으나 축방향 하중이 걸려도 쉽게 나사가 회전하는 일이 많은데, 실제의 경우 운전 중 진동이나 충격이 기계에 가해지면 볼트가 풀어져 기계의 파손과 위험을 일으키는 경우가 많으므로 그림 2. 31과 같은 나사의 풀림 방지 방법을 사용한다.

① 로크 너트(lock nut)를 사용하여 볼트와 너트 사이에 생기는 나사의 마찰력을 크게 한다.
② 스프링 와셔(washer)나 고무 와셔를 중간에 끼워 축방향의 힘을 유지하도록 한다.
③ 볼트에 구멍을 뚫거나 볼트와 너트에 같은 구멍을 뚫어 핀을 끼움으로써 너트가 빠져 나오지 못하도록 한다.
④ 홈붙이 너트에 분할 핀을 끼워 너트가 돌지 못하도록 한다.
⑤ 특수 와셔를 사용하여 너트가 돌지 못하도록 한다.
⑥ 멈춤 나사를 사용하여 볼트의 나사부를 고정하도록 한다.

4. 와셔(Washer)

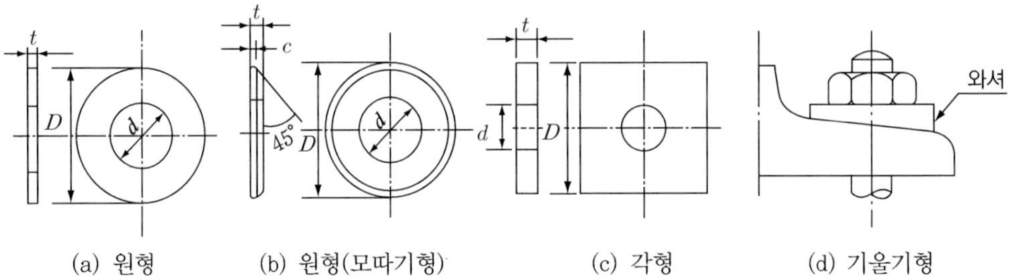

| 그림 2. 32 | 와셔

그림 2. 32와 같이 와셔는 평평하지 않을 때나, 볼트의 구멍이 커서 볼트의 자리가 충분하지 못하여 접촉 압력을 높게 할 필요가 있는 경우에 사용된다. 와셔에는 평 와셔, 혀붙이 와셔, 스프링 와셔, 고무 와셔 등이 있으며 일반적으로 평 와셔가 많이 사용된다. 재질은 연강이 주로 사용되며, 모양은 주로 둥근 것이 많이 사용된다.

5. 특수 나사류

① 멈춤나사(set screw) : 재료는 일반적으로 강이며, 나사의 끝은 담금질 경화시켜 그 지지력을 크게 한 것으로, 두 부품 사이의 회전 또는 미끄럼을 방지하기 위하여 사용하는 작은 나사로서, 키(key)의 역할을 대신한다. 전체의 보스(boss)부분을 축에 고정하는데 사용되며, 그림 2. 33과 같이 머리의 형상에 따라 홈붙이, 구멍붙이, 4각 머리붙이 등이 있다.

② 작은나사(machine screw or cap screw) : 그림 2. 34와 같이 볼트의 축지름이 비교적 작은 1~9mm의 작은나사로서, 머리의 형상에 따라 접시형, 납작꼴, 둥근꼴 등으로 구분하며, 일반적으로 홈붙이와 +자홈붙이 등이 사용된다. 표 2. 15와 2. 16은 KS에 규정되어 있는 홈붙이 작은나사을 나타내었다.

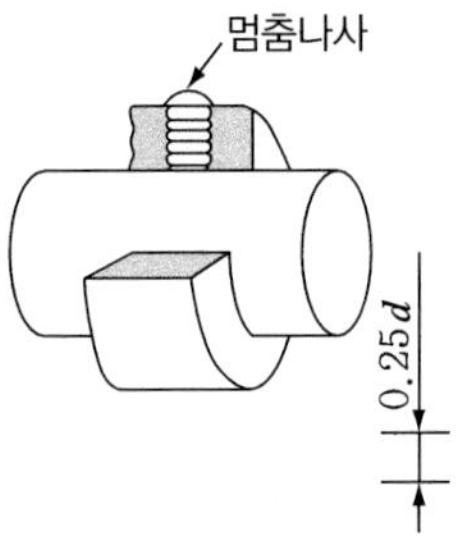

| 그림 2. 33 | 멈춤나사

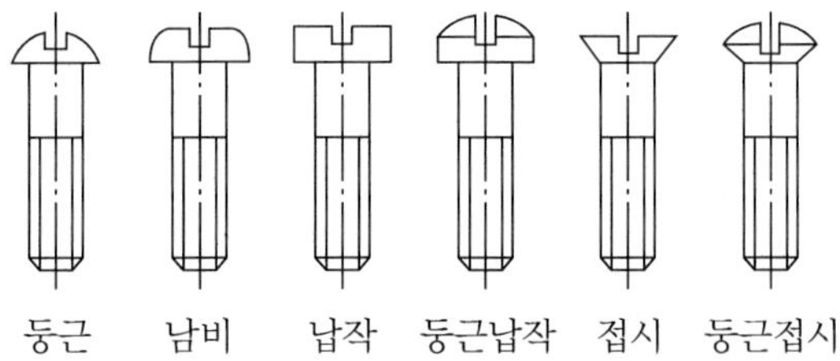

| 그림 2. 34 | 작은나사

③ 나사못(wood screw) : 그림 2. 35와 같이 나사부가 원추 모양으로 끝이 가늘게 되어 있고, 이 부분을 피치가 큰 3각나사를 절삭한 것으로 보통, 목재와 같은 연한 재료에 나사박음을 할 때 사용한다.

④ 태핑나사(tapping screw) : 그림 2. 36과 같이 나사의 끝부분을 테이퍼 가공하고, 암나사 부분은 나사 구멍만을 뚫어 스스로 나사를 내면서 죄는 것이다. 일반적으로 얇은 판을 고정하는데 사용되고, 전기기구에서 많이 사용한다.

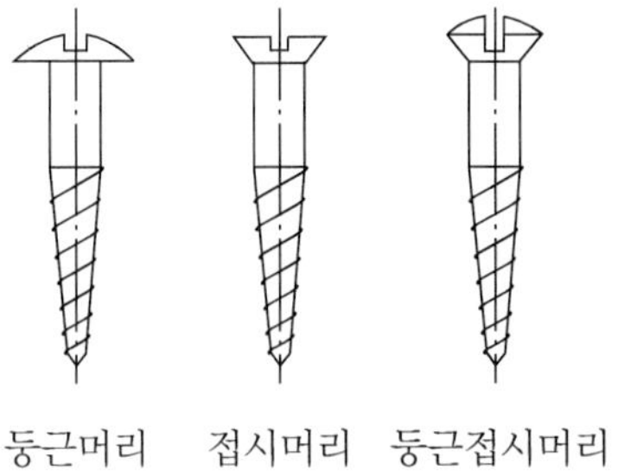

| 그림 2. 35 | 나사못

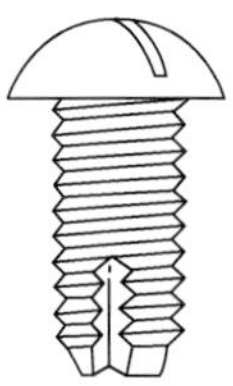

| 그림 2. 36 | 태핑나사

| 표 2.15 | 홈붙이 작은나사의 주요치수 1(KS B 1021)

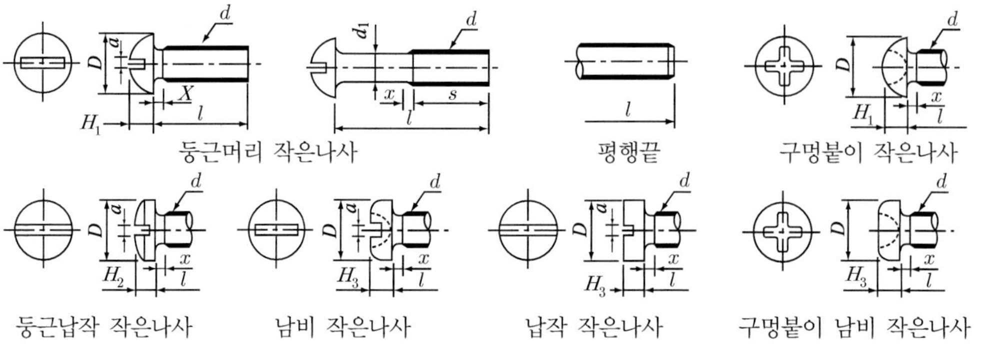

(단위 : mm)

나사의 종류		나사호칭 d	피치 p	D	H_1	H_2	H_3	a	l (1)	s
홈붙이 작은나사		M1	0.25	2	0.8	0.75	0.65	0.32	3~10	6
		M1.2	0.25	2.3	0.9	0.9	0.8	0.32	3~12	6
		(M1.4)	0.3	2.6	1	1	0.9	0.32	3~14	8
		M1.6	0.35	3	1.1	1.15	1	0.4	3~16	8
		*(M1.7)	0.35	3.2	1.2	1.25	1.1	0.4	4~20	8
	+자 구멍붙이 작은나사	M2	0.4	3.5	1.3	1.45	1.3	0.6	4~20	8
		(M2.2)	0.45	4	1.5	1.65	1.5	0.6	4~20	10
		*(M2.3)	0.4	4	1.5	1.65	1.5	0.6	5~30	10
		M2.5	0.45	4.5	1.7	1.9	1.7	0.8	5~30	12
		*(M2.6)	0.45	4.5	1.7	1.9	1.7	0.8	5~30	12
		M3×0.5	0.5	5.5	2	2.2	2	0.8	5~40	12
		(M3.5)	0.6	6	2.3	2.55	2.3	1	5~40	14
		M4×0.7	0.7	7	2.6	2.9	2.6	1	6~50	16
		(M4.5)	0.75	8	3	3.2	2.9	1	6~50	20
		M5×0.8	0.8	9	3.4	3.6	3.3	1.2	8~50	20
		M6	1	10.5	4	4.3	3.9	1.2	8~60	25
		M8	1.25	14	5.4	5.7	5.2	1.6	10~60	30

주 l (1) 의 수치는 다음 중에서 선택한다.
(3, 4, 5, 6, 8, 10, 12, 14, 20, 25, 30, 35, 40, 45, 50, 55, 60)

비고 1. 나사의 호칭에( )를 붙인 것은 될 수 있는 한 사용하지 않는다.
2. * 표를 붙인 것은 폐지 될 것이므로, 설계시 피하는 것이 좋다.
3. 나사가 없는 부분의 지름 d_1 의 값은 보통나사의 유효지름과 거의 같게 잡는다. 이때 d_1 은 나사 유효지름의 최소값 보다 커야한다. 또, 필요에 따라 d_1 의 값을 나사의 바깥지름과 거의 같게 잡아도 좋다. 이때, d_1 은 나사 바깥지름의 최소값 보다 작아야 한다.
4. x 는 불완전 나사부의 길이로서, 약 2산으로 잡는다.
5. 나사 끝의 모양은 지정이 없는 경우 둥근 끝으로 하고, 납작 끝을 필요로 하는 경우에는 지정한다.

| 표 2.16 | 홈붙이 작은나사의 주요치수 2(KS B 1021)

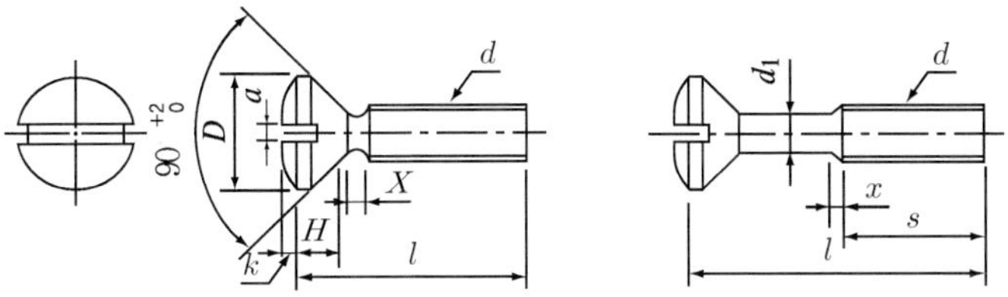

둥근접시 작은나사

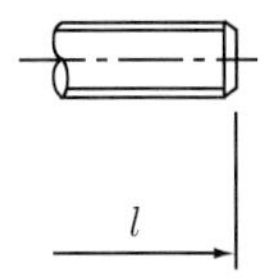

평행끝

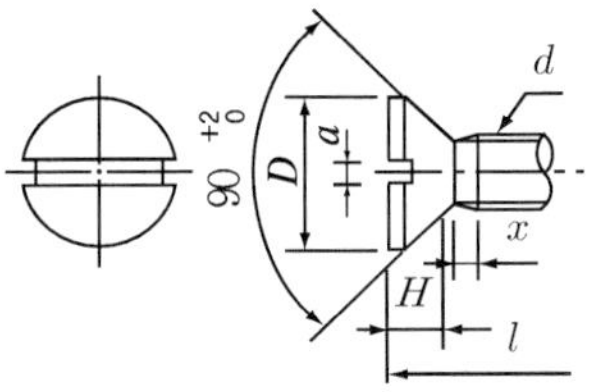

접시작은나사

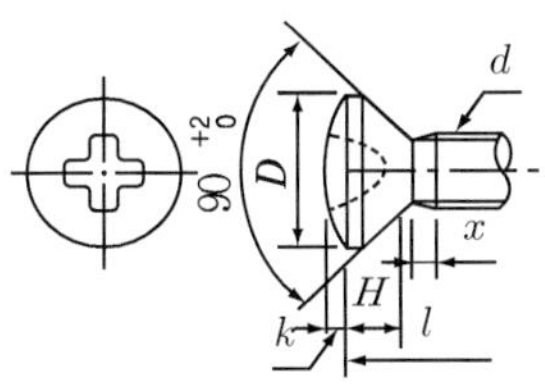

구멍붙이 둥근접시 작은나사

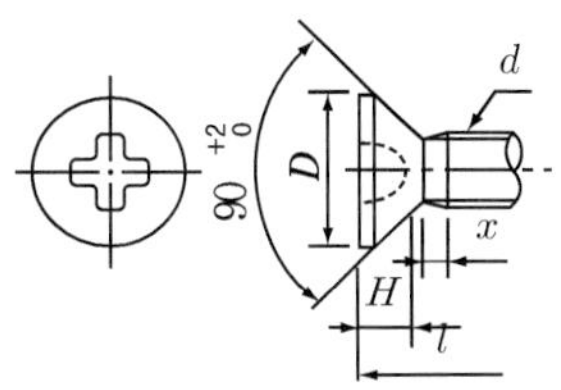

+자구멍붙이 접시작은나사

(단위 : mm)

나사의 종류		나사호칭 (d)	피치 p	D	H	k(약)	H_3	a	l [(1)]	s
홈붙이 작은나사		M1	0.25	2	0.6	0.2	0.65	0.32	4~10	6
		M1.2	0.25	2.4	0.7	0.3	0.8	0.32	4~12	6
		(M1.4)	0.3	2.8	0.85	0.3	0.9	0.32	4~14	8
		M1.6	0.35	3.2	0.95	0.35	1	0.4	5~16	8
		*(M1.7)	0.35	3.4	1	0.4	1.1	0.4	5~20	8
	－자 구멍붙이작은나사	M2	0.4	4	1.2	0.4	1.3	0.6	5~20	8
		(M2.2)	0.45	4.4	1.3	0.5	1.5	0.6	6~20	10
		*(M2.3)	0.4	4.6	1.35	0.5	1.5	0.6	6~30	10
		M2.5	0.45	5	1.45	0.55	1.7	0.8	6~30	12
		*(M2.6)	0.45	5.2	1.5	0.6	1.7	0.8	6~30	12
		M3×0.5	0.5	6	1.75	0.7	2	0.8	6~40	12
		(M3.5)	0.6	7	2	0.8	2.3	1	8~40	14
		M4×0.7	0.7	8	2.3	0.9	2.6	1	8~50	16
		(M4.5)	0.75	9	2.55	1	2.9	1	10~50	20
		M5×0.8	0.8	10	2.8	1.2	3.3	1.2	10~50	20
		M6	1	12	3.4	1.4	3.9	1.2	12~60	25
		M8	1.25	16	4.4	1.8	5.2	1.6	14~60	30

주 l [(1)]의 수치는 다음 중에서 선택한다.

(3, 4, 5, 6, 8, 10, 12, 14, 20, 25, 30, 35, 40, 45, 50, 55, 60)

비고 1. 나사의 호칭에 ( )를 붙인 것은 될 수 있는 한 사용하지 않는다.

2. * 표를 붙인 것은 폐지 될 것이므로, 설계시 피하는 것이 좋다.

3. 나사가 없는 부분의 지름 d_1의 값은 보통나사의 유효지름과 거의 같게 잡는다. 이때 d_1

은 나사 유효지름의 최소값 보다 커야한다. 또, 필요에 따라 d_1의 값을 나사의 바깥지름과 거의 같게 잡아도 좋다. 이때, d_1은 나사 바깥지름의 최소값 보다 작아야 한다.

4. x는 불완전 나사부의 길이로서, 약 2산으로 잡는다.
5. 나사 끝의 모양은 지정이 없는 경우 둥근 끝으로 하고, 납작 끝을 필요로 하는 경우에는 지정한다.

연습문제

1. 나사의 피치(pitch)와 리드(lead)에 대하여 설명하여라.

2. 나사의 자립 조건에 대하여 설명하여라.

3. 나사의 효율을 나타내는 식을 유도하고, 설명하여라.

4. 나사의 풀림 방지대책에 대하여 설명하여라.

5. 미터 보통나사 M30의 나사의 효율을 구하여라. 단, 마찰계수 $\mu = 0.1$ 이다.

6. 리드가 50mm인 2줄사각나사의 골지름은 60mm, 나사의 마찰계수 $\mu = 0.1$ 이다. 골부분에 비틀림 응력만을 10kg/mm^{2}까지 허용한다면, 작용할 수 있는 하중의 크기를 구하여라.

7. 1인치에 8산인 유니파이 2줄나사의 효율은 몇 %인가? 단, 마찰계수$\mu = 0.1$, 유효지름 $d_2 = 23.33$ mm이다.

8. 어느 나사잭의 나사봉는 피치 1″인 1줄 사각나사이다. 그 유효지름 $d_2 = 60$ mm, 나사부의 마찰계수 $\mu = 0.15$, 컬러의 유효 반지름은 25mm이고, 컬러와 접촉부와 의 마찰계수는 0.13이다. 이 잭으로 12,000kg을 올릴 때 길이 200cm의 레버로 잡아 당기는 힘의 크기와 이 잭의 효율을 구하여라.

9. 안지름 600mm인 증기 실린더가 최고 30kg/cm^{2}의 내압을 받는다. 실린더 헤드 커버는 M30인 볼트 16개로 죄여져 있다. 증기가 누설되지 않도록 볼트의 초기 체결력을 구하여라. 단, 볼트 재료의 탄성계수는 2.1×10^{4}kg/mm^{2}이다.

10. 그림과 같은 브래킷을 3개의 바깥지름 22mm의 볼트로 벽에다 부착하는 경우 그 안전 하중 P를 구하여라. 단, 볼트에 작용하는 전단력은 일체 무시한다. 동하중에 대한 볼트의 허용인장응력은 6kg/mm^{2}로 한다.

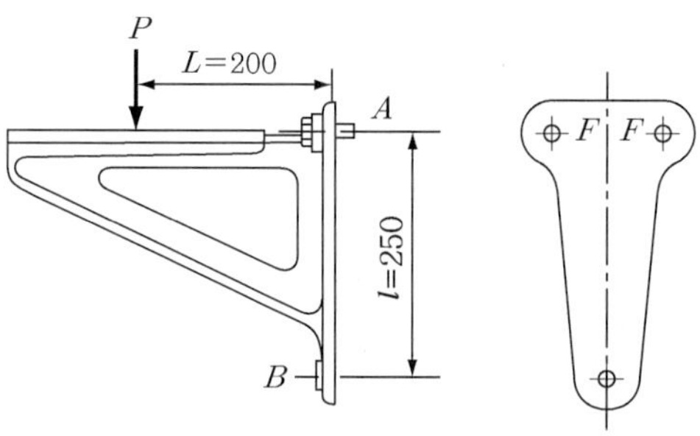

CHAPTER 03

리벳

리벳(rivet)은 강판이나 형강 등을 겹쳐서, 영구적으로 결합하는데 사용하는 기계요소로 구조가 간단하므로 응용범위가 넓다. 보일러, 압력용기, 교량, 철골 구조물, 항공기, 선박 등에 사용되고 또, 죄는 힘이 커서 기밀을 요하는 압력용기나 보일러 등에도 사용된다. 리벳의 재질은 연성이 큰 재료로 만들며 대개는 연강을 사용하지만 판재가 경합금이나 동합금일 때에는 황동, 알루미늄, 듀랄미늄등의 재료를 사용한다.

3.1 리벳작업

리벳작업(riveting)은 그림 3. 1과 같이 제 2의 머리를 성형하여 판재를 체결하는 작업을 말한다. 먼저 결합하고자하는 강판의 필요한 위치에 드릴(drilling)이나 펀칭(punching)을 이용하여, 리벳의 지름보다 1~1.5mm 정도 크게 구멍을 뚫는다. 보통, 리벳의 호칭지름이 1~22mm일 때는 냉간작업(cold working)에서 성형되는 냉간성형리벳과 10~40mm이하 일 때는 열간작업(hot working)에서 성형되는 열간성형리벳이 있다. 양쪽은 스냅(snap)공구를 사용하여 손의 힘이나 기계적인 힘에 의하여 두드려 제2의 리벳머리를 만들어 결합시킨다.

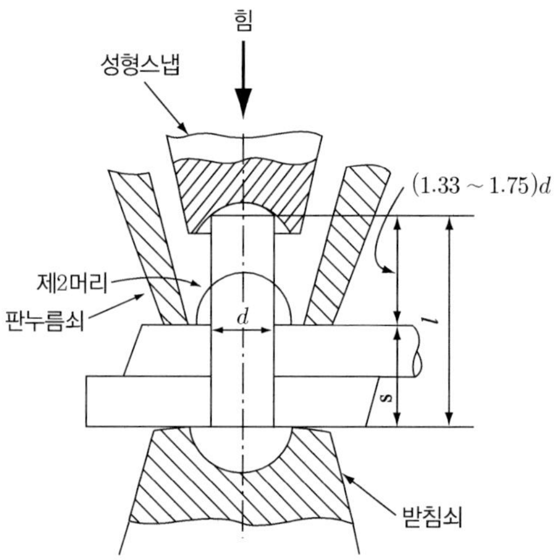

| 그림 3.1 | 리벳작업

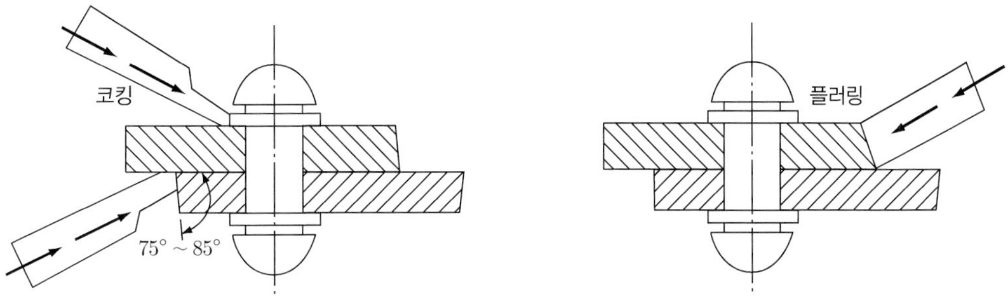

(a) 코킹 (b) 플러링

| 그림 3. 2 | 코킹과 플러링

냉간리벳작업은 상온에서 작업을 하므로 작업이 끝난 후에 리벳의 수축이 없어서 마찰저항도 없으며, 열간리벳작업은 노에서 가열하여 성형하므로, 작업 후에 판에서 생기는 수축이나 판을 세게 죄므로 기밀의 효과를 얻을 수 있다. 또, 주로 힘의 전달과 강도만을 위한 곳에 쓰이는 것과 강도와 기밀을 요하는 곳의 용도로 나누어지는데, 기밀을 유지하기 위하여 종이, 석면 등으로 패킹(packing)을 하거나, 두꺼운 곳에는 그림 3. 2와 같이 코킹(caulking) 또는 플러링(fullering)을 한다.

3.2 리벳의 종류

리벳은 리벳머리(rivet head)와 리벳자루(rivet shank)로 구성되며, 그림 3. 3과 같이 여러 가지가 있다. 리벳 각 부의 치수는 KS표준에 상세히 규정되어 있는데, 각종 리벳에 대한 몸체의 지름은 목 밑부터 $d/4$의 곳에서 측정하는 것을 원칙으로 하며, 길이 l은 일반적으로 아래의 식으로 결정하는 것이 보통이다.

$$l = (\text{접합할 판의 두께}) + (1.33 \sim 1.75)d$$

표 3. 1에는 냉간 둥근머리리벳, 표 3. 2에는 열간 둥근머리리벳의 치수를 표시하였다. 리벳의 재료로는 리벳이 큰 압력을 받으므로 가단성이 크고, 항복점이 높은 저탄소강을 주로 사용한다. 일반적으로 KS표준에서는 인장강도 34~50kg/mm^{2}인 리벳강을 용도에 따라 세분화하여 규정하고 있다. 즉, 41~48kg/mm^{2}의 것은 보일러용으로, 39~46kg/mm^{2}의 것은 선박용으로 사용되고 있다.

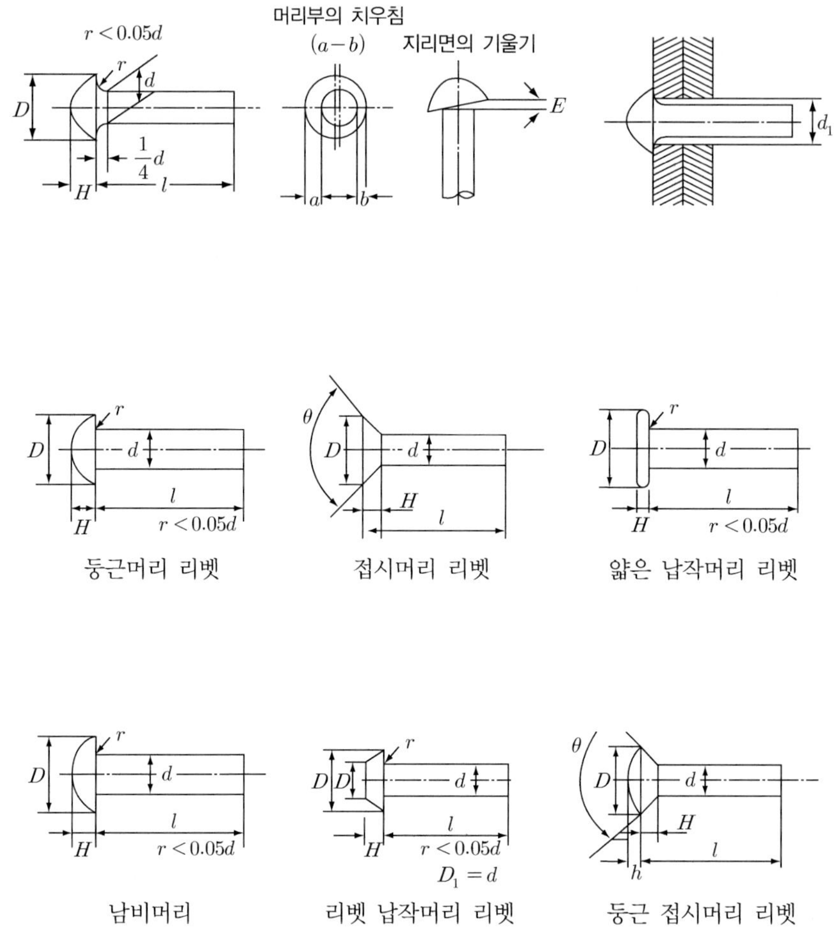
머리부의 치우침
(a−b)
지리면의 기울기
r < 0.05d
둥근머리 리벳
접시머리 리벳
얇은 납작머리 리벳
남비머리
리벳 납작머리 리벳
둥근 접시머리 리벳
D₁ = d

| 그림 3.3 | 리벳의 종류

| 표 3.1 | 둥근머리 냉간성형 리벳

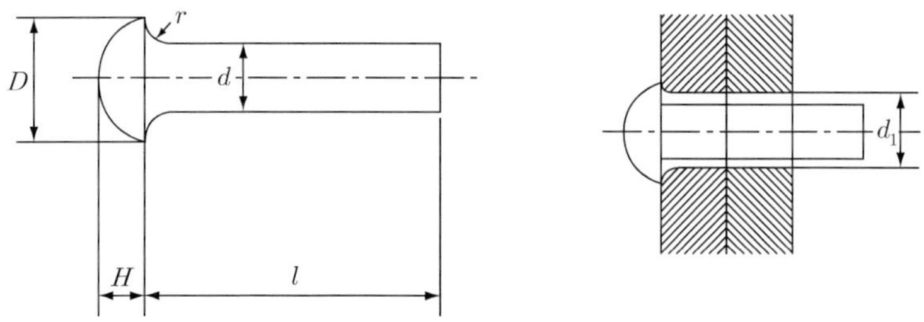

(단위 : mm)

호칭 지름	1란	3		4		5	6	8	10	12		
	2란		3.5		4.5							14
	3란										13	
축지름 d	기본 치수	3	3.5	4	4.5	5	6	8	10	12	13	14
	허용차	+0.12	+0.14	+0.16	+0.18	+0.2	+0.24	+0.32	+0.4	+0.48	+0.5	+0.3
		−0.03	−0.04	−0.04	−0.05	−0.95	−0.06	−0.08	−0.08	−0.08	−0.08	−0.10
머리 지름 D	기본 치수	5.7	6.7		7.2	8.1	9	13.3	16	19	21	22
	허용차	±0.2			±0.3							
머리 높이 H	기본 치수	2.1	2.5	2.8	3.2	3.5	4.2	5.6	7	8	9	10
	허용차	±0.15					±0.2	±0.25				
둥글기 r		0.15	0.18	0.2	0.23	0.25	0.3	0.4	0.5	0.6	0.65	0.7
구멍지름 d_1		3.2	3.7	4.2	4.7	5.3	6.3	8.4	10.6	12.8	13.8	15
길이 l		3~20	4~22	4~24	5~26	5~30	6~36	8~40	10~56	12~60	14~65	14~70

| 표 3.2 | 둥근머리 열간성형 리벳

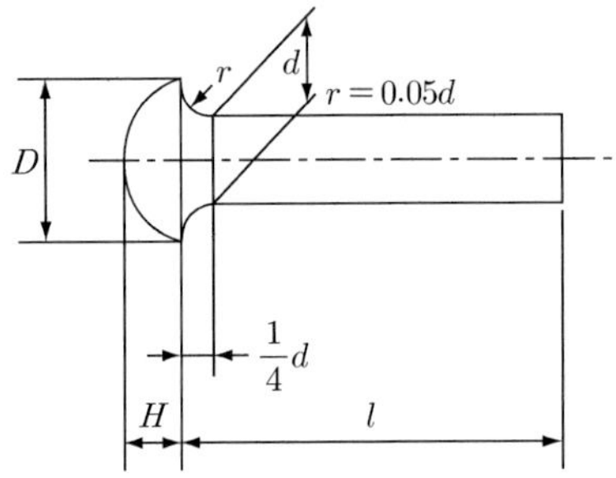

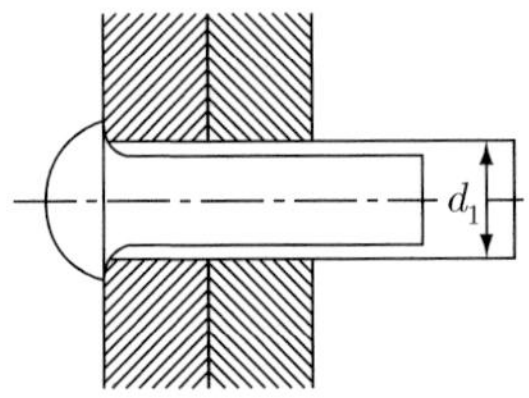

(단위 : mm)

<table>
<tr><th colspan="2">호칭지름</th><td>10</td><td>12</td><td>13</td><td>14</td><td>16</td><td>18</td><td>19</td><td>20</td><td>22</td><td>24</td><td>25</td><td>27</td><td>28</td><td>30</td><td>32</td><td>33</td><td>36</td><td>40</td></tr>
<tr><th rowspan="2">축지름
d</th><th>기본 치수</th><td>10</td><td>12</td><td>13</td><td>14</td><td>16</td><td>18</td><td>19</td><td>20</td><td>22</td><td>24</td><td>25</td><td>27</td><td>28</td><td>30</td><td>32</td><td>33</td><td>36</td><td>40</td></tr>
<tr><th>허용차</th><td colspan="5">+0.6
0</td><td colspan="8">+0.8
0</td><td colspan="5">+1.0
0</td></tr>
<tr><th rowspan="2">머리 지름
D</th><th>기본 치수</th><td>16</td><td>19</td><td>21</td><td>22</td><td>26</td><td>29</td><td>30</td><td>32</td><td>35</td><td>38</td><td>40</td><td>43</td><td>45</td><td>48</td><td>51</td><td>54</td><td>58</td><td>64</td></tr>
<tr><th>허용차</th><td colspan="5">+0.5 +0.05
−0.25 −0.3</td><td colspan="5">−0.6
−0.35</td><td colspan="6">+0.7
−0.4</td><td colspan="2">+0.8
−0.5</td></tr>
<tr><th rowspan="2">머리 높이
H</th><th>기본 치수</th><td>7</td><td>8</td><td>9</td><td>10</td><td>11</td><td>12.5</td><td>13.5</td><td>14</td><td>15.5</td><td>17</td><td>17.5</td><td>19</td><td>19.5</td><td>21</td><td>22.5</td><td>23</td><td>25</td><td>28</td></tr>
<tr><th>허용차</th><td colspan="5">+0.6
0</td><td colspan="5">+0.8
0</td><td colspan="6">+0.9
0</td><td colspan="2">+1.0
0</td></tr>
<tr><th colspan="2">구멍지름d_1</th><td>11</td><td>13</td><td>14</td><td>15</td><td>17</td><td>19.5</td><td>20.5</td><td>21.5</td><td>23.5</td><td>25.5</td><td>26.5</td><td>28.5</td><td>29.5</td><td>32</td><td>34</td><td>35</td><td>38</td><td>12</td></tr>
<tr><th colspan="2">길이l</th><td>10~50</td><td>12~60</td><td>14~65</td><td>16~70</td><td>18~80</td><td>20~90</td><td>22~100</td><td>24~110</td><td>28~140</td><td>32~130</td><td>36~130</td><td>38~140</td><td>38~140</td><td>49~150</td><td>45~160</td><td>45~160</td><td>50~180</td><td>50~190</td></tr>
</table>

3.3 리벳이음의 분류

1. 사용 목적에 의한 분류

① 강도와 기밀을 필요로 하는 이음 : 보일러, 고압용기
② 기밀만을 필요로 하는 이음 : 탱크, 저압용기
③ 강도만을 필요로 하는 이음 : 교량, 건축물, 일반 구조물

2. 판의 조합 형식에 의한 분류

그림 3. 4와 같이 맞대기이음(butt joint)과 겹치기이음(lap joint)으로 나누어진다. 또, 맞대기이음은 한쪽 덮개판 맞대기이음(butt joint with single cover strap)과 양쪽 덮개판 맞대기이음(butt joint with both cover strap)으로 다시 나누어진다.

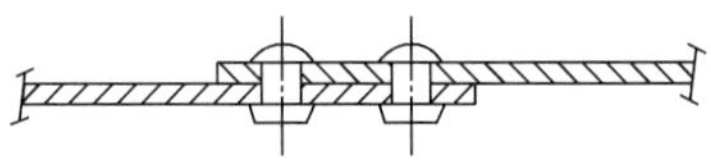

(a) 겹치기 이음

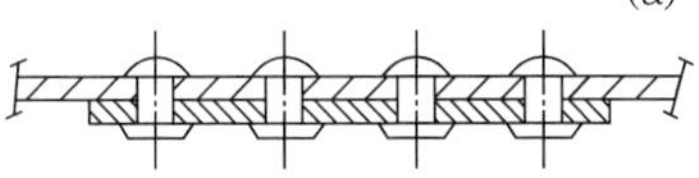

(b) 한쪽 덮개판 맞대기 이음

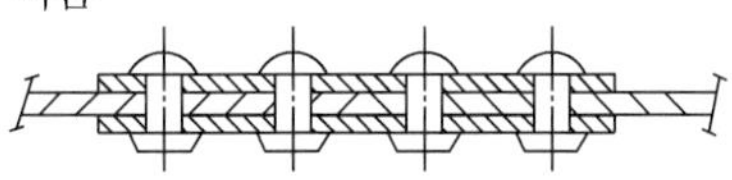

(c) 양쪽 덮개판 맞대기 이음

| 그림 3. 4 | 리벳이음의 종류

3. 리벳의 배열에 의한 분류

① 평행형 리벳이음(chain riveted joint)
② 지그재그형 리벳이음(zigzag riveted joint)

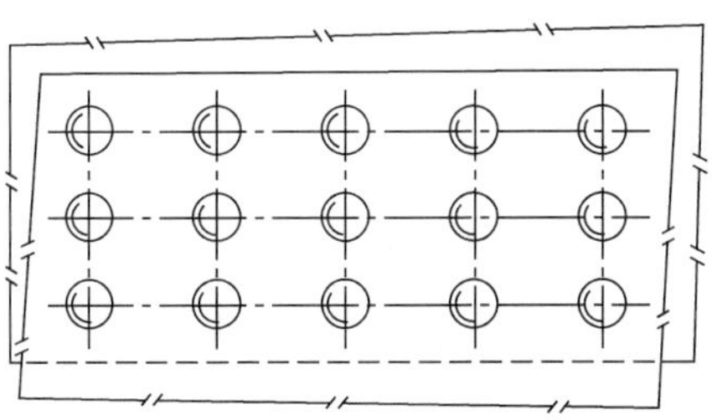

(a) 평행형 리벳이음

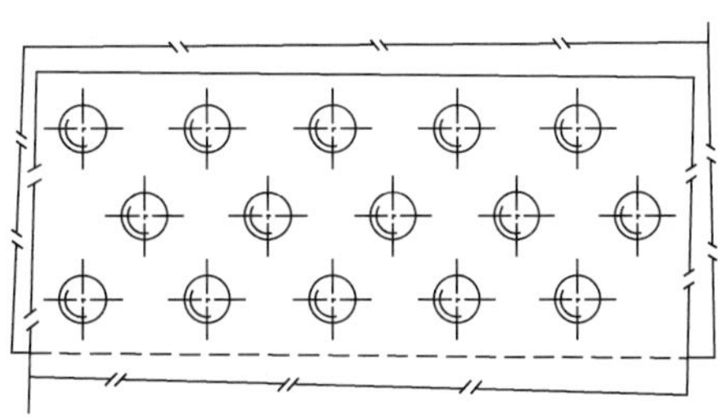

(b) 지그재그형 리벳이음

| 그림 3. 5 | 평행형과 지그재그형 리벳이음

4. 리벳의 줄수에 의한 분류

① 한 줄 리벳이음(single riveted joint)
② 두 줄 리벳이음(double riveted joint)
③ 여러 줄 리벳이음(multiple riveted joint)

3.4 리벳이음의 강도

3.4.1 리벳의 강도

작업한 리벳은 그 내부에 매우 큰 인장응력이 남는다. 이 응력으로 인하여 판은 매우 큰 힘으로 죄어지고, 그 힘에 의하여 판 사이의 마찰력과 전단력이 발생하여 힘의 평형으로 판이 체결된다. 리벳 내부에 발생되는 인장응력을 σ_r, 마찰계수를 μ, 리벳의 지름을 d, 리벳의 전단응력을 τ_r 라 하면, 마찰력에 의한 저항력 P_f는,

$$P_f = \mu \sigma_r \frac{\pi}{4} d^2 \tag{3. 1}$$

전단력에 의한 저항력 P_s는,

$$P_s = \tau_r \frac{\pi}{4} d^2 \tag{3. 2}$$

1. 단일 전단면의 리벳강도

그림 3. 6과 같은 단일 전단면에서 리벳 내의 인장응력 σ_r가 재료의 탄성한도 σ_e에 가까운 값으로 하고, 마찰계수 $\mu = 0.5$이라고 하면,

$$\mu \sigma_r = 0.5 \sigma_e$$

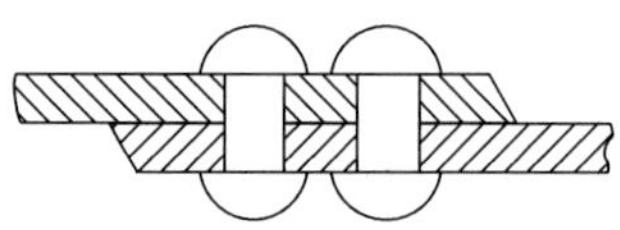

| 그림 3. 6 | 리벳이음의 단일 전단면

인장강도 $\sigma_B < 50\,\text{kg/mm}^2$인 강에서는 $\sigma_e \fallingdotseq 0.5\sigma_B$이므로,

$$\mu\sigma = 0.25\sigma_e \tag{3. 3}$$

식 (3. 2)인 리벳의 전단강도가 최대 전단응력설에 따를 때 탄성변형동안에는 $\tau = 0.5\sigma$ 이므로,

$$\tau_r = 0.5\sigma_e = 0.25\sigma_B \tag{3. 4}$$

따라서, $\mu\sigma_r = \tau_r$ 가 성립되므로 식 (3. 1)과 (3. 2)에서 허용응력을 τ_a 라 하면, 리벳의 강도 P는,

$$P = \tau_a \frac{\pi}{4} d^2 \tag{3. 5}$$

그러므로, 기밀을 요하는 리벳이음에서는 식 (3. 1)에 의한 미끄럼이 생기기 전의 강도를 계산해야 하지만, μ 와 σ_r 의 값에 대하여는 정확한 근거를 얻기 어려우므로, 식 (3. 5)에 의하여 리벳의 전단 허용응력을 기준으로 계산하는 편이 편리하다. 결국, 압력용기의 파괴는 리벳의 전단강도에 의하여 결정되므로, 설계시에는 τ_a 을 기준으로 삼는다. 특별히 지정하지 않는 한 리벳의 일반적인 경우, 안전을 고려한 허용 전단응력 $\tau_a = 6 \sim 7\,\text{kg/mm}^2$으로 한다.

2. 복 전단면의 리벳강도

그림 3. 7과 같은 양쪽 덮개판 맞대기 이음과 같이 1개의 리벳으로 2개의 전단면이 있는 경우는 단면적을 2배로 하지 않고, 안전을 고려해서 1.8배로 잡아서 계산한다.

$$P = 1.8\,\tau_a \frac{\pi}{4} d^2 \tag{3. 6}$$

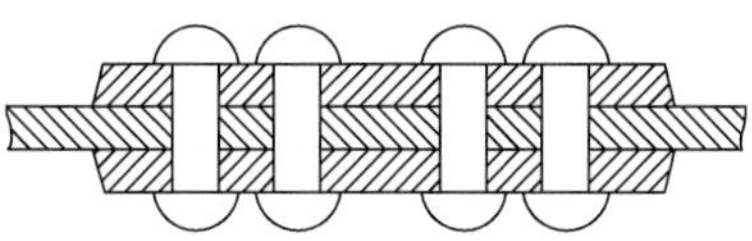

| 그림 3.7 | 리벳이음의 복 전단면

3. 여러 줄의 리벳강도

리벳이 여러 줄인 경우에는, 바깥쪽과 안쪽 리벳에 작용하는 힘이 서로 다르기 때문에 균등하게 취급할 수 없다. 하중의 분포상태는 표 3. 3에서와 같이 3줄 이상에서 제일 바깥쪽 리벳은 평균 하중보다 10~50%의 과부하를 받는다. 그러므로, 리벳의 줄 수를 z, 줄 수에 의한 부하 평균화 계수를 α 라고 하면, 1피치 내의 리벳강도 P는,

$$P = \alpha z \tau_a \frac{\pi}{4} d^2 \tag{3. 7}$$

또, 안쪽 리벳은 바깥쪽보다 작은 하중을 받기 때문에 지름이 작은 리벳을 사용할 수 있으나, 대체로 같은 지름의 리벳을 사용한다. 리벳의 줄 수를 너무 많게 하면, 이음효과가 떨어지므로 보통, 3~4줄을 한도로 하는 것이 바람직하다.

| 표 3. 3 | 여러 줄 리벳의 하중 분포 상태

순서 / 리벳 줄수(z)	하중의 분포 비율						제일 바깥쪽 리벳 하중의 평균값으로부터 초과되는 양(%)	부하 평균화 계수(α)
	1	2	3	4	5	6		
2	0.5	0.5	–	–	–	–	0	1.0
3	0.368	0.264	0.368	–	–	–	11	0.9
4	0.307	0.193	0.193	0.307	–	–	23	0.8
5	0.272	0.163	0.130	0.163	0.272	–	36	0.75
6	0.247	0.147	0.106	0.106	0.147	0.247	48	0.7

3.4.2 리벳이음의 강도

리벳이음에 작용하는 하중 P를 증가시키면, 그림 3. 8과 같이 크게 5가지 파괴 형식 중에서 가장 파괴하기 쉬운 상태에서 파괴가 일어난다. 리벳의 파괴 상태를 해석하기 위해서 하중은 리벳 자루에 직각방향으로 작용하는 것으로 하고, 강도는 겹치기 이음에서 1피치의 나비에 대한 강도를 고려한다.

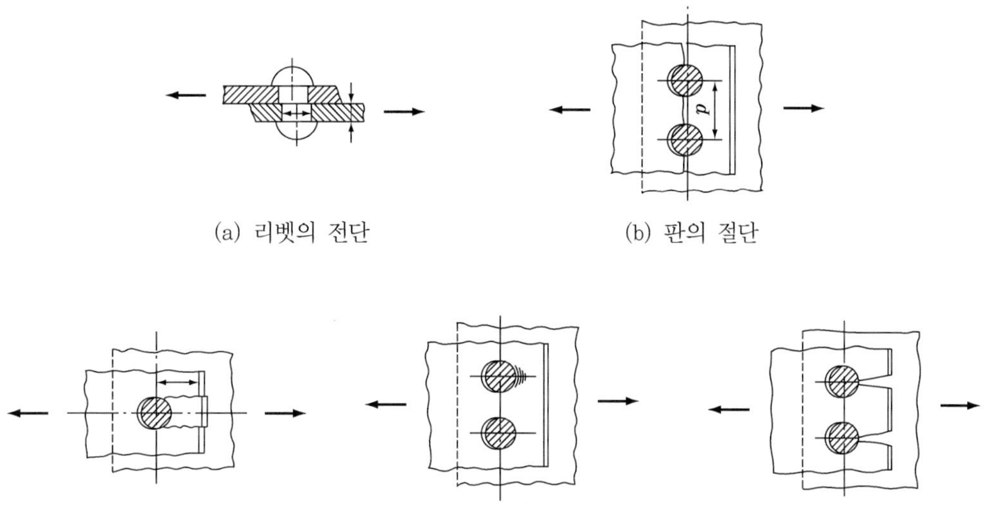

(a) 리벳의 전단 (b) 판의 절단

(c) 판 끝의 전단 (d) 리벳 또는 구멍의 압축 (e) 판 끝의 갈라짐

|그림 3.8| 리벳이음의 파괴

1. 리벳의 전단

리벳의 지름을 d, 리벳의 전단응력을 τ_r 라 하면 인장력 P는,

$$P = \frac{\pi}{4} d^2 \tau_r \tag{3. 8}$$

2. 판의 절단

판의 두께를 t, 리벳의 피치를 p, 판의 인장응력을 σ_t 라 하면,

$$P = (p - d) t \sigma_t \tag{3. 9}$$

3. 판 끝의 전단

리벳 중심에서 판 끝까지의 거리를 e, 판의 전단응력을 τ_p 라 하면,

$$P = 2 e t \tau_p \text{ 또는, } P = 2\left(e - \frac{d}{2}\right) t \tau_p \tag{3.10}$$

4. 리벳 또는 리벳 구멍의 압축

압축 응력을 σ_c 라 하면,

$$P = d t \sigma_c \tag{3. 11}$$

5. 판 끝의 갈라짐

리벳의 지름과 같은 길이의 판의 중앙에 집중하중 P가 작용한다고 하면, 이때의 굽힘 모멘트 M과 단면계수 Z는,

$$M = \frac{1}{8}Pd$$

$$Z = \frac{(e - \frac{d}{2})^2 t}{6}$$

그러므로, $M = \sigma_b Z$이므로 판의 굽힘 응력을 σ_b라 하면,

$$P = \frac{1}{3d}(2e - d)^2 t\sigma_b \qquad (3.\ 12)$$

이상의 각 저항력이 모두 동일한 값이 되도록 각부의 치수를 결정하는 것이 바람직하지만, 모든 조건을 만족할 수는 없으므로 보통 경험치를 기초로 하여 치수를 결정하고, 그 강도를 위의 식에 의해 계산하여 그 한계를 검토한다.

식 (3. 8)과 식 (3. 12)를 같다고 하면,

$$e = \frac{1}{2}\left(1 + \sqrt{\frac{3\pi d\tau_r}{4t\sigma_b}}\right)d$$

$\sigma_b = \sigma_t$, $\tau_r = 0.85\sigma_t$로 하고, $d > 2t$로 하는 경우가 없으므로 $t = \frac{d}{2}$를 대입하면, $e = 1.5d$로 된다. 또, 식 (3. 8)과 식 (3. 11)도 같다고 놓으면, $e = 0.785d$로 된다. 따라서 $e = 1.5d$로 하면 판 끝의 전단과 판 끝의 갈라짐에 대한 강도는 검토할 필요가 없이 만족한다.

다음에 식 (3. 8)과 식 (3. 9)를 같다고 하면,

$$\frac{\pi}{4}d^2\tau_r = (p - d)t\sigma_t$$

$$\therefore p = \frac{\pi d^2\tau_r}{4t\sigma_t} + d$$

전단면이 n개 이면,

$$p = \frac{n\pi d^2\tau_r}{4t\sigma_t} + d$$

또, 식 (3. 8)과 식 (3. 10)를 같다고 놓고, $\sigma_c = 2\tau_r$ 로 잡으면 $d = 2.55t$ 가 된다. 따라서, $d <\ 2.55t$ 이면, 이음의 치수는 전단강도에 의하여 결정되고 $d\ > 2.55t$ 이면, 압축강도에 의하여 결정된다. 그러므로, 판 두께와 리벳의 지름과의 관계를 알 수 있으면, 계산은 간단해진다.

3.4.3 리벳이음의 효율

리벳구멍 또는 노치등이 전혀 없는 판과 리벳이음을 한 판의 강도와의 비를 리벳이음의 효율(efficiency of rivet joint)라 하고, 판의 효율, 리벳의 효율, 조합효율이 있으며, 항상 1보다 작다.

1. 판의 효율

1피치의 나비를 기준으로, 리벳 구멍이 뚫린 판과 구멍이 없는 판의 강도와의 비를 판의 효율 η_1 이라고 한다.

$$\eta_1 = \frac{(p-d)\,t\,\sigma_t}{p\,t\,\sigma_t} = \frac{p-d}{p} = 1 - \frac{d}{p} \tag{3. 13}$$

2. 리벳의 효율

1피치의 나비를 기준으로 리벳의 전단강도에 대한 구멍이 없는 판의 강도와의 비를 리벳의 효율 η_2 이라고 한다.

$$\left.\begin{aligned} &\text{① 단일 전단면의 경우} : \eta_2 = \frac{\frac{1\pi d^2}{4}\tau_r}{p\,t\,\sigma_t} \\ &\text{② 복 전단면의 경우} : \eta_2 = \frac{1.8 \times \frac{1\pi d^2}{4}\tau_r}{p\,t\,\sigma_t} \end{aligned}\right\} \tag{3. 14}$$

여러 줄 리벳의 경우에는, 1피치의 나비 사이에 있는 리벳의 수를 위의 식 (3. 14)에 곱하여 계산한다.

3. 조합 효율

그림 3. 9와 같이 리벳이음의 안쪽 리벳 피치가 바깥쪽 리벳 피치의 1/2인 경우에는 바깥쪽 리벳은 전단으로, 안쪽 리벳은 판의 절단으로 파괴되는 경우라고 생각된다. 따라서, 바깥쪽은 리벳의 효율로, 안쪽은 판의 효율로 나타낼 수 있으며, 이를 합한 효율을 조합 효율 η_3이라고 하며 한쪽 덮개판이 바깥쪽 리벳에 결합되는 경우에는,

$$\eta_3 = \frac{p-2d}{p} + \frac{\frac{\pi d^2}{4}\tau_r}{p t \sigma_t} \tag{3. 15}$$

양쪽 덮개판이 바깥쪽 리벳에 결합되는 경우에는,

$$\eta_3 = \frac{p-2d}{p} + \frac{1.8 \times \frac{\pi d^2}{4}\tau_r}{p t \sigma_t} \tag{3. 16}$$

이상의 효율 중에서 그 값이 가장 작은 것을 리벳이음의 효율이라고 하며, 이것을 리벳이음 강도계산에 이용한다.

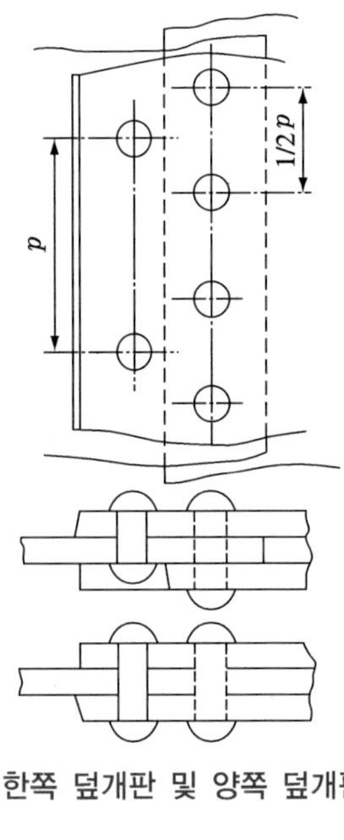

|그림 3. 9| 한쪽 덮개판 및 양쪽 덮개판 맞대기 이음

예제 3.1

인장하중 10,000kg을 받는 양쪽 덮개판 1줄 리벳 맞대기 이음에서 리벳의 지름을 20mm라고 하면, 필요한 리벳의 개수를 구하여라. 단, 리벳의 허용 전단응력은 6kg/mm^{2}이다.

풀이 양쪽 덮개판 맞대기 이음이므로, 식 (3. 6)에서 리벳의 수를 n라 하면,

$$P = 1.8\tau_a \frac{\pi}{4} d^2 \times n$$

$$\therefore\ n = \frac{4P}{1.8\tau_a \pi d^2} = \frac{4 \times 10{,}000}{1.8 \times 6 \times \pi \times 20^2} = 2.95 \fallingdotseq 3\text{개}$$

예제 3.2

강판의 두께 14mm, 리벳의 지름 20mm, 피치 50mm인 한줄 겹치기 리벳이음이 있다. 1피치마다의 하중이 1,500kg일 때 판에 생기는 인장응력과 리벳에 생기는 전단응력을 구하여라.

풀이 ① 인장응력은 식 (3. 9)에서

$$P = (p-d)\,t\,\sigma_t$$

$$\therefore \sigma_t = \frac{P}{(p-d)t} = \frac{1{,}500}{(50-20) \times 14} = 2.8\,\text{kg/mm}^2$$

② 전단응력은 식 (3. 8)에서

$$P = \frac{\pi}{4} d^2 \tau_r$$

$$\therefore \tau_r = \frac{4P}{\pi d^2} = \frac{4 \times 1{,}500}{\pi \times 20^2} = 4.77\,\text{kg/mm}^2$$

예제 3.3

양쪽 덮개판 1줄 맞대기 이음에서 피치가 48mm이고, 리벳의 구멍지름이 15mm, 강판의 두께가 8mm, 리벳의 전단응력이 강판 인장응력의 80%일 때, 이 리벳이음의 효율을 구하여라.

풀이 ① 판의 효율의 식 (3. 13)에서

$$\eta_1 = \frac{(p-d)\,t\,\sigma_t}{p\,t\,\sigma_t} = \frac{p-d}{p} = \frac{48-15}{48} = 0.688 = 68.8\%$$

② 복 전단면의 경우 리벳의 효율의 식 (3. 14)에서

$$\eta_2 = \frac{1.8 \times \dfrac{\pi d^2}{4} \tau_r}{p\,t\,\sigma_t} = \frac{1.8 \times \dfrac{\pi \times 15^2}{4} \times 0.8}{48 \times 8} = 0.662 = 66\%$$

따라서, 리벳이음의 효율은 66%이다.

예제 3.4

강판의 두께 11mm인 2줄 지그재그 겹치기 이음을 할 때, 리벳이음의 효율을 구하여라. 단, 강판의 인장응력은 34kg/mm^2, 리벳 및 강판의 압축응력은 34kg/mm^2, 리벳의 전단응력은 27kg/mm^{2}이다.

풀이 $P=(p-d)t\sigma_t$ ①

$$P=2\frac{\pi d^2}{4}\tau_r \quad ②$$

$$P=2dt\sigma_c \quad ③$$

식 ② 및 ③에서

$$d=\frac{4t\sigma_c}{\pi\tau_r}=\frac{4\times 11\times 34}{\pi\times 27}=17.64 \fallingdotseq 19\,\text{mm}$$

식 ① 및 ②에서

$$p=2\frac{\pi d^2\tau_r}{4t\sigma_t}+d=\frac{2\times\pi\times 19^2\times 27}{4\times 11\times 34}+19=59.9 \fallingdotseq 62\,\text{mm}$$

구하는 효율은,

판의 효율 $\eta_1=1-\dfrac{d}{p}=1-\dfrac{19}{62}=0.694=69.4\%$

리벳의 효율 $\eta_2=\dfrac{2\times\dfrac{\pi}{4}d^2\tau_r}{pt\sigma_t}=\dfrac{2\times\dfrac{\pi}{4}\times 19^2\times 27}{62\times 11\times 34}=0.66=66\%$

따라서, 리벳이음의 효율은 66%이다.

예제 3.5

강판의 두께 10mm, 리벳의 지름 20mm, 피치 45mm, 리벳의 중심에서 가장 자리까지의 거리 30mm인 1줄 겹치기 이음의 리벳이음의 효율을 구하여라. 단, 강판의 허용 인장응력은 8.8kg/mm^2, 압축응력은 16kg/mm^2, 전단응력은 7kg/mm^{2}이다.

풀이 ① 리벳의 전단 : $P=\dfrac{\pi}{4}\times 20^2\times 7=2{,}198\,\text{kg}$

② 판의 절단 : $P=(45-20)\times 10\times 8.8=2{,}220\,\text{kg}$

③ 리벳 또는 리벳 구멍의 압축 : $P=20\times 10\times 16=3{,}200\,\text{kg}$

④ 판 끝의 전단 : $P=2\times 30\times 10\times 7=4{,}200\,\text{kg}$

⑤ 판 끝의 갈라짐 : $P=\dfrac{1}{3\times 20}(2\times 30-20)^2\times 10\times 8.8=2{,}347\,\text{kg}$

구멍이 없는 강판의 인장강도 : $P=45\times 10\times 8.8=3{,}960\,\text{kg}$

이 리벳이음에서 리벳의 전단이 가장 약하므로 리벳이음의 효율 η는

$$\eta = \frac{2198}{3960} = 0.555 = 55.5\%$$

따라서, 리벳이음의 효율은 55.5%이다.

3.5 보일러용 리벳이음

리벳이음 중에서 사용조건이 가장 나쁜 것으로 증기보일러와 압력용기의 리벳이음과 같이 기밀과 강도를 동시에 만족해야 한다. 강판의 가장자리 또는 리벳머리에 기밀을 유지하기 위하여 코킹을 하기도 한다.

3.5.1 강판의 두께

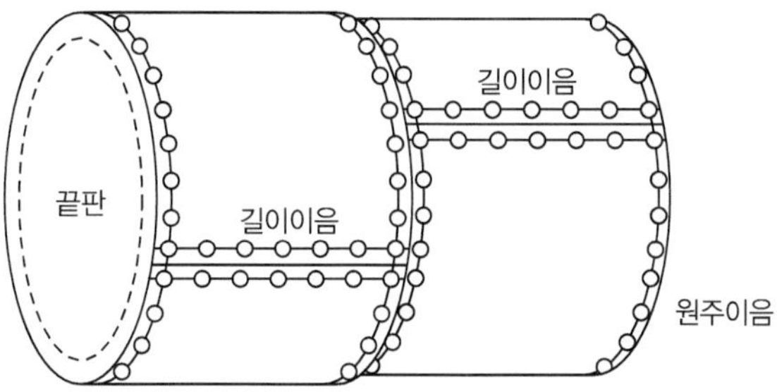

| 그림 3.10 | 보일러의 리벳이음

보일러와 같은 원통형의 압력용기를 만드는 경우 리벳이음은 그림 3.10과 같이 강판을 원통형으로 감아서 이음을 하는 길이이음(longitudinal seam)과 원통을 길이 방향으로 연결하여 이음를 하는 원주이음(circumferential seam)이 있다. 또, 양쪽 끝은 끝판(end plate)을 대고 원주이음을 한다.

그림 3.11과 같이 내압 p_0 (kg/mm^2)가 작용하는 원통 용기의 길이 방향의 단면적에 생기는 인장응력 σ_{t1} 은 아래의 식과 같으며, 이때의 응력을 "후프의 응력(hoop stress)"이라고 한다.

$$\sigma_{t1} = \frac{p_0 D}{2t} \tag{3.17}$$

여기서, D는 원통의 안지름,

t는 판의 두께

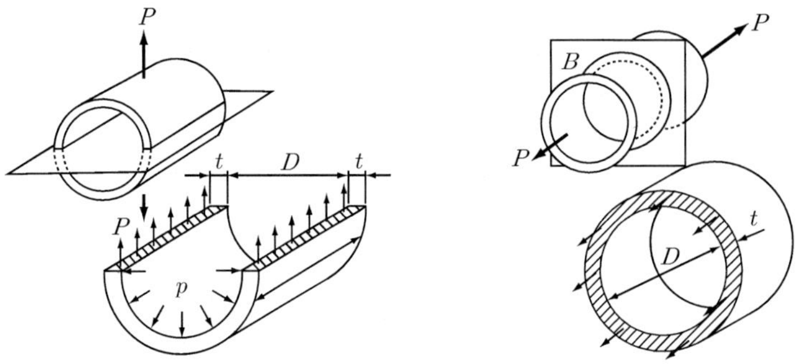

| 그림 3. 11 | 보일러 용기의 강도

원주 방향의 단면에 생기는 인장응력 σ_{t2}는,

$$\sigma_{t2} = \frac{p_0 D}{4t} \tag{3. 18}$$

즉, $\sigma_{t1} = 2\sigma_{t2}$가 된다. 따라서, 원주 방향이 길이 방향보다 파열되기 쉬우므로, 원통의 강도나 두께를 결정할 때는 원주 방향의 허용 인장응력으로 결정한다. 그러므로, 원통의 두께 $t = \dfrac{p_0 D}{2\sigma_{t1}}$이 된다.

위의 식에서 강판의 인장응력을 σ_t, 안전계수를 S_f라 하면 t는,

$$t = \frac{p_0 D S_f}{2\sigma_t}$$

실제로는 리벳이음을 하면 이음을 한 부분은 강도가 저하되고, 사용 중에 강판이 부식되어 두께가 감소되므로, 이음 효율 η와 부식 여유 c를 고려하면,

$$t = \frac{p_0 D S_f}{2\sigma_t \eta} + c = \frac{p_0 D}{2\sigma_a \eta} + c \tag{3. 19}$$

부식 여유 c는 육상 보일러 : 1mm, 선박용 보일러 : 1.5mm, 화학용기 : 1~7mm로 잡는다.

표 3. 4는 보일러용 강판의 안전계수를 나타내었다.

| 표 3.4 | 보일러용 강판의 안전계수

이음 형식 / 리벳작업	겹치기 이음	맞대기 이음		
		한쪽 덮개판	양쪽 덮개판	
			2줄에서 1줄은 한쪽 덮개판	2줄 이상
손작업	4.75	4.75	4.35	4.25
기계작업	4.50	4.50	4.10	4.00

3.5.2 리벳 피치

리벳 피치의 크기가 이음의 효율에 영향을 미치는데 너무 크게 하면, 고압 공기나 증기 등이 누설되는 위험이 있으므로, 아래의 경험식을 사용한다. 표 3. 5는 계수 C의 값을 나타내었다.

$$p \leqq Ct + 42\,\mathrm{mm} \tag{3. 20}$$

여기서, p는 최대피치(mm), t는 강판의 두께(mm), C는 계수

| 표 3.5 | 계수 C의 값

1피치 내에 있는 리벳 수	겹치기 이음	양쪽 덮개판 맞대기 이음
1	1.30	1.75
2	2.60	3.50
3	3.45	4.60
4	4.15	5.50
5	–	6.00

또, 공작을 고려한 최소피치는,

$$p_{\min} \geqq 2.5d \tag{3. 21}$$

1. 덮개판의 두께

덮개판의 두께 t_1은 표 3. 6과 같다.

| 표 3.6 | 덮개판의 두께

판의 형태	덮개판의 두께	비 고
한쪽 덮개판	$1.25t$	t는 판의 두께
양쪽 덮개판	$(0.6\sim0.8)t$	

2. 리벳 줄의 간격

리벳 줄의 간격 e_1은 다음의 표 3. 7과 같다.

| 표 3.7 | 리벳 줄의 간격

조 건		리벳 줄의 간격	비 고
$p/d \leqq 4$	길이 이음	$e_1 \geqq 2d$	d는 리벳의 지름
	원주 이음	$e_1 \geqq 1.75d$	
$p/d > 4$		$e_1 \geqq 2d + 0.1(p - 4d)$	

3. 리벳의 지름

리벳의 지름 d은 표 3. 8과 같으며, 보통 실험식이 많이 사용된다.

| 표 3.8 | 리벳의 지름

판의 형태			리벳의 지름	비 고
일반식	겹치기 이음		$(2.5\sim1.3)t$	t : 판의 두께
	양쪽 덮개판 이음		$(1.4\sim0.8)t$	
실험식	겹치기 이음		$d = \sqrt{50t} - 4\text{mm}$	
	양쪽 덮개판 이음	2줄	$d = \sqrt{50t} - 6\text{mm}$	
		3줄	$d = \sqrt{50t} - 7\text{mm}$	

3.5.3 리벳이음의 선정

리벳이음은 길이이음과 원주이음으로 구분하고, 이음의 선정은 경제적이고 간단한 것을 선택하여야 한다. 그 선택 기준은, 길이 이음의 단위 길이에 작용하는 힘을 기준으로 결정한다. 단위 길이에 작용하는 힘을 P라고 하면,

$$P = \frac{Dp_0}{2}\,(\text{kg/cm}^2) \qquad (3.\ 22)$$

그리고, 원주이음의 강도는 길이이음의 강도의 50% 이상이어야 한다. 표 3.9는 리벳이음의 형식을 선정하는 기준을 나타낸 것이다.

| 표 3.9 | 리벳이음의 형식 선정

P(kg/cm²)	길이이음의 형식	둘레이음의 형식
500	1줄 리벳 겹치기 이음	1줄 리벳 겹치기 이음
390~1,000	2줄 리벳 겹치기 이음	1줄 리벳 겹치기 이음
700~1,350	3줄 리벳 겹치기 이음	1줄 리벳 겹치기 이음
650~1,350	양쪽 덮개판 2줄 리벳 맞대기 이음	2줄 리벳 겹치기 이음
1,100~2,400	양쪽 덮개판 3줄 리벳 맞대기 이음	2줄 또는 3줄 리벳 겹치기 이음
1,800~3,200	양쪽 덮개판 4줄 리벳 맞대기 이음	2줄 또는 3줄 리벳 겹치기 이음

표 3. 10은 보일러용 판재 및 리벳 재료의 허용응력을 나타내었다.

| 표 3. 10 | 보일러용 판재 및 리벳 재료의 허용응력

<table>
<tr><th>재 료</th><th>하 중</th><th colspan="7">허용응력 (kg/mm²)</th></tr>
<tr><td rowspan="4">판재</td><td rowspan="2">인장</td><td>온도℃ / 재료</td><td>350</td><td>375</td><td>400</td><td>425</td><td>450</td><td>475</td></tr>
<tr><td>SB 35
SB 42
SB 49</td><td>8.8
10.5
11.5</td><td>8.4
9.9
10.8</td><td>7.7
9.0
9.7</td><td>6.7
7.7
8.2</td><td>5.4
5.8
5.9</td><td>3.9
4.0
4.0</td></tr>
<tr><td>압축</td><td colspan="7">허용 인장응력과 같다.</td></tr>
<tr><td>전단</td><td colspan="7">허용 인장응력의 85%</td></tr>
<tr><td rowspan="2">리벳 재료</td><td>전단</td><td colspan="7">리벳재료의 인장응력의 21%
인장응력이 불분명 할 경우에는 7kg/mm²</td></tr>
<tr><td>면압</td><td colspan="7">리벳재료의 인장응력의 38%</td></tr>
</table>

보일러용 각종 리벳이음의 경험식을 나타내면, 표 3. 11과 같다.

| 표 3.11 | 보일러용 리벳이음의 경험식

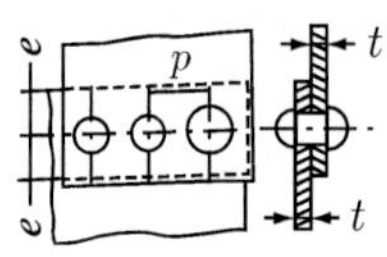

(a) 2줄 리벳 겹치기 이음

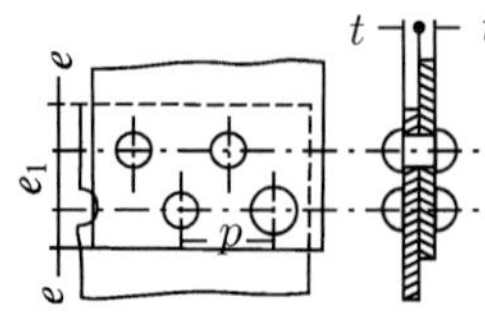

(b) 2줄 리벳 겹치기 이음(지그재그)

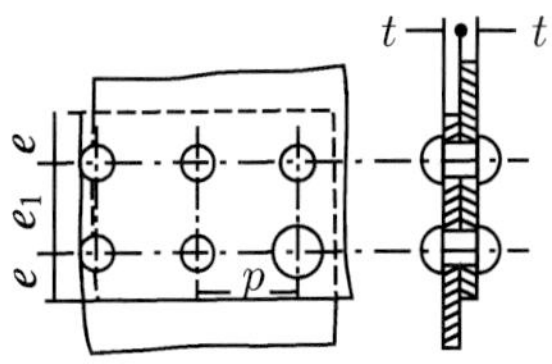

(c) 2줄 리벳 겹치기 이음(평행형)

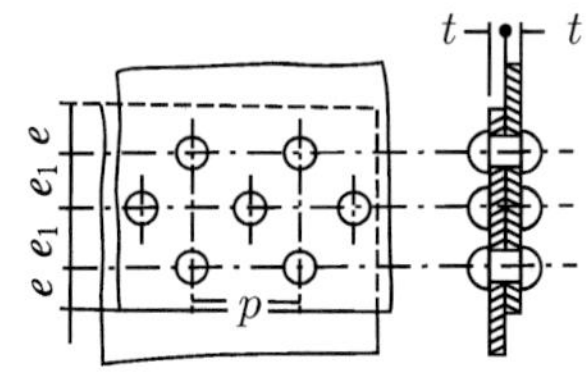

(d) 3줄 리벳 겹치기 이음

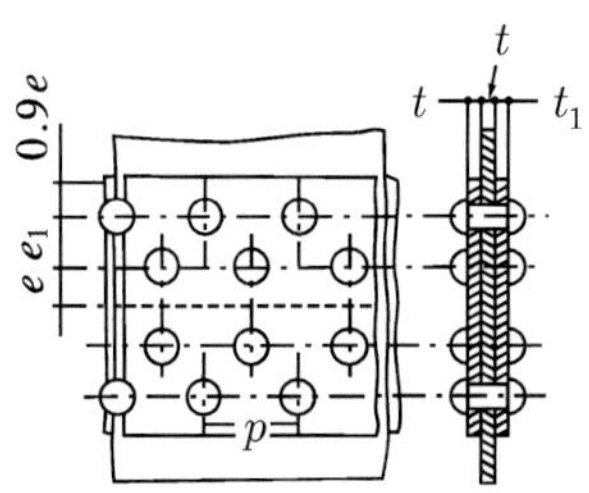

(e) 양쪽 덮개판 2줄 리벳 맞대기 이음
(각줄의 피치 같음)

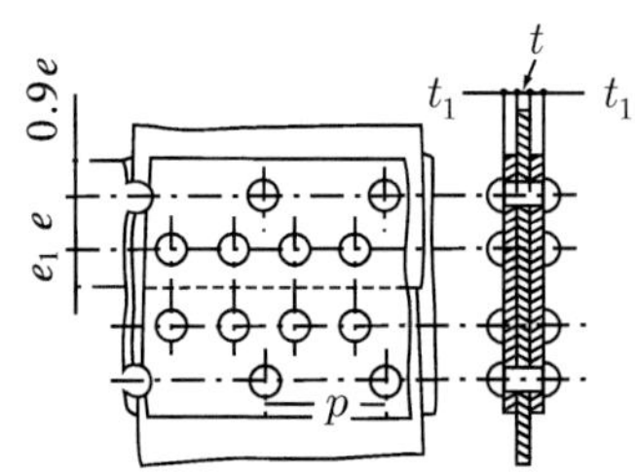

(f) 양쪽 덮개판 2줄 리벳 맞대기 이음
(바깥줄의 피치가 안쪽줄의 피치의 2배)

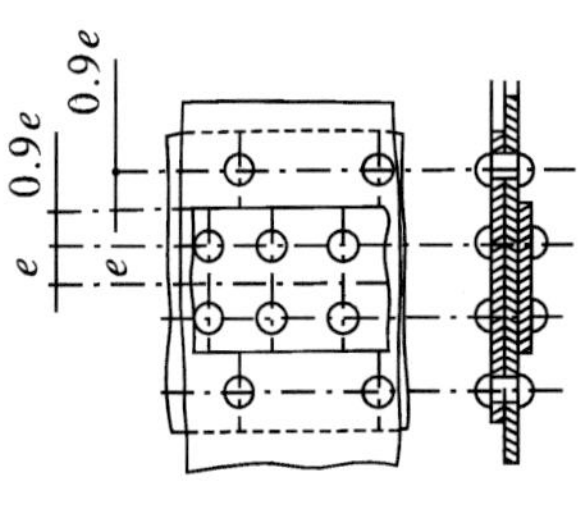

(g) 양쪽 덮개판 2줄 리벳 맞대기 이음
(양쪽 덮개판의 폭이 다르다.)

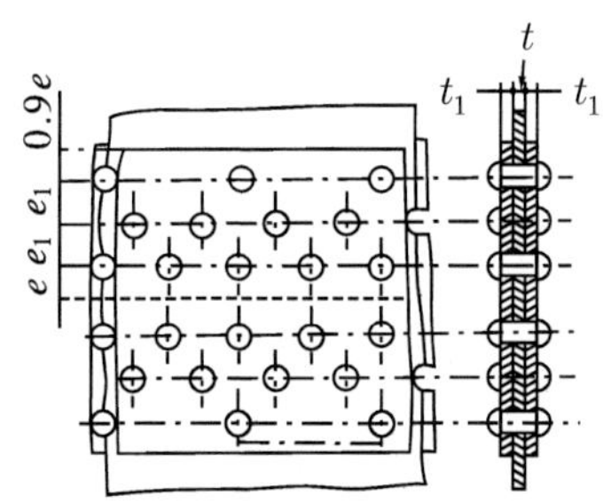

(h) 양쪽 덮개판 3줄 리벳 맞대기 이음
(바깥줄의 리벳의 피치가 다른 줄의 리벳의 피치의 2배)

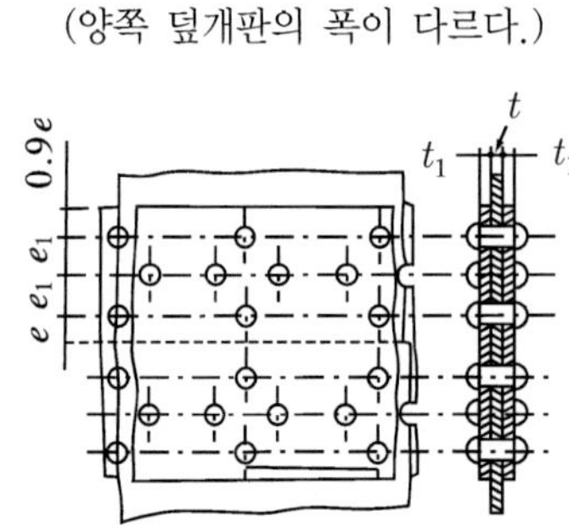

(i) 양쪽 덮개판 3줄 리벳 맞대기 이음
(가운데줄의 피치가 다른 줄의 피치의 1/2)

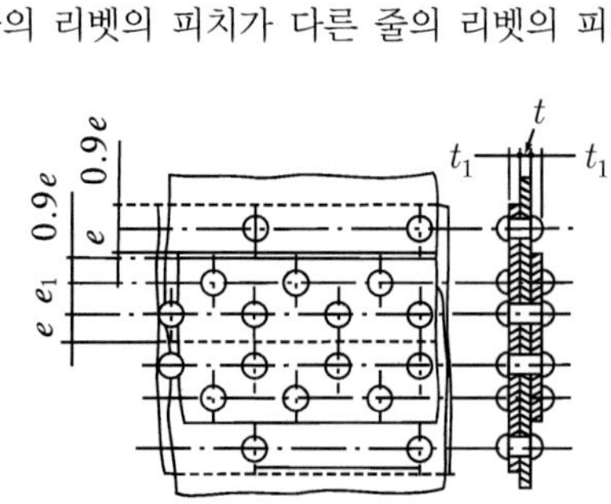

(j) 양쪽 덮개판 3줄 리벳 맞대기 이음
(양쪽 덮개판의 폭이 다르다.)

| 표 3.11 | 보일러용 리벳이음의 경험식(계속)

이음번호 / 주요치수	(a)	(b)	(c)	(d)	(e)
d cm	$\sqrt{5t}-0.4$	$\sqrt{5t}-0.4$	$\sqrt{5t}-0.4$	$\sqrt{5t}-0.4$	$\sqrt{5t}-0.6$
t_1	–	–	–	–	$(0.6\sim0.7)t$
$p$cm	$2d+0.8$	$2.6d+1.5$	$2.6d+1.0$	$3d+2.2$	$3.5d+1.5$
e	$1.5d$	$1.5d$	$1.5d$	$1.5d$	$1.5d$
e_1	–	$0.6p$	$0.8p$	$0.5p$	$0.5p$
η_1	$(p-d)/p$	$(p-d)/p$	$(p-d)/p$	$(p-d)/p$	$(p-d)/p$
η_2 *	k	$2k$	$2k$	$3k$	$3.6k$

이음번호 / 주요치수	(f)	(g)	(h)	(i)	(j)
d cm	$\sqrt{5t}-0.6$	$\sqrt{5t}-0.6$	$\sqrt{5t}-0.7$	$\sqrt{5t}-0.7$	$\sqrt{5t}-0.7$
t_1	$(0.6\sim0.7)t$	$(0.6\sim0.7)t$	$0.8t$	$0.8t$	$0.8t$
$p$cm	$5d+1.5$	$5d+1.5$	$6d+2.0$	$6d+2.0$	$6d+2.0$
e	$1.5d$	$1.5d$	$1.5d$	$1.5d$	$1.5d$
e_1	$0.4p$	–	$0.38p$	$0.38p$	$0.38p$
η_1	$(p-d)/p$	$(p-d)/p$	$(p-d)/p$	$(p-d)/p$	$(p-d)/p$
η_2 *	$5.4k$	$4.6k$	$9k$	$7.2k$	$8.2k$
η_3 *	$(p-2d)/p+1.8k$	$(p-2d)/p+k$	$(p-2d)/p+1.8k$	$(p-2d)/p+1.8k$	$(p-2d)/p+k$

비고 $*k=(\pi d^2\tau_r)/(4pt\sigma_t)$

또한, 보일러 동체의 길이이음에 대하여, KS 표준에서는 아래와 같이 제한하고 있다.

① 한쪽 덮개판 맞대기 이음은 사용하지 않는다.

② D>1,000mm인 경우에는, 겹치기 이음은 사용하지 않는다.

③ D<1,000mm, $p<7\text{kg/cm}^2$인 경우에는, 겹치기 이음을 해도 무방하다.

④ 외부 연소식 가로 연관 보일러에서는 길이이음을 화염에 접촉하는 위치에 설치하지 않는다.

표 3. 12는 보일러용 겹치기 이음의 표준치수를, 표 3. 13은 보일러용 양쪽 덮개판 맞대기 이음의 표준 치수를 각각 나타내었다.

| 표 3. 12 | 보일러용 겹치기 이음의 표준치수

(단위 : mm)

리벳지름 d	판 두께 t	e	1줄 피치 p	2줄 지그재그형		3줄	
				피치 p	e_1	피치 p	e_1
13	7	21	36	51	31	64	32
16	8~10	26	42	59	35	73	37
19	11~13	30	48	67	40	82	41
22	14~16	35	54	75	45	91	46
25	17~20	40	61	84	50	101	51
28	21~23	44	67	92	55	110	55
30	24~26	47	71	97	58	116	58
32	27~29	50	75	102	61	122	61
34	30~32	53	79	107	64	128	64
36	33~34	56	83	112	67	134	67
38	35~37	59	87	118	71	140	70
40	38~40	62	91	123	74	147	74

| 표 3. 13 | 보일러용 겹치기 이음의 표준치수

(단위 : mm)

리벳 지름	e	2줄(형식 e)			2줄(형식 f)			2줄(형식 h)		
		판 두께 t	피치 p	e_1	판 두께 t	피치 p	e_1	판 두께 t	피치 p	e_1
10	–	–	–	–	–	–	–	7	86	32
13	21	7~9	64	32	7~9	85	34	8~10	104	39
16	26	10~12	75	38	10~12	100	40	11~13	122	46
19	30	13~15	85	43	13~15	115	46	14~16	140	53
22	35	16~18	96	48	16~18	130	52	17~20	158	59
25	40	19~23	108	54	19~23	148	59	21~24	179	67
28	44	24~26	118	59	24~26	163	65	25~28	197	74
30	47	27~29	125	63	27~29	173	69	29~31	209	78
32	50	30~32	132	66	30~32	183	73	32~34	221	83
34	53	33~34	139	70	33~34	193	77	35	233	87
36	56	35~37	146	73	35~37	203	81	36~38	245	92
38	59	38~40	153	77	38~40	213	85	39~40	257	96

예제 3.6

지름이 500mm, 내압이 10kg/cm^{2}인 보일러에서 리벳의 길이이음을 설계하여라. 단, 강판의 인장강도는 30kg/mm^2, 안전계수는 4.2, 리벳이음의 효율은 53%이다.

풀이 강판의 허용 인장응력 σ_a 는,

$$\sigma_a = \frac{\sigma_t}{S} = \frac{30}{4.2} = 7.14\,\text{kg/mm}^2$$

강판의 두께 t 는 식 (3. 19)에서,

$$t = \frac{Dp_0}{2\sigma_a \eta} + C = \frac{0.1 \times 500}{2 \times 7.14 \times 0.58} + 1 = 7.04\,\text{mm} = 7\text{mm로 한다.}$$

길이방향의 이음이므로, 각 부의 치수는 표 3. 11에서 구한다.

$$d = \sqrt{50t} - 4\,\text{mm} = \sqrt{50 \times 7} - 4 = 18.7 - 4 = 14.7\,\text{mm}$$

리벳의 지름은 표 3. 12에서 구하는데, 14.7mm는 안전을 고려하여 16mm로 한다.

그러므로, $e = 26\,\text{mm}$, $p = 42\,\text{mm}$이다.

강판의 효율 $\eta_1 = \dfrac{p-d}{p} = \dfrac{42-16}{42} = 0.619 = 61.9\%$

리벳 재료의 인장응력이 불분명하므로, 표 3.10에서 허용 전단응력은 7kg/mm^{2}이다.

리벳의 효율은,

$$\eta_2 = \frac{\pi d^2 \tau_a}{4pt\sigma_a} = \frac{\pi \times 16^2 \times 7}{4 \times 42 \times 7 \times 7.14} = 0.67 = 67\%$$

예제 3.7

판 두께 14mm, 보일러 동체의 안지름 1.5m인 길이이음에 양쪽 덮개판 2줄 리벳 맞대기 이음을 사용한다. 리벳 지름 19mm, η_1 과 η_2 를 같게 되도록 피치를 정하고, 보일러의 사용 증기압력을 구하여라. 단, 리벳의 허용 전단응력 7kg/mm^2, 판의 허용 인장응력은 12kg/mm^{2}이고, 각 리벳 줄의 피치는 같다.

풀이 리벳이음의 효율 η_1 과 η_2 은

$$\eta_1 = \frac{p-d}{p}, \quad \eta_2 = \frac{1.8 \times \frac{\pi}{4} d^2 \tau_r \times 2}{pt\sigma_t}$$

$\eta_1 = \eta_2$ 이므로,

$$p = d + \frac{0.9\pi d^2 \tau_r}{t\sigma_t} = 19 + \frac{0.9 \times \pi \times 19^2 \times 7}{14 \times 12} = 61.5 \fallingdotseq 62\,\text{mm}$$

$$\eta_1 = \frac{62-19}{62} = 0.693, \quad \eta_2 = \frac{1.8 \times 2 \times \frac{\pi}{4} \times 19^2 \times 7}{62 \times 14 \times 12} = 0.686$$

리벳이음의 효율은 68.6%가 되므로, 보일러의 사용 증기압력은

식 (3. 19)로부터 $c=1\,\text{mm}$로 하면,

$$p=\frac{2(t-1)\times\sigma_t\times\eta}{D}=\frac{2(14-1)\times12\times0.686}{1{,}500}=0.143\,\text{kg/mm}^2$$

3.6 구조용 리벳이음

일반적으로 교량, 건축물, 대형크레인등과 같은 대형 구조물에서는 하중에 대한 강도가 주목적인 구조용 리벳이음이므로, 기밀은 고려할 필요가 없으며 강도만을 고려하면 된다. 이런 구조물은 형강, 평강, 강판 등에 피치를 적당히 선택하여, 힘에 견딜 수 있는 만큼의 리벳이음을 하면 된다. 또한, 구조용 리벳은 전단력만이 작용하고, 굽힘력이나 인장력은 되도록 작용하지 않도록 하여야 한다. 구조용 리벳은 일반적으로 보일러용 리벳보다 지름이 큰 것이 사용되며, 지름 $d=16\sim25\,\text{mm}$의 것이 많이 사용된다. 구조용 리벳의 지름과 피치는 보일러용 리벳과 같은 아래의 경험식에 의하여 계산한다.

$$d=\sqrt{50t}-2\,\text{mm}$$

또, 피치의 크기도 기밀을 고려하지 않기 때문에 비교적 자유롭게 정할 수 있다. 그림 3. 12에서와 같이, 그 비례치수는 대체로 아래와 같다.

1줄 리벳이음의 경우 : $p=(2.5\sim3.5)d$, $e=(1.8\sim2.5)d$

2줄 리벳이음의 경우 : $p=(3\sim4.5)d$, $p_1=(4\sim7)d$, $e=(2.5\sim4.5)d$

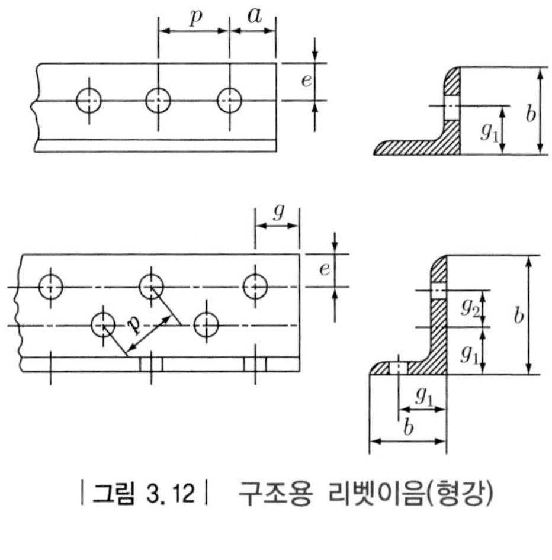

| 그림 3. 12 | 구조용 리벳이음(형강)

한편, 형강의 경우는 플랜지의 길이 $b > 3d$으로 하고, $b > 100$ mm이면 2줄 리벳이음으로 한다. 형강은 그림 3. 12에서와 같이 형강의 끝면에서 리벳 중심까지의 거리 a를 리벳 게이지(rivet gauge)라고 하고, 형강의 크기에 따라 일정한 값을 가진다. 표 3. 14의 형강의 리벳이음의 설계 값에 따라, 그 설계치수를 정한다.

| 표 3. 14 | 형강의 리벳이음의 설계 값

(단위 : mm)

리벳지름 d	p			a		e	g_1	g_2	b
	최소	보통	최대	최소	보통	최대			
16	40	50	100~120	25	30	25	38	–	60
							40	–	65
19	48	58	115~145	29	38	29	42		
22	55	65	130~165	33	45	33	45		
							45		
25	63	63	143~190	38	53	38	50	–	90
							50	–	100
							50	40	125
							50	45	130
							55	55	150

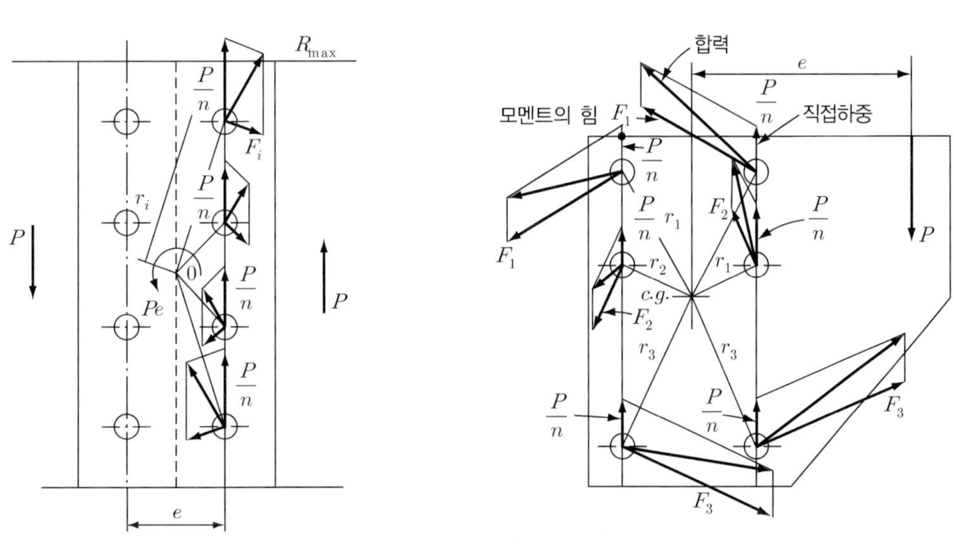

| 그림 3. 13 | 편심하중이 작용하는 리벳이음

그림 3. 13과 같이 복렬 겹치기이음이나 맞대기이음에 전단력이 작용할 때에는 편심 모멘트 Pe 의 영향으로 인한 전단력이 작용하게 된다. 모멘트로 인한 전단력의 크기는 각 리벳의 회전 중심 O 로부터 거리에 비례하고, 방향은 중심까지의 거리에 직각으로 작용한다.

비례 상수를 k 라 하고, 각 리벳에 작용하는 편심 모멘트에 의한 힘을 각각 F_1, F_2, F_3, $\cdots$, F_n, 거리를 r_1, r_2, r_3, $\cdots$, r_n 라 하면,

$$F_1 = kr_1,\ F_2 = kr_2,\ F_3 = kr_3,\ \cdots,\ F_n = kr_n \tag{3. 23}$$

또, 같은 거리에 있는 리벳의 수를 n_1, n_2, n_3, $\cdots$, n_n 이라고 하면,

$$\begin{aligned} Pe &= n_1 F_1 r_1 + n_2 F_2 r_2 + n_3 F_3 r_3 + \cdots + n_n F_n r_n \\ &= k(n_1 r_1^2 + n_2 r_2^2 + n_3 r_3^2 + \cdots + n_n r_n^2) \end{aligned} \tag{3. 24}$$

위의 식에서 비례상수 k 가 구해지며, 각각의 리벳에 작용하는 모멘트로 인한 전단력 F_m 은,

$$F_n = \frac{Pe\, r_n}{n_1 r_1^2 + n_2 r_2^2 + n_3 r_3^2 + \cdots + n_n r_n^2} \tag{3. 25}$$

식 (3. 25)에 의하여 $F_1, F_2, F_3, \cdots, F_n$ 등이 계산되면, 이 중에서 가장 큰 F 인 F_{max} 을 취하고, $\dfrac{P}{n}$ 과의 합력이 리벳의 허용강도보다 작으면 안전하다고 생각할 수 있다.

예제 3.8

구조용 리벳이음에서 리벳 A에 작용하는 허용 안전하중을 구하여라. 단, 리벳의 허용 전단응력은 8kg/mm^2 이다.

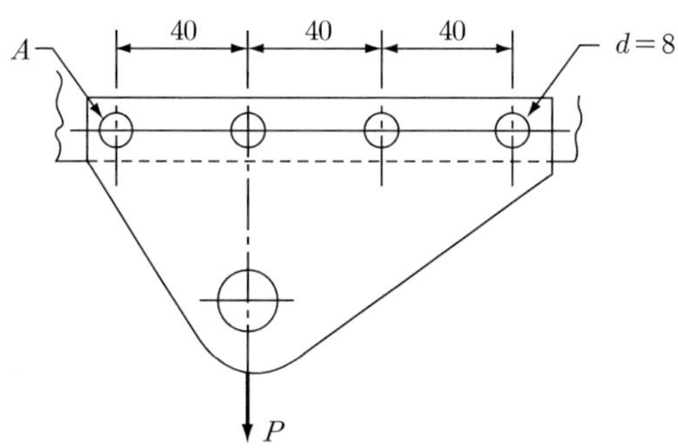

풀이 리벳들의 중심에 대한 편심하중의 모멘트 팔(arm)은 20mm이다.

식 (3. 24)에서

$$k = \frac{Pe}{n_1 r_1^2 + n_2 r_2^2} = \frac{20P}{2 \times 20^2 + 2 \times 60^2} = \frac{P}{400}$$

리벳 A에 대한 직접 전단력은,

$$F = \frac{P}{n} = \frac{P}{4}$$

모멘트에 의한 전단력은,

$$F_A = k r_A = \frac{P}{400} \times 60 = \frac{3P}{20}$$

합성 전단력은,

$$F_R = F + F_A = \frac{P}{4} + \frac{3P}{30} = \frac{8P}{20}$$

리벳의 전단응력 τ는,

$$\tau = \frac{F_R}{A} = \frac{\frac{8P}{20}}{\frac{\pi \times 8^2}{4}} = 8\,\mathrm{kg/mm^2}$$

구하는 허용 안전하중 $P = \dfrac{8 \times \pi \times 8^2 \times 20}{8 \times 4} = 1004.8\,\mathrm{kg}$

예제 3.9

구조용 리벳 겹치기 이음에서 $P = 9{,}000\,\mathrm{kg}$, $d = 17\,\mathrm{mm}$, $b = 120\,\mathrm{mm}$, $t = 10\,\mathrm{mm}$일 때, 리벳에 작용하는 전단응력과 압축응력 및 그림에 나타난 각 단면에서 생기는 인장응력을 구하여라.

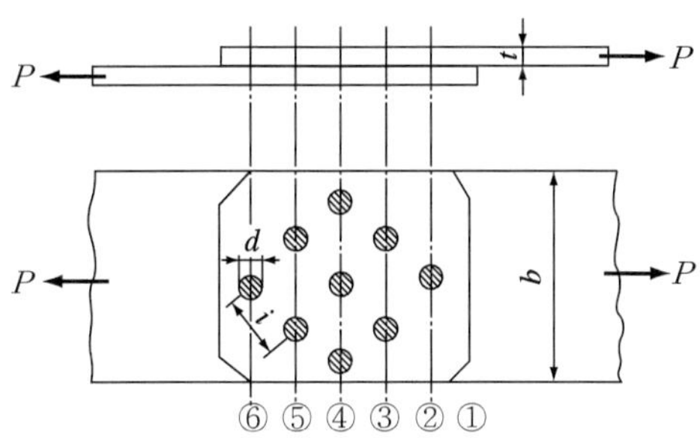

풀이 리벳의 전단응력

$$\tau = \frac{P}{\frac{\pi d^2}{4} \times n} = \frac{9{,}000}{\frac{\pi \times 17^2}{4} \times 9} = 4.4\,\mathrm{kg/mm^2}$$

리벳의 압축응력

$$\sigma_c = \frac{P}{ndt} = \frac{9,000}{9 \times 17 \times 10} = 5.88\,\text{kg/mm}^2$$

각 단면의 인장응력

$$\sigma_1 = \frac{P}{bt} = \frac{9,000}{120 \times 10} = 7.5\,\text{kg/mm}^2$$

$$\sigma_2 = \frac{P}{(b-d)t} = \frac{9,000}{(120-17) \times 10} = 8.74\,\text{kg/mm}^2$$

$$\sigma_3 = \frac{P-P/9}{(b-2d)t} = \frac{9,000-1,000}{(120-2 \times 17) \times 10} = 9.30\,\text{kg/mm}^2$$

$$\sigma_4 = \frac{P-3P/9}{(b-3d)t} = \frac{9,000-3,000}{(120-3 \times 17) \times 10} = 8.74\,\text{kg/mm}^2$$

$$\sigma_5 = \frac{P-6P/9}{(b-2d)t} = \frac{9,000-6,000}{(120-2 \times 17) \times 10} = 3.49\,\text{kg/mm}^2$$

$$\sigma_6 = \frac{P-8P/9}{(b-d)t} = \frac{9,000-8,000}{(120-17) \times 10} = 0.97\,\text{kg/mm}^2$$

예제 3.10

리벳 이음에서 편심하중 4,800kg이 작용할 때, 리벳 B의 치수를 구하여라. 단, 단일전단리벳으로 하고, 리벳전단강도를 30kg/mm^2, 안전계수를 1.6으로 한다.

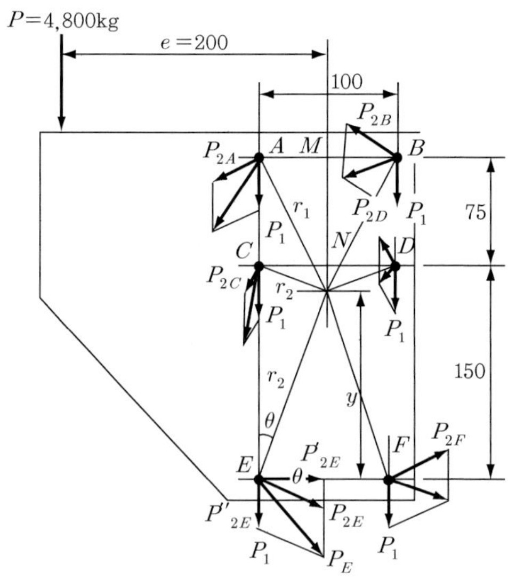

풀이 리벳 1개마다의 직접 전단력 P_s는

$$P_s = \frac{P}{6} = 800\,\text{kg}$$

그림에서 $ABCDEF$의 중심을 O로 하고, EF선에 대한 1차 모멘트를 구하면

$6\bar{y} = 2(75+150)+2\times150$

$\therefore\ \bar{y} = 125\text{mm}$

$\overline{OA} = \overline{OB} = \sqrt{\overline{OM}^2 + (\frac{AB}{2})^2}$

$= \sqrt{(150+75-\bar{y})^2 + (\frac{100}{2})^2} = 111.8\text{mm} = r_1$

$\overline{OC} = \overline{OD} = \sqrt{\overline{ON}^2 + (\frac{CD}{2})^2} = 55.9\text{mm} = r_2$

$\overline{OE} = \overline{OF} = \sqrt{\bar{y} + (\frac{EF}{2})^2} = 134.6\text{mm} = r_3$

따라서, 6개의 리벳의 중심 O에 대한 모멘트의 평행은

$$Pe = (F_a + F_b)r_1 + (F_c + F_d)r_2 + (F_e + F_f)r_3 \quad (1)$$

이들 F_i는 $OA, OB, OC, \cdots$에 수직인 모멘트 하중이고, 그 크기는

$$\frac{F_a}{r_1} = \frac{F_b}{r_1} = \frac{F_c}{r_2} = \frac{F_d}{r_2} = \frac{F_e}{r_3} = \frac{F_f}{r_3} \quad (2)$$

식 (1), (2)에서 모멘트 하중은

$$F_i = \frac{Pe\,r_i}{2(r_1^2 + r_2^2 + r_3^2)}$$

$$\therefore\ F_a = F_b = \frac{4800 \times 200 \times 111.8}{2(111.8^2 + 55.9^2 + 134.6^2)} = 1583\text{kg}$$

같은 방법으로,

$F_c = F_d = 791.5\text{kg},\ F_e = F_f = 1905.8\text{kg}$

따라서, 각 리벳 중에서 최대 전단하중을 받는 것은 E, F 리벳 2개이므로 Q와 F_e의 합력 $R_{\max}$을 구하면 된다.

그림의 ΔOEC에서 $\theta = 21°51'$이므로 F_e의 수평 분력과 수직 분력은,

$F_{eH} = 1905.8 \times \cos 2150' = 1768.6\text{kg}$

$F_{eV} = 1905.8 \times \sin 2150' = 1768.6 = 708.9\text{kg}$

$\therefore\ R_{\max} = \sqrt{1768.6^2 + (800 + 708.9)^2} = 2301.8\text{kg}$

리벳의 필요 단면적은

$$A = \frac{2301.8 \times 1.6}{30} = 122.72$$

$$\therefore\ d = \sqrt{\frac{4 \times 122.72}{\pi}} = 12.5\text{mm}$$

따라서, 리벳의 지름은 13mm를 선택한다.

연습문제

1. 판 두께 20mm인 1열 겹치기 리벳이음에서 리벳의 지름과 피치를 구하여라. 단, 판의 허용 인장응력은 $4kg/mm^2$, 리벳의 허용 전단응력은 $3.6kg/mm^2$이다.

2. 지름 600mm, 압력 15기압의 보일러의 세로이음을 설계하여라. 단, 강판의 인장강도 $37kg/mm^2$, 안전계수는 5이다.

3. 편심하중을 받는 리벳이음에서 리벳에 생기는 최대 응력을 구하여라.

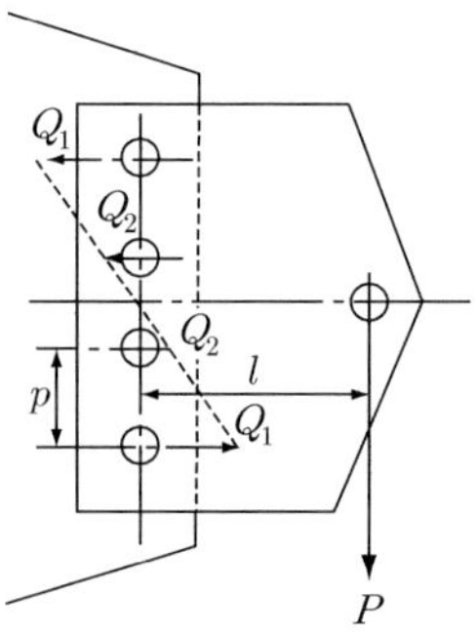

4. 구조용 리벳이음에서 다음을 구하여라. 단, 리벳의 허용 전단응력은 $6kg/mm^2$이다.

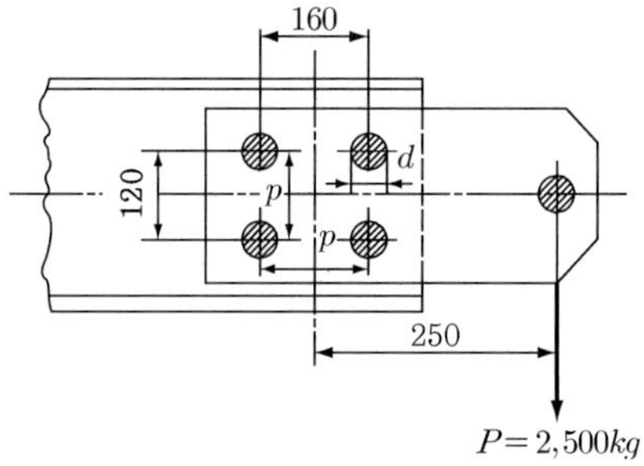

1) 하중 P 에 의한 리벳 1개에 작용하는 직접 전단하중
2) 모멘트에 의한 리벳에 작용하는 전단하중
3) 리벳의 지름

5. 구조용 리벳이음에서 리벳에 작용하는 전단응력을 구하여라.

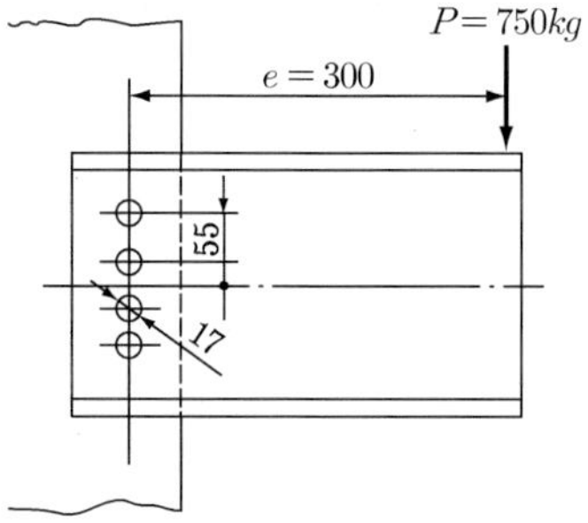

6. 40×9의 평판을 강판에 리벳이음하고자 한다. 평판이 받는 인장력을 700kg라 하면, 알맞은 리벳지름(mm)과 판의 실제의 인장응력을 구하여라. 단, 리벳의 허용응력은 350kg/cm^{2}으로 한다.

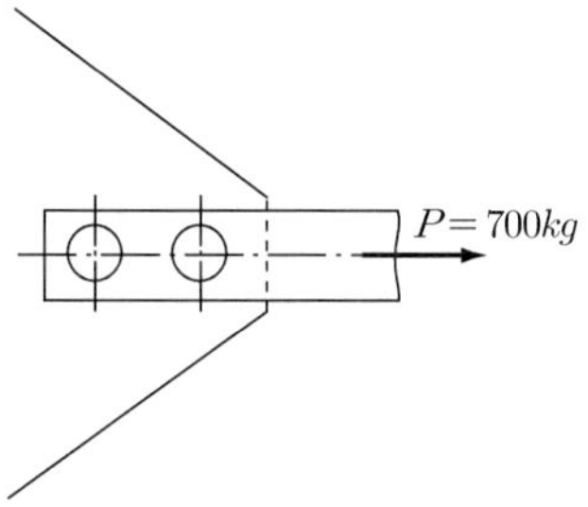

7. 편심하중이 작용하는 리벳이음에서 리벳 구멍의 지름을 구하여라. 단, 허용 전단응력은 7kg/mm^{2}이다.

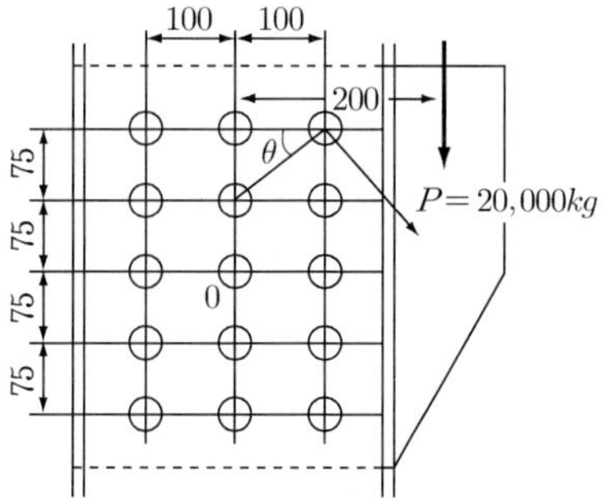

CHAPTER 04

용접이음

용접(welding)은 두 개의 접합 할 금속재료 부분에 열(熱)을 가하여 용융상태나 반 용융상태로 하여 접합(이음)하는 것으로 보일러, 용기, 구조물, 기계부품등의 영구적인 접합법으로 두 금속 사이에 용가재인 용접봉을 사용하여 접합하는 방법과 용접봉을 사용하지않고 상온 상태에서 접합부에 압력을 가하여 접합하는 금속적이음이 있다. 이 방법은 금속의 접합 면이 접합되어 금속 조직학적으로는 완전한 결합을 갖는 경우이며, 쌍방이 원자의 결합력이 강하게 작용하여 완전한 원자배열을 가지고, 단결정을 구성할 수 있을 정도까지 완전히 밀착시키지 않으면 안 된다. 적당한 작업 방법을 택하면 일반적인 금속이나 합금에 대하여 가능하며 보통 강, 동, 황동, 청동 등을 사용한다.

4.1 용접

4.1.1 용접의 종류

용접은 가열방법, 처리방법, 모재의 상태에 따라서 다르나 그림 4. 1과 같이 용접, 압접, 납접의 3가지로 크게 분류되며 표 4. 1은 용접의 종류를 나타내었다.

(1) **융접**(fusion welding) : 모재(base metal)의 접합부를 가열 용융시키고 여기에 용가재(filler material)를 용융 첨가하여 접합하는 방법이다.

(2) **압접**(pressure welding) : 접합 할 두 금속을 반 용융상태 또는, 상온 상태에서 냉간 단조와 같이 기계적 압력을 가하여 접합하는 방법이다.

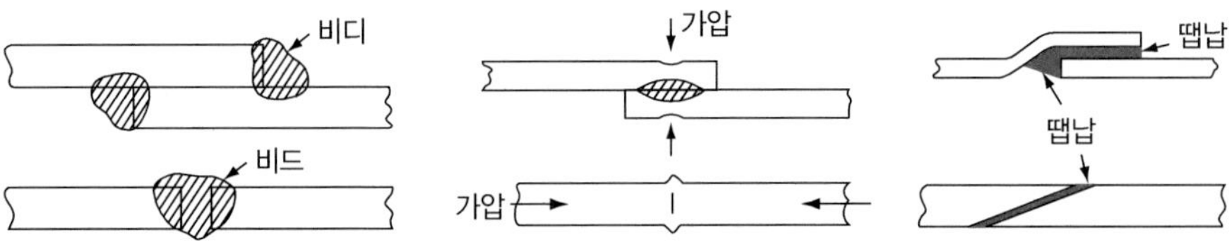

(a) 융접 (b) 압접 (c) 납접

| 그림 4.1 | 융접, 압접, 납접

| 표 4.1 | 용접의 종류

- 용접법
  - 용접
    - 아크 용접
      - 탄소전극
        - 보호 아크 용접
        - 맨아크용접
      - 금속전극
        - 보호 아크
          - 피복 아크 용접
          - 가스보호 스터드 용접
          - 서브머지드 아크 용접
          - 불활성 가스 아크 용접 (TIG 용접, MIG 용접)
          - 이산화탄소 아크 용접
        - 맨아크
          - 맨스터드 용접
          - 맨와이어 아크 용접
    - 가스 용접
      - 산소 아세틸렌 용접
      - 공기 아세틸렌 용접
      - 산소수소 용접
    - 특수 용접
      - 테르밋 용접
      - 일렉트로 슬래그 용접
      - 전자비임 용접
  - 압접
    - 단접
    - 냉간 압접
    - 저항 용접
      - 겹치기
        - 스폿 용접
        - 심용접
        - 프로젝션 용접
      - 맞대기
        - 플래시 맞대기 용접
        - 업셋 맞대기 용접
        - 방전충격 용접
    - 유도가열 용접
    - 초음파 용접
    - 마찰 용접
    - 가압 테르밋 용접
    - 가스 압접
  - 납접
    - 연납땜
      - 인두 납땜
    - 경납땜
      - 가스 납땜
      - 노내 납땜
      - 저항 납땜
      - 담금 납땜
      - 진공 납땜
      - 유도가열 납땜

(3) **납접**(brazing) : 접합할 두 금속보다 용융점이 낮은 용가재(보통 납)를 접합부에 넣어서 용가재의 표면장력(surface tension)에 의한 흡인력으로 접합시키는 방법으로 땜납의 용융점이 450℃ 이상일 때는 경납땜(hard solder)으로 450℃ 이하일 때를 연납땜(soft solder)으로 분류한다.

4.1.2 용접의 장 · 단점

1. 용접의 장점

① 기계적인 접합법에 비해서 재료가 크게 절약되고 볼트, 너트 등을 사용할 필요가 없으므로 중량을 가볍게 할 수 있다.
② 작업의 자동화가 가능하다.
③ 보수, 수리가 간편하고 경제적이다.
④ 두께의 제한을 크게 받지 않는다.
⑤ 기밀성, 수밀성 등이 우수하다.
⑥ 제품의 성능과 수명이 향상되며, 이종 재료를 결합할 수 있다.
⑦ 소음이 적어 실내에서 작업이 가능하며, 복잡한 구조물 제작이 용이 하다.

2. 용접의 단점

① 재질 및 조직의 변화, 응력 집중, 재료의 변형 등 용접결함이 생길 수 있다.
② 품질검사가 어렵다.
③ 저온 취성 파괴의 위험이 있다.
④ 정밀 작업시 숙련이 필요하다.
⑤ 실내 작업시 집진장치와 환기장치가 필요하다.

4.2 용접이음

용접부분의 성질은 모재와 동일해야 하며 균일한 재질이 요구된다. 또한, 전체적으로 물리적 성질 및 응력 분포가 동일한 것이 필요하게 된다. 아아크 용접 과정에서는 아크 열로 용접봉은 용해(melting), 과열(over heating), 산화(oxidation), 기화(vaporization) 등의 작용이 공기중에서 진행되므로, 공기중의 산소(O_2) 및 질소(N_2) 등과 반응을 일으켜 산화물이나 질화물 및 기공을 형성하는데, 이것을 방지하기 위하여 피복 용접봉을 사용하고 있다.

용접에 관한 용어 및 용접기호는 각각 KS B 0106, 0052에 규정되어 있다. 용접에 의하여 용접봉과 모재의 일부가 용융되어 응고된 부분을 용착부(weld metal zone)라고 하고, 그 부분의 금속을 용접금속(weld metal)이라고 한다. 용접 금속 중에 용접봉이 용융된 것을 용착금속(deposit metal)이라고 한다. 용접은 되지 않으나, 열에 의하여 조직 특성이 변화한 모재부을 열 영향부(heat affected zone)라 하며, 용착부와 함께 용접부(weld zone)라고 한다. 또,

그림 4. 2와 같이 용접부에 치수 이상으로 표면으로부터 불룩하게 올라온 용착금속을 덧붙임(reinforcement of weld)이라 한다.

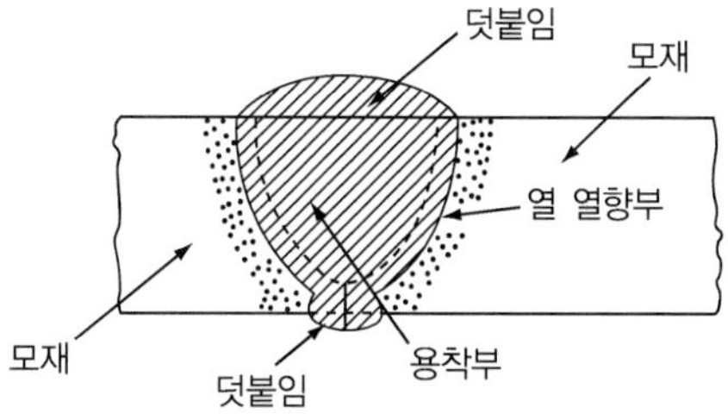

용접금속(모재+용착금속)

| 그림 4. 2 | 용접부

4.2.1 용접부의 분류

용접부의 모양에 따라 구분하면 다음과 같다.

(1) 홈이음(groove weld)

일명 "그루브 용접"이라고도 하며, 그림 4. 3과 같이 접합 할 모재를 맞대어 놓고, 그 사이에 그림 4. 4와 같은 여러 종류의 홈(groove)을 만들어, 이 부분에 용가재(용접봉)를 녹여서 붙이는 용접을 말한다. 표 4. 2는 홈의 각부 치수를 나타내었다. 종류는 그림 4. 5와 같은 편면 홈(I형, J형, L형, U형, V형)과 양면 홈(K형, 양면 J형, X형, H형)이 있다.

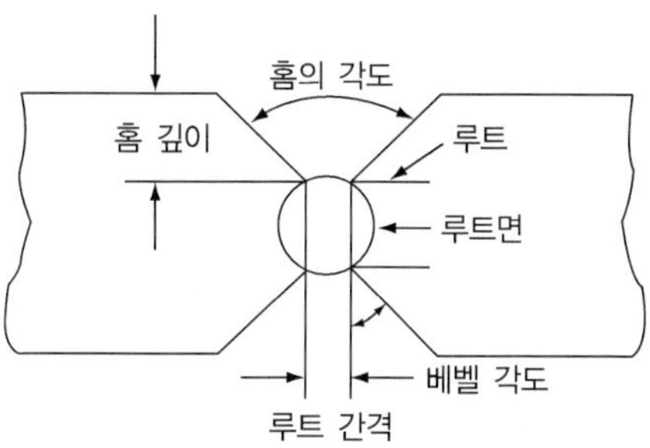

| 그림 4. 3 | 홈의 각부 명칭

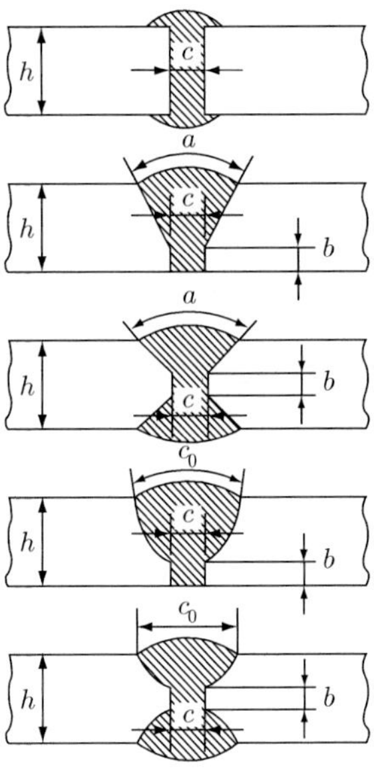

| 그림 4.4 | 홈의 종류

| 표 4.2 | 홈의 각부 치수

형식	h(mm)	각부 치수(mm)
I형	1~5	$c=1\sim3$
V형	6~12	$a=60\sim90°$, $b=1.5\sim2.5$, $c=2\sim4$
X형	12~25	$a=60\sim90°$, $b=2\sim4$, $c=2.5\sim4$
U형	16~50	$b=3\sim6$, $c=3\sim5$, $c_0=15\sim22$
H형	25~50	$b=3\sim5$, $c=3\sim4$, $c_0=15\sim18$

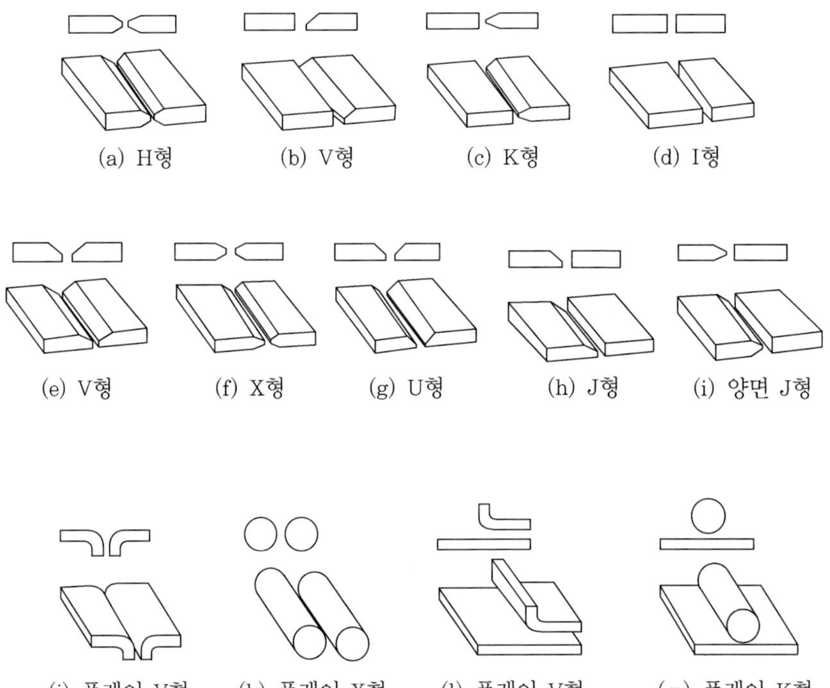

| 그림 4.5 | 홈 용접

(2) 필렛 용접(fillet weld)

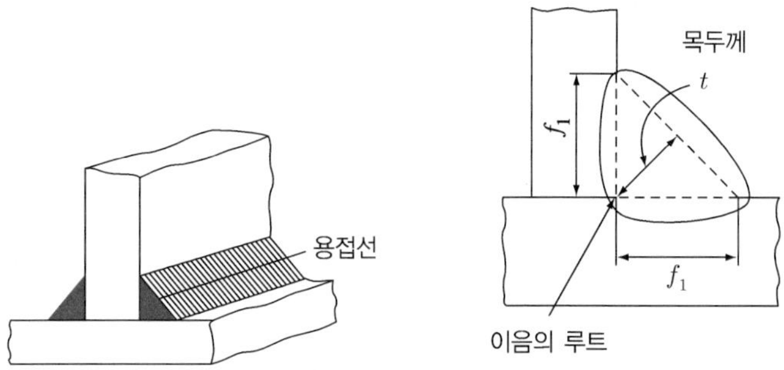

| 그림 4.6 | 필렛 용접의 기본 치수

거의 직교하는 2개의 면을 결합하는 용접으로, 3각형의 단면을 가진다. 설계상 필렛 용접의 크기는, 그림 4. 6과 같이 사이즈(size) f_1, f_2로 표시한다. 이 용접 사이즈로 정해지는 3각형의 빗변으로부터 이음의 루트까지의 거리를 목 두께(throat)라 하며, 용접부의 강도 계산에 사용된다.

그림 4. 7과 같이 용접선의 방향이 전달하는 응력의 방향과 직각인 필렛 용접을 전면 필렛 용접(front fillet weld)이라고 하고, 평행인 필렛 용접을 측면 필렛 용접(side fillet weld)이라고 한다. 또한, 그림 4. 8과 같이 용접부의 연속, 단속에 의하여 연속 필렛 용접(continuous fillet weld), 단속 필렛 용접(intermittent fillet weld), 엇갈린 단속 필렛 용접(staggered intermittent fillet weld)으로 구분된다.

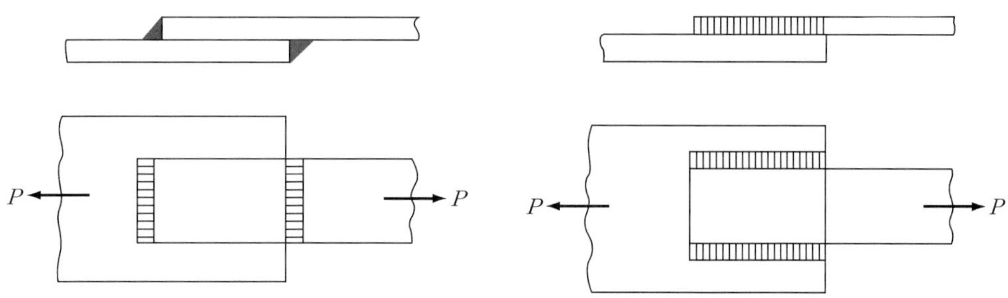

(a) 전면 필렛 용접 (b) 측면 필렛 용접

| 그림 4.7 | 필렛 용접의 종류(1)

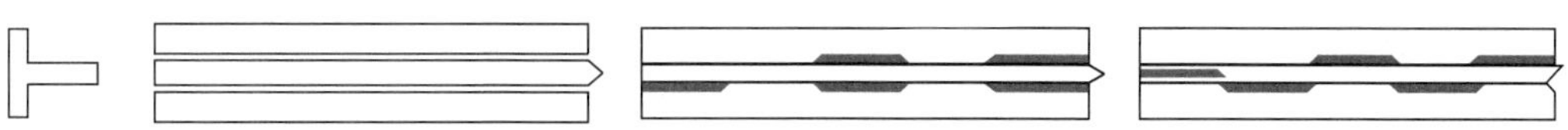

연속 단속 엇갈린 단속

| 그림 4.8 | 필렛 용접의 종류(2)

(3) 플러그 용접(plug weld)

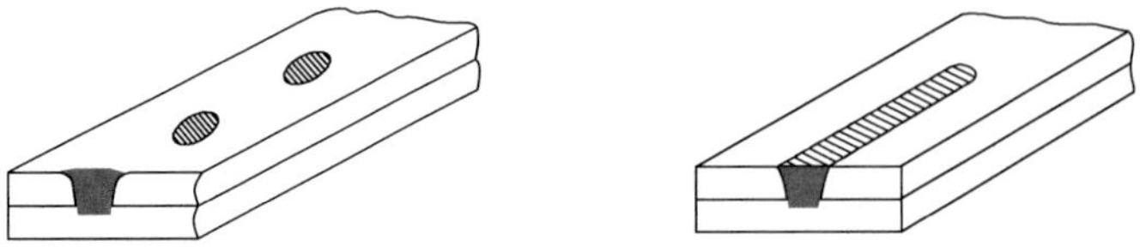

| 그림 4.9 | 플러그 용접

그림 4. 9와 같이 접합할 모재의 한쪽에 원형 또는 홈 모양의 구멍을 뚫고, 그 부분을 용접하는 이음을 말한다.

(4) 비드 용접(bead weld)과 덧붙임 용접(built-up weld)

그림 4. 10과 같이 모재를 밀착시키고, 부재의 표면에 평행한 비드를 형성하여 용착시키는 용접법을 비드 용접이라고 하고, 그림 4. 11과 같이 마멸된 부분이나, 치수가 부족한 표면을 보충하는 용접을 덧붙임 용접이라고 한다.

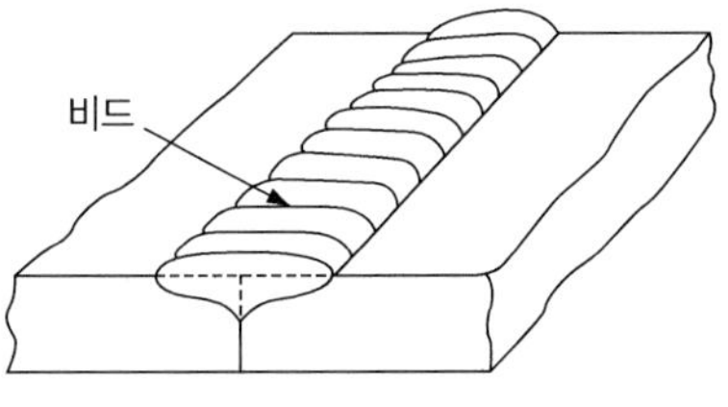

| 그림 4.10 | 비드 용접

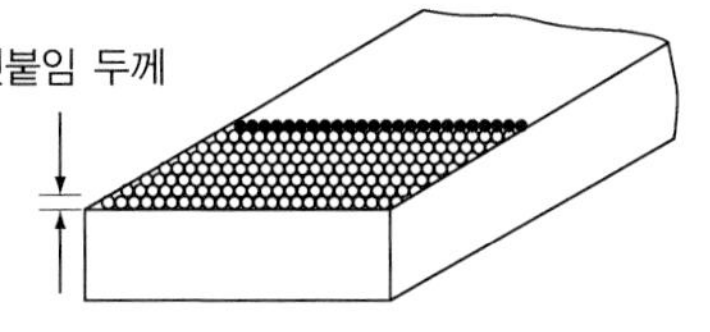

| 그림 4.11 | 덧붙임 용접

4.2.2 용접기호

용접물을 제작할 때나 설계도면에 의하여 설계자의 의사를 전달할 때는 규정된 그림과 같은 기호를 이용하는데, 이것은 KS B 0052에 정의된 용접기호(welding symbol)를 사용한다. 그림 4. 12는 용접 기호 기입 표준 위치를 표시 한 것으로 구성은 설명선, 기본적인 용접기호, 치수 및 기타 보조기호와 꼬리 등으로 되어 있다.

또, 용접부의 기호는 표 4. 3과 표 4. 4에 나타낸 것과 같은, 기본 기호와 보조 기호가 있다. 기본 기호는 원칙으로 두 부재 사이의 용접부 모양을 표시하고, 보조 기호는 용접부의 표면 모양, 용접 길이, 다듬질 방법, 현장 용접 등 필요에 따라 사용한다.

① 용접하는 쪽이 화살 반대쪽인 경우

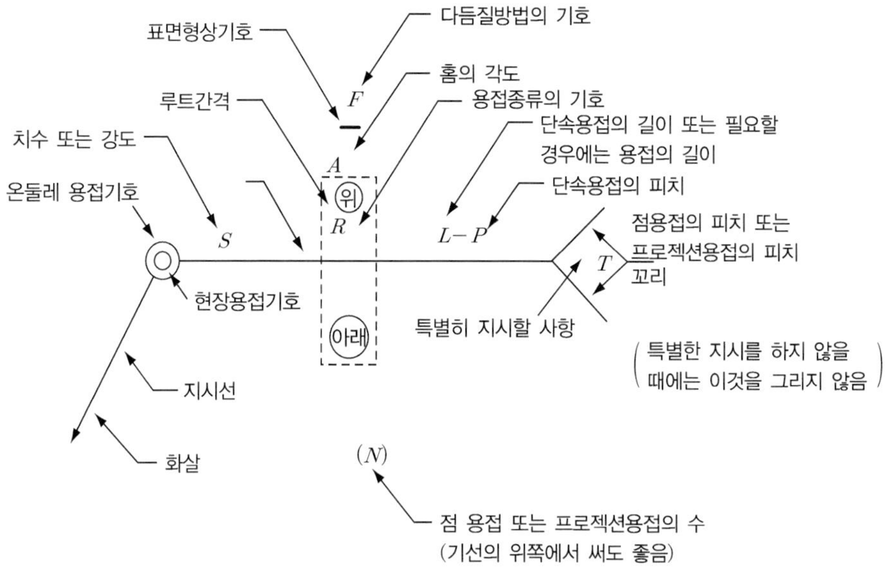

② 용접하는 쪽이 화살쪽인 경우

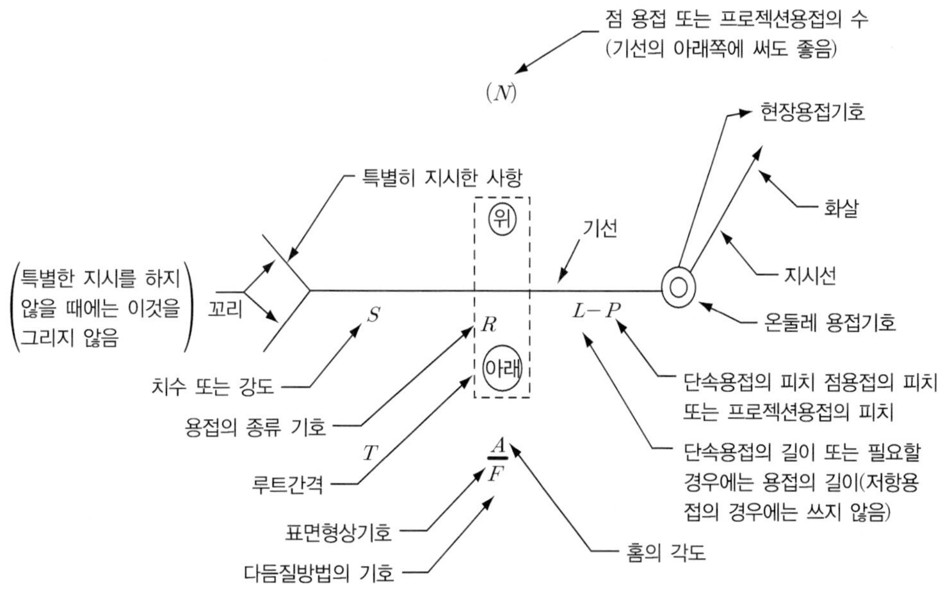

| 그림 4.12 | 용접 기호의 표시 방법

| 표 4.3 | 용접부의 기본기호

번 호	명 칭	그 림	기 호
1	돌출된 모서리를 가진 평판사이의 맞대기 용접 에지 플랜지형 용접(미국)돌출된 모서리는 완전 용해	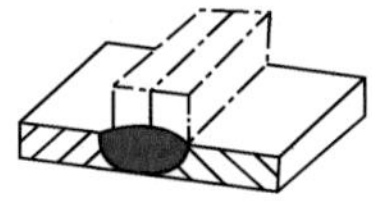	
2	평행(I형) 맞대기 용접	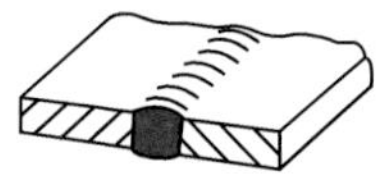	
3	V형 맞대기 용접		
4	일면 개선형 맞대기 용접	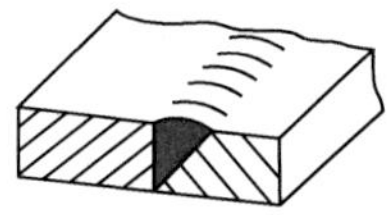	
5	넓은 루트면이 있는 V형 맞대기 용접	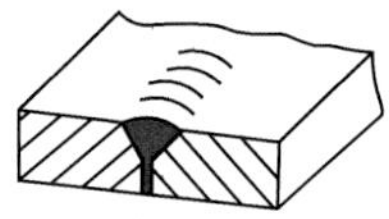	
6	넓은 루트면이 있는 한 면 개선형 맞대기 용접	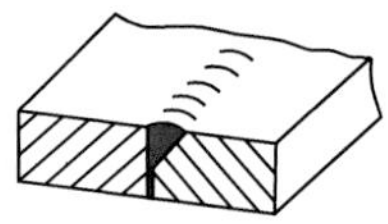	
7	U형 맞대기 용접 (평행면 또는 경사면)	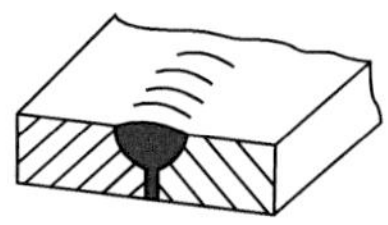	
8	J형 맞대기 용접	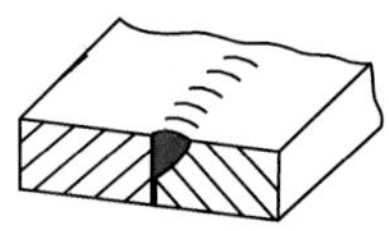	
9	이면 용접	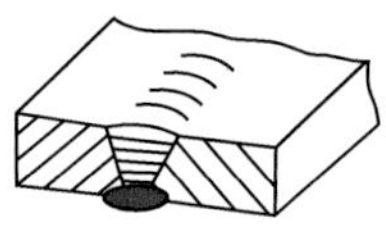	
10	필릿 용접	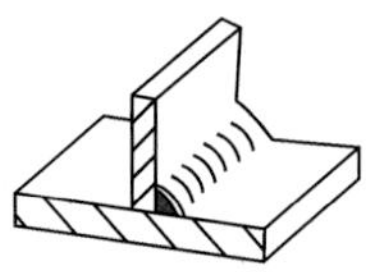	
11	플러그 용접 : 플러그 또는 슬롯 용접(미국(	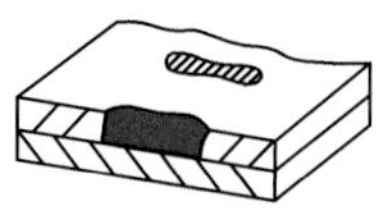	

|표 4.3| 용접부의 기본기호(계속)

번 호	명 칭	그 림	기 호
12	점 용접	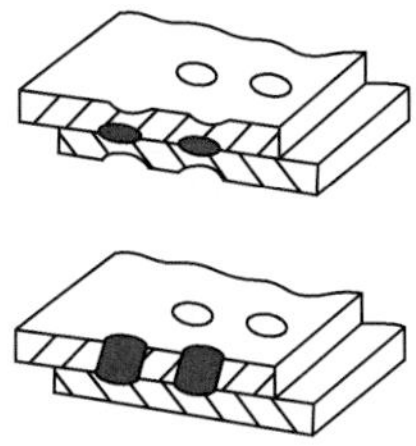	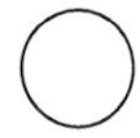
13	심(seam) 용접	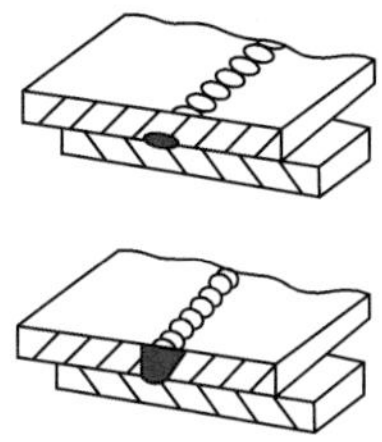	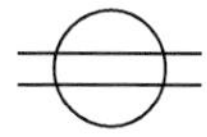
14	개선각이 급격한 V형 맞대기 용접	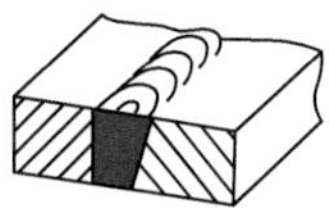	
15	개선각이 급격한 일면 개선형 맞대기 용접	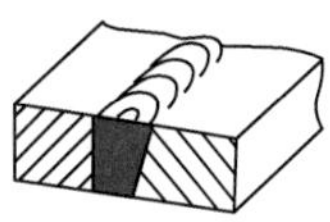	
16	가장자리(edge) 용접		
17	표면 육성	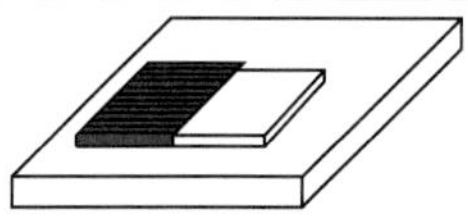	
18	표면(surface) 접합부	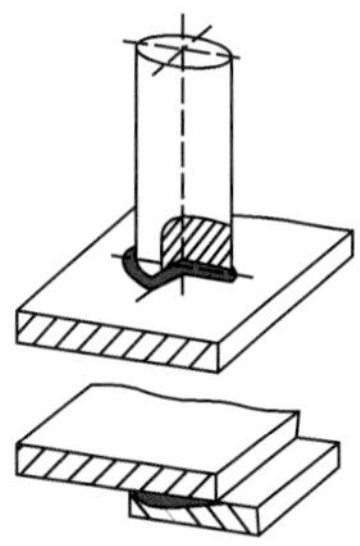	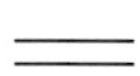
19	경사 접합부	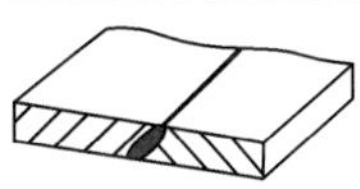	
20	겹침 접합부	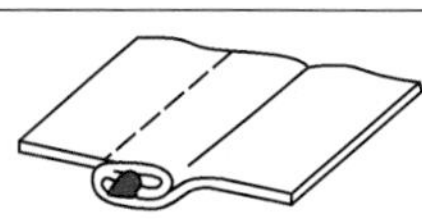	

표 4. 4와 같이 필요한 경우에는 기본 기호를 조합하여 사용할 수 있다. 부재의 양면을 용접하는 경우에는 적당한 기본 기호를 기준선에 대칭되게 조합하여 사용한다.

| 표 4. 4 | 양면 용접부의 조합 기호

명 칭	그 림	기 호
양면 V형 맞대기 용접(×용접)	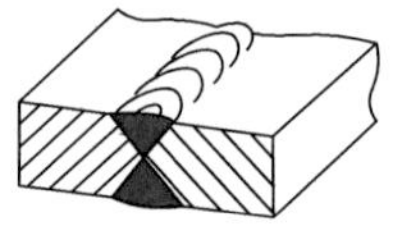	
K형 맞대기 용접	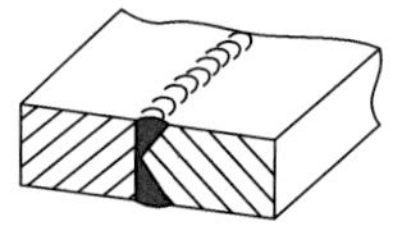	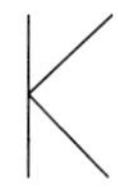
넓은 루트면이 있는 양면 V형 용접		
넓은 루트면이 있는 K형 맞대기 용접	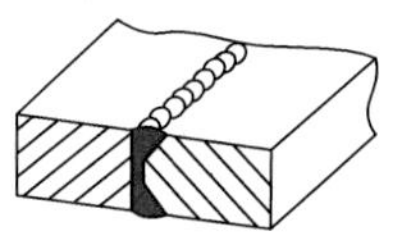	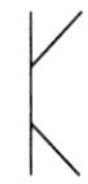
양면 U형 맞대기 용접	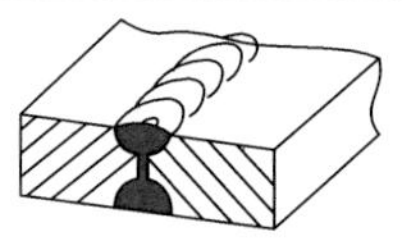	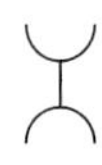

기본 부호는 용접부 표면의 모양이나 형상의 특징을 나타내는 기호에 따른다. 권장하는 보조 기호를 표 4. 5와 같이 나타낸다. 보조 기호가 없는 경우에는 용접부 표면늬 형상을 자세히 나타낼 필요가 없다는 것을 의미한다. 보조 기호의 적용 보기를 표 4. 6과 같이 나타낸다.

| 표 4. 5 | 보조 기호

명 칭	기 호
(a) 평면(동일한 면으로 마감처리)	—
(b) 볼록형	
(c) 오목형	
(d) 토우를 매끄럽게 함	
(e) 영구적인 이면 판재(backing strip) 사용	M
(f) 제거 가능한 이면 판재 사용	MR

| 표 4.6 | 보조 기호의 적용 보기

명 칭	그 림	기 호
평면 마감 처리한 V형 맞대기 용접		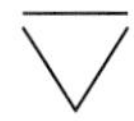
블록 양면 V형 용접		
오목 필릿 용접	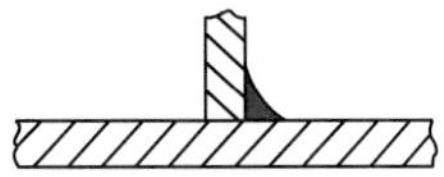	
이면 용접이 있으면 표면 모두 평면 마감 처리한 V형 맞대기 용접		
넓은 루트면이 있고 이면 용접된 V형 맞대기 용접		
평면 마감 처리한 V형 맞대기 용접		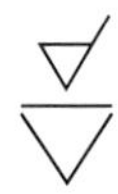
매끄럽게 처리한 필릿 용접	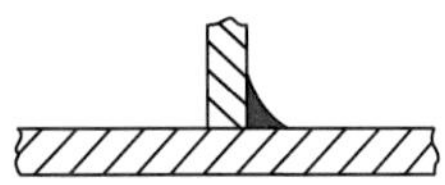	

주 기호는 ISO 1302에 따른 기호 : 이 기호 대신 주 기호 $\surd$를 사용할 수 있음.

4.2.3 재료의 용접성

용접을 할 수 있는 금속 재료로는 철, 비철금속 등 그 종류가 많은 편이며, 이것을 용접할 수 있는 용접법도 50여종에 이르는 실정이다. 동일 재료라도 사용되는 용접법에 의한 용접성(weldability)이 다르므로 작업에 가장 적당한 방법을 선택하여야 한다.

일반적으로 용접이 쉬우려면 급열, 급냉에 대한 재료의 경화가 적고, 균열이 생기기 쉬운 성분을 적게 포함하고, 재료의 판단에 필요한 흡수에너지가 크고, 용융 되었을 때 산화가 적게되며, 용접봉을 잘 선정하여 용접부가 충분한 기계적 특성치를 가져야한다. 금속의 용접에 대한 난이도를 나타낼 때 사용되는 용어가 용접성이며, 이것은 공작상의 접합성(joinability)과 사용성능(performance)의 용접성를 포함하는 넓은 의미로 해석되고 있다. 재료의 용접성은 용접법, 재료, 작업 조건 등을 동일하게 놓고 비교 하는 데, 일반적으로 고가이고 복잡한 용접법은 용접성이 저하된다고 생각하면 된다. 표 4. 7은 각종 재료의 용접성을 나타내었다.

| 표 4.7 | 각종 재료의 용접성

재질 \ 용접법		피복 금속 아크	서드머어지드 아크	탄산 가스 아크	불활성 아크	산소 아세 틸렌	가스 용접	점 및 시임	플레시버트	테르밋	납땜
순철		A	A	A	C	A	A	A	A	A	A
주강	탄소강	A	A	A	B	A	B	B	A	A	B
	고망간강	B	B	B	B	B	D	B	B	B	B
주철	회주철	B	D	D	B	A	D	D	D	B	C
	가단주철	B	D	D	B	B	D	D	D	B	C
	합금주철	B	D	D	B	A	D	D	D	A	C
저합금강	니켈강	A	A	A	B	A	A	A	A	B	C
	니켈동강	A	A	A	–	A	A	A	A	B	B
	망간몰리브텐강	A	A	A	–	A	B	A	A	B	B
	탄소몰리브텐강	A	A	A	–	A	B	–	A	B	B
	니켈크롬강	A	A	A	–	A	A	D	A	B	B
	크롬몰리브텐강	A	A	A	B	A	A	D	A	B	B
	니켈크롬몰리브텐강	B	A	A	B	B	A	D	B	B	B
	니켈몰리브텐강	B	B	B	A	B	B	D	B	B	B
	크롬강	A	B	A	–	A	A	D	A	B	B
	크롬바나륨강	A	A	A	–	A	A	D	A	B	B
	망간강	A	A	A	B	A	B	D	A	B	
스테인레스강	크롬강(martensite계)	A	A	A	A	B	B	C	B	D	C
	크롬강(ferrite계)	A	A	A	A	B	B	A	A	D	C
	크롬니켈강(18-8계)	A	A	A	A	A	A	A	A	D	B
경합금	순알루미늄	B	D	D	A	A	C	A	A	D	B
	비열처리성 알루미늄	B	D	D	A	A	C	A	A	B	B
	열처리성 알루미늄	B	D	D	B	B	C	A	A	D	C
	순마그네슘	D	D	D	A	B	C	A	A	D	B
	마그네슘합금	D	D	D	A	B	C	A	A	D	C
	순티탄	D	D	D	A	D	D	A	D	D	C
	티탄합금(α계)	D	D	D	A	D	D	A	D	D	D
	티탄합금(기타)	D	D	D	B	D	D	B	D	D	D
동합금	순 동	B	C	C	A	B	C	C	C	D	B
	황 동	B	D	D	A	B	C	C	C	D	B
	인청동	B	C	C	A	C	C	C	C	D	B
	알루미청동	B	D	D	A	D	C	C	C	D	C
	니켈청동	B	D	D	A	C	C	C	C	D	B

주기 A : 일반적으로 사용, B : 때로 사용, C : 드물게 사용, D : 사용하지 않음

4.2.4 용접부의 결함

용접은 단시간에 고열을 받으면서 이루어지므로 재질적인 불연속(discontinuity) 때문에, 재질의 조직 변화에 따른 결함인 모재의 변형, 수축, 잔류 응력의 발생, 용접 내부의 화학 성분과 조직의 변화가 불가피한데, 이런 것들을 용접 결함(weld defect)이라고 한다. 넓은 의미에서 용접 작업시 발생하는 응력이나, 변형이 집중되는 모든 요소를 말한다.

용접 결함으로는 변형, 치수 불량, 형상 불량 등의 치수상의 결함과 기공, 슬래의 혼입, 용입 불량, 융합 불량, 언더컷(under cut), 용접 균열, 표면 결함 등의 구조상의 결함 및 기계적 성질과 화학적 성질의 결함 등으로 구분된다.

이러한 결함은 용접의 신뢰도를 저하시키므로 특히, 반복 하중, 충격 하중, 고압, 고하중에서 취약성을 나타내므로 방사능 검사, 초음파 검사 등의 비파괴 검사(non destructive testing)와 재료를 전단, 굽힘, 인장 혹은 탄성 변형을 주어 검사하는 파괴 검사(destructive testing) 등으로 용접부의 결함을 검사하고 있다.

4.3 용접이음의 강도 설계

용접 이음에 작용하는 하중은 인장, 압축, 휨, 비틀림 등 여러 가지이며, 작용하는 응력도 복잡하다. 또한, 응력 계산에는 여러 가지 학설이 적용되며, 계산 결과도 다르고 상당히 복잡하므로, 실용상 간단한 응력 계산으로 용접부의 강도들 검토할 필요가 있다. 여기서 각 용접 이음별로 이들의 하중과 응력등 기계적으로 중요한 계산하는 방법에 대하여 알아본다. 특히, 용접 이음의 설계시 아래와 같은 사항들을 고려하여야 한다.

① 용접성이 좋은 재료를 선정하여야 하고, 모양이 복잡하면 단조품과 주조품을 병용한다.
② 부재는 가능한 한 얇은 판 또는 형강을 사용하고, 큰 단면 계수를 갖는 형상을 선택한다.
③ 힘의 방향과 용접 위치를 고려하여, 용접 장소를 선정하여야 한다.
④ 용접에 의한 변형, 균열을 피하기 위해 구속 응력이 없도록 한다.
⑤ 노치 효과나 응력 집중을 피하고, 응력이 균일하도록 한다.
⑥ 공장 용접, 아래보기 용접이 가능하도록 하고, 용접봉의 삽입이 용이해야 한다.

4.3.1 맞대기 용접이음

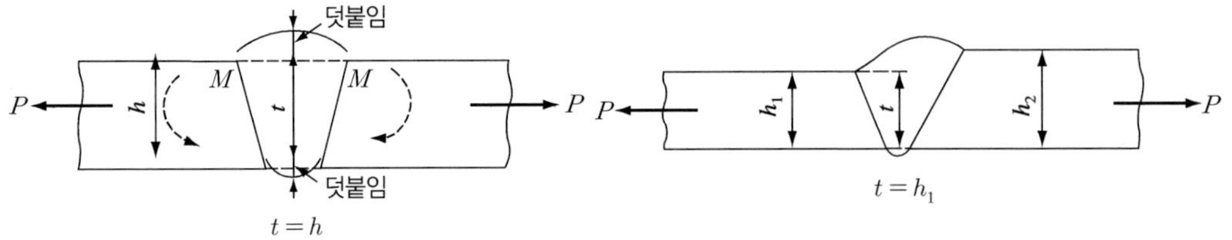

| 그림 4. 13 | 맞대기 이음

그림 4. 13과 같이 V형 맞대기 용접 이음에서의 하중 P는,

$$P = \sigma_t \, t \, l = \sigma_t \, hl \tag{4. 1}$$

여기서, P는 하중,

σ_t는 용접부의 인장 응력,

t는 목 두께,

h는 모재의 두께($h = t$),

l는 용접이음의 길이

또, 맞대는 판 두께가 다를 때는 용착부의 모재와 용착 금속중 약한 부분의 강도로 결정하므로, 두께가 얇은쪽 h_1을 택한다.

$$P = \sigma_t \, tl = \sigma_t \, h_1 l \tag{4. 2}$$

여기서, 굽힘 모멘트 M이 작용하는 경우에는,

$$M = \sigma_b \, Z = \sigma_b \frac{t^2 l}{6} = \sigma_b \frac{h^2 l}{6} \tag{4. 3}$$

여기서, σ_b는 굽힘응력, Z는 단면계수 이다.

4.3.2 필렛 용접이음

그림 4. 14와 같은 필렛 용접을 한 필렛 단면에 내접하는 직각 이등변 3각형에서 용접 사이즈를 f라고 하면, 목 두께 t는,

$$t = f \cos 45 = \frac{f}{\sqrt{2}} = 0.707f \tag{4. 4}$$

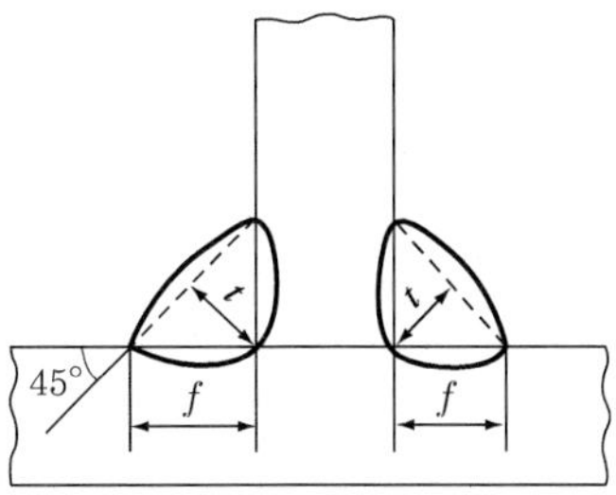

| 그림 4. 14 | 필렛 용접의 단면

1. 측면 필렛용접 이음

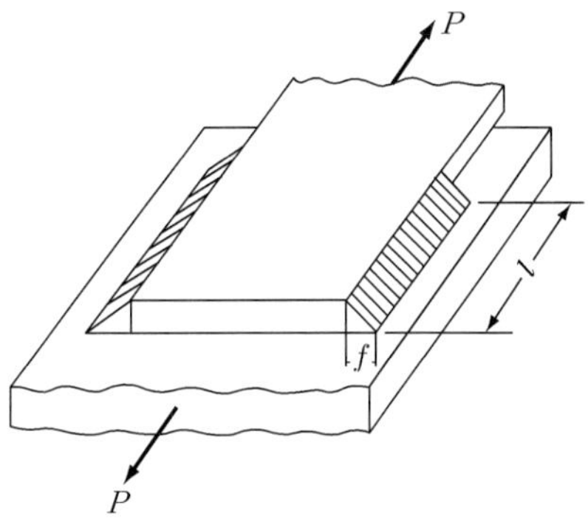

| 그림 4. 15 | 측면 필렛용접 이음

그림 4. 15와 같은 측면 필렛용접 이음의 가장 간단한 경우로 용착 금속에 전단력이 작용하는 것으로 이때 용착 금속의 전단응력을 τ라고 하면 아래와 같다.

$$A = 2tl = 2(0.707f)l = 1.414fl$$
$$P = A\tau = 1.414fl\tau \tag{4. 5}$$

일반적으로, 용착금속의 전단강도는 그 인장강도의 80%이다.

2. 전면 필렛용접 이음

그림 4. 16과 같은 전면 필렛용접 이음에서 판면과 45°를 이루는 목 단면내의 응력은 균일하게 분포하고, 방향은 하중 P에 평행한 것으로 가정하면, 하중 P를 목 단면에 수직한 방향의 힘 P_n과 평행한 방향의 힘 P_s로 분해하면 아래와 같이 나타낼 수 있다.

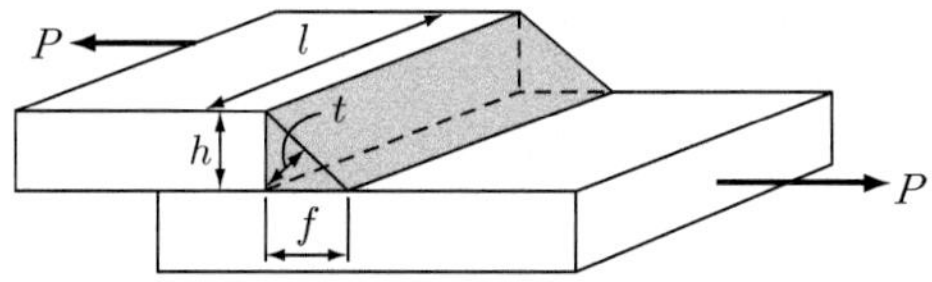

| 그림 4. 16 | 전면 필렛용접 이음

$$P_n = P\sin 45° = 0.707P \text{ (인장력)}$$

$$P_s = P\cos 45° = 0.707P \text{ (전단력)}$$

수직응력 σ_n 과 전단응력 τ 는,

$$\sigma_n = \frac{P_n}{0.707fl} = \frac{P}{fl}$$

$$\tau = \frac{P_s}{0.707fl} = \frac{P}{fl}$$

따라서, 두 응력이 동시에 작용하므로 최대 주응력 $\sigma_{\max}$ 는,

$$\begin{aligned} \sigma_{\max} &= \frac{\sigma_n}{2} + \frac{1}{2}\sqrt{\sigma_m^2 + 4\tau^2} \\ &= \frac{1}{2}\left(\frac{P}{fl}\right) + \frac{1}{2}\sqrt{\left(\frac{P}{fl}\right)^2 + 4\left(\frac{P}{fl}\right)^2} = \frac{1.618P}{fl} \end{aligned} \tag{4.6}$$

용접이음의 파단 강도는, 식 (4.6)에서 $\sigma_{\max} = \sigma_t$ 로 하여 구한다.

$$P = \frac{\sigma_t fl}{1.618} \tag{4. 7}$$

그러나, 위의 식 (4. 7) 대신에 P 를 목 단면적으로 나눈 값을 파단강도라 하면 아래와 같다.

$$P = \frac{\sigma_t fl}{1.414} \text{ 또는, } P = \frac{\tau fl}{1.414} \tag{4. 8}$$

만약, 그림 4. 17과 같은 경우에는 2배의 강도를 갖게 되므로,

$$P = \frac{\sigma_t fl}{0.707} \tag{4. 9}$$

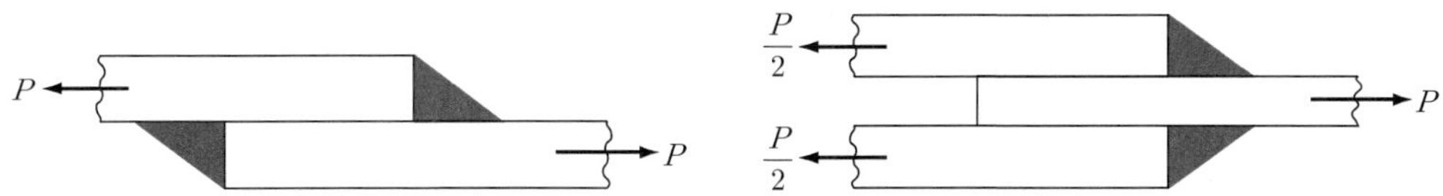

| 그림 4.17 | 전면 필렛용접 이음(양면 이음)

4.3.3 하중이 축선에서 벗어나 있는 경우의 필렛 용접이음

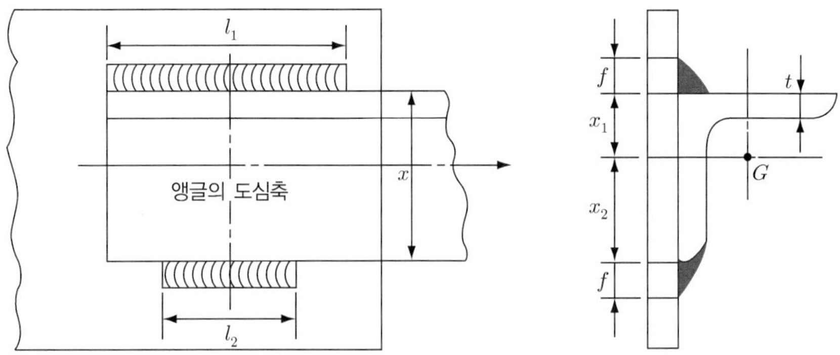

| 그림 4.18 | 하중이 축선에서 벗어나 있는 경우의 필렛 용접이음

용접 부분은 그 위치, 길이, 치수에 있어서 강도적으로 대칭이 되도록 배치하여야 한다. 그림 4. 18과 같은 앵글을 용접하는 경우, 인장력 P가 작용하고 용접부의 허용 전단응력을 τ라고 하면,

$$P = t(l_1 + l_2)\tau = \frac{f}{\sqrt{2}} l \tau = 0.707 f l \tau$$
$$l = l_1 + l_1 \tag{4. 10}$$

용접부 강도의 평행을 고려하면, 즉 용접부의 강도가 평행하다고 하면 도심축에 대한 모멘트는,

$$x_1 t l_1 \tau = x_2 t l_2 \tau$$
$$\therefore \ x_1 l_1 = x_2 l_2$$

여기서, $x = x_1 + x_2$ 라고 하면, 용접길이는 각각 아래와 같다.

$$l_1 = \frac{l x_2}{x}, \qquad l_2 = \frac{l x_1}{x} \tag{4. 11}$$

4.3.4 편심하중을 받는 필렛 용접이음

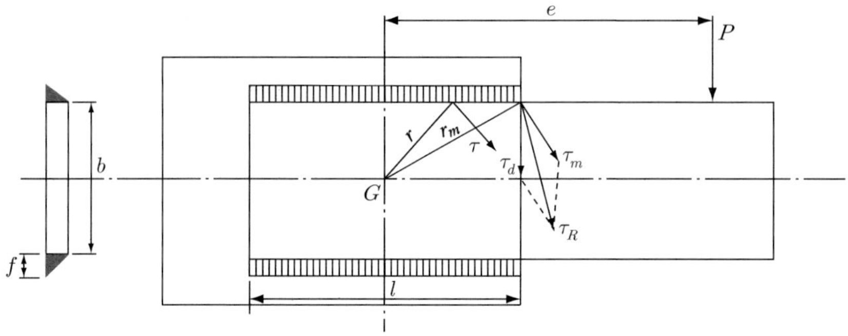

| 그림 4. 19 | 편심하중을 받는 필렛 용접이음

그림 4. 19와 같이 상하 두 곳에 필렛용접을 하고, 이 용접부의 중심점 G에서 e 되는 곳에 편심하중 P가 작용하면, 임의점에 생기는 응력은 중심 G에서의 거리에 비례하며, 용접부에는 직접하중 P와 비틀림 모멘트 $T=Pe$가 작용하는 것으로 생각 할 수 있다.

직접 전단력 P에 의해서 용접부에 생기는 전단응력 τ_d는,

$$\tau_d = \frac{P}{2A} = \frac{P}{2al} = \frac{P}{1.414fl} \tag{4. 12}$$

모멘트에 의한 용접부의 응력은, 용접부의 중심점 G에서의 거리에 비례하므로,

$$\frac{\tau}{r} = \frac{\tau_m}{r_m}$$

여기서, τ는 임의의 점에 생기는 응력,

τ_m는 중심점 G에서 가장 먼 거리 r_m에 생기는 응력

또, 그림 4. 20과 같이 중심점 G에서 임의의 거리 r인 곳의 미소 면적 dA에 생기는 저항 모멘트는 $dT=\tau dAr$이다. 이때 모멘트 T는,

$$T = \int \tau dAr = \frac{\tau_m}{r_m}\int r^2 dA \tag{4. 13}$$

여기서, $\int r^2 dA$는 용접부 단면의 극관성모멘트(polar moment of inertia) I_p이다.

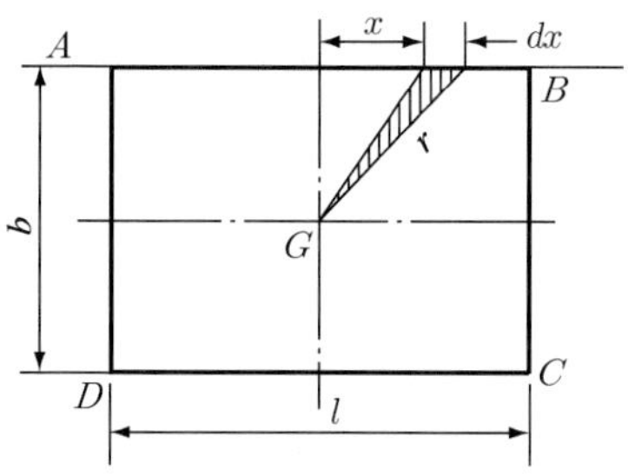

| 그림 4. 20 | 용접부의 임의의 요소에 발생하는 전단 응력

따라서,

$$T = Pe = \frac{\tau_m}{r_m} I_p \tag{4. 14}$$

위의 식에서 최대 2차 전단응력 τ_m 은,

$$\tau_m = \frac{Pe\, r_m}{I_p} \tag{4. 15}$$

표 4. 9에는 각 종 용접형태에 대한 극관성 모멘트의 값을 나타낸 것이다. 용접2차 전단응력 τ_m 은 용접다리에 따라 발생할 것이지만, 안전을 고려하여 용접다리 보다 단면적이 작은 용접 목 부분에서 생긴다고 생각한다. 따라서, 표에서 극관성 모멘트의 계산 공식을 응력 계산에 사용 할 때에는, 용접다리 h 대신에 목 두께 $0.707h$ 을 사용하여야 한다.

용접다리의 치수가 정해지면, 식 (4. 12)와 식 (4. 15)로부터 용접부에 생기는 최대 전단응력 τ_R을 구할 수 있다.

$$\tau_R = \sqrt{{\tau_d}^2 + {\tau_m}^2 + 2\tau_d \tau_m \cos\theta} \tag{4. 16}$$

| 표 4.9 | 여러 가지 용접형태에 대한 극관성 모멘트

용접 형태	목 두께	극관성 모멘트(I_p)
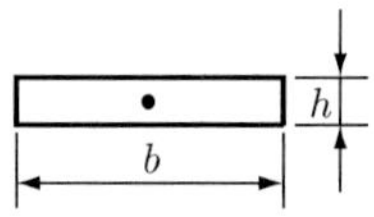	$A=0.707hb$	$\frac{hb^3}{12}$
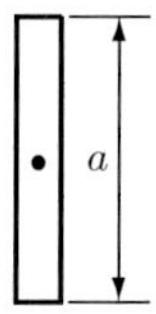	$A=0.707hb$	$\frac{ha^3}{12}$
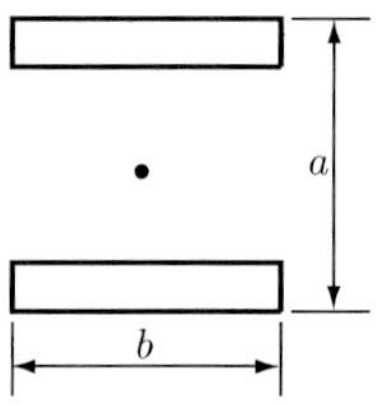	$A=2\times0.707hb$	$\frac{bh(3a^2+b^2)}{6}$
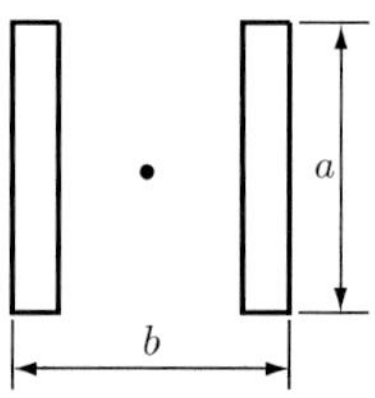	$A=2\times0.707hb$	$\frac{ah(a^2+3b^2)}{6}$
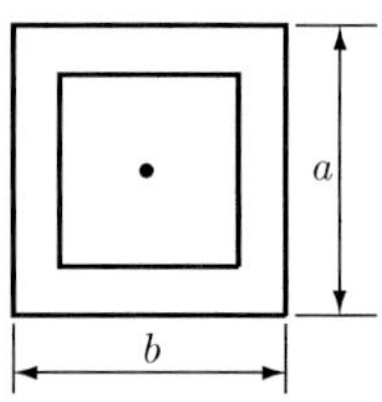	$A=2\times0.707h(a+b)$	$\frac{h(a+b)^3}{6}$

표 4. 10은 C. H, Jennings에 의한 용접 이음의 응력 계산식을 나타낸 것이다. 이 식들은 모두 용접부의 목 두께를 기준으로 한 것이다.

| 표 4.10 | C. H. Jennings의 용접 이음의 응력 계산식

1 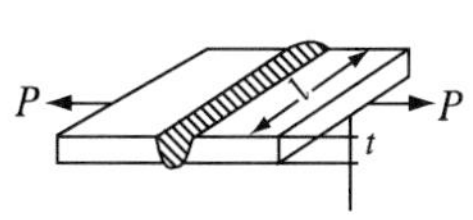 $\sigma = \dfrac{P}{la}, (a = t)$	2 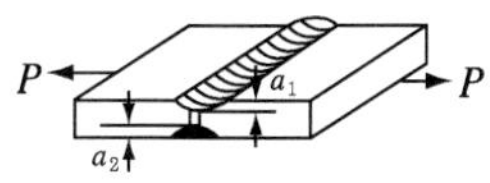 $\sigma = \dfrac{P}{l(a_1 + a_2)}$	3 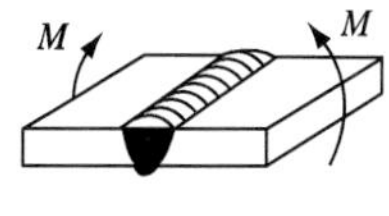 $\sigma_b = \dfrac{6M}{la^2}, (a = t)$	4 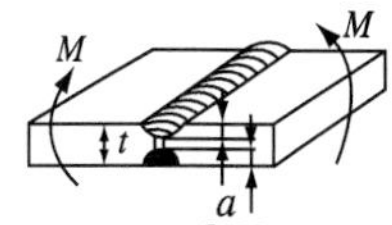 $\sigma = \dfrac{3tM}{la(3t^2 - 6ta + 4a^2)}$
5 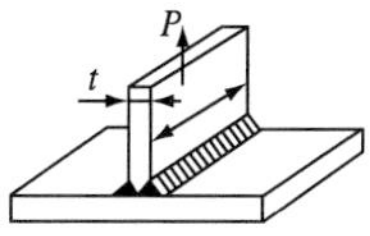 $\sigma = \dfrac{P}{lt}$	6 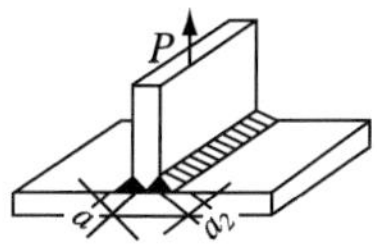 $\sigma = \dfrac{P}{l(a_1 + a_2)}$	7 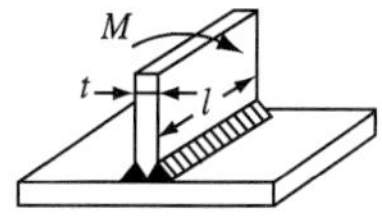 $\sigma_b = \dfrac{6M}{lt^2}$	8 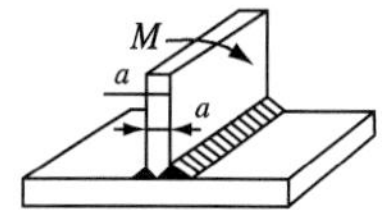 $\sigma_b = \dfrac{3tM}{la(3t^2 - 6ta + 4a^2)}$
9 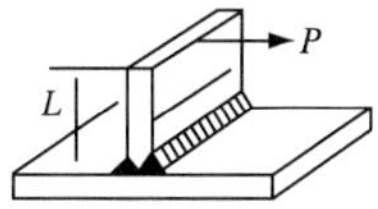 $\sigma_b = \dfrac{6PL}{lt^2} \quad \tau = \dfrac{P}{lt}$	10 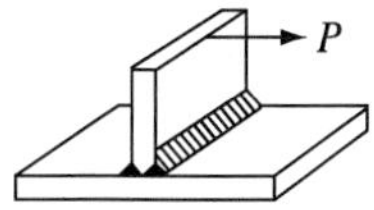 $\sigma = \dfrac{3tPL}{la(3t^2 - 6ta + 4a^2)^2}, \ \tau = \dfrac{P}{2lt}$	11 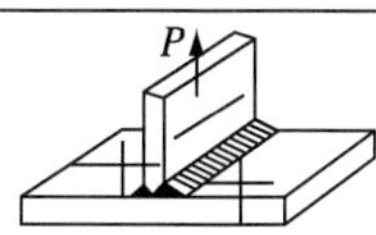 $\sigma = \dfrac{0.707P}{lh}$	12 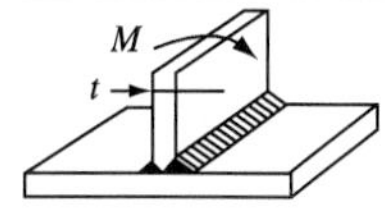 $\sigma_b = \dfrac{1.414M}{lh(t+h)}$
13 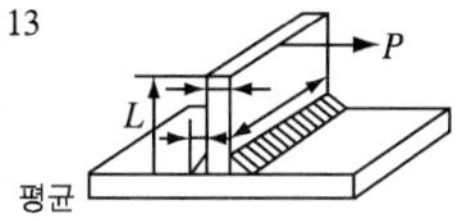 $\sigma = \dfrac{0.707P}{lk} \ \sigma_{max} = \dfrac{P}{lk(t+h)}\sqrt{2L^2 \ \dfrac{(t+h)^2}{w}}$	14 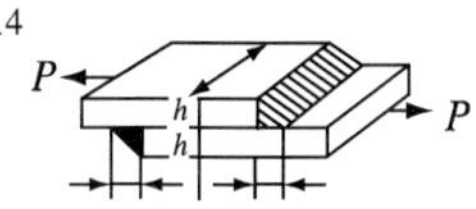 $\sigma = \dfrac{0.707P}{l} \ h, (h = t)$	15 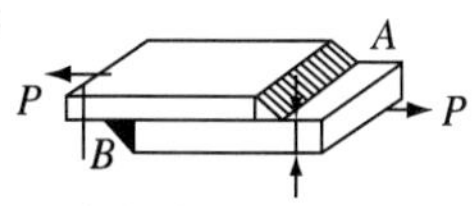 AB 응력동일 $\sigma = \dfrac{1.414P}{l(h_1 + h_2)} \ \begin{pmatrix} h_2 = t_1 \\ h_2 = t_2 \end{pmatrix}$	16 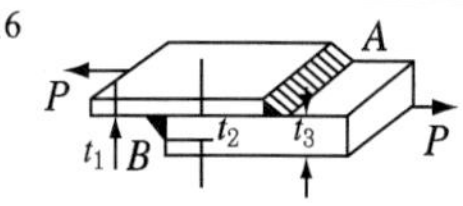 $\sigma_1 = \dfrac{1.414P}{l(l_1 + l_2)}, \sigma_2 = \dfrac{1.414Pt_2}{l_{ra}(t_1 + t_2)}$
17 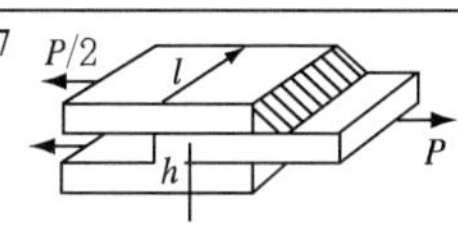 $\sigma = \dfrac{0.707P}{lh}, (h = t)$	18 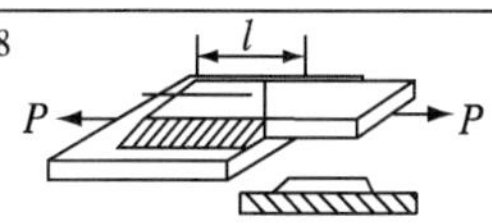 $\sigma = \dfrac{0.707P}{lh}, (h = t)$	19 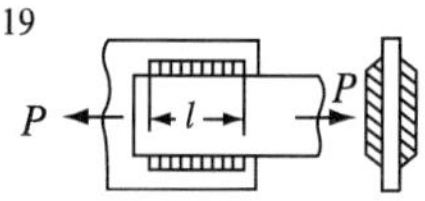 $\sigma = \dfrac{0.354P}{lh}, (h = t)$	20 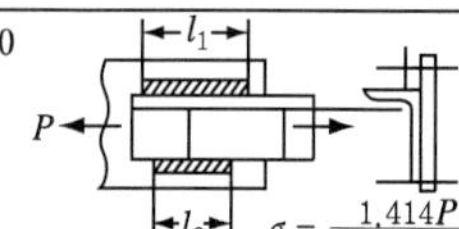 $\sigma = \dfrac{1.414P}{(l_1 + 1_2)h}$ $l_1 = \dfrac{1.414P_{a2}}{\sigma hb}, \ l_1 = \dfrac{1.414P_{a1}}{\sigma hb}$
21 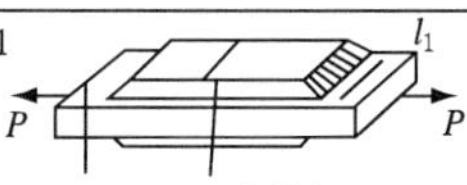 필렛 $\sigma = \dfrac{1.414P}{2lh + l_2h_1}$ 버트 $\sigma = \dfrac{P}{2lh + l_2h_1}$	22 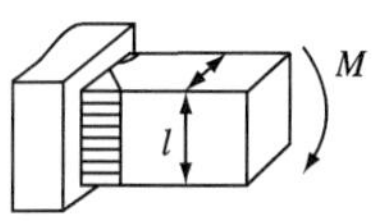 $\sigma_b = \dfrac{6M}{l_2t}$	23 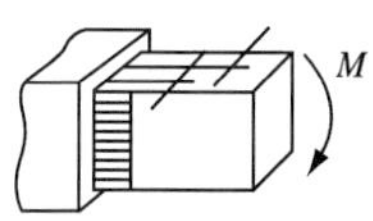 $\sigma_b = \dfrac{3M}{l_2a}$	24 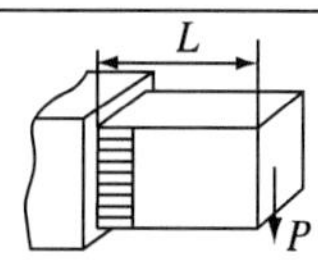 $\sigma_b = \dfrac{6PL}{l_2t}, \ \tau = \dfrac{P}{lt}$
25 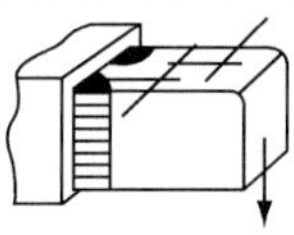 $\sigma_b = \dfrac{3PL}{l^2a}, \ \tau = \dfrac{P}{2la}$	26 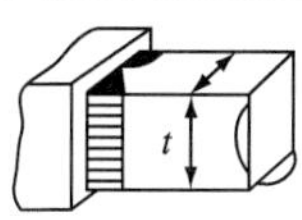 $\tau = \dfrac{T(3l + 1.8t)}{l^2t^2}$	27 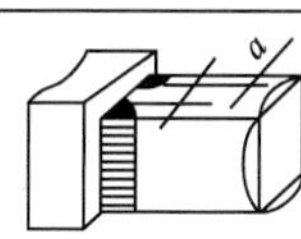 $\tau = \dfrac{T}{2(t-a)(l-a)a}$	28 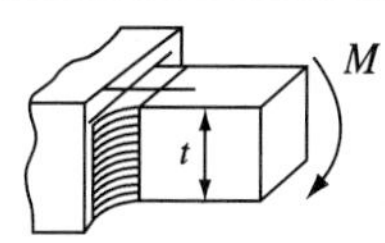 $\sigma_b = \dfrac{4.24M}{l^2h}$
29 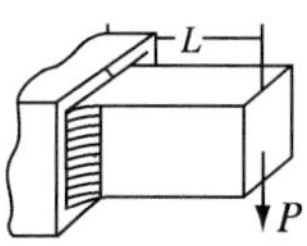 $\sigma_b = \dfrac{4.24PL}{l^2h}, \tau = \dfrac{0.707P}{lh}$	30 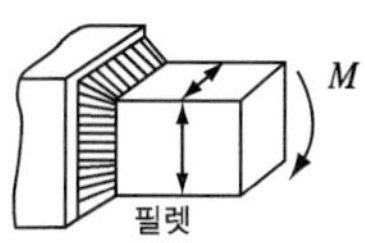 $\sigma_b = \dfrac{4.24M}{h(t^2 + 3t(t+h))}$	31 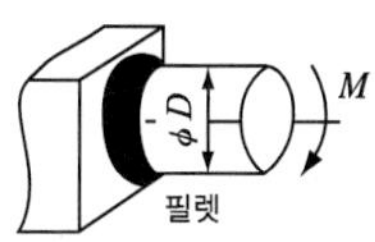 $\sigma_b = \dfrac{5.66M}{h\pi D^2}$	32 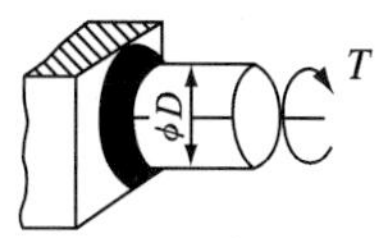 $\tau = \dfrac{2.83T}{h\pi D^2}$

비고 L : 하중점의 거리, l : 용접의 유효길이, h : 용접 사이즈, a : 목 두께, e : 중심으로부터의 거리

4.3.5 T형 용접이음

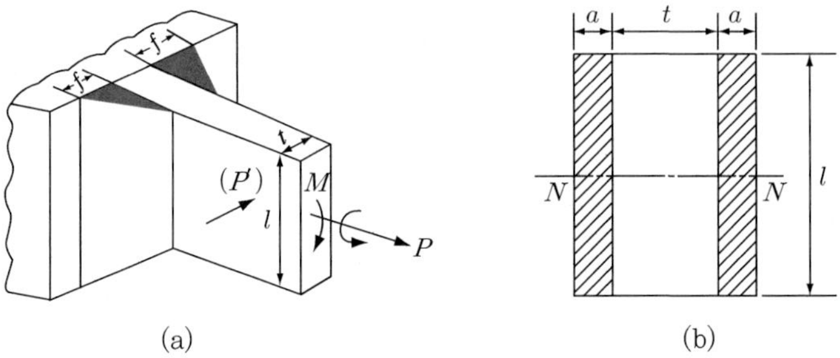

| 그림 4. 21 | T형 용접이음(1)

그림 4. 21과 같이 필렛이음을 한 T이음에 인장응력 P가 작용 할 때에는 하중에 대한 저항 면은 $a \times l$이며, 이것을 P에 수직방향으로 회전시킨 그림 (b)의 전개도에 수직으로 P가 작용하면, 이때 인장 응력 σ_t는

$$\sigma_t = \frac{P}{2al} = \frac{P}{2 \times 0.707fl} = \frac{0.707P}{fl} \tag{4. 17}$$

그림에서 용접선의 방향 또는 직각으로 전단력 P'가 작용하는 경우, 위의 식 (4. 17)은 전단응력 τ를 구하는 식이 된다.

다음에 굽힘 모멘트 M이 작용하는 경우는, 그림 (b)의 전개도가 굽힘 모멘트를 지지하는 경우이다. 즉, 이 면의 중립축 NN에 관한 전단 2차 모멘트로부터 전단 단면 계수 Z를 구하면, 용접부에 생기는 최대 응력 σ는,

$$\begin{aligned} Z &= 2 \times \frac{al^2}{6} = \frac{0.707fl^2}{3} \\ \sigma &= \frac{M}{Z} = \frac{3M}{0.707fl^2} = \frac{4.24M}{fl^2} \end{aligned} \tag{4. 18}$$

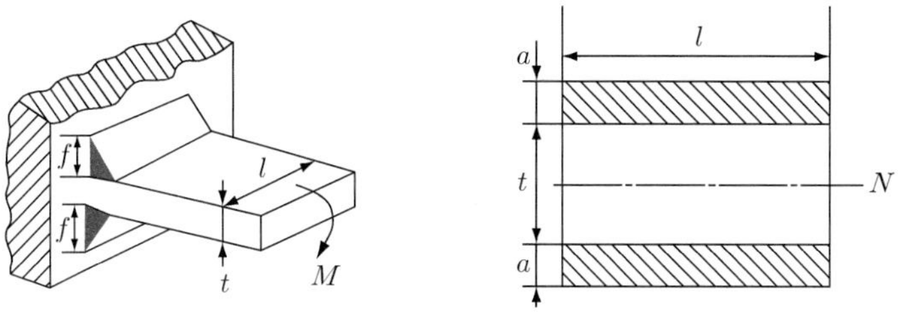

(a) (b)

| 그림 4. 22 | T형 용접이음(2)

그림 4.22에서는,

$$Z = \frac{l}{6} \times \frac{[(2a+t)^3 - t^3]}{2a+t} = \frac{l}{6} \times \frac{(1.414f+t)^3 - t^3}{(1.414f+t)}$$
$$\therefore \ M = \sigma Z = \frac{l}{6} \times \frac{(1.414f+t)^3 - t^3}{(1.414f+t)} \times \sigma \qquad (4.\ 19)$$

만일, $f = t$ 이면,

$$M = 0.97lt^2\sigma \qquad (4.\ 20)$$

다음에 그림 4. 21에서 비틀림 모멘트 T가 작용하는 경우, 전개도가 그림 4. 23과 같이 좌, 우 비대칭이고 a, l, G는 각각 목 두께, 유효길이, 중심을 나타낸다.

비틀림 모멘트 T에 의한 용접부에 생기는 전단 응력τ는 중심으로부터의 거리에 비례하고, 그 방향은 중심과 이은 직선에 수직이라고 가정한다. 따라서, 중심 G로부터 가장 먼 점에서 전단 응력은 최대가 된다. 전개도의 중심 G 둘레의 극단면 2차 모멘트 I_p, 중심에서 r의 거리에 있는 점의 전단 응력을 τ라고 하면,

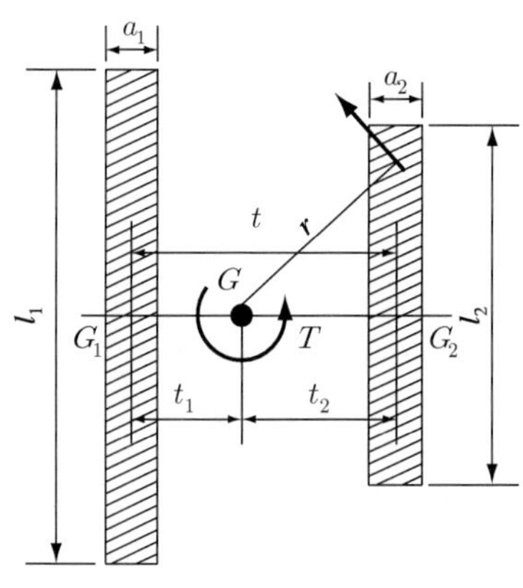

| 그림 4. 23 | T형 용접이음의 전개도

$$\tau = \frac{T \cdot r}{I_p} \tag{4. 21}$$

왼쪽의 용접부의 면적을 A_1 이라고 하면, 중심 G에 관한 극단면 2차 모멘트 I_{p1} 은

$$I_{p1} = A_1\left(\frac{{l_1}^2}{12} + {t_1}^2\right) \quad (t_1 = \overline{GG_1}) \tag{4. 22}$$

오른쪽의 용접부에 대해서도 같은 방법으로 극단면 2차 모멘트 I_{p2} 는,

$$I_{p2} = A_2\left(\frac{{l_2}^2}{12} + {t_2}^2\right)$$

그러므로, 전체의 극단면 모멘트 I_p 는,

$$I_p = I_{p1} + I_{p2} \tag{4. 23}$$

이상과 같이, T에 의한 전단 응력 τ을 구할 수 있다.

만일, 그림 4. 24와 같은 원형 단면을 필렛 용접이음을 한 경우에는,

$$P = \frac{\pi}{4}\{(D + 1.414f)^2 - D^2\} \cdot \sigma \tag{4. 24}$$

$$M = \frac{\pi}{64} \cdot \frac{2}{D + 1.414f}\{(D + 1.414f)^4 - D^4\} \cdot \sigma_b \tag{4. 25}$$

$$T = \frac{\pi}{32} \cdot \frac{2}{D + 1.414f}\{(D + 1.414f)^4 - D^4\} \cdot \tau \tag{4.26}$$

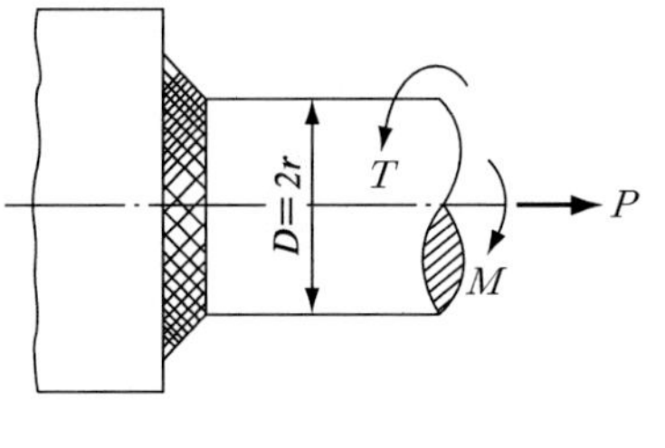

|그림 4. 24| 원형 단면의 T형 용접

4.4 용접이음의 효율

일반적으로 용접이음은 리벳이음보다 우수하고, 양호한 용접부의 강도는 모재의 강도와 거의 같거나, 모재의 용접부에는 급격한 가열 냉각으로 재료가 취성화되므로 실제로는 모재의 강도보다는 저하된다. 그러므로, 이 열 영향부의 강도를 어떻게 확보하는 것이 용접의 최고 관건이라고 하겠다. 원모재의 강도에 대한 용접부의 강도 저하의 비율을 용접이음 효율 η로 나타내면,

$$\eta = k_1 k_2 \tag{4. 27}$$

여기서, k_1는 형상계수,

k_2는 용접계수

또, 모재의 허용응력을 $\sigma_a{}'$라고 하면, 용접 허용응력을 σ_a은,

$$\sigma_a = \eta \sigma_a{}' = k_1 k_2 \sigma_a{}' \tag{4. 28}$$

형상계수 k_1은 정하중에 대해서는 표 4. 10의 값을 선택한다. 용접계수 k_2는 양호한 용접(아래보기 용접)에서는 $k_2 = 1.0$로 할 수 있으나, 신뢰성이 떨어지는 용접(수평, 수직, 위보기 용접)에서는 $k_2 = 0.5$로 정도로 취한다. 마찬가지로, 현장 용접의 용접 이음효율은 공장 용접의 경우의 80~90% 정도로 한다.

| 표 4. 10 | 정하중에 대한 형상계수 k_1의 값

이음의 종류	하중의 종류	k_1
맞대기 용접	인장	0.75
	압축	0.85
	굽힘	0.80
	전단	0.65
필렛 용접	모든 경우	0.65

용접이음의 허용 응력은 재료의 특성과 작업 특성에 따라 다르나, 용접이음의 안정성을 확보하기 위하여 다음과 같이 고려할 수 있다.

① 맞대기 용접이음의 강도는 모재와 거의 같으나, 이음의 효율은 대부분의 경우 100%로 잡아도 좋다.

② 필렛 용접이음은 대부분 전단력이 작용하는데, 모재의 허용 전단응력과 같은 정도로 잡아도 되며, 허용 인장응력의 약 60%이다.

이상은 용접 조건에 높은 신뢰도를 기대할 수 있는 경우이며, 보통 공장 용접이음효율을 80~90%로 권장하고 있으나, 강 구조물에서 용접이음의 허용 응력은 모재의 허용 응력에 비하여, 맞대기 용접에서는 정하중의 경우 인장 압축 전단의 어느 경우에도 0.8~1.0배, 필렛 용접이음의 경우에는 전단 허용 응력은 같게 잡도록 되어 있다.

표 4.11은 연강에 대한 용접이음의 허용 응력과 안전계수를 표시한 것이다.

| 표 4.11 | 용접이음의 허용 응력 및 안전계수

하 중		설계강도(kg/mm^2)	안전계수	허용응력(kg/mm^2)
정하중	인장	28~34	3.3~4.0	7.0~10.0
	압축	30~35	3.0~4.0	7.5~12.0
	전단	21~28	3.3~4.0	5.0~8.5
달아 올리기 동하중	인장 또는	–	6.0~8.0	3.5~6.0
	압축 전단	–	6.0~8.0	2.5~4.5
진동하중	인장압축	–	9.5~13.0	2.0~3.5
	전단	–	9.5~13.0	1.5~3.0

예제 4.1

허용 인장응력 $10kg/mm^2$, 두께 12mm의 강판을 160mm를 V홈 맞대기 용접을 할 때 용접이음 효율이 80%이면, 최소 용접 두께를 구하여라. 단, 용접부의 허용 응력은 $8kg/mm^2$이다.

풀이 작용하중$=10\times12\times160=19,200\,\mathrm{kg}$

용접이음의 효율이 80%이므로 용접부가 견딜 수 있는 허용하중은,

$P=19,200\times0.8=15,360\,\mathrm{kg}$

$P=\sigma_t\,t\,l$에서 구하는 목 두께 $t(=h)$는,

$$\therefore t=\frac{P}{\sigma_t l}=\frac{15,360}{8\times160}=12\,\mathrm{mm}$$

■

예제 4.2

4곳의 측면 필렛용접으로 접합된 구조용 형강에 6,000kg의 편심 하중이 작용하고 있다. 이때 용접부에 생기는 최대 응력을 구하여라.

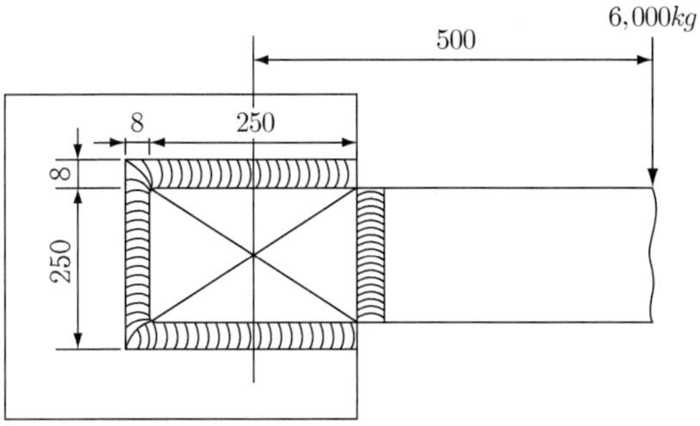

풀이 $\tau_d = \dfrac{P}{A} = \dfrac{6000}{2\times0.707h(l+b)} = \dfrac{6000}{2\times0.707\times8\times(250+250)}$

$= 1.06\,\text{kg/mm}^2$

굽힘 모멘트에 의한 최대 전단응력 τ_m 은,

$$r_{\max} = \sqrt{\frac{b^2+l^2}{4}} = \sqrt{\frac{250+250^2}{4}} = 177\,\text{mm}$$

$$I_p = \frac{(l+b)^2}{6}\cdot 0.707h = \frac{(250+250)^3\times0.707\times8}{6} = 1.18\times10^8\,\text{mm}^4$$

$$\tau_m = \frac{PLr_{\max}}{I_p} = \frac{6000\times500\times177}{1.18\times10^6} = 4.5\,\text{kg/mm}^2$$

합성 응력 τ_R은,

$$\tau_R = \sqrt{{\tau_d}^2 + {\tau_m}^2 + 2\tau_d\tau_m\cos\theta} \quad \left(\tan\theta = \frac{b}{l} = 1,\ \ \therefore\ \theta = 45°\right)$$

$$= \sqrt{1.06^2+4.5^2+2\times1.06\times4.5\times\cos45°} \fallingdotseq 5.3\,\text{kg/mm}^2$$

예제 4.3

둥근 봉을 강판에 필렛 용접이음을 하였을 때 용접부에 작용하는 최대의 전단 응력을 구하여라. 단, 용접 사이즈는 10mm이다.

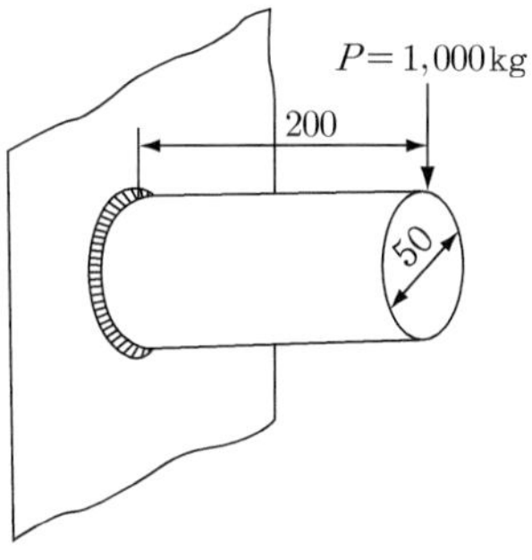

풀이 용접부에서는 굽힘 모멘트에 의한 응력과 직접 전단력에 의한 응력을 각각 구하고, 다음에 합성 응력을 구한다.

굽힘 모멘트에 의한 굽힘응력은 식 (4. 25)로부터,

$$M = \frac{\pi}{64} \cdot \frac{2}{D+1.4f}\{(D+1.414f)^4 - D^4\}\sigma_b$$

$$1{,}000 \times 200 = \frac{\pi}{64} \cdot \frac{2}{50+1.4\times 10}\{(50+1.414\times 10)^4 - 50^4\}\sigma_b$$

$$\sigma_b = 12.4\,\text{kg/mm}^2$$

직접 전단력에 의한 전단 응력은,

$$\tau = \frac{1{,}000}{50\times\pi\times 0.707\times 10} = 0.9\,\text{kg/mm}^2$$

합성응력은 굽힘응력과 전단응력이 서로 직각 방향으로 작용하므로

$$\sigma = \sqrt{12.4^2 + 0.9^2} = 12.43\,\text{kg/mm}^2$$

예제 4.4

채널형강을 가로로 놓고 용접하였다. 용접부의 치수는 모두 같고, 허용전단응력이 8kg/mm²일 때 중앙에 작용할 수 있는 하중을 구하여라.

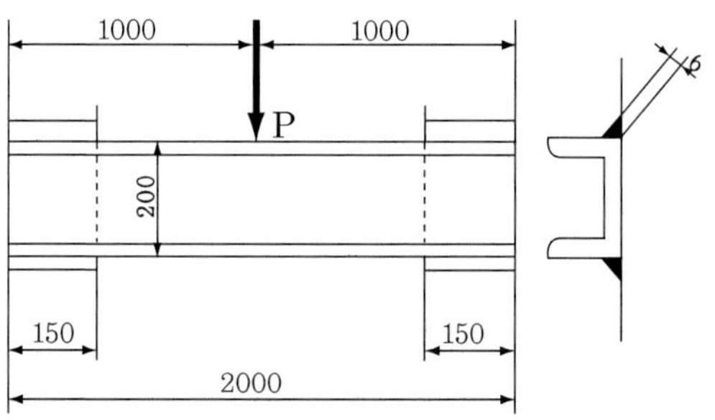

풀이 최대 굽힘모우멘트 M_{max}는

$$M_{max} = \frac{Pl}{8} = \frac{2000l}{8} = 250P$$

$$r_H = \sqrt{100^2 + 75^2} = 125\text{ mm}$$

용접선의 극판성 모우멘트 I_G는

$$I_G = \frac{l(3b^2 + l^2)}{6} = \frac{150\times(3\times 200^2 + 150^2)}{6} = 3562500$$

모우멘트에 의한 전단응력 τ_1은,

$$\tau_1 = \frac{M_{max}\cdot r_H}{aI_G} = \frac{250P\times 125}{6\times 356{,}250} = 0.0146P$$

직접 전단력에 의한 전단응력 r_2는

$$\tau_2 = \frac{P}{4al} = \frac{P}{4 \times 6 \times 150} = 0.000278$$

따라서 $8^2 = (0.0146P)^2 + (0.000278P)^2 + 2 \times 0.0146P \times 0.000278P \times \frac{75}{125}$

$$64 = 10^{-8}(21316P^2 + 7.73P^2 + 487P^2) = 10^{-8} \times 21810.73P^2$$

$$P = 10^4\sqrt{\frac{64}{21810.73}} = 541\,\text{kg}$$

예제 4.5

바깥지름 500mm, 보스의 지름 100mm인 풀리가 용접사이즈 6mm로 필렛 용접이음이 되어있다. 이 풀리가 1,200rpm, 30PS를 전달시킬 때 용접부의 전단 응력을 구하여라.

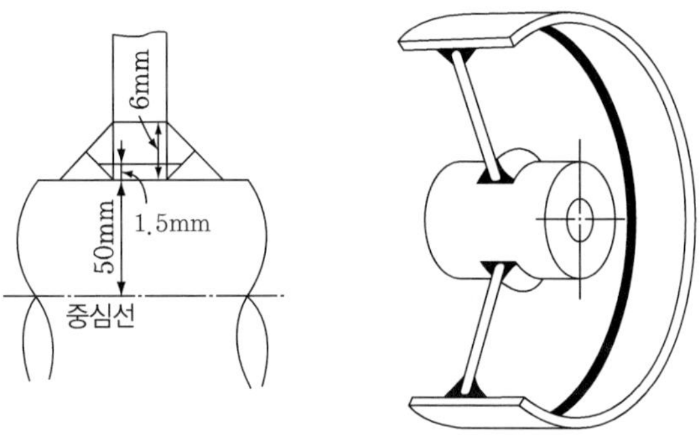

풀이 토크 T는,

$$T = \frac{716,200 \times 30}{N} = \frac{716,200 \times 30}{1,200} = 17,905\,\text{kg}\cdot\text{mm}$$

보스의 목 두께 중심까지의 반지름 r은,

$$r = 50 + 1.5 = 51.5\,\text{mm}$$

토크 때문에 용접부가 받는 힘은 림 부분보다 보스 부분이 훨씬 크며, 그 힘을 P라 하면,

$$P = \frac{T}{r} = \frac{17,905}{51.5} = 348\,\text{kg}$$

구하는 전단응력 τ는,

$$\tau = \frac{P}{0.707fl} = \frac{348}{0.707 \times 6 \times 2\pi \times 51.5 \times 2} = 0.127\,\text{kg/mm}^2$$

연습문제

1. 용접이음과 리벳이음을 비교하여 설명하여라.

2. 용접이음의 결함과 그 검사방법을 설명하여라.

3. 용접이음에 의한 변형과 잔류응력에 대해 설명하고, 이런 현상을 피하는 방법을 설명하여라.

4. 편심하중을 받는 필렛용접이음에서 응력계산식을 구하고, 용접부 단면에 대한 극관성 모우멘트와 용접선에 대한 극관성 모우멘트의 관계를 설명하여라.

5. 브래킷을 프레임에 양쪽 필렛용접을 하였다. 사이즈 $h=10$mm, 유효 길이 $l=100$mm, $c=20$mm, $d=100$mm, 허용 응력 $\sigma_a=14$kg/mm^{2}이라 할 때, 최대 수평하중 P를 구하여라.

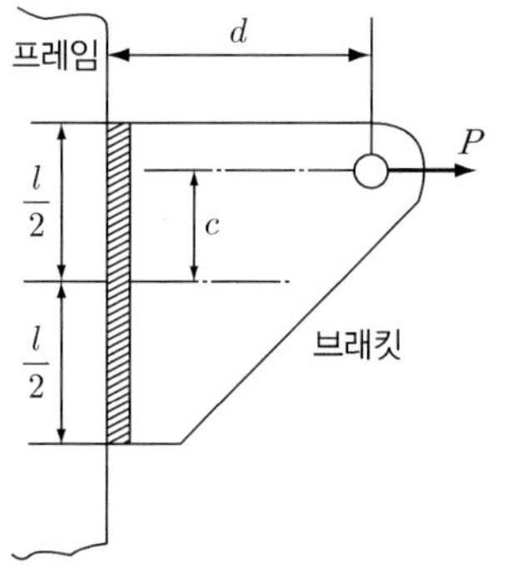

6. L형강 50×50×5를 그림과 같이 필렛 용접이음을 하였다. 이 형강에 4,500kg의 하중이 작용하고, 허용 전단응력이 $\tau_a=10$kg/mm^2, 사이즈 $f=5$mm일 때, 용접 길이 l_1과 l_2를 구하여라.

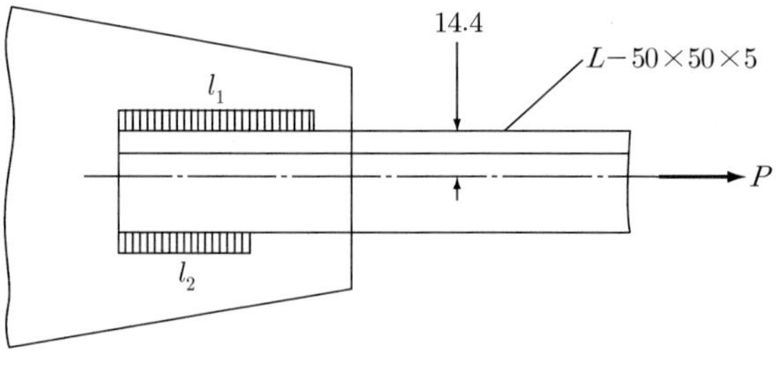

7. 허용 인장응력이 $\sigma_a = 10\text{kg/mm}^2$인 두께 15mm인 강판을 용접 길이 150mm로 V형 맞대기 이음을 하여 그 효율을 80%로 하였을 때 목 두께를 구하여라. 단, 용접부의 허용 인장응력은 8kg/mm^2로 한다.

8. 필렛 용접이음을 하였을 때, 안전하중 P를 구하여라. 단, 허용 인장응력 $\sigma_a = 9\text{kg/mm}^2$이다.

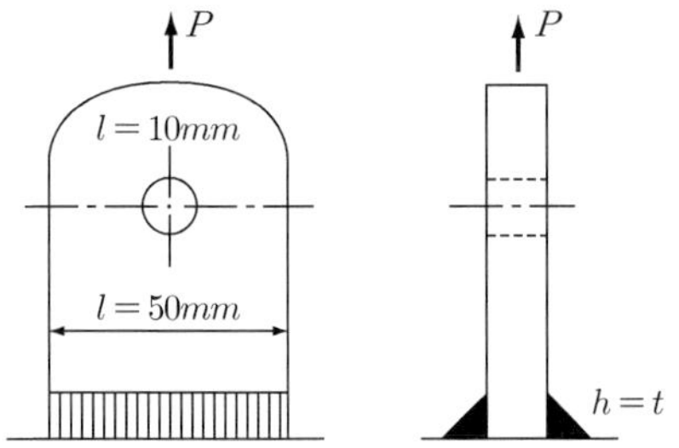

9. 4변이 필렛 용접이 되고, 중심에서 600mm 떨어진 곳에 5,000kg의 하중이 작용할 때, 용접부의 최대 응력을 구하여라.

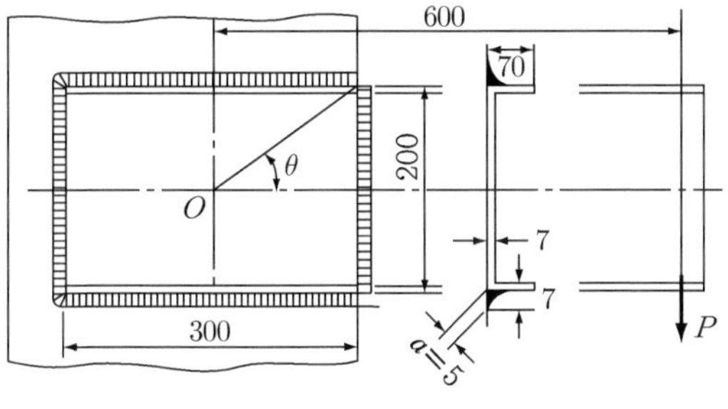

10. 필렛 용접이음에서 2,500kg의 하중을 작용시킬 때, 용접사이즈 f의 크기를 구하여라. 단, 용접부의 허용 전단 응력은 7kg/mm^2이다.

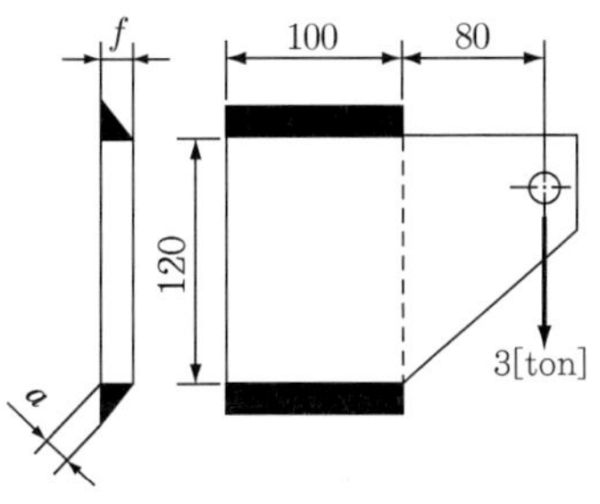

CHAPTER 05

키, 코터, 핀

5.1 키

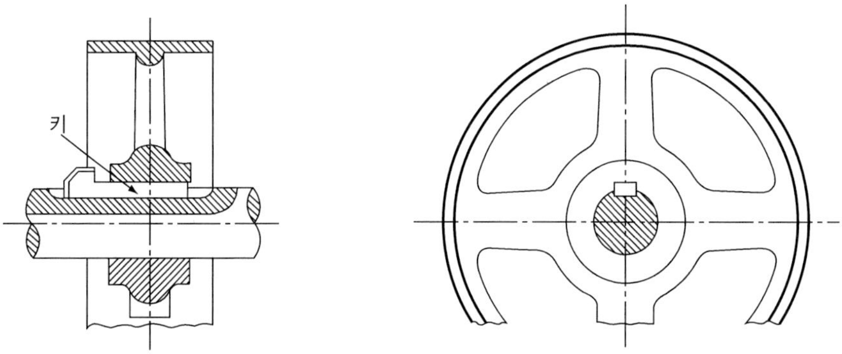

| 그림 5.1 | 키 이음

키(Key)는 그림 5. 1과 같이 벨트 풀리, 플라이 휠, 기어, 클러치, 커플링등을 축에 고정시켜서 상대적인 운동을 방지하여 회전력을 전달할 때 사용되는 결합용 기계요소로서, 일반적으로 축의 재질보다 약간 경도가 높은 재료가 사용되고, 확실한 고정을 위하여 키의 윗면에는 1/100의 기울기를 둔다.

키는 용도에 따라 여러 가지 종류가 있으며, 축에 키를 박는 홈인 키홈(key way)을 파려면, 그림 5. 2와 같이 밀링 커터(milling cutter) 또는 엔드밀(end mill)로서 가공하고, 보스의 홈가공에는 브로치(broach) 또는 슬로터(slotter)가공으로 한다.

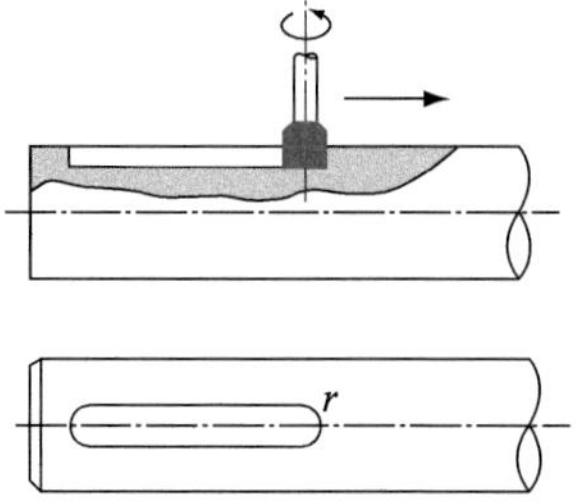

(a) 엔드밀에 의한 가공

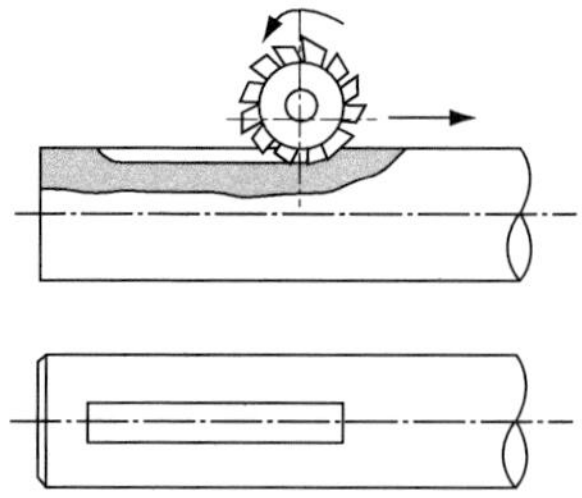

(b) 밀링커터에 의한 가공

| 그림 5.2 | 키 홈의 가공 방법

5.1.1 키의 종류

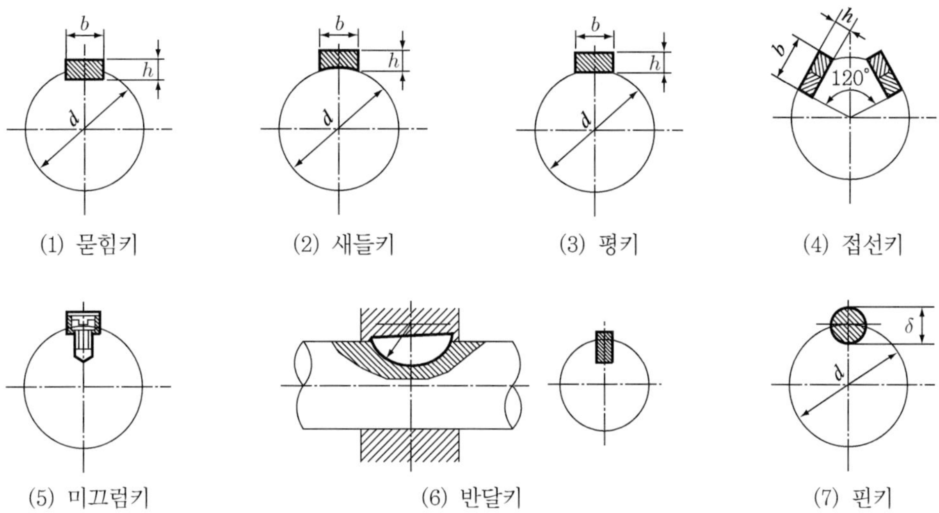

| 그림 5. 3 | 키의 종류

키는 사용 용도에 따라 그림 5. 3과 같이 여러 종류가 있으며, 전달력을 고려하여 사용에 적합한 것을 선정하여야 한다.

① 묻힘키(sunk key) : 회전력의 전달이 확실하여, 가장 많이 사용되는 키로서 KS B 1311에 규정되어 있다. 축과 보스의 양쪽에 키홈을 파서 키를 때려 박으며, 윗면에 1/100의 기울기가 있는 경사키(taper key), 1/100의 기울기를 가지면서 머리가 있어서 빼내기가 쉬운 머리붙이 경사키(gib headed key), 위와 아래 면이 평행한 평행키(parallel key)의 3종류가 있다. 그러나, 키홈으로 인한 축의 강도가 저하하는 단점이 있다. 표 5. 1은 평행키 및 키홈의 모양과 치수를, 표 5. 2에는 경사키 및 키홈의 모양과 치수를 나타내었다.

② 안장키(saddle key) : 축에는 전혀 홈을 파지 않고 보스에만 키홈을 파며, 윗면에 1/100의 기울기가 있는 키를 때려 박아서 키와 키홈 사이에 접촉 압력을 생기게 하여, 마찰력만으로 힘을 전달하는 키로써 축에 키홈을 가공할 필요가 없는 장점이 있으나, 마찰력만으로 회전력을 전달하므로, 큰 동력을 전달 할 수 없다.

③ 평키(flat key) : 일명 “납작키”라고도 하며, 축을 키의 폭만큼 편평하게 가공하 여 보스의 기울기 1/100의 키홈 사이에 키를 때려 박아서 고정시킨다. 안장키보다는 더 큰 동력을 전달할 수 있으나, 축의 회전방향이 교대로 변화하는 경우 즉, 힘의 방향이 변화하는 경우에는 헐거워질 우려가 있어 묻힘키 보다 작은 회전력을 전달하는데 적합하다.

| 표 5.1 | 평행키 및 키이홈의 형상치수

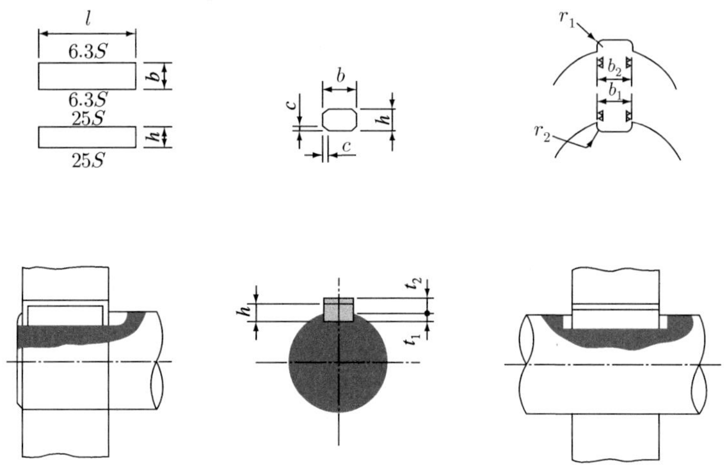

(단위 : mm)

키의 호칭 치수 $b \times h$	해당 축지름 d		키의 치수 b 기준 치수	b 치수 차이	h 기준 치수	h 치수 차이	r 또는 c	키홈의 치수 기준 치수	b_1 치수 차이	b_2 치수 차이	r 또는 c	t_1 기준 치수	t_1 치수 차이	t_2 기준 치수	t_2 치수 차이
4×4	10↑	13↓	4	+0.024 +0.012	4	0 −0.030	0.5	4	+0.018 0	+0.022 +0.010	0.4	2.5	+0.05 0	1.5	+0.05 0
5×5	13↑	20↓	5		5			5				3		2	
7×7	20↑	30↓	7	+0.030 +0.015	7	0 −0.030		7	+0.022 0	+0.028 +0.013		4		3	
10×8	30↑	40↓	10		8		0.8	10			0.6	4.5		3.5	
12×8	40↑	50↓	12	+0.036 +0.018	8			12	+0.027 0	+0.034 +0.016		4.5		3.5	
15×10	50↑	60↓	15		10			15				5		5	
18×12	60↑	70↓	18		12	0 −0.043	1.2	18			1.0	6		6	
20×13	70↑	80↓	20	+0.043 +0.022	13			20	+0.033 0	+0.041 +0.020		7		6	
24×16	80↑	95↓	24		16			24				8		8	
28×18	95↑	110↓	28		18			28				9		9	
32×20	110↑	125↓	32	+0.051 +0.026	20	0 −0.052	2	32	+0.039 0	+0.050 +0.025	1.6	10		10	
35×22	125↑	140↓	35		22			35				11	+0.075 0	11	+0.075 0
38×24	140↑	160↓	38		24			38				12		12	
42×26	160↑	180↓	42		26			42				13		13	
45×28	180↑	200↓	45		28			45				14		14	
50×31.5	200↑	224↓	50		31.5			50				16		15.5	
56×35.5	224↑	250↓	56	+0.062 +0.032	35.5	0 −0.062		56	+0.046 0	+0.060 +0.030		18		17.5	
63×40	250↑	280↓	63		40			63			2.5	20		20	
71×45	280↑	315↓	71		45		3	71				22.5	+0.10 0	22.5	+0.10 0
80×50	315↑	335↓	80		50			80				25		25	
90×56	355↑	400↓	90	+0.072 +0.037	56	0 −0.074		90	+0.054 0	+0.071 +0.036		28		28	
100×63	400↑	450↓	100		63			100				31.5		31.5	
112×71	450↑	500↓	112		71			112				35.5		35.5	

| 표 5.2 | 경사 키, 머리 붙이 경사 키 및 키이홈의 형상치수

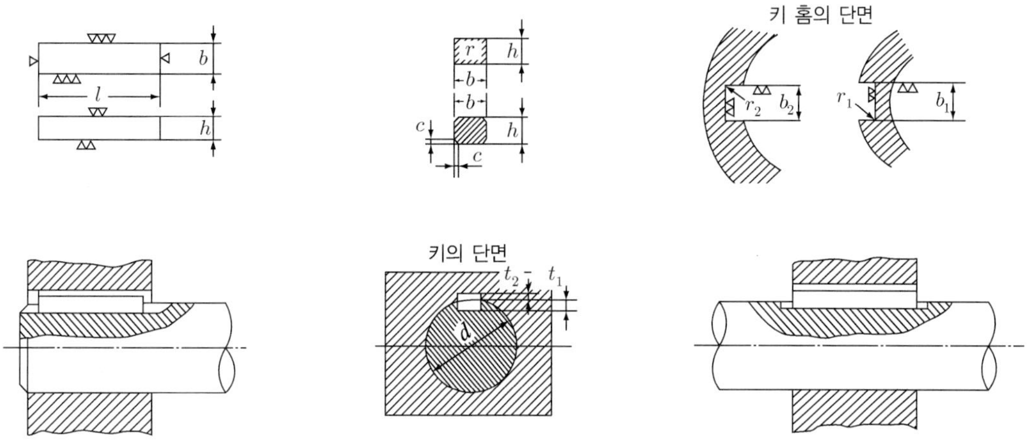

(단위 : mm)

키의 호칭 치수 $b\times h$	해당 축지름 d		키의 치수					키홈의 치수							
			b		h		r 또는 c	기준 치수	b_1	b_2	r 또는 c	t_1		t_2	
			기준 치수	치수 차이	기준 치수	치수 차이			치수 차이	치수 차이		기준 치수	치수 차이	기준 치수	치수 차이
4×4	10↑	13↓	4	0 −0.018	4	0 −0.048	0.5	4	+0.030	+0.050		2.5 3 4 4.5 4.5 5 6 7 8 9 10	+0.100 0	1.5 2 3 3.5 3.5 5 6 6 8 9 10 11	+0.100 0
5×5	13↑	20↓	5		5			5	0	+0.020	0.4				
7×7	20↑	30↓	7	0 −0.022	7 8	0 −0.058	0.8	7	+0.036	+0.061					
10×8	30↑	40↓	10		8 10			10	0	+0.025					
12×8	40↑	50↓	12					12			0.6				
15×10	50↑	60↓	15	0 −0.027	12			15	+0.043 0	+0.075 +0.032					
18×12	60↑	70↓	18		13	0 −0.070		18							
20×13	70↑	80↓	20		16		1.2	20							
24×16	80↑	95↓	24	0 −0.033	18			24	+0.052 0	+0.092 +0.040	1.0				
28×18	95↑	110↓	28					28							
32×20	110↑	125↓	32		20			32							
35×22	125↑	140↓	35		22			35				11 12 13 14 16 18 20	+0.150 0	12 13 14 15.5 17.5 20	+0.150 0
38×24	140↑	160↓	38		24	0 −0.084		38	+0.062	+0.112					
42×26	160↑	180↓	42	0 −0.039	26		2	42	0	+0.050	1.6				
45×28	180↑	200↓	45		28			45							
50×31.5	200↑	224↓	50		31.5			50							
56×35.5	224↑	250↓	56		35.5			56							
63×40	250↑	280↓	63	0	40	0 −0.100		63	+0.074	+0.314					
71×45	280↑	315↓	71	−0.046	45			71	0	+0.060					
80×50	315↑	335↓	80		50			80				22.5 25 28 31.5 35.5	+0.200 0	22.5 25 28 31.5 35.5	+0.200 0
90×56	355↑	400↓	90	0 −0.054	56	0 −0.120	3	90	+0.087 0	+0.1591 +0.072	2.5				
100×63	400↑	450↓	100		63			100							
112×71	450↑	500↓	112		71			112							

④ 접선키(tangential key) : 보통 키는 축의 방향으로 압축력이 작용하고 있지만, 실제로 전달되는 힘은 축의 바깥 둘레에 미치므로 키를 끼워 이 방향으로 힘이 생기도록 만들어진 키가 접선키이다. 경하중이 작용하는 축에 주로 사용되며, 한 방향으로 회전하는 곳에는 한곳만 설치하고, 역회전하는 곳에는 2곳을 박는다.

⑤ 미끄럼키(sliding key) : 일명 "페더키(feather key)"라고 하며, 보스가 축과 더불어 회전하는 동시에 축 방향으로 움직일 수 있도록 되어 있는 키로서, 보스 또는 축 사이에 약간의 틈새를 두며, 기울기가 없고 평행하다.

⑥ 반달키(woodruff key) : 반달 모양의 키로서, 축에 홈이 깊게 가공되어 축의 강도가 약하게 되는 결점이 있지만, 키와 키홈을 가공하기가 쉽고, 키가 자동으로 축과 보스 사이를 잘 끼워지게 한다. 비교적 강도를 요구하지 않는 약 60mm 이하의 작은 지름의 축 특히, 테이퍼 축에 사용하면 편리하다.

⑦ 둥근키(round key) : 일명 "핀키(pin key)"라고도 하며, 이것은 원형 단면의 테이퍼 핀을 키로 사용하며, 영구적인 체결에 적합하다.

⑧ 스플라인(spline) : 그림 5. 4와 같이 큰 토크를 축으로부터 전달할 때, 1개의 키만으로는 전달이 곤란하므로, 여러 개의 키를 같은 간격으로 축과 일체로 깎아 만든 것이 스플라인이다. 스플라인 축은 미끄럼키와 마찬가지로 스플라인에 회전 토크를 전달하는 동시에 축방향으로 이동시킬 수 있으며, 토크를 몇 개의 키로 분담하므로 큰 토크를 전달할 수 있고, 내구성이 좋아서 자동차, 항공기, 공작기계 등의 속도변환 기구 등에 널리 사용된다.

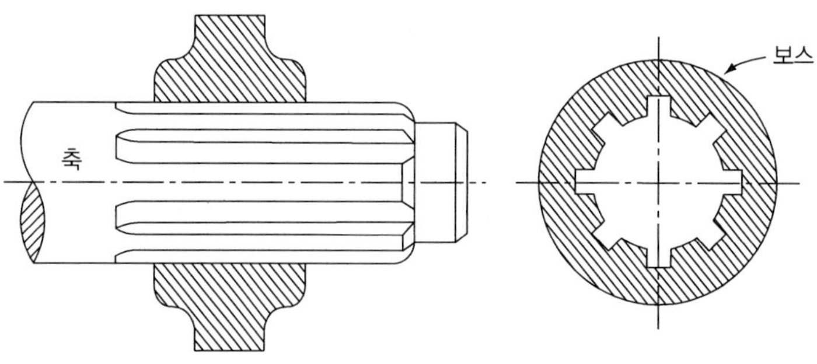

| 그림 5. 4 | 스플라인

⑨ 세레이션(serration) : 그림 5. 5와 같이 수많은 3각형의 스플라인을 세레이션이라고 하고, 같은 바깥지름의 스플라인 축보다 큰 회전력을 전달할 수 있다. 가공은 세레이션 축은 세레이션 호브(hob)로, 보스의 홈은 브로치(broach)로 절삭가공 한다.

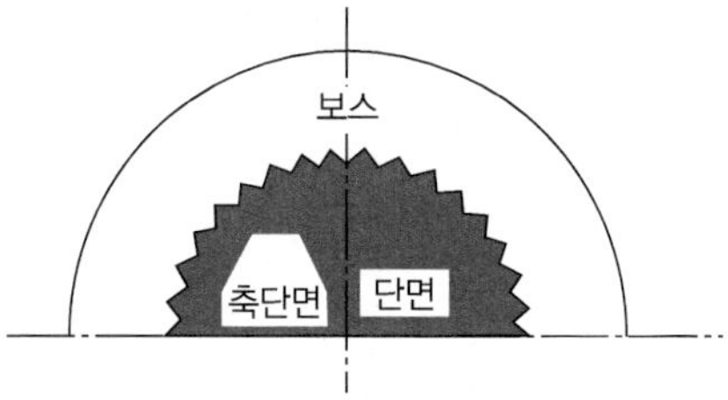

|그림 5.5| 세레이션

5.1.2 키의 강도설계

1. 묻힘키

묻힘 키를 때려 박을 때 키의 밑면에 접촉 압력이 생기는데, 이것은 토크를 전달하는 데는 별 영향을 주지 않으므로 무시하고, 키에 생기는 전단응력과 압축응력에 의한 토크를 전달한다.

그림 5. 6에서 전단응력 τ_s는,

$$\tau_s = \frac{P}{bl} = \frac{2T}{bdl} \tag{5. 1}$$

여기서, P는 축의 토크에 의한 키에 작용하는 접선력(kg),

b는 키의 나비(mm),

l는 키의 길이(mm),

T는 키의 전달 토크(kg · mm)($= P \cdot \dfrac{d}{2}$: 축의 토크)

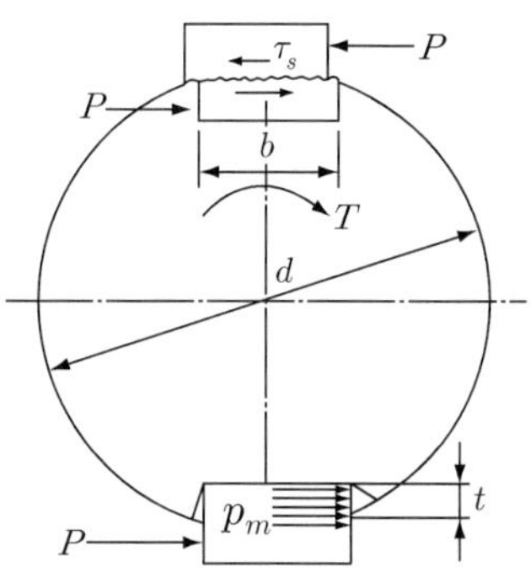

|그림 5.6| 묻힘키의 강도

키 홈의 평균 면압력 p_m 에 의한 키에 발생하는 압축응력 σ_c 는,

$$\sigma_c = \frac{P}{tl} = \frac{2T}{dtl} \tag{5. 2}$$

여기서, t 는 키홈의 깊이(mm)

보통, $t = \frac{h}{2}$ (h : 키의 높이)이므로,

$$\sigma_c = \frac{4T}{hld} \tag{5. 3}$$

여기서, τ_s 와 p_m 이 허용치보다 작은 값을 갖도록 치수를 정하면 된다.
키가 축의 강도에 상당하는 토크를 전달하는 것으로 하고, 축의 허용 전단응력을 τ_d 라고 하면,

$$T = \frac{\pi d^3 \tau_d}{16} \tag{5. 4}$$

위의 식 (5. 1)과 식 (5. 4)에서

$$\frac{\pi}{16} d^3 \tau_d = \frac{\tau_s}{2} b d l$$

$$\frac{b}{d} = \frac{\pi}{8} \cdot \frac{d}{l} \cdot \frac{\tau_d}{\tau_s} \tag{5. 5}$$

$$\therefore\ b = \frac{\pi d \tau_d}{8 l \tau_s} \cdot d$$

보통, 키의 길이 l 은 때려 박을 때의 좌굴을 고려하여, $l = (1.2 \sim 1.5)d$ 에서 $l = 1.5d$ 로 하고, $\tau_s = \tau_d$ 로 하면 위의 식 (5. 5)에서,

$$b = \frac{\pi}{12} d \fallingdotseq \frac{1}{4} d \tag{5. 6}$$

또, 축의 토크가 키의 측면의 면압 강도로 전달한다면,

$$\frac{\pi}{16}d^3\tau_d = \frac{p_m}{2}btl$$
$$\frac{t}{d} = \frac{\pi}{8} \cdot \frac{d}{l} \cdot \frac{\tau_d}{p_m} \tag{5. 7}$$
$$\therefore\ t = \frac{\pi d \tau_d}{8 l p_m} \cdot d$$

또, 키홈 측면의 면압력 p_m 의 허용치로서는 보통 $p_m = 8 \sim 10\,\text{kg/mm}^2$ 정도이지만, 축의 허용 응력은 보통 $\tau_d = \frac{\tau_d}{4.5}$ 또는, $\frac{\sigma_b}{9}$ 정도로 잡는다. σ_b 와 τ_b 는 키 재료의 인장강도 또는 전단강도이다. 면압력 p_m 의 값을 $p_m = (\frac{1}{3} \sim \frac{1}{5})\sigma_c$ (σ_c 는 키 재료의 압축강도), $\sigma_c = \sigma_b$ 이라고 하면 식 (5. 5)에서

$$h = \frac{\pi}{12 \sim 18}d \fallingdotseq (\frac{1}{4} \sim \frac{1}{5.5})d = (1 \sim 0.7)b \tag{5. 8}$$

묻힘 키의 각 치수는, 축지름d 에 대하여 식 (5. 6) 및 (5. 8)을 기본으로 하여 KS표준으로 되어 있다.

위의 식 (5. 1)과 식 (5. 2)에서

$$\tau_s lb = \sigma_c l \frac{h}{2}$$
$$h = b\frac{2\tau_s}{\sigma_c} \tag{5. 9}$$

여기서, $\sigma_c = 2\tau_s$ 라고 하면 $h = b$ 가 되어 단면이 정 4각형이 된다. 그러나, 일반적으로 $\tau_s > \frac{1}{2}\sigma_c$ 이므로, $h > b$ 로 되어 키의 높이가 높아지고 보스와 축에 깊은 홈을 파야 하므로 축의 강도가 약해지므로, 깊이가 나비보다 커서는 안 된다. 치수가 큰 경우에는 $b > h$ 로 하고, 압축에 대해서 약해진 것은 길이를 길게 하여 보충해 주어야 한다.

2. 안장키

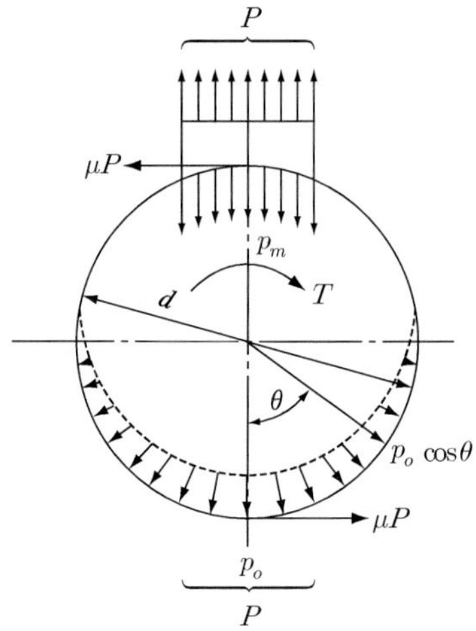

|그림 5.7| 안장키의 강도

그림 5. 7과 같이 기울기(보통 1/100)가 있는 키를 때려 박을 때, 쐐기작용에 의하여 축과 보스 사이에는 힘 P가 생기고, 힘에 의한 마찰력 μP인 토크를 전달하므로 큰 토크를 전달할 수는 없으나, 축의 임의의 위치에 키를 고정할 수 있는 특징이 있다.

여기서, 키의 나비를 b, 길이를 l, 키와 축사이의 평균 면압력을 p_m, 축 바로 아래에 작용하는 최대 압력을 p_o 라고 하면, 전달 할 수 있는 토크 T는 P가 작용하여 마찰력에 의한 전달 토크 T_1과 축과 보스 사이의 마찰력에 의한 전달 토크 T_2의 합과 같다.

$$T_1 = \mu P \frac{d}{2} = \mu b l p_m \frac{d}{2} \tag{5. 10}$$

$$T_2 = 2\int_0^{\frac{\pi}{2}} \mu p_o \cos\theta \cdot d\theta \frac{d}{2} l \frac{d}{2} = \mu p_o l \frac{d^2}{2} \tag{5.11}$$

$$\therefore T = T_1 + T_2 = \mu b l p_m \frac{d}{2} + \mu p_o l \frac{d^2}{2} \tag{5. 12}$$

또한, 힘 P를 축의 윗면과 아래 면에서 구하면,

$$P = b l p_m \text{ 또는 } P = \frac{\pi}{4} d l p_o \tag{5. 13}$$

위의 식을 식 (5. 12)에 의하여 전달할 수 있는 토크 T는,

$$T = \mu Pd\left(\frac{1}{2} + \frac{2}{\pi}\right) \tag{5. 14}$$

키의 경사각을 α, 마찰각을 ρ라 하면, 키를 때려 박을 때 필요한 힘 Q는,

$$Q = Q_1 + Q_2 = P\tan(\alpha+\rho) + P\tan\rho \fallingdotseq 2P\tan(\alpha+\rho) \tag{5. 15}$$

또는,

$$Q = 2blp_m\tan(\alpha+\rho) = \frac{\pi}{2}dlp_o\tan(\alpha+\rho) \tag{5. 16}$$

키의 높이를 h, 키의 단면에 작용하는 압축응력σ_c, 재료의 인장강도 σ_B에 대한 $\sigma_c = \dfrac{\sigma_B}{S_f}$로 나타내면,

$$Q = \frac{hb}{S_f}\sigma_B \tag{5. 17}$$

여기서, S_f는 안전계수이다.

따라서,

$$p_m = \frac{h\sigma_B}{2S_f l\tan(\alpha+\rho)} \tag{5. 18}$$

$$p_o = \frac{2hb\sigma_B}{\pi S_f dl\tan(\alpha+\rho)} \tag{5. 19}$$

p_m의 값은 축이 강제에 대하여 보스가 주철인 경우 300~500kg/cm^2, 보스가 강인 경우에는 500~900kg/cm^{2}이 보통이다.

3. 납작키

축이 회전하려고 할 때, 축과 키와의 접촉면에서는 그림 5. 8과 같은 압력 분포가 작용하는데 중앙에서는 0, 가장 자리는 최대인 p_o가 된다.

압력 분포를 간단하게 직선적으로 생각하면, 전달 토크T는 축과 키 사이의 압력에 의한 토크T_1과 축과 보스 사이의 마찰력에 의한 토크T_2의 합으로 나타낼 수 있다.

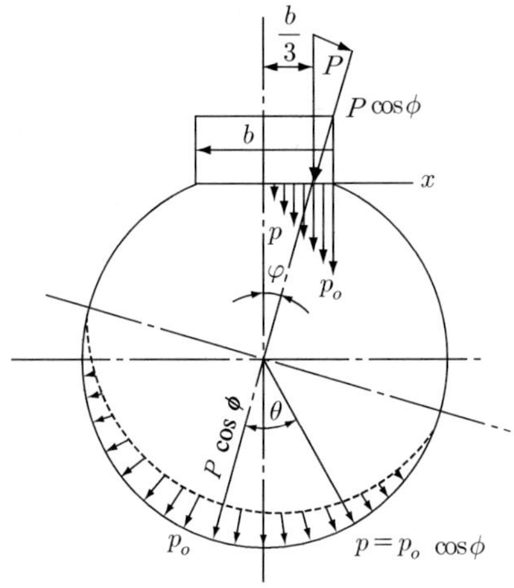

| 그림 5.8 | 납작키의 강도

중심에서 임의의 거리 x 인 곳에 작용하는 압력이 p 일 때, 축과 키 사이의 압력에 의한 토크 T_1 은,

$$T_1 = \int_0^{\frac{b}{2}} l\,p\,x\,dx = \frac{p_o b\,l}{4} \cdot \frac{b}{3} \;\; (\text{여기서 } p = 2\frac{p_o}{b}x) \tag{5. 20}$$

축과 보스 사이의 압력은 중심에서 φ 만큼인 곳이 p_o 가 되고 또, p_o 에서 임의의 각 θ 에서의 압력은 $p_o \cos\theta$ 가 된다. φ 는 작은 값이므로 $P\cos\varphi \fallingdotseq P$ 가 되어 축과 보스 사이의 마찰에 의한 토크 T_2 는,

$$T_2 = 2\mu l \int_0^{\frac{\pi}{2}} p_o \cos\theta \frac{d}{2} d\theta \frac{d}{2} = \frac{p_o bl}{4} \cdot \frac{4\mu}{\pi} \cdot \frac{d}{2} \tag{5. 21}$$

그러므로, 축의 회전에 의한 토크 T 는,

$$T = T_1 + T_2 = \frac{p_o bl}{4}\left(\frac{b}{3} + \frac{2\mu d}{\pi}\right) = P\left(\frac{b}{3} + \frac{2\mu d}{\pi}\right) \tag{5. 22}$$

p_o 를 키 또는, 축재료의 약한 쪽의 허용 응력으로 취하여 $p_o = \dfrac{\sigma_B}{S_f}$ 로 하면,

$$T = \frac{\sigma_B bl}{4S_f}\left(\frac{b}{3} + \frac{2\mu}{\pi} d\right) \tag{5. 23}$$

4. 접선키

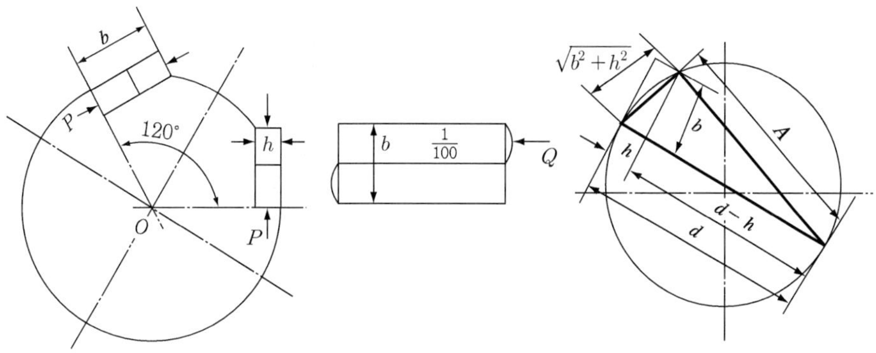

|그림 5. 9| 접선키의 강도

접선 키에 작용하는 면압력 p_m 은 묻힘키의 면압력과 같은 방법으로

$$p_m = \frac{P}{hl} = \frac{2T}{dhl} \tag{5. 23}$$

그림 5. 9에서 키의 폭 b 는,

$$b = \sqrt{(d-h)h}$$

$h = (0.13 \sim 0.08)d \fallingdotseq 0.1d$ 에서, $h = 0.1d$ 로 한 키의 폭 b 는,

$$b = 0.3d \tag{5. 24}$$

여기서, 축과 보스 사이의 압력에 의한 힘을 P_o, 회전력을 P 라 하면, 접선 키의 전달 토크 T는

$$T = \mu P_o \frac{d}{2} + P\frac{d-h}{2} \tag{5. 25}$$

5. 미끄럼키

그림 5. 10(a)와 같이, 미끄럼 키를 1개 이용해서 동력을 전달 할 수 있는 토크 T는,

$$T = P_1 \frac{d}{2} \tag{5. 26}$$

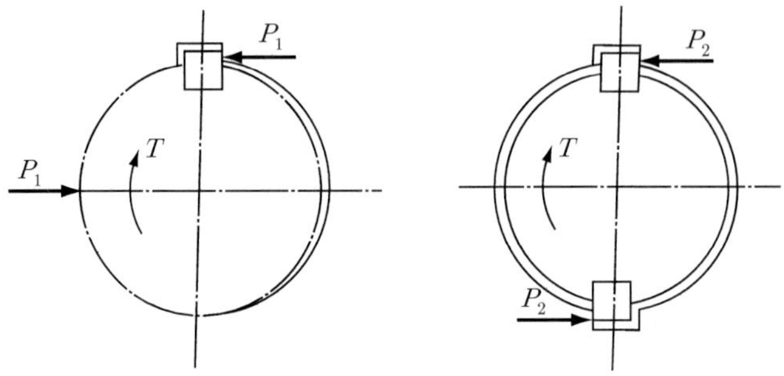

| 그림 5.10 | 미끄럼키의 강도

P_1 에 의한 마찰력 μP_1 는 보스를 축방향으로 이동시키는데 필요하며 그 힘은,

$$2\mu P_1 = \frac{4\mu T}{d} \tag{5. 27}$$

그림 5. 10(b)와 같이 미끄럼 키를 위와 아래로 2개 이용한 전달 토크 T는,

$$T = P_2 d \tag{5. 28}$$

따라서, 보스를 축 방향으로 이동시키는데, 필요한 힘은,

$$2\mu P_2 = \frac{2\mu T}{d} \tag{5. 29}$$

하중이 작용한 상태로 미끄럼 운동을 하여야 하므로, p_m 의 허용치는 작게 잡아야 하는데 표 5. 3에 그 값를 나타내었다.

| 표 5.3 | 미끄럼키의 허용 면압력

키	보스 또는 축	p_m (kg/mm²)	
		정 토크	변동 토크
반경강	주철	1~2	1
	강	1~2	1
열처리강	열처리강	4	2

예제 5.1

회전수 300rpm, 전달동력 2kW, 축지름 30mm, 보스 길이 40mm, 허용 전단응력이 2kg/mm^{2}일 때, 키의 너비를 구하여라.

풀이 원주속도 $N = \dfrac{\pi \times 0.03 \times 300}{60} = 0.47\,\mathrm{m/s}$

키의 단면적 $A = 40b\,\mathrm{mm}^2$

키에 작용하는 힘 $F = \tau A = \tau \times 40b = 806\,\mathrm{kg}$

1kW=102(kgm/s)이고, 전달동력 $H = Fv$ 이므로,

$100 \times 2 = 80b \times 0.47$

$\therefore\ b = \dfrac{102 \times 2}{80 \times 0.47} = 5.43\,\mathrm{mm}$

예제 5.2

축지름 52mm인 축을 사용하여, 160rpm으로 10마력을 전달 할 경우, 사용할 묻힘 키를 설계하여라. 단, 키의 허용 압축응력 $\sigma_c = 8$kg/mm^2, 허용전단응력은 2.5kg/mm^{2}이다.

풀이 표 5. 1에서 축지름 55mm에 대한 키는 $b \times h = 15 \times 10$이고, $t = 5\,\mathrm{mm}$ 이다. 이 키가 전달할 수 있는 토크 T는,

$$T = 716,200 \times \frac{H}{N} = 716,200 \times \frac{10}{160} = 44,762.5\,\mathrm{kg \cdot mm}$$

키의 길이 l은,

$$l = \frac{2T}{dt\sigma_c} = \frac{2 \times 44,762.5}{52 \times 5 \times 8} \fallingdotseq 43\,\mathrm{mm}$$

$b \times h = 15 \times 10 \times 43$의 키가 전달 토크에 대한 강도를 검토한다. 키에 생기는 전단 응력을 구하면,

$$\tau_s = \frac{2T}{bld} = \frac{2 \times 44,762.5}{15 \times 43 \times 52} = 2.7 > 2.5\,\mathrm{kg/mm^2}$$가 되어 부적당하다.

그러므로, $l = 1.5d = 1.5 \times 52 = 78$로 구하면,

$$\tau_s = \frac{2T}{bld} = \frac{2 \times 44,762.5}{15 \times 78 \times 52} \fallingdotseq 1.5 < 2.5$$가 되어 적당하다.

구하는 축의 규격은 $15 \times 10 \times 78$로 한다.

예제 5.3

축지름 55mm인 측에 사용할 묻힘키를 설계하여라. 단, 축의 허용 비틀림 응력 $\tau_d = 3$kg/mm^2, 키의 측면과 보스와의 면압력 $p_m = 10$kg/mm^{2}이다.

풀이 축의 전달 토크를 키 측면의 면압에 의한 전달에서, $l = 1.5d$ 라면,

$$p_m = \frac{\pi d \tau_d}{12t}$$

$$\therefore t = \frac{\pi d \tau_d}{12 p_m} = \frac{\pi \times 55 \times 3}{12 \times 10} = 4.3\,\text{mm}$$

$$h \fallingdotseq 2t = 2 \times 4.3 = 8.6\,\text{mm}$$

$b = \dfrac{\pi}{12} d \fallingdotseq \dfrac{d}{4}$에서 키의 나비를 구하면,

$$b = \frac{\pi}{12} d = \frac{\pi \times 55}{12} = 14.4\,\text{mm}$$

$$l = 1.5d = 1.5 \times 55 = 82.5\,\text{mm}$$

따라서, 표 5. 1에서 $b \times h = 15 \times 10$를 선택하여, $b \times h \times l = 15 \times 10 \times 83$로 결정한다. ▩

5.2 스플라인

큰 토크를 축으로부터 전달할 때 1개의 키 만으로는 전달이 곤란하므로, 여러 개의 키를 같은 간격으로 축과 일체로 깎아 만든 것이 스플라인(Spline)이다. 스플라인 축은 미끄럼키와 마찬가지로 스플라인에 회전 토크를 전달하는 동시에 축 방향으로 이동시킬 수 있으며, 토크를 몇 개의 키로 분담하므로 큰 토크를 전달할 수 있고, 내구성이 좋아서 자동차, 항공기, 공작기계 등의 속도변환 기구 등에 널리 사용되고 있다. 단면 모양에 따라 각형 스플라인, 인볼류트 스플라인(involute spline) 및 세레이션(serration)등이 있으며, 스플라인 축과 보스를 결합하는 방법에는 그림 5. 11과 같이 크게 3가지 방법이 있다.

① **바깥지름 맞춤** : 스플라인 축의 바깥지름(큰지름)과 보스의 바깥지름에서 중심을 맞추는 방법.

② **안지름 맞춤** : 스플라인 축의 안지름(작은지름)과 보스의 안지름으로 중심을 맞추는 방법

③ **잇면 맞춤** : 축과 보스의 잇면에서 중심을 맞추는 방법

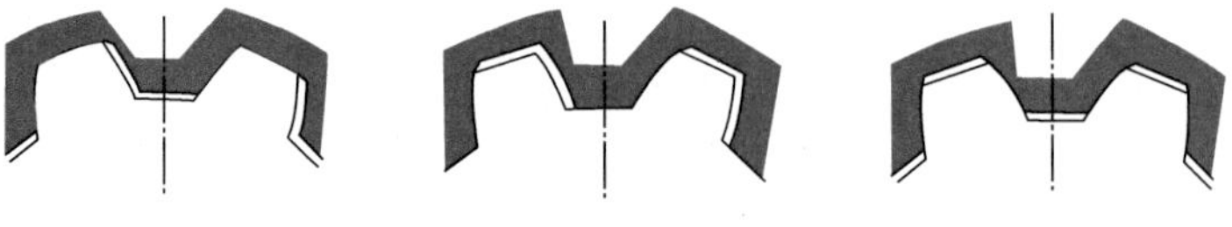

(a) 큰지름 맞춤 (b) 작은지름 맞춤 (b) 잇면 맞춤

| 그림 5. 11 | 스플라인의 중심 맞추기 방법

5.2.1 스플라인의 종류

단면 모양에 따라 각형 스플라인(straight-sided spline)과 인볼류트 스플라인(involute spline) 및 세레이션(serration)등이 있다.

1. 각형 스플라인

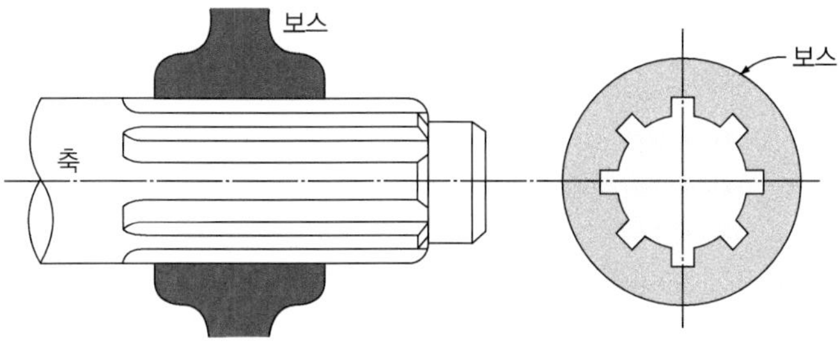

| 그림 5. 12 | 각형 스플라인

그림 5. 12와 같이 치면이 평행한 각형으로서, KS B 2006에는 잇수가 6, 8, 10개인 3종류가 있으며. 형식에는 경하중용의 1형과 중하중용의 2형으로 구분되고, 또 축과 구멍의 끼워맞춤 정도에 따라 보스를 축방향으로 이동시키는 이동형과 고정시키는 고정용이 있다. 축과 스플라인의 결합에는 안지름 맞춤, 바깥지름 맞춤 및 마개맞춤이 있는데, 안지름 맞추기는 스플라인을 가공하기 용이하며, 바깥지름 맞추기는 제작 공정수가 적은 장점이 있다. 표 5. 4의 (a), (b), (c)에는 각형 스플라인의 치수를 표시하였다.

2. 인볼류트 스플라인

그림 5. 13은 이의 측면의 모양으로 인볼류트 곡선을 사용한 것으로, 잇수는 6~40개 정도이다. 인볼류트 치형의 바깥기어를 축에 가공하고, 여기에 끼워맞춤 한 안기어를 보스에 가공하여 스플라인 이음을 한 것이다. 압력각은 30°으로 하고, 이 높이는 표준기어의 1/2로 한다. 각형 스플라인에 비해서 정밀도가 높고, 이의 이뿌리가 넓기 때문에 강도가 크다.

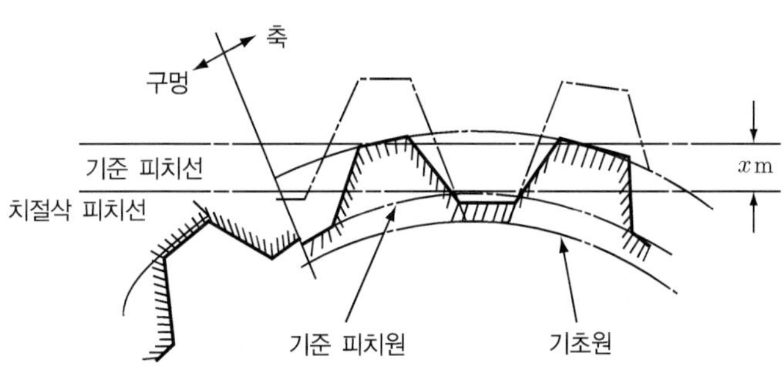

| 그림 5. 13 | 인볼류트 스플라인

| 표 5.4 | (a) 각형 스플라인의 기본 치수

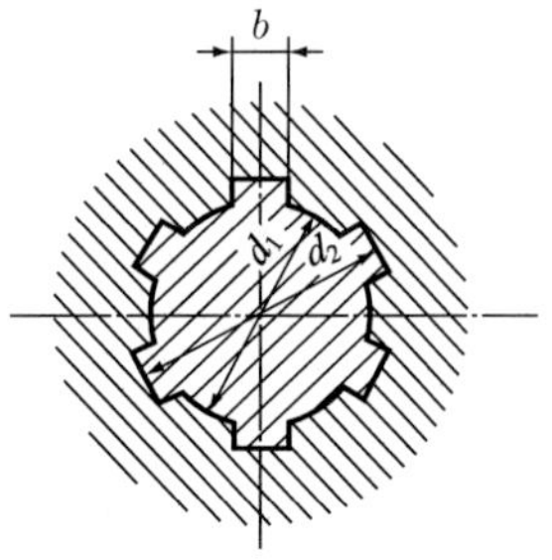

(단위 : mm)

형식	1 형						2 형					
잇수	6		8		10		6		8		10	
호칭지름 d	큰지름 d_2	나비 b	큰지름 d_2	나비 b	큰지름 d_2	나비 b	큰지름 d_2	나비 b	큰지름 d_2	나비 b	큰지름 d_2	나비 b
11	–	–	–	–	–	–	14	3	–	–	–	–
13	–	–	–	–	–	–	16	3.5	–	–	–	–
16	–	–	–	–	–	–	20	4	–	–	–	–
18	–	–	–	–	–	–	22	5	–	–	–	–
21	–	–	–	–	–	–	25	5	–	–	–	–
23	26	6	–	–	–	–	28	6	–	–	–	–
26	30	6	–	–	–	–	32	6	–	–	–	–
28	32	7	–	–	–	–	34	7	–	–	–	–
32	36	8	36	6	–	–	38	8	38	6	–	–
36	40	8	40	7	–	–	42	8	42	7	–	–
42	46	10	46	8	–	–	48	10	48	8	–	–
46	50	12	50	9	–	–	54	12	54	9	–	–
52	58	14	58	10	–	–	60	12	60	10	–	–
56	62	14	62	10	–	–	65	12	65	10	–	–
62	68	16	68	12	–	–	72	16	72	12	–	–
72	78	18	–	–	78	12	82	18	–	–	82	12
82	88	20	–	–	88	12	92	20	–	–	92	12
92	98	22	–	–	98	14	102	22	–	–	102	14
102	–	–	–	–	108	16	–	–	–	–	112	16
112	–	–	–	–	120	18	–	–	–	–	125	18

| 표 5. 4 | (b) 스플라인의 상세 치수(1형)

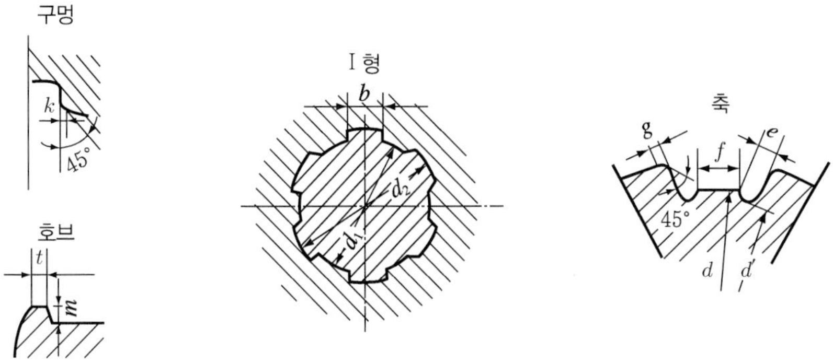

(단위 : mm)

호칭 지름 d	잇수 z	작은 지름 d_1	큰지름 d_2	나비 b	g (최소)	k (최대)	$r^{(1)}$ (최대)	넓이[(2)] S_o(mm²) (최대)	참고 d' (최소)	e (최대)	f (최소)	호브 t	m
23	6	23	26	6	0.3	0.3	0.2	6.6	22.08	1.27	3.44	0.5	0.46
26		26	30					9.5	24.56	1.90	3.75	0.7	0.72
28		28	32	7				9.6	20.69	1.80	3.96		0.66
32		32	36	8			0.3		30.74	1.73	5.21		0.63
36		36	40					9.5	34.64	1.74	7.31		0.68
42		42	46	10				9.6	40.80	1.60	8.69		0.60
46		46	50	12				9.7	44.96	1.50	8.95		0.52
52		52	58	14	0.4	0.4	0.5	15.1	50.30	2.40	8.24	1.0	0.85
56		56	62					14.9	54.21	2.42	10.34		0.90
62		62	68	16				15.0	60.34	2.30	11.68		0.83
72		72	78	18				14.9	70.38	2.21	15.10		0.81
82		82	88	20				14.8	80.43	2.12	18.48		0.79
92		92	98	22					90.48	2.05	21.85		0.76
32	8	32	36	6	0.4	0.4	0.3	11.0	30.37	1.12	2.69	0.7	0.82
36		36	40	7				11.9	34.46	1.82	3.45		0.77
42		42	46	8				11.1	40.50	1.74	4.97		0.75
46		46	50	9					44.58	1.68	5.66		0.71
52		52	58	10	0.5	0.5	0.5	17.9	49.65	2.73	4.90		1.18
56		56	62					11.7	53.55	2.73	6.47	1.0	1.22
62		62	68	12				17.9	59.78	2.56	7.16		1.11
72	10	72	78	12	0.5	0.5	0.5	22.0	69.59	2.56	6.45	1.0	1.21
82		82	88					21.7	79.42	2.54	8.64		1.29
92		92	98	14				21.8	89.59	2.42	10.02		1.27
102		102	108	16				21.9	99.73	2.10	11.59	1.3	1.1.4
112		112	120	18				32.1	108.84	3.23	10.65		1.58

주 1. r은 모따기로 대신할 수 있다.

2. S_o는 스플라인의 길이 1mm마다의 잇면의 변압 넓이를 나타낸다.

비고 축의 잇면은 지름 d의 부분까지 평행하여야 한다.

| 표 5.4 | (c) 스플라인의 상세 치수(2형)

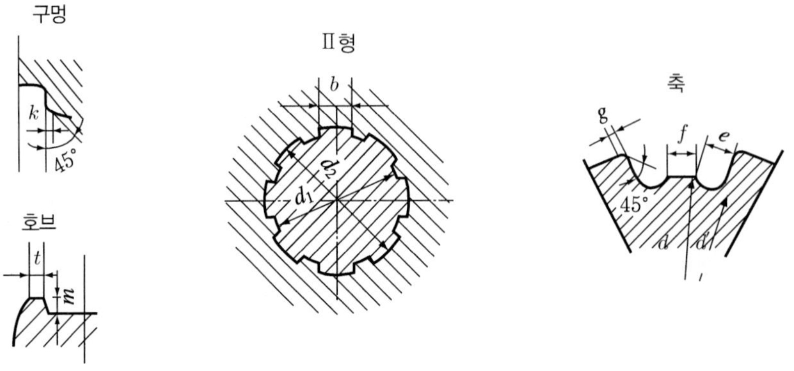

(단위 : mm)

호칭 지름 d	잇수 z	작은 지름 d_1	큰지름 d_2	나비 b	g (최소)	k (최대)	r[1] (최대)	넓이[2] S_o(mm^2) (최대)	참고 d' (최소)	참고 e (최대)	참고 f (최소)	참고 호브 t	참고 호브 m
11	6	11	14	3	0.3	0.3	0.2	6.6	9.96	1.54	–	0.5	0.52
13		13	16	3.5					11.98	1.49	0.28		0.51
16		16	20	4				9.6	14.53	2.11	0.11	0.7	0.74
18		18	22	5				9.7	16.68	1.97	0.41		0.66
21		21	25					9.5	19.53	2.01	1.93		0.74
23		23	28	6	0.4	0.4	0.3	12.7	21.26	2.37	1.24	1.0	0.87
26		26	32					14.6	23.67	3.16	1.24		1.16
28		28	34	7				14.8	25.84	3.10	1.55		1.08
32		32	38	8					29.90	2.90	2.87		1.05
36		36	42					14.6	33.73	2.93	4.93		1.14
42		42	48	10	0.5	0.5	0.5	18.5	39.94	2.72	6.46	1.3	1.03
46		46	54	12				20.2	43.35	3.69	4.56		1.32
52		52	60	14				20.4	49.51	3.50	6.04	1.6	1.33
56		56	65					23.2	52.95	4.24	6.69		1.24
62		62	72	16				26.4	58.71	4.51	7.27		1.52
72		72	82	18				26.3	68.75	4.69	10.12	2.0	1.64
82		82	92	20					78.80	4.55	13.63		1.60
92		92	102	22				26.2	88.85	4.42	17.12		1.57
32	8	32	38	6	0.4	0.4	0.3	19.1	29.37	3.20	0.12	1.0	1.31
36		36	42	7				19.2	33.48	3.07	0.95		1.26
42		42	48	8					39.51	2.94	2.56		1.24
46		46	54	9	0.5	0.5	0.5	26.0	42.63	4.10	0.80	1.3	1.68
52		52	60	10					48.66	3.88	2.60		1.67
56		56	65	12				29.9	52.01	4.76	2.41		1.99
62		62	72					34.1	57.81	5.01	2.24	1.6	2.10
72	10	72	82	12	0.5	0.5	0.5	42.2	67.48	5.30	–	2.0	2.27
82		82	92					41.9	77.18	5.35	3.02		2.41
92		92	102	14				42.1	87.40	5.11	4.63		2.30
102		102	112	16					97.60	4.90	6.17		2.20
112		112	125	18				57.3	106.16	6.49	4.12	2.4	2.92

3. 세레이션

스플라인은 주로 축과 구멍을 결합하기 위한 것으로, 이의 측면 모양이 3각형의 산 모양이며, 이의 높이가 낮고 잇수가 많은 것이 특징이다. 이들은 잇줄에 틀어짐이 없고, 피치가 가늘며 잇수를 많이 하여 결합의 위상을 조밀하게 조절할 수도 있다. 테이퍼가 없는 것이 보통이며, 가공은 세레이션 축은 호브(hob)로 가공하고 보스의 홈은 브로치(broach)로 가공한다.

5.2.2 스플라인의 강도

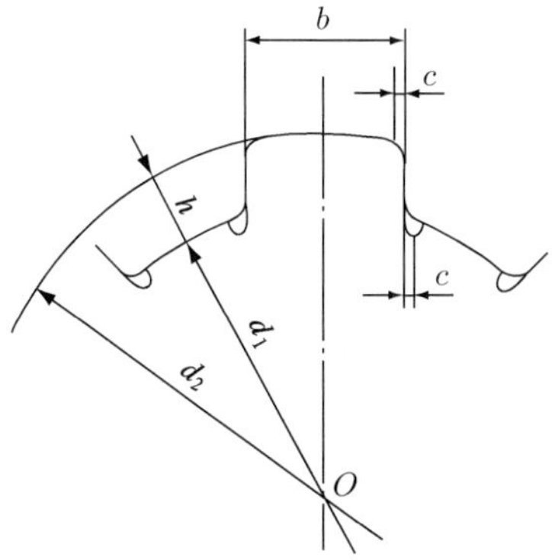

| 그림 5.14 | 스플라인

스플라인은 잇수가 많아서 전단 강도가 충분하므로, 전달 토크는 치면의 면압 강도로 구한다. 스플라인의 전달 토크를 T라고 하고, 이의 측면 면압력이 이 높이의 중앙에 집중하중이 작용한다고 하면, 그림 5. 14에서 이의 측면에 작용하는 힘 P는,

$$P = p_m (h - 2c) l \tag{5. 30}$$

여기서, p_m는 허용 면압력,
h는 이의 높이,
c는 잇면의 모따기,
l는 보스의 길이

이의 측면에서 접촉 효율 η는 이론상으로 100%이나, 실제로 스플라인의 절삭가공 때의 정밀도로 인한 절삭된 이 중에서 3/4만이 토크를 전달하는데 사용된다.

즉, $\eta = 75\%$이다. 따라서, 스플라인의 전달 토크 T는,

$$T = \eta P \cdot \frac{d}{2} = \eta z_s (h - 2c) p_m l \frac{1}{4}(d_1 + d_2) \tag{5. 31}$$

여기서, d_2는 스플라인의 큰지름,

d_1 는 스플라인의 작은 지름,

d는 평균 지름,

z_s는 스플라인의 잇수

표 5. 5에 스플라인에 실제로 사용되는 허용 면압력 p_m 의 값을 나타내었다.

| 표 5. 5 | 스플라인의 허용 면압력

허용 면압력	고 정	무하중으로 이동	하중상태로 이동
$p_m\,(\mathrm{kg/mm^2})$	4.5~7.0	3.0~4.5	3.0 이하

예제 5.4

그림 5. 14와 같은 스플라인의 축의 전달하중을 구하여라. 단, 스플라인은 1형이며, 스플라인 축의 회전속도는 1200rpm, 허용 면압력 $p_m = 1.2$kg/mm^2, 보스의 길이 $l = 100$mm, 잇수 $z_s = 6$, 호칭 지름 52mm, 접촉 효율 $\eta = 75\%$ 이다.

풀이 표 5. 4(b)에서 큰지름 $d_2 = 58\,\mathrm{mm}$, 작은 지름 $d_1 = 52$이므로

$$h = \frac{(d_2 - d_1)}{2} = 3\,\mathrm{mm}$$

전달 토크 T는,

$$T = 0.75 \times z_s\, h\, p_m\, l\, \frac{1}{4}(d_1 + d_2)$$

$$= 0.75 \times 6 \times 3 \times 1.2 \times 100 \times \frac{58+52}{4} = 44{,}550\,\mathrm{kg \cdot mm}$$

전달 토크 $T = 716{,}200\dfrac{H}{N}\,(\mathrm{kg \cdot mm})$에서,

$$H = \frac{TN}{716{,}200} = \frac{44{,}550 \times 1{,}200}{716{,}200} = 74.6\,(\mathrm{PS})$$

5.3 코터

코터(cotter)는 한쪽 또는 양쪽에 기울기가 있는 평판 모양의 쐐기로서 2개의 축을 연결하는데 사용되는 결합용 기계요소이다. 코터 이음은 그림 5. 15와 같이 로드(rod)를 소켓에 끼우고, 각각에 기울기가 있는 코터 구멍에 코터를 때려 박아서 연결한다.

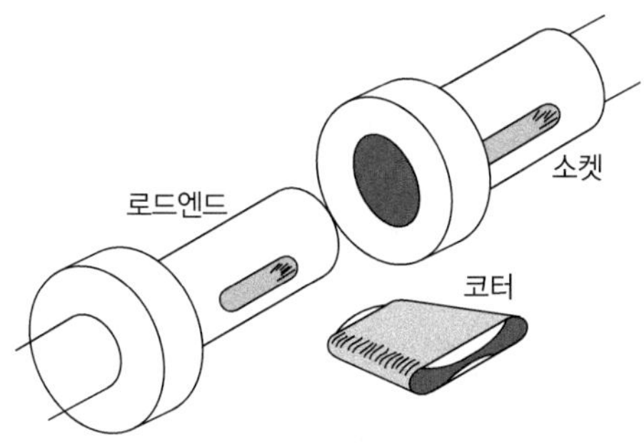

| 그림 5. 15 | 코터 이음

5.3.1 코터 이음의 역학

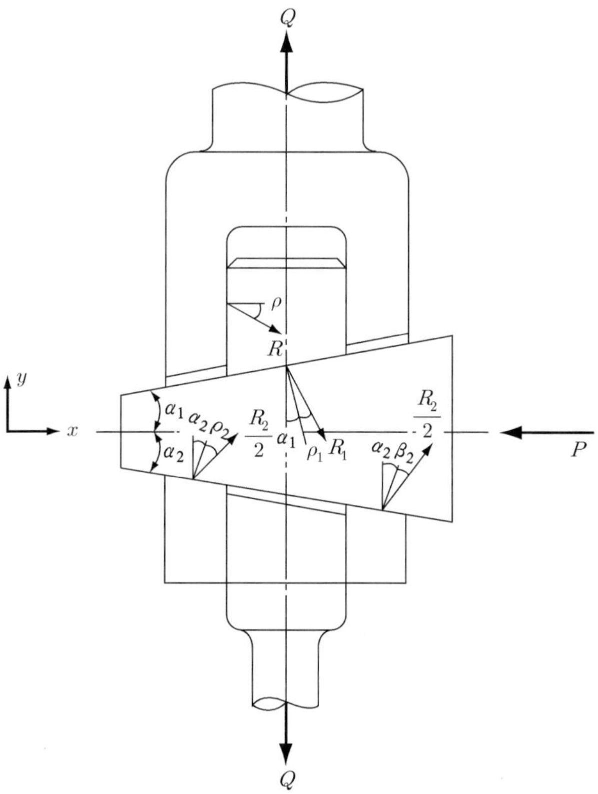

| 그림 5. 16 | 코터 이음의 역학

그림 5. 16과 같이 코터를 P의 힘으로 압입하면, 양축에는 인장력 Q가 작용하고, 각 접촉부에서는 힘 P에 대한 반발력 R_1, R_2, R_3가 생긴다.

코터 이음에서 접촉부들에서 나타나는 마찰계수들은 ,

- 로드와 소켓 사이의 마찰계수 : $\mu = \tan\rho$
- 코터와 로드 사이의 마찰계수 : $\mu_1 = \tan\rho_1$
- 코터와 소켓 사이의 마찰계수 : $\mu_2 = \tan\rho_2$

코터에 작용하는 힘의 평행조건에 의하여,

$$P = R_1 \sin(\alpha_1 + \rho_1) + R_2 \sin(\alpha_2 + \rho_2) \qquad \text{(i)}$$

$$R_1 \cos(\alpha_1 + \rho_1) + R_2 \cos(\alpha_2 + \rho_2) \qquad \text{(ii)}$$

로드에 작용하는 힘의 평행조건으로부터,

$$Q + R\sin\rho = R_1 \cos(\alpha_1 + \rho_1) \qquad \text{(iii)}$$

$$R\cos\rho = R_1 \sin(\alpha_1 + \rho_1) \qquad \text{(iv)}$$

위의 식 (i)~(iv)에서 R_1, R_2, R_3를 소거하면,

$$P = Q\frac{\tan(\alpha_1 + \rho_1) + \tan(\alpha_2 + \rho_2)}{1 - \tan\rho \tan(\alpha_1 + \rho_1)} \qquad (5.\ 32)$$

만약, 코터를 빼내기 위하여 반대 방향에서 코터를 빼내는 힘을 P'라고 하면, 위의 식 (5. 32)에서 마찰각의 기호를 (−)로 바꾸면 된다. 즉,

$$P' = Q\frac{\tan(\alpha_1 - \rho_1) + \tan(\alpha_2 - \rho_2)}{1 + \tan\rho \tan(\alpha_1 - \rho_1)} \qquad (5.\ 33)$$

코터가 저절로 빠지지 않는 조건 즉, 자립(self-locking)조건은 $P \leqq 0$이 되어야 하므로,

$$\tan(\alpha_1 - \rho_1) + \tan(\alpha_2 - \rho_2) \leqq 0 \qquad (5.\ 34)$$

실제로는, 양쪽 기울기의 경우 $\alpha_1 = \alpha_2$가 만들어지므로 $\alpha_1 = \alpha_2 = \alpha$, $\rho_1 = \rho_2 = \rho$라고 하면 이 조건은,

$$\tan(\alpha - \rho) \leqq 0 \quad \therefore\ \alpha \leqq \rho$$

한쪽 기울기의 경우에는 $\alpha_2 = 0$, $\alpha_1 = \alpha$, $\rho_1 = \rho_2 = \rho$ 라고 하면 이 때 자립 조건은,

$$\tan(\alpha - \rho) - \tan\rho \leqq 0 \quad \therefore\ \alpha \leqq 2\rho$$

또, 이 경우의 식 (5. 32)은,

$$P = Q\frac{\tan(\alpha_1 + \rho_1) + \tan\rho}{1 - \tan\rho\tan(\alpha + \rho)} = Q\tan(\alpha + 2\rho) \tag{5. 35}$$

일반적으로는, 양쪽 기울기의 코터보다 한쪽 기울기의 코터가 많이 사용된다. 마찰계수는 윤활유가 있을 때와 없을 때가 다르며, 그 값은 표 5. 5와 같고, 기울기는 보통 아래의 규칙에 따른다.

- 반영구적으로 체결시 : $\tan\alpha = \frac{1}{20} \sim \frac{1}{40}$
- 필요에 따라서 자주 착탈하는 경우 $\begin{cases} \tan\alpha = \frac{1}{15} \sim \frac{1}{10} \text{(핀으로 빠짐을 방지)} \\ \tan\alpha = \frac{1}{10} \sim \frac{1}{5} \text{(너트로 빠짐을 방지)} \\ \tan\alpha = \frac{1}{20} \sim \frac{1}{40} \text{(불 필요)} \end{cases}$

| 표 5.6 | 코터의 마찰계수와 마찰각

윤활유 사용 여부	μ(마찰계수)	ρ(마찰각)
사 용	0.05~0.10	3°~6°
사용하지 않음	0.15~0.40	8.5°~22°

5.3.2 코터 이음의 강도

그림 5. 17과 같은 코터 이음에 축방향으로 하중 Q가 작용할 때, 강도는 아래와 같다.

여기서, d_o는 축지름,

d는 로드의 지름,

D는 소켓의 바깥지름,

b는 코터의 두께

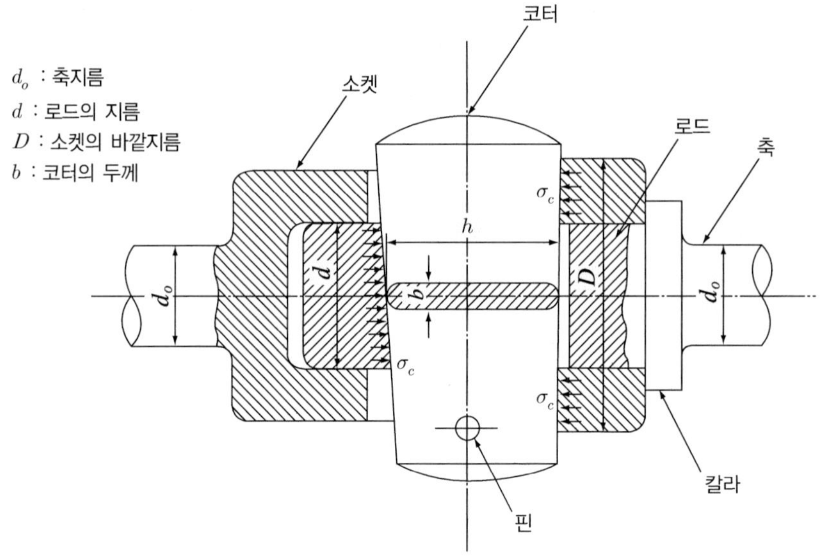

| 그림 5.17 | 코터 이음의 강도 설계

1. 코터에 의한 압축 응력

(1) 코터와 로드가 접하는 부분에 가해지는 압축력은,

$$Q = b\,d\,\sigma_c \ (\sigma_c \text{는 코터와 로드에서 발생하는 압축응력}) \tag{5.36}$$

(2) 소켓과 코터가 접하는 부분의 압축력은,

$$Q = b(D-d)\sigma_c{}' \ (\sigma_c{}'\text{는 소켓과 코터에서 발생하는 압축응력}) \tag{5.37}$$

위의 식에서 $\sigma_c = \sigma_c{}'$라 하면,

$$\frac{Q}{bd} = \frac{Q}{b(D-d)}$$

$$\therefore \ d = \frac{D}{2}$$

즉, 로드의 지름은 소켓지름의 1/2로 하면 된다.

2. 축의 인장강도

(1) 축의 인장 응력을 σ_t 라 하면, 축에 발생하는 인장력은,

$$Q = \frac{\pi}{4} {d_o}^2 \sigma_t \tag{5. 38}$$

(2) 코터 구멍이 있는 로드 부분의 인장 응력을 ${\sigma_t}'$라고 하면, 이 부분에서 발생하는 인장력은,

$$Q = (\frac{\pi}{4} d^2 - bd) {\sigma_t}' \tag{5. 39}$$

위의 식에서 $\sigma_t = {\sigma_t}'$라 하면,

$$\frac{\pi}{4} {d_o}^2 = \frac{\pi}{4} d^2 - bd$$

$$b = \frac{\pi}{4} (\frac{d^2 - {d_o}^2}{d}) = \frac{\pi}{4} (1 - \frac{{d_o}^2}{d^2})$$

실제로, 코터 구멍의 내부에는 큰 응력집중이 생기므로, 로드 지름을 $d = \frac{4}{3} d_o$ 로 하면, 코터의 두께는

$$b = \frac{d}{3.43} \tag{5. 40}$$

일반적으로, 코터의 두께는,

$$b = (\frac{1}{3} \sim \frac{1}{4}) d \tag{5. 41}$$

3. 코터에 굽힘 및 전단 응력

그림 5. 18에서 코터를 직 4각형 단면의 보로 생각하고, 코터에 발생하는 최대 굽힘 모멘트 $M_{\max}$ 를 구하면,

$$M_{\max} = \frac{Q}{2} (\frac{3}{8} D - \frac{1}{8} D) = \frac{QD}{8} \tag{5. 42}$$

코터의 굽힘응력은,

$$\sigma_b = \frac{M_{\max}}{Z} = \frac{6QD}{8bh^2}$$
$$\therefore\ h = \sqrt{\frac{3QD}{4b\sigma_b}} \tag{5.43}$$

여기서, $b = \frac{1}{4}d$, $D = 2d$, $Q = \frac{\pi}{4}{d_o}^2\sigma_t$, ${d_o}^2 = \frac{3}{4}d$ 이고 또, 코터의 재질이 로드나 소켓보다 단단하므로 $\sigma_t = \frac{2}{3}\sigma_b$ 라고 하면,

$$h \fallingdotseq \frac{4}{3}d \tag{5.44}$$

일반적으로, 코터의 나비는,

$$h = (\frac{2}{3} \sim \frac{3}{2})d \tag{5.45}$$

코터에 생기는 전단응력 τ_c 는 2면 전단이므로,

$$\tau_c = \frac{Q}{2bh} \tag{5.46}$$

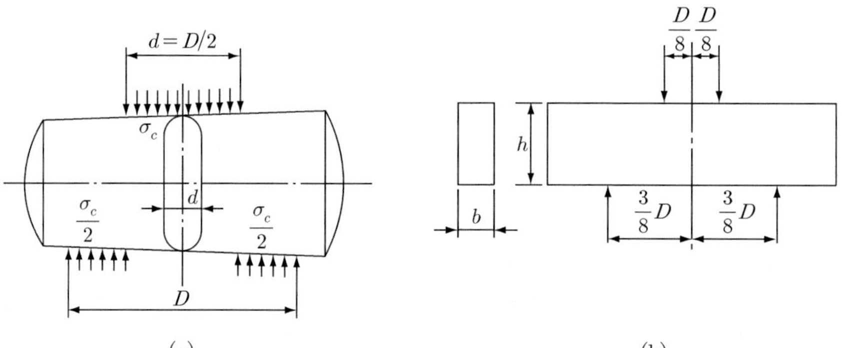

|그림 5.18| 코터의 굽힘 모멘트

4. 로드 끝과 소켓 끝의 전단 응력

그림 5. 19에서 로드 끝부분의 길이를 h_1 이라 하면, Q에 의한 로드 엔드에 생기는 전단 응력 τ_r 는,

$$\tau_r = \frac{Q}{2h_1 d} \tag{5. 47}$$

소켓 끝에서도 소켓 끝부분의 길이를 h_2 이라 하면, 소켓에 생기는 전단응력 τ_s 는,

$$\tau_s = \frac{Q}{2h_2(D-d)} \tag{5. 48}$$

식 (5. 47)에 $Q = \frac{\pi}{4}{d_o}^2\sigma_t$ 를 대입하면, 코터 구멍에서 로드 엔드 끝까지의 길이 h_1 는,

$$h_1 = \frac{\pi {d_o}^2 \sigma_t}{8\, d\, \tau_r} \tag{5. 49}$$

위의 식에 $d_o = \frac{3}{4}d$, $h = \frac{2}{3}d$, $\sigma_t = 2\tau_r$ 을 대입하면,

$$h_1 = \frac{2}{3}h \tag{5. 50}$$

일반적으로,

$$h_1 = h_2 = (\frac{1}{2} \sim \frac{2}{3})h \tag{5. 51}$$

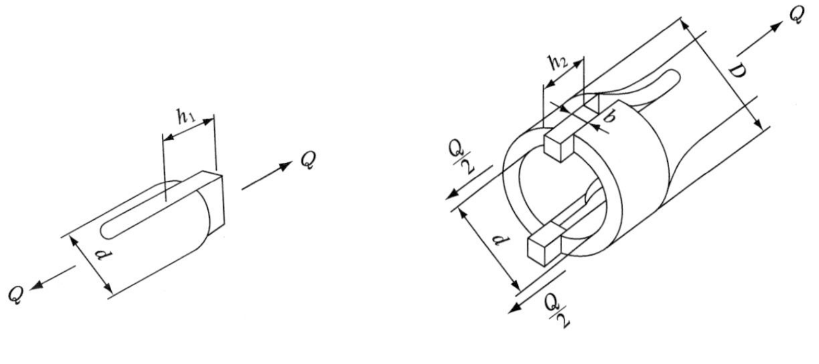

(a) (b)

| 그림 5. 19 | 로드와 소켓의 전단 응력

5. 로드 칼라의 강도

코터 이음에 인장력과 압축력이 교대로 작용하는 경우에는 로드에 칼라(collar)를 붙여 압축력을 소켓의 플렌지에 전달하게 하고, 코터의 교번하중에 대한 약화를 방지한다.

칼라 부분의 지름을 d_1 이라 하면, 압축력에 의한 칼라와 소켓 플렌지와의 접촉 면압력 p_m 은,

$$p_m = \frac{Q}{\frac{\pi}{4}({d_1}^2 - d^2)} \tag{5. 52}$$

또, 로드 칼라의 두께를 t 이라 하면 압축력에 의한 칼라와 접촉부의 전단 응력 τ_{rc} 는,

$$\tau_{rc} = \frac{Q}{\pi d t} \tag{5. 53}$$

보통, 칼라의 지름 $d_1 = (\frac{5}{4} \sim \frac{7}{4})d_o$, 칼라의 두께는 $t = (\frac{1}{4} \sim \frac{1}{3})h$ 정도로 취한다. 이상의 응력 계산에서 축하중 Q 는 코터를 때려 박을 때 이미 축방향의 힘이 작용하므로, 이것을 고려한 안전상 $1.25Q$ 로 하여 계산하는 것이 보통이다.

예제 5.5

그림 5.17과 같은 각부가 연강재인 코터 이음에 하중 $Q = 3{,}000$kg이 작용할 때 각 부의 강도를 검토하고, 주요 치수를 구하여라. 단, 코터 이음의 치수비례를 다음과 같다.

$D = 2.4d_o$, $d = 1.25d_o$, $h = 1.5d_o$, $b = 0.3d_o$, $d_1 = 1.5d_o$, $t = 0.4d_o$, $h_1 = h_2 = 0.8d_o$

연강의 허용 응력은 $\sigma_t = 6$kg/mm², $p = 6$kg/mm², $\tau = 4.5$kg/mm²이다.

풀이 코터를 때려 박을 때 생기는 축방향을 고려한 코터 이음에 작용하는 하중은 $1.25Q$ 이므로,

$Q = 1.25 \times 3{,}000 = 3{,}750$ kg

① 축지름 : $d_o = \sqrt{\frac{4Q}{\pi \sigma_t}} = \sqrt{\frac{4 \times 3{,}750}{\pi \times 6}} = 28.21 \fallingdotseq 30$ mm

② 각부의 치수는 아래와 같다.

i) 소켓의 바깥지름 : $D = 2.4d_o = 2.4 \times 30 = 72$ mm

ii) 로드의 지름 : $d = 1.25d_o = 1.25 \times 30 = 37.5 \fallingdotseq 38$ mm

iii) 코터의 폭 : $h = 1.5d_o = 1.5 \times 30 = 45$ mm

iv) 코터의 두께 : $b = 0.3d_o = 0.3 \times 30 = 9$ mm

v) 칼러의 지름 : $d_1 = 1.5d_o = 1.5 \times 30 = 45\,\text{mm}$

vi) 칼러의 두께 : $t = 0.4d_o = 0.4 \times 30 = 12\,\text{mm}$

로드 또는 소켓 끝의 전단 길이 $h_1 = h_2 = 0.8d_o = 0.8 \times 30 = 24\,\text{mm}$로 정한다.

다음은 각부의 응력을 구한다.

③ 로드의 코터 구멍부의 인장응력 $\sigma_t{}'$는 식 (5. 39)에서

$$Q = \left(\frac{\pi}{4}d^2 - bd\right)\sigma_t{}'$$

$$\sigma' = \frac{Q}{\frac{\pi}{4}d^2 - bd} = \frac{3{,}750}{\frac{\pi}{4}\times 38^2 - 9\times 38} = 4.72\,\text{kg/mm}^2$$

④ 로드의 압축 응력 σ_c는 식 (5. 36)에서

$$Q = bd\sigma_c$$

$$\sigma_c = \frac{Q}{db} = \frac{3{,}750}{9\times 38} = 10.96\,\text{kg/mm}^2$$

⑤ 소켓의 압축 응력 $\sigma_c{}'$는 식 (5. 37)에서

$$Q = b(D-d)\sigma_c{}'$$

$$c' = \frac{Q}{b(D-d)} = \frac{3{,}750}{9\times(72-38)} = 12.25\,\text{kg/mm}^2$$

⑥ 코터의 굽힘 응력 σ_b는 식 (5. 43)에서

$$h = \sqrt{\frac{3QD}{4b\sigma_b}}$$

$$\sigma_b = \frac{3QD}{4bh} = \frac{3\times 3{,}750\times 72}{4\times 9\times 45^2} = 11.11\,\text{kg/mm}^2$$

⑦ 코터의 전단 응력 τ_c는 식 (5. 46)에서

$$\tau_c = \frac{Q}{2bh} = \frac{3{,}750}{2\times 9\times 45} = 4.63\,\text{kg/mm}^2$$

⑧ 로드 끝의 전단 응력 τ_r는 식 (5. 47)에서

$$\tau_r = \frac{Q}{2h_1 d} = \frac{3{,}750}{2\times 24\times 38} = 2.05\,\text{kg/mm}^2$$

⑨ 소켓 끝의 전단 응력 τ_s는 식 (5. 48)에서

$$\tau_s = \frac{Q}{2h_2(D-d)} = \frac{3{,}750}{2\times 24\times(72-38)} = 2.30\,\text{kg/mm}^2$$

⑩ 로드 칼러의 접촉 면압력 p_m는 식 (5. 52)에서

$$p_m = \frac{Q}{\frac{\pi}{4}(d_1{}^2 - d^2)} = \frac{3{,}750}{\frac{\pi}{4}(45^2 - 38^2)} = 8.22\,\text{kg/mm}^2$$

⑪ 로드 칼러의 전단 응력 τ_{rc}는 식 (5. 53)에서

$$\tau_{rc} = \frac{Q}{\pi d t} = \frac{3,750}{\pi \times 38 \times 12} = 2.62\,\text{kg/mm}^2$$

설계된 각 부 치수에 의하여 도면을 그리고, 전체적으로 균형된 치수로 수정해야 한다. ■

5.4 핀

5.4.1 핀의 종류

핀(Pin)은 큰 힘이 작용하지 않은 곳에 키의 대용으로 사용하거나 부품의 위치결정, 축방향의 상대운동을 방지하기 위해서 사용되는 결합용 기계요소이다. 그림 5. 20과 같이 평행핀(parallel pin : KS B 1320), 테이퍼 핀(taper pin : KS B 1322), 분할핀(split pin : KS B 1321)의 3종류가 있으며 특히, 분할 핀은 전체가 두 갈래로 분리되어 너트의 풀림 방지나 핀이 빠져 나오지 않게 하는데 사용된다. 재료로는 강, 황동, 구리, 알루미늄 등이 사용된다. 표 5. 7은 각 핀의 규격과 재료를 나타내었다.

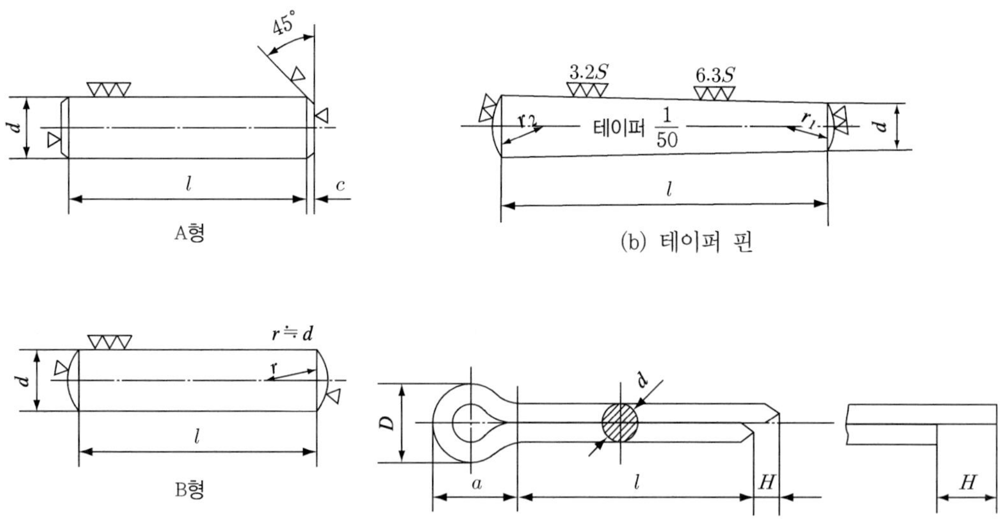

| 그림 5. 20 | 핀의 종류

| 표 5.7 | 핀의 규격

	테이퍼 핀		평행핀			분할핀				
KS 규격	B 1322		B 1320			B 1321				
사용 재료	SM 50C SM 20C		SB 41 SM 45C			SWRM 12 SWRM 15				
호칭 지름	d	l	d	c	l	d	D	a(약)	H(약)	l
1.0	1.0	6~16	1.0	0.2	3~12	0.9	1.8	2.3	1.6	6~15
1.2	1.2	8~18	1.2	0.2	3~16	1.0	2.0	2.3	2.5	8~18
1.6	1.6	10~25	1.6	0.2	4~20	1.4	2.7	3.3	2.5	8~35
2.0	2.0	12~28	2.0	0.4	5~25	1.8	3.5	4.0	2.5	10~35
2.5	2.5	14~36	2.5	0.4	5~25	2.3	4.5	5.0	2.5	12~54
3.0	30	16~50	3.0	0.4	6~32	2.7	5.5	6.0	3.2	15~55
4.0	40	18~63	4.0	1.0	8~40	3.6	7.0	8.0	3.2	20~75
5.0	5.0	25~70	5.0	1.0	10~50	4.6	8.0	10.0	3.2	22~90

5.4.2 핀 이음

핀 이음은 그림 5. 21과 같이 한쪽을 포크(fork)에 아이(eye) 부분을 끼운 다음, 평행 핀을 끼워 두 부분이 상대적으로 각 운동을 할 수 있도록 연결한다. 핀 이음에서의 강도 설계는 코터 이음과 같고, 보통 다음 3가지를 검토해야 한다.

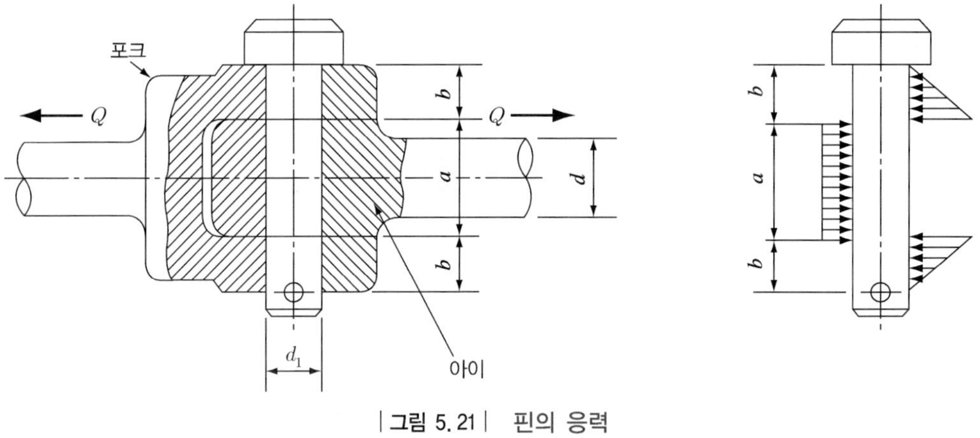

| 그림 5. 21 | 핀의 응력

1. 핀의 접촉 면압

핀 이음에 축하중이 작용할 때, 구멍 부분과 접촉하고 있는 핀의 면압 p는,

$$p = \frac{Q}{d_1 a}$$

$$Q = d_1 a p = m d_1 p \tag{5.54}$$

$$\therefore\ d_1 = \sqrt{\frac{Q}{mp}}$$

여기서, Q는 축하중,

d_1는 핀의 지름,

a는 핀과 접촉 부분의 접촉 길이 ($a = md_1$, $m = 1 \sim 1.5$)

보통, 포크의 두께 $b ≒ \frac{1}{2}a$로 하며, 핀의 허용면압 $p = 1.4 \sim 2.1\,\mathrm{kg/mm^2}$ 정도로 취한다.

2. 핀의 전단 강도

핀에 발생되는 전단 응력 τ는 2면 전단이므로, 축하중 Q는,

$$Q = 2 \times \frac{\pi}{4} {d_1}^2 \tau$$

$$\tau = \frac{2Q}{\pi {d_1}^2} \tag{5.55}$$

3. 핀의 굽힘응력

핀과 이음의 전체 길이 l이 굽힘작용을 하므로, 굽힘응력 σ_b는,

$$M = \frac{Ql}{8} = \frac{\pi}{32} {d_1}^2 \sigma_b \quad (l = 1.5 m d_1)$$

$$\sigma_b = \frac{4Ql}{\pi {d_1}^3} \tag{5.56}$$

예제 5.6

핀이음으로 인장하중 3000kg를 지지하려고 할 때 핀 지름의 크기를 구하여라. 핀 재료의 허용 전단응력은 5kg/mm^{2}이며, 핀의 접촉 부분에서 허용면압력은 10kg/mm^{2}이다. 포크의 두께 $b=8\text{mm}$, 아이 부분의 두께 $a=24\text{mm}$이다.

풀이 전단응력으로부터 설계하면

$$5=\frac{3000}{2\times\frac{\pi}{4}{d_1}^2} \qquad \therefore d_1=19.5\text{mm}$$

면압을 기준으로 설계하면

$$10=\frac{3000}{2\times8\times d_1} \qquad \therefore d_1=18.8\text{mm}$$

따라서 핀의 지름은 19.5mm, 즉 20mm로 설계해야 한다.

예제 5.7

1,500kg의 하중을 받으며 체결되어 있는 핀의 강도와 안전율을 구하여라. 단, 인장강도가 45kg/mm^2, $l=60\text{mm}$, $m=1.3$, 허용 면압력 $p=150$kg/mm^{2}이다.

풀이 핀의 지름은 식 (5. 54)로부터

$$d_1=\sqrt{\frac{Q}{mp}}=\sqrt{\frac{1,500}{1.3\times1.5}}=27.6 \fallingdotseq 28\text{mm}$$

또, $a=md_1=1.3\times28=36.4 \fallingdotseq 36\text{mm}$,

핀의 전단 응력은 식 (5. 55)에서

$$\tau=\frac{2Q}{\pi{d_1}^2}=\frac{2\times1,500}{\pi\times28^2}=1.21\,\text{kg/mm}^2$$

판의 굽힘 응력은 식 (5. 56)에서

$$\sigma_b=\frac{4Ql}{\pi{d_1}^3}=\frac{4\times1,500\times60}{\pi\times28^2}=5.22\,\text{kg/mm}^2$$

$$\text{안전율}: S=\frac{\sigma_t}{\sigma_b}=\frac{45}{5.22}=8.6$$

연습문제

1. 키의 종류와 용도에 대하여 설명하여라.

2. 코터의 자립조건에 대하여 설명하여라.

3. 코터를 해체시킬 때, 필요한 힘을 구하여라.

4. 스플라인 축은 어떤 경우에 사용하는지를 설명하여라.

5. 코터 이음과 핀 이음을 비교 설명 하여라.

6. 지름 55mm인 전동축이 160rpm으로 15마력을 전달시킬 때, 키에 발생하는 압축 응력을 구하여라. 단, 키의 크기는 $b \times h \times l = 15 \times 10 \times 74$mm이다.

7. 지름 34mm인 전동축에 회전속도 250rpm으로 3.7kW를 전달시킬 때, 적당한 묻힘 키의 치수를 구하여라. 단, 키 재료의 허용 전단응력 $\tau_a = 3.0\,\text{kg/mm}^2$이다.

8. 900rpm으로 45마력을 전달하기 위한 스플라인 축의 스플라인의 잇수를 구하여라. 단, 보스의 길이 $l = 80\,\text{mm}$, 바깥지름 $d_2 = 42\,\text{mm}$, 이 높이 $h = 3\,\text{mm}$, 모따기 $c = 0.5\,\text{mm}$, 평균 면압력 $p_m = 2.5\,\text{kg/mm}^2$이다.

9. 코터 이음에 사용된 코터, 로드, 소켓의 재질은 연강이고 $\sigma_t : \sigma_c : \tau = 5 : 10 : 4$ 의 강도비를 갖는다고 하면, 어느 부분이 제일 취약 한 지를 검토하여라.
단, 축의 지름 $d_o = 70\,\text{mm}$, 로드의 지름 $d = 85\,\text{mm}$, 코터의 두께 $b = 20\,\text{mm}$, 코터의 나비 $h = 90$이다.

10. 그림 5.17과 같은 코터 이음에서 축에 작용하는 인장 하중을 4,000kg라고 할 때, 코터에 작용하는 전단 응력과 굽힘응력을 구하여라.
단, $d = 75$, $b = 22$, $h = 70$, $D = 150\,\text{mm}$이다.

CHAPTER 06

축

축(shaft)은 베어링으로 지지되고 하중을 받으면서 회전운동 또는 회전요동운동에 의하여 동력을 전달하는 기계요소로 풀리, 기어, 플라이 휠, 차륜 등이 부착되어 있는 경우가 많다.

축은 단면의 형상에 따라 둥근 축(circular shaft), 각축, 스플라인 축으로 분류되고, 둥근축은 속이 차 있는 중실축(solid shaft)과 속이 비어있는 중공축(hollow shaft)이 있다. 일반적으로, 중실축을 많이 사용하나, 지름이 큰 축이나 선박, 항공기 경량화를 요구하는 곳에는 중공축을 사용하는 경우가 있다. 축에는 기어, 풀리, 베어링 등을 끼우기 위하여 축의 지름은 사용하는 곳에 따라 다르며 단이 있는 것이 보통이다. 축재료는 응력과 하중, 마모와 부식, 회전속도등을 고려하여 선택하지만 기계구조용탄소강(0.2~0.4%)을 주로 사용하고, 큰 하중이 작용하는 전동축에는 합금강, 단강(SF), 주강(SF), 니켈강, 니켈-크롬강이나 특수강이 사용된다.

6.1 축의 종류

1. 용도에 따른 분류

① **전동축(transmission shaft)** : 일반적인 축으로 회전운동에 의해 동력전달을 주목적인 축으로 주로 비틀림모멘트과 굽힘모멘트를 받는다. 그림 6. 1의 (a)와 같이 주축(main shaft), 선축(line shaft), 중간축(counter shaft)으로 구성한다.

② **차축(axle shaft)** : 차축은 그림 6. 1의 (b)와 같이, 주로 굽힘 모멘트를 받으면서 토크를 전달하지 않는 정지축(stationary shaft)과 토크를 전달하는 회전축(rotating shaft)이 있다.

③ **작업축** : 그림 6. 1의 (e)의 선반 스핀들(spindle)과 같이 주로 공작기계 주축에 설치되는 직접작업을 하는 축으로 비틀림 모멘트와 동시에 굽힘 모멘트를 받는다. 이 축에는 선박의 프로펠러축, 윈치에 사용되는 드럼축, 내연기관에 사용되는 크랭크축이 있다.

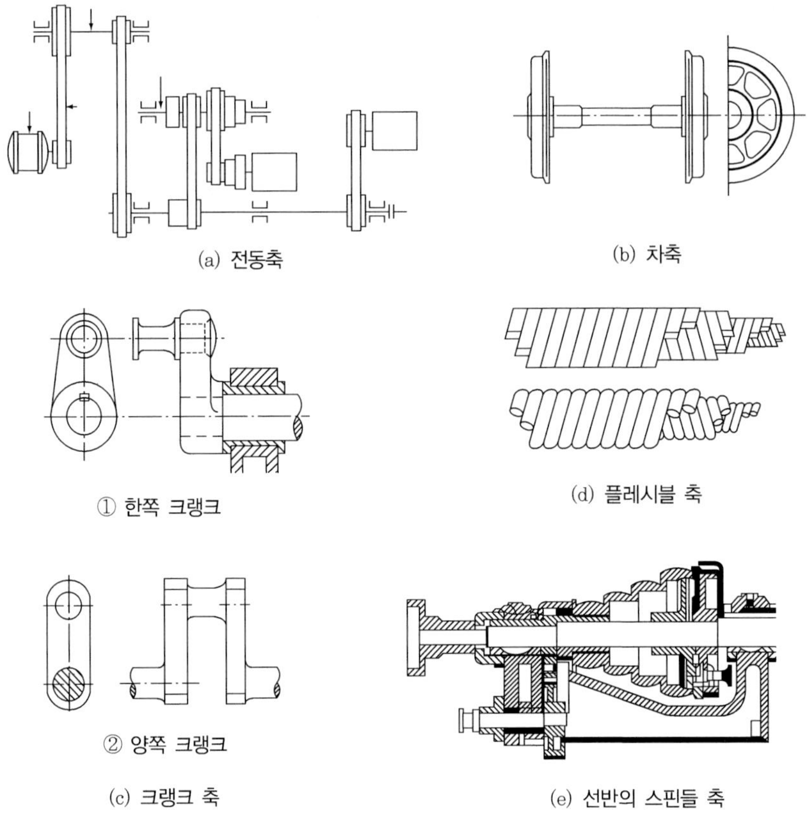

| 그림 6.1 | 축의 종류

2. 형상에 따른 분류

① 직선축(straight shaft) : 가장 일반적인 축으로 축심이 진원인 축이다.

② 크랭크 축(crank shaft) : 왕복 운동과 회전 운동을 상호 변환하는 축으로 그림 6. 1의 (c)는 자동차의 크랭크 축을 나타내었다.

③ 플렉시블 축(flexible shaft) : 그림 6. 1의 (d)와 같이 가는 철사나 철판의 탄성을 이용한 것으로, 축의 굽힘이 비교적 자유롭기 때문에 축의 중심을 변경하여 사용할 수 있으며, 일반적으로 공간상의 제한으로 일직선 형태의 축을 사용 할 수 없을 때 주로 사용한다.

3. 축의 설계 및 선정에서 고려할 사항

축의 선정시 하중의 종류에 따라 충분한 강도와 처짐이나 비틀림에 대해 충분한 강성을 가져야 하며, 회전시 굽힘 진동 또는 비틀림 진동에 대해 견딜 수 있도록 설계하도록 한다.

① 강도(strength) : 축은 외력에 대해 충분한 강도를 가져야 하며, 반복 하중이나 충

격하중 에 등을 동시에 받을 경우가 많으므로 피로 파괴의 위험이 있고 특히, 노치나, 키 홈 등에서 발생하는 응력 집중 등을 고려하여 설계한다.

② 강성(stiffness) : 처짐이나 비틀림에 대한 저항으로 긴축에서는 강도 이외에 굽힘 강성과 비틀림 강성을 고려하지 않으면, 축의 비틀림 각이 커져서 기계적 불균형이 일어나 작동이 곤란하게 된다.

③ 진동(vibration) : 축이 비틀림 또는 굽힘을 받는 경우에는 과대한 응력이 발생 하여 운동의 안정성을 잃는 경우가 가끔 일어나므로, 특히, 고속 회전하는 축에는 공진(resonance)현상에 의하여 파괴될 수 있으므로 진동에 주의하여, 진동방지대책을 강구하여야 한다.

이 외에도 제트엔진, 증기 터빈 등에 사용되는 회전축은 고온 상태에서 사용되므로 열응력(thermal stress)을 고려하여 설계하여야 하고, 선박의 플로펠러 축, 펌프축 등과 같이 액체와 함께 사용되는 축은 전기적, 화학적 작용에 의한 부식(corrosion)이 일어나므로 내식 및 방식의 선택이 중요하다.

6.2 축의 강도 설계

축에 작용하는 하중은 전단, 휨, 인장, 압축 등이 단독으로 작용하거나, 복합적으로 작용하므로, 축의 강도 설계에서는 주어진 운전과 하중 조건하에서 파손 되지 않도록 충분한 강도와 처짐 및 비틀림이 어느 한도 이내에 있도록 필요한 강성를 갖도록 할 것이며 위험속도로부터 25% 이상 떨어진 상태에서 사용하는 조건들이 요구 된다.

6.2.1 굽힘 모멘트만을 받는 축

주로 차량의 축들은 차축이 차륜에 고정되어 있어서 차륜과 더불어 회전하며, 주로 굽힘 모멘트만을 받는다. 굽힘 모멘트에 의해서 축의 단면에 생기는 굽힘응력은 그림 6. 2와 같이 축의 단면에서 최대가 되므로 최대 굽힘 모멘트σ_b는,

$$\sigma_b = \frac{M}{Z}, \qquad M = \sigma_b \cdot Z \tag{6. 1}$$

여기서, M는 축에 작용하는 최대 굽힘 모멘트(kg · mm), Z는 축의 단면 계수(mm^2)이다.

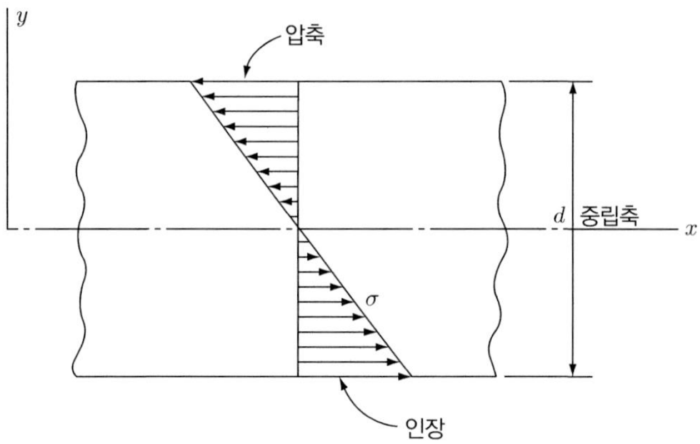

| 그림 6. 2 | 굽힘응력의 분포

1. 중실축의 경우

그림 6. 3의 (a)와 같이 중실축의 지름을 d 라고 하면, 단면계수 $Z=\frac{\pi d^3}{32}$ 이므로 식 (6. 1)에 의하여,

$$
\begin{aligned}
M &= \frac{\pi d^3}{32}\sigma_b \\
d &= \sqrt[3]{\frac{32M}{\pi\sigma_b}} \fallingdotseq \sqrt[3]{\frac{10.2M}{\sigma_b}} \fallingdotseq 2.17\sqrt[3]{\frac{M}{\sigma_b}}
\end{aligned}
\tag{6. 2}
$$

축의 지름은 위의 식에서 구한 다음, 표 6. 1에서 규격 치수를 선정한다.

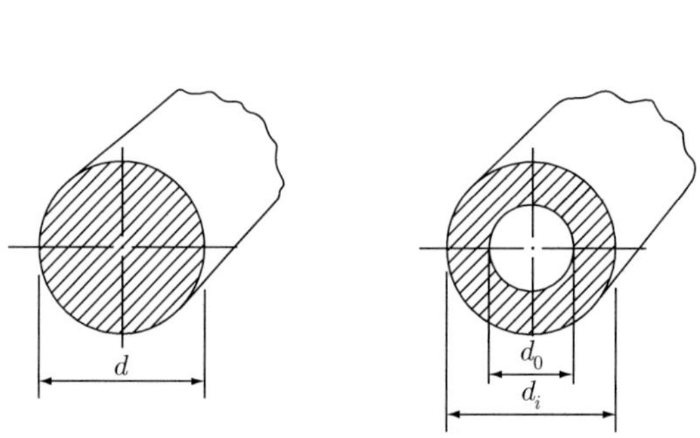

(a) 속찬축 (b) 속빈축

| 그림 6. 3 | 중실축과 중공축

| 표 6.1 | 회전축의 지름

(단위 : mm)

4	7	10		40	70	100		400
	7.1		22.4	42	71	105	224	420
					75	110	240	440
4.5	8	11.2	25	45	80	112	250	450
		12			85	120	260	460
	9		28		90		280	480
5		12.5	30	50	95	125	300	500
			31.5	55		130	315	
5.6		14		56		140	320	
		15	35			150	340	
6		16	25.5	60		160	355	
		17				170	360	
6.3		18		63		180	380	
						190		
		20				200		
		22		65		220		

2. 중공축의 경우

바깥지름을 d_o, 안지름을 d_i, 지름비를 $n = \frac{d_i}{d_o}$ 라고 하면, 중공축의 단면계수 Z는,

$$Z = \frac{\pi}{32} \cdot \frac{d_o^4 - d_i^4}{d_o} = \frac{\pi}{32} d_o^3 (1 - n^4)$$

위의 식을 식 (6. 1)에 의하여,

$$M = \frac{\pi}{32} d_o{}^3 (1 - n^4) \sigma_b$$
$$d_o = \sqrt[3]{\frac{32M}{\pi(1 - n^4)\sigma_b}} \fallingdotseq 2.17 \sqrt[3]{\frac{M}{(1 - n^4)\sigma_b}} \qquad (6.\ 3)$$

표 6. 2는 중공축과 중실축의 주요 공식을 나타내었다.

| 표 6.2 | 중공축과 중실축의 주요 관계식

주요 공식 \ 축의 형태	중실축	중공축
단면 2차 모멘트(I)	$\frac{\pi d^4}{64}$	$\frac{\pi}{64}(d_o{}^4 - d_i{}^4)$
극단면 2차 모멘트(I_p)	$\frac{\pi d^4}{32}$	$\frac{\pi}{32}(d_o{}^4 - d_i{}^4)$
단면계수(Z)	$\frac{\pi d^3}{32}$	$\frac{\pi}{32}(\frac{d_o{}^4 - d_i{}^4}{d_2})$
극 단면계수(Z_p)	$\frac{\pi d^3}{16}$	$\frac{\pi}{16}(\frac{d_o{}^4 - d_i{}^4}{d_2})$

예제 6.1

차축에 5,000kg의 하중이 작용할 때, 차축의 지름을 구하여라. 단, $l = 1,500$mm, $l_2 = 250$mm, 허용 굽힘응력은 $\sigma_b = 5$kg/mm^{2}이다.

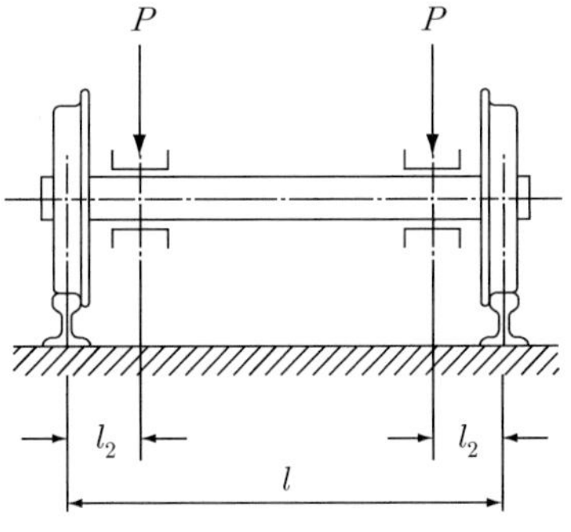

풀이 차축의 중간 A, B의 2곳에서의 반력을 R_1, R_2 라고 하면,

$$R_1 = R_2 = \frac{5,000}{2} = 2,500\,\text{kg}$$

차축에 작용하는 최대 굽힘 모멘트는 A, B 두지점 사이에서 생기므로,

$$M = Pl_2 = 2,500 \times 250 = 625,000\,\text{kg} \cdot \text{mm}$$

식 (6. 2)에 의하여,

$$d = \sqrt[3]{\frac{10.2M}{\sigma_b}} = \sqrt[3]{\frac{10.2 \times 625,000}{5}} = 108.4\,\text{mm}$$

축지름은, 표 6. 2에서 110mm로 선정한다.

6.2.2 비틀림 모멘트만을 받는 축

일반적으로 회전체 즉, 기어 또는 벨트 풀리를 부착한 전동축과 같이 주로 비틀림 작용을 받는 전동축으로, 회전 토크에 의해 생기는 축의 전단 응력은,

$$\tau = \frac{T}{Z_p}, \quad T = \tau Z_p \tag{6. 4}$$

여기서, τ는 축의 전단 응력(kg/mm^2),
Z_p는 축 단면의 극 단면계수(mm^3),
T는 축의 회전 토크(kg · mm)

1. 중실축의 경우

중심축의 극 단면계수는 표 6. 2에서 $Z_p = \frac{\pi d^3}{16}$ 이므로, 위의 식 (6. 4)에 의한 비틀림모멘트는,

$$T = \frac{\pi}{16} d^3 \tau$$
$$d = \sqrt[3]{\frac{16T}{\pi\tau}} \fallingdotseq \sqrt[3]{\frac{5.1T}{\tau}} \fallingdotseq 1.72 \sqrt[3]{\frac{T}{\tau}} \tag{6. 5}$$

2. 중공축의 경우

표 6. 2에서 중공축의 극 단면계수 Z_p는,

$$Z_p = \frac{\pi}{16}\left(\frac{d_o{}^4 - d_i{}^4}{d_2}\right) = \frac{\pi}{16} d_o{}^3 (1 - n^4)$$

위의 식에서, 축에 작용하는 회전 토크 T와 축의 바깥지름 d_o는,

$$T = \frac{\pi}{16} d_o{}^3 (1 - n^4) \tau$$
$$d_o = \sqrt[3]{\frac{16T}{\pi(1 - n^4)\tau}} \fallingdotseq 1.72 \sqrt[3]{\frac{5.1T}{\tau(1 - n^4)\tau}} \tag{6. 6}$$

만약, 전달 동력과 회전수가 주어진 경우에는 주어진 전달 동력과 회전수로부터 토크를 구하여 축의 지름을 결정한다. 여기서, 축의 전달 동력을 H(PS) 또는 H'(kW), 축의 회전수

를 N(rpm)이라고 하면, 축에 전달되는 회전토크 T는,

$$T = 716{,}200\frac{H}{N}, \qquad T = 974{,}000\frac{H'}{N} \tag{6. 7}$$

따라서, N(rpm)으로 H(PS)을 전달하기 위한 중공축의 바깥지름 d_o은 위의 식 (6. 7)과 식 (6. 6)에 의하여,

$$d_o = 154\sqrt[3]{\frac{H}{\tau(1-n^4)N}}, \qquad d_o = 171\sqrt[3]{\frac{H'}{\tau(1-n^4)N}} \tag{6. 8}$$

식 (6. 8)을 $d_o = K\sqrt[3]{\frac{H}{(1-n^4)N}}$ 와 $d_o = K'\sqrt[3]{\frac{H'}{(1-n^4)N}}$ 로 나타낼 때, 전단응력 τ와 계수 K와 K'의 관계를 표 6. 3과 6. 4에 나타내었다.

연강재료에서 허용응력을 $\tau = 2.1\,\text{kg/mm}^{2f}$라 하면,

$$d_o = 120\sqrt[3]{\frac{H}{(1-n^4)N}} \tag{6. 9}$$

| 표 6. 3 | 계수 K의 값

전단 응력(τ) (kg/mm^2)	1.2	1.3	1.7	2.1	2.7	3.7	5.0	6.0
K	144	140	130	120	110	100	90	85

| 표 6. 4 | 계수 K'의 값

전단 응력(τ) (kg/mm^2)	1.3	1.6	2.0	2.5	3.0	4.0	5.0
K	155	145	135	125	118	107	100

이상의 각 식에서 지름비 $n=0$ 으로 하면, 중실축의 식으로 된다. 만약, 중실축과 중공축의 강도가 같다고 하고, 이 때의 지름을 d라 하면 두 축의 지름비는,

$$T = \frac{\pi}{16}{d_o}^3(1-n^4)\tau = \frac{\pi}{16}d^3\tau$$

위의 식에서 중공축의 지름은,

$$d_o = \frac{d}{\sqrt[3]{1-n^4}}, \qquad d_i = \frac{nd}{\sqrt[3]{1-n^4}} \tag{6. 10}$$

이 경우 양 축의 중량비 w는,

$$w = \frac{d^2}{{d_o}^2 - {d_i}^2} = \frac{(1-n^4)^{2/3}}{(1-n^2)} \tag{6-11}$$

위의 식 (6. 10)에서 같은 강도에서는 중공축이 중실축 보다 바깥지름이 약간 크게 되지만, 식 (6. 11)에서는 중공축이 중실축 보다 중량이 훨씬 가볍고, 같은 지름의 축에서는 중공축이 중실축 보다 44.3% 가량 강도가 크다. 그러나, 중공축은 가공비가 비싸기 때문에, 강도가 크고 중량이 가벼워야 하는 항공기, 선박 등에는 사용하고, 대부분에는 중실축이 사용되고 있다.

예제 6.2

비틀림 모멘트 800kg · m를 받는 중공축의 바깥지름 $d_o = 100$mm일 때, 축의 안지름을 구하여라. 단, 허용 비틀림 응력 $\tau = 4.8$kg/mm²이다.

풀이 식 (6. 6)에서 $d_o = \sqrt[3]{\frac{16T}{\pi(1-n^4)\tau}} \fallingdotseq \sqrt[3]{\frac{5.1T}{\tau(1-n^4)\tau}}$

$$T \fallingdotseq \tau \frac{{d_o}^3}{5.1}(1-n^4)$$

$$n = \sqrt[4]{1 - \frac{5.1T}{\tau {d_o}^3}} = \sqrt[4]{1 - \frac{5.1 \times 800{,}000}{4.8 \times 100^3}} = 0.62$$

$$n = \frac{d_i}{d_o} = 0.62$$

$$d_i = 0.62 \times 100 = 62\,\text{mm}$$

예제 6.3

지름 800mm인 중실축과 강도가 같고, 지름비 $n = \frac{d_i}{d_o} = 0.6$일 때, 중공축의 바깥지름 d_o와 축의 중량의 감소를 구하여라.

풀이 지름비 $n = \frac{d_i}{d_o} = 0.6$이므로 식 (6. 10)에서,

$$d_o = \frac{d}{\sqrt[3]{1-n^4}} = \frac{80}{\sqrt[3]{1-0.6^4}} = \frac{80}{0.955} = 83.8\,\text{mm}$$

중량비 w는 식 (6. 11)으로부터,

$$w = \frac{d^2}{{d_o}^2 - {d_i}^2} = \frac{(1-n^4)^{2/3}}{(1-n^2)} = \frac{0.91}{0.64} = \frac{1}{0.70}$$

즉, 축의 중량은 70% 감소한다.

6.2.3 굽힘 모멘트와 비틀림 모멘트를 동시에 받는 축

일반적으로 많이 사용되는 축은 하중에 의한 굽힘 모멘트와 축에 부착되는 기어나 풀리 등에 의하여 굽힘 모멘트를 동시에 받는 경우가 많다. 따라서, 굽힘 모멘트를 감소 시켜서 축의 수명을 길게 하도록 하여야 한다. 축의 어느 단면에 이와 같은 2가지 모멘트가 동시에 작용할 때, 단면에는 굽힘 모멘트 σ_b 와 전단 응력 τ 가 작용하며, 이런 조합 응력 상태에서의 최대 주응력 및 최대 전단 응력은,

$$\text{최대 주응력설} : \sigma_{\max} = \frac{1}{2}\sigma_b + \frac{1}{2}\sqrt{{\sigma_b}^2 + 4\tau^2} \tag{6. 12}$$

$$\text{최대 전단 응력설} : \tau_{\max} = \frac{1}{2}\sqrt{{\sigma_b}^2 + 4\tau^2} \tag{6. 13}$$

위의 식에 $\sigma_b = \dfrac{32M}{\pi d^3}$, $\tau = \dfrac{16T}{\pi d^3}$ 를 대입하면,

$$\sigma_{\max} = \frac{32}{\pi d^3}\left\{\frac{1}{2}(M + \sqrt{M^2 + T^2})\right\} = \frac{32}{\pi d^3}M_e \tag{6. 14}$$

$$\tau_{\max} = \frac{16}{\pi d^3}\{\sqrt{M^2 + T^2})\} = \frac{16}{\pi d^3}T_e \tag{6-15}$$

위의 식에서 M_e 을 상당 굽힘모멘트(equivalent bending moment)와 T_e 를 상당 비틀림 모멘트(equivalent twisting moment)라 하면,

$$M_e = \frac{1}{2}(M + \sqrt{M^2 + T^2}) \tag{6. 16}$$

$$T_e = \sqrt{M^2 + T^2} \tag{6. 17}$$

보통, 강과 같은 연성 재료에는 최대 전단 응력설을 적용하며, 주철과 같은 취성 재료에는 최대 주응력설을 적용하고 있다. 따라서, 연성 재료에는 최대 전단 응력이 단순 비틀림의 허용 전단응력 이하가 되어야 하고, 취성 재료에서는 최대 굽힘응력이 단순 인장의 허용 수직

응력 이하가 되도록 축지름을 설계하도록 한다. 즉,

$$연성재료 : d_o = \sqrt[3]{\frac{16}{\pi(1-n^4)\tau_{max}} \cdot \sqrt{M^2+T^2}} \tag{6.18}$$

$$취성재료 : d_o = \sqrt[3]{\frac{32}{\pi(1-n^4)\sigma_{max}} \cdot \frac{1}{2}(M+\sqrt{(M^2+T^2)})} \tag{6. 19}$$

또, 연성과 취성의 중간에 속하는 축재료는 위의 식에서 구한 지름 중에서 큰 것을 선택하면, 안정에는 문제가 없다.

6.2.4 굽힘 모멘트와 비틀림 모멘트 및 동하중을 동시에 받는 축

자동차의 웜기어 축과 선박의 플로펠러 축 등은 3가지 하중을 동시에 받는 경우로써 이때의 비틀림 모멘트를 T, 굽힘 모멘트를 M, 축하중을 P라고 하면, 축에 작용하는 축응력σ_n, 굽힘응력σ_b, 비틀림 응력 τ는,

$$\sigma_n = \frac{A}{P}, \quad \sigma_b = \frac{M}{Z}, \quad \tau = \frac{T}{Z_p}$$

따라서, 수직응력은 축응력과 굽힘응력의 합$(\sigma_n + \sigma_b)$이 되므로 최대 주응력 σ_{max}와 최대 전단 응력 τ_{max}는,

$$\sigma_{max} = \frac{1}{2}(\sigma_b + \sigma_n) + \frac{1}{2}\sqrt{(\sigma_b+\sigma_n)^2 + 4\tau^2}$$

$$= \frac{16}{\pi d_o{}^3(1-n^4)}\left[\left\{M + \frac{Pd_o(1+n^2)}{8}\right\} + \sqrt{\left\{M + \frac{Pd_o(1+n^2)}{8}\right\}^2 + T^2}\right]$$

$$\tau_{max} = \frac{1}{2}\sqrt{(\sigma_b+\sigma_n)^2 + 4\tau^2}$$

$$= \frac{16}{\pi d_o{}^3(1-n^4)}\sqrt{\left\{M + \frac{Pd_o(1+n^2)}{8}\right\}^2 + T^2}$$

위의 식에서 σ_{max}, τ_{max}를 축재료의 허용 응력σ_a와 τ_a를 이용한, 축지름은 아래와 같다.

연성 재료의 경우,

$$d_o = \sqrt[3]{\frac{16}{\pi(1-n^4)\tau_a} + \sqrt{\left\{M + \frac{Pd_o(1+n^2)}{8}\right\}^2 + T^2}} \tag{6. 20}$$

취성 재료의 경우,

$$d_o = \sqrt[3]{\frac{16}{\pi(1-n^4)\sigma_a}\left[\left\{M + \frac{Pd_o(1+n^2)}{8}\right\} + \sqrt{\left\{M + \frac{Pd_o(1+n^2)}{8}\right\}^2 + T^2}\right]} \tag{6. 21}$$

위의 식들을 이용하여 축지름을 구할 때는 처음에 $P=0$ 으로 놓고, 식 (6. 18) 또는 (6. 19)에서 축지름 d_o 을 구하고, 다음에 이 값을 식 (6. 20) 또는 (6. 21)에 대입하여 d_o 의 수정치를 구한다. 다시 이 값을 식의 우변에 대입한다. 이런 과정을 여러 번 반복하면, 대입한 d_o 와 계산 한 d_o 가 거의 일치하면, 대체로 최적의 값을 구할 수 있다.

6.2.5 동적 하중을 받는 축

축에 작용하는 굽힘 모멘트와 비틀림 모멘트는 일정하지 않고 변동하거나 또는, 충격적으로 작용하는 경우가 많다. 또, 축의 어느 단면은 부착물의 중량과 풀리에 작용하는 벨트 장력 때문에 회전시 마다 반복하중(repeated load)을 받게 된다. 따라서, 이와 같은 경우에는 동적 하중의 영향을 고려한 축을 설계해야 하므로, 축에 작용하는 굽힘 모멘트 M과 비틀림 모멘트 T에 동적 효과계수 k_m , k_t 를 각각 곱하여 축지름을 결정하는 ASME의 식이 널리 사용되고 있다.

- 연성 재료의 축지름,

$$d_o = \sqrt[3]{\frac{16}{\pi(1-n^4)\tau_a}\sqrt{(k_m M)^2 + (k_t T)^2}} \tag{6. 22}$$

- 취성 재료의 축지름,

$$d_o = \sqrt[3]{\frac{16}{\pi(1-n^4)\sigma_a}\left\{k_m M + \sqrt{(k_m M)^2 + (k_t T)^2}\right\}} \tag{6. 23}$$

동적 효과를 나타내는 k_m 과 k_t 는 표 6. 5에서 선택하면 된다.

| 표 6.5 | 동적 계수 k_m과 k_t 값

하중의 종류	회전축		정지축	
	k_t	k_m	k_t	k_m
정하중(또는 약한 하중)	1.0	1.5	1.0	1.0
변동하중(또는 충격하중)	1.0~1.5	1.5~2.0	1.5~2.0	1.5~2.0
강한 하중	1.5~3.0	2.0~3.0	–	–

6.2.6 축하중이 동적 압축하중으로 작용하는 축

축하중이 동적 압축하중인 경우에는, 축의 좌굴에 의한 파손을 고려한 좌굴 효과계수 k_b을 고려해야 한다. 이 좌굴 효과계수 k_b는 축의 조건들이 아래와 같을 때, 축을 베어링 사이에 지지된 장주(long column)의 세장비 $\lambda = \dfrac{l}{k}$ 에 의하여 결정된다.

축하중이 인장인 경우 및 단축일 때 $k = 1$이며, 축하중이 압축인 경우에는,

$$\lambda < 110 \text{인 경우에는 } k_b = \frac{1}{1 - 0.004\lambda\sqrt{n}} \quad \text{(Tetmayer식)}$$

$$\lambda > 110 \text{인 경우에는 } k_b = \frac{\sigma_y \lambda^2}{\pi^2 n E} \quad \text{(Euler식)}$$

여기서, l는 베어링 사이의 축의 길이(bearing span),

k는 축 단면의 회전 반지름(radius of gyration),

$$\text{중실축에서는 } k = \frac{d}{4}, \qquad \text{중공축에서는 } k = \frac{d_o}{4}\sqrt{1+n^2}$$

σ_y는 축재료의 압축 항복강도,

n은 축단의 조건에 의한 계수

① 볼 베어링과 같이 자유 지지에 가까운 경우 : 1

② 폭이 있는 미끄럼 베어링으로 지지하는 경우 : 2.25

③ 완전 고정 지지의 경우 : 4

좌굴 효과계수 k_b는 축하중 P에 곱함으로써 모든 식에 적용가능하다.

6.2.7 키 홈이 있는 축

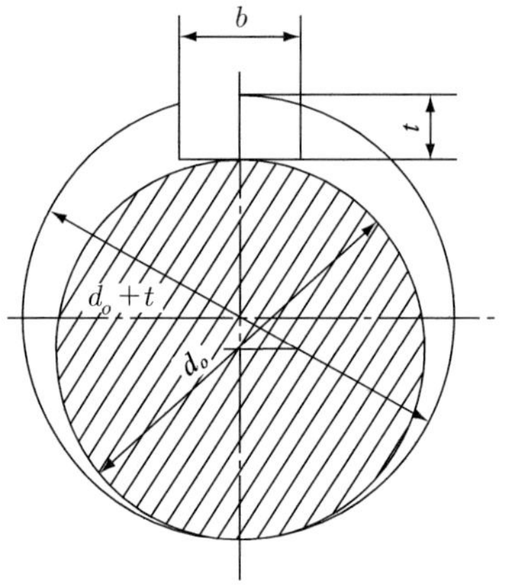

|그림 6.4| 키 홈이 있는 축

축의 한 부분에 치수와 모양이 급격히 변화하는 홈이나 단이 있으면, 단면적을 감소시킬 뿐 아니라 모서리 부분에는 응력 집중(stress concentration)이 발생하여 축의 강도를 현저하게 감소시키게 된다. 따라서, 그림 6. 4와 같이 키 홈이 있는 축을 설계할 경우에는 먼저 키 홈이 없는 경우의 축지름을 구하고, 이 축지름에 키 홈의 깊이를 더한 값을 축지름으로 한다.

또, 비틀림 모멘트를 받는 키 홈이 있는 축 설계에 있어서는 아래와 같은 "Moore의 실험식"을 사용한다.

$$\beta = \frac{\text{키홈이 있는 축의 강도}}{\text{키홈이 없는 축의 강도}} = 1.0 - 0.2\frac{d}{d_o} - 1.1\frac{t}{d_o} \tag{6. 24}$$

위의 식에서 구한 β를 허용 응력에 곱해서 구한 값을 축지름으로 한다. β는 대체로 0.64~0.90의 범위 내에 존재하는데, 일반적으로 평균값인 0.75를 선택한다.

6.2.8 응력 집중이 있는 축

키 홈이 있는 축에 비틀림 모멘트가 작용할 때, 키 홈의 응력 집중계수는 그림 6. 5와 같다. 여기서 키 홈 밑부분의 반지름 r은 지름의 2~3% 이상으로 잡는 것이 응력 집중을 고려한 상태에서 바람직하며 묻힘키에 대하여는 1.2~2% 정도로 한다. 일반적으로 실용적인 형상에 대한 응력 집중계수α의 변화를 나타내면, 다음과 같다.

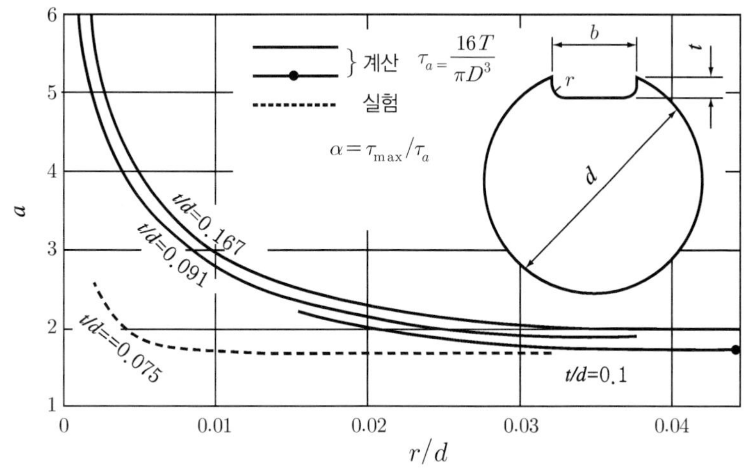

| 그림 6.5 | 키 홈의 비틀림 응력 집중계수

1. 반원형 홈이 있는 축의 굽힘(그림 6. 6)

$$\sigma_1 = \alpha\,\sigma_o = \alpha \frac{32M}{\pi(d-b)^3} \qquad (6.25)$$

여기서, σ_1 는 응력 집중 부분의 최대 응력,

σ_o 는 응력 집중을 고려하지 않을 때의 응력

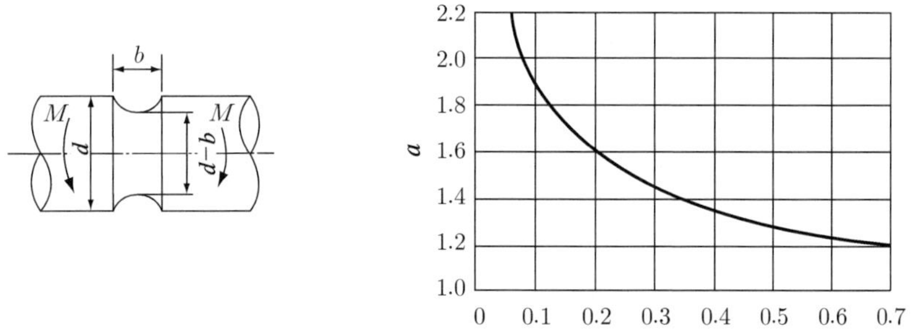

| 그림 6.6 | 반원형 축의 굽힘 응력 집중계수

2. 단붙이 축의 굽힘(그림 6. 7)

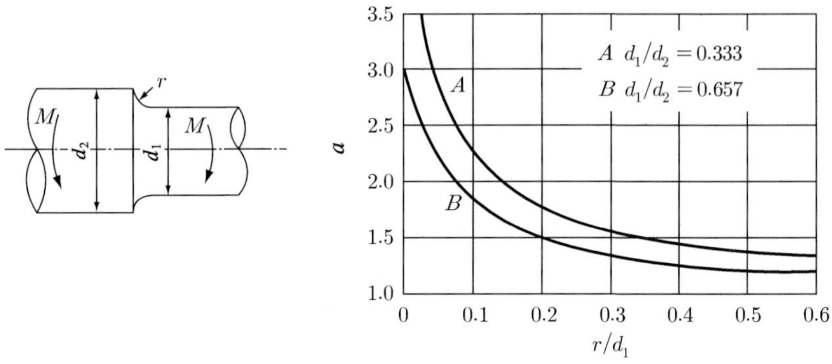

|그림 6.7| 단붙이 축의 굽힘 응력 집중계수

$$\sigma_1 = \alpha\,\sigma_o = \alpha\frac{32M}{\pi {d_1}^3} \tag{6. 26}$$

여기서, σ_1는 응력 집중 부분의 최대 응력,

σ_o는 응력 집중을 고려하지 않을 때의 응력

3. 단붙이 축의 비틀림(그림 6. 8)

$$\sigma_1 = \alpha\,\sigma_o = \alpha\frac{16T}{\pi {d_1}^3} \tag{6. 27}$$

여기서, σ_1는 응력 집중 부분의 최대 응력,

σ_o는 응력 집중을 고려하지 않을 때의 응력

단붙이 축지름이 작은 쪽에 키 홈을 가공할 때에는 축지름이 큰 쪽으로부터 $2r$ 이상 떨어진 곳에서 가공하는 것이 바람직하다.

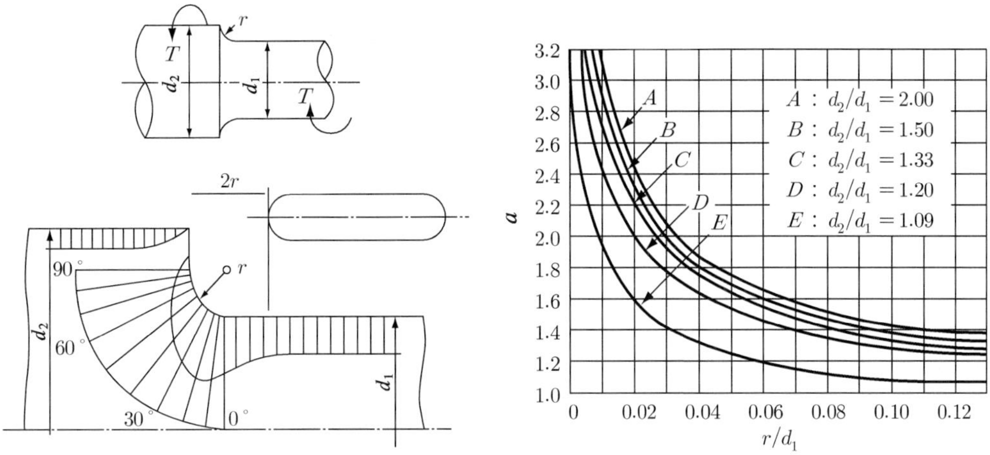

| 그림 6.8 | 단붙이 축의 비틀림 응력 집중계수

예제 6.4

2.2kW, 1750rpm의 모터에 직결되어 있는 전동축에 60kg의 하중이 작용할 때, 축의 지름을 구하여라. 단, 축의 재료는 연강이며, 인장 강도는 55kg/mm^{2}이다.

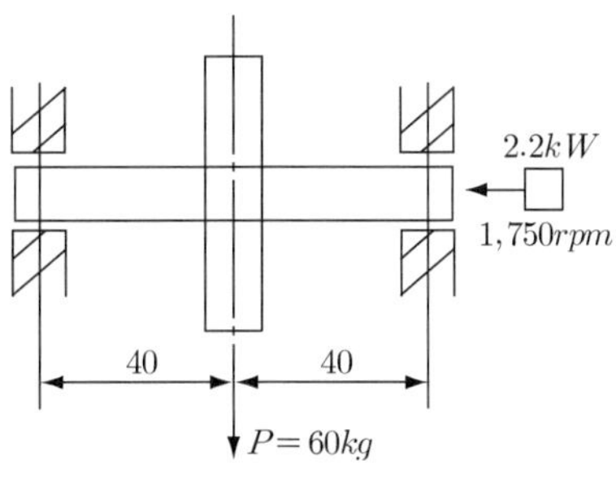

풀이 축에 작용하는 회전 토크 T는 식 (6. 7)으로부터

$$T = 974,000\frac{H'}{N} = 974,000 \times \frac{2.2}{1,750} = 1,224\,\text{kg}\cdot\text{mm}$$

축에 작용하는 최대 굽힘 모멘트는

$$M = \frac{Pl}{4} = \frac{60 \times 80}{4} = 1,200\,\text{kg}\cdot\text{mm}$$

이 전동축에는 변동하중이 작용하므로, 표 6. 5에서 동적 효과계수 $k_m = 2.0, k_t = 1.5$로 잡는다. 아래의 표 6. 6에서 허용 비틀림 응력 $\tau_a{}'$은 인장 강도의 0.18%로 잡으므로,

| 표 6.6 | 축재료의 정하중에 대한 최대 굽힘응력

축의 재료		비틀림 τ_a (kg/mm²)	굽힘 σ_a (kg/mm²)	비틀림과 굽힘 τ_a (kg/mm²)
보통의 압연재	키홈 없음	5.6	11.2	5.6
	키홈 있음	4.2	8.4	4.2
강도를 아는 강		탄성한도의 30% 이하 인장강도의 18% 이하	탄성한도의 60% 이하 인장강도의 36% 이하	탄성한도의 30% 이하 인장강도의 18% 이하

$\tau' = 55 \times 0.18 = 9.9\,\text{kg/mm}^2$

또한, 키 홈에 대한 비틀림 강도비 $\beta = 0.75$ 로 하면, 축지름을 구하기 위한 허용 비틀림 응력 τ_a 는,

$\tau_a = 9.9 \times 0.75 = 7.4\,\text{kg/mm}^2$

이들 값을 식 (6. 23)식에서 중실축의 지름은 구하면

$$d_o = \sqrt[3]{\frac{16}{\pi(1-n^4)\sigma_a}\left\{k_m M + \sqrt{(k_m M)^2 + (k_t T)^2}\right\}}$$

$$= \sqrt[3]{\frac{16}{\pi \times 7.4}\sqrt{(2.0 \times 1{,}200)^2 + (1.5 \times 1{,}224)^2}} \fallingdotseq 12.7\,\text{mm}$$

$d = 12.7\,\text{mm}$에 끼울 묻힘 키의 치수는 5×5이고, 축의 홈의 깊이는 3.0mm이므로 축지름은 12.7+3.0=15.7mm이지만, 표 6. 1의 축 지름 규격표에서 $d = 16\,\text{mm}$를 선정한다.

예제 6.5

기어 감속기의 중간축에서 구동축으로부터 10PS의 동력을 받아서 300rpm으로 회전한다. 평기어에서 이의 압력각을 20°라 하고, 축재료의 인장 강도는 55kg/mm²인 연강이다. 중간축에 부착한 B, C기어의 피치원 지름은 각각 450mm, 150mm이고, 각 기어는 묻힘 키로 축에 고정되고, 기어에 가벼운 충격하중이 작용할 때 중간축의 지름을 구하라.

풀이 축에 작용하는 비틀림 모멘트 T는,

$$T = 716{,}200\frac{H}{N} = 716{,}200 \times \frac{10}{300} = 23{,}900\,\text{kg}\cdot\text{mm}$$

B기어에 작용하는 힘 P_1 은 압력각이 20°이므로,

$$P_1 = \frac{2T}{D_1 \cos\alpha} = \frac{2 \times 23{,}900}{450 \times \cos 20^\circ} = 113\,\text{kg}$$

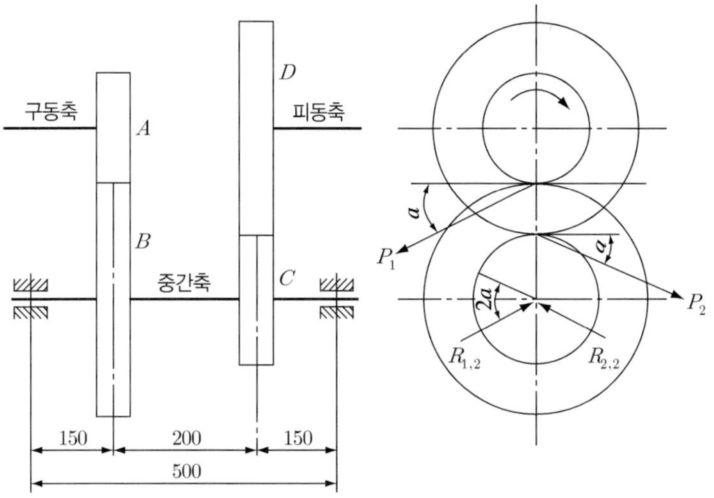

C기어에 작용하는 힘 P_2는,

$$P_2 = \frac{2T}{D_2 \cos\alpha} = \frac{2 \times 23,900}{150 \times \cos 20°} = 339\,\text{kg}$$

이 P_1과 P_2에 의한 굽힘 모멘트를 각각 구하고, 다음에 그 합성 모멘트를 구한다.

즉, P_1에 의한 반력은

왼쪽 지점에 대하여,

$$R_{1.1} = \frac{113 \times 350}{500} = 79\,\text{kg}$$

오른쪽 지점에 대하여,

$$R_{1.2} = 113 - 79 = 34\,\text{kg}$$

P_2에 의한 반력 : 왼쪽 지점에 대하여,

$$R_{2.1} = \frac{339 \times 150}{500} = 102\,\text{kg}$$

오른쪽 지점에 대하여,

$$R_{1.2} = 339 - 102 = 237\,\text{kg}$$

B단면에 작용하는 굽힘 모멘트 M_B는,

P_1에 의하여 $M_{B.1} = R_{1.1} \times 150 = 79 \times 150 = 11,850\,\text{kg} \cdot \text{mm}$

P_2에 의하여 $M_{B.1} = R_{2.1} \times 150 = 102 \times 150 = 11,850\,\text{kg} \cdot \text{mm}$

따라서, 합성 모멘트 M_B는 코사인 법칙에 의하여

$$M_B = \sqrt{M_{B.1}^2 + M_{B.2}^2 - 2M_{B.1}M_{B.2}\cos 2\alpha}$$

$$= \sqrt{11,850^2 + 153,000^2 - 2 \times 11,850 \times 15,300 \times \cos 40°} \fallingdotseq 9,840\,\text{kg} \cdot \text{mm}$$

C단면에 작용하는 굽힘 모멘트 M_C는,

P_1에 의하여 $M_{C.1} = R_{1.2} \times 150 = 34 \times 150 = 5,100\,\text{kg} \cdot \text{mm}$

P_2에 의하여 $M_{C.2} = R_{2.2} \times 150 = 237 \times 150 = 35,600\,\text{kg} \cdot \text{mm}$

따라서, 합성 모멘트 M_C는 마찬가지로 코사인 법칙에 의하여,

$$M_B = \sqrt{M_{C.1}^2 + M_{C.2}^2 - 2M_{C.1}M_{C.2}\cos 2\alpha}$$

$$= \sqrt{5,100^2 + 35,600^2 - 2 \times 5,100 \times 35,600 \times \cos 40°} \fallingdotseq 31,900\,\mathrm{kg \cdot mm}$$

그러므로, 중간축의 최대 굽힘 모멘트는 C단면에 작용하고 그 값 $M = 31,900\,\mathrm{kg \cdot mm}$이다. 인장강도는 $55\mathrm{kg/mm^2}$이고, 비틀림 강도비 $\beta = 0.75$를 고려한 허용 전단응력 τ_a는,

$$\tau_a = 55 \times 0.18 \times 0.75 = 7.4\,\mathrm{kg/mm^2}$$

표 6. 5에서, 동적 효과 계수는 가벼운 충격이 작용하므로, $k_m = 2.0$, $k_t = 1.5$로 하고 $d_o = 0$, $n = 0$으로 한 축 지름은,

$$d = \sqrt[3]{\frac{16}{\pi \tau_a}\sqrt{(k_m M)^2 + (k_t T)^2}}$$

$$= \sqrt[3]{\frac{16}{\pi \times 7.4}\sqrt{(2.0 \times 31,900)^2 + (1.5 \times 23,900)^2}} \fallingdotseq 36.9\,\mathrm{mm}$$

따라서, 표 6. 1의 축 지름 규격표에서 최종적으로 $d = 40\mathrm{mm}$를 선정한다. ■

6.3 축의 강성 설계

축은 강도(strength) 보다 강성(stiffness)이 충분하면, 대부분 강도도 충분하다고 할 수 있으나, 축의 변형량은 강도와는 관계가 없으므로 강성을 고려한 축의 설계에서는, 고가의 재료를 선택할 필요는 없다.

6.3.1 비틀림 강성

축에 비틀림 모멘트가 작용하면 축은 탄성변형으로 어느 각도만큼 비틀어진다. 이 각이 커서 어느 한계를 넘게 되면 진동, 부착된 기어의 파손 등과 같이 동력 전달로 인한 고장이 발생하게 된다. 그러므로, 축의 강도와는 관계없이 비틀림 각에 대한 일정한 규제를 둘 필요가 있다. 그림 6. 9와 같이 l만큼 떨어진 축의 2단면 사이의 비틀림 각을 θ(rad)이라 하고, 축 재료의 가로 탄성계수를 $G(\mathrm{kg/mm^2})$라고 하면,

$$\theta = \frac{32}{\pi d^4} \cdot \frac{Tl}{G} \tag{6. 28}$$

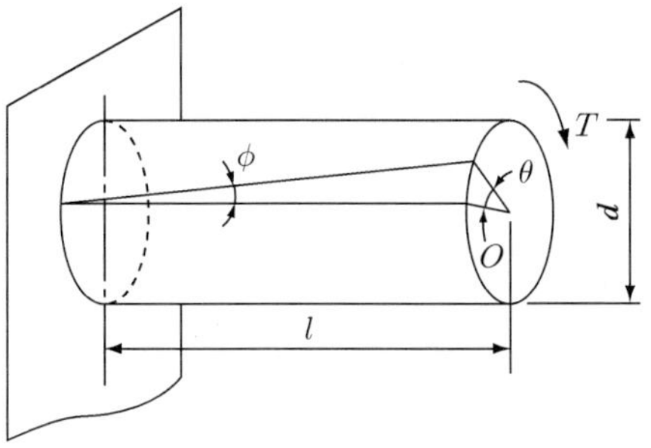

|그림 6.9| 축의 비틀림 모멘트

θ (rad)를 각도(degree)로 나타내면,

$$\theta^{\circ} = \frac{32}{\pi d^4} \cdot \frac{Tl}{G} \cdot \frac{180}{\pi} \fallingdotseq \frac{583.6\,Tl}{Gd^4} \tag{6. 29}$$

보통의 연강에 대한 가로 탄성계수 $G = 8{,}300\,\text{kg/mm}^2$로 잡고, 축의 길이 1m에 대하여 허용할 수 있는 비틀림 각을 $\theta = 0.25°$로 규제한다. 따라서, $T = 716{,}200\frac{H_{ps}}{N}$ 또는 $T = 974{,}000\frac{H_{kw}}{N}$의 관계식을 위의 식 (6. 29)에 의하여 축지름 d를 구하면,

$$d = 120\sqrt[4]{\frac{H_{ps}}{N}} = 130\sqrt[4]{\frac{H_{kw}}{N}}\ (\text{mm}) \tag{6. 30}$$

위의 식을 "바하(Bcch)의 축공식"이라고 한다. 또한, 중공축의 경우에 바하의 축공식을 사용하면,

$$d_o = 120\sqrt[4]{\frac{H_{ps}}{(1-n^4)N}} = 130\sqrt[4]{\frac{H_{kw}}{(1-n^4)N}}\ (\text{mm}) \tag{6. 31}$$

식 (6. 30)은 가로 탄성계수 G의 값에만 좌우되고, 재료의 강도에는 관계가 없다. 또한, 재료의 종류나 열처리에 의한 큰 차이가 없으므로, 비틀림 강도로부터 축을 설계하는 경우에는, 고급 재료나 불필요한 열처리를 할 필요가 없이 0.1~0.4%의 보통 재료로도 충분하다.

또, 축의 지름이 $\frac{H_{ps}}{N} < 1$인 경우에는, 비틀림 강성에 의해 설계를 하고, $\frac{H_{kw}}{N} > 1$인 경우에는, 강도에 의해 설계하는 것이 바람직하다.

예제 6.6

회전수 1,200rpm으로 12PS을 전달하는 전동축의 지름을 구하여라. 단, 축의 강도는 1m에 대하여 0.25°로 제한한다.

풀이 바하의 축공식 (6. 30)에서,

$$d = 120\sqrt[4]{\frac{H_{ps}}{N}} = 120\sqrt[4]{\frac{12}{1,200}} = 40\text{mm}$$

예제 6.7

길이 6m의 중실축에 400kg·mm의 비틀림 모멘트가 작용할 때, 비틀림 각이 전 길이에 대하여 3° 이내로 제한하기 위한 축의 지름을 구하여라. 단, 전단 탄성계수 $G = 8,300\text{kg/mm}^2$이다.

풀이 식 (6. 29)에서,

$\theta^\circ = \frac{32}{\pi d^4} \cdot \frac{Tl}{G} \cdot \frac{180}{\pi}$에서 축지름 d를 구하면,

$$d = \sqrt[4]{\frac{32 \times T \times l \times 180}{\pi G \theta}} = \sqrt[4]{\frac{32 \times 400,000 \times 6,000 \times 180}{\pi \times 8,100 \times 3}} = 87.2$$

따라서, 표 6. 1에서 최종적으로 $d = 90\text{mm}$를 선정한다.

예제 6.8

회전수 180rpm으로 40PS를 전달하는 연강의 중실축의 지름을 구하여라.

풀이 ① 연강에 대하여, $\tau_a = 2.1\text{kg/mm}^2$로 잡으면, 비틀림 강도에 의한 축지름은 식 (6. 9)에서 ($n = 0$, 표 6. 3에서 K값=120 선정)

$$d = 120\sqrt[3]{\frac{H_{ps}}{(1-n^4)N}} = 120\sqrt[3]{\frac{H_{ps}}{N}} = 120\sqrt[3]{\frac{40}{180}} = 72.7\text{mm}$$

표 6. 2에서 $d = 75\text{mm}$로 선정한다.

비틀림 강성에 의한 축지름은 식 (6. 30)에서,

$$d = 120\sqrt[4]{\frac{H_{ps}}{N}} = 120\sqrt[4]{\frac{40}{180}} = 82.4\text{mm}$$

표 6. 1에서 $d = 85\text{mm}$로 선정한다.

② 비틀림 강도에 의한 축지름을 설계할 때 τ_a의 값은 작게 잡는다.

즉, $\tau_a = 1.2$로 잡으면($n = 0$, 표 6. 3에서 K값=144 선정)

$$d = 144\sqrt[3]{\frac{H_{ps}}{N}} = 144\sqrt[3]{\frac{40}{180}} = 87.2\text{mm}$$

표 6. 1에서 $d = 90\text{mm}$로 선정한다.

비틀림 각은 식 (6. 29)에서,

$$\theta° = 583.6 \times \frac{Tl}{Gd^4} = 583.6 \times \frac{716{,}200 \times \frac{40}{180} \times 1{,}000}{8{,}300 \times 90^4} = 0.17°/\mathrm{m}$$

그러므로, $\theta° \leqq 0.25°/\mathrm{m}$을 충분히 만족하므로, $d = 90\,\mathrm{mm}$로 한다.

6.3.2 굽힘 강성

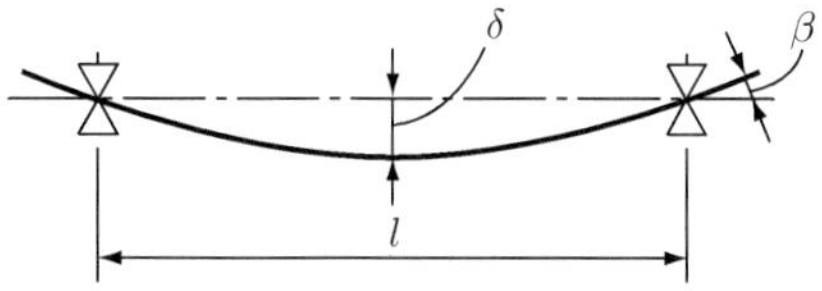

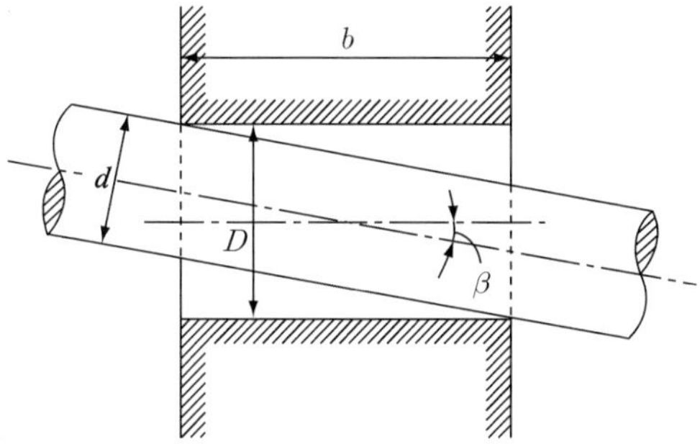

| 그림 6. 10 | 베어링 내의 축의 경사

일반적으로 축에 비틀림 모멘트가 작용하면, 축의 중심선은 처음의 위치에서 아래로 처지게 된다. 그러나, 이 처짐이 어느 정도 이상이 되면, 베어링 내의 압력의 불균일한 분포와 기어의 물림의 불량, 벨트의 장력의 감소 등으로 인한 축의 동력 전달에 악 영향을 미치므로, 축의 처짐에 어느 정도의 제한을 하여 설계하도록 한다. 경사각 β의 제한은 그림 6. 10와 같이, 베어링 내에서의 기울어짐이 베어링의 틈새 범위 안에 있도록 하여야 한다.

지금, 베어링 베어링간의 거리(스팬 : span)가 l인 축의 중앙에 집중하중P가 작용할 때 최대 처짐 δ와 처짐각 β는,

$$\delta = \frac{Pl^3}{48EI}, \quad \beta = \frac{Pl^2}{16EI}$$

위의 식에서, $\frac{\delta}{\beta} = \frac{l}{3}$의 관계가 주어진다.

일반적으로, 전동축에서 최대 처짐각을 $\frac{1}{1,000}$ (rad)이하로 제한하므로,

$$\delta = \beta \frac{l}{3} \leqq \frac{1}{3,000} \tag{6. 32}$$

축 1m에 대해서는, 아래와 같이 제한하게 된다.

$$\delta \leqq \frac{1,000}{3,000} \leqq 0.33\,\mathrm{mm/m} \tag{6. 33}$$

표 6. 7에는, 처짐량 δ의 제한의 예를 나타낸 것이다.

| 표 6.7 | 축의 처짐량 제한량

축의 종류		처짐량 δ(mm/m)
공장 전동축(벨트구동)		$\delta \leqq 0.35$
일반 전동축	균일 분포 하중	$\delta \leqq 0.30$
	중앙 집중 하중	$\delta \leqq 0.33$
터어빈 축	원통형 축	$\delta \leqq 0.26 \sim 0.128$
	원판형 푹	$\delta \leqq 0.128 \sim 0.165$
선반 주축(주측단에서)		$\delta \leqq 0.05 \sim 0.2\,\mathrm{mm/100kg}$
기어축(b : 치폭)		$\delta \leqq 0.005\ /b\,\mathrm{mm}$

6.4 축의 베어링 간 거리

축에서 베어링 간 거리를 작게 하면, 처짐은 작지만 지지베어링의 수가 너무 많아지므로, 축을 가공하는데 어려움이 있다. 일반적으로, 전동축에서 베어링 사이의 거리를 결정하려면, 강도와 강성의 두 가지 조건을 고려한다. 전동축에는 여러 가지 베어링이 설치되어 있으므로, 연속보로 생각하면 양끝 부분은 일단지지 다단 고정보가 되고, 중간 부분은 양단 고정보로 볼 수 있다. 이 축에서 베어링 사이의 거리는, 자중 및 회전체의 무게에 의한 굽힘 모멘트와 허용 굽힘응력으로부터 구할 수 있다.

6.4.1 굽힘 강도에 의한 베어링 사이의 거리

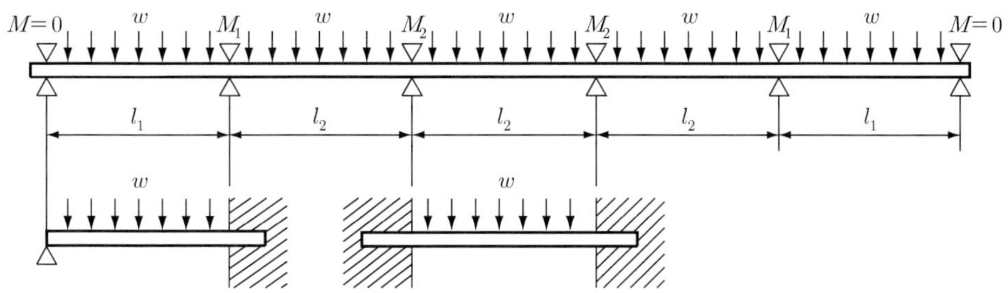

| 그림 6. 11 | 연속보로 가정한 축

그림 6. 11과 같이 연속보의 양끝에 있는 베어링 사이의 거리를 l_1, 가운데 길이가 l_2 일 때, 축에 균일 분포하중 w 가 작용한다면, 축의 무게는 자중의 4~5배로 계산한다. 즉, 비중량 $\gamma = 7.85 \times 10^{-6}$kg/mm^{2}일 때,

$$w = 4 \times \frac{\pi}{4} d^2 \gamma = 4 \times \frac{\pi}{4} \times d^2 \times 7.85 \times 10^{-6} = 2.46 \times 10^{-5} d^2 \text{kg} \tag{6. 34}$$

- 양단부의 축 : $M = \dfrac{w{l_1}^2}{8} = \dfrac{1}{8} \times 2.46 \times 10^{-5} d^2 {l_1}^2 = \dfrac{\pi}{32} d^3 \sigma_b$

- 중간부의 축 : $M = \dfrac{w{l_2}^2}{12} = \dfrac{1}{12} \times 2.46 \times 10^{-5} d^2 {l_2}^2 = \dfrac{\pi}{32} d^3 \sigma_b$

위의 식에서 처짐을 고려하여, $\sigma_b = 3$kg/mm^{2}로 작게 잡으면,

$$\begin{aligned} l_1 &\fallingdotseq 310\sqrt{d} \\ l_2 &\fallingdotseq 380\sqrt{d} \end{aligned} \quad (l_1,\ l_2,\ d : \text{mm}) \tag{6. 35}$$

또, 영국의 Unwin이 제안한 식은 아래와 같다.

$$l = K_2 \sqrt{d} \tag{6. 36}$$

이 식에서 계수 K_2 는 아래의 표 6. 8과 같다.

| 표 6.8 | 계수 K_2의 값

축의 종류	K_2
자중만을 받는 축	285~380
2~3개의 풀리, 기어를 가지는 축	250~280
제조 공장용 축	200~230

6.4.2 굽힘 강성에 의한 베어링 사이의 거리

강성면에 의한 베어링 사이의 거리는 축의 자중 및 가로 하중에 의한 최대 처짐 δ 또는 최대 처짐각 β의 제한으로 정하는데 이때 축에 균일분포하중 w가 작용한다면 축의 최대 처짐각 β는,

$$\beta=\frac{wl^3}{24EI}$$

위의 식에서 $E=2.1\times10^4\text{kg/mm}^2$, $I=\frac{\pi}{64}d^4\text{mm}^4$, $\beta\leqq\frac{1}{1,000}$, $\gamma=7.85\times10^{-6}$ kg/mm^3을 대입하여 최대 베어링 사이의 거리 l을 구하면,

$$\beta=\frac{\pi d^2\times7.85\times10^{-6}\times l^3\times64}{24\times2.1\times10^4\times\pi d^4}\leqq\frac{1}{1,000}\qquad(l,\ d\ :\text{mm})\qquad(6.\ 37)$$

$$l\fallingdotseq100\sqrt[3]{d^2}$$

또한, 안전율을 고려하여 베어링간의 거리를 약간 크게 잡은 독일의 Bamag(社)에서 제안한 식은,

$$l\fallingdotseq110\sqrt[3]{d^2}\quad(l,\ d\ :\text{mm})$$

베어링 사이의 거리는 강도와 강성으로 유도된 위의 식 (6. 35)와 (6. 37)로 축지름을 비교하면, 표 6. 9와 같다.

| 표 6.9 | 베어링 사이의 거리 비교

d(mm)	30	50	100	120
$l\fallingdotseq100\sqrt[3]{d^2}$	965	1357	2154	2433
$l\fallingdotseq310\sqrt{d}$	1698	2192	3100	3396

예제 6.8

지름이 60mm이고, 베어링간 거리가 2m인 전동축이 있다. 축의 자중과 그 밖의 하중의 합 150kg이 균일하게 분포되어 있을 때 베어링간의 거리 를 구하여라.

풀이 최대 굽힘 모멘트 M은,

$$M = \frac{PL}{8} \quad (P = wl)$$

축에 생기는 굽힘응력 σ_b는,

$$\frac{Pl}{8} = \frac{\pi d^3}{32}\sigma_b$$

$$\therefore \sigma_b = \frac{Pl}{8} \times \frac{32}{\pi d^3} = \frac{150 \times 200 \times 32}{8 \times \pi \times 6^3} = 1.77\,\mathrm{kg/mm^2}$$

축 재료가 연강인 경우, 허용 굽힘 응력은 $\sigma_b = 5\,\mathrm{kg/mm^2}$로 정하여도 충분히 안전한 값이다.

이 경우 최대 처짐을 구하면,

$$\delta = \frac{5}{384} \cdot \frac{wl^4}{EI} = \frac{5}{384} \times \frac{150 \times 2{,}000^3}{2.1 \times 10^4 \times 635{,}850} = 1.17/2\,\mathrm{m} = 0.59\,\mathrm{mm/m}$$

여기서, $E = 2.1 \times 10^4$, $I = \frac{\pi d^4}{64} = \frac{\pi}{64} \times 60^4 = 635{,}850$

위의 값이 제한치 보다 크므로, 식 (6. 37)에서 베어링 간의 거리를 구하면,

$$l \leqq 110^3\sqrt{d^2} = 110 \times {}^3\sqrt{60^2} = 1{,}686\,\mathrm{mm}$$

즉, 베어링간의 거리(스팬) 2m는 과다하므로, 베어링간의 거리는 1,686mm보다 작게 설계하여야 한다.

6.5 회전축의 위험 속도

축은 처짐 또는 비틀림 변형이 심하면, 축은 탄성체이므로 탄성변형을 회복(recovery)하려고 하는 에너지를 발생시키며, 이 에너지는 운동 에너지로 되어 축의 원형을 중심으로 하여 일정한 주기로 변형을 반복한다. 더욱이 이 변형의 주기가 축 차체의 비틀림 또는, 처짐의 고유 진동수와 일치하든지, 그 차이가 작을 때에는 공진 현상(resonance)이 생겨서 진동 현상은 더욱 격렬히 일어나고, 진폭은 차차 증대되어 결국에는 파괴에 도달하는데 이 경우의 회전수를 축의 위험속도(critical speed)라고 한다. 축의 상용 회전속도는 이의 위험속도로부터, 적어도 ±20% 떨어지게 하여야 한다. 즉, 1,000rpm이 고유 진동수인 축에서는 상용 회전수는 800rpm 이하로 하든지 또는, 1,200rpm 이상으로 하여야 한다.

축설계에서는 강도뿐만 아니라, 강성을 고려하여 축지름을 결정해야 하지만, 그 외에도 축의 위험속도에 대해서도 반드시 검토할 필요가 있다.

6.5.1 1개의 회전체를 가진 가벼운 축

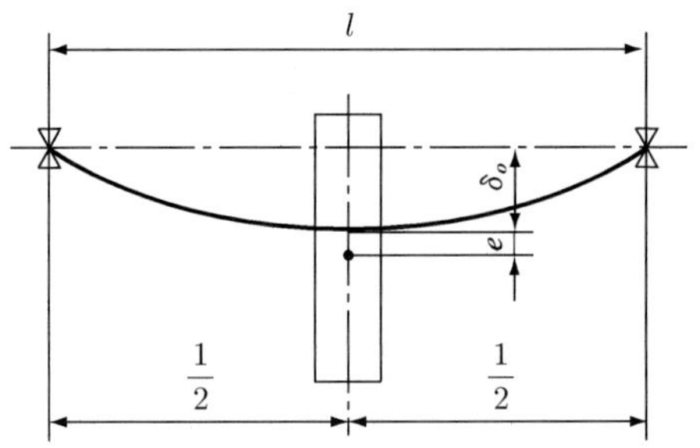

| 그림 6.12 | 1개의 회전체를 가진 축

그림 6.12와 같이 질량 m 인 회전체를 가진 축이 각속도 w 로 회전하여, δ_o 의 처짐이 발생하였다고 하면 원심력 F는,

$$F = m(\delta_o + e)w^2$$

한편, 이 힘 F에 의하여 δ_o 의 처짐을 일으켜서 평행되어 있으므로 "후크(Hooke)의 법칙"에서 $F = k\delta_o$ 이고, 원심력과 복원력은 평행하므로,

$$m(\delta_o + e)w^2 = k\delta_o$$

$$\delta_o = \frac{mw^2 e}{k - mw^2} = \frac{e}{\dfrac{k}{mw^2} - 1}$$

위의 식에서 $e \neq 0$, $k = mw^2$일 때, δ는 무한대가 되므로 축이 파괴된 상태라고 볼 수 있다. 이 때의 각속도를 w_c 라 하면,

$$k = m{w_c}^2$$

$$\therefore w_c = \sqrt{\frac{k}{m}} \qquad (6.38)$$

이 때 $k = \frac{F}{\delta}$ 이고, $m = \frac{F}{g}$ 이므로 이것을 위의 식 (6. 38)에서,

$$w_c = \sqrt{\frac{g}{\delta}} \qquad (6.\ 39)$$

여기서, w_c 는 위험속도(rad/s),

중력의 가속도 $g = 9.8\mathrm{m/s}^2$

위험 속도 N_c(rpm)으로 나타내면,

$$N_c = \frac{60\,w_c}{2\pi} = \frac{30}{\pi}\sqrt{\frac{g}{\delta}} \qquad (6.\ 40)$$

처짐 δ 는 보의 처짐에서 구하며, 축의 하중점 및 지지 조건에 의하여 그 값은 상이한 게 된다.

표 6. 10은 여러 종류 축의 위험속도를 나타내었다.

예제 6.9

베어링간 거리 500mm, 축지름 50mm인 축의 중앙에 집중하중 50kg의 회전체가 설치되어 있다. 축의 자중을 무시할 때 이 축의 제 1 위험속도를 구하라.

풀이 축의 양단이 단순지지로 본다면 축단면 2차 모멘트 I는

$$I = \frac{\pi d^4}{64} = \frac{\pi \times 50^4}{64} = 306641\,\mathrm{mm}^4$$

처짐 δ는

$$\delta = \frac{Wl^3}{48\,EI} = \frac{50 \times 500^3}{48 \times 2.1 \times 10^4 \times 306641} = 0.02\,\mathrm{mm}$$

식 (6. 40)으로부터

$$N_c = \frac{30}{\pi}\sqrt{\frac{g}{\delta}} = \frac{30}{\pi}\sqrt{\frac{9800}{0.02}} = 6688\,\mathrm{rpm}$$

▒

| 표 6.10 | 여러 종류의 축에 대한 위험 속도

$(g = 9.8\text{m/s}^2)$

No	축의 종류	위험 속도
1	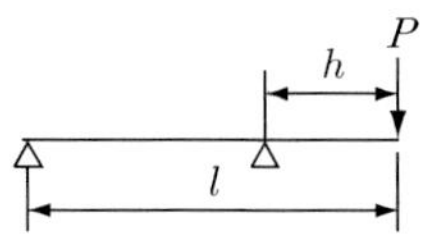	$N_c = \frac{30}{\pi}\sqrt{\frac{3{,}000\,g\,EI}{Pl_1^2 l}}$
2	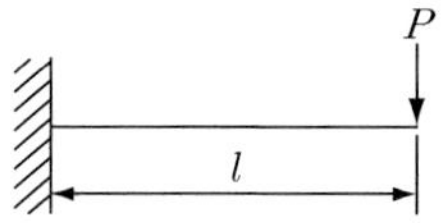	$N_c = \frac{30}{\pi}\sqrt{\frac{3{,}000\,g\,EI}{Pl^3}}$
3	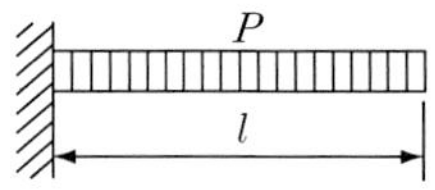	$N_c = \frac{30}{\pi}\sqrt{\frac{12{,}400\,g\,EI}{Pl^3}}$
4	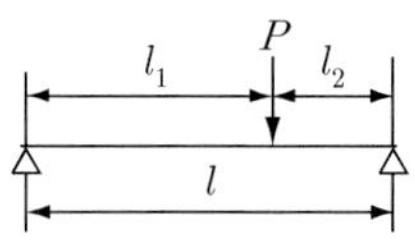	$N_c = \frac{30}{\pi}\sqrt{\frac{3{,}000\,g\,EIl}{Pl_1^2 l_2^2}}$
5	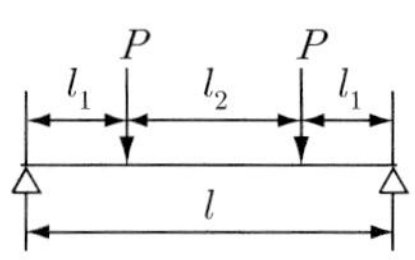	$N_c = \frac{30}{\pi}\sqrt{\frac{6{,}000\,g\,EI}{Pl_1^2(3l-4l_1)}}$
6	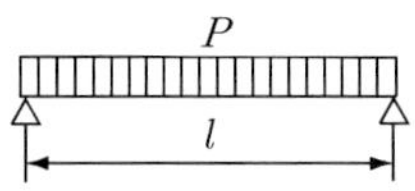	$N_c = \frac{30}{\pi}\sqrt{\frac{98{,}000\,g\,EI}{Pl^3}}$
7	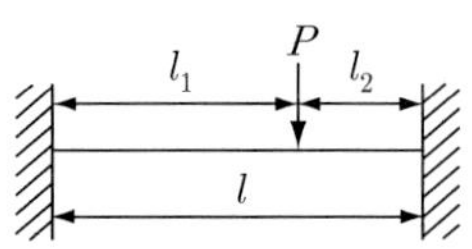	$N_c = \frac{30}{\pi}\sqrt{\frac{3{,}000\,g\,EIl^3}{Pl_1^3 l_2^2}}$
8	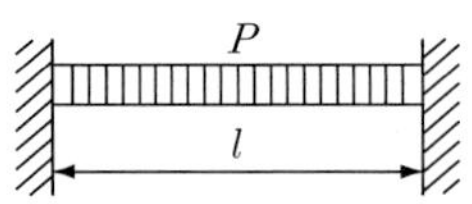	$N_c = \frac{30}{\pi}\frac{\sqrt{502{,}000\,g\,EI}}{Pl^3}$
9	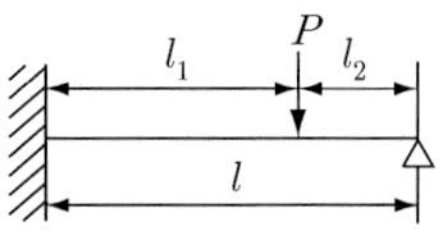	$N_c = \frac{30}{\pi}\sqrt{\frac{12{,}000\,g\,EIl^2}{Pl_1^3 l_2^2(3l+l_2)}}$
10	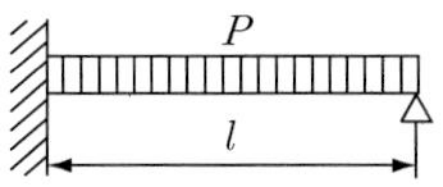	$N_c = \frac{30}{\pi}\sqrt{\frac{237{,}000\,g\,EI}{Pl^3}}$

6.5.2 여러 개의 회전체를 가진 가벼운 축

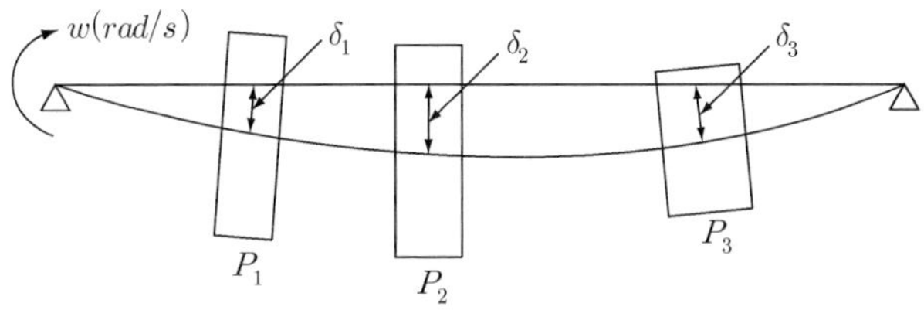

| 그림 6. 13 | 여러 개의 회전체를 가진 축

그림 6. 13과 같이 여러 개의 회전체가 설치된 축의 위험속도는 던커레이 (Dunkerley)의 실험식을 사용한다.

$$\frac{1}{{N_c}^2} = \frac{1}{{N_{co}}^2} + \frac{1}{{N_{c1}}^2} + \frac{1}{{N_{c2}}^2} \cdots \tag{6. 41}$$

여기서, N_c 는 회전체의 위험속도,

N_{co} 는 회전체의 자체의 위험속도,

N_{c1}, N_{c2} 는 각 회전체가 단독으로 설치된 경우의 위험속도

예제 6.10

2개의 회전체가 설치된 연강 축의 위험속도를 구하여라. 단, 풀리 1의 무게는 35kg, 2의 무게는 55kg이고, $l_1 = 750$mm, $l_2 = 1{,}000$mm, $l_3 = 500$, 축지름 $d = 50$mm, 비중량 $\gamma = 0.00786$ kg/cm^{3}이다.

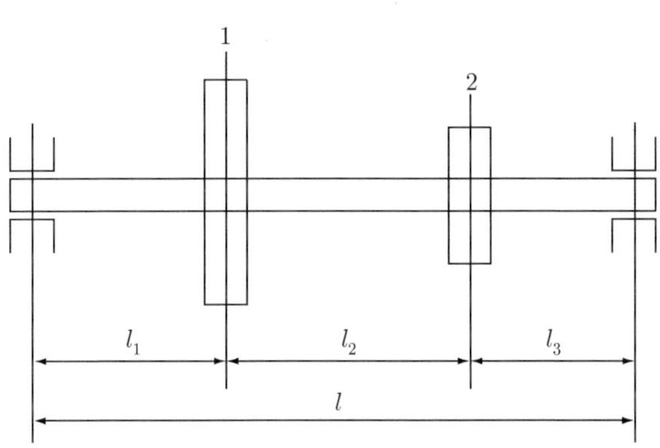

풀이 지름 50mm인 원형축의 단면 2차 모멘트는,

$$I = \frac{\pi}{64} \times d^4 = \frac{\pi}{64} \times 50^4 = 306{,}640\,(\text{mm}^4)$$

축의 자중에 의한 하중을 P라 하면,

$$P=\frac{\pi}{4}\times 5^2\times 225\times 0.00786=34.7\,\text{kg}$$

이 하중에 의한 위험속도 N_{co}는 표 6. 10에서

$$N_{co}=\frac{30}{\pi}\sqrt{\frac{98,000\,gEI}{Pl^3}}$$

$$=\frac{30}{\pi}\sqrt{\frac{98,000\times 9.8\times 2.1\times 10^4\times 306,640}{34.7\times 2,250^3}}=1194.2\,\text{rpm}$$

풀리 1만이 부착된 경우의 위험속도 N_{c1}은,

$$N_{c1}=\frac{30}{\pi}\frac{\sqrt{3,000\,gEIl}}{P_1{l_1}^2(l_2+l_3)^2}$$

$$=\frac{30}{\pi}\sqrt{\frac{3,000\times 9.8\times 2.1\times 10^4\times 2,250\times 306,640}{35\times 750^2\times 1,500^2}}=936.3\,\text{rpm}$$

풀리 2만이 설치된 경우의 위험속도 N_{c2}은,

$$N_{c2}=\frac{30}{\pi}\sqrt{\frac{3,000\,gEIl}{P_2{l_3}^2(l_1+l_2)^2}}$$

$$=\frac{30}{\pi}\sqrt{\frac{3,000\times 9.8\times 2.1\times 10^4\times 2,250\times 306,640}{55\times 1750^2\times 500^2}}=955.4\,\text{rpm}$$

따라서, 이 축의 위험 회전수 N_c는 던커레이(Dunkerley)의 실험식에서

$$\frac{1}{{N_c}^2}=\frac{1}{{N_{co}}^2}+\frac{1}{{N_{c1}}^2}+\frac{1}{{N_{c2}}^2}$$

$$=\frac{1}{1194.2^2}+\frac{1}{936.3^2}+\frac{1}{955.4^2}=0.0000028$$

그러므로, 구하는 위험 속도 N_c

$$N_c=\sqrt{\frac{1}{0.0000028}}=592\,\text{rpm}$$

연습문제

1. 축을 설계할 때 고려해야 할 사항들을 설명하여라.

2. 축의 설계시 노치(notch)와 강도와의 관계를 설명하여라.

3. 비틀림 강도로부터 구한 지름과 비틀림 각의 제한과의 관계를 검토하여라.

4. Bach의 축공식을 유도하여라.

5. 축의 진동에 대하여 설명하여라.

6. 지름 60mm인 중실축과 비틀림 강도가 같고, 무게비가 70%인 중공축을 설계하여라.

7. 400kg · m의 비틀림 모멘트를 받는 중실축의 지름을 구하여라. 단, 축의 허용 전단응력은 $\tau_s = 9\,\text{kg/mm}^2$이다.

8. 지름 90mm의 축에 허용 굽힘 응력 5.3kg/mm^2와 동시에 900kg · m의 비틀림 모멘트를 받을 때, 축 길이 2m에서의 비틀림 각을 구하여라. 단, 전단 탄성계수 $G = 8{,}300\,\text{kg/mm}^2$이다.

9. 길이 4m, 지름 45mm의 강제 축에 550rpm으로 2PS를 전달하고 있을 때 생기는 응력과 축 길이 1m에서 비틀림 각을 구하여라.

10. 그림과 같이 2개의 회전체를 가진 전동축의 위험속도를 구하여라.
단, 풀리 1의 무게는 60kg, 2의 무게는 40kg이고, $l_1 = 200\,\text{mm}$, $l_2 = 500\,\text{mm}$, $l_3 = 300$, 축지름 $d = 60\,\text{mm}$, 비중량 $\gamma = 0.00786\,\text{kg/cm}^3$이다.

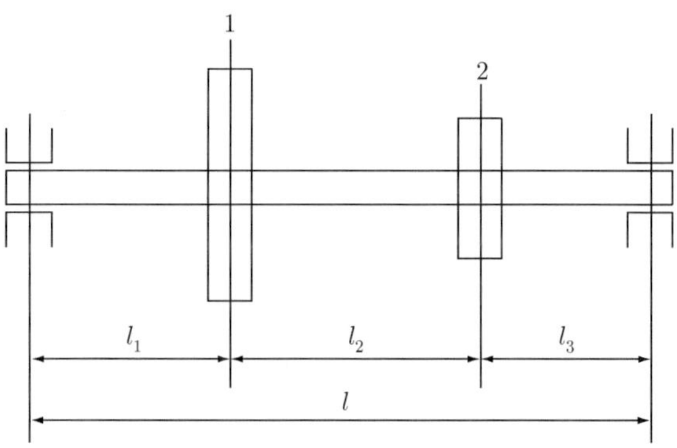

CHAPTER 07

축 이음

구동축(driving shaft)과 종동축(driven shaft)을 연결하여 회전하면서 동력을 전달하는데 사용되는 기계요소를 축이음(shaft coupling)이라 하는데 운전 중에 동력 전달을 차단할 수 없는 커플링(coupling)과 동력 전달을 필요에 따라서 단속할 수 있는 클러치(clutch)가 있다.

7.1 커플링

운전중 절대로 단속할 수 없고 설치한 후에는 분해하지 않으면 연결을 분리시킬 수 없는 축이음으로 두 축의 위치에 따라 분류된다.

7.1.1 고정 커플링

두 축이 동일선 상에 있도록 한 이음으로 축과 커플링은 볼트나 키를 사용하여 결합하며, 2축 사이의 상호 이동이 전혀 없는 구조로 된 고정 커플링(fixed coupling)으로 전달 토크가 큰 곳에 널리 사용되며 원통 커플링과 플랜지 커플링이 있다.

(1) 원통형 커플링(cylindrical coupling)

가장 간단한 구조로서 두 축의 끝을 맞대어 일직선으로 맞추고, 접촉면을 중앙으로 원통의 보스를 끼워 맞춤 하여 마찰력으로 전동하는 커플링으로 축방향의 이동이 없는 종류로 머프 커플링(muff coupling), 마찰원통 커플링(friction clip coupling), 클램프 커플링(clamp coupling), 반겹치기 커플링(half lap coupling), 셀러 원추 커플링(Seller's cone coupling) 등이 있다.

① 머프 커플링(muff coupling) : 그림 7. 1과 같이 주철제의 원통 속에 두 축을 맞대고 키로 고정한 것으로 축 지름과 하중이 아주 작을 경우에 사용되는 가장 간단한 커플링이다. 축에 인장력이 작용하는 경우에는 부적당하며 작업상 안전을 위하여 나무덥게나 양철판으로 안전 커버를 만들어 사용한다. 각부의 치수는 아래와 같다.

- 원통의 길이 : $L = 3d + 35\,\text{mm}$
- 원통의 지름 : $D = 1.8d + 20\,\text{mm}$
- 원통의 살 두께 : $e = 0.4d + 10\,\text{mm}$

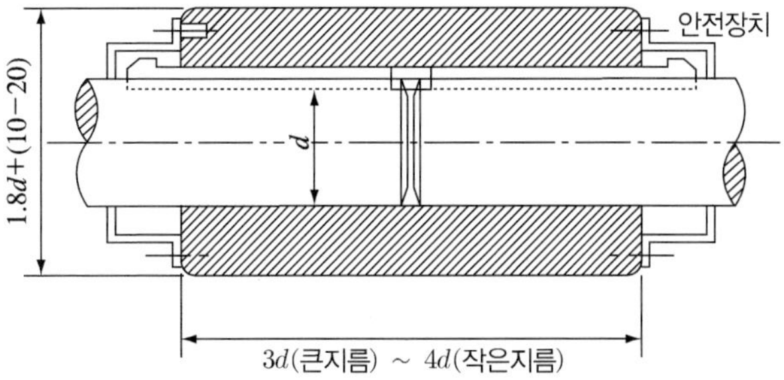

| 그림 7.1 | 머프 커플링

② 마찰원통 커플링(friction clip coupling) : 그림 7. 2와 같이 2개로 분리된 원통의 바깥 둘레를 원추형으로 가공한 주철제의 원통을 양 축단에 끼우고, 그 외부 둘레를 2개의 연강제의 링으로 죈 것이다. 이 축은 분해, 조립이 용이하고 축의 임의의 위치에 고정이 가능하므로, 긴 전동축의 연결에는 적합하지만, 큰 토크 전달에는 부적당하다. 보통 지름이 150mm까지의 축에 사용된다. 각부의 치수는 아래와 같다.

- 큰 지름의 축에 대하여 : $L = 3.3d$, $D = 2.5d$
- 작은 지름의 축에 대하여 : $L = 4d$, $D = 3.7d$

$$\tan\alpha = \frac{1}{10} \sim \frac{1}{30}$$

키를 사용하지 않는 경우에는 원통의 길이 $L = 5d$ 정도로 한다.

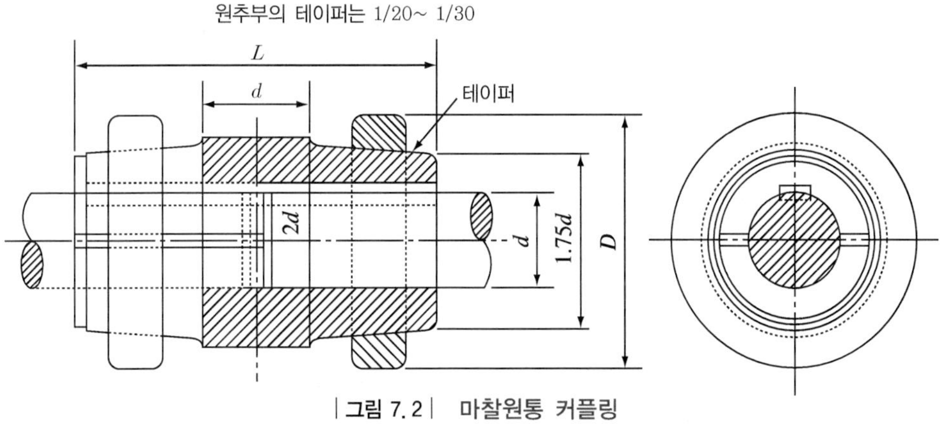

| 그림 7.2 | 마찰원통 커플링

그림 7. 3과 같이 커플링을 볼트로 체결할 때, 원통과 축사이의 접촉압력을 p 라고 하면, 축을 누르는 힘 P는,

$$P=\int_0^{\pi}\frac{d}{2}\cdot d\phi \cdot p\sin\phi\times\frac{L}{2}=\frac{pdL}{2} \tag{7. 1}$$

위의 식에서 커플링의 전체 길이 L 이지만, 한쪽 축에 접촉하는 커플링의 길이는 $\frac{L}{2}$ 이므로, 원통과 축사이의 마찰계수를 μ 라고 하면, 이 커플링의 전달 토크 T는,

$$T=\int_0^{\pi}\frac{d}{2}\cdot d\phi\cdot p\cdot\frac{L}{2}\cdot\mu\cdot\frac{d}{2}=\frac{\mu\pi p d^2 L}{4}=\frac{\mu\pi Pd}{2} \tag{7. 2}$$

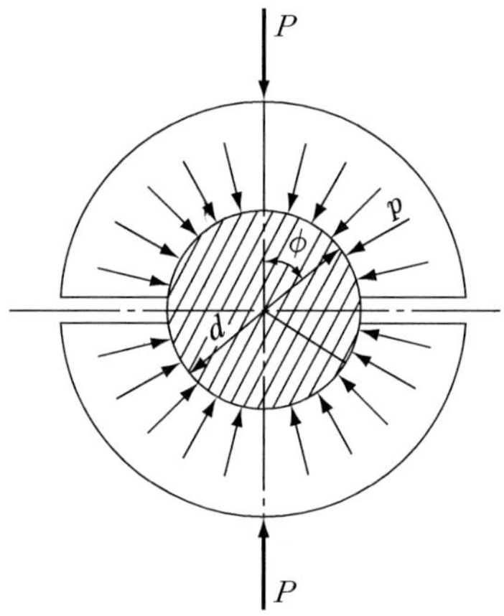

| 그림 7. 3 | 마찰원통 커플링의 비틀림 모멘트

③ **클램프 커플링(clamp coupling)** : 주철 또는 주강으로 만든 2개로 분할된 반원통을 그림 7. 4와 같이 6개의 볼트로 나누어 죄는 형태로 전달 동력이 작으면 볼트만으로 죄고 크면 키를 사용한다. 상하를 분해할 수 있고, 축 자체를 밀어 붙이지 않고 설치할 수 있는 장점이 있다. 일반적으로, 축 지름이 200mm까지 사용하며, 주로 긴 전동축의 연결에 적합하다. 각부의 치수는,

- 원통의 길이 : $L=(3.5\sim5.2)d$
- 원통의 지름 : $D=(2\sim4)d$
- 볼트 사이 거리 : $C=(1.2\sim1.7)d$
- 볼트의 지름 : $\delta=\frac{d}{5}+10\,\text{mm}$

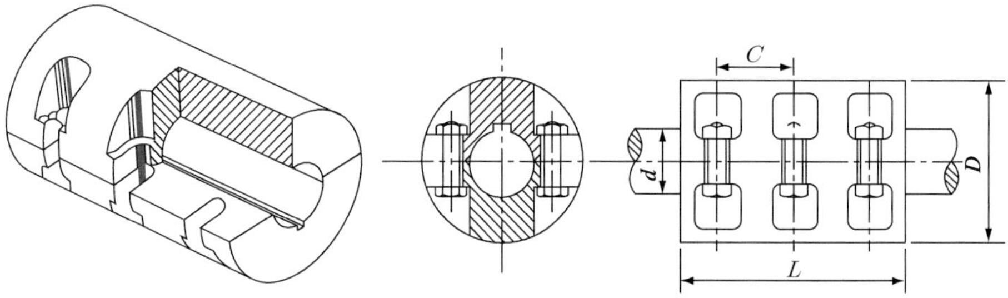

|그림 7.4| 클램프 커플링

볼트로 체결하면, 원통은 축을 죄이고 반대로 볼트에는 인장력이 발생한다. 이로 인해 원통과 축 사이에는 접촉 압력 p가 작용하므로, 축을 죄는 힘 P는,

$$P = \frac{pdL}{2} = \frac{\pi}{4}\delta^2 \sigma_t \cdot \frac{z}{2} \tag{7. 3}$$

여기서, z는 볼트 수,

σ_t는 볼트의 인장 응력

축의 지름 d인 축의 비틀림 강도는,

$$\begin{aligned} T &= \frac{\pi}{16}d^3\tau = \frac{\mu\pi d}{2}\left(\frac{\pi}{4}\delta^2\sigma_t \cdot \frac{z}{2}\right) \\ z &= \frac{\tau d^2}{\mu\pi\sigma_t\delta^2} \end{aligned} \tag{7. 4}$$

④ 반겹치기 커플링(halp lap coupling) : 그림 7. 5와 같이 축의 양끝을 약간 크게하여 기울어지게 중첩시켜서, 키로 고정한 것으로 축 방향에 인장력이 작용하는 경우에 효과적이다. 각부의 치수는 아래와 같다.

- 원통의 길이 : $L = (2 \sim 3)d$
- 원통의 지름 : $D = (1 \sim 1.25)d$

$l = (1.2 \sim 1.7)d$

$B = 0.5d$

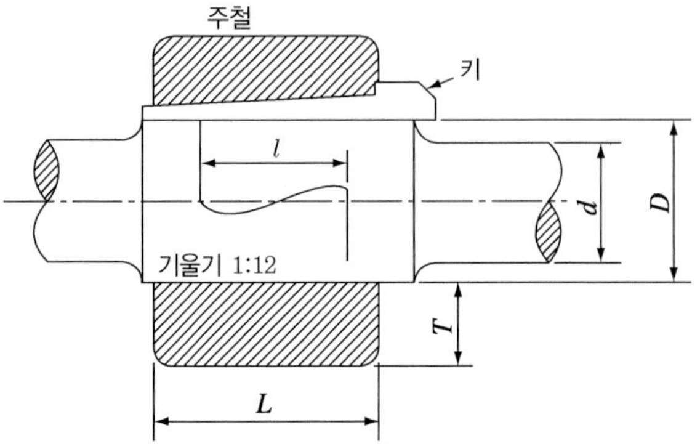

| 그림 7.5 | 반겹치기 커플링

⑤ 셀러 원추 커플링(Sellers coupling) : 머프 커플링을 개량한 것으로, 그림 7. 6과 같이 주철제의 바깥원통은 그 내면이 1/6.5~1/10정도의 기울기의 원추형으로 중앙으로 갈수록 안지름이 가늘게 되어 있다. 이 바깥원통에 2개의 주철제의 원추통을 양쪽에서 박아 3개의 볼트로 죄면 축은 고정된다. 이 축 이음은 연결한 양축의 지름이 다소 달라도 결합할 수 있는 특징이 있고 지름 135mm까지의 축에 사용하는 것이 일반적이다. 각부의 치수는 아래와 같다.

- 원통의 길이 : $L = (3.3 \sim 4)d$
- 원통의 지름 : $D = (2.7 \sim 4)d$
- 원추부의 테이퍼 : 1/7~1/10

또, 이 커플링이 전달할 수 있는 토크 T는,

$$T = z\mu R r_m = z\mu \frac{Q}{\sin\alpha} r_m \tag{7. 5}$$

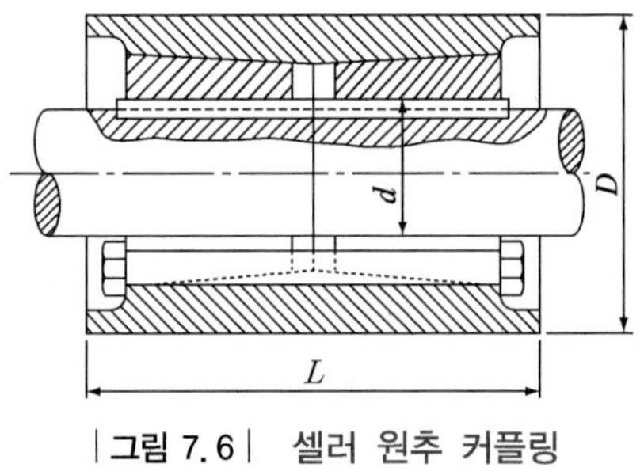

| 그림 7.6 | 셀러 원추 커플링

7.1.2 플랜지 커플링

지름이 큰 축과 고속 회전축에 적당한 커플링으로 일반 기계용으로 많이 사용된다. 그림 7. 7과 같이 축 끝에 플랜지를 키로서 고정하고, 이 플랜지를 서로 맞대어 리머 볼트(reamer bolt)로 고정한 것으로, 동력을 확실하게 전달할 수 있는 대표적인 커플링이다. 일반적으로 지름 200mm 정도까지의 축이음에 사용되며, 축지름이 200m 이상이고, 큰 하중이나 충격이 작용하는 곳에는 축단을 단조(forging)하여, 플랜지를 축과 일체로 만든 단조식 플랜지 커플링(flange coupling)을 사용한다.

플랜지 커플링의 각 부의 치수를 표 7. 1과 표 7. 2에는 플랜지용 볼트에 대한 KS 표준을 나타내었다. 그림 7. 7(b)의 단조식 플랜지 커플링의 규격은 아래와 같다.

- 일반 볼트의 경우에는 $D = d + 3.1\delta + 35\,\mathrm{mm}$, $D_s = d + 1.5\delta + 10\,\mathrm{mm}$, $\delta = C \cdot d$
  볼트 수 $z = 0.013d + 2$, $h = 0.3d + 35\,\mathrm{mm}$

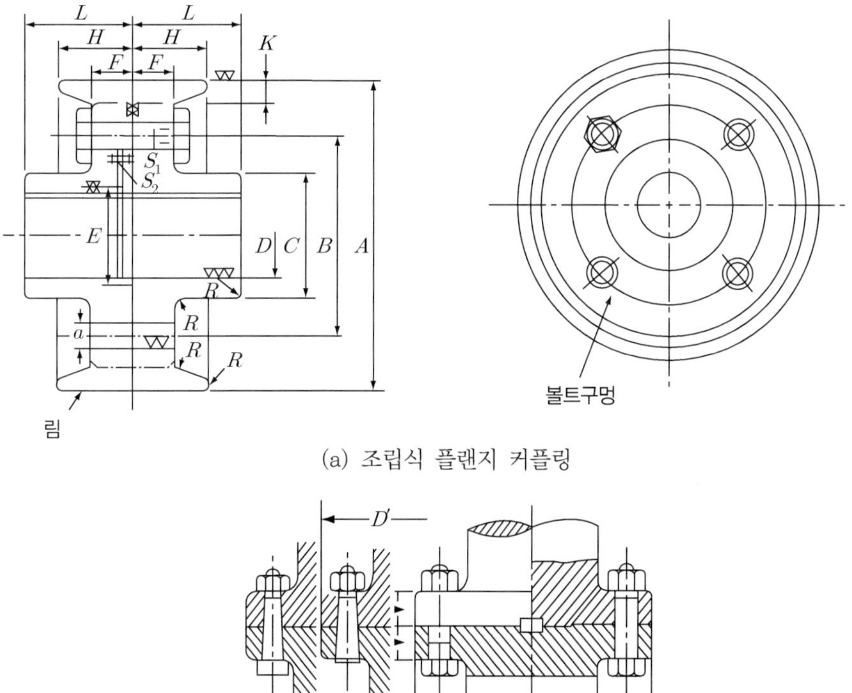

(a) 조립식 플랜지 커플링

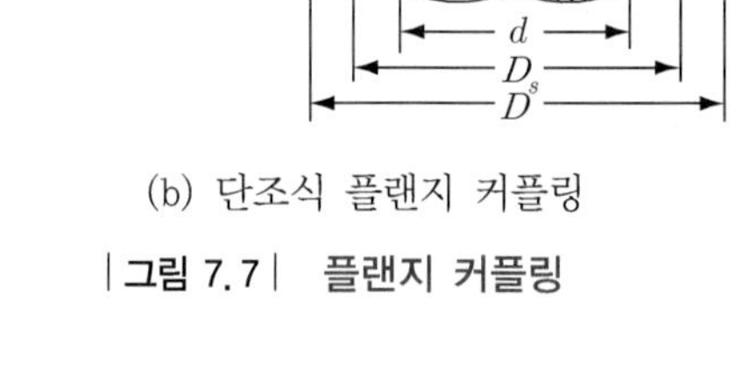

(b) 단조식 플랜지 커플링

|그림 7.7| 플랜지 커플링

• 테이퍼 볼트의 경우에는 $D' = d + 3\delta + 35\ \text{mm}$

양축의 중심을 쉽게 맞추기 위하여, 각 플랜지 면에 동심원으로 요철부를 만들어 이들을 끼운 다음에 볼트로 죈다. 전달 토크는 다음과 같은 여러 가지 경우를 생각할 수 있다.

| 표 7.1 | 플랜지 커플링의 주요치수(KS B 1551)

(단위 : mm)

A 바깥지름	D(H_7) 최대 축구멍 지름	D(H_7) 최소 축구멍 지름	L 보스 길이	C 보스 지름	B 볼트 구멍간의 지름	F 플랜지 두께	H 림의 나비	K 림의 두께	z 볼트 수	δ 볼트 지름	끼움부 E	끼움부 S_2	끼움부 S_1
112	25	16	40	45	75	16	25	4	4	10	40	2	3
125	28	18	45	50	85	18	28	4	4	14	45	2	3
140	35.5	20	50	63	100	18	28	4	6	14	56	2	3
160	45	25	56	80	115	18	28	6	8	14	71	2	3
180	50	28	63	90	132	18	28	6	8	14	80	2	3
200	56	31.5	71	100	145	22.4	40	6	8	16	90	3	4
224	63	35.5	80	112	170	22.4	40	6	8	16	100	3	4
250	71	40	90	125	180	28	50	8	8	20	112	3	4
280	80	50	100	140	200	28	50	8	8	20	125	3	4
315	90	63	112	160	236	28	50	8	10	20	140	3	4
355	100	71	125	180	260	35.5	63	10	8	25	160	3	4

| 표 7.2 | 플랜지 커플링용 볼트의 치수(KS B 1551)

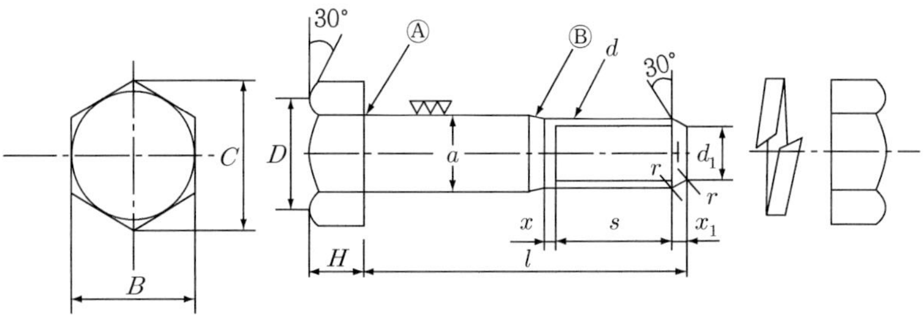

(단위 : mm)

호칭 $a \times l$	나사 호칭 d	a	d_1	s	l	k	γ(약)	H	B	C(약)	D(약)
10×46	M 10	10	7	14	46	2	0.5	7	17	19.0	16.5
14×53	M 12	14	9	16	53	3	0.6	8	19	21.9	18.0
16×67	M 16	16	12	20	67	4	0.8	10	24	27.7	23.0
20×82	M 20	20	15	25	82	4	1.0	13	30	34.6	29.0
22×102	M 24	25	18	27	102	5	1.0	15	36	41.6	34.0

주 Ⓐ부에는 연삭 여유를 두고, Ⓑ부에는 테이터 또는 단붙이로 하여도 좋다.

1. 볼트의 전단저항으로 토크를 전달하는 경우

축의 지름을 d, 축 재료의 허용 전단응력을 τ_s 라고 하면, 축의 전달 토크 T는,

$$T = \frac{\pi}{16} d^3 \tau_s$$

z 개의 볼트의 전단 저항에 의한 커플링의 전달 토크 T'는,

$$T' = \frac{\pi}{4} \delta^2 \tau_b z R$$

여기서, δ는 볼트의 지름,
z는 볼트의 개수,
R는 볼트의 피치원 반지름,
τ_b는 볼트의 허용 전단응력

$T = T'$ 이어야 하므로,

$$\frac{\pi}{16} d^3 \tau_s = \frac{\pi}{4} \delta^2 \tau_b z R$$

$$\delta = 0.5 \sqrt{\frac{d^3 \tau_s}{z R \tau_b}} \qquad (7.6)$$

만약, 축과 볼트의 재료가 같다면 $\tau_s = \tau_b$ 이므로,

$$\delta = 0.5 \sqrt{\frac{d^3}{z R}} \qquad (7.7)$$

2. 플랜지면 사이의 마찰력으로 전달되는 토크의 경우

볼트 한 개가 죄는 힘 Q는,

$$Q = \frac{\pi}{4} \delta^2 \sigma_t$$

플랜지 접촉면의 마찰에 의해서 전달할 수 있는 토크 T'는,

$$T' = \mu Q z R_f$$

여기서, μ는 플랜지 접촉면의 마찰계수,

R_f 는 플랜지 접촉면의 평균 반지름($R_f = R$)

따라서 $T = T'$ 이면,

$$\frac{\pi}{16} d^3 \tau_s = \frac{\pi}{4} \delta^2 \delta_t \mu z R_f \qquad (7.8)$$

일반적으로, 볼트의 수는 축지름이 작은 경우를 제외하고는 보통 짝수로 한다.

3. 플랜지 뿌리 부분의 전단응력으로 토크를 전달하는 경우

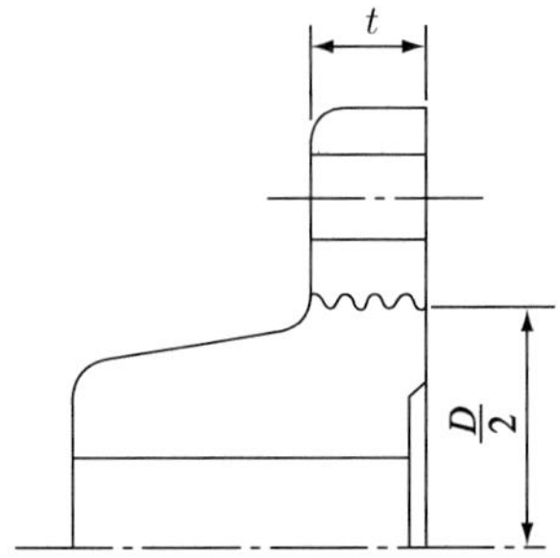

| 그림 7.8 | 플랜지의 두께

그림 7.8과 같이 플랜지 뿌리 부분의 전단응력으로 인한 전달 토크 T' 는,

$$T' = \pi D t \tau_f \frac{D}{2}$$

여기서, D 는 플랜지 허브의 바깥지름,

t 는 플랜지 두께,

τ_f 는 플랜지 재료의 허용 전단 응력

따라서 $T = T'$ 이면,

$$\frac{\pi}{16} d^3 \tau_s = \pi D t \tau_f \frac{D}{2} \qquad (7.9)$$

위의 식에서, 플랜지의 두께 t 을 구할 수 있다.

7.1.3 휨 커플링

두 축의 중심선이 일치하지 않을 경우 또는, 축이 고속회전으로 인한 진동을 완화하여 소음을 줄이고, 베어링에 무리를 주지 않기 위해 주로 사용되는 커플링 이다. 휨 커플링은 고무나 금속판, 스프링 등 탄성이 있는 물체를 중간에 넣어 결합하여 베어링에는 무리가 없고, 충격도 완화시키는 탄성식과 접촉부와의 간격을 넓게 하여 충격과 진동을 완화시키는 간격식이 있는데, 이것은 탄성체를 사용하지 않기 때문에 큰 동력을 전달 할 수 있고, 고속에도 견딜 수 있다.

이러한 상태를 완화시킬 때 사용되는 휨 커플링(flexible coupling)에는 다음과 같은 여러 종류가 있다.

1. 탄성식 커플링

① 벨트 휨 커플링 : 그림 7. 9와 같이 두 축 끝에 고정되어 있는 원판 플랜지의 둘레를 각각 여러 개의 돌기로 되어 있고, 이것에 한 개의 벨트를 지그재그형으로 감고, 좌우 원판을 연결시킨 구조로 되어 있다. 벨트의 인장력으로 전동하고, 장시간 사용하면 벨트의 탄성이 감소되므로 때때로 바꾸어야 하며 비틀림 진동을 방지하고 전기 절연성이 우수하므로, 수력 전동기와 발전기의 커플링으로 많이 사용된다.

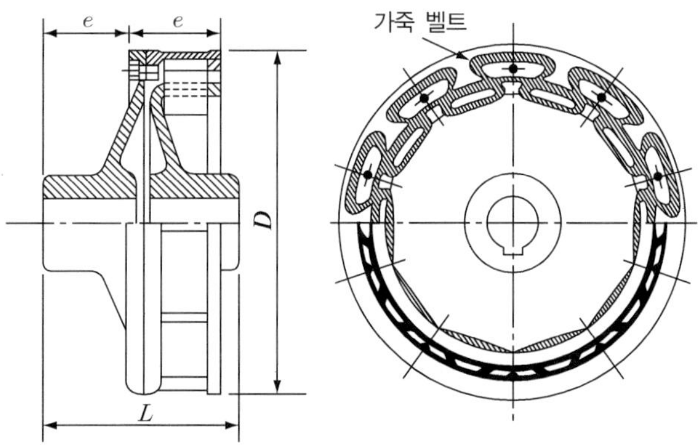

|그림 7. 9| 벨트 휨 커플링

② 압축 스프링 휨 커플링 : 그림 7. 10과 같이 주강의 플랜지 속에 강철로 만든 코일 스프링과 리벳 형상의 스프링 밀기를 중개물로 연결한 것으로 충격과 진동의 완화 작용이 있다.

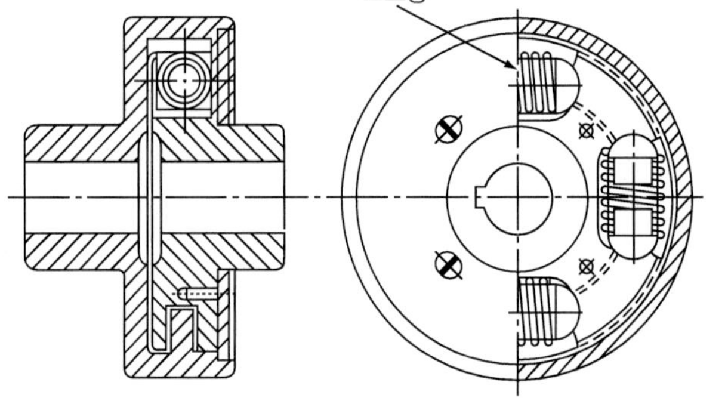

| 그림 7.10 | 압축 스프링 휨 커플링

③ **인장고무 휨 커플링** : 그림 7. 11과 같이 축의 양단에 고정된 축단의 플랜지에 볼트를 부착하고, 체결되는 볼트에 고무 링을 걸어 그 장력에 의하여 회전력을 전달하므로 진동 방지에 효과가 좋아서, 모터와 펌프의 연결에 많이 사용된다.

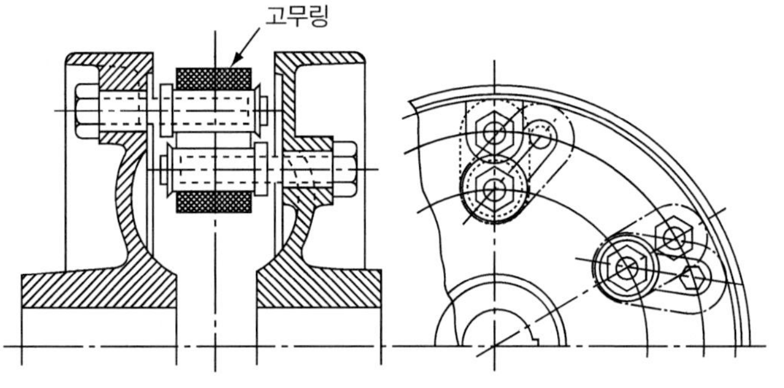

| 그림 7.11 | 안장고무 플렉시블 커플링

지금, 회전 중의 고무 링의 기울기를 α, 고무 링의 수를 z, 고무 링의 인장력을 P, 종동축 플랜지의 볼트의 피치 반지름을 R라 하면, 전달 토크 T는,

$$T = zPR\cos\alpha \qquad (7.10)$$

또, 고무 링의 폭을 b, 두께를 t, 허용 인장응력을 σ_a라 하면,

$$P = 2bt\sigma_a \qquad (7.11)$$

일반적으로, 고무인 경우 허용 인장응력은 $\sigma_a = 0.2 \sim 0.3\,\mathrm{kg/mm^2}$ 정도로 한다.

④ **가죽 휨 커플링과 스틸 휨 커플링** : 가죽 휨 커플링은 그림 7. 12와 같이 플랜지 사이에 가죽 조각을 끼워서 탄성력을 이용한 것이고, 스틸(steel) 휨 커플링은 그림 7. 13과 같이 강철로 된 리본 형상의 스프링을 양축의 돌기부에 지그재그형으로 감아

서 연결한 커플링이다. 이 커플링은 굽힘에 의하여 탄성이 작용하게 되지만, 하중의 크기에 따른 스프링의 지지점의 변화와 스프링 상수가 변한다.

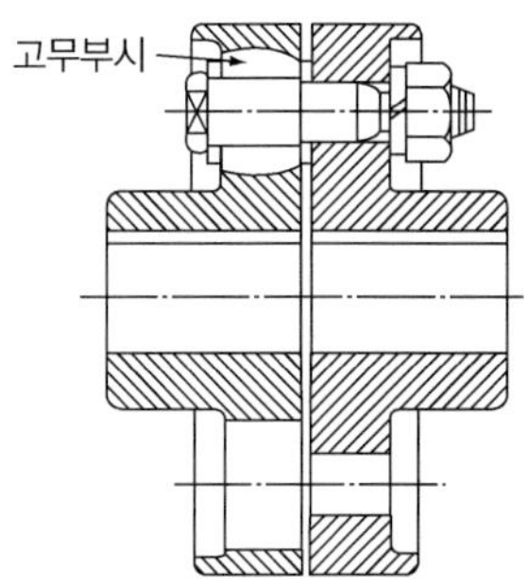

| 그림 7. 12 | 가죽 플렉시블 커플링

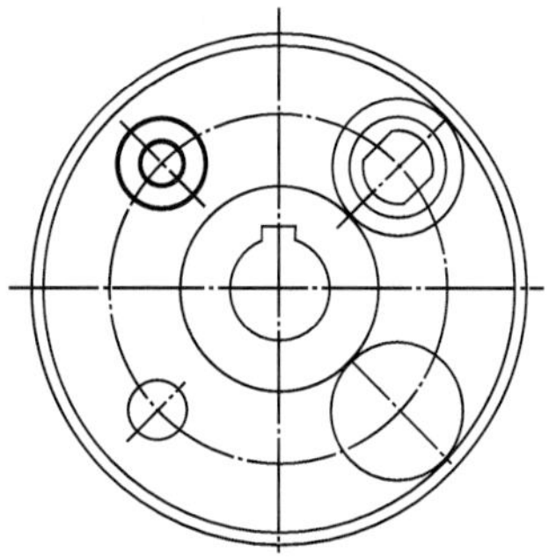

| 그림 7. 13 | 스틸 플렉시블 커플링

2. 간격식 커플링

주로 접촉부의 간격을 넓게 만들어 이것으로 진동과 충격을 완화시키는 커플링으로, 기어 커플링(gear coupling)과 롤러 커플링(roller coupling)이 있다. 기어 커플링은 비교적 큰 토크를 전달할 때 사용되는 것으로 그림 7. 14와 같은 치수의 외측 기어와 내측 기어를 물리게 하여 그 간격으로 진동과 충격을 완화시킨다.

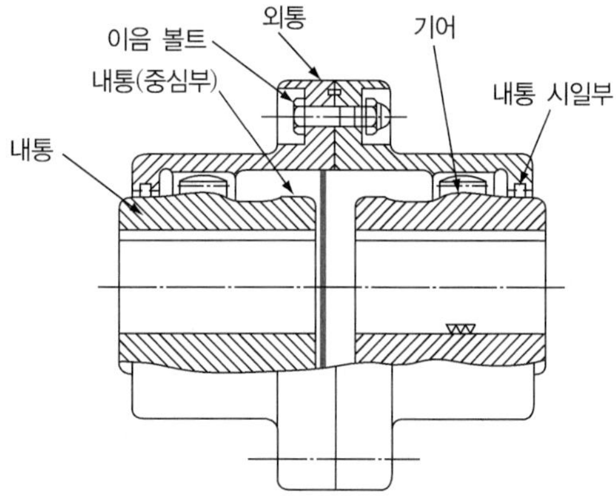

| 그림 7. 14 | 기어 커플링

표 7. 3은 기어 커플링의 성능을 나타내었으며 치형은 인벌류트 곡선이고, 압력각은 20°가 사용된다.

| 표 7.3 | 기어 커플링의 기계적 성능표

축지름 d(mm)	허용 토크 T(kg · m)	허용 회전수 N(rpm)	축지름 d(mm)	허용 토크 T(kg · m)	허용 회전수 N(rpm)
112	1.0×10^3	9,000	355	4.0×10^4	2,800
125	1.5×10^3	8,000	400	5.0×10^4	2,500
140	2.0×10^3	7,100	450	7.0×10^4	2,240
160	3.0×10^3	6,300	500	9.0×10^4	2,000
180	5.0×10^3	5,600	560	1.5×10^5	1,800
200	7.0×10^3	5,000	630	2.0×10^5	1,600
224	9.0×10^3	4,500	710	3.0×10^5	1,400
250	1.5×10^4	4,000	800	5.0×10^5	1,250
280	2.0×10^4	3,550	900	7.0×10^5	1,120
315	3.0×10^4	3,150	1,000	9.0×10^5	1,000

7.1.4 올덤 커플링

두 축이 평행하고, 그 축의 중심선이 약간 어긋나거나 각속도의 변화 없이 회전 동력을 전달시키려고 할 경우에 사용되는 커플링을 올덤 커플링(Oldham's coupling)이라 하고 주로 고속 회전보다는 저속회전에 적당하다. 그림 7.15(b)에서 1개의 원판 ②의 앞 뒤에서 서로 직각방향에 키 모양의 돌기를 만들어 그 돌기에 꼭 맞는 지름방향의 홈이 패여 있는 플랜지 ①과 ③ 사이에 끼워 놓아 그 한쪽의 축을 회전시키면, 중앙의 원판이 홈에 따라서 미끄러지면서 다른 쪽의 축에 회전을 전달시키게 된다.

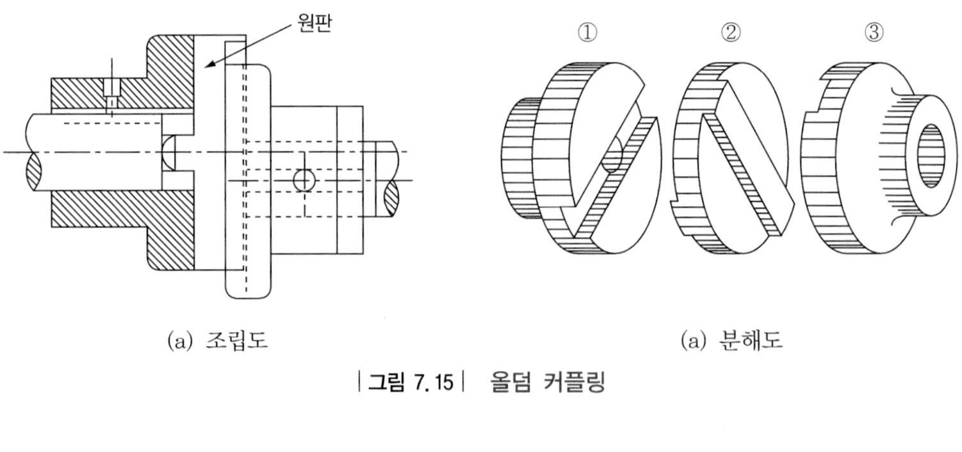

(a) 조립도　　　　(a) 분해도

| 그림 7.15 | 올덤 커플링

7.1.5 유니버설 조인트

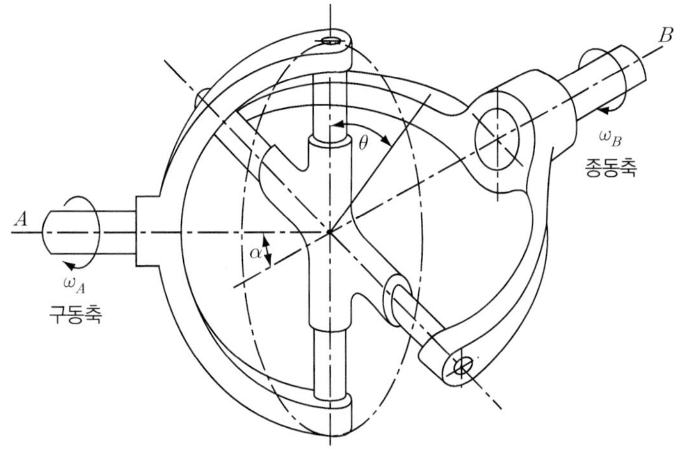

| 그림 7.16 | 유니버설 조인트

일명 “훅 조인트(Hook's joint)”라고 한다. 그림 7. 16과 같이 두 축이 같은 평면 내에 있으면서 그 중심선이 서로 어떤 각도($\alpha = 30°$ 이내)를 이루고 교차하는 경우에서나. 회전 전동 중에 2축을 이루는 각이 변화하여도 사용할 수 있는 구조를 유니버설 조인트(Universal joint)라 하며 구동축 A와 종동축 B의 양끝에 요크(yoke)를 부착하고, 여기에 십자축을 연결하여 회전할 수 있도록 되어 있다. 주로 공작 기계나 자동차, 압연 롤러 등에 사용된다.

위의 그림에서 두 축이 교차하는 각을 α, 구동축의 각속도를 w_A 라고 하면, 구동축의 임의의 회전각 θ 에 있어서의 종동축의 각속도 w_B는,

$$\frac{w_B}{w_A} = \frac{1-\cos\alpha}{1-\sin^2\theta \cdot \sin^2\theta} \tag{7.12}$$

지금 θ 의 여러 가지 값에 대하여, 수동축의 각속도 w_B는 표 7. 4와 같다.

| 표 7.4 | 유니버설 죠인트의 회전각 θ에 대한 각속도 비$\left(\frac{w_B}{w_A}\right)$

$\theta°$	0°	90°	180°	270°	360°
$\frac{w_B}{w_A}$	$\cos\alpha$	$1/\cos\alpha$	$\cos\alpha$	$1/\cos\alpha$	$\cos\alpha$

위 식에서 구동축을 일정한 각속도로 회전시키면, 종동축의 각속도는 그림 7. 17과 같이 주기적으로 변화한다. $\alpha = 15°$의 경우 각속도비의 변화는 거의 없으나, $\alpha = 45°$로 하면 w_B는 w_A의 $\frac{1}{\cos 45°} = 1.414$배에서 $\cos\alpha = 0.707$배까지 변화를 반복하여 회전이 고르지 못한다. 따라서, $\alpha = 30°$ 이하에서 사용하며 특히, $\alpha = 45°$ 이상에서는 사용이 불가능하다.

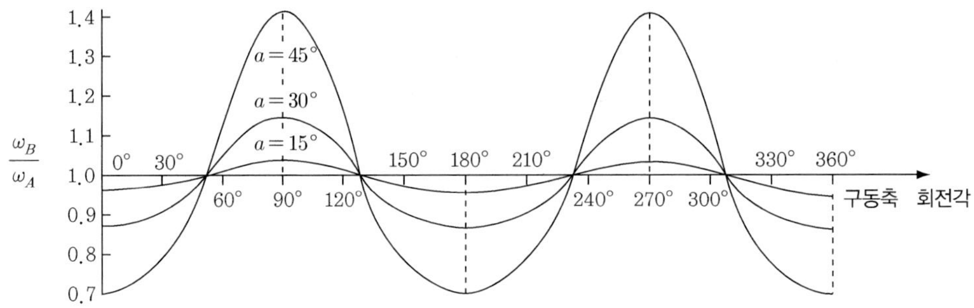

| 그림 7. 17 | 유니버설 죠인트의 종동축과 원동축의 각속도 변화

그림 7. 18과 같이 중간축 C를 양 축간에 설치하여, 각축을 C축의 같은 축은 반대 측에 나오게 하여 같은 경사각 α가 되도록 하면, 각속도비는 항상 1이 된다. 이때, 중간축의 각속도를 w_C라고 하면,

$$\frac{w_C}{w_A} \cdot \frac{w_B}{w_C} = 1$$

이와 같이 연구한 것이 "등각속 유니버설 커플링"이다.

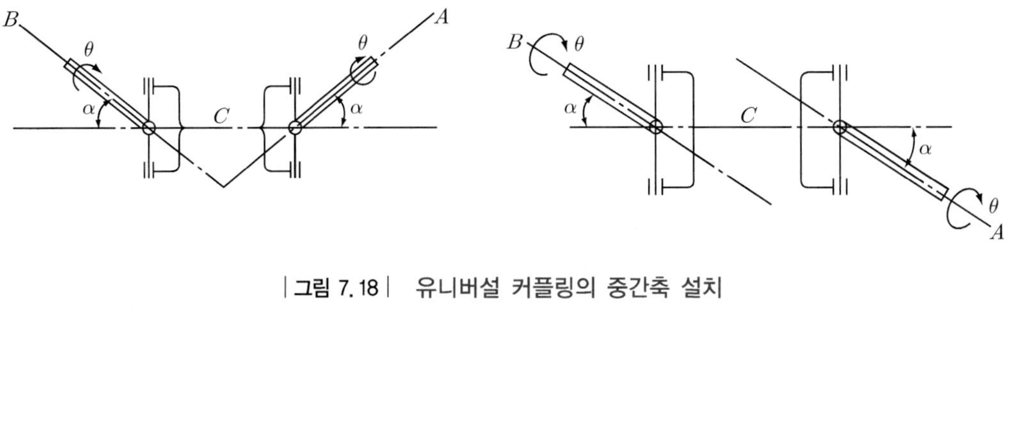

| 그림 7. 18 | 유니버설 커플링의 중간축 설치

예제 7.1

지름 100mm의 축에 사용되는 플랜지 커플링에 25.4mm의 볼트 6개를사용하고, 허용 전달 토크에 대한 플랜지 접촉면의 마찰을 무시하는 경우, 볼트에 생기는 전단 응력과 전달 토크를 플랜지 접촉면의 마찰면으로 전달될 때, 초기 체결력에 의한 인장응력을 각각 구하여라. 단, 볼트 구멍의 피치원 지름은 20mm, 마찰계수는 0.2, 축재료의 허용 전단응력은 1.2kg/mm²이다.

풀이 식 (6. 5)의 $T=\dfrac{\pi}{16}d^3\tau$로부터,

$$T=\frac{\pi\times 100^3\times 1.2}{16}=2.35\,\mathrm{kg/mm^2}$$

z 개의 볼트의 전단 강도에 의한 커플링의 전달 토크 T'는,

$$T'=\frac{\pi}{4}\delta^2\tau_b z R$$

$$\tau_b=\frac{4T'}{\pi\delta^2 zR}=\frac{4\times 2.35\times 10^5}{\pi\times 25.4^2\times 6\times 135}=0.573\,\mathrm{kg/mm^2}$$

식 (7. 8)에서 플랜지 접촉면의 마찰에 의한 전달 토크는,

$$T'=\frac{\pi}{4}\delta^2\delta_t\mu z R_f$$

$$\sigma_b=\frac{4T'}{\pi\delta^2\mu zR_f}=\frac{4\times 2.35\times 10^5}{\pi\times 25.4^2\times 0.2\times 6\times 135}=2.86\,\mathrm{kg/mm^2}$$

예제 7.2

회전수 1,600rpm인 4PS의 원동축과 30°경사진 종동축을 갖는 유니버설 죠인트에서 종동축의 회전수와 축의 지름을 구하여라. 단, 허용 전단응력은 3kg/mm²이다.

풀이 (1) 종동축은 원동축의 회전속도 $\cos\alpha$ 배에서 $1/\cos\alpha$ 배의 사이에서 변동한다. $\cos 30°=0.866$이므로, 종동축의 순간 최저 회전수는 1,600×0.866=1,386rpm 이다.

그러므로, 최고 회전수는,

$$N_{\max}=\frac{N}{\cos\alpha}=\frac{1,600}{0.866}=1,848\,\mathrm{rpm}$$

이때, 토크는 $1/\cos\alpha$ 배에서 $\cos\alpha$ 배의 사이에서 변동한다.

(2) 원동축의 토크는,

$$T=\frac{716,200\,H}{N}=\frac{716,200\times 4}{1,600}=1,790\,\mathrm{kg\cdot mm}$$

종동축의 토크는,

$$T_2=\frac{T}{\cos\alpha}=\frac{1,790}{0.866}=2,070\,\mathrm{kg\cdot mm}$$

따라서, 축의 지름 $d=\sqrt[3]{\dfrac{5.1\,T}{\tau_a}}=\sqrt[3]{\dfrac{5.1\times 2,070}{3}}=15\,\mathrm{mm}$

7.2 클러치

양 축의 연결을 필요에 따라서 단속시킬 수 있는 기계요소가 클러치(clutch)로 두 축에 붙어 있는 돌기의 이(claw)로서 적극적인 연결을 하게 하는 물림 클러치(claw clutch), 밀어 붙였을 때 플랜지 면에 생기는 마찰력에 의해서 회전을 착·탈시키는 마찰 클러치(friction clutch), 유체를 작동 매개체로 하여 구동축의 회전을 종동축에 전달하는 유체 클러치(fluid clutch)가 있다.

7.2.1 물림 클러치

죠(jaw)를 가진 2개의 플랜지로서 구성되며, 맞물림이 견고하여 동력 전달이 확실하다. 표 7. 5와 표7. 6에는 물림 클러치의 주요 치수와 물림 클러치의 맞물린 면의 형상에 따른 종류와 특성을 각각 나타내었다. 그림 7. 19와 같은 물림 클러치의 전달 토크는 주로 톱니의 전단력 및 접촉 면압력에 의하여 구한다.

1. 톱니 뿌리면의 전단저항으로 토크를 전달하는 경우

| 표 7.5 | 물림 클러치의 주요 치수

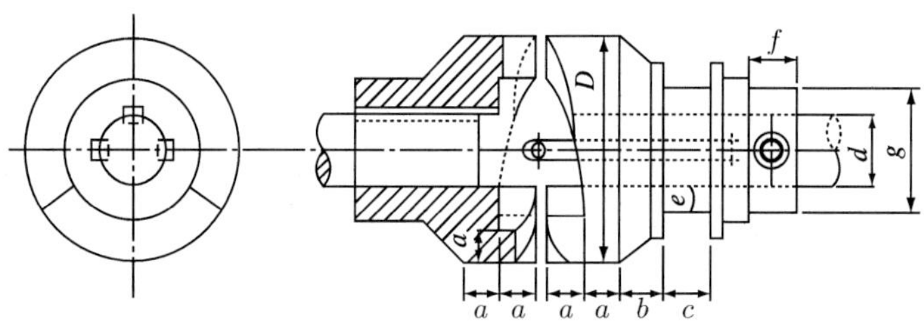

(단위 : mm)

d	40	50	60	70	80	90	100	110	120
D	100	125	150	175	200	225	250	275	300
a	20	23	25	30	35	40	45	50	55
b	40	50	60	70	80	90	100	110	120
c	20	25	30	35	40	45	50	55	60
e	16	18	20	22	24	26	28	30	32
f	30	32	34	36	38	40	42	44	46
g	72	86	100	114	128	142	156	170	186
이의 수	3	3	4	4	4	5	5	6	6

| 표 7.6 | 물림 클러치의 종류와 특징

종 류	모 양	하 중	회전방향
3각형	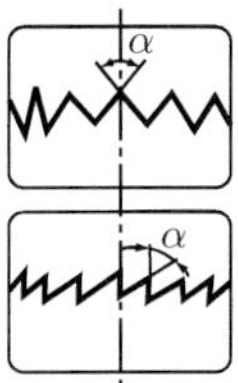	비교적 경하중	회전방향 변화 (양방향)
			회전방향 일정
스파이럴형	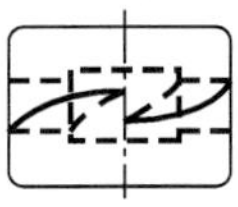	비교적 중하중	회전방향 일정
4각형	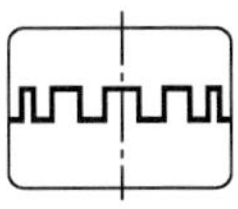	중하중	회전방향 변화 (양방향)
사다리꼴	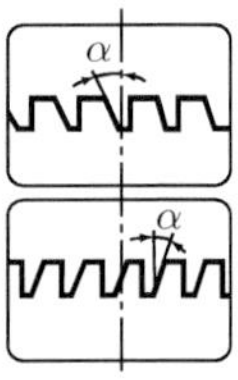	초중하중	회전방향 일정

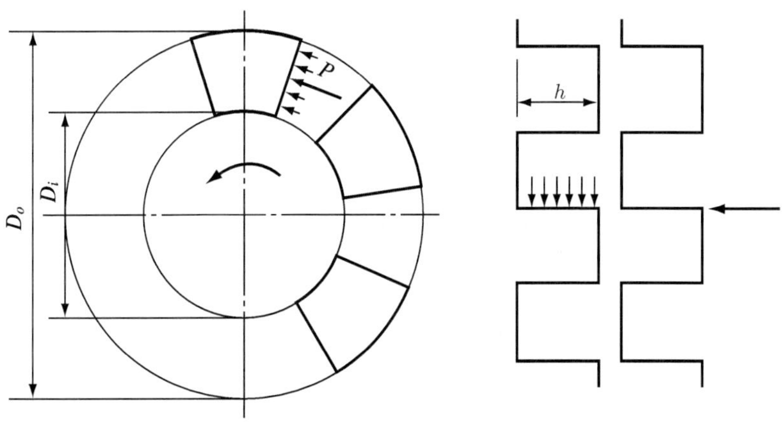

| 그림 7.19 | 물림 클러치

전달 토크 T는,

$$T = z A_1 \tau R_m \tag{7.13}$$

여기서, z는 톱니의 수,

τ는 톱니의 허용 전단응력,

R_m은 톱니 중앙부의 반지름$\left(= \dfrac{D_o + D_i}{4}\right)$,

A는 톱니 뿌리의 면적$\left[= \dfrac{\pi}{8z}({D_o}^2 - {D_i}^2)\right]$

위의 식에서 R_m과 A의 값을 적용하면,

$$T = z A_1 \tau \cdot \frac{D_o + D_i}{4}$$

$$T = \frac{\pi({D_o}^2 - {D_i}^2)({D_i}^2 + {D_o}^2)\tau}{32}$$

2. 톱니 뿌리면 사이의 면압력으로 토크를 전달하는 경우

그림 7.20에서 구동축의 회전에서 톱니가 종동측 톱니에 압력이 작용하여 종동축이 회전한다. 이 때 톱니 접촉 면압력으로 전달할 수 있는 토크 T는,

$$A_2 = (h-c)\,t\,z = (h-c)\frac{(D_o - D_i)z}{2}$$

$$T = A_2 p_m = \frac{({D_o}^2 - {D_i}^2)}{8}(h-c)\,z\,p_m \tag{7.14}$$

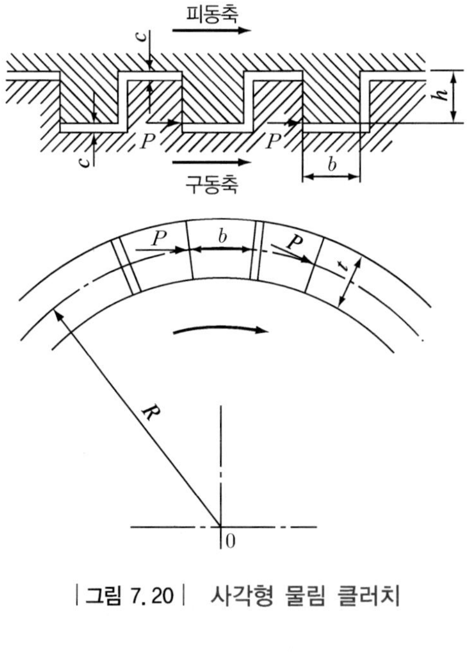

| 그림 7.20 | 사각형 물림 클러치

여기서, p_m 는 톱니 접촉면의 면압력,

A_2 는 톱니의 접촉 면적,

c 는 틈새,

h 는 톱니의 높이,

c 는 생략해도 무방하다.

3. 톱니의 굽힘을 고려하는 경우

톱니에 작용하는 굽힘 하중P는 $T=PR$이므로 P는 톱니의 중앙에 작용하나, 안전을 고려하여 P가 톱니 끝에 작용한다면 톱니에 생기는 굽힘응력 σ_b 는,

$$\sigma_b = \frac{Ph}{zZ} = \frac{Th}{zZR_m} \tag{7. 15}$$

단면 계수 Z는,

$$Z \fallingdotseq \frac{1}{6} \cdot \frac{D_o - D_i}{2} \left[\frac{\pi (D_o + D_i)}{4z} \right]^2 \tag{7. 16}$$

톱니 뿌리에는 전단 응력과 최대 굽힘응력이 동시에 생기므로, 최대 전단 응력설에 의하여 $\tau_{\max} = \frac{1}{2}\sqrt{{\sigma_b}^2 + 4\tau^2}$ 을 구하는데, 이것을 설계응력 이라고 한다.

예제 7.3

회전수 320rpm으로 10PS를 전달하는 연강축에 사용 할 맞물림 클러치의 톱니의 강도를 구하여라. 단, 이는 2개, 이 두께는 15mm이다.

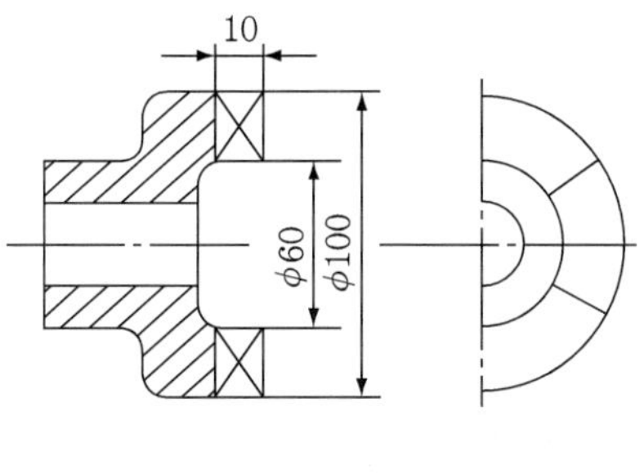

풀이 전달 토크 T는,

$$T = 716,\ 200\frac{H}{N} = 716,\ 200\frac{10}{320} = 22,400\,\text{kg}\cdot\text{mm}$$

톱니 중앙부의 반지름 $R_m = \dfrac{D_o + D_i}{4}$ 이므로, 톱니에 걸리는 접선력 P는,

$$P = \frac{T}{R_m} = \frac{22,400 \times 4}{100+60} = 560\,\text{kg}$$

톱니 뿌리면의 전단 응력 τ는

$$T = z A_1 \tau R_m$$

$$\tau = \frac{T}{z A_1 R_m} = \frac{P}{\frac{\pi}{8}(D_o{}^2 - D_i{}^2)} = \frac{560}{\frac{\pi}{8} \times (100^2 - 60^2)} = 0.22\,\text{kg/mm}^2$$

톱니의 단면계수 Z는

$$Z \fallingdotseq \frac{1}{6} \cdot \frac{D_o - D_i}{2}\left[\frac{\pi(D_o + D_i)}{4z}\right]^2 = \frac{1}{6} \cdot \frac{100-60}{2}\left[\frac{\pi(100+60)}{4 \times 3}\right]^2 = 5,969$$

굽힘 응력 σ_b는

$$\sigma_b = \frac{Ph}{zZ} = 0.31\,\text{kg/mm}^2$$

최대 전단 응력 τ_{max}는,

$$\tau_{max} = \frac{1}{2}\sqrt{\sigma_b{}^2 + 4\tau^2} = \frac{1}{2}\sqrt{0.31^2 + 4 \times 0.22^2} = 0.27\,\text{kg/mm}^2$$

7.2.2 마찰 클러치

구동축과 종동축에 있는 2개의 원판을 서로 밀착시켜, 그 접촉면에서 발생하는 마찰력으로 동력을 전달시킨다. 일반적으로 많이 사용되는 종류로는 원판 클러치(disc clutch), 원추 클러치(cone clutch)가 있다. 마찰 클러치의 일반적인 고장은 마찰면이 마멸 되거나 타서 파손 되는 것으로 밀어 붙이는 힘이 약하게 되어 제대로 기능을 못하는 경우가 있다.

1. 원판 클러치

구동축과 종동축 사이에 마찰판을 1장 또는 여러 장을 설치하여 접촉시켜 그 사이의 마찰에 의하여 전동하는 장치이다. 그림 7. 21은 가장 간단한 원판 클러치인데, 축방향에서 P의 힘으로 밀 때, 마찰면에 생기는 압력 p는,

$$p = \frac{P}{\pi(R_2{}^2 - R_1{}^2)} = \frac{P}{2\pi R_m b} \tag{7. 17}$$

여기서, R_1, R_2는 마찰 원판의 내경 반지름과 외경 반지름,

R_m는 마찰 원판의 평균 반지름,

μ는 마찰면 사이의 마찰계수, b는 마찰면의 폭

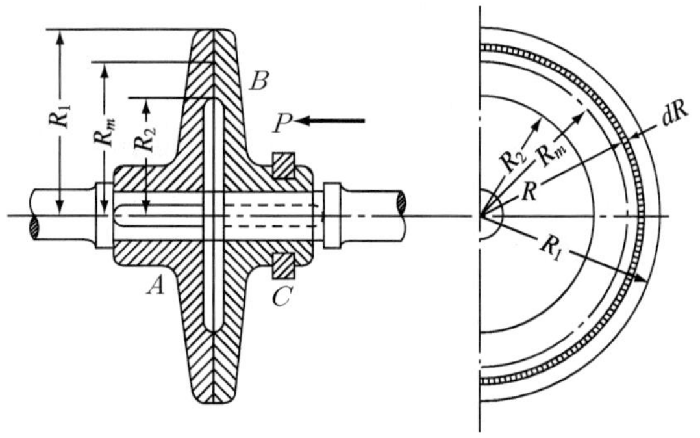

| 그림 7. 21 | 원판 클러치

전달 토크는, 위의 그림7.21의 우측에서 임의의 반지름 R의 위치에 미소 나비를 가진 링 모양의 면적에 압력이 균일하게 작용한다고 하면, 미소 토크 dT를 반지름 R_1에서 R_2까지를 적분하면,

$$T = 2\pi\mu\int_{R_1}^{R_2} pR^2\,dR = \frac{2}{3}\pi\mu({R_2}^3 - {R_1}^3)p \tag{7. 18}$$

위의 식 (7. 17)에서

$$T = \frac{2}{3}\mu\left(\frac{{R_2}^3 - {R_1}^3}{{R_2}^2 - {R_1}^2}\right)P \tag{7. 19}$$

실제로 $R_1 = (0.6 \sim 0.7)R_2$로 설계하므로, 평균 반지름 R_m은,

$$R_m = \frac{R_1 + R_2}{2} \fallingdotseq \frac{2}{3}\left(\frac{{R_2}^3 - {R_1}^3}{{R_2}^2 - {R_1}^2}\right) \tag{7. 20}$$

보통, 일반적으로 아래와 같이 구한다.

$$T = \mu P R_m \tag{7. 21}$$

따라서, 큰 토크를 전달하는 경우에는, 접촉면의 평균 반지름을 크게 하여 접촉면의 속도비를 되도록 작게 하고, 마멸도 균일하게 할 수 있다. 또한, 전달 토크의 크기는 접촉면을 누르는 힘과 접촉면의 재질 사이의 마찰계수에 의하여 변화하지만 접촉 면압력에는 한도가 있다. 표 7. 7에 마찰계수와 허용 면압력을 나타내었다.

| 표 7.7 | 물림 클러치의 마찰계수와 허용 면압력

접촉면의 재질	마찰계수(μ)		허용 면압력 (kg/mm^2)
	건 조	윤 활	
주철과 주철(또는 청동)	0.20	0.10	0.03~0.05
주철과 강	0.30	0.10	0.03~0.04
주철과 가죽	0.50	0.15	0.007~0.0085
철과 석면(또는 화이바)	0.35~0.45	0.25	0.02~0.04
주철과 목재	0.35	0.30	0.018~0.036

2. 원추 클러치

그림 7. 22와 같이 접촉면이 원추형으로 축 방향으로 작은 힘이 작용하여도 쐐기작용에 의해서 큰 접촉압력을 얻을 수 있다. 구동축의 클러치 Ⓐ에 축방향으로 P의 힘으로 밀어 붙여 종동축의 클러치 Ⓑ에 접촉시키면, 접촉된 원추면에 직각 방향으로 Q인 힘이 생긴다. 접촉 원추면의 평균 반지름 R_m과 원추면의 경사각을 α라 하면 전달 토크 T는,

$$T = \mu Q R_m \tag{7. 22}$$

또, P와 Q사이의 관계는,

$$P = Q\sin\alpha + \mu Q\cos\alpha = Q(\sin\alpha + \mu\cos\alpha)$$

$$Q = \frac{P}{\sin\alpha + \mu\cos\alpha}$$

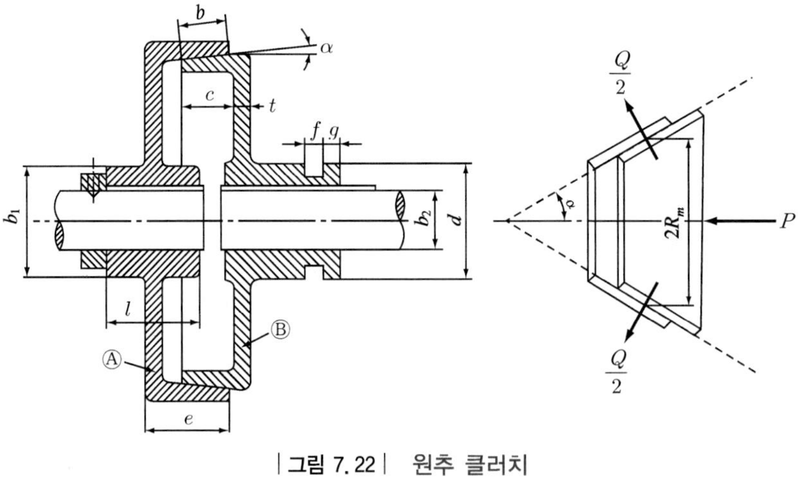

| 그림 7. 22 | 원추 클러치

그러므로, 이 클러치의 전달 토크는 위의 식 (7. 21)을 식 (7. 22)에 의하면,

$$T = \mu Q R_m = \mu R_m \frac{P}{\sin\alpha + \mu\cos\alpha} = \mu' P R_m$$
$$(\text{단, } \mu' = \frac{\mu}{\sin\alpha + \mu\cos\alpha}) \quad (7.\ 23)$$

즉, μ'가 μ보다 크므로, 원추 클러치는 원판 클러치에 비하여 작은 힘으로 큰 동력을 전달할 수 있다. 식 (7. 23)에서 α가 작을수록 큰 토크를 전달할 수 있으나, 너무 작으면 클러치를 밀어 넣을 때 큰 힘의 충격으로 클러치를 분리하기가 어려워지므로 경사각 $\alpha > 20°$로 하는 것이 보통이며, 마찰면의 사용재료에 따라 표 7. 8의 적절한 값을 선택한다.

또, 마찰면의 폭을 b, 마찰면의 평균 면압력을 p라 하면,

$$Q = 2\pi R_m b p$$
$$p = \frac{Q}{2\pi R_m b} = \frac{T}{2\pi \mu R_m{}^2 b} \quad (7.\ 24)$$

마찰 원추면의 큰지름을 D_2, 작은 지름을 D_1라 하면

$$\sin\alpha = \frac{D_2 - D_1}{2b}$$

원추면의 평균 반지름 $R_m = \dfrac{D_2 + D_1}{4}$ 이므로, D_1과 D_2는,

$$D_1 = 2(R_m - \frac{b}{2} sin\alpha) \quad (7.\ 25)$$

$$D_2 = 2(R_m + \frac{b}{2} sin\alpha) \quad (7.\ 26)$$

| 표 7. 8 | 원판 클러치의 경사각 α와 마찰계수

마찰면 재료	경사각	마찰계수
금속과 가죽	10°~13°	0.15~0.20
금속과 석면	11°~14.5°	0.20~0.30
금속과 코르크가 혼합된 금속	8°~12°	0.22~0.30
주철과 주철	8°~12°	0.07이하
주철과 목재	11.5°~14°	0.20~0.30

예제 7.4

회전수 1,200rpm으로 5PS를 원추 클러치로서 전달하려고 한다. 클러치의 재질은 주철제로서 허용 접촉면의 압력 $p=0.035\text{kg/mm}^2$, 마찰면의 평균지름 $D_m=100\text{mm}$라 할 때, 마찰면의 폭 b와 클러치를 밀어붙이는 힘 P를 구하여라. 단, $\mu=0.1$, $\alpha=12°$이다.

풀이 전달 토크 T는,

$$T=716{,}200\times\frac{H}{N}=716{,}200\times\frac{5}{1{,}200}=2{,}984\text{kg}\cdot\text{mm}$$

마찰면의 폭 b는 식 (7. 24)에서, 평균 지름 D_m에 의하여,

$$Q=\pi D_m b p$$

$$\therefore\ b=\frac{Q}{\pi D_m p}$$

$$b=\frac{Q}{\pi D_m p}=\frac{2T}{\pi\mu D_m p}=\frac{2\times 2{,}984}{\pi\times 0.1\times 100^2\times 0.035}=54.3\text{mm}$$

클러치를 밀어붙이는 힘 P는 식 (7. 23)에서 구하면,

$$P=\frac{2T}{\mu D_m}(\sin\alpha+\mu\cos\alpha)$$

$$=\frac{2\times 2{,}984}{0.1\times 100}(\sin 12°+0.1\times\cos 12°)=182\text{kg}$$

7.2.3 유체 클러치

유체 클러치(fluid clutch)는 그림 7. 23과 같이 구동축에 고정된 회전깃를 펌프 임펠러(impeller)라 하고, 종동축에 고정된 회전휠의 터빈 러너(turbine runner)사이에 유체를 충만 시켜, 펌프에서 유체에 에너지를 공급하고 이것을 러너에 흘러보내 터어빈을 회전하게 한다.

이와 같이, 유체의 흐름에 의하여 동력을 전달하므로 구동축의 회전에 불규칙한 진동과 충격이 있거나, 종동축에 걸리는 부하가 변화하든지 충격적으로 가해져도 구동축으로부터 종동축에 전달하는 동력의 변화가 항상 유체에 흡수되기 때문에, 전달 축에 무리한 힘이 생기지 않아 축의 수명이 길고, 운전은 조용하며 고속 회전에서도 효율이 좋은 토크를 전달하므로, 주로 마찰 클러치 대신에 차량 또는 선박 등에 널리 사용된다.

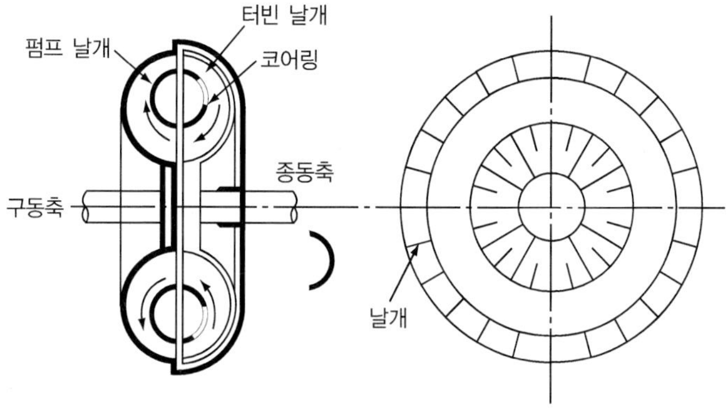

| 그림 7. 23 | 유체 클러치

7.2.4 비역전 클러치와 원심 클러치

비역전 클러치(one way clutch)는 그림 7. 24와 같이 적당한 쐐기모양으로 만들어진 공간 속에 다수의 볼이나 로울러와 같은 전동체를 삽입한 구조로 되어 있고, 구동축에서 한 방향의 회전력만 종동축에 전달되고, 반대 방향의 회전력은 전달할 수 없는 클러치이다.

원심 클러치(centrifugal clutch)는 그림 7. 25와 같이 블록이 스프링에 의해 당겨져 있다가 원동축이 어느 속도이상이 되면, 스프링의 힘을 극복하여 원심력에 블록이 종동축의 케이싱 안쪽면과 접촉하여 생기는 마찰력에 의한 토크를 전달하게 된다.

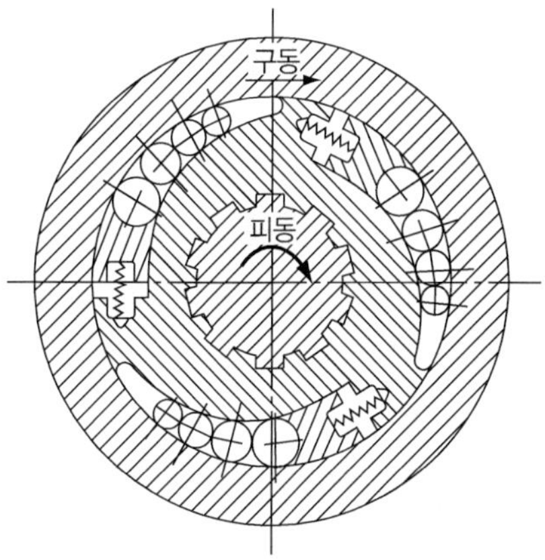

| 그림 7. 24 | 비역전 클러치

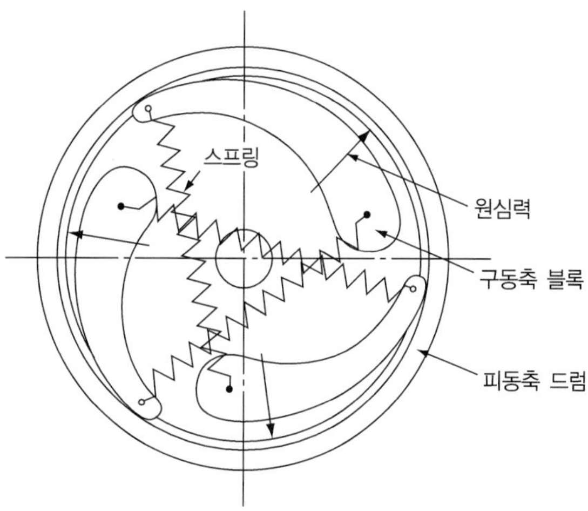

| 그림 7. 25 | 원심 클러치

연습문제

1. 커플링의 종류를 분류하고, 각 특징을 설명하여라.

2. 클러치의 종류와 그 특징을 설명하여라.

3. 유니버설 죠인트의 각속도비와 교차각의 변화를 설명하여라.

4. 원판 클러치의 전달 토크를 구하여라.

5. 유체 클러치의 원리에 대하여 설명하여라.

6. 250rpm으로 85PS를 전달하는 축에 사용한 플랜지 커플링에 지름 22mm의 볼트로 체결한다면, 이때 필요한 볼트의 수를 구하여라. 단, 볼트의 허용 전단응력을 $2.2 kg/mm^2$, 볼트 구멍의 피치원 지름은 240mm.

7. 마찰면의 안지름 60mm, 바깥지름 100mm인 단판 클러치로 1.5PS, 1,500rpm을 전달할 때, 필요한 스러스트를 구하여라. 단, 마찰면의 마찰계수는 $\mu = 0.2$.

8. 클러치 접촉면의 내경이 45mm, 외경이 65mm, 접촉면수가 14의 다판 클러치 1,650rpm으로 4.5kW를 전달한다면, 이 때 누르는 힘을 구하여라. 단, 마찰계수는 $\mu = 0.3$.

9. 마찰면의 수가 6인 다판 클러치에서 마찰면의 안지름이 180mm, 바깥지름이 258mm, 마찰계수 $\mu = 0.2$, 허용 면압력이 $0.02 kg/mm^2$로 할 때, 50PS의 동력을 전달하는데 필요한 회전속도를 구하여라.

10. 접촉면의 평균 반지름 120mm, 접촉면의 나비가 80mm, 원뿔각이 22°의 원뿔 클러치에 생기는 전달 마력과 축 방향으로 밀어붙이는 힘을 구하여라. 단, 마찰계수 $\mu = 0.25$, 접촉 면압력은 $0.02 kg/mm^2$, 회전수는 250rpm.

11. 원판 클러치가 1,100rpm으로 40PS를 전달할 때 구동축의 지름은 40mm, 접촉면 재료의 마찰계수는 0.22, 접촉면의 면압력은 $1.0 kg/cm^2$, 원추면의 경사각을 6°30′, 종동축 재료의 비틀림에 대한 허용 전단 응력은 $500 kg/cm^2$일 때 다음을 구하여라.
    1) 전달 토크
    2) 접촉면의 치수
    3) 종동축의 지름
    4) 클러치를 누르는 힘

CHAPTER 08

베어링

축에 작용하는 하중과 회전축을 지지하는 기능을 하는 기계요소를 베어링(bearing)이라 하며, 베어링으로 지지되어 있는 축 부분을 저널(journal)이라고 한다. 베어링은 그림 8. 1과 같이 축의 내면과의 상대 미끄럼 운동을 하는데, 형식에 의해 면 접촉으로 축을 지지하는 미끄럼 베어링(sliding bearing)과 두 면 사이에 볼(ball) 또는 롤러(roller)와 같은 회전체로 지지하는 구름 베어링(rolling bearing)으로 나눈다. 또, 베어링에는 하중이 축선에 직각방향으로 작용하는 하중을 지지하는 레이디얼 베어링(radial bearing)과 하중이 축선 방향으로 작용하는 하중을 지지하는 스러스트 베어링(thrust bearing)으로 나눈다.

이러한 베어링은 하중에 의한 변형을 작게 하기 위하여 충분한 강도와 강성을 갖고, 구조가 간단하고 보수가 용이하도록 설계하여야 한다.

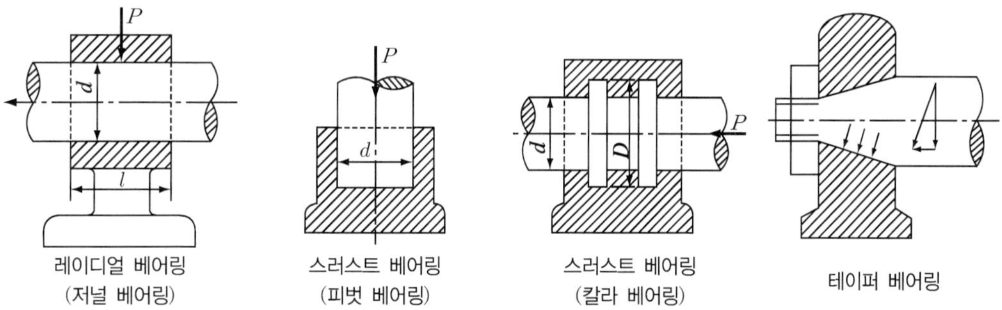

(a) 미끄럼 베어링

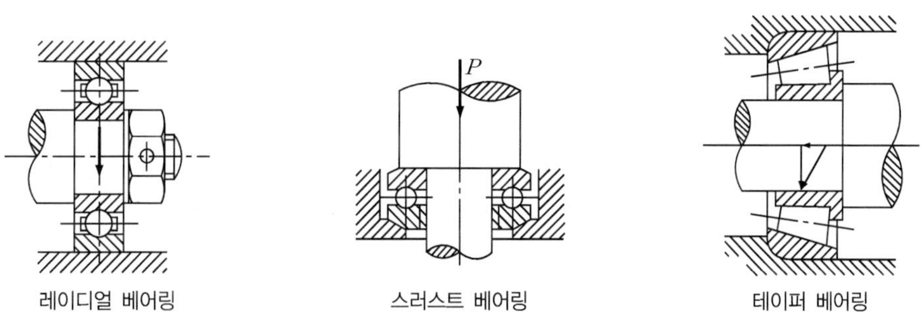

(b) 구름 베어링

| 그림 8.1 | 베어링의 종류

8.1 미끄럼 베어링

미끄럼 베어링은 축의 표면과 베어링 내면사이에 얇은 유막(oil film)을 만들어 상대 미끄럼 운동을 하고 면 접촉을 이루게 되는 데 반지름 방향의 하중을 받는 레이디얼 미끄럼 베어링(radial sliding bearing)과 축방향 하중을 받는 스러스트 미끄럼 베어링(thrust sliding bearing)으로 나누어진다. 미끄럼 베어링 재료의 구비조건은 아래와 같다.

① 열전도율이 좋아야 한다.
② 마찰계수가 적어야 한다.
③ 내식성이 작아야 한다.
④ 면압 강도와 피로 강도가 커야 한다.
⑤ 마모가 적고 내구성이 커야 한다.
⑥ 접촉성이 좋아야 한다.

8.1.1 미끄럼 베어링의 종류

1. 레이디얼 미끄럼 베어링

레이디얼 미끄럼 베어링을 저널 베어링(journal bearing)이라고도 하며, 베어링의 전체를 일체로 만든 단일형 베어링(solid bearing)과 분할할 수 있게 만든 분할형 베어링(split bearing)으로 나눈다.

① 단일형 베어링 : 저속과 경하중일 때 사용하고, 그림 8. 2와 같이 축이 끼워져 있는 부분에 청동 또는 황동으로 만든 부시(bush)가 삽입되어 축을 지지하도록 되어 있으며, 베어링 상부에는 급유구가 붙어있는 나사구멍이 있다.

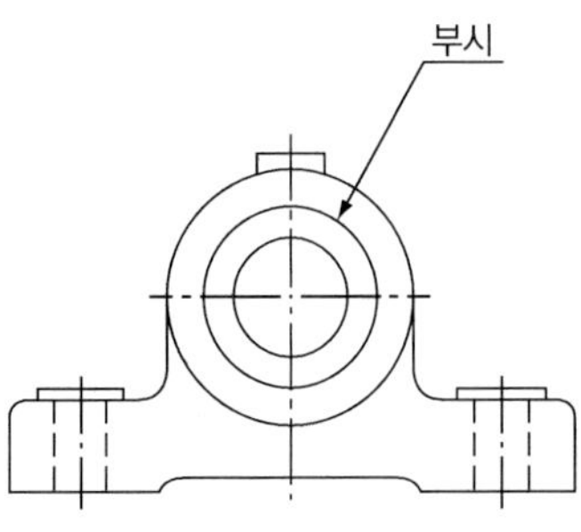

| 그림 8. 2 | 단일형 베어링

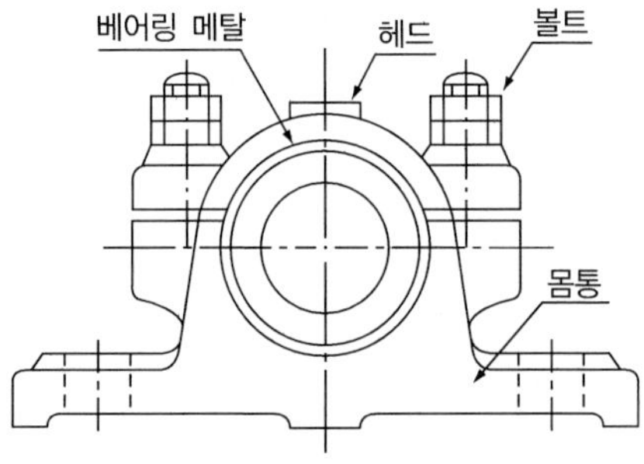

| 그림 8. 3 | 분할형 베어링

② 분할형 베어링 : 그림 8. 3과 같이 본체(body)와 캡(cap)으로 분할된 베어링으로 중하중의 고속용에 사용된다. 이것은 부시의 교환의 불편함을 개선한 것으로, 베어링 전체를 축심을 포함한 면에서 반원통으로 분활하고 원통에는 급유구을 만들고, 분할 면에는 라이너나 또는 실(seal)을 넣어 볼트로서 베어링 본체를 체결한 것이다.

2. 스러스트 미끄럼 베어링

그림 8. 4와 같이 하중을 축 끝으로 지지하는 피봇 베어링(pivot bearing)과 축의 중간에서 지지하는 피봇칼러 베어링(pivot collar bearing)으로 나눈다. 피봇 베어링의 축 단은 청동제 베어링 메탈로 받쳐서 추력을 지지하고, 1개 또는 여러 개의 칼라를 축에 가공되고 그 측면에 추력을 받치는 구조로 되어있다.

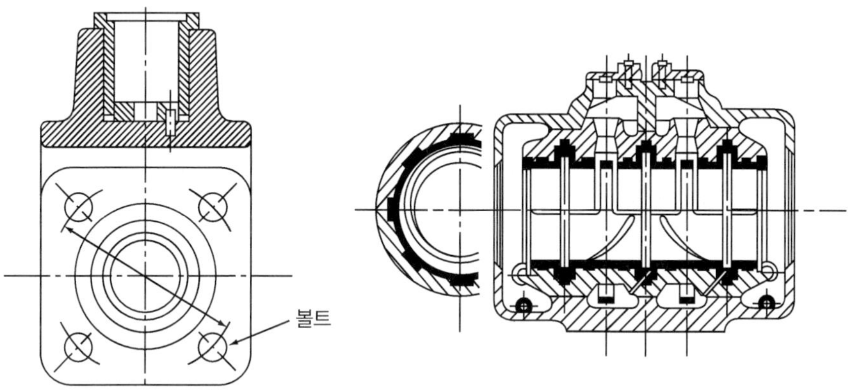

| 그림 8. 4 | 피봇 베어링과 피봇 칼라 베어링

8.1.2 미끄럼 베어링의 설계

1. 레이디얼 베어링의 설계

레이디얼 베어링은 저널을 지지하므로 베어링이 받는 압력, 저널의 강도, 저널과 베어링 사이의 마찰로 인한 마찰력을 고려하여 설계를 해야 한다.

(1) 베어링 압력

저널의 투상 면적마다의 평균압력을 베어링 압력(bearing pressure)이라 하며 저널에 작용하는 하중을 베어링의 유효 투영면적으로 나눈 값으로 베어링 설계에서 가장 기본이 되는 것이다. 베어링 압력이 너무 크면, 베어링과 저널사이의 유막이 파괴되어 완전 윤활을 할 수 없으므로, 적정한 제한이 필요하다. 그림 8. 5의 (a)와 같이 베어링압력은 하중이 작용하는 방향이 최대가 되고, 직각 방향에서는 0이며 베어링의 변형량도 압력 분포에 따라 변하므로 실제 베어링 압력을 구하는 것은 쉽지 않다. 따라서, 베어링 압력은 그림 8. 5의 (b)와 같이 저널의 미소 면적 dA 을 취하고, 여기에 작용하는 하중을 p 라 하면, 베어링에 가해지는 하중 P 는,

$$P = \int_0^{\pi} p\,dA \sin\alpha$$

$dA = l\dfrac{d}{2}d\alpha$ 이므로,

$$P = p\frac{d}{2}l\int_0^{\pi}\sin\alpha\ d\alpha = pdl \qquad (8.\ 1)$$

여기서, l 는 저널의 접촉 나비 d 는 저널의 지름,

dl 는 저널을 하중의 방향에 직각인 평면상에 투상한 투영 면적

위의 식 (8.1)에서 베어링 압력 p 는,

$$p = \frac{P}{dl} \qquad (8.\ 2)$$

미끄럼 베어링 설계에 사용되는 베어링 압력은 허용 베어링 압력(allowable bearing pressure : p_a)으로 축의 회전속도, 축 및 베어링 금속의 종류, 윤활제의 종류 등에 의해 다른

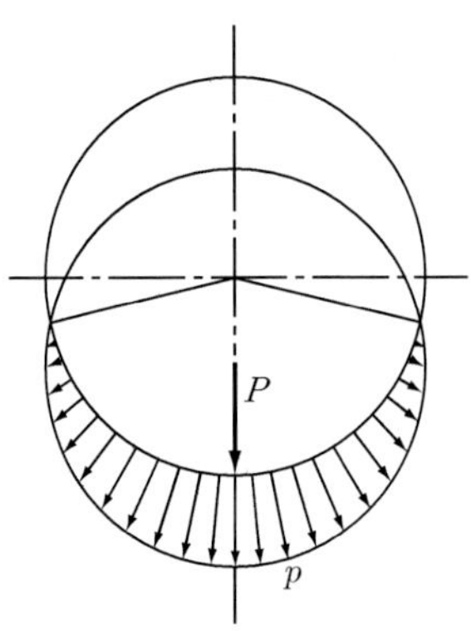

(a) 베어링의 압력분포

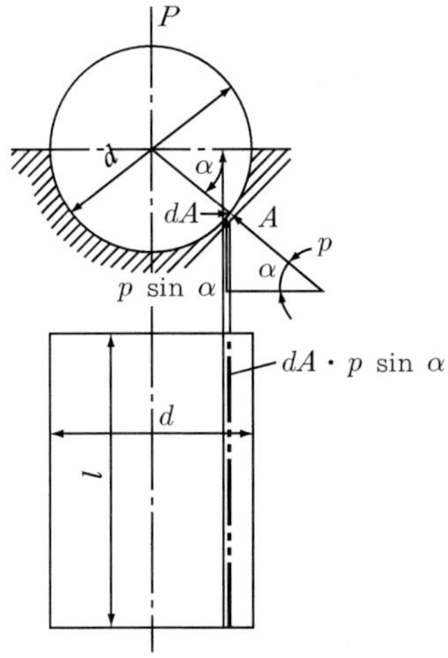

(b) 베어링의 압력

| 그림 8. 5 | 베어링의 압력

데 표 8. 1에 그 표준적인 값을 나타내었다.

| 표 8.1 | 베어링 재료의 허용 베어링 압력

재 료	허용 베어링 압력(p_a : kg/cm^2)
강과 주철	20~30
강과 포금 또는 황동	50
강과 청동	50
담금질하여 연마한 강과 청동	80
강과 화이트 메탈	60(표준), 100(최대)
강과 Pb계 화이트 메탈	35
강과 Sn계 화이트 메탈	60

(2) 레이디얼 저널의 강도

저널은 베어링과 접촉하고 있는 축의 일부분인데 축의 지름에 의해서 그 크기가 결정되므로 강도와 강성에 충분히 견딜 수 있도록 설계하여야 한다.

① 엔드 저널의 설계

이 저널은 축의 지름보다 약간 작게 결정하는 것이 일반적이다. 그림 8. 6과 같이 저널을 외팔보로 생각하고, 베어링 압력이 균일하다고 가정하면, 그 합력이 저널의 중앙에 집중 하중으로 작용하게 된다.

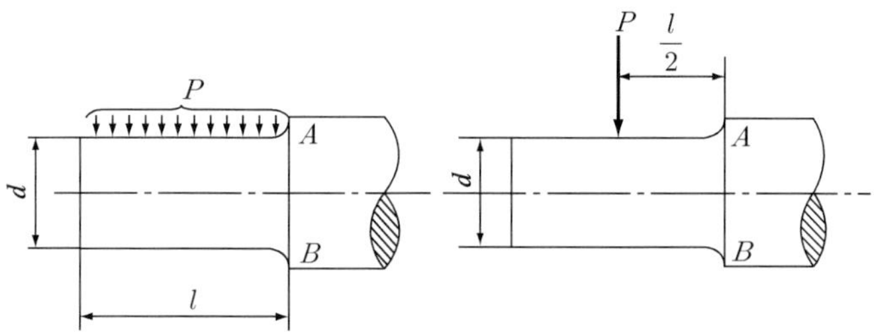

| 그림 8. 6 | 끝 저널의 설계

여기서, 최대 굽힘 모멘트를 M, 단면계수를 Z, 허용 굽힘응력을 σ_b 라 하면,

$$M = \frac{Pl}{2}$$

$$M = \sigma_b Z = \frac{\pi d^3}{32}\sigma_b \tag{8. 3}$$

$$d = \sqrt[3]{\frac{16Pl}{\pi \sigma_b}} \fallingdotseq \sqrt[3]{\frac{5.1Pl}{\sigma_b}}$$

식 (8. 2)을 위의 식 (8. 3)에 의하여

$$\frac{p_a d l^2}{2} = \frac{\pi d^3}{32}\sigma_b \quad (P = p_a d l)$$

$$p_a l^2 = \frac{\pi}{16} d^2 \sigma_b$$

$$(\frac{l}{d})^2 = \frac{\pi}{16} \cdot \frac{\sigma_b}{p_a} \tag{8. 4}$$

$$\frac{l}{d} = \sqrt{\frac{\sigma_b}{5.1 p_a}}$$

여기서, $\frac{l}{d}$ 을 "폭경비"라고 한다.

② 중간 저널의 설계

일반적으로 그림 8. 7과 같이 중간 저널에서는 굽힘 모멘트 M과 비틀림 모멘트 T가 동시에 작용하는 조합응력 상태가 된다. 이 중간 저널을 단순보로 생각하고, 하중이 중앙에 집중하여 작용한다면, 최대 굽힘 모멘트 $M_{\max}$ 는 보의 중앙 단면에 생긴다. 이때, 최대 굽힘 모멘트 $M_{\max}$ 는,

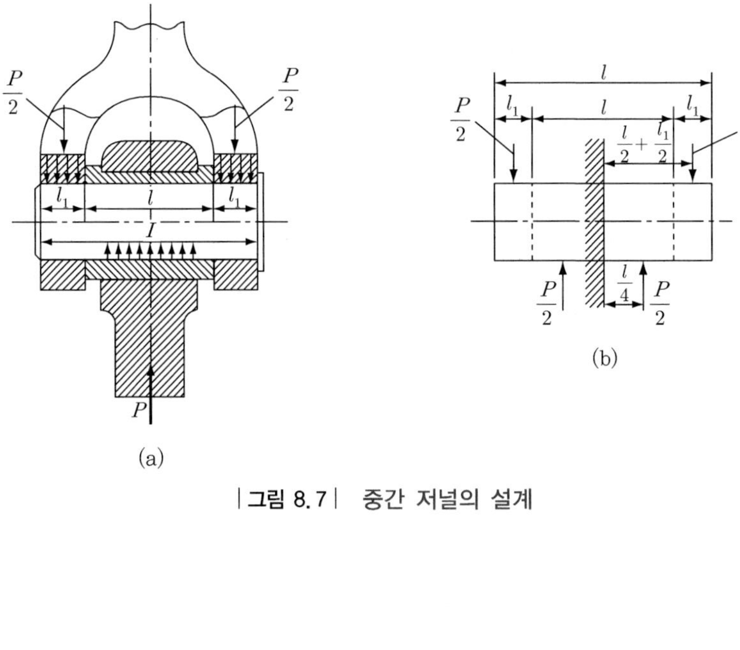

|그림 8.7| 중간 저널의 설계

$$M_{max} = \frac{P}{2}\left(\frac{l}{2}+\frac{l_1}{2}\right) - \frac{P}{2}\cdot\frac{l}{4} = \frac{P}{2}\left(\frac{l}{2}+\frac{l_1}{2}-\frac{l}{4}\right)$$
$$= \frac{P}{2}\cdot\frac{1}{4}(l+2l_1) = \frac{PL}{8}$$
$$\frac{PL}{8} = \frac{\pi d^3}{32}\sigma_b \qquad (8.\ 5)$$
$$d = \sqrt[3]{\frac{4PL}{\pi\sigma_b}} = \sqrt[3]{\frac{1.27PL}{\sigma_b}}$$

여기서, 전 길이 L과 저널 중간부의 길이 l와의 관계는 $L = l + 2l_1 = el$, $e = 1.0 \sim 2.0$, 일반적으로 1.5로 정하므로,

$$d = \sqrt[3]{\frac{1.27ePl}{\sigma_b}} = \sqrt[3]{\frac{1.27\times1.5p_a dl^2}{\sigma_b}}$$
$$\frac{l}{d} = \sqrt[3]{\frac{1}{1.27\times1.5}\cdot\frac{\sigma_b}{p_a}} = \sqrt[3]{\frac{1}{1.91}\cdot\frac{\sigma_b}{p_a}} \qquad (8.\ 6)$$

실제의 설계에서는 l/d의 비가 커지면, 축이 굽을 때 베어링 끝에 압력이 집중되어 유막이 파괴될 염려가 있다. 또, l/d가 작아지면, 윤활유의 누설이 현저하여 유막 압력이 저하하고, 부하능력이 감소한다. 경험적으로 폭경비는 $l/d = 0.6 \sim 2.0$ 이상, 보통 하중의 경우는 $l/d = 1.0 \sim 1.5$가 많이 사용된다. 그림 8. 8은 중간 저널의 l/d와 p와의 관계를 나타내었다.

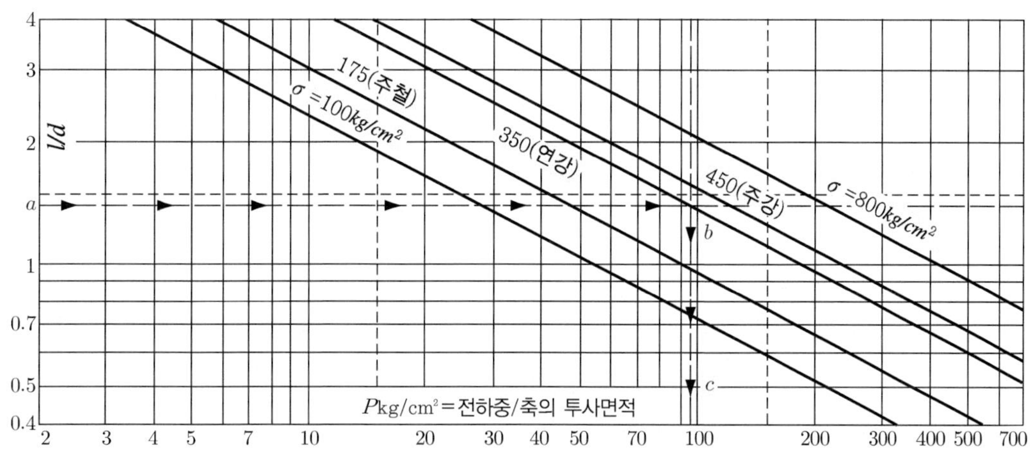

| 그림 8. 8 | 중간 저널의 l/d와 p와의 관계

(3) 마찰열

베어링에서 열의 발생은 주로 베어링과 저널사이에서 발생하는데, 온도가 상승되어 베어링이 타서 붙는 현상이 발생하므로 베어링의 온도를 일정하게 유지하기 위한 재료의 선택뿐만 아니라, 설계 면에서도 충분한 고려를 해야한다.

레이디얼 베어링에서 레이디얼 하중을 P(kg), 저널의 원주속도를 v(m/s), 마찰계수를 μ라 하면, 단위 시간의 마찰일(frictional work) W_f은,

$$W_f = \mu P v \, (\text{kg} \cdot \text{m/s}) \tag{8. 7}$$

이 마찰일은 전부 마찰열로 되어 동력의 손실을 가져오므로, 마찰일에 의한 동력 손실 H_f는,

$$H_f = \frac{\mu P v}{75} \, (\text{PS}) \text{ 또는, } H_f = \frac{\mu P v}{102} \, (\text{kW}) \tag{8. 8}$$

여기서, 1kcal=427kg・m이므로 단위 시간에 발생하는 마찰열(friction heat) Q는,

$$Q = \frac{\mu P v}{427} \, (\text{kcal/s}) \tag{8. 9}$$

위의 식에서 마찰열은 베어링의 온도를 상승시키나 저널과 베어링에서 전도 또는 복사에 의하여 타서 없어지므로, 발생하는 마찰열과 타서 없어지는 열이 양적으로 같으면 어떤 안정된 온도가 된다. 그러나, 타서 없어지는 열량이 적으면, 열이 점차 축적되어 온도가 높아지고, 심한 고장이 발생하므로 이런 위험성이 없도록, 열전도를 우선적으로 고려하여 안전하도록 설계해야 한다.

지금, 발생 열량이 베어링 면적($l \times d$)에 비례한다면, 저널의 단위 투상면적 마다의 마찰일(또는, 발생열량) w_f를 제한하여야 하는 데 이 때 w_f는,

$$w_f = \frac{W_f}{dl} = \frac{\mu P v}{dl} = \mu p v \tag{8. 10}$$

위의 식에서 pv 값을 "발열계수" 또는, "최대 허용 압력속도 계수"라고 한다. 각종 베어링에서 pv 값의 허용값를 표 8. 2에 나타내었다.

베어링의 과열을 막기 위하여 pv 값은 표 8. 2에서 선정하고, 식 (8. 2)의 p와 미끄럼 속도 $v = \dfrac{\pi d N}{1{,}000 \times 60}$(m/s)에서 안전속도를 보증할 수 있는 저널의 길이 l을 구하고 pv의 제한값으로부터, 베어링의 나비를 결정할 수 있다.

|표 8.2| pv값의 허용값(발열계수)

용 도	pv(kg/mm^2 · m/s)
증기 기관의 메인 베어링	15~20
내연기관의 화이트 메탈 베어링	≥30
내연기관의 건메탈 베어링	≥25
선박의 메어링	30~40
전동축 베어링	10~20
왕복기계의 크랭크 핀 베어링	25~35
화이트 메탈을 함유한 크랭크축 베어링	50
선박용 기관의 크랭크 핀 베어링	50~70
철도 차량 차축 베어링	50
기관차의 차축 베어링	65

$$pv = \frac{P}{dl} \cdot \frac{\pi DN}{60 \times 1{,}000} = \frac{\pi}{60{,}000} \cdot \frac{PN}{l}$$

$$\therefore \; l = \frac{\pi}{60{,}000} \cdot \frac{PN}{pv} = \frac{PN}{19{,}000\,pv} \tag{8. 11}$$

위의 마찰열이 베어링의 표면을 통해 공기로 방산되는 것을 자연방열이라고 하면, 베어링의 평균 온도상태에서의 마찰 발열량 H는,

$$H = CA(t_b - t_a) \tag{8. 12}$$

여기서 A는 방열 면적 (소형베어링 : 투영면적의 10~15배, 대형베어링 : 투명베어링의 18~25배(m^2))

t_b는 베어링 하우징의 표면 온도(℃) t_a는 공기의 온도(℃)

또, C는 냉각 계수 또는 자연 방열계수로서, 그림 8. 9에서 구한다.

저널의 단위 투상 면적마다의 방열열량 q_b은 "Pederson의 실험식"에 의해 구할 수 있다.

$$q_b = \frac{(t_b - t_a + 18.3)^2}{K} \tag{8. 13}$$

여기서, 계수 K의 값은 표 8. 3에 나타내었다.

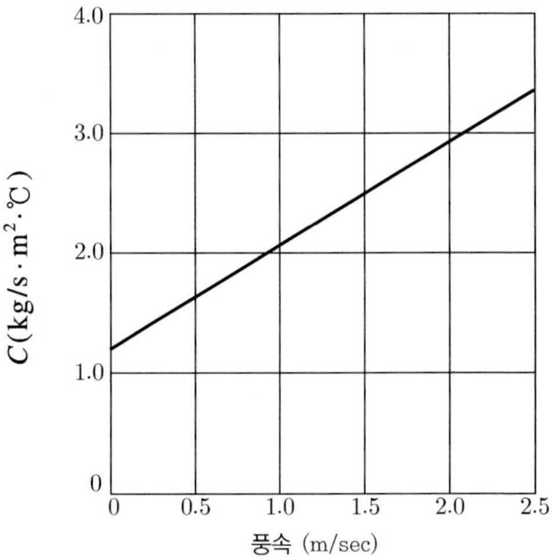

| 그림 8.9 | 자연 방열계수 C의 값

| 표 8.3 | K의 값

베어링의 구조와 사용조건	K
정지된 공기 중에 있는 중, 경량 베어링	4.75×10^6
공기의 유통이 좋은 중량 베어링	2.68×10^6

유막의 평균 온도 t_m은 베어링 하우징의 표면온도보다 높은 데 아래의 "Burwell의 실험식"으로 구한다.

$$t_m = t_b + 2(t_b - t_a) \tag{8.14}$$

열발생량이 많은 고속, 고하중용 베어링에서는 자연방열 방식으로는 베어링의 온도를 일정하게 유지하기가 곤란하며 저널의 회전만으로는 윤활유의 순환이 원활하지 못하기 때문에 온도가 상승한다. 이 경우에는 별도로 설치된 오일 펌프(oil pump)로 윤활유를 강제 순환시켜 열 발생량을 저하시키는 것을 "강제 급유 베어링"이라 하며, 이런 강제 순환 급유에서 외부로 방열시킬 수 있는 열량 L은,

$$L = \gamma Qq(t_o - t_i) \tag{8.15}$$

여기서, γ는 윤활유의 비중량(kg/m^3),
Q는 윤활유의 유량(m^3/s),
q는 윤활유의 비열 : (0.4~0.6)kcal/kg · ℃=(0.4~0.6)×427kcal · m/kg · ℃,
t_o는 윤활유 출구의 온도,
t_i는 윤활유 입구의 온도

예제 8.1

베어링 하중 1,500kg을 받는 엔드 저널의 지름과 길이를 구하여라. 단, 허용 베어링 압력은 10kg/cm², 폭경비 $x=l/d=1.5$

풀이 (1) 저널의 지름 d는

$$p_a=\frac{P}{dl}$$

$$10=\frac{1,500}{d\times 1.5d}$$

$$\therefore\ d=\sqrt{\frac{P}{x\times p_a}}=\sqrt{\frac{1,500}{1.5\times 10}}=10\,\text{cm}=100\,\text{mm}$$

(2) 저널의 길이 l는 $x=l/d$에서

$$l=x\cdot d=1.5\times 100=150\,\text{mm}$$

예제 8.2

저널의 지름 75mm, 길이 150mm, 최대하중 2,000kg, 회전수 N이 1,500rpm일 때 저널의 압력 속도계수를 구하여라.

풀이 저널의 압력은

$$p_a=\frac{P}{dl}=\frac{2,000}{7.5\times 15}=17.8\,\text{kg/cm}^2$$

저널의 속도 v는

$$v=\frac{\pi dN}{60\times 1,000}=\frac{\pi\times 75\times 1,500}{60\times 1,000}=5.9\,\text{m/s}$$

$$\therefore\ pv=17.8\times 5.9=105\,(\text{kg/cm}^2\cdot\text{m/s})$$

예제 8.3

9,000kg의 하중을 받는 축 끝저널의 지름과 길이를 구하여라. 단, 허용 굽힘응력 $\sigma_b=5$kg/mm², 허용 베어링 압력 $p_a=0.4$kg/mm²

풀이 축 끝 저널의 길이와 지름과의 관계는,

$$\frac{l}{d}=\sqrt{\frac{\sigma_b}{5.1\,p_a}}=\sqrt{\frac{5}{5.1\times 0.4}}=1.58$$

$$\ell=1.58d$$

$$p_a=\frac{P}{dl}\text{에서}$$

$$0.4=\frac{9,000}{d\times 1.58d}$$

$$\therefore\ d=\frac{9,000}{0.4\times 1.58}=119\,\text{mm}$$

구하는 축의 길이는

$l = 1.58d = 1.58 \times 119 = 188\,\text{mm}$

예제 8.4

지름 100mm, 나비 250mm의 레이디얼 베어링이 420rpm으로 200kg의 하중을 지지하며 회전하고 있다. 대기온도가 20℃일 때, 베어링 하우징의 표면 온도가 45℃이고, 방열 상태가 양호하다면 마찰계수와 손실동력을 구하라.

풀이 베어링 압력은

$$p_a = \frac{P}{dl} = \frac{200}{100 \times 250} = 0.008\,\text{kg/mm}^2$$

저널의 속도는,

$$v = \frac{\pi d N}{1{,}000 \times 60} = \frac{\pi \times 100 \times 420}{1{,}000 \times 60} = 2.2\,\text{m/s}$$

발생열과 발열량이 같을 때, 베어링의 온도는 일정하게 유지되므로

$$\mu p v = \frac{(t_b - t_a + 18.3)^2}{K}$$

$$\mu = \frac{(t_b - t_a + 18.3)^2}{Kpv}$$

또, 표 8. 2에서 방열상태가 양호하므로 $K = 2.68 \times 10^6$을 택하고, 베어링 온도 $t_b = 45$℃와 대기온도 $t_a = 20$℃이므로

$$\mu = \frac{(t_b - t_a + 18.3)^2}{Kpv} = \frac{(45 - 20 + 18.3)^2}{2.68 \times 10^6 \times 0.008 \times 2.2} = 0.0036$$

구하는 마찰손실 동력 H_f은

$$H_f = \frac{\mu P v}{75} = \frac{0.0036 \times 200 \times 2.2}{75} = 0.02\,\text{PS}$$

2. 스러스트 베어링의 설계

스러스트 미끄럼 베어링은 하중이 축방향으로만 작용하므로 설계시 굽힘 강도는 고려할 필요가 없으며 베어링의 압력과 마찰열의 2가지으로 설계한다.

(1) 베어링 압력

① 피봇 베어링

이 베어링은 축의 접촉면에서의 미끄럼 속도는 중심부에서 바깥쪽으로 갈수록 크게 되고, 마찰일량과 마멸량도 바깥쪽으로 갈수록 커진다. 또, 얼마동안 운전을 한 후 압력 분포를 보면, 그림 8. 10의 (a)와 같이 바깥쪽으로 갈수록 압력이 낮고,

중심부는 아주 높은 압력이 되므로, 중심부에서는 좁은 면적에 큰 압력이 작용하게 되므로 유막이 파괴되고 과열로 인해 베어링이 타서 붙게 된다. 이런 이유로, p 의 허용치도 레이디얼(저널) 베어링의 경우보다 작게 잡아야 한다.
이 때, 피봇 베어링의 베어링 압력 p는,

$$\left.\begin{aligned} p &= \frac{P}{\frac{\pi d^2}{4}} \\ p &= \frac{P}{\frac{\pi (d_2{}^2 - d_1{}^2)}{4}} \end{aligned}\right\} \tag{8. 16}$$

여기서 d, d_2 는 축의 지름,
d_1 는 오목한 부분의 지름

피봇 베어링에서는 중심부를 깎아내어 압력 분포가 균일하게 되도록 설계를 할 필요가 있다. 따라서, 그림 8. 10의 (b)와 같이 중심부를 오목하게 만들거나, 그림 8. 10의 (c)와 같이 칼러 베어링 형식으로 만든다.

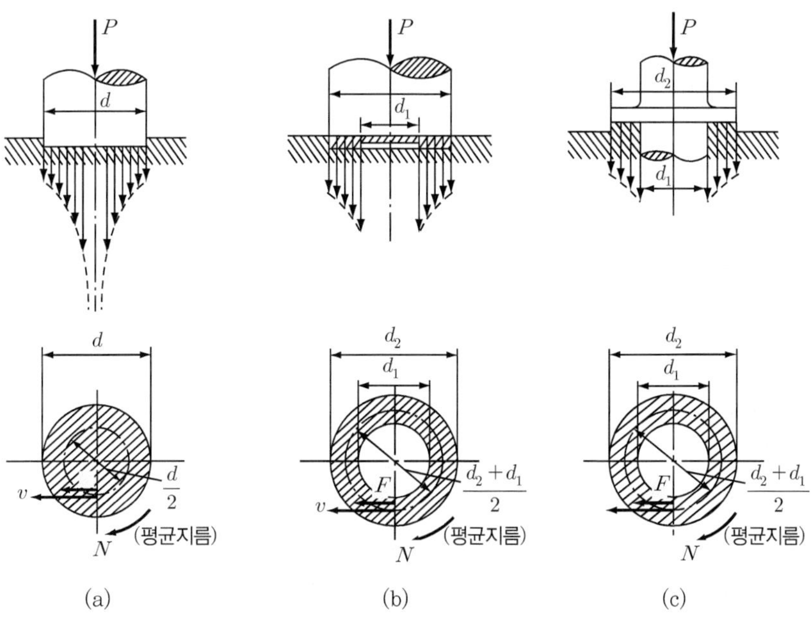

| 그림 8. 10 | 스러스트 베어링의 압력 분포도

② 칼러 베어링

그림 8. 10(c)와 같은 칼러의 수가 z 개인 칼러 베어링의 경우, 베어링 압력 p는,

$$p = \frac{P}{z\frac{\pi}{4}(d_2{}^2 - d_1{}^2)} = \frac{P}{z\pi d_m h} \tag{8. 17}$$

여기서, d_1 는 축지름(칼러의 안지름),
d_2 는 칼러의 바깥지름,
d_m 는 칼러의 평균지름$\left(\frac{d_2 + d_1}{2}\right)$,
h 는 칼러의 높이$\left(\frac{d_2 - d_1}{2}\right)$

이 베어링은 칼러의 수가 여러 개이므로, 각 칼러 하중분포의 불 균일성을 감안하여 레이디얼 베어링보다 베어링의 압력 p를 훨씬 작게 잡는다. 또, 칼러의 높이 h를 작게 하면 칼러의 수 z가 증가하고, 반대로 칼러의 높이 h를 크게 하면 칼러의 수를 감소시키는 효과도 있으나, 강도면에서 칼러의 두께 t를 증가시켜 주어야 한다. 표 8. 4는 스러스트 베어링의 허용 베어링 압력을 나타내었다.

| 표 8. 4 | 스러스트 베어링의 허용 베어링 압력

허용 베어링압력 / 베어링 종류	p (kg/mm^2)
피봇 베어링	0.15~0.2
칼러 베어링	0.03~0.06

(2) 마찰열

스러스트 베어링은 축이 회전할 때 발생하는 마찰열은 발열계수 pv와 밀접한 관계가 있다.

① 피봇 베어링

마찰열을 제한하기 위한 pv값으로부터, 베어링의 지름을 구할 수 있다. 그림 8. 10 (a), (b) 같은 2가지 경우에 있어서 접촉면의 원주속도 v는 반지름의 위치에 따라서 달라지는데, 이 경우에는 접촉면의 평균 반지름에 해당되는 곳의 원주속도를 평균속도로 하여 구하면 된다. 즉,

$v = \dfrac{\pi \cdot \dfrac{d}{2} \cdot N}{1,000 \times 60}$과 $P = \dfrac{\pi}{4} d^2 p$의 식에서, 설계에 필요한 베어링의 지름 d는,

$$d = \frac{PN}{30,000\,pv}\ \text{mm} \tag{8. 18}$$

또, $v = \dfrac{\pi \cdot \dfrac{d_2 + d_1}{2} \cdot N}{1,000 \times 60}$과 $P = \dfrac{\pi}{4}(d_2{}^2 - d_1{}^2)p$에서 베어링의 지름을 구하면 아래와 같다.

$$d_2 - d_1 = \frac{PN}{30,000\,pv}\ \text{mm} \tag{8. 19}$$

② 칼러 베어링

그림 8. 10의 (c)와 같은 경우에도, 피봇 베어링과 같이 칼러 접촉면의 평균 반지름이 되는 곳의 평균 원주를 사용한다.

$v = \dfrac{\pi \cdot \dfrac{d_2 + d_1}{2} \cdot N}{1,000 \times 60}$과 $P = z\dfrac{\pi}{4}(d_2{}^2 - d_1{}^2)p$의 식에서, 베어링의 지름을 구하면 아래와 같다.

$$d_2 - d_1 = \frac{PN}{30,000\,zpv}\ \text{mm} \tag{8. 20}$$

표 8. 5에는 허용 pv의 값을 나타내었다.

| 표 8. 5 | 허용 pv의 값

베어링의 종류	사용 상태	허용 pv의 값 (kg · m/cm² · s)
피봇 베어링	보통 저널(균일 상태로 운전)	≤17
	펌프로 윤활	4~8
	크레인(냉각하지 않음)	≤4
	수력 터어빈	15~25
	특별히 냉각하는 경우	≤8
칼러 베어링	베어링 메탈을 조절할 수 있는 경우	10
	베어링 메탈을 고정	5

예제 8.5

회전수 400rpm, 하중 900kg, 스러스트 하중을 받는 칼러 저널에서 안지름 $d_1 = 100$mm, 바깥지름 $d_2 = 200$mm일 때, 베어링의 압력 p을 구하여라. 단, 칼러는 2개이다.

풀이 베어링의 압력 p는

$$p = \frac{P}{z\frac{\pi}{4}({d_2}^2 - {d_1}^2)} = \frac{900}{2 \times \frac{\pi}{4} \times (200^2 - 100^2)} = 0.02\,\text{kg/mm}^2$$

예제 8.6

600rpm으로 회전하는 피봇 저널에서 바깥지름 $d_2 = 120$mm, 안지름$d_1 = 50$mm, 허용 베어링 압력 $p = 0.15$kg/mm², 마찰계수 $\mu = 0.12$일 때 스러스트 하중과 마찰 손실마력을 구하여라. 또, $pv = 0.3$kg·m/mm²·s일 때 스러스트 하중을 구하여라. 단, 칼러는 1개이다.

풀이 (1) 스러스트 하중 P는

$$P = \frac{\pi}{4}({d_2}^2 - {d_1}^2)p = \frac{\pi}{4}(120^2 - 50^2) \times 0.15 = 1,400\,\text{kg}$$

(2) 마찰 손실 마력은,

$$v = \frac{\pi(d_2 + d_1)N}{120 \times 1,000} = \frac{\pi(120 + 50) \times 600}{120 \times 1,000} = 2.68\,\text{m/s}$$

$$\therefore\ H_f = \frac{\mu P v}{75} = \frac{0.12 \times 1,400 \times 2.68}{75} = 6\,\text{PS}$$

(3) 스러스트 하중 P는 식 (8. 20)에서,

$$d_2 - d_1 = \frac{PN}{30,000\,zpv}$$

$$P = \frac{30,000(d_2 - d_1)pvz}{N} = \frac{30,000(120 - 50)0.3 \times 1}{600} = 525\,\text{kg}$$

예제 8.7

지름 100mm인 축이 2,500kg의 스러스트를 받고 120rpm으로 회전할 때 칼러의 수를 구하여라. 단, 칼러의 허용 압력 $p = 4.2$kg/cm²이다.

풀이 칼러의 바깥지름 $d_2 = 1.5d = 1.5 \times 10 = 15\,\text{cm}$

칼러의 평균지름 $d_m = \frac{d_2 + d_1}{2} = \frac{15 + 10}{2} = 12.5\,\text{cm}$

$$v = \frac{\pi d_m N}{60 \times 100} = \frac{\pi \times 12.5 \times 120}{6,000} = 0.785\,\text{m/s}$$

스러스트 하중 P는,

$$P = \frac{\pi}{4}({d_2}^2 - {d_1}^2)pz$$

$$2,500 = \frac{\pi}{4}(15^2 - 10^2) \times 4.2 \times z$$

$$\therefore z = \frac{4 \times 2,500}{\pi \times 125 \times 4.2} = 6.06 \fallingdotseq 6\text{개}$$

8.1.3 마찰

어떤 물체에 수직력 P가 작용하여 접촉면 사이에 상대운동을 할 때, 접촉면에 생기는 마찰력F와 수직력P 사이에는 아래와 같은 "쿨롱(Coulomb)의 법칙"이 성립한다.

$$F = \mu P$$

여기서, μ을 마찰계수(coefficient of friction)라고 하며 상대 운동을 막 시작하려고 하는 경우의 마찰계수인 "정지 마찰계수"와 운동하고 있는 경우의 마찰계수인 "운동 마찰계수"가 있다. 마찰 상태는 아래와 같은 3가지 경우로 크게 나눈다.

1. 고체 마찰

고체 마찰(solid friction)은 접촉면에 윤활제(lubricant)가 없는 경우의 마찰로 건조 마찰(dry friction)이라고 하며 재료의 탄성, 접촉면의 거칠기, 접촉 압력, 압력속도 등에 의하여 변화한다, 마찰계수도 이들의 영향을 받아 아주 잘 연마된 면이라도 그 값은 $\mu=$ 0.14~0.25정도가 되며, 다른 마찰 상태에 비하여 그 값이 크므로, 일반적인 기계에서는 사용해서는 안 되며 마찰면에 마찰을 줄이기 위해서 윤활유를 첨가하면, 마찰계수는 감소된다.

2. 유체 마찰

회전수가 증가하면, 접촉면 사이에 윤활유가 충분히 유막(oil film)을 형성하여 접촉면이 서로 완전히 떨어져 있는 경우의 마찰 형태를 유체 마찰(fluid friction) 이라고 한다.

이 마찰은 저널과 베어링은 직접접촉을 하지 않고, 유막을 사이에 두고 접촉을 하기 때문에 $\mu = 0.11 \sim 0.001$ 정도이며, 기름의 점성(viscosity)에 영향을 받는다. 즉, 접촉면의 성질, 표면의 상태에서는 영향을 받지 않으며, 마찰계수도 극히 작으므로, 마멸과 발열이 적어 베어링으로는 가장 양호한 마찰상태이다.

3. 경계 마찰

경계 마찰(boundary friction)은 고체 마찰과 유체 마찰의 중간상태로서, 접촉면 사이의 유막이 아주 얇은 경우의 마찰 상태를 말한다. 이때 유막의 두께가 10^3mm정도 이하가 되면 전조마찰과 비슷해지고, 쿨롱(Coulomb)의 마찰특성을 나타내지만, 마찰 저항은 건조 마찰보다 훨씬 적은 $\mu = 0.1 \sim 0.02$이다. 이런 정도의 유막 두께에서는 기름의 분자가 물체 표면에 흡착된 상태이며, 기름의 점성보다는 기름 분자의 성질, 물체와의 화학작용 및 물체의 성질 등이 큰 영향을 미친다. 이와 같은 유막을 "경계층(boundary layer)"이라고 하며, 유막의 두께가 이 정도 일 때의 마찰을 경계 마찰이라고 한다. 실제로는 물체 표면의 파동파(waviness), 거칠기는 경계면의 두께 정도이므로, 경계 마찰에서는 표면의 거친부위가 부분적으로 직접 접촉하므로, 유막이 얇아짐에 따라 유체 마찰, 경계 마찰, 고체 마찰이 서로 혼재하게 되어 서서히 건조 마찰상태로 된다. 그러므로, 적당한 주기로 윤활제를 첨가하여 유체 마찰을 계속 유지하도록 하여야 베어링의 수명을 연장할 수 있다.

윤할 마찰로만 이루어진 윤활 상태를 유체 윤활(fluid lubrication) 또는, 완전 윤활(perfect lubrication)이라 하고, 유체 마찰의 상태로부터 마찰이 갑자기 증가하기 시작하여 경계 마찰상태의 경계 윤활(boundary lubrication)에 이르는 영역을 불완전 윤활(imperfect lubrication)이라고 한다.

위의 3가지 경우의 마찰계수를 표 8. 6에 나타내었다.

| 표 8. 6 | 마찰 계수 μ의 값

마찰의 종류	고체 마찰	유체 마찰	경계 마찰
μ의 범위	1~0.1	0.01~0.001	0.1~0.01
order	10^{-1}	10^{-3}	10^{-2}

8.1.4 미끄럼 베어링의 윤활

윤활제는 서로 미끄러지는 두 면 사이에 공급하여, 미끄럼 저항을 감소시켜서 에너지의 불필요한 소비를 피하고, 미끄러지는 면의 발열에 의한 손상이나 마모를 방지하여 운전을 원활하게 하는 것이 주목적이다.

1. 윤활유의 점성

그림 8. 11과 같이 판A가 유막 두께 h인 윤활유를 속도U로 움직일 때, 유막은 평행한 여러 겹의 얇은 유막이 겹쳐 쌓여서 이루어지고, 그 위에서 힘F가 그들을 서로 미끄러진다고 가정하자. 판과 접촉하는 유막층의 속도는 판의 속도와 같고, 정지면과 접촉하고 있는 유막층의 속도는 0이며, 임의의 층에서 속도 u는 y에 비례한다.

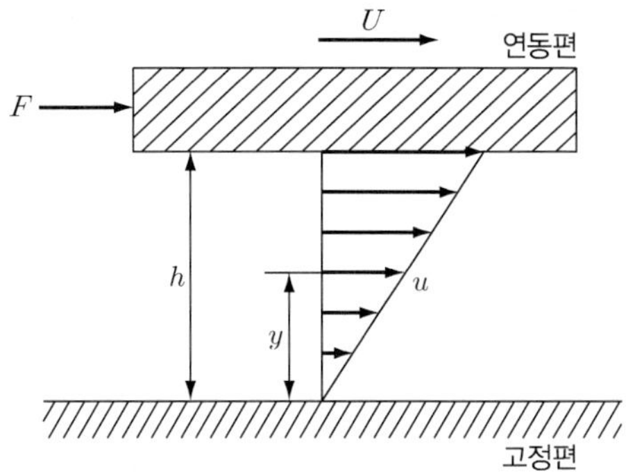

| 그림 8.11 | 유막 내의 유속 분포도

점성 유체에 대한 뉴턴의 법칙(Newton's Law)에 의하면 유체의 전단응력 τ는,

$$\tau = \frac{F}{A} = \eta \frac{du}{dy} \tag{8. 21}$$

여기서, η는 점성계수(coefficient of viscosity) 또는 점성(viscosity), A는 판의 넓이, $\frac{du}{dy}$는 속도의 변화율(rate of change of velocity)이며, 속도 기울기(velocity gradient)라고도 한다. 따라서, η는 유체의 내부 마찰저항이 척도가 된다. 각 층의 속도 변화가 선형적이라고 하면 즉, 속도 변형율 $\frac{du}{dy}$가 일정한 경우에는 $\frac{U}{h}$이므로,

$$\tau = \frac{F}{A} = \eta \frac{U}{h} \tag{8. 22}$$

점성 계수의 단위는 그 단위계에 따라 다르다. c.g.s 절대 단위계에서는 절대 점성계수(absolute viscosity)의 단위를 포이즈(poise)라고 하고, 기호 p로 나타낸다. $1p$는 1cm의 유막 두께로 면적 $1cm^2$의 판을 1cm/s의 속도로 움직이는데 필요한 1dyne의 힘을 말한다.

$$1p = 1dyne \cdot s/cm^2 = 1.02 \times 10^{-2}\,kg \cdot s/m^2$$

실제로 사용되는 실용단위로는, 이것의 $\frac{1}{100}$ p를 취한 센티포아즈(cp: cent-poise)를 사용한다.

또, 절대 점성계수를 η, 밀도를 ρ라고 하면, 동점성 계수(kinematic viscosity) ν는,

$$\nu = \frac{\eta}{\rho} \tag{8. 23}$$

여기서, ν의 단위는 스토우크스(stoke, st)라고 하며, 1st의 $\frac{1}{100}$의 단위를 센티스토우크스(centi-stokes, cst)라 한다.

또한, (kg · s/m^2)로 표시한 절대 점성계수 η(kg · s/m^2)와 절대 점성계수 $\eta(cp)$ 사이에는, 아래와 같은 관계가 있다.

$$\eta(\mathrm{kg \cdot s/m^2}) = \frac{\eta(cp)}{9{,}800} \tag{8. 24}$$

공업적으로 점도를 측정하는 방법에는 여러 가지 점도계가 있어 각각 특유의 점도를 지시한다. 그 중에서 가장 널리 사용되는 것으로는 세이볼트 유니버설 점도계(saybolt univetsal viscosimeter)로 이것은 지름이 1.76mm이고, 길이가 12.25mm인 유리관을 60ml의 윤활유가 특정온도 하에서 빠져나가는데 걸리는 시간을 초(sec)로 측정하여 이것을 세이볼트 유니버설 초(SUV)라고 한다. 세이볼트 유니버설 초와 절대점도 η(cp)와의 사이에는 아래와 같은 관계가 있다.

$$\eta(\mathrm{cp}) = \rho(0.22\mathrm{SUV}) - \frac{180}{\mathrm{SUV}} \tag{8. 25}$$

여기서 η, ρ, SUV(saybolt universal viscosity)는 각각 t℃에서의 값을 취한다.

또, 기름의 밀도는 온도 상승에 따라 감소하게 되므로 t_o℃에서의 밀도를 ρ_o라고 하면, t℃에서의 밀도는 아래와 같으며. 그림 8. 12는 점도와 온도와의 관계를 나타내었다.

$$\rho = \rho_o - 0.000657(t - t_o) \tag{8. 26}$$

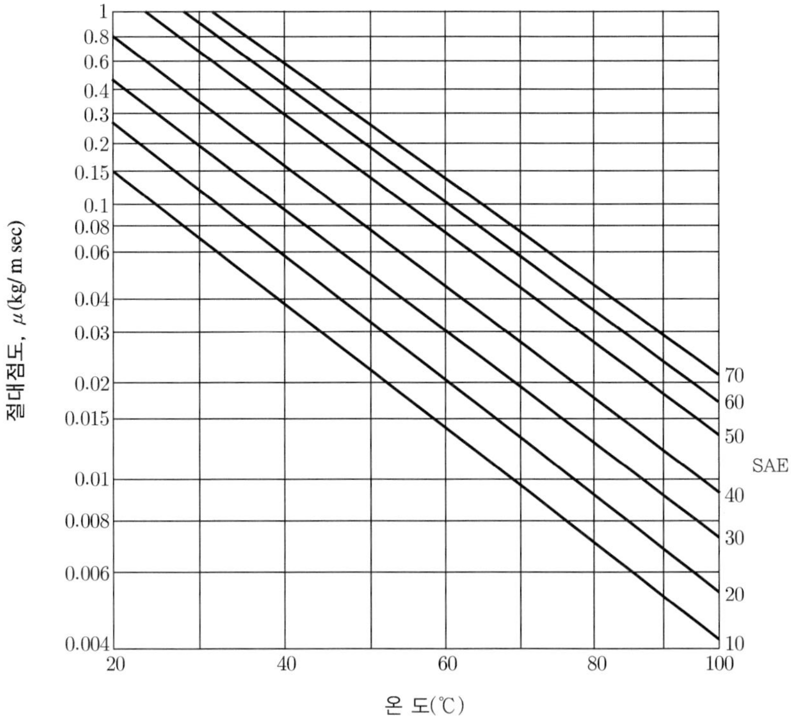

| 그림 8.12 | 점도와 온도와의 관계

2. 페트로프의 베어링 식(유체 윤활 이론)

베어링의 마찰 현상은 저하중, 고속회전의 경우에 축의 중심이 베어링의 중심과 일치한다. 즉, 동심 베어링이라고 볼 수 있으며 이때에 반지름 틈새는 베어링의 길이에 따라 일정하다는 가정하에 페트로프(Petroff)에 의해서 처음으로 이론적으로 정리 되었다. 그림 8. 13과 같이 반지름 r 인 축이 반지름 틈새 c, 베어링의 길이 l, 회전속도 Nrpm으로 일정하게 회전하고 있으며, 하중은 매우 작고 틈새에는 기름이 충만 되어 기름의 유출이 없다고 가정하면, 이때 기름의 전단강도 τ는 식 (8. 22)로부터,

$$\tau = \eta \frac{U}{h} = \frac{2\pi r}{c} \cdot \frac{\eta N}{60} \tag{8. 27}$$

유막을 전달시키는 데 필요한 힘은 전단 응력에 면적을 곱한 값과 같고, 축을 회전시키는 데 필요한 토크 T는,

$$T = (\tau A) r = \frac{2\pi r}{c} \cdot \frac{\eta N}{60} (2\pi r l) r = \frac{4\pi^2 r^3 l}{c} \cdot \frac{\eta N}{60} \tag{8. 28}$$

베어링에 작용하는 힘을 P라 하면, 압력은 $p=\dfrac{P}{2rl}$이고 베어링의 마찰계수를 μ라 하면, 마찰력은 μP가 되므로, 마찰력으로 인한 토크 T는,

$$T=\mu Pr=\mu(2rlp)r=2r^2\mu lp \tag{8. 29}$$

위의 식 (8. 28)과 식 (8. 29)에 의하여 마찰계수μ를 구하면,

$$\mu=\frac{\pi^2}{30}\cdot\frac{\eta N}{p}\cdot\frac{1}{\varphi}\quad\left(\varphi=\frac{c}{r}\right) \tag{8. 30}$$

위의 식은 1883년 페트로프에 의해서 발표되었으며 "페트로프의 식"이라고 하며 이 식 중에서 $\dfrac{\eta N}{p}$ 및 $\varphi=\dfrac{c}{r}$는 베어링에서 매우 중요한 파라메타이다. $\dfrac{\eta N}{p}$는 무차원량으로 베어링계수(bearing modulus)라 부르고, $\varphi=\dfrac{c}{r}$는 틈새비라고 한다. 이것이 너무 작으면, 경계마찰이 되기 쉬우므로 적당한 값을 취해야 한다. φ의 값은 0.001을 표준으로 하나, 정밀 베어링에서는 0.0005 정도, 고온 베어링에서는 냉각과 다량의 순환유량을 요할 때에는 0.002 정도로 잡는다.

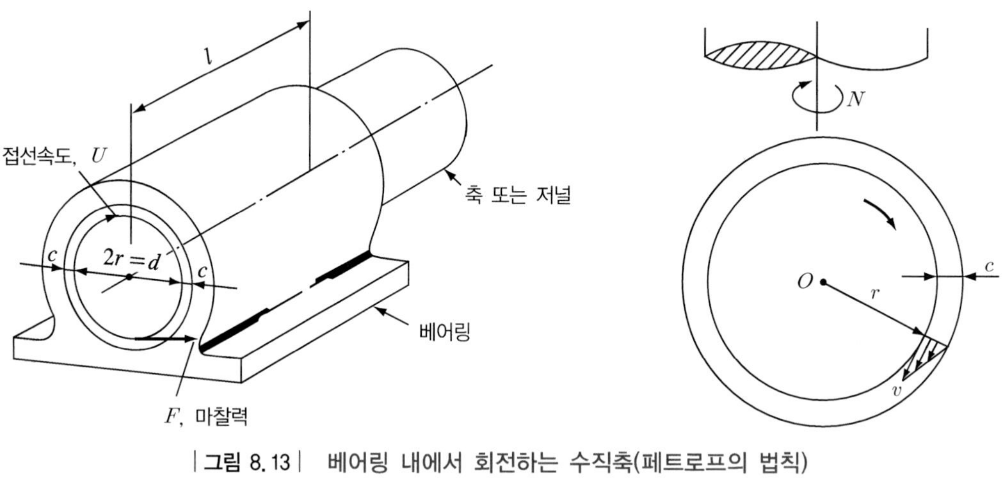

| 그림 8. 13 | 베어링 내에서 회전하는 수직축(페트로프의 법칙)

3. 완전 윤활과 경계 윤활

그림 8. 14는 베어링 계수 $\dfrac{\eta N}{p}$에 대한 마찰계수와의 변화선도로서, 선 BA의 오른쪽 영역에서 μ는 직선적으로 서서히 증가하고 있으나, 왼쪽에서는 급격히 증가한다. 그리고, 이 영역에서는 윤활유의 유막히 완전히 보호, 유지되며 축은 베어링과 완전히 중심이 일치한 상

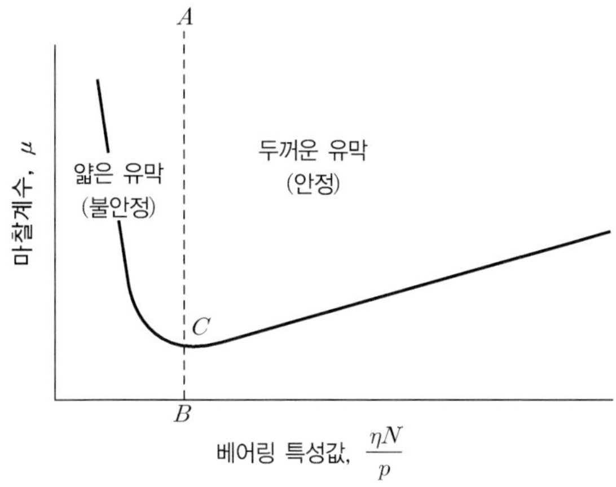

| 그림 8.14 | 유체 마찰계수

태가 되어 금속간의 접촉이 전혀 없는 완전 윤활(perfect lubrication)또는 유체 윤활(fluid lubrication)상태가 된다. 여기서, 축 및 베어링의 재질은 마찰계수에 무관하고, 마모가 생기지 않는다.

한편, 선 BA의 왼쪽에서는 유막을 완전히 유지하지 못하며, 축과 베어링은 금속이 직접 접촉하기 때문에 마찰계수는 커진다. 이 상태를 경계 윤활(boundary lubrication) 또는 불완전 윤활(imperfect lubrication)상태라고 한다. 이 상태가 되면 마모가 생김은 물론, 두 면의 재질이 마찰계수에 영향을 미친다.

보통의 운전 상태에서는 완전 윤활의 상태로 작동하는 베어링에서, 시동할 때는 반드시 경계 윤활의 상태로 작동하게 되므로, 자주 정지하게 되는 기계의 베어링은 마모가 잘 일어난다. 점C는 $\frac{\eta N}{p}$ 값이 작아짐에 따라, 금속과 금속의 접촉이 시작되는 점으로 임계점(critical point)이라고 한다. 또, 베어링에 작용하는 하중을 점차 크게 하면, p가 커지므로 $\frac{\eta N}{p}$은 감소하여 결국에는 임계점에 이르고, 더욱 하중을 증가시키면 경계 윤활이 변화되는데. 이것을 방지하기 위해서는 윤활유의 점도 η를 크게 하든지, 회전수 N을 크게 한다. 그러나, p와 N을 동시에 증가하면, 발열이 증가하기 때문에 발열에 의한 제한을 받는다. 결국, 베어링 압력이 클수록 점도가 큰 윤활유를 사용해야 함을 알 수 있다. 또, 회전수가 적은 베어링에서도 유막을 보호하고 유지하기가 어려우므로, 역시 점도가 높은 윤활유를 사용해야 한다.

4. 지름 틈새

레이디얼 베어링의 구멍과 저널의 지름과의 차를 베어링의 지름 틈새(diametral clearance)이라고 한다. 그림 8. 15에서 베어링의 지름을 D_b, 저널의 지름을 D_j이라고 하면,

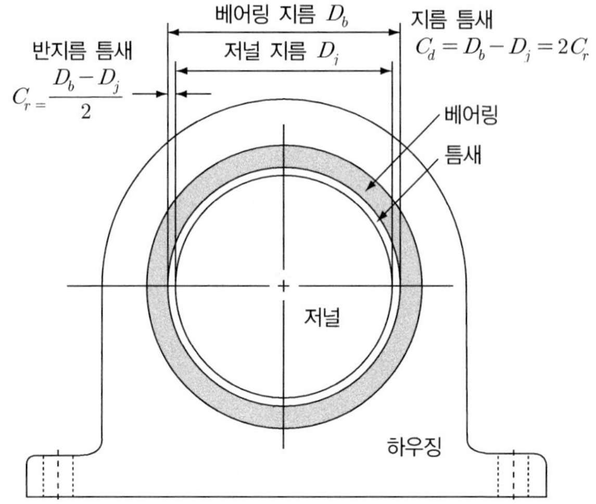

| 그림 8.15 | 베어링의 지름 틈새

베어링의 지름 틈새 C_d는,

$$C_d = D_b - D_j = 2C_r \tag{8.31}$$

여기서, C_r는 반지름 틈새

일반적으로, 정밀기계의 베어링은 가능하면 베어링의 틈새를 작게 하고, 무거운 하중으로 고속 회전하는 축에서는 윤활유로 냉각시키기 때문에 틈새를 크게 하여, 윤활유의 순환을 좋게 한다.

5. 레이놀드의 방정식(Reynold's equation)

그림 8.16과 같이 두 평면 사이의 미끄럼 때문에 기름은 전단력을 받으나, 이 때 두 평면이 지면에 수직한 방향으로 충분히 길다면, 전단의 대부분은 x 방향으로 일어나므로 지면에 수직한 방향의 흐름은 고려할 필요가 없게 되어, 2차원 문제로 고려된다. 또한, 이론 해석을 간단화 하기 위해서 아래와 같은 가정을 설정한다.

① 윤활유는 뉴톤의 점성유체 법칙에 따른다.
② 윤활유의 관성력은 전단력에 비해 작다고 생각하여 생략한다.
③ 윤활유는 비 압축성이다.
④ 윤활유의 점성계수는 일정하다.
⑤ y 방향의 유체 압력은 일정하다.

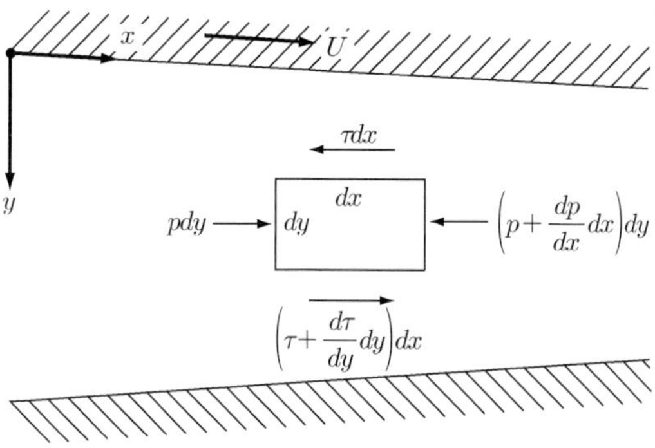

| 그림 8.16 | 레이놀드 방정식의 해석 모델

그림에서, 유막 중의 임의의 한 점(x, y)에 있는 미소부분 $dx \times dy \times 1$에 작용하는 힘의 평행을 생각하면,

$$p\,dy-(p+\frac{dp}{dx}dx)dy-\tau dx+(\tau+\frac{d\tau}{dy}dy)dx=0$$

$$\therefore\ \frac{dp}{dx}=\frac{d\tau}{dy}$$

식 (8. 21)의 $\tau=\eta\dfrac{du}{dy}$을 위의 식에 대입하면,

$$\frac{dp}{dx}=\eta\frac{d^2u}{dy^2} \qquad (8.\ 32)$$

여기서, η는 점성계수,

u는 점(x, y)에서의 x 방향의 기름의 속도

가정에 의하여, p는 y에 대하여 독립적이므로 식 (8. 32)을 적분하면,

$$u=\frac{1}{2\eta}\frac{dp}{dx}y^2+C_1y+C_2$$

$y=0$에서, $u=U$이고, $y=h$에서 $u=0$이므로,

$$C_1=-\frac{h}{2\eta}\frac{dp}{dx}-\frac{U}{k}$$

$$C_2=U$$

따라서,

$$u = \frac{U(h-y)}{h} - \frac{y(h-y)}{2\eta}\frac{dp}{dx} \tag{8. 33}$$

위의 식은, 유막 중의 임의의 한 점의 속도를 나타내는 일반식이다.

다음은, 기름의 단위 폭마다 x 방향으로 흐르는 유량을 Q라고 하면,

$$Q = \int_0^h u\,dy = \frac{Uh}{2} - \frac{h^3}{12\eta}\cdot\frac{dp}{dx} \tag{8. 34}$$

유체의 연속 방정식으로부터 $\frac{dQ}{dx} = 0$ 이므로,

$$\begin{aligned} &\frac{dQ}{dx} = \frac{U}{2}\frac{dh}{dx} - \frac{d}{dx}\left(\frac{h^3}{12\eta}\cdot\frac{dp}{dx}\right) = 0 \\ &\therefore\ \frac{d}{dx}\left(\frac{h^3}{\eta}\cdot\frac{dp}{dx}\right) = 6U\frac{d}{dx} \end{aligned} \tag{8. 35}$$

이 식은 1차원 흐름의 경우에 해당되는 "레이놀드의 기초 방정식"이라고 한다. 만일 축방향 즉, x 방향의 흐름을 고려한다면 식 (8. 35)은,

$$\frac{\partial}{\partial x}\left(\frac{h^3}{\eta}\cdot\frac{\partial p}{\partial x}\right) + \frac{\partial}{\partial z}\left(\frac{h^3}{\eta}\cdot\frac{\partial p}{\partial z}\right) = 6U\frac{dh}{dx} \tag{8. 36}$$

이것이 Reynold가 1886년에 처음으로 유도한 3차원 윤활이론의 기초가 되는 레이놀드의 방정식(Reynold's equation)이라고 한다. 일반적으로 h는 x의 함수이므로, 식 (8. 35)을 풀면 압력 p를 구할 수 있다. 이 식을 적분하고, $\frac{dp}{dx} = 0$, $h = h_o$ 로부터 적분상수를 구할 수 있다.

$$\frac{dp}{dx} = 6\eta U\left(\frac{1}{h^2} - \frac{h_o}{h^3}\right) \tag{8. 37}$$

여기서, h_o는 최대 압력 위치에서의 유막의 두께

그림 8. 17과 같은 원통 레이디얼 베어링 단면에서 윤활유의 흐름은 1차원 흐름이라고 생각한다. 축의 중심을 O, 베어링의 중심을 O'라고 하고, 화살표 방향으로 축이 회전하며, 틈새에는 점성 윤활유가 충만 되어 있다고 가정하고 축의 반지름을 r, 베어링의 반지름을 R, 편심량을 e, 각 위치 θ에 있어서의 유막의 두께를 h라고 하면, 그림에서

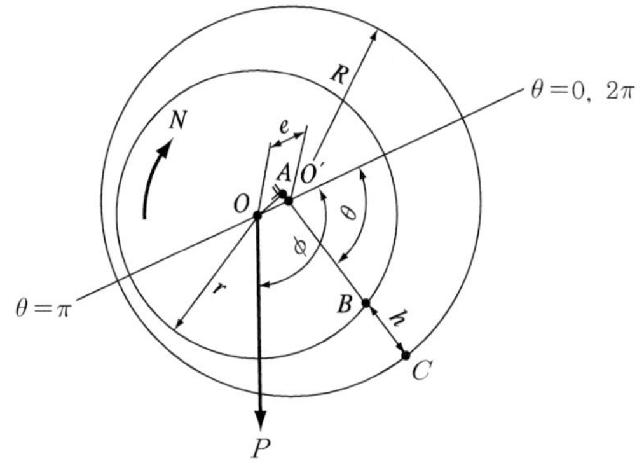

| 그림 8. 17 | 원통 레이디얼 베어링 단면

$$h = BC = AC - AB$$

그런데, $AC = R + e\cos\theta$, $AB = \sqrt{r^2 - e^2\sin^2\theta}$ 이므로

$$\begin{aligned} h &= R + e\cos\theta - \sqrt{r^2 - e^2\sin^2\theta} \\ &= R + e\cos\theta - r\left\{1 - \frac{1}{2}\left(\frac{e}{r}\right)^2\sin^2\theta + \ldots\right\} \end{aligned}$$

e는 r에 비하여 대단히 작으므로, { } 안의 제 2항 이하를 생략하면

$$\begin{aligned} h &= R - r + e\cos\theta \\ &= c + e\cos\theta \\ &= c(1 + n\cos\theta) \end{aligned} \tag{8. 38}$$

여기서 c는 베어링의 반지름 틈새$(R-r)$, n은 편심율(e/c : eccentricity ratio)이라 부른다.

따라서, 유막의 최대 두께 h_{max}와 최소 두께 h_{min}은,

$$h_{max} = c + e = c(1+n), (\theta = 0, 2\pi)$$

$$h_{min} = c - e = c(1-n), (\theta = \pi)$$

압력 분포를 구하기 위하여 식 (8. 37)에 (8. 38)를 대입하여, 압력 구배를 구하면,

$$\frac{dp}{d\theta} = \frac{6\eta Ur}{c^2}\left\{\frac{1}{(1+n\cos\theta)^2} - \frac{h_o}{c(1+n\cos\theta)^3}\right\}$$

위의 식에서 적분은 치환적분으로 이루어졌고, 그 결과는 아래와 같다.

$$p = p_0 + \frac{6\eta U r}{c^2}\left\{\frac{n(2+n\cos\theta)\sin\theta}{(2+n^2)(1+n\cos\theta)^2}\right\} \tag{8. 39}$$

여기서 p_o 는 $\theta=0$ 에서의 유막 압력이다.

또, 베어링의 단위 폭마다의 부하용량 P 는,

$$P = \int_0^{2\pi} p r \sin\theta \, d\theta = \eta U \left(\frac{r}{c}\right)^2 \left\{\frac{12\pi n}{(2+n)^2\sqrt{1-n^2}}\right\} \tag{8.40}$$

또한, 축에 작용하는 단위 폭마다의 마찰 모멘트를 M 이라고 하고, 전단 응력을 τ_o 라고 하면

$$M = r^2 \int_0^{2\pi} \tau_o \, d\theta = \frac{\eta U r^2}{c}\left\{\frac{4\pi(1+2n^2)}{(2+n)^2\sqrt{1-n^2}}\right\} \tag{8. 41}$$

마찰계수 μ 는,

$$\mu = \frac{M}{Pr} = \frac{c}{r}\left(\frac{1+2n^2}{3n}\right) \tag{8. 42}$$

식 (8. 40) 중의 P 대신에 단위 투상 면적마다의 베어링 압력 p 를 변수로 사용하고, 미끄럼 속도 U 대신에 회전속도 N 을 사용하면,

$$\left(\frac{r}{c}\right)^2 \frac{\eta N}{p} = \frac{(2+n^2)\sqrt{1-n^2}}{12\pi^2 n} \tag{8. 43}$$

즉, $\left(\frac{r}{c}\right)^2 \frac{\eta N}{p}$ 가 일정하면 n 은 일정하게 되고, n 의 일정 값에 대하여 베어링의 다른 성능도 아래와 같이 결정된다.

$$\frac{h_{\min}}{c} = 1 - n \tag{8. 44a}$$

$$\frac{r}{c}\mu = \frac{1+2n^2}{3n} \tag{8. 44b}$$

$$\frac{r}{h_{\min}}\mu = \frac{1+2n^2}{3n(1-n)} \tag{8. 44c}$$

$$J\rho s\frac{t}{\rho} = \frac{2(2+n^2)(1+2n^2)}{3n(1-n^2)} \tag{8. 44d}$$

여기서 t는 온도 상승치, J는 열의 일당량, ρ는 기름의 밀도, s는 기름의 중량이다.

이와 같이 모든 성능은 $(\frac{r}{c})^2\frac{\eta N}{p}$의 함수로 주어지며, 베어링 성능을 결정하는 중요한 무차원량이다. 이것을 좀머펠트 수(Sommerfeld number)라고 부르고, S로 나타낸다.

$$S = (\frac{r}{c})^2\frac{\eta N}{p} \tag{8. 45}$$

표 8. 7은 베어링 메탈 재료에 대한 최소허용 $\frac{\eta N}{p}$와 틈새비 φ의 허용범위와 표 8. 8은 유막의 최소 허용 두께를 나타내었다.

| 표 8.7 | 최소허용 와 틈새비 φ의 허용 범위

베어링 메탈 재료	최소$\frac{\eta N}{p}(\frac{cp \cdot rpm}{kg/cm^2})$	φ
Sn기 화이트 메탈	280	$(0.5\sim1.0)\times10^{-3}$
Pb기 화이트 메탈	140	$(0.5\sim1.0)\times10^{-3}$
Cd계 합금	50	$(0.8\sim1.0)\times10^{-3}$
켈멧	50	$(1.2\sim1.5)\times10^{-3}$
Ag-Pb-In	30	$(1.2\sim1.5)\times10^{-3}$

| 표 8.8 | 유막의 최소 허용 두께

베어링	$h_{\min}$(mm)	사용예
청동, 켈멧 등의 최상급 다듬질 면	0.002~0.004	항공기, 자동차의 메인 베어링
보통의 화이트 메탈	0.01~0.03	전동기, 발전기의 메인 베어링
일반 대형 베어링	0.05~0.10	터어빈, 송풍기의 메인 베어링

8.1.5 미끄럼 베어링의 각부 설계

1. 헤드와 몸체의 강도

분할형 베어링에서 윗 부분의 헤드(head) 또는 캡(cap)과 아래 부분의 몸체로 나누어 각각의 베어링 압력과 그 하중으로 생긴 휨 모멘트를 지지하는데 충분한 치수를 갖도록 설계하여야 한다. 표 8. 9는 헤드부의 휨 강도 공식을, 표 8. 10은 몸체의 휨 강도 식을 나타낸 것이다.

| 표 8. 9 | 미끄럼 베어링 헤드의 강도식

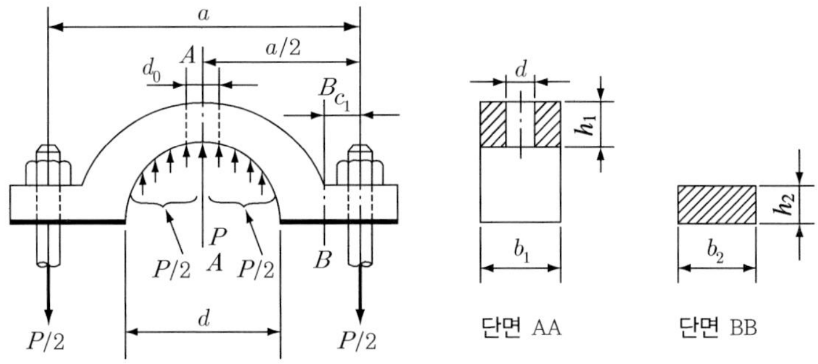

d : 송유구의 지름(mm)
σ_b : 캡 재료의 허용 휨응력(kgf/mm^2)
P : 베어링의 하중(kg)
b_1 : 캡의 나비(mm)
h_1 : 캡의 두께(mm)

구분	단면 A-A	단면 B-B
휨 모멘트	$M_A = \frac{P}{2}(\frac{a}{2} - \frac{d}{4}) = \frac{P}{8}(2a - d)$	$M_B = \frac{P}{2}c_1$
단면계수	$Z_A = \frac{1}{6}(b_1 - d_1)h_1^2$	$Z_B = \frac{1}{6}b_2 h_2^2$
휨 응력	$\sigma_b = \frac{M_A}{Z_A} = \frac{3P(\frac{a}{2} - \frac{d}{4})}{4(b_1 - d)h_1^2} \leqq \sigma_a$	$\sigma_b = \frac{M_B}{Z_B} = \frac{3Pc_1}{b_2 h_2^2} \leqq \sigma_a$

| 표 8.10 | 미끄럼 베어링 몸체의 강도식

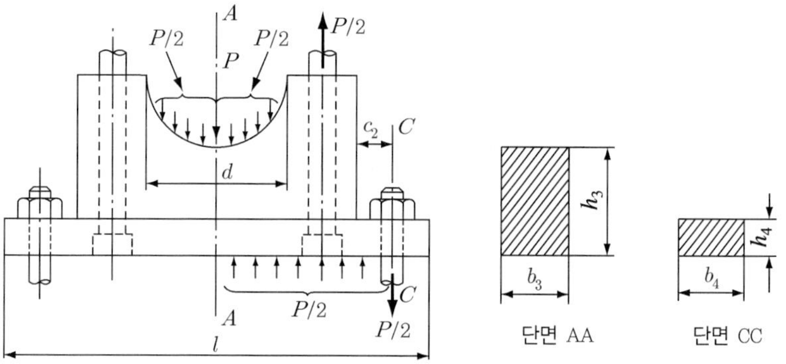

구 분	단면 A-A	단면 C-C
휨 모멘트	$M_A{}' = \frac{P}{2}(\frac{l}{4} - \frac{d}{4}) = \frac{P}{8}(l-d)$	$M_C = \frac{P}{2}c_2$
단면계수	$Z_A{}' = \frac{1}{6}b_3 h_3{}^2$	$Z_C = \frac{1}{6}b_4 h_4{}^2$
휨 응력	$\sigma_b = \frac{M_A{}'}{Z_A{}'} = \frac{3P(l-d)}{4b_3 h_3{}^2} \leqq \sigma_a$	$\sigma_b = \frac{M_C}{Z_C} = \frac{3Pc_2}{b_4 h_4{}^2} \leqq \sigma_a$

2. 헤드 볼트

헤드에 체결되어 있는 볼트가 받는 하중 P는,

$$P = \frac{\pi}{4}\delta_1{}^2 \cdot \sigma_t \cdot z \tag{8.46}$$

여기서 δ는 볼트의 지름, σ_t는 허용 인장응력, z는 볼트의 수이다.

또, 양쪽에 끼워지는 볼트는 헤드 볼트보다 약 25% 정도 강하여야 하므로, 하중을 $1.25P$라고 하면,

$$1.25P = \frac{\pi}{4}\delta_1{}^2 \cdot \sigma_t \cdot z \tag{8.47}$$

볼트의 지름은 나사의 골지름과 호칭지름에서 그 비의 제곱을 0.62로 한다.

3. 미끄럼 베어링의 설계 자료

미끄럼 베어링의 설계에서는 경험치를 기초로 하여, 축 및 저널이 충분한 강도와 강성과 베어링의 압력 p 및 발열계수 pv 값이 어느 한계를 넘지 않도록 설계되어야 한다. 또, 베어링

정수 $\frac{\eta N}{p}$ 는 어느 한계치 이하가 되면 안된다. 표 8. 11은 각종 기계에 대한 베어링의 설계자료를 나타낸 것이다.

| 표 8. 11 | 베어링 설계자료

기계명	베어링	최대허용 압력 p (kg/cm^2)	허용 압력 속도 계수 pv (kg/cm^2 · m/s)	적정 점도 η (cp)	최소허용 $\frac{\eta N}{p}$ $\left(\frac{cp \cdot rpm}{kg/cm^2}\right)$	표준 틈새비 φ	나비 지름비 l/d
자동차 항공용 기관	메인베어링	60^{+}~120△	2,000	7~8	200	0.001	0.8~1.8
	크랭크 핀	$100△^{+}$~350△	4,000		140	0.001	0.7~1.4
	피스톤 핀	$150^{\times +}$~400△	–		100	<0.001	1.5~2.2
가스, 중유기관 (4사이클)	메인베어링	$60^{\times +}$~120△	150~200	20~65	280	0.001	0.6~2.0
	크랭크 핀	$120^{\times +}$~150△	200~300		140	<0.001	0.6~1.5
	피스톤 핀	$150^{\times +}$~200△	–		70	<0.001	1.5~2.0
가스, 중유기관 (2사이클)	메인베어링	$40^{\times +}$~50△	100~150	20~65	350	0.001	0.6~2.0
	크랭크 핀	$70^{\times +}$~100△	150~200		170	<0.001	0.6~1.5
	피스톤 핀	$80^{\times +}$~130△	–		140	<0.001	1.5~2.0
박용 증기기관	메인베어링	35	40~70	30	280	<0.001	0.7~1.5
	크랭크 핀	40	70~100	40	200	<0.001	0.7~1.2
	피스톤 핀	100	–	30	140	<0.001	1.5~1.7
육용 증기기관 (저속)	메인베어링	30	20~30	60	280	<0.001	1.0~2.0
	크랭크 핀	100	50~100	80	80	<0.001	0.9~1.3
	피스톤 핀	130	–	60	70	<0.001	1.2~1.5
육용 증기기관 (고속)	메인베어링	20	30~40	15	350	<0.001	1.5~3.0
	크랭크 핀	40	40~80	30	80	<0.001	0.9~1.5
	피스톤 핀	130	–	25	70	<0.001	1.3~1.7
왕복펌프 압축기	메인베어링	$20^{\times}$	20~30	30~80	400	0.001	1.0~2.2
	크랭크 핀	$40^{\times}$	30~40		280	<0.001	0.9~2.0
	피스톤 핀	$70^{\times +}$	–		140	<0.001	1.5~2.0
증기 기관차	구동축	40	100~150	100	400	0.001	1.6~1.8
	크랭크 핀	140	250~200	40	70	<0.001	0.7~1.1
	피스톤 핀	180	–	30	70	<0.001	0.8~1.3
차량	축 베어링	35	100~150	100	700	0.001	1.8~2.0
증기터빈	메인베어링	$100^{\times}$~20△	400	2~10	1,500	0.001	1.0~2.0

| 표 8.11 | 베어링 설계자료(계속)

기계명	베어링	최대허용 압력 p (kg/cm^2)	허용 압력 속도 계수 pv ($kg/cm^2 \cdot m/s$)	적정 점도 η (cp)	최소허용 $\frac{\eta N}{p}$ $\left(\frac{cp \cdot rpm}{kg/cm^2}\right)$	표준 틈새비 φ	나비 지름비 l/d
발전기 전동기 원심펌프	회전자 베어링	$10^{\times}$~15^{+}	20~30	25	2,500	0.0013	1.0~2.0
전동축	경하중 자동조심 중하중	$2^{\times}$ $10^{\times}$ $10^{\times}$	10~20	25~60	1,400 400 400	0.001 0.001 0.001	2.0~3.0 2.5~4.0 2.0~3.0
면방기	스핀들	0.1	–	2	150,000	0.005	–
공작기계	메인베어링	2~5	5~10	40	15	〈0.001	1.0~2.0
인발기 전단기	메인베어링 크랭크 핀	$280^{\times}$ $550^{\times}$	–	100 100	–	0.001 0.001	1.0~2.0 1.0~2.0
압연기	메인베어링	200	500~800	50	140	0.0015	1.1~1.5
감속기어	베어링	5~100	30~100	30~50	500	0.001	2.4~4.0

주 1. $\frac{\eta N}{p}$을 무차원량으로 나타내려면, 표의 값에 1.7×10^{-10}을 곱해야 한다. 또, 설계의 기준으로 사용할 때에는 안전을 위하여 2~3배를 취한다.
2. 표의 기호 : +(비말 급유), ×(적하 또는 링 급유), △(강제 급유)

8.1.6 미끄럼 베어링의 재료

1. 베어링 메탈의 형상

베어링 메탈은 축의 베어링에 끼워져, 회전 할 때 마멸을 적게 하고 마멸되었을 때 베어링 메탈의 일부를 교환함으로써, 간단히 수리할 수 있도록 베어링 몸체에 베어링 메탈을 끼워 저널과 직접 접촉하도록 한다. 베어링 메탈을 원통형으로 만들면 제작비는 저렴하나, 마멸되었을 때 조절할 수 없다. 베어링 메탈은, 보통 마멸이 가장 적은 곳 또는 작용하는 압력 방향에 직각 되는 면에서 2개로 분할되며, 베어링 메탈의 교환에 편리하고 마멸에 대한 조절도 용이하다. 그림 8. 18에서 (a)와 같이 베어링 압력이 가장 적은 곳에 급유 구멍(oil hole)을 마련하고, 저널의 온 둘레에 급유하기 위하여 베어링 메탈 안쪽에 기름 홈(oil groove)을 만든다. 베어링 메탈의 두께 t와 길이 l를 구하면 대략 아래와 같다.

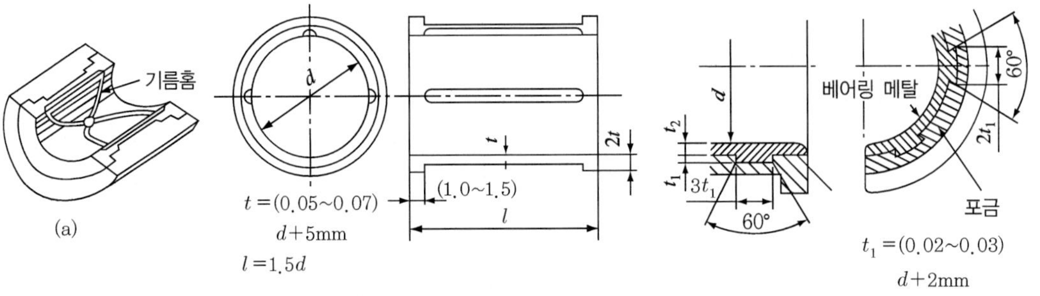

| 그림 8.18 | 베어링 메탈과 치수

$$\text{포금 또는, 황동} : t = 0.07d + 4\,\text{mm}$$

$$\text{주철} : t = \frac{8}{d} + 2.5\,\text{mm},$$

$$\text{화이트 메탈} : t = (0.02d + 2) \sim (0.03d + 3)\,\text{mm}$$

$$\text{일반} : l = (1 \sim 2.5)d, \ \text{고속} : l/d = 0.7$$

또, 화이트 메탈처럼 강도가 약한 재료는 청동, 주철, 주강 등을 백메탈(back metal)로 하고, 여기에 화이트 메탈을 라이닝하여 베어링 메탈로 사용한다. 그리고, 화이트 메탈의 마멸을 조정하기 위하여 분할된 사이에 얇은 황동판인 라이너(liner) 또는, 심(shim)을 여러 장 삽입하여 판의 두께를 조절함으로써, 저널과의 끼워맞춤을 적절히 조절한다.

2. 베어링 메탈의 재료

미끄럼 베어링은 축하중을 지지하므로, 회전중 유막이 양호한 상태이면 어떤 재료라고 좋으나, 불량한 상태가 되면 베어링 메탈과 축이 직접 접촉하게 되어 마멸될 뿐 아니라, 녹아붙임(seizure)이 생긴다. 따라서, 베어링 재료는 아래와 같은 성질을 갖추어야 한다.

① 하중에 잘 견디어야 하고, 충분한 강도와 강성을 가져야 한다.
② 접촉성이 좋아야 한다.
③ 마찰계수가 작아야 하고, 면압강도와 피로강도가 커야한다.
④ 마찰과 마멸이 작아야 한다.
⑤ 내식성이 좋아야 한다.
⑥ 제작, 수리가 용이해야 한다.

이들의 재료는 서로 상반되는 2가지 성질을 갖는 경우도 있다. 즉, 붙임성이 좋은 것은 일반적으로 연성의 금속에서 얻을 수 있는 성질로 면압강도 및 피로강도를 기대할 수 있다. 그러므로, 이 2가지 성질을 어느 정도 구비 할 수 있는 합금을 사용하는데 이런 합금은 공정

(eutectic)에 의하여 강도와 강성을 유지하며, 연한 모재의 공정은 기름을 보유하여 윤활 작용을 돕는다. 또, 반대로 경한 모재에 연한 합금 성분이 산재하는 조직도 유용하다. 베어링 재료로는 주로 금속이 사용되나, 용도에 따라 비금속 재료도 사용되고 있다.

(1) 주철

Fe-C-Si의 3원 합금으로 퍼얼라이트 또는, 페라이트에 편상 흑연이 석출된 조직으로 바탕은 비교적 굳기 때문에 마멸, 충격에 잘 견디는 성질을 가지고 있다. 특히, 흑연은 고체 윤활의 역할을 함으로서 오래 전부터 사용되어 왔으나, 축의 재료와 유사한 조직을 갖기 때문에 고속에서 녹아 붙고, 열전도가 나빠지는 결점도 있다. 따라서, 고속에서 많은 제한을 받으나, 저렴하고 가공이 쉬워서 저속 저압용 베어링 메탈로서 널리 이용되고 있다.

(2) 화이트 메탈

화이트 메탈(white metal)은 주석(Sn), 납(Pb), 아연(Zn) 등의 연한 금속을 주성분으로 하는 백색합금의 총칭으로서 길들임이 좋으며, 잘 녹아 붙지 않고, 윤활유의 흡착성이 높으며, 수리도 용이하다. 이와 같은 우수한 장점을 가지고 있어서 널리 사용된다. 화이트 메탈에는 주석(Sn)의 주성분에 구리(Cu) 3~10%, 안티몬(Sb) 3~15%를 포함하는 Sn기 화이트 메탈(tin base white metal)은 경도가 높고, 큰 하중에 잘 견디며 점성, 인성이 커서 주로 고속 베어링에 적합하다. 1893년에 배빗(Babbitt)이 연강과 청동 등의 백메탈(back metal) 내면에 이것을 라이닝(linning)해서 부싱(bushing)에 처음으로 사용하였으므로, “배빗 메탈(babbitt metal)”이라고도 한다. 또, Pb기 화이트 메탈(lead base white metal)은 납(Pb)을 주성분으로 하고 주석 5~10%, 안티몬(Sb) 10~20%를 함유하는 합금으로서, 유막의 구성력이 좋으며 마찰저항은 적으나, 비교적 연해서 주로 전동축 베어링에 사용된다.

(3) 카드뮴 합금

Cd 98.6%, Ni 1.4%(또는, Cu와 Ag)의 합금으로 내피로성과 내마모성이 우수하고, 화이트 메탈로서는 견디지 못하는 고부하에도 잘 견디므로 부하가 큰 내연기관, 압연기, 펌프 등에 주로 사용된다. 단점으로는, 열팽창 계수가 약간 크다는 것과 산성의 윤활유에 부식되기가 쉽다.

(4) 동 합금

베어링 메탈로서 가장 널리 사용되는 것으로, 연하고 축과 붙임성이 좋고 화이트 메탈에 비교하여 경도나 강도가 크다. 동합금에는 아래와 같은 종류들이 있다.

① 황동(brass) : 베어링 메탈로 사용되는 것은 주조용이고, 강성과 피로 강도가 비교적 높기 때문에 저속 및 고속・고하중에 적합하다.

② 포금(gun metal) : Cu–Sn–Zn의 합금으로 청동과 황동의 중간 성질을 가지며, 비교적 광범위한 속도와 하중의 경우에 사용되고 있다.

③ 청동(bronze) : 구리에 주석을 5~10% 함유한 것으로, 내마모성이 좋아서 중속・고압용 베어링 메탈로서 오래 전부터 널리 사용되어 왔다.

④ 연청동 : 청동에 납(Pb)을 5~10% 함유한 것으로, 점성을 증대시키고 윤활유의 윤활 능력을 크게 한 것으로, 베어링 메탈로서의 성질은 청동보다 훨씬 양호하다. 주로, 압연기의 베어링, 큰 차량용 베어링, 자동차 엔진의 베어링으로 사용된다.

⑤ 알루미늄 청동 : 고압, 내충격용으로 사용되나, 마찰에 의해서 생기는 산화 피막 때문에 축이 손상되는 결점이 있다.

⑥ 베릴늄 청동 : 고속용으로는 부적당하지만, 강도나 강성이 요구되는 곳에 사용하며 열전도가 우수하고, 매우 단단하다.

⑦ 켈밋(kelmet) : 구리에 납을 20~40% 첨가한 것으로 합금이라고는 하지만, 단순한 기계적인 혼합물로 보아야 한다. 연강제의 백메탈 안쪽에 융착 시킨 다음에, 내면을 다듬어 사용한다. 열전도도가 좋고, 내압성이 뛰어나 항공기용 가솔린 기관이나, 고속 디젤기관의 베어링으로서 널리 사용된다.

(5) 함유(含油) 베어링 메탈

분말야금에 의한 성형 소결한 베어링으로서 오일리스 베어링(oiliess bearing)이라고도 한다. 금속가루를 가공 소결 한 뒤, 기름 속에 적당한 시간 담가 두어 입자간의 공간에 윤활유를 함유시킨 것이다. 주로 전기시계, 음향 기기, 인쇄기 등 급유가 곤란한 곳에 사용한다.

(6) 비금속 재료

비금속 베어링 재료로는 흑연, 플라스틱(plastics), 목재, 고무 및 보석 등이 있다. 특히, 유명한 것은 열대산 목재인 리그넘바이티(lignum vitae)인데, 재질이 굳고 지방분이 풍부해서 선박의 프로펠라, 펌프, 수차 등의 베어링으로 사용된다. 또, 경질고무와 플라스틱 재료(나일론, 테프론 등)는 윤활성과 내마모성이 좋고, 경계 윤활성이 좋기 때문에 사용 목적에 따라 편리하게 사용할 수 있으나, 열에 약하고 열 팽창이 큰 단점이 있다. 표 8. 12과 표 8. 13은 베어링 재료로 사용되는 금속과 비금속 재료의 기계적인 성질을 나타내었다.

| 표 8.12 | 베어링 재료(금속)의 기계적 성질

재 료	경도 (H_B)	축의 최소경도 (H_B)	최대 허용압력 (kg/cm^2)	최고 허용온도 (℃)	내열성 ※	윤활성 ※	내식성 ※	피로강도 ※
청동	50~100	200	70~200	200	3	5	1	1
황동	80~150	200	70~200	200	3	5	1	1
인청동	100~200	300	150~600	250	5	5	1	1
Sn화이트메탈	20~30	〈150	60~100	150	1	1	1	5
Pb화이트메탈	15~20	〈150	60~80	150	1	1	3	5
Al 합금	45~50	300	280	100~150	5	3	1	2
연동	20~30	300	100~180	170	2	2	5	3
연청동	40~80	300	200~320	220~250	3	4	4	2

비고 ※는 순위를 나타내며, 1이 제일 좋은 것이다.

| 표 8.13 | 베어링 재료(비금속)의 기계적 성질

베어링 재료	최대 허용 압력 (kg/cm^2)	최고 허용 온도 (℃)	최대 속도 (m/sec)	최대 허용 압력 속도 계수 pv (kg/cm^2 · m/sec)
고무	4	70	5	40~80
카아본크래파이트	40	350	41	40~80
페놀수지	350	100	14	40~80
나일론	70	100	3	10~15
테프론	35	250	1.5	25~50
목재	150	70	10	40~80

8.1.7 베어링의 윤활 방법

베어링에 작당한 양의 윤활유를 공급하여, 항상 일정한 유막을 형성해야 마멸을 방지하고, 베어링의 수명을 연장할 수 있다. 베어링의 윤활법은 아래와 같은 방법들이 주로 사용된다.

1. 손급유

구멍을 만들어 필요에 따라 기름을 넣는 기구로 주유 하는 것으로 경하중, 저속도의 간단한 베어링에만 사용된다.

2. 적하급유(drop lubrication)

그림 8. 19와 같이 오일 컵으로부터 미세한 구멍에 기름을 낙하시켜 기름을 공급하는 방

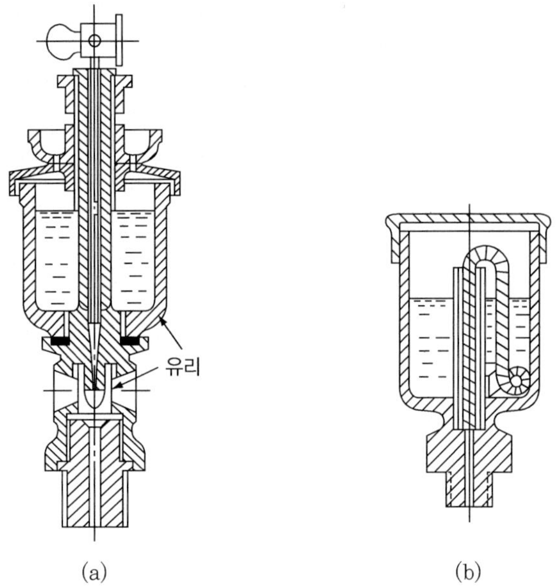

| 그림 8.19 | 적하급유

식으로, 원주 속도가 4~5m/s까지의 경하중용으로 사용된다. 그림 8.19의 (a)는 밸브에 의해서 적하 구멍의 크기를 조절하여 주유 하므로, 오일 컵이 적하부 밖에 있으므로 확인이 잘되어 널리 사용한다. 그림 (b)는 심지의 모세관 작용에 의하여 기름을 상승시켜 급유관을 통하여 적하 급유하는 방식이다.

3. 패드급유(pad lubrication)

그림 8. 20과 같이 오일 통속에 모세혈관 작용을 하는 패드(pad)를 넣어, 스프링에 의하여 축에 밀어 붙여서 급유하는 방식으로, 철도 차량에 주로 사용된다.

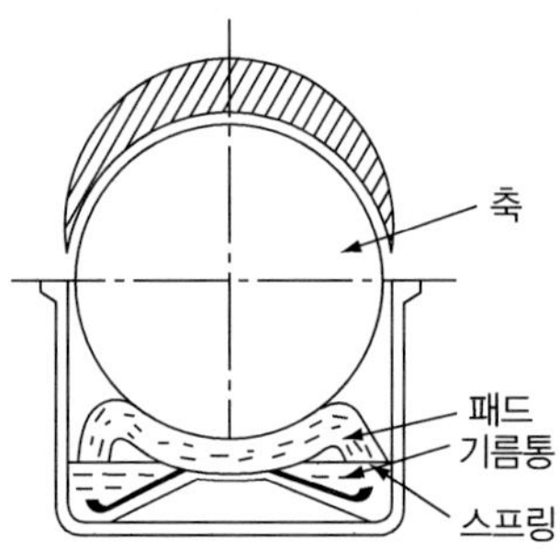

| 그림 8. 20 | 패드급유

4. 침적급유(immersion lubrication)

베어링 부분을 기름 속에 담그는 방법인데, 주위를 밀폐시켜야 하므로 수평형 베어링에는 부적당하며, 수직형 스러스트 베어링과 기어박스(gear box) 속의 베어링 등에 사용된다.

5. 오일링 급유(oil ring lubrication)

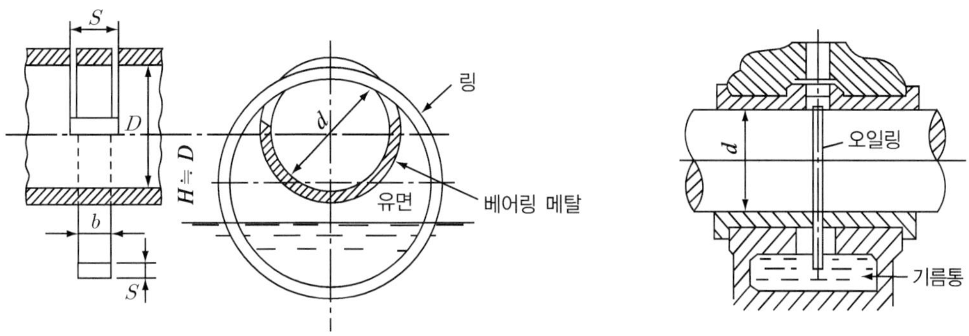

| 그림 8. 21 | 오일 링 급유

주로 수평형 베어링에 사용되는 방법으로, 그림 8. 21과 같이 베어링 저부에 기름을 채우고 저널에 오일링(oil ring)을 걸어두면, 축의 회전과 더불어 오일링도 회전하여 기름을 저널의 상부로 공급한다. 이 방법은 간단하고, 장시간 급유가 계속되므로 널리 사용되나, 회전수가 적당하지 않으면 부적당하다. 오일 링의 비례치수는 대략 아래와 같다.

- 링의 안지름 : $D = 1.2d + 30\text{mm}$
- 링의 두께 : $t = 3 \sim 6\text{mm}$
- 링의 폭 : $B = 0.1d + 6\text{mm}$

여기서, d는 저널의 지름(mm)

또, 링 수는 저널의 길이에 맞게 정하는데, 일반적으로 1,5~$2d$에는 1개, 그 이상은 2개를 사용한다.

6. 튕김 급유(splash lubrication)

그림 8. 22와 같이 내연 기관의 크랭크축에 급유할 때 사용하는 방법으로, 크랭크축이 회전할 때 기름을 튕겨 급유하는 방법이다.

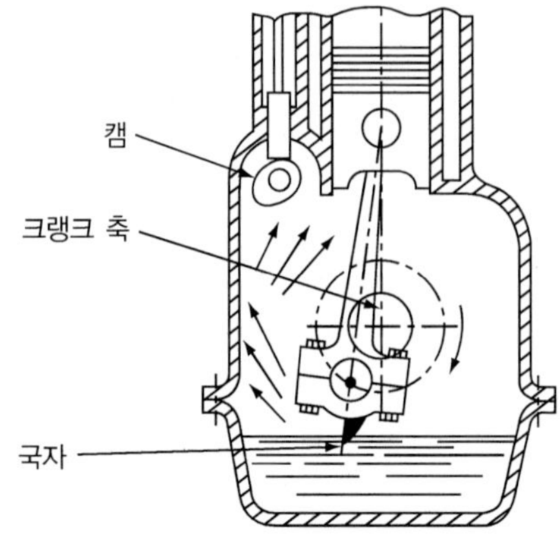

|그림 8.22| 튕김 급유

7. 순환 급유(circulating lubrication)

이 방식은 고속 내연기관, 증기 터빈, 공작기계 등에 주로 사용되는 급유법으로, 중력을 이용하는 방법과 강제 압력에 의한 방법이 있다. 앞의 방법을 "중력 급유법"이라고 하는데, 어느 높이에 있는 윤활유 탱크에서 분배관을 통하여 윤활유를 각 베어링에 보내며, 베어링에서 유출된 기름은 아래 부분에 모여, 펌프에 의해 다시 윤활유 탱크로 되돌아간다. 강제 압력에 의한 것은 오일 펌프, 플렌지 펌프 등에 의하여 압송 급유하는 것으로, 베어링에서 유출된 윤활유는 다시 처음의 펌프로 되돌아가 순환 급유가 이루어진다. 이 방식은 다수의 베어링에 균일하게 주유 할 수 있어 최근의 고급 베어링에서는 모두 이 방법을 적용하고 있다.

8. 그리스 급유(grease lubrication)

그림 8.23과 같이 베어링의 기름 구멍에 그리스 컵(grease cup)을 끼우고 이 컵속에 그리스를 채워 넣고, 덮개를 나사로 고정함으로써 그리스에 압력을 주어 베어링의 온도 상승에 의해 녹아 베어링 면에 흘러가도록 한 것이다. 주로 저속 베어링에 사용된다.

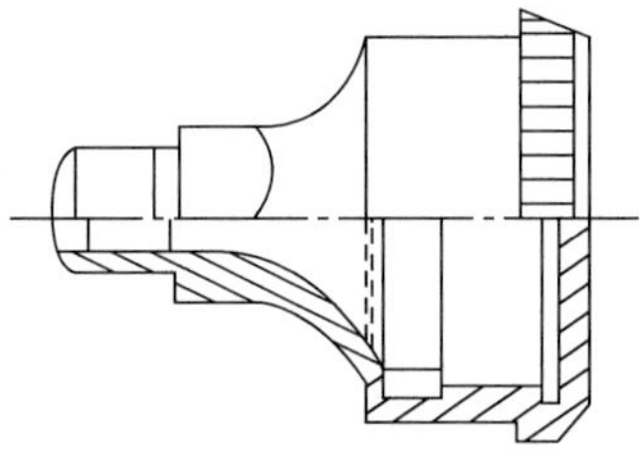

|그림 8.23| 그리스 급유

8.2 구름 베어링

구름 베어링(rolling bearing)은 그림 8. 24와 같이 외륜(outer race), 내륜(inner race)으로 이루어진 외도륜과 그 사이에 리테이너(retainer)로 적당한 간격을 유지하고 있는 볼(ball) 또는, 롤러(roller)인 전동체로 구성되어 있다. 구름 베어링은 전동체가 구형인 것을 볼 베어링(ball bearing), 원통형인 것을 롤러 베어링(roller bearing)이라고 하고, 작용하중의 방향에 따라 레이디얼 베어링과 스러스트 베어링으로 구분되며, 레이디얼 베어링은 어느 정도의 스러스트 부하능력이 있으나, 스러스트 베어링은 일반적으로 레이디얼 부하능력은 없다. 롤러 베어링은 롤러의 형상에 따라 원통 롤러 베어링(cylindrical roller bearing), 테이퍼 롤러 베어링(taper roller bearing), 구면 롤러 베어링(spherical roller bearing) 및 리들 롤러 베어링(needle roller bearing) 등으로 구분한다. 또, 전동체의 열 수에 따라 1열인 것을 단열(single row), 2열인 것을 복렬(double row)이라고 부르고, 베어링의 안지름이 10mm 미만이고, 바깥지름이 9mm 이상인 것을 소형 베어링, 바깥지름이 9mm 미만인 것을 미니어춰 베어링(miniature bearing)이라고 한다.

구름 베어링은 미끄럼 베어링에 비해서 마찰계수가 적어서 과열의 염려가 없고, 고속회전이 가능하다. 축심의 벗어남이 적고, 베어링 길이가 짧아 기계를 소형으로 할 수 있는 장점이 있다.

또, 표 8. 14는 구름 베어링의 종류와 표 8. 15는 미끄럼 베어링과 구름 베어링의 기계적인 차이점을 나타내었다.

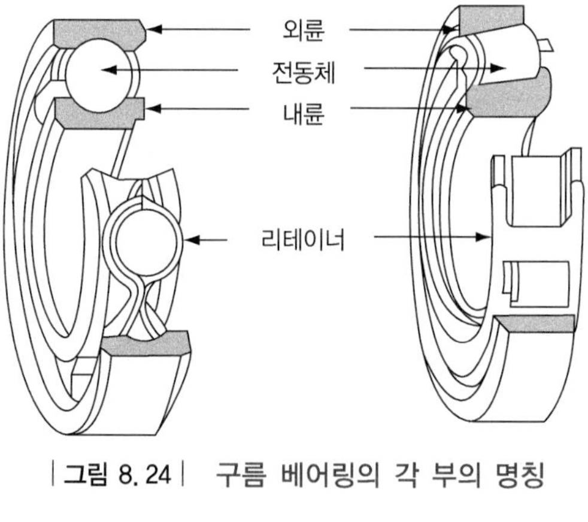

| 그림 8. 24 | 구름 베어링의 각 부의 명칭

| 표 8.14 | 구름 베어링의 종류

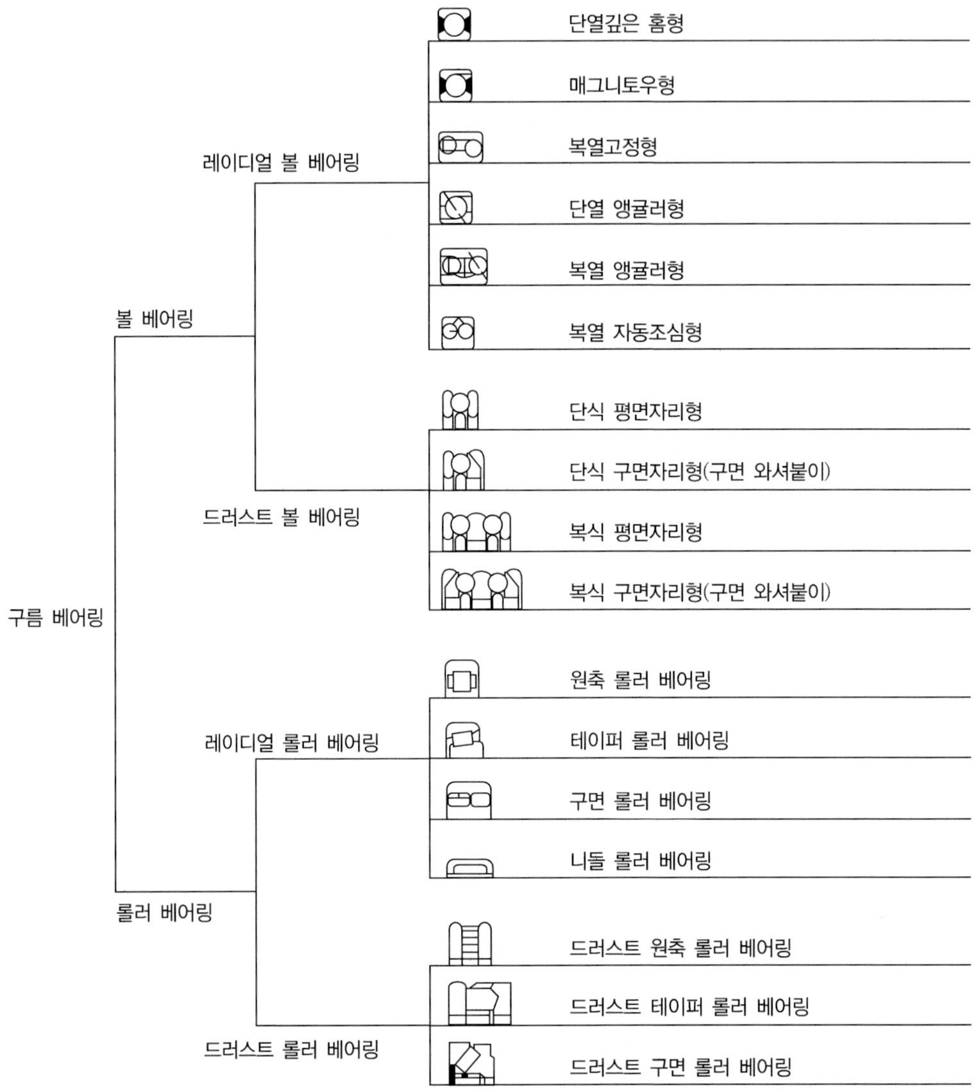

* 레이디얼 볼 베어링 : 일반적으로 더 빠른속도에 견딜 수 있음.
* 레이디얼 롤러 베어링 : 일반적으로 더 큰 하중을 견딜 수 있음.

| 표 8.15 | 미끄럼 베어링과 구름 베어링의 비교

항목 \ 종류	미끄럼 베어링	구름 베어링
마찰특성	마찰계수가 크고 특히, 기동 마찰이 크다.	마찰이 적으며, 기동 마찰도 적다. 회전 수, 하중, 온도 등에 의한 마찰계수의 변화가 적다.
부하특성	속도가 증가할수록 부하용량이 커진다.	속도가 증가하면, 부하 용량은 커진다.
온도특성	비교적 저 용융금속을 쓰며, 윤활유는 내열성이 낮기 때문에 100℃ 이상은 곤란하다.	온도의 영향이 적어 100℃ 이상 고온에서도 성능 저하가 적다.
정 도	유막이 존재하므로 틈이 있어야 한다.	하중에 의한 전동체의 변형이 생긴다.
수 명	보수가 용이하므로 수명은 거의 영구적이다.	반복 응력을 받기 때문에 수명이 짧다.
설 치	간단하다.	내외륜의 끼워맞춤에 주의가 필요하다.
경제성	저렴하다.	고가이다.

8.2.1 구름 베어링의 종류

1. 레이디얼 베어링

(1) 단열 레이디얼 볼 베어링(single row radial ball bearing)

구조가 간단하고, 고정밀도로 제작되어 고속 회전에도 적합하여, 구름 베어링 중에서 가장 많이 사용하는 베어링으로서, 궤도는 외륜, 내륜 모두 원호 모양의 깊은 홈(deep groove)이 있다. 그림 8. 25는 단열 레이디얼 볼 베어링의 구조를 나타내었다.

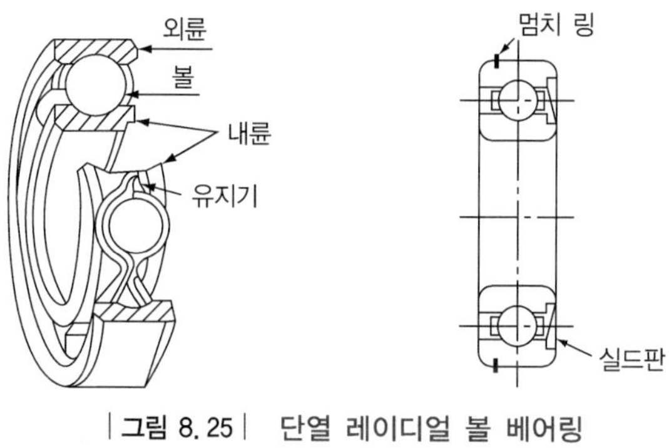

| 그림 8. 25 | 단열 레이디얼 볼 베어링

(2) 단열 앵귤러 볼 베어링(single row angular contact ball bearing)

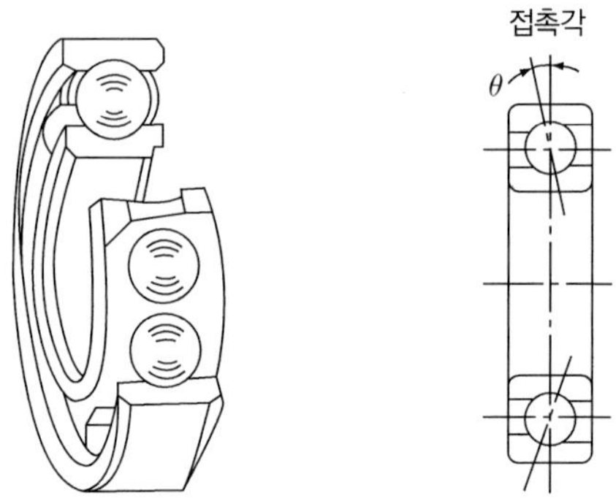

| 그림 8. 26 | 단열 앵귤러 볼 베어링

그림 8. 26과 같이 볼과 내·외륜과의 접촉점을 잇는 직선이 레디얼 방향에 대해서 어느 각도를 이루고 있는 베어링으로서, 이 각도를 접촉각(contact angle)이라고 한다. 구조상 레디얼 하중 외에 한 방향의 스러스트 하중을 받는 경우에 적합하고, 접촉각이 클수록 스러스트 부하 능력이 증가한다. 또, 깊은 홈형보다도 볼의 수를 많이 할 수 있으므로 부하 능력도 비교적 크고, 볼이 복렬로 된 복렬 앵귤러 볼 베어링은 접촉각의 방향이 서로 반대로 되어 있으므로, 양방향의 스러스트 부하 능력을 갖는다.

(3) 복렬 자동조심형 레이디얼 볼 베어링(self-aligning double row radial ball bearing)

그림 8. 27과 같이 외륜의 궤도면이 구면으로 되어 있고, 그 중심이 베어링 중심과 일치하기 때문에, 자동적으로 중심을 맞출 수 있다. 즉, 축이나 베어링 하우징의 공작이나 설치시 생기기 쉬운 축심의 어긋남을 자동적으로 조절할 수 있어서, 베어링에 무리한 힘이 작용하지 않는다. 그러나, 스러스트 부하능력은 크지 않다.

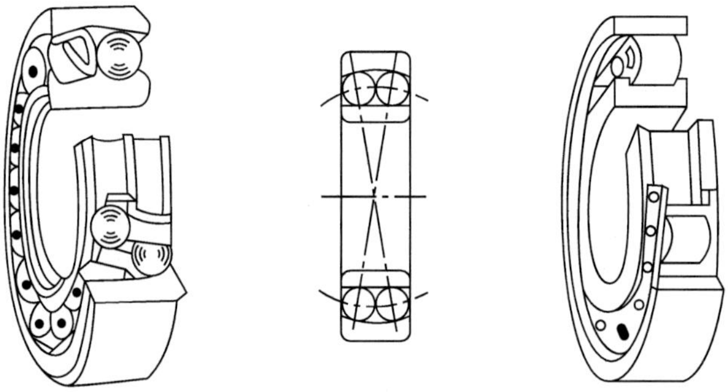

| 그림 8. 27 | 복렬 자동 조심형 레이디얼 볼 베어링

(4) 원통 롤러 베어링(cylindrical roller bearing)

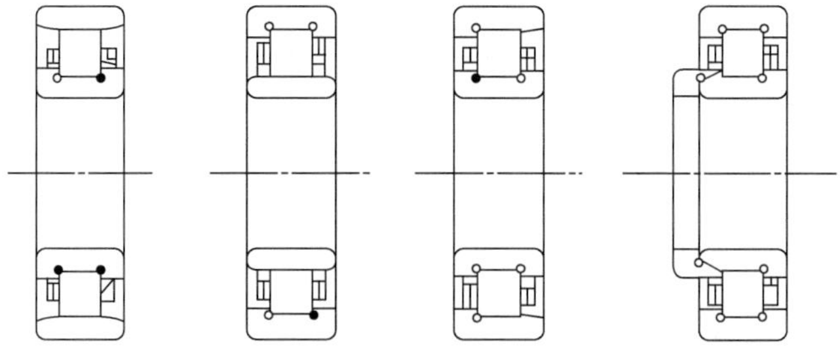

|그림 8. 28| 원통 롤러 베어링

그림 8. 28과 같이 전동체로서 원통 롤러를 사용하는 베어링으로 궤도륜과 선접촉을 하므로 볼 베어링보다 레이디얼 방향의 부하용량이 크며, 중하중과 고속회전에 적합하다. 롤러는 내륜 또는 외륜의 턱(shoulder)에 의하여 안내되며, 턱이 한쪽 궤도륜에 있으면 축이 축방향으로 어느정도 이동이 가능하다.

(5) 테이퍼 롤러 베어링(taper roller bearing)

전동체로 테이퍼 롤러를 사용한 베어링으로 내륜, 외륜 및 롤러 원추의 정점이 축선상의 한 점에 집중되며, 롤러는 내륜의 턱에 의하여 안내된다. 따라서, 레디얼 하중과 스러스트 하중의 합성 하중에 대한 부하 능력은 커지며, 순 레디얼 하중이 작용하는 경우에는 축방향의 분력이 생기므로, 보통 2개를 서로 상대시켜서 사용한다. 그림 8. 29는 테이퍼 롤러 베어링의 구조를 나타내었다.

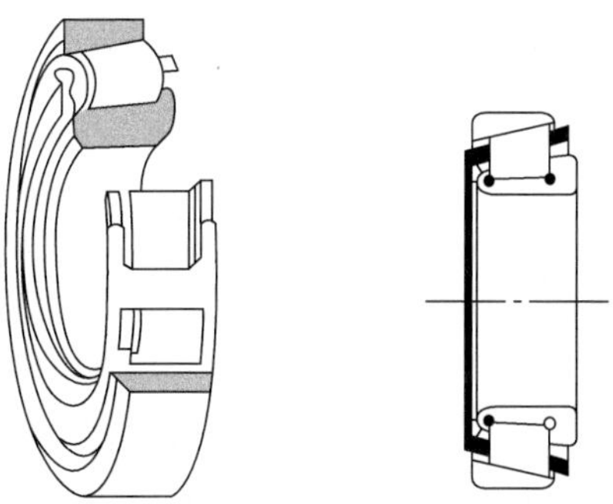

|그림 8. 29| 테이퍼 롤러 베어링

(6) 구면 롤러 베어링(spherical roller bearing)

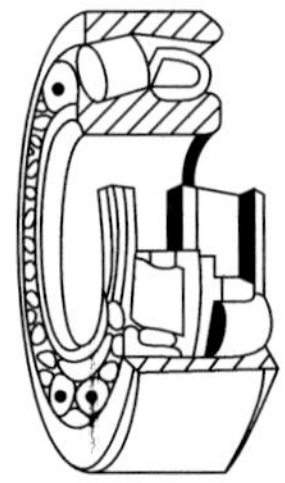

| 그림 8. 30 | 구면 롤러 베어링

그림 8. 30과 같이 표면이 구면으로 되어 있는 롤러를 전동체 사용한 것으로서, 자동 조심 작용이 있어 축심의 어긋남을 자동적으로 조절한다. 레디얼 부하 용량이 크고, 구면을 이용하여 양방향의 스러스트 하중에도 견딜 수 있으므로, 중하중 및 충격 하중에 적합하다.

(7) 니들 롤러 베어링(needle roller bearing)

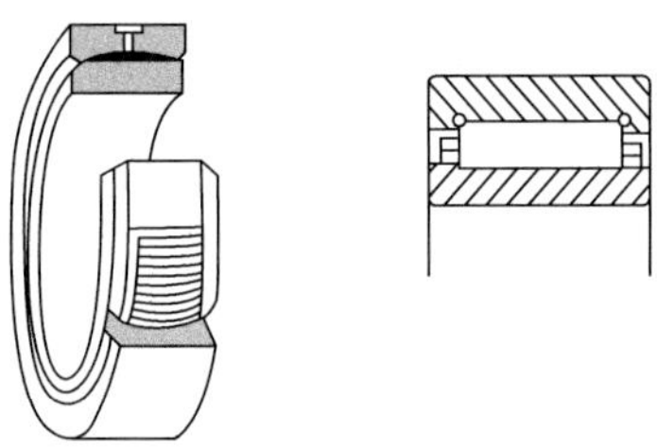

| 그림 8. 31 | 니들 롤러 베어링

이 베어링은 그림 8. 31과 같이 지름 5mm 이하의 바늘 모양의 롤러를 사용한 것으로서, 일반적으로 리테이너가 없으며, 내외륜이 있는 것과 내륜이 없고 축에 직접 접촉하는 구조의 것이 있다. 주로 축지름에 비하여 바깥지름이 작고, 단위 면적마다의 부하 용량이 커서 다른 롤러 베어링을 사용할 수 없는 좁은 장소나, 충격 하중이 작용하는 곳에 사용한다.

2. 스러스트 베어링

(1) 스러스트 볼 베어링(thrust ball bearing)

스러스트 하중만을 받는 베어링으로 고속 회전에는 부적합하다. 그림 8-32와 같이 한쪽 방향의 스러스트 하중만을 받을 수 있는 단식(single direction)과 양쪽 방향의 스러스트 하중을 받을 수 있는 복식(double direction)이 있다. 단식에서는 회전륜과 고정륜 사이에 볼을 넣어 사용하고, 한 방향의 스러스트를 받는 경우에만 사용하며, 고속 회전에는 부적합하다.

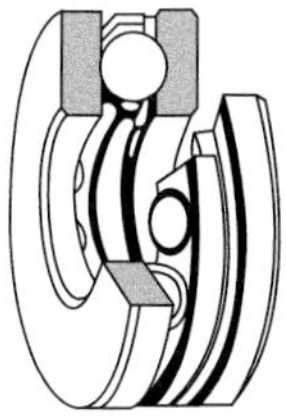

(a) 단식 스러스트 볼 베어링

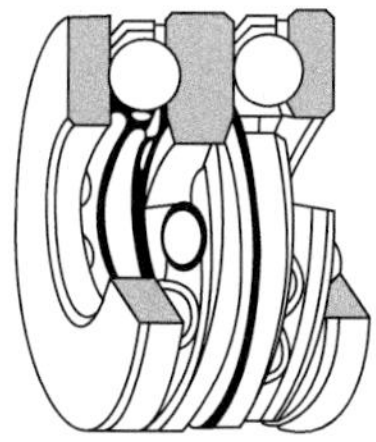

(b) 복식 스러스트 볼 베어링

| 그림 8. 32 | 스러스트 베어링

복식에서는 상하에 고정륜, 중간에 회전륜이 있으며, 고정륜과 회전륜 사이에는 볼이 있고, 축은 회전륜에 부착된다.

(2) 스러스트 구면 롤러 베어링(thrust spherical roller bearing)

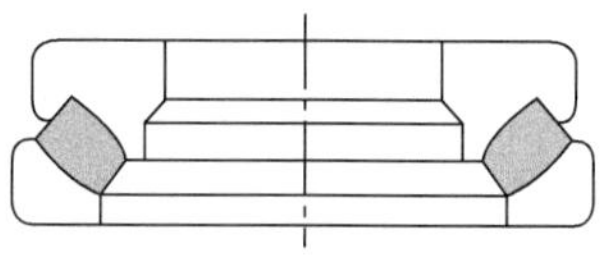

| 그림 8. 33 | 스러스트 구면 롤러 베어링

구면 롤러는 그림 8. 33과 같이 접촉각 40~50°정도로 경사 시켜서 배열한 것으로서 고하중에는 내구성이 크지만, 고속 회전에는 부적당하다. 궤도면은 구면이므로, 자동 조심 작용을 한다.

8.2.2 구름 베어링의 주요치수와 호칭번호

구름 베어링은 종류나 크기에 있어서 매우 다양하고, 복잡하므로 국제 협약에 의하여 호칭번호와 주요치수를 통일하여 사용하고 있으며, ISO에 준하여 KS에 표준화하였다.

1. 주요치수

그림 8. 34와 같이 베어링의 안지름 d, 베어링 바깥지름 D, 폭 B 또는 높이 H, 모따기 γ 등의 윤곽을 표시하는 치수로서, 베어링을 축 및 몸체에 끼울 때 필요한 베어링의 치수를 말한다. 이때 볼이나 롤러와 리테이너 등의 치수는 포함하지 않는다.

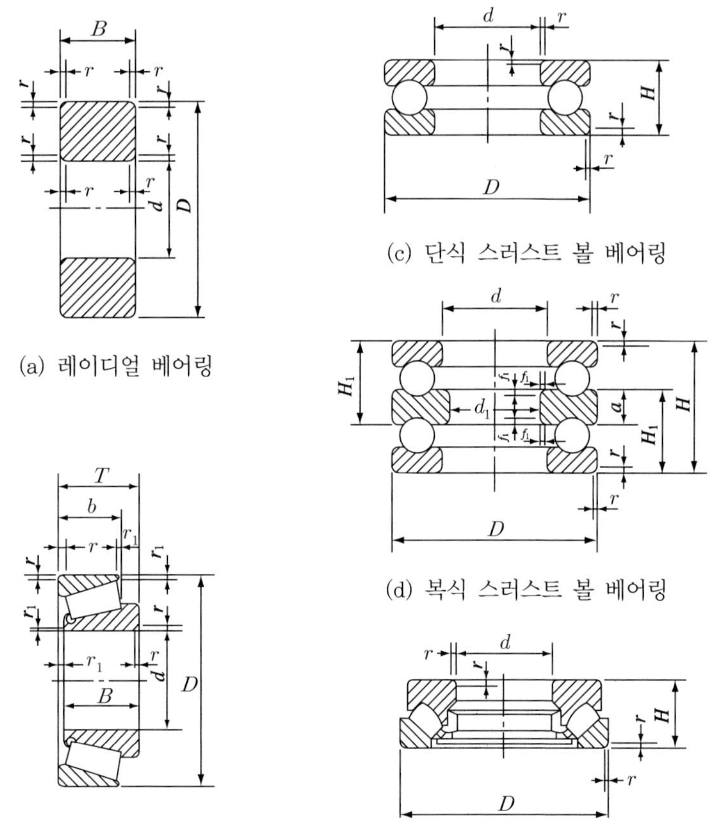

(a) 레이디얼 베어링
(b) 레이디얼 롤러 베어링
(c) 단식 스러스트 볼 베어링
(d) 복식 스러스트 볼 베어링
(e) 스러스트 롤러 베어링

| 그림 8. 34 | 각종 베어링의 주요 치수 표시법

(1) 지름계열(diameter series)

베어링의 안지름에 대하여 베어링의 바깥지름의 계열을 나타내는 것으로 7, 8, 9, 0, 1, 2, 3 및 4의 8계열이 있고, 이 순서로 바깥지름이 커지며, 클수록 중하중에 견딘다.

(2) 폭 또는 높이계열(width series)

같은 베어링의 안지름과 바깥지름을 기준으로 하여 폭(또는 높이)의 크기를 나타내는 것으로 8, 0, 1, 2, 3, 4, 5 및 6의 8계열이 있다. 이 순서로 나비가 커지며, 클수록 중하중에 견딘다.

(3) 치수계열(dimension series)

안지름을 기준으로 하고, 바깥지름 및 폭(높이)을 단계적으로 정한 치수의 계열로서, 폭(높이)과 지름을 표시하는 숫자로 조합하여 그림 8. 35와 같이 나타낸 것을 말한다. 아래의 그림에서 나비계열이 8이고, 지름계열이 3인 경우에는 치수계열은 83이고, 나비계열이 5이고, 지름계열이 8일 경우에는 치수계열은 58이 된다.

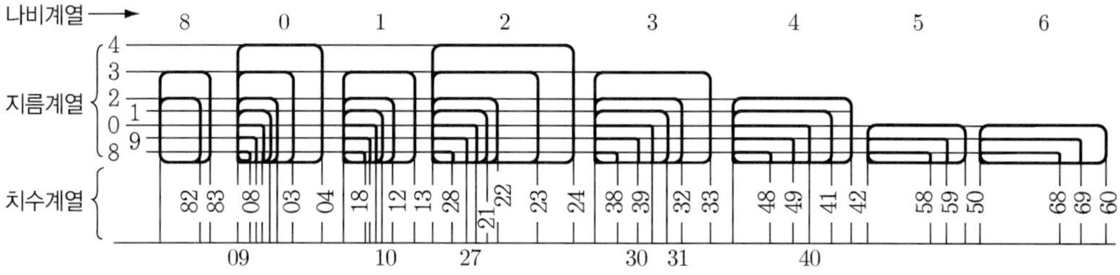

| 그림 8. 35 | 구름 베어링의 치수기호

2. 호칭번호

구름 베어링의 호칭번호는 베어링의 형식, 주요치수와 그 밖의 사항을 표시하며, 기본번호와 보조기호로 구성되고, 그 배열은 표 8. 16에 따른다. 여기서, 호칭번호는 숫자와 글자로 나타내며, 이것은 각각 숫자와 영문자의 대문자를 써서 나타낸다.

| 표 8. 16 | 호칭번호의 계열(KS B 2012)

기본 번호			보조 기호					
베어링 계열번호	안지름 번호	접촉각 기호	내부 치수	실 기호 또는 실드기호	궤도륜 모양기호	조합 기호	내부틈새 기호	등급 기호

(1) 베어링 계열기호(series number)

베어링의 계열기호는 베어링의 형식(접촉각은 제외)과 치수계열을 나타내며, 표 8. 17에 따른다.

(2) 안지름 번호(bore diameter number)

안지름 번호는 베어링의 안지름 치수를 나타내는 것으로 표 8. 18에 따른다.

| 표 8.17 | 구름 베어링의 계열기호

베어링형식						단면약도	형식기호	치수계열	베어링 계열기호
레이디얼 볼 베어링	레이디얼 콘택트 베어링	깊은홈 볼베어링	단열	비분리형	홈없음	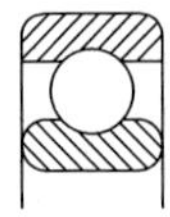	6	18 19 10 02 03 04	68 69 60 62 63 64
레이디얼 볼 베어링	앵귤러 콘택트 베어링	앵귤러 볼베어링	단열	비분리형	홈없음	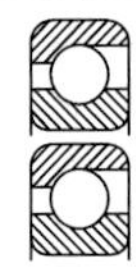	7	10 02 03 04	70 72 73 74
레이디얼 볼 베어링	앵귤러 콘택트 베어링	자동조심 볼베어링	복열	비분리형	외륜궤도면 구면	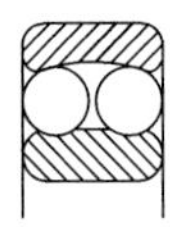	1	02 03	12 13
							2	22 23	22 23
레이디얼 롤러 베어링	레이디얼 콘택트 베어링	원통 롤러 베어링	단열	분리형	외륜양쪽턱붙이 / 내륜턱없음	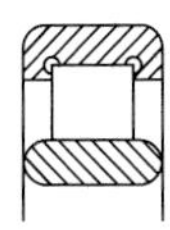	NU	10 02 22 03 23 04	NU 10 NU 2 NU 22 NU 3 NU 23 NU 4
					외륜양쪽턱붙이 / 내륜한쪽 턱붙이	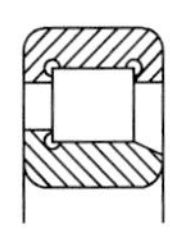	NJ	02 22 03 23 04	NJ 2 NJ 22 NJ 3 NJ 23 NJ 4
					외륜양쪽턱붙이 / 내륜한쪽 턱붙이 / 턱륜조합	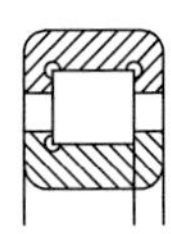	NUP	02 22 03 23 04	NUP 2 NUP 22 NUP 3 NUP 23 NUP 4
					외륜양쪽턱붙이 / 내륜한쪽 턱붙이 / L형턱륜조합	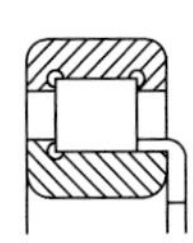	NH	02 22 03 23 04	NH 2 NH 22 NH 3 NH 23 NH 4
					내륜양쪽턱붙이 / 외륜턱없음	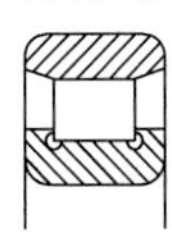	N	02 03 04	N 2 N 3 N 4
					내륜양쪽턱붙이 / 외륜한쪽턱붙이	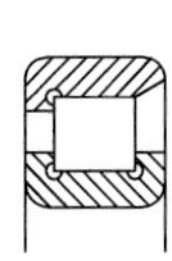	NF	02 03 04	NF 2 NF 3 NF 4

| 표 8.17 | 구름 베어링의 계열기호(계속)

베어링형식							단면약도	형식기호	치수계열	베어링 계열기호
레이디얼 롤러 베어링	레이디얼 콘택트 베어링	원통 롤러 베어링	복열	분리형	내륜턱붙이	외륜턱없음	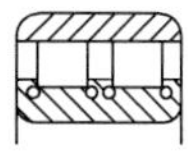	NN	30	NN 30
		솔리드형 니들 롤러 베어링	단열		내륜붙이 / 내륜턱없음	외륜양쪽턱붙이	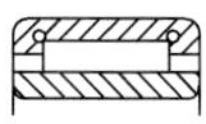	NA	48 49	NA 48 NA 49
					내륜없음 / -		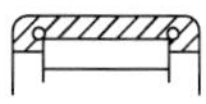	RNA	-	RNA 48[1] RNA 49[1]
	앵귤러 콘택트 베어링	원추 롤러 베어링			-			3	20[2] 02[2] 22[2] 03[2] 23[2]	320 302 322 303, 303D 323
		자동 조심 롤러 베어링	복열	비분리형	외륜궤도면구면		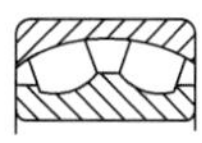 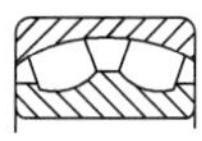	2	30 31 22 32 03 23	230 231 222 232 213 223
스러스트 볼 베어링	액시얼 콘택트 베어링	평면자리 스러스트 볼 베어링	단식	분리형	평면자리형	-	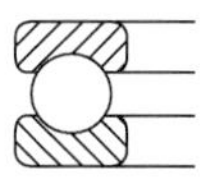	5	11 12 13 14	511 512 513 514
			복식			-	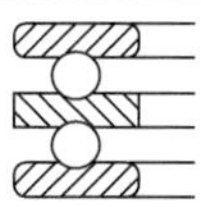		22 23 24	522 523 524
스러스트 롤러 베어링	앵귤러 콘택트 베어링	스러스트 자동 조심 롤러 베어링	단식			외륜궤도면구면	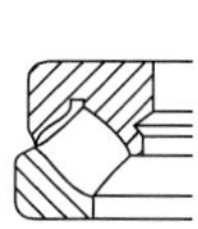	2	92 93 94	292 293 294

주 [1]베어링 계열 NA 48 및 49의 베어링에서 내륜을 제외한 베어링의 베어링 계열기호이다.

[2]KS B 2013에 규정하는 원추 롤러 베어링의 2란의 치수계열이다.

또한 그 1란의 치수계열에 의한 베어링 계열기호는 규정하지 않는다.

| 표 8.18 | 구름 베어링의 안지름 번호

호칭 베어링 안지름 (mm)	안지름 번호	호칭 베어링 안지름 (mm)	안지름 번호	호칭 베어링 안지름 (mm)	안지름 번호	호칭 베어링 안지름 (mm)	안지름 번호	호칭 베어링 안지름 (mm)	안지름 번호
0.6	/0.6[1]	25	05	105	21	360	72	950	/950
1.0	1.0	28	/28	110	22	380	76	1000	/1000
1.5	/1.5[1]	30	06	120	24	400	80	1060	/1060
2.0	2.0	32	/32	130	26	420	84	1120	/1120
2.5	/2.5[1]	35	07	140	28	440	88	1180	/1180
3.0	3.0	40	08	150	30	460	92	1250	/1250
4.0	4.0	45	09	160	32	480	96	1320	/1320
5.0	5.0	50	10	170	34	500	/500	1400	/1400
6.0	6.0	55	11	180	36	530	/530	1500	/1500
7.0	7.0	60	12	190	38	560	/560	1600	/1600
8.0	8.0	65	13	200	40	600	/600	1700	/1700
9.0	9.0	70	14	220	44	630	/630	1800	/1800
10.0	00	75	15	240	48	670	/670	1900	/1900
20.0	01	80	16	260	52	710	/710	2000	/2000
15.0	02	85	17	280	56	750	/750	2120	/2120
17.0	03	90	18	300	60	800	/800	2240	/2240
20.0	04	95	19	320	64	850	/850	2360	/2360
22.0	/22	100	20	340	68	900	/900	2500	/2500

주 [1]는 다른 약호를 사용할 수 있다.

i) 10mm 미만의 것은 안지름 치수를 그대로 안지름 번호로 쓰고 있다.

ii) 안지름이 10mm 이상에서 20mm 미만의 것에서는 안지름 번호 00은 10mm, 01은 12mm, 02는 15mm, 03은 17mm를 나타낸다.

iii) 안지름이 20mm 이상 500mm 미만일 때는 안지름을 5로 나눈 수를 안지름 번호(2자리)로 한다.

iv) 500mm 이상의 것이나 또는 중간 치수의 22, 28, 32는 그 안지름 치수를 표시하는 숫자의 앞에 사선을 그어 /28, /32와 같이 표시한다.

이상에서 구름 베어링의 호칭번호는 베어링 계열번호, 안지름 번호를 순서대로 조합하여 4자리 또는 5자리 숫자나 기호로 표시한다.

(3) 접촉각 기호(contact angle number)

접촉각은 내, 외륜과 볼의 접촉점을 연결하는 직선이 레이디얼 방향과 이루는 각도로 표시되며, 표 8.19와 같이 호칭 접촉각에 대한 기호로 나타내되, 해당하는 것만을 기입한다.

| 표 8.19 | 접촉각 기호

베어링 형식	호칭 접촉각	접촉각 기호
단열 앵귤러 볼 베어링	10° 초과 22° 이하	C
	22° 초과 32° 이하 (보통 30°)	※ A(생략가능)
	32° 초과 45° 이하 (보통 40°)	B
단열 원추 롤러 베어링	24° 초과 32° 이하	D

(4) 보조기호(supplementary number)

표 8. 20과 같이 숫자 또는 문자로 표시하고 리테이너(retainer)기호, 실 또는 실드기호, 궤도륜 형상기호, 조합기호, 틈새기호, 등급기호의 순으로 표시하되 해당하는 것만을 기입한다. 이 표의 이외의 기호를 사용하는 경우에는 해당자들 사이의 협정에 따른다.

| 표 8.20 | 보조기호

<table>
<tr><th colspan="2">리테이너 기호</th><th colspan="2">실기호 또는 실드기호</th><th colspan="2">궤도륜 형상기호</th><th colspan="2">조합기호</th><th colspan="2">틈새기호</th><th colspan="2">등급기호</th></tr>
<tr><th>기호</th><th>내용</th><th>기호</th><th>내용</th><th>기호</th><th>내용</th><th>기호</th><th>내용</th><th>기호</th><th>내용</th><th>기호</th><th>내용</th></tr>
<tr><td rowspan="9">V</td><td rowspan="9">리테이너 없음</td><td>UU ※</td><td>양쪽실</td><td rowspan="3">K</td><td rowspan="3">내륜 테이퍼 구멍 (기준 테이퍼 1 /12)</td><td rowspan="3">※※ DB</td><td rowspan="3">배면 조합</td><td>C1</td><td>C2 보다 작다</td><td rowspan="2">무 기호</td><td rowspan="2">0급</td></tr>
<tr><td rowspan="2">U※</td><td rowspan="2">한쪽실</td><td rowspan="2">C2</td><td rowspan="2">보통 틈새 보다 작다</td></tr>
<tr><td rowspan="2">P6</td><td rowspan="2">6급</td></tr>
<tr><td rowspan="3">ZZ</td><td rowspan="3">양쪽실</td><td rowspan="3">N</td><td rowspan="3">스냅링 홈붙히기</td><td rowspan="3">※※ DF</td><td rowspan="3">정면 조합</td><td rowspan="2">무 기호</td><td rowspan="2">보통 틈새</td></tr>
<tr><td rowspan="3">P5</td><td rowspan="3">5급</td></tr>
<tr><td>C3</td><td>보통 틈새 보다 크다</td></tr>
<tr><td rowspan="3">Z</td><td rowspan="3">한쪽실</td><td rowspan="3">NR</td><td rowspan="3">스냅링 붙히기</td><td rowspan="3">DT ※※</td><td rowspan="3">병렬 조합</td><td rowspan="2">C4</td><td rowspan="2">C3 보다 크다</td></tr>
<tr><td rowspan="2">P4</td><td rowspan="2">4급</td></tr>
<tr><td>C5</td><td>C4 보다 크다</td></tr>
</table>

주 ※ : 다른 기호를 사용해도 무방, ※※ : D 대신에 G를 사용해도 됨

8.2.3 구름 베어링의 기본 설계

1. 부하용량

구름 베어링이 견딜 수 있는 하중의 크기를 부하용량(load capacity)라 하며, 베어링이 정지하고 있는 상태에서 정하중이 작용할 때, 견딜 수 있는 하중의 크기인 정부하 용량(static load capacity)과 회전중에 견딜 수 있는 하중의 크기인 동부하 용량(dynamic load capacity)이 있다.

(1) 정부하 용량

정부하 용량은 하중 방향으로 존재하는 전동체의 접촉 응력에 의하여 결정되는 허용 하중의 합으로 구해진다. 따라서, 구름 베어링내의 최대 응력을 받고 있는 접촉부에서, 전동체와 궤도륜과의 영구 변형량의 합이 전동체 지름의 10,000분의 1이 되도록 한 정지하중을 기본 정정격 하중(basic static load capacity)이라고 하며, C_o(kg)로 표시하며 규격에 의한 C_o의 식은 아래와 같다.

① 레이디얼 볼 베어링 : $C_o = f_o i z d^2 \cos\theta$

② 레이디얼 롤러 베어링 : $C_o = f_o i z d l \cos\theta$

③ 스러스트 볼 베어링 : $C_o = f_o z d^2 \sin\theta$

④ 스러스트 롤러 베어링 : $C_o = f_o z d l \sin\theta$

⑤ 자동 조심형 볼 베어링 : $C_o = 0.34 i z d^2 \cos\theta$

여기서, i는 볼 또는 롤러의 열 수 ,
θ는 접촉각,
l는 롤러의 유효 접촉 길이(mm),
d는 볼 또는 롤러의 지름(mm),
z는 1열중의 볼 또는 롤러 수,
f_o는 베어링의 모양, 가공 정밀도 및 재료에 따라 정해지는 계수(표 8. 21 참조)

또, 표 8. 22에는 구름 베어링의 기본 부하용량(C)와 기본 정적부하(C_o)의 값을 나타내었다.

| 표 8. 21 | f_o의 값

베어링의 형식		f_o
레이디얼 베어링	깊은 홈, 앵귤러 볼 베어링	1.25
	자동 조심 볼 베어링	0.34
	롤러 베어링	2.20
스러스트 베어링	볼 베어링	5
	롤러 베어링	10

| 표 8.22 | 구름 베어링의 기본 부하용량과 기본 정적부하용량

종 류		단열 레이디얼 홈 베어링				복렬 자동조심 볼 베어링				단열 원추 롤러 베어링				원통 롤러 베어링	
형식번호		6200		6300		1200		1300		30200		30300		N 200	
번호	d	C	C_o	C	C_o	C	C_o	C	C_o	C	C_o	C	C_o	C	C_o
00	10	400	195	620	365	420	140	555	190	–	–	–	–	–	–
01	12	535	295	800	430	480	150	740	250	–	–	–	–	–	–
02	15	600	355	875	515	575	205	750	270	–	–	1430	980	–	–
03	17	750	445	1050	620	600	245	980	375	1180	850	1810	1250	–	–
04	20	995	650	1250	770	785	320	980	400	1810	1300	2220	1560	960	695
05	25	1090	710	1630	1035	945	410	1410	600	1880	1560	2970	2160	1090	815
06	30	1520	1000	2180	1450	1220	465	1630	770	2590	2060	3570	2860	1450	1155
07	35	2000	1385	2590	1725	1220	635	1950	960	3250	2650	4800	3770	2180	1655
08	40	2270	1565	3200	2180	1470	815	2310	1200	3850	3100	5550	4500	2860	2310
09	45	2540	1815	4150	2970	1660	910	2970	1550	4200	3630	6800	5700	2970	2490
10	50	2770	2110	4800	3540	1720	1015	3400	1700	4600	4080	7850	6700	3150	2720
11	55	3400	2590	5550	4220	2060	1270	4000	2175	5550	5200	8900	7850	3900	3260
12	60	4100	3220	6305	4810	2360	1450	4450	2600	6050	5600	10700	9100	4450	3990
13	65	4400	3540	7250	5450	2400	1600	4800	2860	7400	6550	12500	11000	5250	4720
14	70	4800	3920	8150	6220	2720	1750	5750	3470	7850	7100	14100	12250	5450	4990
15	75	5150	4220	8900	7260	2970	2000	6050	3765	8450	8170	15400	13850	6350	5760
16	80	5650	4540	9600	7980	3100	2200	6950	4150	9600	8800	17000	15200	7400	6800
17	85	6500	5440	10300	8750	3850	2655	7700	4720	11300	10600	19300	17000	8300	7850
18	90	7500	6220	11100	9800	4400	3000	9050	5500	12700	12000	21100	19000	10200	9250
19	95	8450	7260	12000	11100	5000	3470	10300	6100	14100	13150	24900	22800	11600	10900
20	100	9600	8170	13800	13150	5350	3630	11100	7100	15600	15400	27700	25400	12900	12250
21	105	10300	9260	14300	14400	5750	4150	12200	8000	17200	17000	29700	27700	14300	13850
22	110	11100	10350	15600	16600	6800	5000	12900	8800	19500	20000	32500	30000	16300	15200
24	120	11300	10350	16100	16600	9250	6630	14700	11100	21800	21500	38500	37000	18400	17700
26	130	12200	11600	17700	19500	9950	7550	17200	13600	24000	24500	–	–	19300	18800
28	140	12900	12900	20000	22200	12200	9100	18800	14700	28100	28500	–	–	22700	22200
30	150	13800	14300	21500	26400	13600	11400	–	–	31000	32500	–	–	27700	28100
32	160	14300	15500	–	–	–	–	–	–	–	–	–	–	31000	32500
34	170	16300	18900	–	–	–	–	–	–	–	–	–	–	35500	37000
36	180	17200	20500	–	–	–	–	–	–	–	–	–	–	37000	39400
38	190	20000	24200	–	–	–	–	–	–	–	–	–	–	41500	43700
40	200	21200	26700	–	–	–	–	–	–	–	–	–	–	45500	49000
44	220	–	–	–	–	–	–	–	–	–	–	–	–	55500	62000
48	240	–	–	–	–	–	–	–	–	–	–	–	–	69500	78000
52	260	–	–	–	–	–	–	–	–	–	–	–	–	84500	96500

베어링이 하중을 받을 때, 각 볼에 걸리는 힘의 계산은 스트리백(stribeck)의 공식을 이용하여 구한다. 그림 8. 36의 (a)와 같이 같은 지름의 강제로 만든 볼 3개를 1열로 겹쳐서 압축시험을 하여, 어느 일정한 영구변형을 주는데 필요한 하중 P_o는,

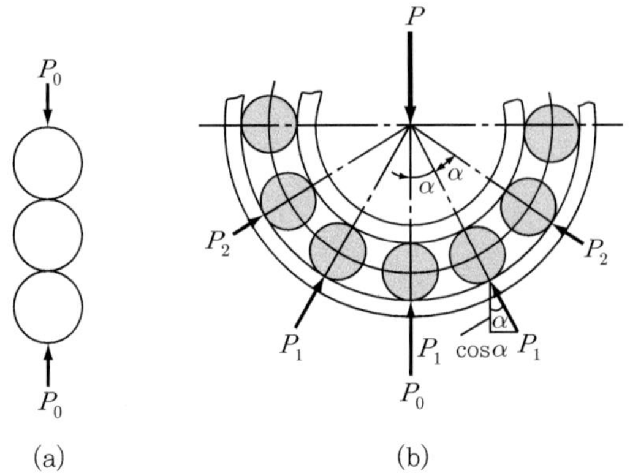

| 그림 8. 36 | 볼 베어링의 정적부하

$$P_o = kd^2 \tag{8. 48}$$

위의 식에서 k를 비하중(specific load)이라고 하며, 이것은 허용 단위 압력으로서 재료의 종류, 접촉면의 경도, 볼의 홈모양, 하중의 상태에 따라서 결정되는 상수이다. 표 8. 23에 베어링의 종류에 따른 비하중 k의 값을 나타내었다.

| 표 8. 23 | k의 값

베어링의 종류		k
레이디얼 베어링	단열 볼 베어링	6.2
	단열 앵귤러 볼 베어링	6.2
	복렬 앵귤러 볼 베어링	6.2
	복렬 자동 조심형 볼 베어링	1.7
	원통 롤러 베어링	11
	원추 롤러 베어링	11
	구면 롤러 베어링	11
스러스트 베어링	단식 볼 베어링	5
	구면 롤러 베어링	11

그림 8. 36(b)에서 레이디얼 볼 베어링에 있어서 스트리백에 의하여 레이디얼 하중 P가 작용할 때, 베어링의 하반부에 있는 볼만이 하중 P를 부담하여 상반부의 볼은 무부하 상태가 된다. 이 부하권 내에 있는 볼에 작용하는 하중을 각각 P_o, P_1, P_2, P_3, $\cdots P_n$ 이라고 하고, P_o을 받는 볼에서 다음의 볼 중심을 통과하는 선과 이루는 중심각을 α라고 하면, 합력의 합은 P와 같으므로

$$P = P_o + 2P_1\cos\alpha + 2P_2\cos 2\alpha + 2P_3\cos 3\alpha + \cdots + 2P_n\cos n\alpha \quad (n\alpha \leqq 90°) \tag{8. 49}$$

다음에 베어링의 내, 외륜은 하중에 의해서 변형되지 않는다고 가정하고, 하중 내륜만이 그 원형을 유지하면서, 하중 P에 의한 내륜의 수직 방향 변위량을 δ_o 라고 할 때, 각각의 볼에 대한 변위량 δ_1, δ_2, ⋯, δ_n 는,

$$\delta_1 = \delta_o \cos\alpha\ ,\ \ \delta_2 = \delta_o \cos 2\alpha\ ,\ \ \cdots,\ \ \delta_n = \delta_o \cos n\alpha \tag{8. 50}$$

헤르츠의 이론($\delta_o{}^3 \propto P_o{}^2$)으로부터,

$$\frac{P_o{}^2}{P_1{}^2} = \frac{\delta_o{}^3}{\delta_1{}^3}$$
$$\therefore\ \ P_1 = P_o\left(\frac{\delta_1}{\delta_o}\right)^{3/2} \tag{8. 51}$$

식 (8. 50)을 위의 식 (8. 51)에 대입하면,

$$\begin{aligned} P_1 &= P_o \cos^{3/2}\alpha \\ P_2 &= P_o \cos^{3/2} 2\alpha \\ &\ \ \vdots \\ P_n &= P_o \cos^{3/2} n\alpha \end{aligned} \tag{8. 52}$$

이들의 식을 (8. 49)에 대입하면,

$$P = P_o(1 + 2\cos^{5/2}\alpha + 2\cos^{5/2}2\alpha + \ldots + 2\cos^{5/2}n\alpha) \tag{8. 53}$$

볼의 수를 z 라고 하면 $\alpha = \dfrac{360°}{z}$, $n = \dfrac{z}{4}$ 이다. 볼의 수를 정해서 위의 식에 대입하면,

$$\begin{aligned} P &= 2.28\,P_o = \frac{z}{4.38}P_o \quad (z = 10,\ \alpha = 36°) \\ &= 3.44\,P_o = \frac{z}{4.36}P_o \quad (z = 15,\ \alpha = 24°) \\ &= 4.58\,P_o = \frac{z}{4.37}P_o \quad (z = 20,\ \alpha = 18°) \end{aligned}$$

따라서, $z = 10 \sim 20$ 의 범위에서는 다음과 같다.

$$P = P_o \cdot \frac{z}{4.37} \tag{8. 54}$$

그러나, 실제의 베어링에서는 위의 이론적 관계를 기대할 수 없으므로, 스트리백은 이것을 감안하여 P을 아래의 식으로 구한다.

$$P = \frac{z}{5} P_o$$

식 (8. 48)에서 볼 한 개에 허용되는 최대 응력은 $P_o = kd^2$ 이므로,

$$P = \frac{1}{5} z k d^2 \tag{8. 55}$$

일반적으로 볼 베어링에 있어서 볼의 열 수를 i, 볼의 접촉각을 α 라고 하면, 위의 식 (8. 55)는 아래와 같다.

$$P = \frac{1}{5} k z d^2 i \cos\alpha \ \text{(볼 베어링)} \tag{8. 56}$$

$$P = k z d^2 i \sin\alpha \ \text{(스러스트 볼 베어링)} \tag{8. 57}$$

(2) 동부하 용량

구름 베어링이 회전 중에 견딜 수 있는 하중을 동부하 용량(dynamic load capacity)이라 하며, 반복 응력에 의한 피로현상을 대상으로 하여 결정되는 것이다. 또한, KS표준에는 "내륜을 회전시키고, 외륜을 정지시킨 조건하에서 1군이 같은 베어링을 개개로 운전하였을 때, 정격수명이 100만 회전이 되는 방향과 같은 크기로 변동하지 않는 하중"을 기본 동적 부하 용량 또는 간단히 기본 부하용량(basic load capacity)이라고 한다. C(kg)로 표시하며, 레이디얼 베어링에서는 순레이디얼 하중을, 스러스트 베어링에서는 순스러스트 하중을 취한다. 각 베어링에서의 기본 부하용량은 표8. 22에 나타내었고, 규격에 정해진 C의 식은 아래와 같다.

1) 레이디얼 볼 베어링
   ① $d \leq 25.4\,\text{mm}$: $C = f_c (i \cos\alpha)^{0.7} z^{2/3} d^{1.8}$
   ② $d > 25.4\,\text{mm}$: $C = f_c (i \cos\alpha)^{0.7} z^{2/3} \cdot 3.647 d^{1.4}$
2) 레이디얼 롤러 베어링 : $C = f_c (i l \cos\alpha)^{7/9} z^{3/4} \cdot d^{29/27}$

3) 스러스트 볼 베어링

① $d \leqq 25.4\,\text{mm}$: i) $\alpha = 90°$: $C = f_c z^{2/3} d^{1.8}$

ii) $\alpha \neq 90°$: $C = f_c (\cos\alpha)^{0.7} \tan\alpha \cdot z^{2/3} d^{1.8}$

② $d > 25.4\,\text{mm}$: i) $\alpha = 90°$: $C = f_c l^{7/9} z^{3/4} d^{29/27}$

ii) $\alpha \neq 90°$: $C = f_c (l\cos\alpha)^{7/9} \tan\alpha \cdot z^{3/4} d^{29/27}$

여기서, i는 회전체의 열 수,

θ는 접촉각,

l는 롤러의 유효 접촉 길이(mm),

d는 회전체의 지름(mm),

z는 1열중의 볼 또는 롤러 수,

f_c는 베어링의 모양, 가공 정밀도 및 재료에 따라 정해지는 계수이다.

(표 8. 24 참조)

| 표 8. 24 | f_c의 값

$d \cdot \cos\alpha / D_m$	f_c	$d \cdot \cos\alpha / D_m$	f_c	$d \cdot \cos\alpha / D_m$	f_c
0.05	3580	0.14	4470	0.28	4340
0.06	3730	0.16	4530	0.30	4250
0.07	3880	0.18	4550	0.32	4160
0.08	4020	0.20	4550	0.34	4050
0.09	4130	0.22	4530	0.36	3930
0.10	4220	0.24	4480	0.38	3800
0.12	4370	0.26	4420	0.40	3660

2. 베어링의 수명

(1) 정격수명

여러 개의 같은 호칭번호의 구름 베어링을 같은 조건하에서 각각 회전시켰을 때, 90%가 시동 후 피로에 의한 피로 박리현상이 생기지 않고, 도달할 수 있는 총 회전수를 정격수명(rating life)이라고 하며, 이것은 구름 베어링을 설계하는데 기초가 된다.

구름 베어링의 정격수명은 많은 실험에 의하여 아래의 식으로 구한다.

$$\left.\begin{aligned} \text{볼베어링} &: L = \left(\frac{C}{P}\right)^3 \\ \text{롤러베어링} &: L = \left(\frac{C}{P}\right)^{10/3} \end{aligned}\right\} \tag{8. 58}$$

여기서, C는 기본 부하 용량(kg),

P는 베어링 하중(kg),

L는 경격수명(10^6 단위)

위의 식에서 $\left(\frac{C}{P}\right)$를 하중비라고 하며, C는 베어링 제작회사의 카다로그에서 선정한다. 실제 설계에서는 베어링의 하중과 요구수명에 대하여 선정하게 되는데, 위의 식 (8. 58)은 아래와 식과 같이 나타낼 수 있다.

$$C = P\sqrt[3]{L}\,(\mathrm{kg}) \tag{8. 59}$$

실제로, 베어링의 수명을 총회전수로 나타내는 것보다 운전시간과 회전속도로 나타내는 것이 편리하다. 어떤 구름 베어링이 n (rpm)으로 회전하는 베어링의 수명을 단위 시간으로 나타낸 수명시간을 L_h (시간)라고 하면, 정격수명 L은,

$$L_h = L \times \frac{10^6}{n \times 60}\,(\mathrm{hr}) \tag{8. 60}$$

수명을 시간으로 나타낼 때에는 500시간을 기준으로 잡으므로 33.3rpm으로 500시간을 운전하면, 이때의 회전수는 33.3rpm×60×500=10^6 회전이므로, 위의 식 (8. 60)은 아래와 같다.

$$L_h = \left(\frac{C}{P}\right)^3 \times \frac{33.3}{n} \times 500$$

$$\therefore\ \frac{L_h}{500} = \left(\frac{C}{P}\right)^3 \times \frac{33.3}{n}$$

위 식에서 $f_h = \sqrt[3]{\frac{L_h}{500}}$, $f_n = \sqrt[3]{\frac{33.3}{n}}$ 라고 하면,

$$\begin{gathered} f_h = \left(\frac{C}{P}\right) f_n \\ \therefore\ C = \frac{f_h}{f_n} P \end{gathered} \tag{8. 61}$$

여기서, f_n는 속도계수(speed factor),

f_h는 수명계수(life factor)

최근에는 베어링의 정격수명에 대하여, 윤활상태나 신뢰성 등을 고려하여 아래와 같은 식이 검토되고 있다.

$$L = a_1 a_2 a_3 (\frac{C}{P})^p$$

여기서, a_1 은 신뢰도 계수(표 8. 25 참조),

a_2 은 재료계수,

a_3 은 사용조건 계수

구름 베어링이 일정한 속도로 회전하고 있을 때, 그 수명시간은 표 8. 26과 같은 속도계수와 수명계수를 이용하면 편리하다. 또, 베어링의 부하 용량을 필요 이상으로 크게 설계하면 원가의 상승으로 비경제적이므로, 사용기계 및 사용상태에 따라 경험적으로 이용되고 있는 수명시간을 표 8. 27에 나타내었다.

| 표 8. 25 | 신뢰도계수 a_1의 값

신뢰도(%)	a_1
90	1
95	0.62
96	0.53
97	0.44
98	0.33
99	0.21

| 표 8. 26 | 구름 베어링의 수명계수, 속도계수

베어링의 형식 / 베어링 계수	볼 베어링	롤러 베어링
수명시간	$L_h = 500 f_h{}^3$	$L_h = 500 f_h{}^{10/3}$
수명계수	$f_h = 500 f_n (\frac{C}{P})$	$f_h = 500 f_n (\frac{C}{P})$
속도계수	$f_n = \sqrt[3]{\frac{33.3}{n}}$	$f_n = \sqrt[10/3]{\frac{33.3}{n}}$

| 표 8.27 | 구름 베어링의 수명시간과 수명계수

사용 상태	기계의 종류	수명시간 L_h(hr)	수명 계수(f_h)
회전할 필요가 없는 기계	도어 개폐기, 자동차 방향 지시기	500	1
단시간 또는 가끔 사용되는 기계 (만일 사고로 정지시 영향이 적은 경우)	가정용 전기기구, 자전거, 기계 공장 호이스트, 농업용 기계, 단조공장 크레인, 핸드그라인드	4,000~8,000	2~2.5
단속적으로 사용되며, 연속적으로는 않으나 확실성이 필요한 기계	발전소 보조기계, 컨베어, 엘리베이터, 에스컬레이드, 일반하역 크레인, 기계톱, 건설기계	8,000~14,000	2.5~3
1일 8시간 연속 운전기계	일반펌프, 공작기계, 윤전기, 원심 분리기, 전동기, 철도차량, 기어 감속정치	20,000~30,000	3.5~4
24시간 연속운전이고, 사고로 정지되어서는 안 되는 기계	중요한 전동기, 발전소, 배수 펌프, 제지기계, 송풍기, 크레인, 시내수도 설비	50,000~100,000	4.5~6

(2) 베어링의 하중 계산

① 하중계수

베어링에 실제로 걸리는 이론상의 하중은, 일정한 크기의 순레이디얼 하중 또는 순스러스트 하중이 작용할 때만을 생각 할 수 있으나, 실제로는 하중이 변동하는 수가 많고, 진동과 충격 때문에 계산하중 보다 더 큰 하중이 걸리는 것이 보통이다. 또, 1개의 베어링에 레이디얼 하중과 스러스트 하중이 동시에 작용할 때도 있다. 이런 경우에는 다음의 하중 평가법을 이용하는데, 이론상의 하중 P_o 에 하중계수를 곱한 것이 베어링에 작용한다고 생각하여, 베어링을 설계하는데 식은 아래와 같게 된다.

$$P = f_w \cdot P_o \tag{8. 62}$$

위의 f_w 를 하중계수(load factor)라 하고, 표 8. 28에 운전 상태에 따른 하중계수의 값을 니타내었다.

| 표 8.28 | 하중계수 f_w의 값

하중 상태	f_w
충격이 없는 원활한 운전	1.0~1.2
보통의 운전	1.2~1.5
어느 정도의 진동이 있는 운전	1.5~2.0
상당한 진동과 충격이 있는 운전	2.0~2.5

또, 동력이 벨트에 의하여 전동될 때, 풀리에 가해지는 하중을 구하려면 이론상의 하중P_o에 벨트의 인장력을 고려한 f_b를 곱하여 구하는데 하중 P는,

$$P = f_m f_b P_o \tag{8. 63}$$

위의 식에서 f_b를 벨트계수(belt factor), f_m을 기계계수라고 하며 표 8. 29와 표 8. 30에 각각 그 값을 표시하였다.

벨트 전동의 경우에는 기어에 가해지는 하중P는, 기어의 종류에 따라 그 계산 방식이 다르다. 즉, 기어의 정밀도 여부와 진동 충격여부 등을 고려한 기어계수 f_g을 곱한 아래의 식으로 구한다.

$$P = f_m f_g P_o \tag{8. 64}$$

위의 f_g를 기어계수(gear factor)라 하고, 표 8. 31에 그 값을 표시하였다.

| 표 8. 29 | 벨트계수 f_b의 값

벨트의 상태	f_b
V-벨트	2~2.5
평벨트(인장풀리 부착)	2.5~3
평벨트	3~3.5
실크 벨트	3.5~4.5
1겹 가죽벨트, 고무벨트	4~5
2겹 가죽벨트, 직물벨트	5~6

| 표 8. 30 | 기계계수 f_m의 값

기계의 조건	f_m
충격을 받지 않는 회전기계 (발전기, 전동기, 터보 송풍기)	1.0~1.2
왕복 운동 부분을 가진 기계 (내연기관, 크랭크 축)	1.2~1.5
매우 심한 충격과 진동을 받는 기계 (압연기, 분쇄기)	1.5~3.0

| 표 8. 31 | 기어계수 f_g의 값

벨트의 상태	f_g
정밀 연삭 기어	1.0~1.1
보통 기계 가공 기어	1.1~1.3

② 평균하중

베어링에 작용하는 하중이 한 방향으로 작용하며, 그 크기가 최소하중 $P_{\min}$ 과 최대하중 $P_{\max}$ 사이를 변동할 때는, 평균하중 P_m 은,

$$P_m = \frac{1}{3}(P_{\min} + 2P_{\max}) \tag{8. 65}$$

③ 등가하중

레이디얼 베어링에 레이디얼 하중과 스러스트 하중이 동시에 작용할 때, 이 두가지 하중들을 레이디얼 하중 또는, 스러스트 하중만이 단독으로 작용하는 경우와 같은 수명을 주는 하중으로 계산하여야 한다. 이 조합 하중을 등가하중(equivalent load)이라 하고, 등가하중을 레이디얼 하중으로 환산하는 것을 등가 레이디얼 하중(equivalent radial load)이라 한다. 이 등가 레이디얼 하중으로 수명을 계산한다. 지금, 레이디얼 하중 F_r (kg)과 스러스트 하중 F_a (kg)가 동시에 작용할 때, 등가 레이디얼 하중 P_r 은,

$$P_r = XVF_r + YF_a \tag{8. 66}$$

여기서, X 는 레이디얼 계수(radial factor),
Y 는 스러스트 계수(thrust factor),
V 는 회전 계수(rotation factor)

회전계수 V 는 내, 외륜의 회전 조건에 따른 값으로서, 내륜회전 일 때는 $V=1$, 외륜회전 일 때는 $V=1.2$ 로 하며, 자동 조심 베어링의 경우는 모두 $V=1$ 로 하여 계산한다. 표 8. 32와 8. 33에는 레이디얼 볼 베어링과 레이디얼 롤러 베어링에 대한 계수 X, Y 의 값을 표시하였다. 식 (8. 66)의 계수 X, Y 의 값은 베어링의 종류나 (F_a / F_r)에 의해서 정해지는 값이고, e 의 값은 (F_a / C_o)에 의하여 변화하므로, 이것을 먼저 계산하여야 한다. 여기서, C_o 는 정적 부하용량의 값이다.

또, 스러스트 베어링에 스러스트 하중과 레이디얼 하중이 동시에 작용할 때, 이들과 같은 수명을 줄 수 있는 순스러스트 하중을 환산 할 수 있다. 이렇게 환산한 하중을 등가 스러스트 하중(equivalent thrust load)이라고 하고, 이것을 기준으로 하여 베어링을 선정하여야 한다. 등가 스러스트 하중 P_a 은,

$$P_a = XF_r + YF_a \tag{8. 67}$$

표 8. 34에는 스러스트 볼 베어링과 스러스트 롤러 베어링에 대한 계수 X, Y의 값을 표시하였다.

| 표 8. 32 | 레이디얼 볼 베어링의 계수 V, X, Y의 값

베어링 형식		$\frac{iF_a}{C_o}$	$\frac{F_a}{C_o}$	V 내륜 회전 하중	V 외륜 회전 하중	X 단열 볼 베어링 $\frac{F_a}{VF_r}>e$	X 복렬 볼 베어링 $\frac{F_a}{VF_r}\leq e$	X 복렬 볼 베어링 $\frac{F_a}{VF_r}>e$	Y 단열볼 베어링 $\frac{F_a}{VF_r}>e$	Y 복렬 볼 베어링 $\frac{F_a}{VF_r}\leq e$	Y 복렬 볼 베어링 $\frac{F_a}{VF_r}>e$	$e(=\frac{Pt}{Pr})$	
깊은 홈형 베어링			0.014						2.30		2.30	0.19	
			0.028						1.99		1.99	0.22	
			0.056						1.71		1.71	0.26	
			0.084						1.55		1.55	0.28	
		–	0.11	1	1.2	0.56	1	0.56	1.45	0	1.45	0.30	
			0.17						1.31		1.31	0.34	
			0.28						1.15		1.15	0.38	
			0.42						1.04		1.04	0.42	
			0.56						1.00		1.00	0.44	
앵귤러 볼 베어링	$\alpha=5$											단	복
		0.014							2.30	2.78	3.74	0.19	0.23
		0.028							1.99	2.40	3.23	0.22	0.26
		0.056							1.71	2.07	2.78	0.26	0.30
		0.084							1.55	1.87	2.52	0.28	0.34
		0.11	–	1	1.2	0.56	1	0.78	1.45	1.75	2.36	0.30	0.36
		0.17							1.31	1.58	2.13	0.34	0.40
		0.28							1.15	1.39	1.87	0.38	0.45
		0.42							1.04	1.26	1.69	0.42	0.50
		0.56							1.00	1.21	1.63	0.44	0.52
	$\alpha=10$	0.014							1.88	2.18	3.06	0.29	
		0.029							1.71	1.98	2.78	0.32	
		0.057							1.52	1.76	2.47	0.36	
		0.086							1.41	1.63	2.29	0.38	
		0.11	–	1	1.2	0.46	1	0.75	1.34	1.55	2.18	0.40	
		0.17							1.23	1.42	2.00	0.44	
		0.29							1.10	1.27	1.79	0.49	
		0.43							1.01	1.17	1.64	0.54	
		0.57							1.00	1.16	1.63	0.54	
	$\alpha=15$	0.015							1.47	1.65	2.39	0.39	
		0.029							1.40	1.57	2.28	0.40	
		0.058							1.30	1.46	2.11	0.43	
		0.087							1.23	1.38	2.00	0.46	
		0.12	–	1	1.2	0.44	1	0.72	1.19	1.34	1.93	0.47	
		0.17							1.12	1.26	1.82	0.50	
		0.29							1.02	1.14	1.66	0.55	
		0.44							1.00	1.12	1.63	0.56	
		0.58							1.00	1.12	1.63	0.56	

| 표 8.32 | 레이디얼 볼 베어링의 계수 V, X, Y의 값(계속)

베어링 형식		$\frac{iF_a}{C_o}$	$\frac{F_a}{C_o}$	V		X			Y			e
				내륜 회전 하중	외륜 회전 하중	단열 볼 베어링	복렬 볼 베어링		단열볼 베어링	복렬 볼 베어링		
						$\frac{F_a}{VF_r}>e$	$\frac{F_a}{VF_r}\le e$	$\frac{F_a}{VF_r}>e$	$\frac{F_a}{VF_r}>e$	$\frac{F_a}{VF_r}\le e$	$\frac{F_a}{VF_r}>e$	
앵귤러 볼 베어링	$\alpha=20$			1	1.2	0.43	1	0.70	1.00	1.09	1.63	
	$\alpha=25$			1	1.2	0.41	1	0.67	0.87	0.92	1.41	
	$\alpha=30$	–	–	1	1.2	0.39	1	0.63	0.76	0.78	1.24	
	$\alpha=35$			1	1.2	0.37	1	0.60	0.66	0.66	0.07	
	$\alpha=40$			1	1.2	0.35	1	0.57	0.57	0.55	0.93	
자동 조심 볼 베어링		–	–	1	1	0.40	1	0.65	$0.4\cot\alpha$	$0.42\cot\alpha$	$0.65\cot\alpha$	$1.5\tan\alpha$
마그네트 볼 베어링		–	–	1	1	0.5	–	–	2.5	–	–	0

| 표 8.33 | 레이디얼 롤러 베어링의 계수 V, X, Y의 값

베어링 형식	V		X				Y				e
	내륜 회전 하중	외륜 회전 하중	단열 롤러 베어링		복렬 롤러 베어링		단열 롤러 베어링		복렬 롤러 베어링		
			$\frac{F_a}{VF_r}\le e$	$\frac{F_a}{VF_r}>e$	$\frac{F_a}{VF_r}\le e$	$\frac{F_a}{VF_r}>e$	$\frac{F_a}{VF_r}\le e$	$\frac{F_a}{VF_r}>e$	$\frac{F_a}{VF_r}\le e$	$\frac{F_a}{VF_r}>e$	
자동 조심 롤러 베어링, 원추 롤러 베어링 $\alpha\ne0$	1	1.2	1	0.4	1	0.67	0	$0.4\cot\alpha$	$0.45\cot\alpha$	$0.67\cot\alpha$	$1.5\tan\alpha$

(3) 구름 베어링의 끼워맞춤

끼워맞춤의 목적은 운전 중에 축은 내륜과 하우징은 외륜과 항상 일체가 되어, 상호간에 유해한 미끄럼이 일어나지 않도록 하는데 있다. 특히, 베어링의 끼워맞춤에서 중요한 것은 축 또는 하우징과의 끼워맞춤에 관련되는 안지름 치수허용차와 바깥지름 치수허용차이며, 하우징과 축의 진원도 및 원통도는 베어링 안지름, 바깥지름 공차의 1/2 이하로 하는 것이 바람직하다.

레이디얼 베어링의 안지름과 바깥지름에 대한 끼워맞춤은 표 8. 35와 8. 36과 같다.

|표 8.34| 스러스트 베어링의 계수 X, Y의 값

스러스트 베어링의 형식		X			Y			e
		단식 볼 베어링	복식 볼 베어링		단식 볼 베어링	복식 볼 베어링		
		$\frac{F_a}{F_r} > e$	$\frac{F_a}{F_r} \leqq e$	$\frac{F_a}{F_r} > e$	$\frac{F_a}{F_r} > e$	$\frac{F_a}{F_r} \leqq e$	$\frac{F_a}{F_r} > e$	
볼 베어링	$\alpha = 45$	0.66	1.18	0.66	1	0.59	1	1.25
	$\alpha = 60$	0.90	1.90	0.92	1	0.54	1	2.17
	$\alpha = 70$	1.65	3.89	1.66	1	0.52	1	4.67
	$\alpha = 90$	–	–	–	–	–	–	–
롤러 베어링	자동 조심형, 원추형	$\tan\alpha$	$1.5\tan\alpha$	$\tan\alpha$	1	0.67	1	$1.5\tan\alpha$

|표 8.35| 레이디얼 베어링 안지름에 대한 끼워맞춤

베어링 등급	축의 종류와 등급								
	내륜 회전하중 및 방향 부정하중							외륜 회전하중	
0급 6급	$\gamma 6$	$p6$	$n6$	$m5$ $m6$	$k5$ $k6$	$j5$ $j6$	$h5$	$h6$	$g6$
5급 4급	–	–	–	$m4$ $m5$	$k4$ $k5$	$j4$ $j5$	–	–	–

|표 8.36| 레이디얼 베어링 바깥지름에 대한 끼워맞춤

베어링 등급	구멍의 종류와 등급												
	내륜 회전하중							방향 부정하중			외륜 회전하중		
0급 6급	P6	N6	M6	–	J6	H7 H8	G7	H7	K6 K7	J6 J7	P7	N7	M7
5급 4급	–	N5	M5	K6	J6	–	–	–	–	–	–	–	–

8.2.4 구름 베어링의 윤활

베어링의 크기와 회전속도에 따라 적당한 윤활법을 선택하는 것은, 베어링의 수명을 연장시키는데 큰 영향을 준다. 일반적으로, 축지름 d(mm)와 회전속도 n(rpm)의 곱인 dn에 따라 윤활 방법을 선택하는데, 이것은 보통 베어링 메이커의 카다로그에 기재되어 있다.

표 8. 37은 각종 베어링의 dn값에 대한 윤활 방법을 나타내었다.

| 표 8. 37 | 윤활 방법과 dn 값

베어링 형식	그리이스 윤활	윤활 방법				
		유욕	적하	강제	분무	제트
단열 고정형 레이디얼 볼 베어링	200,000	300,000	400,000[1]	600,000[4]	700,000[4]	1,000,000[4]
자동 조심 복렬 볼베어링	150,000	250,000	400,000[1),2)]	–	–	–
단열 앵귤러 볼 베어링	200,000	300,000	400,000[1]	600,000[4]	700,000[4]	1,000,000[4]
원통 롤러 베어링	150,000	300,000	400,000[1]	600,000[4]	700,000[4]	1,000,000[4]
원추 롤러 베어링	100,000	200,000	250,000[1]	300,000[4]	–	–
구면 롤러 베어링	100,000	200,000	–	300,000[2]	–	–
스러스트 볼 베어링	100,000	150,000	–	200,000[2),3)]	–	–

주 1) KS상급 이상의 정밀도

2) 절삭 가공한 리테이너를 가진 베어링을 사용할 것

3) 가벼운 예비압력을 가하여 조립할 것

4) 고정밀도, 고속도 리테이너를 사용할 것

예제 8.8

150rpm으로 100kg을 지지하는 단열 레이디얼 볼 베어링의 기본 부하용량을 구하여라. 단, 수명시간은 30,000시간이고, 하중계수는 1이다.

풀이 요구수명 $L_h = 30{,}000$ 시간이므로, 정격수명 L 은 식 (8. 60)으로부터

$$L_h = L \times \frac{10^6}{n \times 60}$$

$$L = \frac{60\,n\,L_h}{10^6} = \frac{60 \times 130 \times 30{,}000}{10^6} = 270(10^6)$$

하중계수 $f_w = 1$ 이므로, 베어링 하중은 식 (8.62)에서

$$P = f_w \cdot P_o = 1 \times 100 = 100\,\text{kg}$$

기본 부하 용량은 식 (8.59)로부터

$$C = P\,^3\sqrt{L} = 100 \times {}^3\sqrt{270} = 646\,\text{kg}$$

예제 8.9

레이디얼 하중 $F_r = 200$kg, 스러스트 하중 $F_a = 200$kg이 작용하는 베어링에 볼 베어링 No.6210을 사용할 때, 수명시간을 구하여라. 단, $f_w = 1.3$, 회전수는 920rpm, $X = 0.56$, $Y = 1.49$이며, 기본 부하용량 $C = 2{,}750$kg이다.

풀이 등가 하중은, 식 (8. 66)으로부터

$$P_r = XF_r + YF_a = 0.56 \times 200 + 1.49 \times 200 = 410\,\text{kg}$$

베어링 하중은,

$$P = f_w \cdot P_r = 1.3 \times 410 = 533\,\text{kg}$$

속도계수 f_n 은

$$f_n = \sqrt[3]{\frac{33.3}{n}} = \sqrt[3]{\frac{33.3}{920}} = 0.33$$

수명계수는 f_h

$$f_h = \left(\frac{C}{P}\right) f_n = \left(\frac{2{,}750}{533}\right) \times 0.33 = 1.703$$

수명시간은 표 8. 26에서,

$$L_h = 500 f_h{}^3 = 500 \times (1.703)^3 = 2{,}468\,\text{hr}$$

연습문제

1. 중간 저널에서 폭경비의 계산식을 유도하여라.

2. 구름 베어링과 미끄럼 베어링을 비교 설명하여라.

3. Pettroff의 식을 유도하여라.

4. 베어링 메탈의 구비조건과 재료 선정시 고려해야 할 사항을 설명하여라.

5. 베어링의 마찰과 윤활에 대하여 설명하여라.

6. 하중400kg을 받는 기계의 메인 베어링이 300rpm으로 회전할 때, 베어링의 pv값 을 구하여라. 단, 베어링의 길이는 200mm이다.

7. 베어링 하중 1,750kg인 축끝 저널의 지름과 길이 및 휨 응력을 구하여라. 단, 베어링의 압력 $p=0.2\text{kg/mm}^2$, 지름계수는 0.2이다.

8. 회전속도 900rpm으로 550kg의 베어링 하중을 받는 끝 저널의 지름과 폭을 결정하고, 저널에 생기는 굽힘응력 및 마찰손실 동력을 구하여라. 단, 허용 베어링 압력 $p=0.083\text{kg/mm}^2$, 허용 $pv=0.2\text{kg/mm}^2\cdot\text{m/s}$, 마찰계수 $\mu=0.006$이다.

9. 저널 베어링의 축 지름이 40mm, 하중 300kg, 회전수 1,700rpm일 때, 마찰 열량을 구하여라. 또, 피봇 저널의 바깥지름이 120mm, 안지름이 50mm, 베어링 압력 $p=0.15\text{kg/mm}^2$일 때, 스러스트 하중과 손실 동력을 구하여라. 단, 마찰계수 $\mu=0.12$이다.

10. 하중 3,000kg을 박는 피봇 저널의 지름과 길이를 구하여라. 단, 지름비 $l/d=2.0$, 베어링 압력 $p=0.6\text{kg/mm}^2$이다.

11. 기본 부하 용량 2,500kg인 볼 베어링이 하중 260kg을 받고, 450rpm으로 회전할 때 이 베어링의 수명시간을 구하여라.

12. No. 6207인 레이디얼 볼 베어링이 하중 280kg을 받고, 150rpm으로 회전할 때, 수명시간을 구하여라. 단, 충격이 없는 원활한 운전상태이고, $f_w=1$이다.

13. 회전수 250rpm, 레이디얼 하중 $F_r = 500\text{kg}$, 스러스트 하중 $F_a = 210$을 받는 단열 레이디얼 볼 베어링을 선정하여라. 단, 20,000시간의 수명을 필요로 한다.

14. 기본 부하용량의 1/3의 크기의 레이디얼 하중이 작용하는 레이디얼 볼 베어링의 수명은 몇 회전인지를 구하여라.

15. 베어링 하중 200kg을 복렬 자동조심 볼 베어링으로 지지하고, 회전 속도 320rpm으로 어느 정도의 충격을 수반하고, 연속적으로 사용한다면 어떤 계열의 베어링이 적당한지를 결정하여라.

16. 1300형 복렬 자동 조심 볼 베어링으로 300kg의 레이디얼 하중과 100kg의 스러스트 하중을 지지한다. 회전속도 300rpm으로 30,000시간의 수명을 줄 때, 여기에 적합한 베어링을 결정하여라. 단, 보통의 운전상태이다.

17. 보통 운전 상태의 원통 롤러 N 206이 500rpm으로 180kg의 베어링 하중을 지지한다. 이 경우의 수명시간을 구하여라.

18. 레이디얼 하중 600kg, 스러스트 하중 250kg을 회전수 400rpm으로 지지한다. 30,000 시간의 수명을 주려면, 이 레이디얼 볼 베어링의 기본 부하용량을 구하여라. 단, $X = 0.35$, $Y = 1.8$이다.

19. 600rpm으로 회전하는 깊은 홈 볼 베어링에 최초 3시간은 300kg의 레이디얼 하중이 작용하고, 그 후 500kg의 레이디얼 하중이 1시간 작용하여 이와 같은 하중 상태가 반복된다. 이 베어링의 정격 수명시간을 10,000시간으로 하려면 어떤 베어링이 적합한지를 결정하여라.

20. 기본 부하용량 32,000kg, 레이디얼 하중 2,000kg, 스러스트 하중 1,000kg가 작용하는 스러스트 자동 조심 롤러 베어링의 정격수명을 구하여라. 접촉각은 45°, $f_w = 1$이다.

CHAPTER 09

마찰차

두 축 사이의 거리가 비교적 작을 때, 구름 마찰을 이용하여 회전력을 전달시키는 바퀴를 마찰차(friction wheel)라고 한다. 다른 마찰차를 회전시키는 마찰차를 구동차(driver)라 하고, 다른 마찰차로부터 회전력을 전달받는 마찰차를 종동차(follower)라 한다. 이러한 구동은 두 바퀴 사이의 마찰에 의하므로, 기어와 같이 속도비를 일정하게 유지하거나 큰 동력을 전달할 수는 없으나, 속도비가 너무 커서 기어로 전동이 어려운 경우, 두 축 사이의 동력을 단속시킬 필요가 있는 경우, 무단 변속이 필요한 경우에 유용하게 사용된다. 미끄럼현상을 될 수 있는 한 작게 하기 위하여 접촉면에 마찰계수가 큰 재료를 사용하거나, 접촉압력을 크게 한다. 그러나, 마찰차는 미끄럼 때문에 충격적인 하중이 가해지는 경우는 오히려 안전장치의 역할을 하는 효과도 있다. 마찰차에는 여러 가지 형태의 것이 있으나, 실용적인 것으로는 원통 마찰차(cylindrical friction wheel), 홈 마찰차(grooved friction wheel), 원추 마찰차(bevel friction wheel) 등이 있다.

9.1 원통 마찰차

9.1.1 속도비

원통 마찰차는 그림 9. 1과 같이 보통 두 축이 평행한 경우에 사용되는데 원통 마찰차가 미끄럼 없이 회전한다면, 접촉면의 원주속도 v (m/s)는,

$$v = \pi D_A n_A = \pi D_B n_B \tag{9. 1}$$

속도비 i 는,

$$i = \frac{w_B}{w_A} = \frac{n_B}{n_A} = \frac{D_A}{D_B}$$

여기서 n_A, n_B 는 구동차와 종동차의 회전수(rpm),

D_A, D_B 는 구동차와 종동차의 지름(mm),

w_A, w_B 는 구동차와 종동차의 각속도(rad/sec)

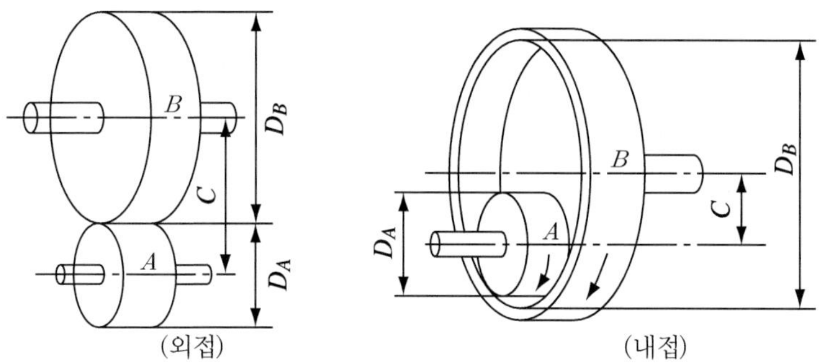

| 그림 9.1 | 원통 마찰차

또, 두 개의 마찰차의 중심거리(축간거리) C는,

$$C = \frac{1}{2}(D_B \pm D_A) \quad (+ : 외접, \ - : 내접) \tag{9. 2}$$

2개의 외접 원통 마찰차는 회전방향은 서로 반대가 되나, 만일 두 마찰차 사이에 그림 9. 2와 같이 제 3의 중간차(idle wheel)를 넣으면, 속도비는 관계가 없고 회전 방향만 변경시킬 수 있다. 이 경우의 속도비 i는,

$$i = \frac{n_B}{n_A} = \frac{n_C}{n_A} \times \frac{n_B}{n_C} = \frac{D_A}{D_C} \times \frac{D_C}{D_B} = \frac{D_A}{D_B} \tag{9. 3}$$

또, 중간차의 수가 홀수인 경우에는 회전방향은 같고, 짝수인 경우에는 반대가 된다.

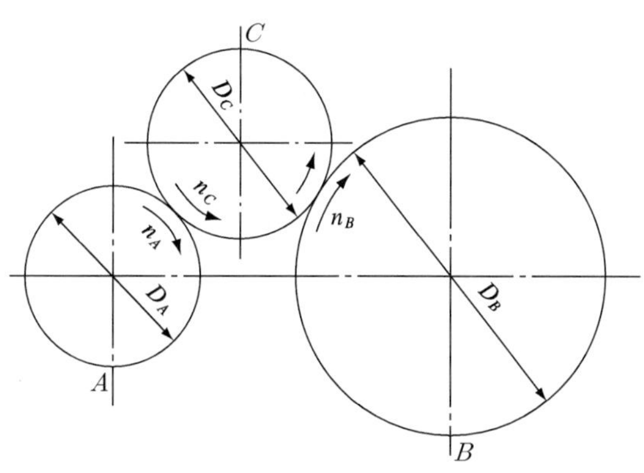

| 그림 9. 2 | 원통 마찰차의 이용(중간차)

예제 9.1

축간거리 $C=350$mm이고, 구동차의 회전수 $n_1=120$rpm, 종동차의 회전수 $n_2=180$rpm인 원통 마찰차의 지름 D_A과 D_B를 구하여라.

풀이 식 (9. 2)에서

$$C=\frac{1}{2}(D_B+D_A)=350\,\text{mm}$$

식 (9. 3)에서,

$$i=\frac{n_B}{n_A}=\frac{D_A}{D_B}=\frac{180}{120}=1.5$$

여기서,

$$C=\frac{1}{2}(D_B+1.5D_B)=350$$

$$\therefore\ D_B=280\,\text{mm},\ D_A=420\,\text{mm}$$

9.1.2 전달 마력

그림 9. 3과 같이 두 물체 사이에 압력 P가 작용하는 상태에서, 이 두 물체를 그림과 같은 방향으로 운동시킬 때 블록 A에는 접촉면에 Q의 힘이 작용하고, 물체 B에는 Q'의 힘이 작용한다. 이 힘 Q와 Q'의 크기는 같고, 방향은 서로 반대이다. 따라서, A의 운동에 저항하는 힘 Q'는 마찰력이므로,

$$Q'=\mu P$$
$$\therefore\ \mu=\frac{Q}{P}=\tan\rho \tag{9. 4}$$

여기서, μ는 두 물체사이의 마찰력, ρ는 마찰각

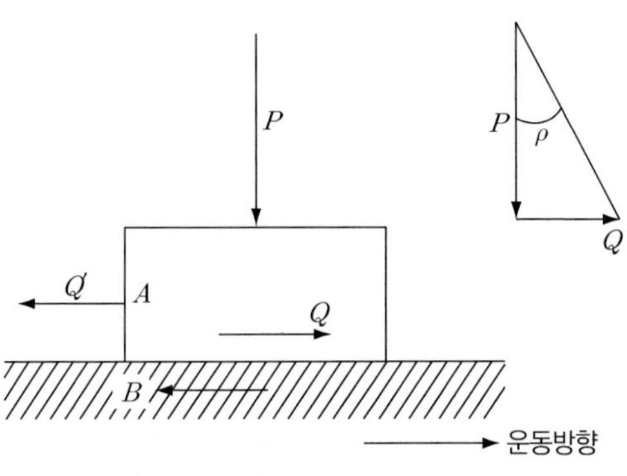

| 그림 9. 3 | 마찰력과 마찰각

그림 9. 4에서 두 마찰차를 P의 힘으로 서로 밀면, 접촉면에서는 마찰력 F가 생겨서 마찰차를 회전시킨다. 이 F를 마찰차의 회전력(driving force) 또는, 전달력이라고 한다.

$$F = \mu P \tag{9. 5}$$

전달할 수 있는 최대 동력 H는,

$$\left.\begin{aligned} H &= \frac{Fv}{75} = \frac{\mu P v}{75}\,(\mathrm{PS}) \\ \mathrm{H} &= \frac{\mathrm{F\,v}}{102} = \frac{\mu \mathrm{P\,v}}{102}\,(\mathrm{kW}) \end{aligned}\right\} \tag{9. 6}$$

회전속도 v는,

$$v = \frac{\pi D_A n_A}{1000 \times 60} = \frac{\pi D_B n_B}{1000 \times 60}\,(\mathrm{m/s}) \tag{9. 7}$$

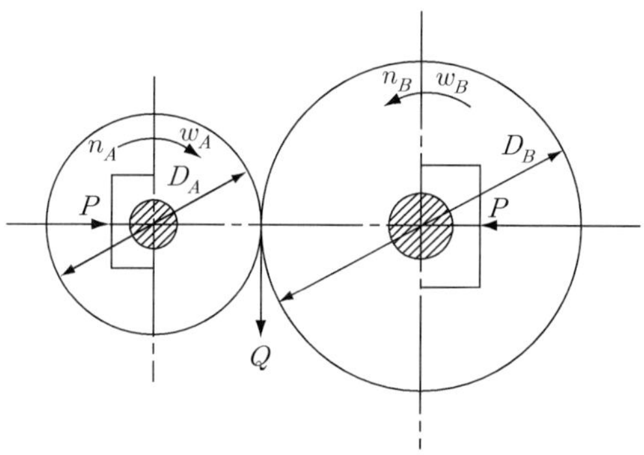

| 그림 9. 4 | 원통 마찰차의 전동마력

전달동력 H을 크게 하기 위해서는 식 (9. 6)에서 마찰계수μ, 전달력P, 회전속도 v을 크게 하면 된다. 그러나, 회전수와 마찰차의 지름은 다른 관점에서 제한을 받으므로, 일반적으로 v의 값을 제한하는 것이 보통이다.

마찰차의 재료는 주철, 강철, 황동 등이 사용되나, μ을 크게 하기 위하여 주철제의 본체에 나무, 가죽, 종이, 고무, 화이바 등을 접착시켜서 사용한다. 이때, 보통 구동차에는 비금속재료를 쓰고, 종동차에서는 금속재료를 사용한다. 그 이유는, 종동차에 걸리는 부하가 커져서 종동차가 정지하는 경우에, 구동차는 회전을 계속하기 때문에 둘레가 균일하게 마모되나, 종동차는 접촉부만 심하게 마모되는 형상으로 변하여 원활한 운동전달을 할 수 없게 될 수가 있다.

또, 마찰차의 폭 b는 전달동력과 밀접한 관계가 있으므로, 접촉선마다의 허용 압력을 f (kg/mm)라고 하면,

$$b \geq \frac{P}{f} \tag{9. 8}$$

이 폭 b를 너무 크게 하면, 마찰차의 균등한 접촉이 곤란하게 되므로, 대략 마찰차의 지름과 같은 정도인 $b \leq D$로 정한다. 표 9. 1은 마찰차 재료의 마찰계수와 허용 접촉압력을 나타내었다.

| 표 9.1 | 마찰계수와 허용 접촉압력

표면 재료	마찰계수 μ	허용 접촉압력 f (kg/mm)
주철과 주철	0.1~0.15	2~3
주철과 가죽	0.15~0.3	0.7~1.5
주철과 나무	0.2~0.3	1~1.5
주철과 종이	0.15~0.2	0.5~1

예제 9.2

지름 220mm의 마찰차를 100rpm으로 0.8kW의 동력을 전달하기 위하여 마찰차에 작용시켜야 할 압력의 최소치를 구하여라. 단, 마찰계수 $\mu = 0.2$이다.

풀이 회전력 F는 식 (9. 6)에서

$$H = \frac{Fv}{102} = \frac{F}{102} \cdot \frac{\pi Dn}{1000 \times 60}$$

$$\therefore \ F = \frac{102 \times 1000 \times 60 \times H}{\pi Dn} = \frac{102 \times 1000 \times 60 \times 0.8}{\pi \times 220 \times 100} = 70.9\,\text{kg}$$

구하는 마찰차를 누르는 최소의 힘 P는 식 (9. 5)에서,

$$F = \mu P$$

$$\therefore \ P = \frac{F}{\mu} = \frac{70.9}{0.2} = 354.5\,\text{kg}$$

예제 9.3

지름 450mm, 260rpm의 원통 마찰차가 1.5kW의 동력을 전달할 때, 서로 누르는 힘과 마찰차의 폭을 구하여라. 단, 허용 마찰압력 $f = 1.2$kg/mm, 마찰계수 $\mu = 0.2$이다.

풀이 마찰차의 원주속도 v는,

$$v = \frac{\pi Dn}{1000 \times 60} = \frac{\pi \times 450 \times 260}{1000 \times 60} = 6.12\,\text{m/s}$$

서로 누르는 힘 P는,

$$P = \frac{102\,H}{\mu v} = \frac{102 \times 1.5}{0.2 \times 6.12} = 125\,\mathrm{kg}$$

마찰차의 폭 b는 식 (9. 8)에서,

$$b = \frac{P}{f} = \frac{125}{1.2} = 104.2\,\mathrm{mm}$$

9.2 홈 마찰차

마찰차로 큰 동력을 전달하려고 하면, 일반적으로 마찰계수가 큰 재료를 사용하거나, 두 마찰차를 큰 힘으로 서로 밀어붙이도록 해야 하는 데 이 2가지 모두 한계와 손실이 있으므로, 원하는 좋은 결과를 얻기가 힘들다. 홈 마찰차는 이런 단점을 개선한 것으로, 원통 마찰차에 홈을 만들어 서로 물리게 함으로써, 축에 작용하는 압력을 증가시키지 않고 전달력을 크게 할 수 있으며, 동일한 압력에 대해서도 큰 회전력을 얻을 수 있다.

그림 9. 5(a)와 같이 마찰차의 바깥 둘레에 쐐기형의 홈을 만들어 구동차와 종동차의 요철(凹凸)이 서로 맞물리게 한 것으로, 원통 마찰차에 비하여 작은 힘으로 밀어 붙여도 큰 전달력을 얻을 수 있다.

그림 9. 5(b)에서 홈의 각도를 2α, 반지름 방향으로 밀어붙이는 힘을 Q, 접촉면의 경사면에 수직한 힘을 P라고 하면, 경사면에 마찰력 μP가 작용하므로 힘의 평행 관계로부터 아래의 식을 얻는다.

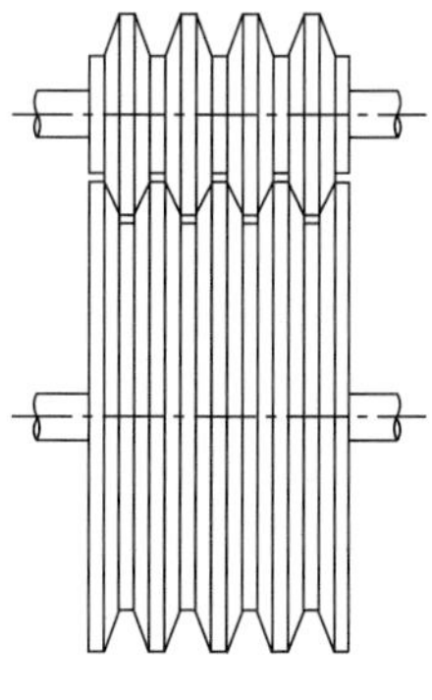

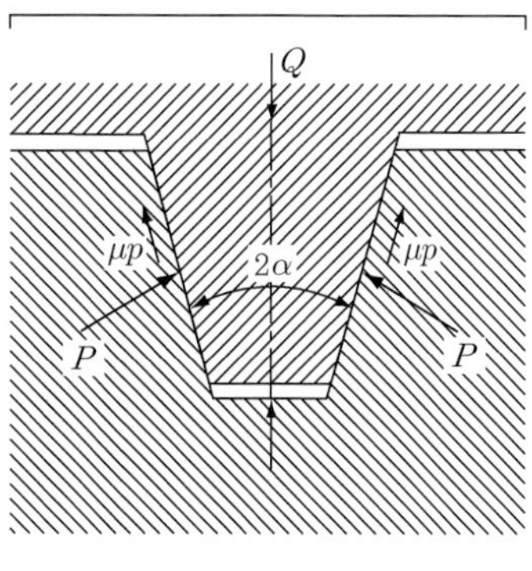

(a) 홈 마찰차　　(b) 홈 마찰차의 역학

| 그림 9. 5 |　홈 마찰차와 역학관계

$$Q = 2P\sin\alpha + 2\mu P\cos\alpha = 2P(\sin\alpha + \mu\cos\alpha)$$

$$\therefore\ P = \frac{Q}{2(\sin\alpha + \mu\cos\alpha)} \tag{9. 9}$$

회전력으로 작용하는 힘은 접선 방향의 마찰력 μP 이며, 이것을 F' 로 나타내면,

$$F' = 2\mu P = \frac{\mu}{\sin\alpha + \mu\cos\alpha} Q = \mu' Q \tag{9. 10}$$

여기서, $\mu' = \dfrac{\mu}{\sin\alpha + \mu\cos\alpha}$ 로 유효 마찰계수 또는, 상당 마찰계수라고 한다.

홈이 없는 평탄한 마찰차를 Q 의 힘으로 눌렀을 때의 회전력을 F 라고 하면 $F = \mu P$ 가 되고, 홈이 있는 경우와 똑같은 힘으로 서로 밀어붙인다면 회전력 비는,

$$F' : F = \frac{\mu}{\sin\alpha + \mu\cos\alpha} : \mu = \mu' : \mu$$

일반적으로, $\mu = 0.1$, $2\alpha = 30$ 로 하면, 이 회전력의 비 $\mu' : \mu = 0.28 : 0.1$ 즉, 2.8배의 회전력을 얻을 수 있다. 따라서, 베어링 하중도 작게 할 수 있으며, 마찰계수가 작은 재료에도 적합하다. 그러나, 홈 마찰차의 단점은 홈의 중심부의 한 점에서만 구름 접촉을 하고, 다른 곳에서는 미끄럼 접촉을 하므로 마멸, 소음, 발열이 생기는 데 이 현상은 홈이 깊을수록, 속도가 클수록 심하다. 따라서, 홈의 깊이 h 는 작을수록 좋으며, 일반적으로 아래의 경험식이 사용된다.

$$h = 0.94\sqrt{\mu' Q}\ (\text{mm}) \tag{9. 11}$$

또, 홈의 수는 너무 많으면 홈에서의 접촉성이 나빠지므로 5~6개 정도로 한정하는 것이 보통이다.

홈 마찰차에서의 전달동력 H 는,

$$H = \frac{F'v}{75} = \frac{\mu' Q v}{75}\ (\text{PS}) \tag{9. 12}$$

예제 9.4

홈의 각도 40°인 주철제의 홈 마찰차에서 구동축의 평균지름이 250mm, 회전속도가 750rpm이고, 종동축의 평균지름이 500mm이며 5PS의 동력을 전달하려고 한다. 마찰차를 누르는 힘과 홈의 깊이와 홈의 수를 구하여라. 단, 허용 접촉압력 $f = 3$kg/mm, 마찰계수 $\mu = 0.15$이다.

풀이 전달동력 $H = \dfrac{\mu' Q v}{75}$에서, 누르는 힘 Q는

$$Q = \frac{75H}{\mu' v}$$

또, $\alpha = 40^\circ$ 즉, $\alpha/2 = 20^\circ$이므로

$$\mu' = \frac{\mu}{\sin\alpha + \mu\cos\alpha} = \frac{0.15}{\sin 20^\circ + 0.15 \times \cos 20^\circ}$$

$$= \frac{0.15}{0.342 + 0.15 \times 0.940} \fallingdotseq 0.31$$

$$v = \frac{\pi D n}{1000 \times 60} = \frac{\pi \times 250 \times 750}{1000 \times 60} \fallingdotseq 9.8\,\text{m/s}$$

구한 값들을 위의 식에서 구하면

$$Q = \frac{75H}{\mu' v} = \frac{75 \times 5}{0.31 \times 9.8} = 125\,\text{kg}$$

이 힘으로 양 마찰차를 서로 누를 때, 홈의 경사면에 수직으로 작용하는 힘 $2P$는,

$$2P = \frac{Q}{\sin\alpha + \mu\cos\alpha}$$

$$\therefore\ 2\mu P = \frac{\mu Q}{\sin\alpha + \mu\cos\alpha} = \mu' Q$$

$$\therefore\ 2P = \frac{\mu' Q}{\mu} = \frac{0.31 \times 125}{0.15} \fallingdotseq 250\,\text{kg}$$

허용 접촉압력이 $f = 3$kg/mm이므로, 위의 하중 250kg을 지지하기 위한 접촉선의 전 길이 l은,

$$l = \frac{2P}{f} = \frac{250}{3} \fallingdotseq 84\,\text{mm}$$

홈의 수를 z, 홈의 깊이를 h라 하면,

$$l = 2z\frac{h}{\cos\alpha} \fallingdotseq 2zh \quad (\alpha\text{가 비교적 작은 각이므로 무시한다})$$

홈의 깊이는 경험식 (9. 11)에서,

$$h = 0.94\sqrt{\mu' Q} = 0.94\sqrt{0.31 \times 125} \fallingdotseq 6\,\text{mm}$$

구하는 홈의 수 z는,

$$z = \frac{l}{2h} = \frac{84}{2 \times 6} = 7\text{개}$$

9.3 원추 마찰차

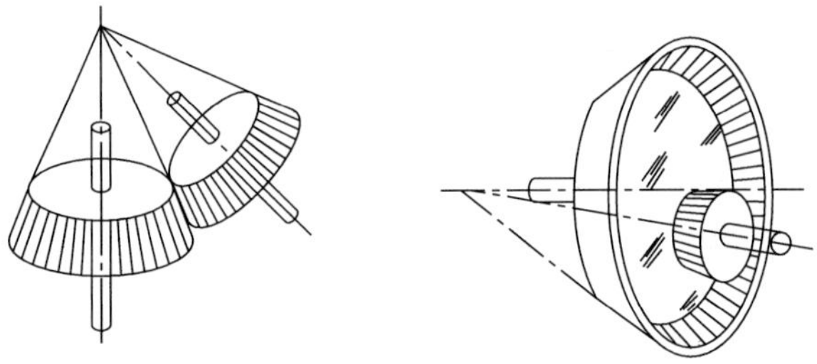

(a) 외접 (b) 내접

|그림 9.6| 원추 마찰차

두 축이 구름 접촉을 하면서, 어느 각도로 교차할 때 사용되는 마찰차를 원추 마찰차(corn friction wheel)라고 하며, 그림 9. 6(a)는 외접한 경우로서 두 마찰차는 서로 반대 방향으로 회전하고, (b)는 내접하는 경우로 같은 방향으로 회전한다.

9.3.1 속도비와 축각

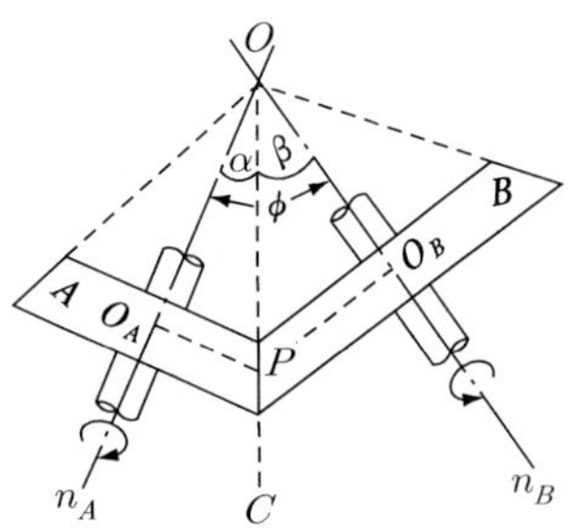

|그림 9.7| 원추 마찰차의 속도비

그림 9. 7과 같이 2개의 원추차 A, B가 원추 표면으로 접촉하고, OC 선 위에서 서로 구름 접촉을 하고 있다. 이때, OC위의 임의의 한 점 P를 잡고, P에서 양 축에 수선 $O_A P$와 $O_B P$를 긋고, 이때 원추각을 각각 α, β라고 하고 두 축이 맺는 각을 축각(shaft angle) ϕ라면, 속도비 i는,

$$i = \frac{n_A}{n_B} = \frac{O_A P}{O_B P} = \frac{OP\sin\alpha}{OP\sin\beta} = \frac{\sin\alpha}{\sin\beta} \tag{9. 13}$$

두 축이 이루는 축각 $\phi = \alpha + \beta$ 이므로, 위의 식 (9. 13)은

$$i = \frac{\sin\alpha}{\sin\beta} = \frac{\sin\alpha}{\sin(\phi - \alpha)} = \frac{\tan\alpha}{\sin\phi - \cos\phi\tan\alpha}$$

그러므로, 구하는 원추각 α 와 β 는,

$$\tan\alpha = \frac{\sin\phi}{\dfrac{n_A}{n_B} + \cos\phi} \tag{9. 14}$$

$$\tan\beta = \frac{\sin\phi}{\dfrac{n_B}{n_A} + \cos\phi} \tag{9. 15}$$

보통, 90°인 경우가 많이 사용되므로,

$$\tan\alpha = \frac{n_B}{n_A}, \quad \tan\beta = \frac{n_A}{n_B} \tag{9. 16}$$

$\phi = 90°$ 이고, 속도비 $i = n_B / n_A = 1$ 인 경우에는 $\alpha = \beta$ 가 되어, 두 원추 마찰차는 크기는 같으므로 이런 원추차를 마이터 휠(mitre wheel)이라고 한다.

9.3.2 전달 동력

두 원추 마찰차의 접촉면 위에서 마찰력을 얻으려면, 각각의 축에 스러스트(thrust)가 작용해야 한다. 그림 9. 8과 같이 축방향으로 스러스트 하중 Q_1, Q_2 를 작용하여, 접촉면 위에서 발생하는 압력 P 는,

$$\begin{aligned} &Q_1 = P\sin\alpha, \quad Q_2 = P\sin\beta \\ &\therefore \ P = \frac{Q_1}{\sin\alpha} = \frac{Q_2}{\sin\beta} \end{aligned} \tag{9. 17}$$

이때, 베어링에는 축에 직각인 힘 R_1 과 R_2 가 작용하는데, 힘의 크기는,

$$R_1 = P\cos\alpha, \quad R_2 = P\cos\beta \tag{9. 18}$$

축각 $\phi = 90°$ 인 경우에는 $R_1 = Q_1$, $R_2 = Q_2$ 가 된다.

원주면에서 중앙 부분의 원주속도는 평균 속도를 취한다. 마찰에 의해 주어지는 회전력은,

$$\mu Q = \frac{\mu Q_1}{\sin\alpha} = \frac{\mu Q_2}{\sin\beta}$$

따라서, 전달동력은,

$$\left.\begin{aligned} H &= \frac{\mu P v}{102} = \frac{\mu Q_1 v}{102\sin\alpha} = \frac{\mu Q_2 v}{102\sin\beta}(\text{kW}) \\ H' &= \frac{\mu P v}{75} = \frac{\mu Q_1 v}{75\sin\alpha} = \frac{\mu Q_2 v}{75\sin\beta}(\text{PS}) \end{aligned}\right\} \quad (9.19)$$

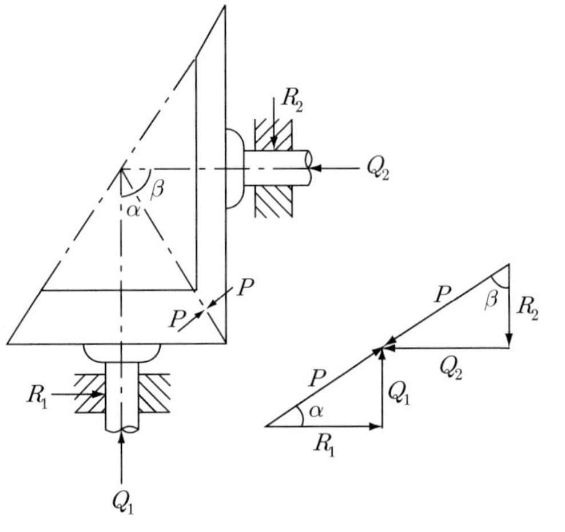

| 그림 9.8 | 원추 마찰차의 힘의 해석

9.3.3 접촉면의 나비

접촉면 1mm 마다 작용하는 접촉 압력을 p_o (kg/mm)라고 하면, 접촉선의 길이(바퀴의 나비) b 는,

$$b = \frac{P}{p_o} = \frac{Q_1}{p_o\sin\alpha} = \frac{Q_2}{p_o\sin\beta} \quad (9.20)$$

예제 9.5

두 원추 마찰차의 회전수가 각각 $n_A = 150\,\text{rpm}$, $n_B = 250\,\text{rpm}$이고, 축 각이 60°일 때, 이 두 마찰차의 원추각 α와 β를 구하여라.

풀이 식 (9. 14)에서,

$$\tan\alpha = \frac{\sin\phi}{\dfrac{n_A}{n_B} + \cos\phi} = \frac{\sin 60°}{\dfrac{250}{150} + \cos 60°} = 0.4$$

$$\therefore\ \alpha = \tan^{-1} 0.4 = 21°51',\quad \beta = 60° - 21°51' = 38°09'$$

예제 9.6

속도비 $i = 1/2$이고, 축각이 90°인 원추 마찰차에서 목재인 구동차를 400rpm으로 회전시켜 3PS의 전동을 전달하려고 한다. 종동차는 주철재이고, 최대지름 600mm, 접촉면의 폭 150mm, 마찰계수 $\mu = 0.3$라면, 구동하기 위하여 각 축에 작용시켜야 할 스러스트 하중과 접촉면의 적정 여부를 검토하여라.

풀이 축각이 90°이므로, 식 (9. 16)에서

$$\tan\alpha = \frac{n_B}{n_A} = \frac{1}{2}$$

$$\alpha = \tan^{-1}\frac{1}{2} = 26°30',\quad \beta = 90° - 26°30' = 63°30'$$

종동차에 평균지름인 곳에서 원주속도 v를 구하면

$$D_o = 600 - 2x = 600 - 2 \times 75 \times \cos\alpha = 600 - 150 \times \cos 26°30' \fallingdotseq 465\,\text{mm}$$

$$v = \frac{\pi D_o n}{60 \times 1000} = \frac{\pi \times 465 \times 200}{60 \times 1000} \fallingdotseq 5\,\text{m/s}$$

접촉면을 누르는 힘 P는,

$$H = \frac{\mu P v}{75}$$

$$\therefore\ P = \frac{75H}{\mu v} = \frac{75 \times 3}{0.3 \times 5} = 150\,\text{kg}$$

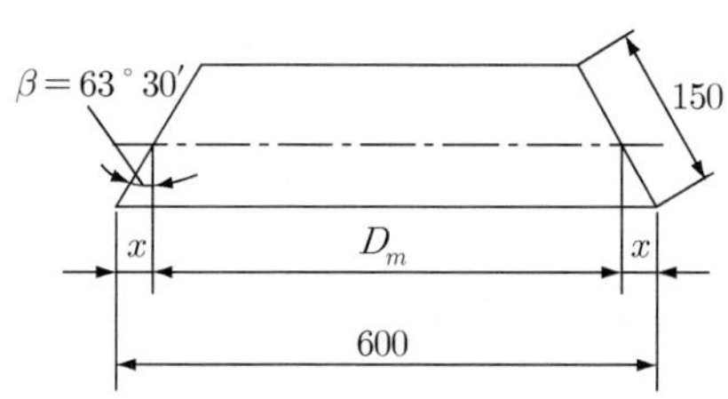

따라서, 구하는 스러스트 Q_1과 Q_2는,

$Q_1 = P\sin\alpha = 150 \times \sin 26°30' \fallingdotseq 67\text{kg}$

$Q_2 = P\sin\beta = 150 \times \sin 63°30' \fallingdotseq 135\text{kg}$

접촉압력 f를 구하면,

$$f = \frac{P}{b} = \frac{150}{150} = 1\text{kg/mm}$$

표 9.1에서 주철과 목재의 경우 허용 접촉압력 $f = 1 \sim 1.5\text{kg/mm}$이므로, 폭 150mm는 적당하다고 할 수 있다.

예제 9.7

2축이 직교하는 원뿔 마찰차의 축에 200kg의 축방향 하중이 작용할 때, 전달 동력을 구하여라. 단, 접촉면의 중앙 원주속도는 8m/s이고, 마찰계수 $\mu = 0.15$이다.

풀이 식 (9.19)에서

$$H = \frac{\mu Q_1 v}{102\sin\alpha} = \frac{0.15 \times 200 \times 8}{102 \times \sin 45°} = 3.34\text{kW}$$

9.4 무단 변속장치

무단 변속장치(infinite variable speed drive)는 속도비를 어떤 범위 내에서 연속적으로 자유롭게 변속시킬 수 있으므로, 구동축의 회전속도를 일정하게 유지하고, 종동축의 회전속도를 임의로 변화시키는 경우에 많이 사용된다. 그러나, 너무 큰 동력전달에 사용하기는 부적당하다.

9.4.1 원판차에 의한 변속

그림 9.9는 원판차를 이용한 것으로 I축에 원판차 A를 고정시키고, II축에는 미끄럼키 또는 스프라인을 사용하여 B를 끼우고, B가 II축 위를 자유로이 이동할 수 있도록 한다. 이때 속도비 i는,

$$i = \frac{n_A}{n_B} = \frac{R_B}{x}$$

위의 식에서 R_B는 일정하므로, x를 변화시키면 속도비 i가 변화한다. I축의 회전수 n_A를 일정하게 유지하면, II축의 회전수 n_B의 변화는 그림 9.10 (a)와 같고, n_B를 일정하게

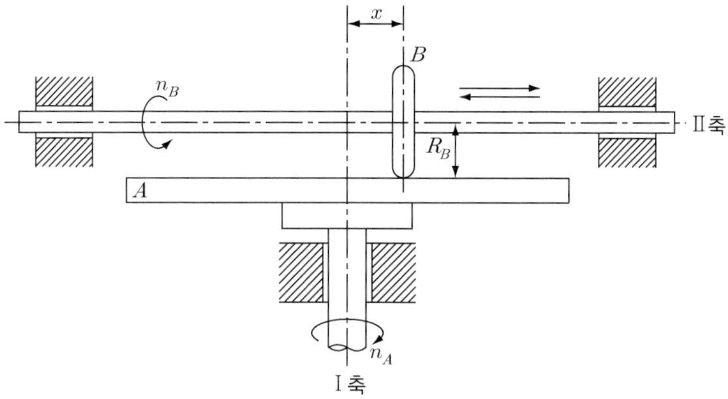

| 그림 9. 9 | 원판차를 이용한 무단 변속장치

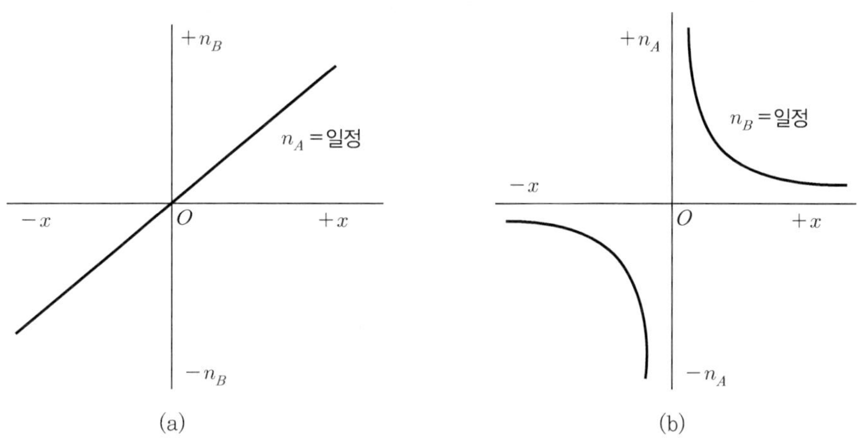

| 그림 9. 10 | 원판차에 의한 변속

하고 n_A 가 변하도록 하면 (b)와 같다. 따라서, 회전력의 변화를 원활하게 하기 위해서는 I 축을 구동축으로 사용한다.

B차가 A차의 중심을 지나 반대쪽에 가면, 종동축의 회전은 반대로 된다. 그러나, $x=0$ 이 되었을 때 즉, B차가 A차의 중심에 오면 이론상 축 I 의 회전수는 무한대로 되나, 실제로 이런 현상은 일어나지 않고 정지하게 된다. 그러므로, B차의 폭을 좁게 만들고, 너무 중심에 가까운 곳에서는 사용하지 않도록 하여야 한다. 또, 이 장치에서 축 II에는 휨이 작용하게 되며, B가 A차의 주변 가까이로 접근하면, 축 I 에도 휨이 일어날 수 있으므로, 베어링을 충분히 길게 할 필요가 있다.

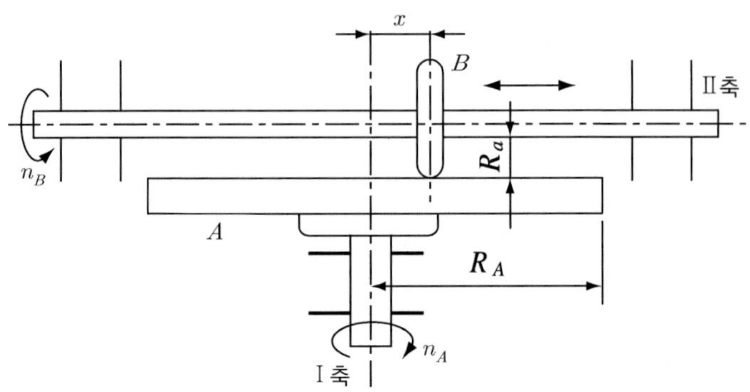

| 그림 9.11 | 2개의 원판차에 의한 무단 변속장치

그림 9. 11은 2개의 원판차를 사용하고, 그 사이에 작은 마찰차를 삽입하면 굽힘 모멘트를 제거시킬 수 있다. 이러한 장치는 평행축 사이의 속도 변속에 사용된다. 이때, A차와 B차의 회전 방향은 같고, 속도비 i는,

$$\frac{n_A}{n_C} = \frac{R_C}{x},\ \frac{n_C}{n_B} = \frac{a-x}{R_C}$$

$$i = \frac{n_B}{n_A} = \frac{n_C}{n_A} \cdot \frac{n_B}{n_C} = \frac{x}{R_C} \cdot \frac{R_C}{a-x} = \frac{x}{a-x} \tag{9. 21}$$

$$n_B = \frac{x}{a-x} n_A \tag{9. 22}$$

또, 접촉면에서 접촉 방향의 힘 F는

$$F = \frac{T_A}{x} = \frac{T_B}{a-x} \tag{9. 23}$$

예제 9.8

원판차 변속장치에서 구동차 A의 회전수가 150rpm, 종동차 B차의 이동 범위 $x=40\sim190$ mm일 때, 최소 및 최대 원주속도 및 전달 마력을 구하여라. 단, 마찰계수 $\mu=0.1$, 허용 접촉압력 $f=2$kg/mm이다.

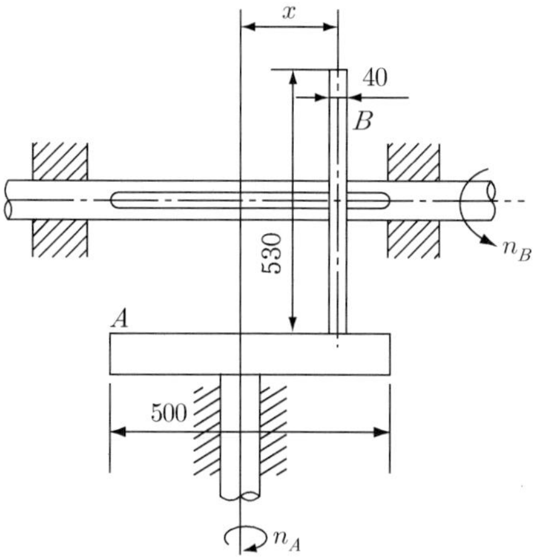

풀이 종동차 B차의 반지름 R_B는,

$$R_B=\frac{530}{2}=265\,\text{mm}$$

$n_A=1500$, $n_B=\dfrac{n_A}{R_B}\cdot x$ 이고, B차의 회전수n_B는 x가 증가하면 크지므로,

$x=40$mm에서 n_B는 최소이다.

$$n_B(\min)=\frac{n_A}{R_B}\cdot x=\frac{1500}{265}\times40=226.4\,\text{rpm}$$

$x=190$mm에서, n_B는 최대가 되므로

$$n_B(\max)=\frac{n_A}{R_B}\cdot x=\frac{1500}{265}\times190=1075.5\,\text{rpm}$$

양차를 밀어붙이는 힘 P는 식 (9. 8)에서,

$P=f\cdot b=2\times40=80\,\text{kg}$

B차의 최소및 최대 원주속도는,

$$v_{\min}=\frac{\pi\times40\times1500}{1000\times60}=3.14\,\text{m/s}$$

$$v_{\max}=\frac{\pi\times190\times1500}{1000\times60}=14.9\,\text{m/s}$$

B차의 최소 및 최대 전달 마력은,

$$H_{\min}=\frac{0.2\times80\times3.14}{75}=0.67\,\text{PS}$$

$$H_{\max}=\frac{0.2\times80\times14.9}{75}=3.18\,\text{PS}$$

9.4.2 원추 마찰차에 의한 변속

그림 9. 12는 원추차 A와 원통차 B를 접촉시켜 회전하는 것으로, 모선상의 B차 위치에 따라 속도비가 달라진다. 원추의 꼭지름으로부터 원통까지의 거리를 x, 원추의 최대 반지름을 R_A, 원추의 정점에서 최대 반지름의 단면에 이르는 모선의 길이를 l이라고 하면,

$$n_B = \frac{r_A}{r_B} \cdot n_A = \frac{R_A n_A}{l r_B} \cdot x \tag{9. 24}$$

구동축의 회전속도 n_A가 일정하면, n_B는 x에 비례하므로 직선적으로 변화한다.

두 차의 접촉면에서 접선 방향의 힘을 F라 하면, 토크는 $T_A = Fr_A$, $T_B = Fr_B$이므로 B축에 작용하는 토크 T_B는,

$$T_B = T_A \frac{r_B}{r_A} = \frac{T_A r_B l}{R_A} \cdot \frac{1}{x}$$

위의 식에서 토크 T_B는 x에 대하여 쌍곡선으로 변화하는 것을 알 수 있다.

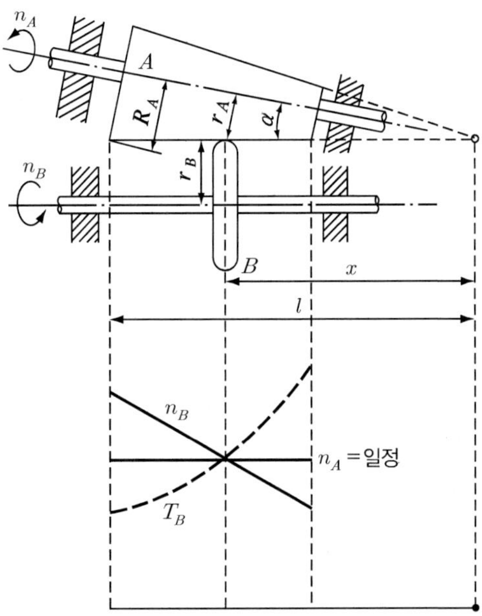

| 그림 9. 12 | 원추차에 의한 무단 변속장치

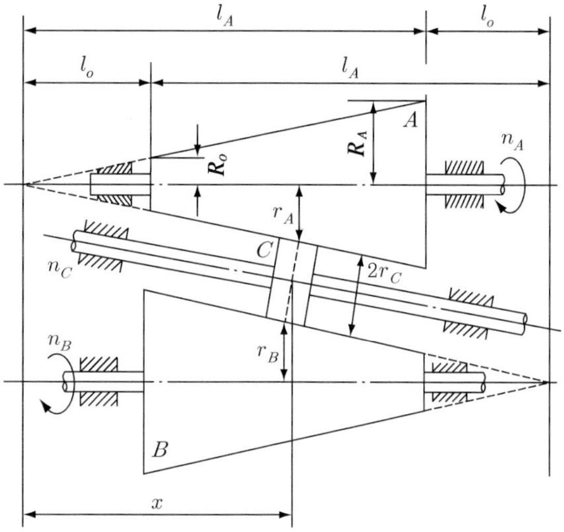

| 그림 9. 13 | 2개의 원추차에 의한 무단 변속장치

그림 9. 13은 그림 9. 12를 2개 조합한 것으로, 평행축의 전동에 사용한다. 그림에서 원추의 정점에서 최소지름의 단면까지의 축선의 길이 l_o 는,

$$l_o = l_A \frac{R_o}{R_A}$$

여기서, l_A 는 원추의 정점에서 최대지름의 단면까지의 축선의 길이,

R_o 는 원추의 최소 반지름

또,

$$r_A = \frac{R_A}{l_A} x, \quad r_B = \frac{R_A}{l_A} \left[l_A \left(1 + \frac{R_o}{R_A}\right) - x \right] \tag{9. 25}$$

원추차와 원통차와의 속도비는,

$$i = \frac{n_B}{n_A} = \frac{n_C}{n_A} \cdot \frac{n_B}{n_A} = \frac{r_A}{r_C} \cdot \frac{r_C}{r_B} = \frac{r_A}{r_B} \tag{9. 26}$$

마찰차 C의 반지름 r_C는 구동축과 종동축 사이의 속도비에는 영향을 미치지 않으므로 속도비 i는,

$$i = \frac{n_B}{n_A} = \frac{r_A}{r_B} = \frac{x}{l_A(1+\frac{R_o}{R_A}) - x} = \frac{R_A x}{l_A(R_A + R_o) - R_A x} \qquad (9.\ 27)$$

구동축과 중간차와의 접촉면에서의 접선 방향의 힘을 F는,

$$F = \frac{T_A}{r_A} = \frac{T_A l_A}{R_A} \cdot \frac{1}{x} \qquad (9.\ 28)$$

같은 힘이 그대로 중간차와 종동차의 접선면에 작용한다고 하면, 종동차에 작용하는 토크 T_B는,

$$T_B = F \cdot r_B = \frac{T_A[l_A(R_A + R_o) - R_A x]}{R_A x} \qquad (9.\ 29)$$

9.4.3 구면차에 의한 변속

마찰면이 구면인 마찰차로 직교축 또는, 평행축에 사용되며, 주로 공작기계의 무단 변속 장치로 사용되고 있다.

1. 평행한 축에 사용되는 무단 변속장치

그림 9. 14의 (a)는 서로 평행한 두 축에 사용되는 무단 변속장치로서, 중간 마찰차가 접촉한 마찰차의 부위에 따라 회전 속도비가 달라지는 경우를 나타낸다. 중간 마찰차의 회전 반경은 일정하나, 접촉 위치에 따라서 구동축의 마찰차와 종동축의 마찰차의 회전 반경이 각각 변화하는 특징이 있으며 주로 연삭기에 사용된다.

그림 9. 14의 (b)는 구동축의 마찰차와 종동축의 마찰차는 동일한 마찰차로서, 회전 반경도 일정하다. 구면 중간차의 마찰각이 변하게 되면 구동차와 중간차의 접촉점이 변화하고, 중간차와 접촉점도 변화하게 된다. 즉, 중간차의 회전중심으로부터 구동차와의 접촉점까지의 거리가 변화한다. 이와 같이 중간차에서 접촉점이 변화함에 따라 회전 반경이 변화하게 되고, 구동축과 종동축의 각 속도비의 변화를 일으키는 경우이며 주로, 소형 드릴링 머신에 사용된다.

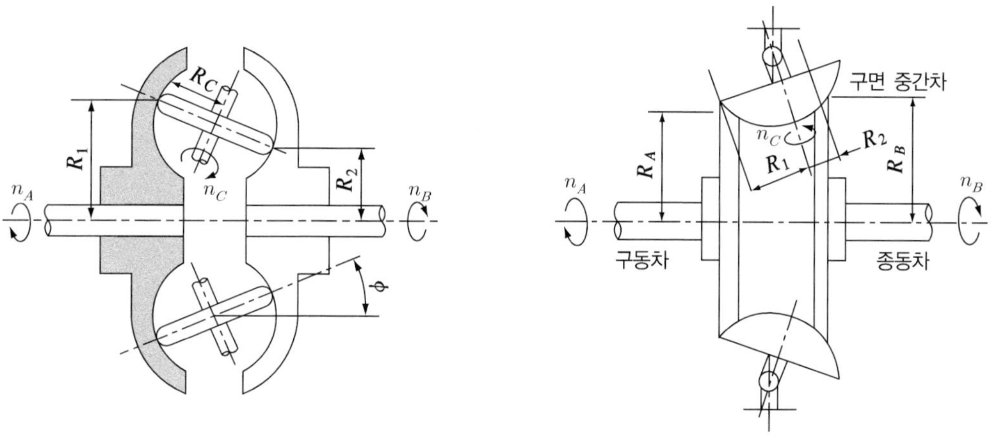

(a) (b)

| 그림 9. 14 | 구면차에 의한 무단 변속장치(평행 축)

2. 직교하는 축에 사용되는 무단 변속장치

그림 9. 15는 직교하는 축에 사용되는 무단 변속장치이다. 그림 9. 15 (a)는 원판차에 중간차로 곡면 마찰차를 사용한 것으로 그림 9. 15의 (b)는 직교축에 원통 마찰차를 붙이고, 중간차를 곡면 마찰차로 한 것이다.

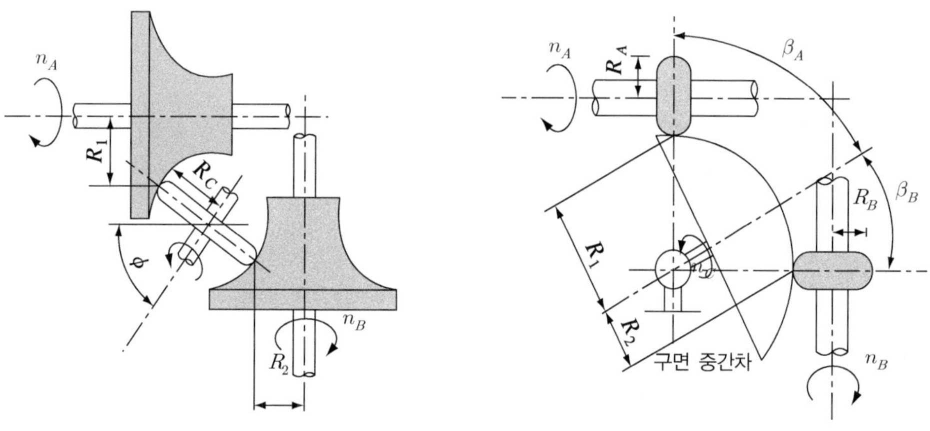

(a) (b)

| 그림 9. 15 | 구면차에 의한 무단 변속장치(직교 축)

연습문제

1. 원추 마찰차의 각 속도비와 축각의 관계식을 구하고, 이들이 어떤 관계가 있는지를 설명하여라.

2. 무단 변속기의 종류를 들고, 각각의 특성에 대하여 설명하여라.

3. 홈 마찰차의 장점과 단점을 설명하고, 홈의 깊이를 설계할 때 유의해야 할 점들을 설명하여라.

4. 구동차의 지름 450mm, 회전수 550rpm의 원통 마찰차를 220kg의 힘으로 밀어 붙이면 몇 마력의 전달할 수 있는지를 구하여라. 단, 구동차는 목재이고, 종동차는 주철제이며, 마찰계수 $\mu = 0.3$ 이다.

5. 한쌍의 홈 마찰차에서 $D_A = 400\,\mathrm{mm}$, $D_B = 550\,\mathrm{mm}$, $n_A = 280\,\mathrm{rpm}$이고, 2kW를 전달 할 때 밀어붙이는 힘과 홈의 깊이및 홈의 수를 각각 결정하여라. 단, 홈의 각도는 40°, 마찰계수 $\mu = 0.2$, 허용 면압력 $f = 2.5\,\mathrm{kg/mm}$이다.

6. 구동차 400rpm, 종동차 160rpm인 한 쌍의 원추 마찰차의 축 각이 70°일 때, 양차의 원추각을 각각 구하여라.

7. 원뿔 마찰차에서 구동차의 평균 지름이 450mm, 회전수 320rpm, 회전비 5 : 3으로 5.5kW의 동력을 전달시킬 때, 종동차의 평균지름과 양차의 나비, 축심에 밀어붙이는 힘을 각각 구하여라. 단, 마찰계수는 0.2, 접촉면의 압력은 2.5kg/mm^{2}이다.

8. 마이터 휠에서 최대지름 600mm인 구동차가 400rpm으로 2kW의 동력을 종동차에 전달하고자 한다. 접촉부의 폭이 150mm일 때, 각 축에 작용해야 할 스러스트를 구하여라. 단, 마찰계수 $\mu = 0.25$이다.

9. 원추 마찰차에서 구동차의 축각이 150°, 스러스트 200kg, 마찰계수 $\mu = 0.15$, 접촉부의 평균 지름이 630mm일 때, 이 마찰차가 2kW의 동력을 전달하려면 필요한 초소 회전속도를 구하여라.

CHAPTER 10

기어

한 쌍의 마찰차의 접촉면에 치형을 만들어 차례로 물리는 이에 의하여 회전운동, 동력을 전달시키는 기계요소를 기어(gear)라고 하며 기어는 확실한 속도비, 작은 구조, 높은 전동 효율, 큰 회전력을 전달할 수 있기 때문에, 작은 시계에서부터 수만 마력의 선박용 터빈에 이르기까지 사용범위가 매우 넓다.

서로 맞물려 회전하는 기어 중에서 잇수가 많은 기어를 기어(gear)라고 하며, 잇수가 적은 기어를 피니언(pinion)이라 한다. 또, 운동을 전달하는 기어를 구동기어(driver, driving gear)라 하고, 구동기어에 의해 운동을 전달하는 기어를 종동기어(follower, driven gear)라고 한다.

10.1 기어의 일반

10.1.1 기어의 종류

기어의 종류는 구동축과 종동축에 놓여진 상태나 기어 이(gear)의 크기 및 치형을 성형하는 방법에 따라 분류한다.

1. 두 축의 위치에 따른 분류

(1) 두 축이 평행한 경우

① 스퍼 기어(spur gear) : "평기어"라고도 하며, 기어 이(gear tooth)끝이 직선이며, 축에 평행한 원통기어로 이 모양이 간단하여 가공이 쉽고, 정밀도가 높은 기어 이의 형상을 얻을 수 있어 가장 널리 사용된다.

② 래크(rack) : 기어의 피치원 반지름을 무한대로 한 것으로, 여기에 물리는 작은 기어를 피니언(pinion)이라고 하며, 직선운동을 왕복운동으로 바꾸는데 주로 사용한다.

③ 헬리컬 기어(helical gear) : 이 끝이 나선형으로 만들어진 원통기어로, 이가 점진적으로 물리므로 축의 회전전달이 원활하게 이루어지며, 고속회전에도 소음이 나지 않

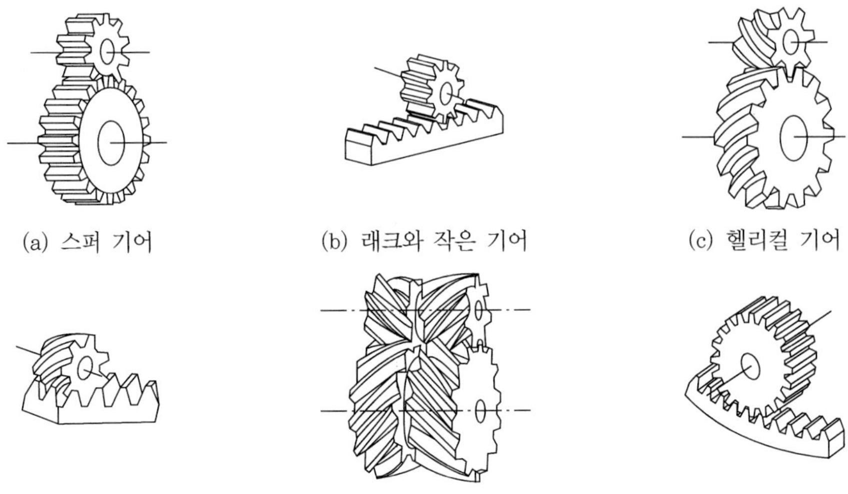

(a) 스퍼 기어 (b) 래크와 작은 기어 (c) 헬리컬 기어

(d) 헬리컬 래크 (e) 더블 헬리컬 기어 (f) 내접 기어

| 그림 10.1 | 두 축이 평행한 기어의 종류

는다. 그러나, 이 기어는 스퍼 기어에 비하여 공작이 어렵고, 회전 중에 추력이 발생하는 결점이 있다.

④ 헬리컬 래크(helical rack) : 헬리컬 기어의 피치원의 반지름을 무한대로 하여 얻어지는 래크를 말한다.

⑤ 더블 헬리컬 기어(double helical gear) : 일명 "헤링본 기어(herringbone)"라고 하며, 헬리컬 기어의 결점인 축 추력을 없애기 위하여 나선 각이 있으나, 방향이 반대인 이를 대칭으로 만든 것으로, 큰 부하의 전달에 사용되지만 이 기어는 헬리컬 기어보다 더욱 공작이 어렵다.

⑥ 내접 기어(internal gear) : 스퍼 기어와 같이 이가 축에 평행한 모양으로, 원통 또는 원추의 안쪽에 이가 만들어져 있는 기어로써 두 기어의 회전 방향은 같으며, 높은 감속비를 얻을 수 있다.

(2) 두 축이 어느 각도로 만날 때

⑦ 베벨기어(bevel gear) : 교차하는 두 축간에 운동을 전달하는 원추형의 기어를 말한다.

⑧ 마이터 기어(miter gear) : 직각인 두 축간에 운동을 전달하는 잇수가 같은 한 쌍의 베벨기어를 말한다.

⑨ 앵귤러 베벨기어(angular bevel gear) : 직각이 아닌 두 축간에 운동을 전달하는 베벨기어를 말한다.

⑩ 크라운 기어(crown gear) : 피치면이 평면인 베벨기어를 말하고 스퍼기어에서 래크에 해당한다.

⑪ 직선 베벨기어(straight bevel gear) : 이 끝이 피치 원추의 모직선과 일치하는 경우에 사용하는 원추형의 베벨기어로, 이 끝은 직선이다.

⑫ 스파이럴 베벨기어(spiral bevel gear) : 직선 베벨기어의 고속 회전시 발생하는 소음을 개선한 것으로, 이 끝이 나선형으로 된 원추형의 기어를 말한다.

⑬ 제롤 베벨기어(zerol bevel gear) : 곡선 이를 가지나 스파이럴 각은 제로(0) 이다. 이 기어는 정상 스파이럴 베벨기어에 사용되는 것과 똑같은 공구로 제작할 수 있으며, 이의 작용은 직선 베벨기어 보다 우수하다.

⑭ 스큐 베벨기어(skew bevel gear) : 기어와 물리는 크라운 기어의 이 끝이 직선이고, 꼭지점에 향하지 않는 베벨기어를 말한다.

(3) 두 축이 만나지도 않고 평행하지도 않는 경우

⑮ 나사 기어(screw gear) : 한 쌍의 헬리컬 기어를 엇갈린 축 사이의 운동 전달에 사용하는 기어를 말하며, 헬리컬 기어의 한쪽을 어긋난 축에 부착시킨다.

⑯ 웜 기어(worm gear) : 나사 기어의 피니언 잇수가 1~4개가 되면, 기어는 나사모양이 된다. 이것을 웜(worm), 이것과 물리는 기어를 웜 휠(worm wheel)이라고 하며, 이 웜과 웜 휠 한 쌍의 기어를 웜 기어라고 한다.

⑰ 하이포이드 기어(hypoid gear) : 스파이럴 베벨기어와 매우 비슷한 기어로, 축을 어긋나게 만든 기어를 말한다.

2. 기어의 크기에 의한 분류

기어의 크기는 기어의 바깥지름의 크기에 따라 아래와 같이 구분한다.

① 극대형 기어 : 1,000mm 이상

② 대형기어 : 250~1,000mm

③ 중형기어 : 40~250mm

④ 극소형 기어 : 10mm 이하

3. 치형을 절삭 가공하는 방법에 의한 분류

(1) 성형 치절기어

성형 치절법으로 깎아낸 기어로서 밀링머신(milling machine)으로 가공한 조합기어가 여기에 속한다. 또, 이의 형체를 계산하여 이의 모양과 같은 판자 게이지를 만들고, 이 게이지

(gauge)에 맞춘 바이트(bite)로 이를 하나씩 세이퍼(shaper)와 같은 공작기계로 깎아낸 것도 있다.

(2) 창성 치절기어

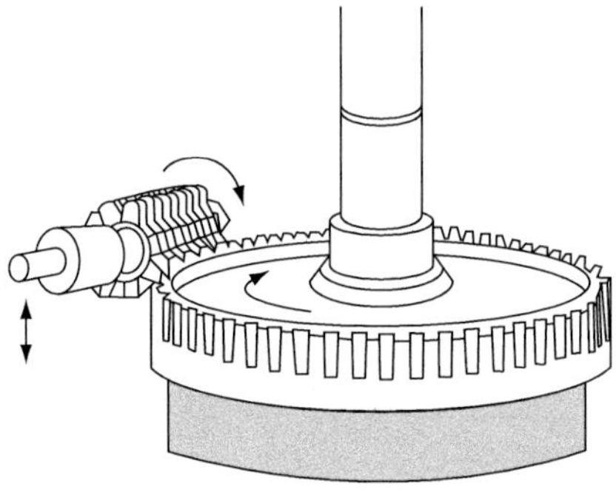

| 그림 10. 2 | 호브에 의한 기어 가공법

정밀도가 높고, 대량 생산이 요구되는 오늘날에는 창성법(generation method)에 의한 기어제작을 주로 한다. 이 방법은 커터(cutter)와 기어 공작물과의 상관운동에 의해 이를 깎는 것이다. 즉, 호브(hob), 피니언 커터(pinion cutter), 래크 커터(rack cutter) 등의 전용기계로 절삭한다. 그림 10. 2는 호브에 의한 기어의 가공 방법을 나타내었다.

10.1.2 기어 각부의 명칭

그림 10. 3과 같이 기어의 각부의 명칭은 KS B 0102에 규정되어 있다.

① 피치면(pitch surface) : 기어가 서로 물리면서, 회전하고 있을 때에는 완전한 구름접촉을 유지하고 있는 마찰차라고 가정한다. 이 마찰차의 원통면을 피치면이라고 한다.

② 피치원(pitch circle) : 피치면과 축에 수직한 평면에 의하여 이루어진 원을 말한다.

③ 원주피치(circular pitch) : 피치면과 축에 수직한 평면에 의하여 이루는 원을 말한다.

④ 이끝원(addendum circle) : 기어의 이끝(봉우리)을 지나는 원으로, 이 지름이 기어의 바깥지름이 된다.

⑤ 이뿌리(골)원(dedendum circle) : 기어의 이뿌리를 지나는 원을 말한다.

⑥ 이끝 높이(addendum) : 피치원에서 이끝(봉우리)원까지의 길이를 말한다.

⑦ 이뿌리(골) 높이(dedendum) : 이뿌리 원에서 피치원까지의 길이를 말한다.

⑧ 유효 이높이(working depth) : 서로 맞물려 있는 한 쌍의 기어의 이끝 높이들의 거리를 말한다.

⑨ 총 이높이(whole depth) : 이끝(봉우리)높이와 이뿌리(골)높이의 합을 말한다.

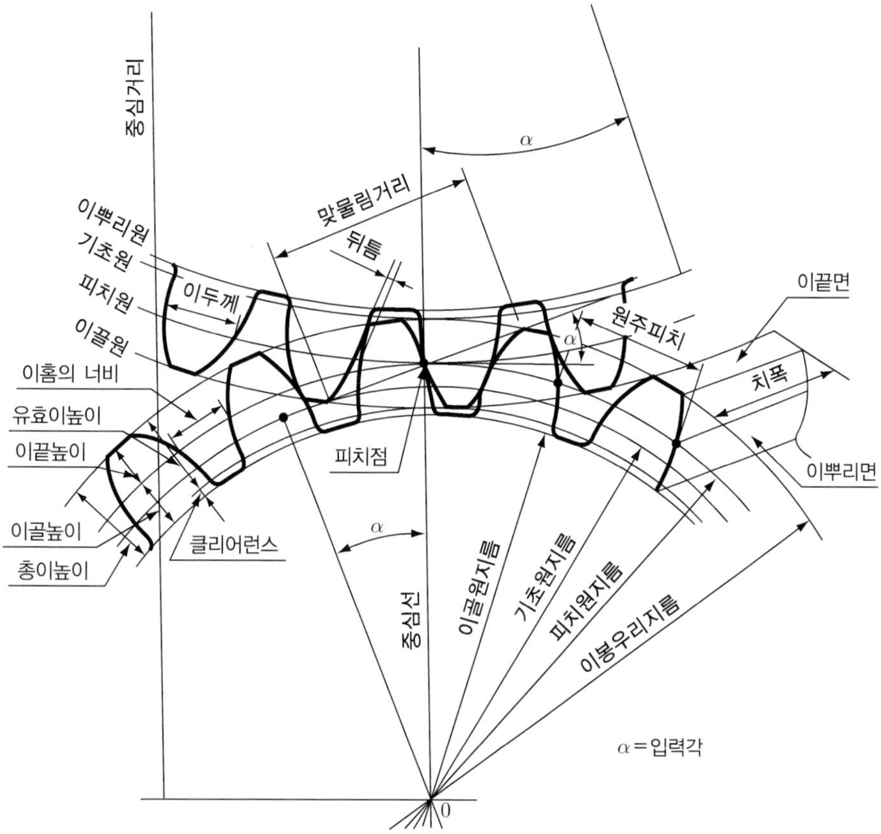

| 그림 10. 3 | 기어 각부의 명칭

⑩ 클리어런스(clearance) : 이의 이끝(봉우리)원으로부터 이것과 물리는 상대방 이의 이뿌리(골)원까지의 거리를 말한다.

⑪ 치면(tooth surface) : 기어의 이가 물려서 닿는 면을 말하며, 상대되는 이와 맞물려서 운동전달의 기능을 한다.

⑫ 뒤틈(back lash) : 한 쌍의 기어를 물리게 했을 때, 치면 간의 간격을 말하며 주로 기어에서의 유격은 이부분에서 발생한다.

⑬ 이끝면(addendum flank) : 이끝(봉우리)의 치면을 말한다.

⑭ 이뿌리면(dedendum flank) : 이뿌리(골)의 치면을 말한다.

⑮ 압력각(pressure angle) : 치면의 한 점에 있어서, 그 반지름과 치형의 접선이 이루는 각을 말하며, 보통 피치점의 압력각을 말한다.

⑯ 기초원(base circle) : 인벌류트 기어를 만들 때 기초가 되는 원을 말한다.

10.1.3 이의 크기

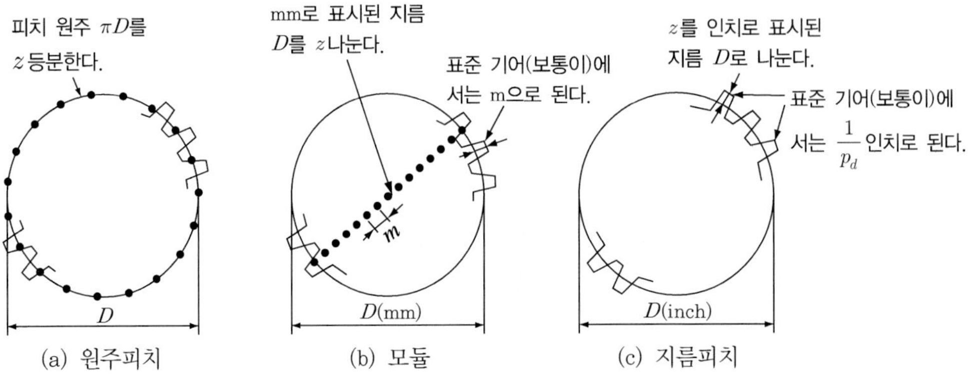

| 그림 10. 4 | 이의 크기 비교

피치원의 크기가 같은 기어에서 잇수가 다르면 이의 크기가 달라지므로, 이의 크기를 결정하는 기준이 필요하다. 이의 크기를 나타내는 기준에는 그림 10. 4와 같이 원주피치(circular pitch), 모듈(module), 지름피치(diametral pitch)가 있다.

1. 원주피치(circular pitch)

피치원의 둘레를 잇수로 나눈 값으로 피치원의 지름을 D, 잇수를 z 라고 하면, 원주피치 p는 아래의 식과 같다. 이 값이 클수록 잇수가 작고, 이는 커진다.

$$p = \frac{\pi D}{z} \text{mm} \tag{10. 1}$$

2. 모듈(module)

피치원의 지름을 잇수로 나눈 값이며, 이 모듈을 기준으로 이끝 높이, 이뿌리 높이 등이 결정된다. 이 값이 클수록 잇수는 작고, 이는 커진다.

$$m = \frac{D}{z} = \frac{p}{\pi} \text{mm} \tag{10. 2}$$

3. 지름피치(diametral pitch)

잇수를 피치원의 지름으로 나눈 값으로, 모듈의 역수가 되며 단위로는 인치(inch)를 사용하므로, 수치에서는 역수가 되지 않는다. 이 값이 적을수록 잇수는 작고, 이는 커진다.

$$p_d = \frac{z}{D(\text{인치})} = \frac{25.4z}{D(mm)} = \frac{25.4}{m} \tag{10.3}$$

$$m = \frac{25.4}{p_d} = \frac{p}{\pi} \tag{10.4}$$

현재, 기어는 거의 기계로 절삭가공을 하므로, 모듈 또는 지름피치로 이의 크기를 나타낸다. 표 10.1에는 이의 크기를 비교하여 나타내었다.

| 표 10.1 | 원주피치(p) 및 모듈(m)과 지름피치(p_d)와의 관계

종 류	기 호	p를 기준	m을 기준	p_d를 기준
원주피치	p	$\frac{\pi D}{z}$	πm	$\frac{25.4 \cdot \pi}{p_d}$
모 듈	m	$\frac{p}{\pi}$	$\frac{D}{z}$	$\frac{25.4}{p_d}$
지름피치	p_d	$\frac{25.4 \cdot \pi}{p}$	$\frac{25.4}{m}$	$\frac{z}{D}$

10.2 기어의 치형곡선

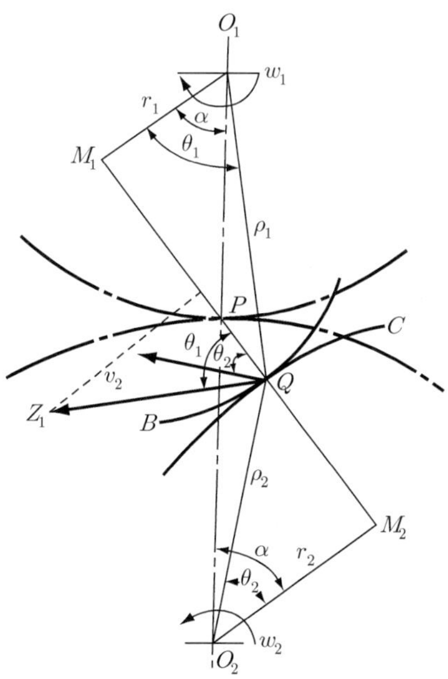

| 그림 10.5 | 치형곡선의 해석

기어는 주로 한 쌍이 맞물려 회전함으로써, 미끄럼 접촉을 하면서 전동을 한다. 따라서, 미끄럼 접촉의 기구학적 조건은, 모든 이물림 위치에서 2개의 기어의 각속도비가 일정하다는 것이다. 이 조건을 만족시키는 곡선을 치형곡선(tooth profile)이라고 한다. 그림 10. 5와 같이 항상 접촉하여 연속적인 전동을 하는 2개의 기어 1, 2가 O_1, O_2를 중심으로 회전하고 미끄럼 접촉을 한다. 즉, 접촉점 Q에서 미끄럼 접촉을 한다고 하면, 연속적인 운동 전달을 위하여 공통법선 방향의 속도는 같아야 하므로,

$$v_1 \cos\theta_1 = v_2 \cos\theta_2 \tag{10. 5}$$

일반적으로 회전 반지름을 ρ, 각속도를 ω라고 하면 속도 $v = \rho\omega$이므로,

$$\rho_1\omega_1 \cos\theta_1 = \rho_2\omega_2 \cos\theta_2$$

$$\therefore \ \frac{\omega_1}{\omega_2} = \frac{\rho_2 \cos\theta_2}{\rho_1 \cos\theta_1} = \frac{r_2}{r_1} = \frac{\overline{O_2 P}}{\overline{O_1 P}} \tag{10. 6}$$

실제 기어에 있어서 w_1/w_2는 일정하므로, P는 식 (10. 6)에 의해서 $\overline{O_1 O_2}$를 각속도비로 내분하는 정점이 되며 이 점이 피치점(pitch point)이고, 기어의 중심을 중심으로 하여 피치점을 통하는 원을 피치원(pitch circle)이라고 한다. 피치원은 기어 전동을 기하학적으로 동등한 미끄럼 없는 마찰전동으로 바꾸어 놓는 마찰원이다. 현재 널리 사용되고 있는 치형곡선에는 사이클로이드곡선(cycloid curve), 인벌류트곡선(involute curve)의 2가지가 있다.

10.2.1 사이클로이드 치형곡선

그림 10. 6과 같이 피치원을 기초원으로 하여, 이 원주 위를 구름원(rolling circle)이라고 부르는 원이 굴러갈 때, 이 구름원 상의 한 점이 그리는 궤적을 외전-사이클로이드 곡선(epi-cycloid circle)이라고 하며, 구름원이 피치원 안을 굴러갈 때 구름원 위의 한 점이 그리는 궤적을 내전-사이클로이드 곡선(hypo-cycloid circle)이라고 한다. 이 두 사이클로이드가 합쳐서 하나의 치형을 이루는데, 이것을 사이클로이드 치형이라고 한다.

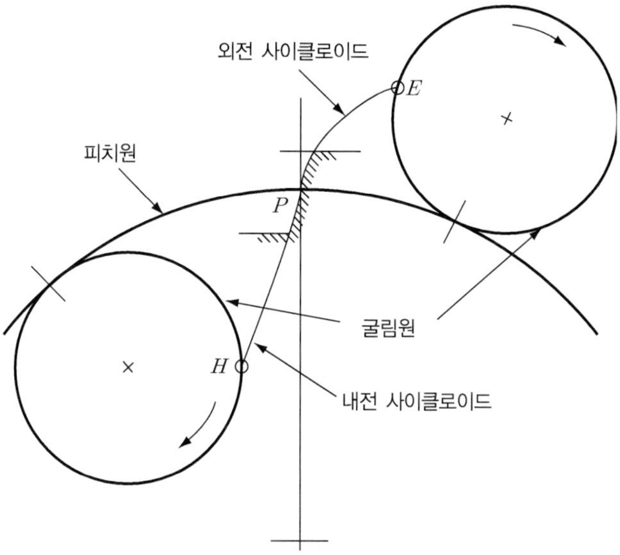

| 그림 10. 6 | 사이클로이드 곡선

사이클로이드 치형에서는 피치원의 크기가 달라도 구름원의 크기에 따라 그리는 궤적의 모양이 달라진다. 내전-사이클로이드의 경우는, 그림 10. 7과 같이 내전하는 구름원의 크기에 따라 치형의 모양이 다르게 된다.

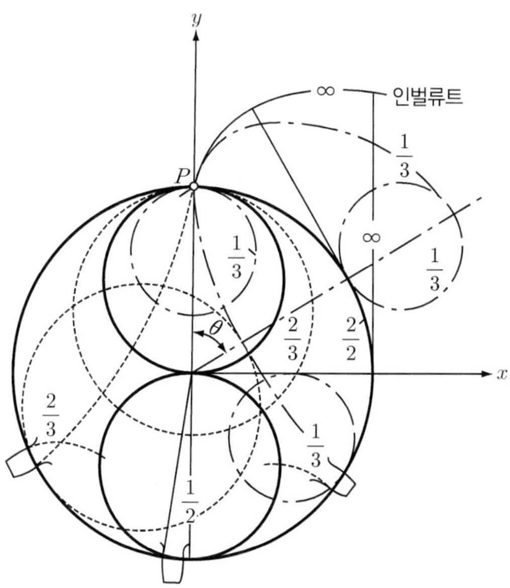

| 그림 10. 7 | 사이클로이드 치형

또, 구름원의 지름이 피치원 지름과 같은 경우는 궤적이 피치점에 머무르게 되어, 내전하는 구름원의 지름이 클수록 이뿌리가 가늘어지므로, 보통 구름원의 지름을 피치원 지름의 1/3 정도로 한다. 반면에 외전-사이클로이드의 경우는 구름원 지름의 크기에 별 영향을 받지 않지만, 구름원의 크기가 피치원과 같게되면 외전-사이클로이드 하트(heart)형이 된다.

사이클로이드 치형은 인벌류트 치형에 비하여 접촉점에서 미끄럼이 적다는 장점은 있으나, 공작이 어렵고, 기어의 중심거리가 맞지 않으면 원활한 물림이 이루어지지 않는다는 결점이 있어 정밀기계류, 게이지류에 부분적으로 사용될 뿐, 현재에는 별로 사용하지 않는다.

10.2.2 인벌류트 치형곡선

그림 10. 8과 같이 원에 실을 감아 실 끝 A에 연필을 끼워 실을 잡아당기면서 원에서 실을 풀어나가면, 종이 위에 연필이 이동한 궤적 AB가 그려진다. 이 궤적을 인벌류트 곡선(involute curve)이라 하며, 실의 방향은 항상 인벌류트 곡선에 수직이다. 이 인벌류트 곡선이 만들어진 원 O를 기초원(base circle)이라 하며, 실의 직선부는 인벌류트 곡선의 법선이고, 기초원의 접선이다.

그림 10. 9와 같이 원판 O_1과 O_2에 실에 팽팽하게 감고, 원판 O_2를 반시계 방향으로 돌리면 실은 벨트와 같은 작용으로 원판 O_1을 시계방향으로 돌린다. 회전이 진행됨에 따라 실 위의 한 점 C는 양 원판에 고정된 판 A와 B위에 인벌류트 곡선 i와 j를 동시에 그린다.

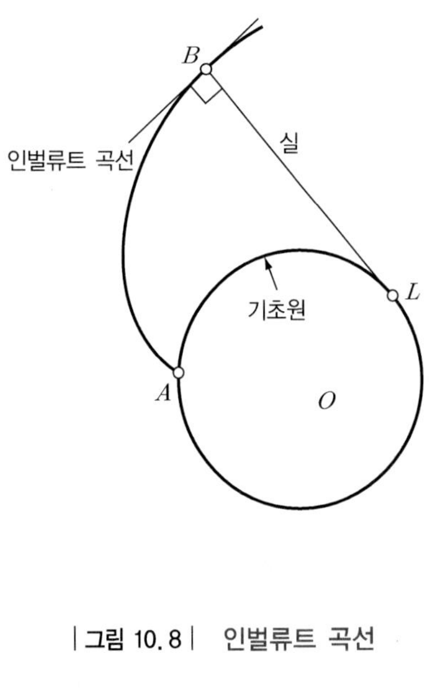

| 그림 10. 8 | 인벌류트 곡선

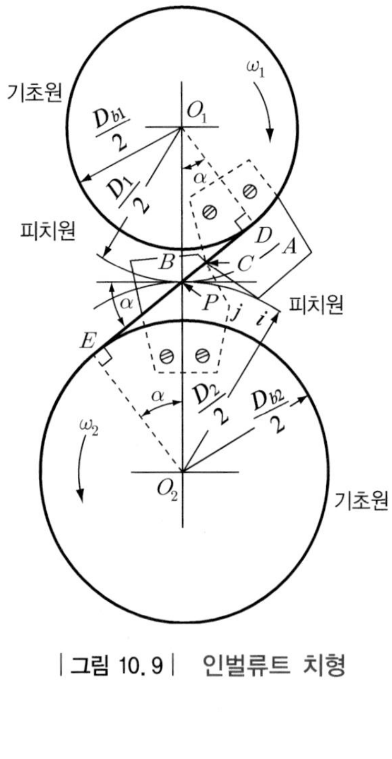

| 그림 10. 9 | 인벌류트 치형

판을 이들 인벌류트 곡선에 따라 자르면, 이것이 기어의 이에 해당한다. 즉, 원판 O_1이 시계방향으로 돌면, 인벌류트의 측면 i가 측면 j를 눌러서 원 O_2를 돌린다. 또, O_1P, O_2P를 반지름으로 한 마찰차에 의한 회전의 전달과도 같다. 위에서 설명한 실에 해당하는 직선 DE는 힘을 전달하는 방향을 가리키고 있으므로, 이것을 작용선(line of action)이라고 하며, 접촉점 C의 경로는 작용선과 일치한다. 작용선이 피치원의 공통 법선과 이루는 각 α를 압력각(pressure angle)이라고 하며, 보통 기어의 압력각은 20°와 14.5°가 있으나, KS에서는 20°로 규정하고 있다. 또, 인벌류트 곡선들에서 작용선 방향의 피치는 모두 같으며, 이 피치를 기초피치(base pitch) 또는 법선피치(normal pitch)라고 한다.

10.2.3 사이클로이드 치형과 인벌류트 치형의 비교

사이클로이드 치형은 이끝면, 이뿌리면의 치형곡선이 서로 다른 복합곡선이므로, 중심거리에 오차가 있어서 피치점끼리 서로 접하지 않게 되면, 사이클로이드 접촉이론과 달라지게 되어 원활한 전동과 일정한 속도비를 얻기 힘들다. 그러나, 이 치형은 미끄럼률이 균일하여 마멸이 균일해지므로 치형의 오차가 적게되어, 시계와 같이 부하가 작고 정확을 요하는 곳에 주로 사용한다. 이에 반해, 인벌류트 치형은 단일 곡선이므로 정확한 기어의 물람을 얻을 수 있으며, 중심거리가 변화하면 압력각은 변하지만 속도비는 변화하지 않는다. 따라서, 조립시 중심거리의 오차가 있어도 속도비를 정확하게 유지할 수 있으며, 모듈과 압력각이 같으면 어떤 기어하고도 정확하게 물리는 등의 장점이 있으므로 현재 인벌류트 기어를 많이 사용하고 있다.

10.3 인벌류트 치형

인벌류트 곡선은 인벌류트 함수를 이용하여 표시한다. 그림 10.10에서 반지름 R_g의 기초원 위의 한 점 P에서 풀려나간 인벌류트 곡선 PP' 위의 임의의 한 점 P'에서 기초원에 접선 $P'B'$를 그어 그 접선을 B'라고 할 때, $\angle POP' = \theta$, $\angle P'OB' = \alpha$라고 한다. 인벌류트 성질에서

$$\overline{P'B'} = \widehat{PB'} = R_g(\theta + \alpha) \tag{10.7}$$

또, 직각 3각형 $\triangle P'B'O$에서 $\overline{P'B'} = R_g \tan\alpha$이므로,

$$R_g \tan\alpha = R_g(\theta + \alpha)$$
$$\theta = \tan\alpha - \alpha\,(\mathrm{rad}) \tag{10. 8}$$

위의 각 θ를 인벌류트 함수(involute function)라고 하며, invα라고 표시한다. 이것은 이의 두께와 전위기어(profile shifted gear) 등의 계산에 사용된다.

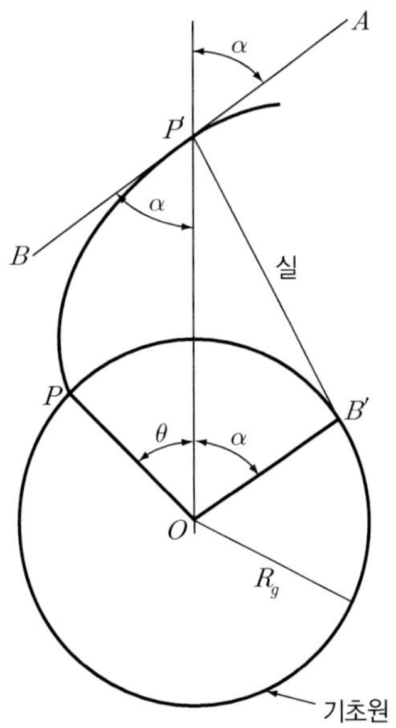

| 그림 10. 10 | 인벌류트 함수

10.3.1 기어의 물림률

그림 10. 11과 같이 한 쌍의 기어가 맞물려 회전할 때, 각각의 기어 이끝원과 작용선과의 교점을 a, b라고 하면 a점에서 물림이 시작하여 피치점 P를 지나 b점에서 끝나게 되므로 작용선 aPb의 길이를 물림길이(length of action)라 하고, aP를 근접 물림길이 l_a, Pb를 퇴거 물림길이 l_r이라고 한다. 기어의 물림이 중단되지 않고 원활하게 이루어지기 위해서는, 한 쌍의 이물림이 끝나기 전에 다음 한 쌍의 이물림이 시작되어야만 한다.

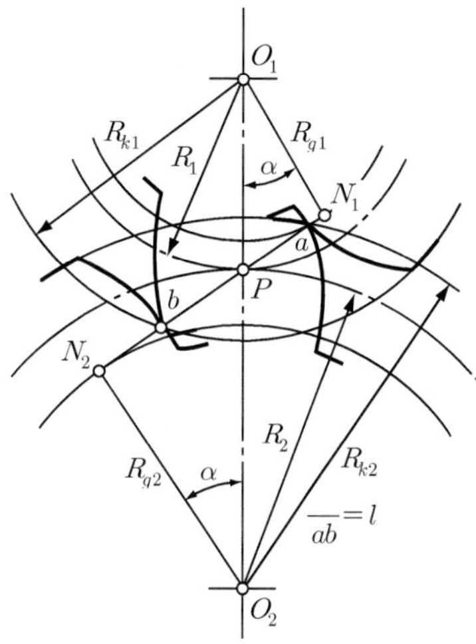

| 그림 10.11 | 기어의 물림길이

따라서, 작용선 aPb의 길이는 작용선 방향의 피치인 법선피치(normal pitch)보다 커야 하며, 물림 길이를 법선피치로 나눈 값을 물림률(contact ratio)라고 한다. 물림길이를 $l = l_a + l_r$, 이끝높이를 h_k 라고 하면,

$$\left.\begin{aligned} l_a &= \sqrt{(R_2+h_k)^2+(R_2\cos\alpha)^2} - R_2\sin\alpha \\ l_r &= \sqrt{(R_1+h_k)^2+(R_1\cos\alpha)^2} - R_1\sin\alpha \end{aligned}\right\} \qquad (10.9)$$

물림률 ϵ 는,

$$\epsilon = \frac{l}{p_n} = \frac{l_a+l_r}{p_n} = \epsilon_a + \epsilon_r \qquad (10.10)$$

기어에서는 $\epsilon > 1$이 필요조건으로, ϵ가 클수록 동시에 맞물려 있는 잇수가 많아지고 전달력이 물려있는 이에 분산되므로, 회전이 원활하고 기어에 작용하는 하중도 작아진다. 인벌류트 치형에서 표준 기어의 경우, 기본식은 아래와 같다.

$$h_k = m, \quad p_n = p\cos\alpha, \quad p = \pi m, \quad R_1 = \frac{1}{2}z_1 m, \quad R_2 = \frac{1}{2}z_2 m \qquad (10.11)$$

위의 식 (10. 11)들을 식 (10. 10)에 대입하면,

$$\left.\begin{aligned}\epsilon_a &= \frac{1}{2\pi\cos\alpha}\left(\sqrt{(z_2+2)^2-(z_2\cos\alpha)^2}-z_2\sin\alpha\right)\\ \epsilon_r &= \frac{1}{2\pi\cos\alpha}\left(\sqrt{(z_1+2)^2-(z_1\cos\alpha)^2}-z_1\sin\alpha\right)\end{aligned}\right\} \tag{10. 12}$$

$$\therefore\ \epsilon_a+\epsilon_r=\frac{1}{2\pi\cos\alpha}\left\{\sqrt{(z_1+2)^2-(z_1\cos\alpha)^2}+\sqrt{(z_2+2)^2-(z_2\cos\alpha)^2}-(z_1+z_2)\sin\alpha\right\} \tag{10. 13}$$

잇수 z 와 $\epsilon(z)=\left(\sqrt{(z+2)^2-(z\cos\alpha)^2}-z\sin\alpha\right)/2\pi\cos\alpha$ 와의 관계를 압력각 $\alpha=14.5°$와 $\alpha=20°$에 대하여 표시한 것이 그림 10. 12이다. 이 그림에서 z_2 와 z_1 에 대한 물림률 ϵ_a, ϵ_r 을 각각 구하고, $\epsilon=\epsilon_a+\epsilon_r$ 에서 물림률을 구할 수 있다. 물림률의 값은 압력각이 클수록 잇수가 적을수록 작아지며, $\alpha=20°$의 경우에는 $\epsilon(z) < 1$ 이고, $\alpha=14.5°$인 경우에는 $\epsilon=2.6$까지 얻을 수 있기 때문에, $\alpha=14.5°$쪽이 물림률 면에서 유리하다. 그러나, 잇수가 적고, 압력각이 작아지면 언더컷(undercut)이 커져서 오히려 ϵ의 값이 저하한다. 일반적으로, $\epsilon > 1.2$ 가 바람직하다.

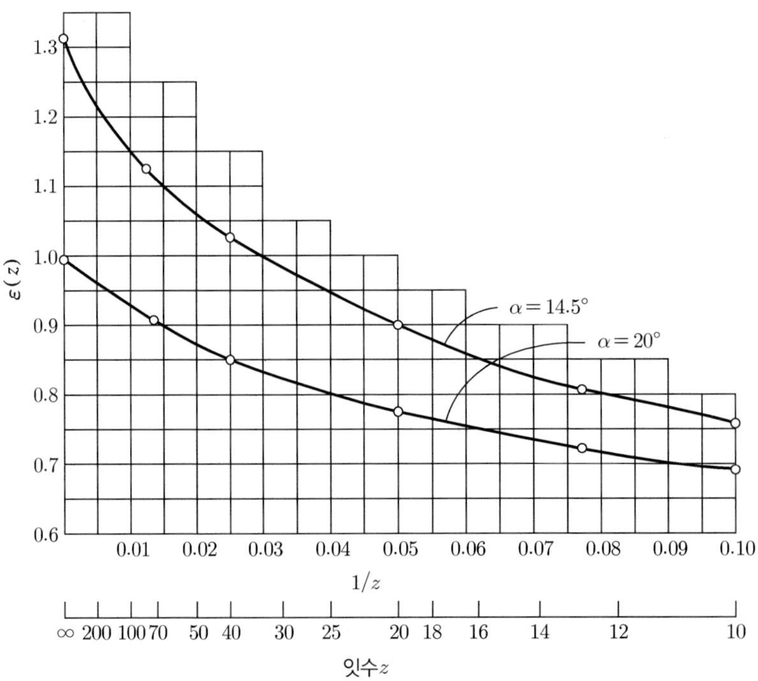

| 그림 10. 12 | 물림률 계산 도표

10.3.2 미끄럼률

그림 10. 13과 같이 한 쌍의 기어가 P 점에서 접촉하고 있는 순간에 점 P_1, P_2가 호(미소 회전 ω에 의한 치형의 미소 변위)$\widehat{ds_1}$와 $\widehat{ds_2}$의 길이가 서로 다르기 때문에, 한쪽의 호가 다른 쪽 호에 대하여 미끄러지는 비율을 미끄럼률(specific sliding)이라고 한다. 이러한 미끄럼 접촉으로 기어의 이면에서는 마찰이 생기고, 동력 손실이 생기는 등 기어의 효율을 저하시킨다. 그림에서 기어가 회전한다고 한다면, 어느 시간의 경과 후 P_1과 P_2 점에서는 $PP_1 = ds_1$, $PP_2 = ds_2$이고 $ds_1 < ds_2$로 된다. 그리고 한 쌍의 기어에서 잇면의 변위를 ds_1, ds_2라고 하면, 미끄럼률 σ_1과 σ_2는,

$$\left.\begin{aligned} \sigma_1 &= \frac{ds_2 - ds_1}{ds_1} \\ \sigma_2 &= \frac{ds_1 - ds_2}{ds_2} \end{aligned}\right\} \tag{10. 14}$$

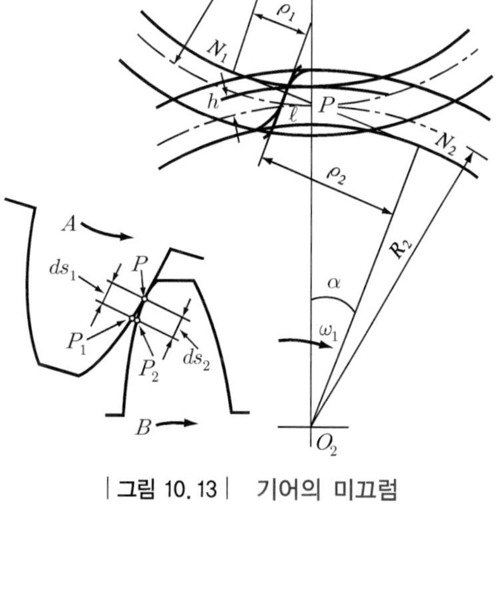

| 그림 10. 13 | 기어의 미끄럼

접촉점에 대한 치형곡선의 피치원 반지름을 R_1, R_2 라고 하고, 압력각을 α 라고 하면, 인벌류트 곡선의 성질에서 곡률 반지름을 ρ_1 과 ρ_2 는,

$$\left.\begin{aligned}\rho_1 &= R_1 \sin\alpha \pm l \\ \rho_2 &= R_2 \sin\alpha \pm l\end{aligned}\right\} \qquad (10.\ 15)$$

여기서, "+"는 피치원의 바깥쪽, "−"는 피치원의 안쪽에 접촉점이 있는 경우를 나타낸다.

피치원의 회전 미소변위를 du 라고 하면, 각 기어의 회전각 변위는,

$$dw_1 = \frac{du}{R_1}, \quad dw_2 = \frac{du}{R_2}$$

따라서,

$$ds_1 = \rho_1 \frac{du}{R_1}, \quad ds_2 = \rho_2 \frac{du}{R_2}$$

그러므로, 기어 O_1 을 구동차로 할 때, 피치점에 접근하는 접근측과 피치점을 지난 후에 퇴거측에 미끄럼률은 각각 아래와 같다.

$$\text{접근측}:\left.\begin{aligned}\sigma_1 &= \frac{l_2(R_1+R_2)}{!} R_2(R_1\sin\alpha - l_2) : (O_1\text{ 기어의 이뿌리면}) \\ \sigma_2 &= \frac{l_2(R_1+R_2)}{R_1(R_2\sin\alpha + l_2)} : (O_2\text{ 기어의 이끝면})\end{aligned}\right\} \qquad (10.\ 16)$$

$$\text{퇴거측}:\left.\begin{aligned}\sigma_1 &= \frac{l_1(R_1+R_2)}{R_2(R_1\sin\alpha + l_1)} : (O_1\text{ 기어의 이끝면}) \\ \sigma_2 &= \frac{l_1(R_1+R_2)}{R_1(R_2\sin\alpha - l_1)} : (O_2\text{ 기어의 이뿌리면})\end{aligned}\right\} \qquad (10.\ 17)$$

위의 식에서 접촉점이 피치점으로 접근하면서 미끄럼이 작아지며, 피치점에서 0(zero)이 된다. 그 후 피치점에서 멀어질수록 미끄럼이 다시 증가한다. 즉, 피치점에서 멀리 있는 이끝과 이뿌리면에서 마모가 심하다. 그림 10. 14는 미끄럼률 크기의 분포를 나타낸 것으로, 사이클로이드 치형에서는 이끝면과 이뿌리면에서 약간의 차이를 보이지만, 마모가 비교적 균일하므로 치형변형이 적다.

| 그림 10.14 | 미끄럼률의 비교

10.3.3 이의 간섭과 언더컷

한 쌍의 치형의 접촉점은 항상 작용선 상에 있어야 하고, 이의 물림도 작용선 위에서 이루어져야 한다.

1. 이의 간섭과 언더컷

그림 10. 15의 (a)와 같이 한 쌍의 기어가 물려서 회전시킬 때, 한쪽 기어의 이끝이 상대쪽의 이뿌리에 부딪쳐서 회전할 수 없게 되며, 이를 파고 들어가는데 이러한 현상을 이의 간섭(interference of teeth)이라고 한다. 또, 10. 15의 (b)에서 간섭이 일어나는 큰 기어의 이끝원이 접점 N_1을 넘어서 N_1점의 바깥쪽을 통과할 때이고, N_1점을 통과하는 경우가 간섭이 일어나지 않는 극한점이 된다. 이 한계점 N_1 또는 N_2를 기어의 간섭점(interference point)라고 한다.

10. 16과 같이 랙 공구(rack cutter)나 호브(hob)를 사용하여 피니언을 창성 할 때에 는 간섭에 의하여 피니언의 이뿌리를 깎아내어 이뿌리가 가느다란 이가 되는데, 이것을 언더컷(undercut)이라고 한다. 언더컷이 일어나면 이의 강도가 저하하고, 물림 길이가 감소되므로 이의 성능이 나빠진다. 이 현상은 피니언의 잇수가 아주 작을 때와 잇수비가 아주 클 때, 일어나기 쉽다. 언더컷의 방지를 위한 방법은 주로 다음과 같다.

① 이높이를 줄여서 낮은 이로 제작한다.
② 압력각을 증가시킨다(20° 또는 그 이상으로 크게 한다).
③ 한계 잇수 이상으로 제작하거나, 전위기어를 사용한다.

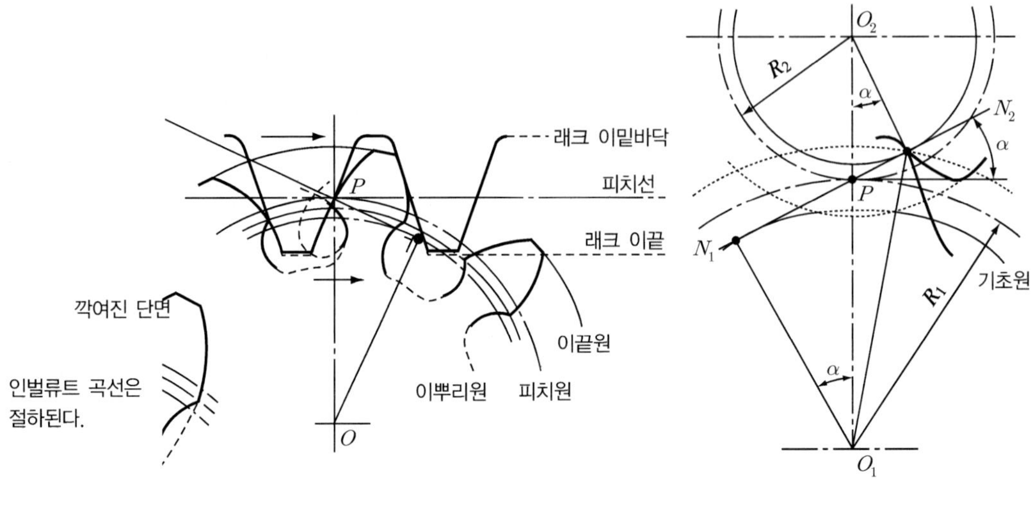

(a) 이의 간섭 (b) 간섭점

|그림 10.15| 이의 간섭

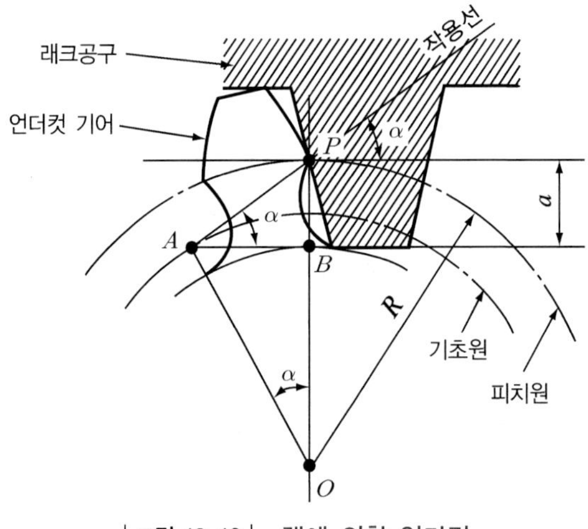

|그림 10.16| 랙에 의한 언더컷

2. 한계 잇수

언더컷을 일어나지 않는 한계는 그림 10. 17과 같이 이끝원과 작용선과의 교점이 간섭점과 일치하도록 정해주는 것이 한계가 되고, 이보다 이끝원이 작으면 언더컷은 일어나지 않는다.

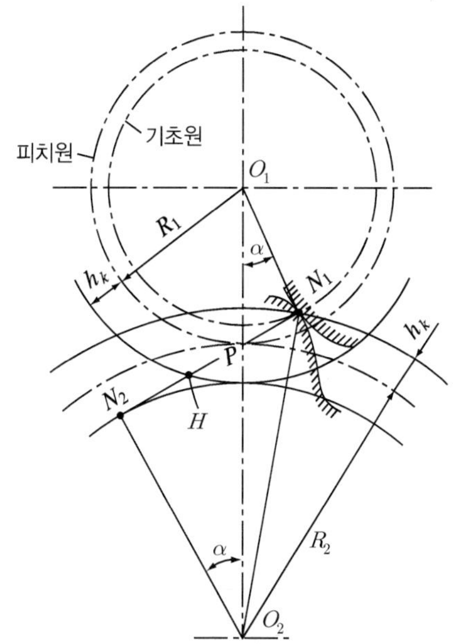

| 그림 10. 17 | 한계잇수

그림에서 $\triangle O_2 P N_1$ 에서,

$$(R_2+h_k)^2=R_1{}^2\sin^2\alpha+R_2{}^2+2R_1R_2\sin^2\alpha$$

여기서, 양 기어의 잇수를 z_1, z_2, 모듈 m이면 $R_1=\frac{1}{2}mz_1$, $R_2=\frac{1}{2}mz_2$ 이므로,

$$z_2 \leqq \frac{m^2z_1{}^2\sin^2\alpha-4h_k{}^2}{2m(2h_k-mz_1\sin^2\alpha)} \tag{10. 18}$$

표준 기어에서는 $h_k=m$ 이므로 위의 식은,

$$z_2 \leqq \frac{z_1{}^2\sin^2\alpha-4}{4-2z_1\sin^2\alpha} \tag{10. 19}$$

만일 $\alpha=15°$, $\alpha=20°$로 놓고 계산하면,

$$z_2 \leqq \frac{0.067z_1{}^2-4}{4-0.135z_1}(\alpha=15°), \quad z_2 \leqq \frac{0.117z_1{}^2-4}{4-0.234z_1}(\alpha=20°)$$

위의 식 (10. 19)는 피니언의 간섭을 받지 않는 조건이다.

여기서, 기어가 래크일 경우에는 $z_2=\infty$ 이므로, 식 (10. 18)에서 분모가 0(zero)이 된다.

따라서,

$$z_1 \geqq \frac{2h_k}{m} \cdot \frac{1}{\sin^2\alpha} \tag{10. 20}$$

표준 기어에서는 $h_k = m$ 이므로,

$$z_1 \geqq \frac{2}{\sin^2\alpha} = z_g \tag{10. 21}$$

위의 식들에서 래크와 물리는 피니언의 잇수가 z_g 보다 크면 언더컷이 일어나지 않는다. 이 z_g 를 최소 잇수 또는, 한계 잇수라고 하며, 한계 잇수는 압력각의 크기에 따라 아래와 같이 변화한다.

$\alpha = 14.5°$ 일 때, $z_1 \geqq 32(26)$

$\alpha = 20°$ 일 때, $z_1 \geqq 17(14)$

$\alpha = 27°$ 일 때, $z_1 \geqq 10(8)$

그러나, 실제로는 근소한 언더컷은 지장이 없으므로 실용상에는 ( ) 안의 잇수까지 허용한다. 표 10. 2에는 언더컷의 한계 치수를 압력각에 따라 표시하였다.

| 표 10. 2 | 언더컷의 한계 치수

$\alpha = 14.5°$			$\alpha = 20°$		
피니언의 잇수 z_1	기어의 잇수 z_2	잇수비 (z_2/z_1)	피니언의 잇수 z_1	기어의 잇수 z_2	잇수비 (z_2/z_1)
22	22	1.00	12	12	1.00
23	26	1.13	13	16	1.23
24	32	1.33	14	25	1.79
25	40	1.60	15	44	2.94
26	52	2.00	16	94	5.87
27	68	2.52	17	∞	∞
28	92	3.28			
29	132	4.55			
30	290	7.34			
31	506	16.35			
32	∞	∞			

10.3.4 백래시

한 쌍의 기어가 맞물려서 회전하는 경우 이론상으로 이 두께와 이홈 사이에 틈새없이 접촉하면 이상적이나, 실제로는 윤활유의 유막 두께, 기어의 제작 오차, 중심거리의 변동, 열팽창 등을 고려하여 물림상태에서 이의 뒷면에 다소의 틈새를 두는데 이것을 백래시(backlash)라고 하며, 이것을 무시하면 원활한 전동을 할 수 없다. 백래시를 주는 방법으로는, 중심거리를 반지름 방향의 길이만큼 크게 해주는 방법과 이두께를 작게 하는 방법이 있다.

10.4 스퍼어 기어

10.4.1 표준기어

피치원의 지름이 같은 인벌류트 기어라도 잇수가 다르면 기초원의 지름이 다르게 되며, 치형도 다르게 된다. 따라서, 기어의 호환성(interchangeability)을 주기 위해서는 치형을 결정하여야 하는데, 인벌류트 기어의 피치원 지름을 무한대로 하면 래크(rack)가 되고, 이와 물리는 상대방 기어는 인벌류트 치형을 갖게 된다. 피치원을 따라서 측정한 이두께가 원주피치의 1/2과 같은 치형을 표준기어(standard gear)이라고 하고, 이 표준기어에서 피치원 지름을 무한대로 한 래크를 기준 래크(basic rack)라고 한다. KS표준에는 그림 10. 18과 같이 14.5°, 20°의 보통이(full depth tooth)를 규정하고 있으나, 최근에는 20°만을 규정하고 있다. 보통 이라고 하면, 이끝높이 h_k 의 값을 모듀율 m 과 같게 취한 기어를 말한다.

또한, 이끝틈새는 $C_k \geq 0.25m$ 로 규정하고 있으나, 절삭치형에서는 $C_k = 0.25m$, 연삭 및 세이빙 치형에서는 $C_k = 0.35m$ 정도로 하는 것이 보통이다. 표 10. 3은 표준 스퍼 기어의 치수를 표시하였다.

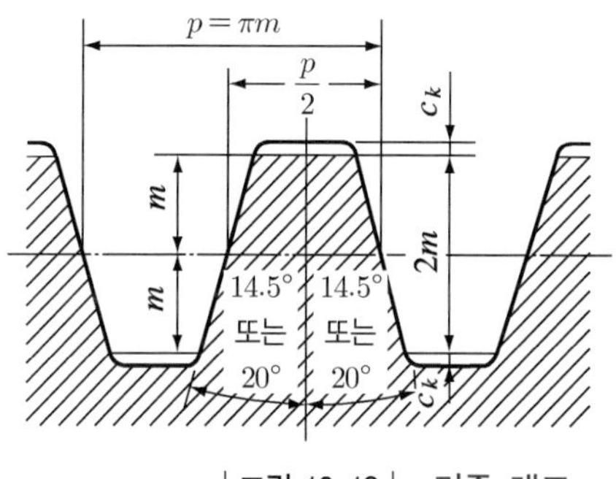

| 그림 10. 18 | 기준 래크

| 표 10.3 | 표준 스퍼어 기어의 치수

기어의 주요부 명칭	기 호	치수식
원주피치	p	$p=\pi m$
법선피치	p_n	$p_n=p\cos\alpha=\pi m\cos\alpha$
피치원지름	D	$D=mz$
중심거리	C	$C=\dfrac{D_1+D_2}{2}=\dfrac{m(z_1+z_2)}{2}$
기초원지름	D_g	$D_g=D\cos\alpha=zm\cos\alpha$
바깥지름	D_k	$D_k=D+2h_k=(z+2)m$
이끝높이	h_k	$h_k=m$
이뿌리높이	h_f	$h_f=h_k+C_k\geqq 1.25m$
이끝틈새	C_k	$C_k\geqq 0.25m$
총이높이	h	$h=h_k+h_f\geqq 2.25m$
이두께	t	$t=\dfrac{p}{2}=\dfrac{\pi m}{2}$

10.4.2 전위기어

기어를 절삭할 때 공구 압력각 20°인 경우는 14개, 14.5°인 경우에는 25개 이하의 잇수가 되면, 절삭된 기어의 이뿌리가 공구에 의해 먹혀 들어가서 이른바 언더컷(undercut) 현상이 생겨서 물림 길이가 감소하고, 이의 강도가 약하게 된다. 이와 같은 언더컷을 방지하기 위하여 낮은 이를 사용 하든가, 전위치형을 사용하여야 한다. 낮은 이를 사용하는 경우에는 보통 이끝높이 0.8m 정도로 하는데, 접촉 길이가 짧아져 물림률이 감소하여 기어의 동력 전달 특성이 나빠지므로, 현재는 거의 사용하지 않는다. 전위치형을 사용하는 경우에는 기준 래크로 만들어진 공구 래크의 기준 피치선을 기어의 피치원으로부터 어느 거리만큼 이동시켜 창성절삭하는 기어를 전위기어(profile shifted gear)라고 한다. 그림 10. 19와 같이 래크 공구를 피치점보다 mx 만큼 후퇴시켜 이를 깎으면, 낮은 이와 마찬가지로 된다. 표준치형의 경우에는 0으로 표시된 점선과 같은 언더컷이 생기고 1, 2와 같이 mx_1, mx_2 만큼 전위시킨 경우에는, 언더컷이 없는 치형을 얻을 수 있다. 전위량에는 기어의 기준 피치원의 바깥쪽에 전위된 "+" 전위량과 반대로 래크의 피치선이 기어의 피치원에서 안쪽에 전위된 "−" 전위량이 있다. 전위량(amount of addendum modification) mx (mm)를 모듈 m 으로 나눈 x 를 전위계수(addendum modification coefficient)라고 한다.

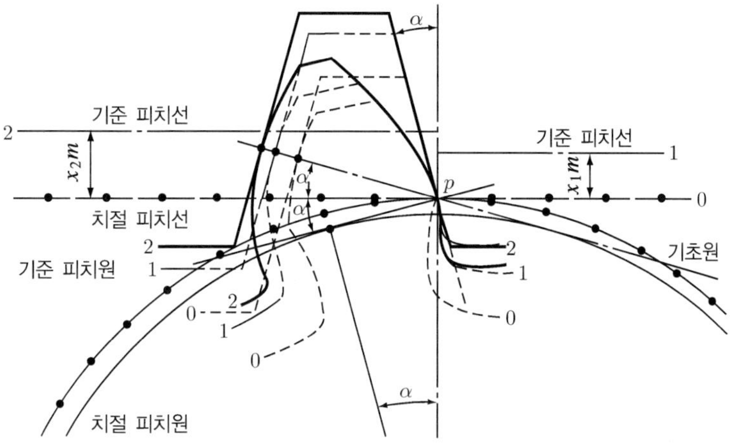

| 그림 10. 19 | 전위치형

그림 10. 20과 같이 래크의 치절삭 피치선이 기준 피치선과 mx 만큼 떨어진 기어의 기준 피치원과 구름 운동을 하기 때문에 치절삭 피치선 위의 이홈나비 $(\frac{\pi}{2}+2x\tan\alpha)m$ 이 기어의 피치원 위의 이두께가 되며, 기준기어에서 피치의 1/2보다 크게 된다. 또, 기준 피치원의 압력각은 그대로 α 이고, 그 기초원은 변함이 없으며, 그 지름 $D_g = zm\cos\alpha$ 이고, 법선피치 $p_n = p\cos\alpha = \pi m\cos\alpha$ 와 같다. 이와 같이 mx 를 적당히 선정함으로써, 언더컷을 방지할 수 있을 뿐 아니라, 자유로이 중심거리를 얻을 수 있고, 물림 압력각 α 가 공구 압력각 α_n (14.5°, 20°)와 달라짐으로써 이끝지름, 이높이가 변화하여 물림률 성능이 향상시킬 뿐 아니라, 인벌류트 기어의 단점도 개선할 수 있다.

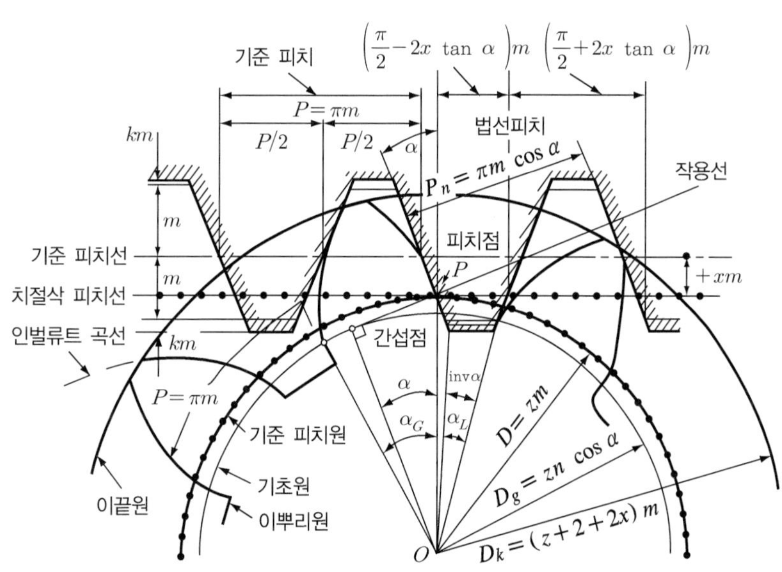

| 그림 10. 20 | 전위기어

1. 전위기어의 설계

전위 스퍼 기어의 설계식은 아래와 같다.

(1) 전위기어의 기본식(전위기어의 물림 방정식)

$$\mathrm{inv}\alpha = 2\tan\alpha_n \frac{x_1 + x_2}{z_1 + z_2} + \mathrm{inv}\alpha_n \tag{10. 22}$$

여기서, z_1, z_2는 피니언, 기어의 잇수,

x_1, x_2는 피니언, 기어의 전위계수,

α는 물림 압력각,

α_n는 공구 압력각

(2) 중심거리 : C

$$C = \frac{z_1 + z_2}{2} m + ym + B_r \tag{10. 23}$$

여기서, y는 중심거리 증가계수 $[y = \frac{z_1 + z_2}{2}(\frac{\cos\alpha_n}{\cos\alpha} - 1)]$,

ym는 중심거리 증가량,

B_r는 반지름 방향의 백래시 ($B_r = \frac{B_n}{2\sin\alpha}$, B_n : 백래시)

(3) 피니언과 기어의 바깥지름 : D_{k1}, D_{k2}

$$\left.\begin{aligned} D_{k1} &= (z_1 + 2)m + 2(y - x_2)m + 2B_r \\ D_{k2} &= (z_2 + 2)m + 2(y - x_1)m + 2B_r \end{aligned}\right\} \tag{10. 24}$$

(4) 총 이높이 : h

$$h = (2m + C_k) - (x_1 + x_2 - y)m \tag{10. 25}$$

여기서, C_k는 이끝틈새($= km$)

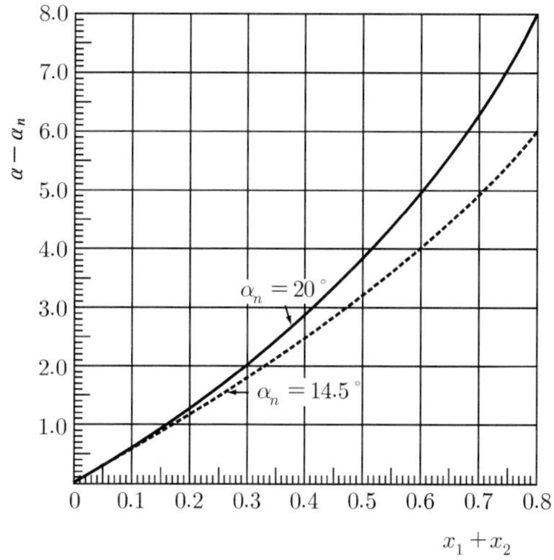

| 그림 10. 21 | (x_1+x_2)로부터 물림 압력각 α를 계산하는 선도

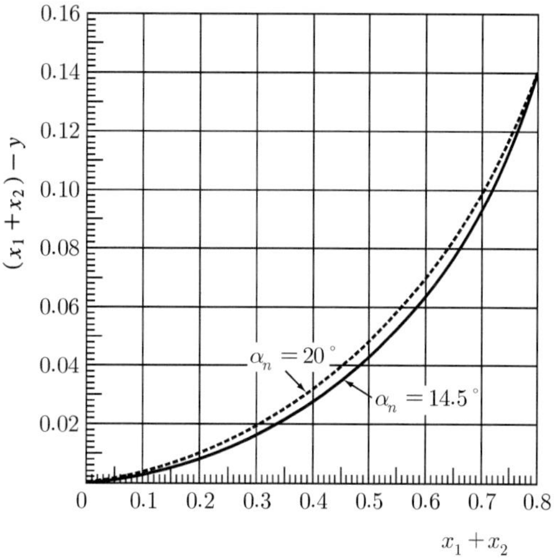

| 그림 10. 22 | (x_1+x_2)로부터 중심거리 증가 계수 y를 계산하는 선도

일반적으로, 전위기어를 설계할 때는 공구 압력각과 잇수가 주어지고, 전위계수 x_1, x_2의 값이 결정되면 물림 압력각 α를 식 (10. 22)로부터 계산한다. 이때 인벌류트 함수표 사용하여 α가 구해지면, 다음에 y를 계산하고 중심거리를 구한다. 또, α와 y를 구할 때 그림 10. 21과 10. 22를 사용하면 편리하다.

2. 전위계수의 선정

전위계수 x의 선정은 어느 범위 내에서 임의로 선정하였으며, 지금까지 이와 관련된 많은 제안들이 있었다. 따라서, 실제의 기어 설계에서는 그 기어의 사용 목적과 상태를 충분히 고려하여 전위계수를 선정하여야 한다.

(1) 언더컷 방지를 위한 전위계수

그림 10. 20에서 언더컷이 발생하는 한계는 공구의 이끝이 간섭점을 통과하는 경우이므로, 언더컷을 방지하기 위한 전위계수는,

$$\overline{PQ} = \overline{OP} \times \sin^2\alpha = \frac{zm}{2} sin^2\alpha \tag{10. 26}$$

그림에서 $\overline{PQ}$는 $(1-x)m$이므로,

$$(1-x)m \leq \frac{zm}{2} sin^2\alpha \tag{10. 27}$$

위의 식 (10.27)과 식 (10. 21)로부터,

$$x \geqq 1 - \frac{z}{2} sin^2 \alpha = 1 - \frac{z}{z_g} = \frac{z_g - z}{z_g} \tag{10. 28}$$

따라서, 공구 압력각 14.5° 및 20°에 대하여 한계잇수가 각각 32개, 17개이므로 한계 전위계수 x는,

$$\left.\begin{array}{l} \alpha = 14.5°\text{인 경우} \quad x \geqq \dfrac{32 - z}{32} \\ \\ \alpha = 20°\text{인 경우} \quad x \geqq \dfrac{17 - z}{17} \end{array}\right\} \tag{10. 29}$$

위의 식은 이론식이며, 실제로는 한계잇수가 작으므로 아래의 식을 사용하여도 된다.

$$\left.\begin{array}{l} \alpha = 14.5°\text{인 경우} \quad x \geqq \dfrac{26 - z}{32} \\ \\ \alpha = 20°\text{인 경우} \quad x \geqq \dfrac{14 - z}{17} \end{array}\right\} \tag{10. 30}$$

어떤 경우에도, 언더컷이 일어나지 않아야 하므로 전위계수 x는 큰 쪽이 유리하며, 접촉응력 및 미끄럼률의 값을 작게 하기 위해서도 x를 크게 선택한다.

(2) 중심거리를 표준기어의 값과 같게 하는 전위계수

피니언에 (+) 전위계수 x_1을 주고, 기어에 이것과 절대치가 같은 (−) 전위계수 x_2를 주면 $x_2 - x_1$, $\alpha_n = \alpha$, $y = 0$이 된다. 따라서, 중심거리 C는,

$$C = \frac{(z_1 + z_2)}{2} m$$

즉, 중심거리는 표준기어와 같게 되므로, 전위기어와 같이 복잡한 계산이 필요 없으며 중심거리가 공작에 편리한 값이 되고 또, 일반적으로 물림률도 크게 되므로 널리 사용된다. 다만, 두 기어에 언더컷이 일어나지 않도록 하기 위해 $\alpha = 14.5°$의 경우 $z_1 + z_2 \geqq 64$, $\alpha = 20°$의 경우에는 $z_1 + z_2 \geqq 34$로 제한할 필요하다.

(3) 메리트(Merrit)의 전위계수

공구 압력각 $\alpha = 20^\circ$의 영국 규격(BS)의 치형에서 잇수 10개 이상의 기어에 적용되고, 주로 일반 기계용 기어에 많이 사용된다. 이 경우의 전위계수는 크게 아래와 같이 2가지로 구분된다.

① $z_1 + z_2 \geqq 64$인 경우 : 피니언의 전위계수 x_1는 아래에서, 계산된 큰 값을 사용하며, $x_2 = -x_1$으로 한다.

$$x_1 = 0.4\left(1 - \frac{z_1}{z_2}\right) \text{ 또는 } x_1 = 0.02(30 - z_1) \tag{10.31}$$

② $z_1 + z_2 < 64$인 경우 : 피니언과 기어의 전위계수는,

$$\left.\begin{aligned} x_1 &= 0.02(30 - z_1) \\ x_2 &= 0.02(30 - z_2) \end{aligned}\right\} \tag{10. 32}$$

어느 경우에도 $0 \leqq x_1 \leqq 0.4$이며 ①의 경우에는 $y = 0$이 되어, 계산이 간단하게 된다. ②의 경우에는 $x_1 + x_2 \neq 0$이므로, $y \neq 0$이 되어 계산이 복잡하게 되므로 그림 10. 21과 그림 10. 22를 사용하여 구한다.

예제 10.1

모듈 $m = 6$, 잇수 30개, $\alpha = 14.5°$인 스퍼 기어를 절삭할 때, 언더컷이 일어나지 않도록 하기 위한 전위량을 구하여라.

풀이 식 (10. 28)에서

$$x = 1 - \frac{z}{2} sin^2 \alpha = 1 - \frac{30}{2} sin^2 14.5° = 1 - (15 \times 0.0627) = 0.0625\,\text{mm}$$

$$\therefore\ xm = 0.0625 \times 6 = 0.375\,\text{mm}$$

예제 10.2

$z_1 = 24$, $z_2 = 53$, $m = 4$, $\alpha = 14.5°$인 스퍼 기어에서 언더컷이 일어키지 않는 전위계수 x_1, x_2를 구하여라.

풀이 $\alpha = 14.5°$인 경우는, 언더컷을 일으키는 한계잇수 32보다 작으므로, 언더컷이 일어난다. 따라서, 언더컷을 일으키지 않으려면 전위를 시켜야 하므로 전위계수(x_1)는 식 (10. 28)에서,

$$x_1 = \frac{z_g - z}{z_g} = \frac{32 - 24}{32} = 0.25$$

즉, $x_1=0.25$ 의 (+)전위를 주어 $x_1 m=0.25\times4=1.0\,\text{mm}$ 만큼 호브를 후퇴시켜 창성하면 된다. 또, $x_2>32$ 이므로 언더컷이 일어나지 않는다. 따라서 $x_2=0$ 이다.

예제 10.3

$z_1=12$, $z_2=18$, $m=5$, $\alpha=14.5^\circ$ 인 한 쌍의 전위기어에 대한 전위계수, 물림 압력각, 중심거리 증가계수 및 중심거리를 각각 구하여라. 단, 기어의 유격은 없다.

풀이 (1) 전위계수(x_1 , x_2) : 식 (10. 29)에서

$$x_1=\frac{32-z}{32}=\frac{32-12}{32}=+0.9250$$

$$x_2=\frac{32-z}{32}=\frac{32-18}{32}=+0.4375$$

(2) 물림 압력각(invα) : 식 (10. 22)에서

$$\text{inv}\alpha=2\tan\alpha_n\frac{x_1+x_2}{z_1+z_2}+\text{inv}\alpha_n$$

$$\alpha=\text{inv}-1(2\tan\alpha_n\frac{x_1+x_2}{z_1+z_2}+\text{inv}\alpha_n)$$

$$=\text{inv}-1(2\times\tan14.5^\circ\times\frac{(0.6250)+(0.4375)}{12+18}+\text{inv }14.5^\circ)$$

$$=23^\circ20'$$

(3) 중심거리 증가계수(y) : 식 (10.23)에서

$$y=\frac{z_1+z_2}{2}(\frac{\cos\alpha_n}{\cos\alpha}-1)=\frac{12+18}{2}\times(\frac{\cos14.5^\circ}{\cos23^\circ20'}-1)=0.795\,\text{mm}$$

(4) 중심거리(C) : 식 (10−23)에서,

$$C=\frac{z_1+z_2}{2}m+ym=(\frac{12+18}{2}+0.795)\times5=78.975$$

예제 10.4

일반 기계용으로 사용되는 공구 압력각 $\alpha=20^\circ$, $m=3$, $z_1=16$, $z_2=32$ 인 한 쌍의 전위기어의 치수를 구하여라.

풀이 메리트(Merrit)의 방법으로 구하면, 식 (10. 32)에서

$$x_1=0.02(30-z_1)=0.02\times(30-16)=+0.28$$

$$x_2=0.02(30-z_2)=0.02\times(30-32)=-0.04$$

$$x_1+x_2=0.28-0.04=0.24$$

그림 (10. 22)에서 $x_1+x_2=0.24$에 대하여

$$(x_1+x_2)-y=0.008$$

$$\therefore\ y=0.232$$

그림 (10. 21)에서$(x_1 + x_2) - y = 0.008$에서 $\alpha - \alpha_n = 1.5°$이므로, 물림 압력각 α는,

$\alpha = 20 + 1.5 = 21.5°$

중심거리(C)는,

$$C = \frac{z_1 + z_2}{2} m + ym = (\frac{16 + 32}{2} + 0.232) \times 3 = 72.696\,\text{mm}$$

피니언과 기어의 바깥지름(D_{k1}, D_{k2})는 식 (10. 24)에서,

$$D_{k1} = (z_1 + 2)m + 2(y - x_2)m = (16 + 2) \times 3 + 2(0.232 + 0.04) \times 3 = 55.632\,\text{mm}$$

$$D_{k2} = (z_2 + 2)m + 2(y - x_1)m = (32 + 2) \times 3 + 2(0.232 - 0.28) \times 3 = 101.712\,\text{mm}$$

10.4.3 스퍼 기어의 강도계산

기어를 설계할 때에는 스퍼 기어가 기초가 되고 사용 목적, 회전수, 전달 동력 및 속도비 등의 조건에 따라 이의 휨 강도, 이의 면압 강도를 구하며 이것을 기초로 하여 기어 각부의 치수를 결정한다. 한 쌍의 이가 물려 있는 경우, 이에 걸리는 응력은 굽힘응력과 접촉점에서의 면압을 생각할 수 있는데, 이 하중에 의한 이뿌리와 치면에는 각각 굽힘응력과 치면에는 접촉응력이 생기며, 이의 파손 및 치면의 마멸과 피로에 의한 점부식(pitting)의 원인이 된다. 이 밖에 잇면 사이의 미끄럼에 의해서 피로 박리 및 융착 현상이 발생하는데, 이것을 스코링(scoring)현상이라고 한다. 스코링은 표면 부하, 고속, 거칠기, 윤활유와 윤활 조건 등 발생요인이 복잡하여 예측하기가 어렵다. 대체로, 표면 경화를 한 취성재료의 이에 대해서는 굽힘강도, 장시간 계속 운전하는 취성재료의 이에 대해서는 면압 강도를, 고속 고부하에서는 스코링 강도도 아울러 검토해야 한다.

1. 굽힘강도

기어가 서로 물려서 있을 때, 이의 굽힘강도에 대한 식은 여러 가지가 있으나 복잡해서 일반적으로 W. Lewis의 식이 널리 사용된다. 이 식에서 이물림은 최악의 경우를 고려하는데 즉, 기어 이 1개가 전체의 힘을 감당하고, 전하중은 이 끝에 집중되며 또한, 그림 10. 23과 같이 이의 모양은 이뿌리 곡선에 내접하는 포물선을 가로 단면으로 하는 균일 강도의 외팔보로 생각하여도 된다. 따라서, 교점 B, C를 이은 단면이 위험 단면이 된다.

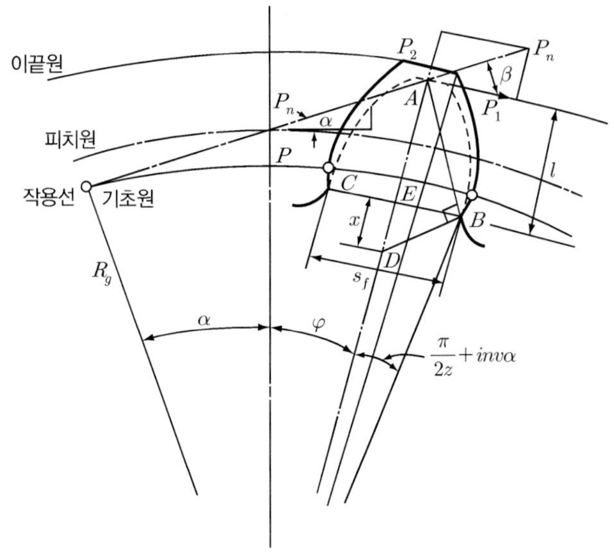

| 그림 10. 23 | 이의 굽힘강도

그림 10.23에서 이뿌리 두께를 s_f, 외팔보의 길이를 l 라고 하면, 이뿌리에 작용하는 P_n 의 수평분력 P_1 에 의한 굽힘 모멘트 M 은,

$$M = P_1 l = P_n l \cos\beta \ (\beta = \alpha + \varphi)$$

이의 단면계수 $Z = \frac{1}{6} b s_f^{\ 2}$ (b : 이나비)이므로, 굽힘 응력 σ_b 는,

$$\sigma_b = \frac{6P_1 l}{b s_f^{\ 2}} = \frac{6P_n l \cos\beta}{b s_f^{\ 2}} \tag{10.33}$$

피치점에서 기어의 전달력을 P 라고 하면, $P_n = P/\cos\alpha$ 가 된다. 위의 식 (10. 33)에 대입하여 P 를 구하면,

$$P = \sigma_b b \frac{\cos\alpha}{\cos\beta} \cdot \frac{s_f^{\ 2}}{6l} = \sigma_b b m \frac{\cos\alpha}{\cos\beta} \cdot \frac{s_f^{\ 2}}{6lm} \tag{10. 34}$$

여기서, y 를 아래와 같이 두면,

$$y = \frac{\cos\alpha}{\cos\beta} \cdot \frac{s_f^{\ 2}}{6lm} \tag{10. 35}$$

위의 식 (10. 34)는 다음과 같이 된다.

$$P=\sigma_b bm\frac{\cos\alpha}{\cos\beta}\cdot\frac{s_f^{\ 2}}{6lm}=\sigma_b bmy \tag{10. 36}$$

y를 치형계수(form factor) 또는, 강도계수(strength factor)라고 하며, 표 10. 4에 표준기어의 y 값을 모듈 기준으로 나타내었다.

| 표 10. 4 | 스퍼어 기어의 치형계수 y의 값

잇수 z	압력각 $\alpha=14.5°$ 표준기어		압력각 $\alpha=20°$ 표준기어		압력각 $\alpha=20$ 낮은이 표준기어	
	y	$y(\beta=\alpha)$	y	$y(\beta=\alpha)$	y	$y(\beta=\alpha)$
12	0.237	0.355	0.277	0.415	0.338	0.496
13	0.249	0.377	0.292	0.443	0.350	0.515
14	0.261	0.399	0.308	0.468	0.365	0.540
15	0.270	0.415	0.319	0.490	0.374	0.556
16	0.279	0.430	0.325	0.503	0.386	0.578
17	0.289	0.446	0.330	0.512	0.391	0.587
18	0.293	0.459	0.335	0.522	0.399	0.603
19	0.299	0.471	0.340	0.534	0.409	0.616
20	0.305	0.481	0.346	0.543	0.415	0.628
21	0.311	0.490	0.352	0.553	0.420	0.638
22	0.313	0.496	0.354	0.559	0.426	0.647
24	0.318	0.509	0.359	0.572	0.434	0.663
26	0.327	0.522	0.367	0.587	0.443	0.679
28	0.332	0.534	0.372	0.597	0.448	0.688
30	0.334	0.540	0.377	0.606	0.453	0.697
34	0.342	0.553	0.388	0.628	0.461	0.713
38	0.347	0.565	0.400	0.650	0.469	0.729
43	0.352	0.575	0.411	0.672	0.474	0.738
50	0.357	0.587	0.422	0.694	0.486	0.757
60	0.365	0.603	0.433	0.713	0.493	0.773
75	0.369	0.613	0.443	0.735	0.504	0.792
100	0.374	0.622	0.454	0.757	0.512	0.807
150	0.378	0.635	0.464	0.779	0.523	0.829
300	0.385	0.650	0.474	0.801	0.536	0.855
랙	0.390	0.660	0.484	0.823	0.550	0.880

표 중에서 $\beta=\alpha$인 경우는, 기어의 정밀도가 매우 높은 경우에 사용되는 치형계수이고, 일반적으로 왼쪽의 y 값을 사용하는 것이 안전하다. 만약, 전달 토크가 주어지면 피치원에 작용하는 하중 P가 구해지므로 식 (10. 36)에서 이의 크기를 구할 수 있지만, 실제로는 기어의

가공 정밀도, 전달동력에 의한 변형, 치면 사이의 미끄럼 속도의 주기적 변화 등에 의하여 이에 가해지는 하중은 항상 변동하며, 속도가 빠르면 빠를수록 충격적이어서 그 값은 속도에 비례하여 크게 된다. 따라서, 이와 같은 동적 부가하중을 고려한 속도계수(f_v)를 루이스 식에 대입하면, 식 (10. 36)은 아래와 같다.

$$P = f_v \sigma_b b m y \tag{10. 37}$$

여기서, 속도계수 f_v의 값은 표 10. 5에 나타낸 "바아드(Barth)의 식"에 의해 구한다. 또, 반복하중에 대한 재료의 허용 굽힘응력 σ_b는 표 10. 6에 나타내었다.

이밖에 기어의 오차 및 재료의 탄성에 의하여 부가되는 동적 하중을 고려한 하중계수 f_w를 추가하는 경우도 있다. 하중 계수 f_w는 하중 상태에 따라 대략 아래의 값을 취한다.

① 조용한 하중이 작용하는 경우 : $f_w = 0.80$

② 변동하중이 작용하는 경우 : $f_w = 0.74$

③ 충격하중이 작용하는 경우 : $f_w = 0.67$

이나비 b는 모듈을 기준으로 정한다. 일반적으로 b =(5~15)m로 하는 것이 보통이고, 너무 크면 이의 크기를 작게 할 수 있고 물림률도 좋아지나, 이의 접촉이 나빠져서 하중이 이나비 전체에 균일하게 분포하지 않게 된다. 이나비가 넓은 경우에는 이의 방향에 따라서 잇면을 수정하여, 이나비의 중앙 부근에서 접촉이 잘 이루어지도록 크라우닝(crowning)을 한다.

| 표 10. 5 | 속도계수 f_v

f_v의 식	적용 범위	적용 예
$f_v = \dfrac{3.05}{3.05+v}$	기계 다듬질을 하지 않거나, 거친 기계 다듬질을 한 기어 $v = 0.5 \sim 10m/s$ (저속용)	크레인, 윈치, 시멘트 밀 등
$f_v = \dfrac{6.1}{6.1+v}$	기계 다듬질을 한 기어 $v = 5 \sim 20m/s$ (중속용)	전동기, 그 밖의 일반기계
$f_v = \dfrac{5.55}{5.55+\sqrt{v}}$	정밀한 절삭가공, 세이빙, 연삭 다듬질, 래핑 다듬질을 한 기어 $v = 20 \sim 50m/s$ (고속용)	증기 터어빈, 송풍기, 그 밖의 고속기계
$f_v = \dfrac{0.75}{1+v} + 0.25$	비금속 기어 $v < 20m/s$	전동기용 소형기어, 그 밖의 경하중용 소형기어

| 표 10. 6 | 기어 재료의 허용 굽힘응력

기어의 재료	기 호	인장강도 σ (kg/mm^2)	경 도 H_B	허용 굽힘 강도 σ_b (kg/mm^2)
주 철	GC15 GC20 GC25 GC30	>13 >17 >22 >27	140~160 160~180 180~240 190~240	7 9 11 13
주 강	SC42 SC46 SC49	>42 >46 >49	140 160 190	12 19 20
기계구조용 탄소강	SM25C SM35C SM45C	>45 >52 >58	111~163 121~235 163~269	21 26 30
표면 경화강	SM15CK SNC21 SNC22	>50 >80 >95	기름 담금질 400 물 담금질 600	30 30~40 40~55
니켈 · 크롬강	SNC1 SNC2 SNC3	>70 >80 >90	212~255 248~302 269~321	35~40 40~60 40~60
포 금 델타메탈 인청동(주물) 니켈청동(주조)	–	>18 35~60 19~30 64~90	85 – 70~100 180~260	>5 10~20 5~7 20~30
베이클라이드	–	–	–	3~5

2. 이의 면압강도

기어 잇면을 누르는 회전력이 작용하면 잇면에 접촉응력이 생기는데, 이 힘이 너무 커지면 잇면에 회전에 의한 반복 하중이 생기고, 점부식(pitting)이라고 하는 피팅이 생겨서 잇면이 손상되고, 진동이나 소음이 발생하는 원인이 된다. 따라서, 잇면의 접촉 응력이 재료에 따라 정해진 어느 한도 이내의 값이 되도록 설계하여야 한다. 일반적으로, 표면 경화를 하지 않는 재료에서는 면압강도에 의해서 부하능력이 정해진다. 이 면압강도에 대한 설계 계산에는 “Hertz의 식”이 널리 사용되고 있다. 이 식은 2개의 이가 접촉하고 있을 때, 접촉면에 수직으로 작용하는 하중 P_n 을 받으면서 회전할 때, 최대접촉응력 σ_d 는 Hertz의 식에 의하면,

$$\sigma_d{}^2 = \frac{0.35\,P_n\left(\dfrac{1}{r_1}+\dfrac{1}{r_2}\right)}{b\left(\dfrac{1}{E_1}+\dfrac{1}{E_2}\right)} \tag{10. 38}$$

여기서 r_1, r_2는 접촉하고 있는 2개의 원주면의 곡률 반지름,

E_1, E_2는 각 재료의 세로 탄성계수

위의 식을 기어에 적용할 때, 잇면의 곡률 반지름은 잇형의 위치에 따라 다르지만, 반지름으로써 피치점 잇면의 곡률 반지름으로 한다. 피치점 부근에서 모든 하중을 잇면이 받게 되어, 이곳에 피팅이 일어나기 쉽다. 따라서, 가장 약한 부분으로서 피치점의 곡률 반지름을 잡으면 $r_1 = \dfrac{D_1}{2} sin\alpha$, $r_2 = \dfrac{D_2}{2} sin\alpha$ 이고, $P_n = \dfrac{P}{\cos\alpha}$, 접촉길이 b는 이나비가 되므로, 이것들을 식 (10. 38)에 대입하면,

$$\sigma_d{}^2 = \frac{0.35\,P\left(\dfrac{2}{D_1 \sin\alpha}\cdot\dfrac{D_1+D_2}{D_2}\right)}{b\cos\alpha\left(\dfrac{1}{E_1}+\dfrac{1}{E_2}\right)} \tag{10. 39}$$

또, 각 기어의 잇수를 z_1, z_2라고 하면 $z_1/z_2 = D_1/D_2$ 이므로, 위의 식 (10. 39)은

$$P = k\,D_1\,b\,\frac{2\,z_2}{z_1+z_2} \quad \left[\text{단, } k = \frac{\sigma_d{}^2 \sin 2\alpha}{2.8}\left(\frac{1}{E_1}+\frac{1}{E_2}\right)\right] \tag{10. 40}$$

이 경우에도 굽힘강도와 마찬가지로 속도계수 f_v를 고려하여야 하고, $D_1 = mz$ 이므로 위의 식 (10. 40)은,

$$P = f_v\,k\,m\,b\,\frac{2\,z_1 z_2}{z_1+z_2} \quad \left[\text{단, } k = \frac{\sigma_d{}^2 \sin 2\alpha}{2.8}\left(\frac{1}{E_1}+\frac{1}{E_2}\right)\right] \tag{10. 41}$$

k를 비응력 계수 또는, 접촉면 응력계수라고 하며, 압력각과 재질에 따라 결정되어 진다. 또, 재료의 경도와 접촉 응력은 서로 밀접한 관계가 있으므로, 경도에 따라 그 값이 다르다. 표 10. 7에 k의 값을 나타내었다.

설계에 있어서는 일반적으로 굽힘강도와 면압강도의 양쪽을 검토한 다음, 안전한 쪽을 잡는다. 경하중이고, 마멸이 작은 경우에는 굽힘강도를 고려하면 되지만, 장시간에 걸쳐서 부하가 작용하는 경우에는 면압강도를 구하여야 한다.

| 표 10.7 | 이의 접촉면 응력계수(비응력 계수) k의 값

기어 재료		σ_d(kg/mm^2)	k(kg/mm^2)	
피니언(H_B)	기어(H_B)		$\alpha = 14.5°$	$\alpha = 20°$
강 (150)	강 (150)	35	0.020	0.027
강 (200)	강 (150)	42	0.029	0.039
강 (250)	강 (150)	49	0.040	0.053
강 (200)	강 (200)	49	0.040	0.053
강 (250)	강 (200)	56	0.052	0.069
강 (300)	강 (200)	63	0.066	0.086
강 (250)	강 (250)	63	0.066	0.086
강 (300)	강 (250)	70	0.081	0.107
강 (350)	강 (250)	77	0.098	0.130
강 (300)	강 (300)	77	0.098	0.130
강 (350)	강 (300)	84	0.116	0.154
강 (400)	강 (300)	88	0.127	0.168
강 (350)	강 (350)	91	0.137	0.182
강 (400)	강 (350)	99	0.159	0.210
강 (500)	강 (350)	102	0.170	0.226
강 (400)	강 (400)	120	0.234	0.311
강 (500)	강 (400)	123	0.248	0.329
강 (600)	강 (400)	127	0.262	0.348
강 (500)	강 (500)	134	0.293	0.389
강 (600)	강 (600)	162	0.430	0.569
강 (150)	주 철	35	0.030	0.039
강 (200)	주 철	49	0.059	0.079
강 (250)	주 철	63	0.098	0.130
강 (300)	주 철	65	0.105	0.139
강 (150)	인 청 동	35	0.031	0.041
강 (200)	인 청 동	49	0.062	0.082
강 (250)	인 청 동	60	0.092	0.135
주 켈	주 켈	63	0.132	0.188
니켈주철	니켈주철	65	0.140	0.186
니켈주철	인 청 동	58	0.116	0.155

예제 10.5

60PS, 300rpm으로 회전하는 주축에서 속도비 1.5 : 1로 감속되는 종동축에 사용할 한 쌍의 스퍼 기어 모듈과 잇수를 구하여라. 단, $\sigma_b = 50\text{kg/mm}^2$, $b = 10\text{m}$, $C = 180\text{mm}$, $y = 0.135$ 이다.

풀이 $\frac{n_2}{n_1} = \frac{D_1}{D_2} = \frac{1}{1.5}$, $D_2 = 1.5D_1$, $2C = D_1 + 1.5D_1$

$180 = 2.5D_1$

$\therefore\ D_1 = 72\text{mm},\ D_2 = 108\text{mm}$

피치원주 속도는,

$$v = \frac{\pi D_1 n_1}{1000 \times 60} = \frac{\pi \times 72 \times 300}{1000 \times 60} = 11.3\text{m/s}$$

속도계수 f_v 는

$$f_v = \frac{6.1}{6.1 + v} = \frac{6.1}{6.1 + 11.3} = 0.35$$

전달 하중 P 는,

$$P = \frac{75H}{v} = \frac{75 \times 60}{11.3} = 400\text{kg}$$

이상의 값들을 식 (10. 37)에서 대입하여 모듈 m 을 구하면,

$$P = f_v \sigma_b b m y$$

$$400 = 0.35 \times 50 \times 10m \times m \times 0.135$$

$$\therefore\ m = \sqrt{\frac{400}{0.35 \times 50 \times 10 \times 0.135}} = 4.1$$

구하는 잇수는,

$$z_1 = \frac{D_1}{m} = \frac{72}{4.1} = 17.6 = 18\text{개}$$

$$z_2 = 1.5 z_1 = 27\text{개}$$

예제 10.6

한 쌍의 스퍼 기어의 최대 전달 마력을 구하여라.

구 분	재 질	회 전 수 (rpm)	잇 수	압력각	모듈	이나비 (mm)
피니언	GC 30	$n_1 = 250$	$z_1 = 20$	$\alpha = 14.5°$	$m = 5$	$b = 50$
기 어	GC 20	$n_2 = 50$	$z_2 = 100$			

풀이 재질은 같으나 재료의 강도가 다르므로, 피니언과 기어의 굽힘 강도를 각각 검토한다.

먼저 피치 원주속도 v 를 구하면,

$$v = \frac{\pi D_1 n_1}{1000 \times 60} = \frac{\pi m z_1 n_1}{1000 \times 60} = \frac{\pi \times 5 \times 20 \times 250}{1000 \times 60} = 1.3\text{m/s}$$

회전수가 저속이므로, 표 10. 5의 속도계수에서

$$f_v = \frac{3.05}{3.05+v} = \frac{3.05}{3.05+1.30} = 0.7$$

(1) 굽힘강도에 의한 전달하중

① 피니언에 대한 검토

치형계수 : $y_1 = 0.305$ (표 10.4에서)

허용 굽힘응력 : $\sigma_b = 13\text{kg/mm}^2$ (표 10.6에서)

식 (10. 37)에 의하여, 허용 전달하중 P를 구하면,

$$P = f_v \sigma_b b m y_1 = 0.70 \times 13 \times 50 \times 5 \times 0.305 = 693.8\text{kg}$$

② 기어에 대한 검토

치형계수 : $y_2 = 0.374$ (표 10.4에서)

허용 굽힘응력 : $\sigma_b = 9\text{kg/mm}^2$ (표 10.6에서)

허용 전달하중 P를 구하면,

$$P = f_v \sigma_b b m y_2 = 0.70 \times 9 \times 50 \times 5 \times 0.374 = 589\text{kg}$$

(2) 면압강도에 의한 전달하중

표 10. 7로부터 비응력 계수 $k = 0.132\text{kg/mm}^2$ 주철 /주철)를 얻으므로,

식 (10. 41)으로 부터 허용 전달하중 P를 구하면,

$$P = f_v k m b \frac{2 z_1 z_2}{z_1 + z_2} = 0.70 \times 0.132 \times 5 \times 50 \times \frac{2 \times 20 \times 100}{20 + 100} = 770\text{kg}$$

따라서, 최소 허용 전달하중은 589kg이므로 최대 전달 동력 H는,

$$H = \frac{Pv}{75} = \frac{589 \times 1.3}{75} = 10.2\text{PS}$$

10.4.4 스퍼 기어의 설계

스퍼 기어는 그림 10. 24와 같이 잇부분 이외에 림(rim), 암(arm), 보스(boss)로 구성되어 있고, 일반적으로 기어의 구조는 피치원 지름의 크기를 기준으로 하여 결정한다. 일반적인 스퍼 기어 각부의 치수 결정은 아래에 따른다.

① 이의 크기를 결정하여, 원주상의 이의 각 부분을 결정한다.

② 이의 모양을 알고, 림의 각부 치수를 결정한다.

③ 축의 지름을 기초로 하여, 보스의 각부 치수를 결정한다.

④ 림과 보스를 연결하여, 암의 치수를 결정한다.

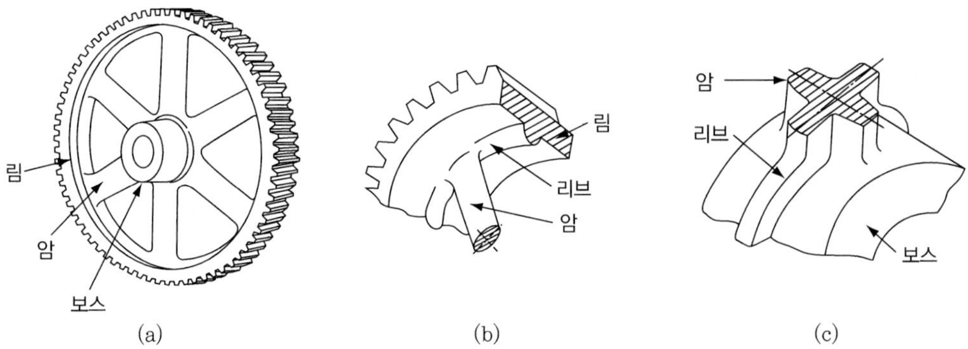

| 그림 10. 24 | 스피어 기어 각부의 명칭

1. 림 및 리브

림의 두께 a는 그림 10. 25와 같이 경하중의 작은 기어에서는 원주피치 p의 (0.5~0.7)배로 하거나, 큰 기어에서는 $0.5p$의 리브를 붙여서 보강한다. 리브의 두께는 $a = a_1$으로 한다.

$a = 0.5p = 1.57m$: 주철

$a = 0.4p = 1.25m$: 주철 및 철

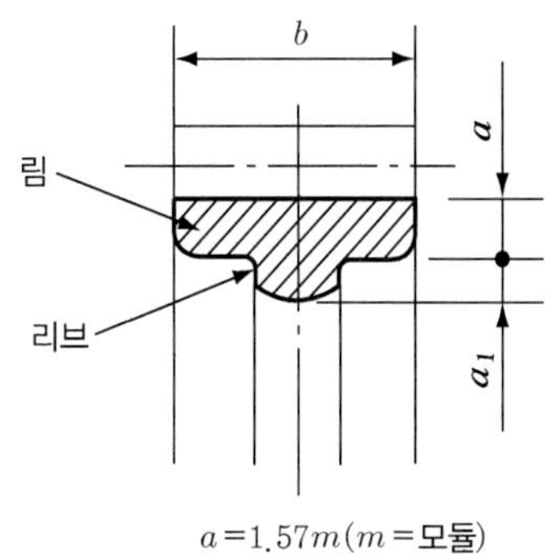

| 그림 10. 25 | 림과 리브그림

2. 암

피치원 지름이 작은 기어는 이나비의 두께로 전체를 만들기 때문에 별도의 암이 없으나, 피치원의 지름이 커지면 중량을 가볍게 하고, 재료를 효율적으로 사용하기 위하여 림과 보스 사이를 암으로 연결하는 구조를 취하게 된다. 암의 수는 표 10. 8와 같이 피치원의 지름에 따라 결정하거나, 아래의 식으로 구한다.

$$n = \frac{1}{7}\sqrt{D} \quad \text{(단일 기어의 경우)}$$

$$n = \frac{1}{8}\sqrt{D} \quad \text{(분할 기어의 경우)}$$

암의 수가 너무 많으면 제작이 곤란하게 되고, 견고한 단면을 사용하여 개수를 작게 하면 암과 암 사이에 림 부분이 약해지므로 주의하여야 한다.

| 표 10.8 | 암의 수

피치원 지름(D)	암의 수(n)
600mm 정도까지	4, 5
600~1,500mm	6
1,500~2,400mm	8
2,400mm 이상	10 또는 12

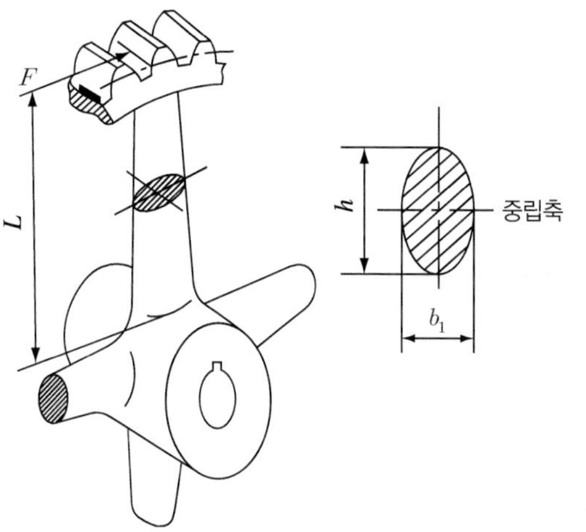

| 그림 10.26 | 암의 굽힘강도

암의 강도는 보스쪽의 뿌리를 고정단으로 하고, 피치 원주의 접선 방향에서 암에 수직하게 회전력 F가 작용하는 외팔보로 생각하여 구한다. 그림 10. 26에서 암의 수가 $n=4$ 인 경우, 1개의 암에 전하중이 지지하는 것으로 하여 구하면 된다.

암의 뿌리부에 작용하는 굽힘 모멘트 M은,

$$M = FL = \frac{n}{4}\sigma_b Z \tag{10. 42}$$

여기서, Z는 단면계수

타원 단면의 경우, $b_1 = \frac{1}{2}h$ 라고 하면,

$$Z = \frac{\pi h^2}{32}\left(\frac{1}{2}h\right) = \frac{\pi}{64}h^3 \tag{10. 43}$$

따라서, 위의 식 (10. 43)을 식 (10. 42)에 대입하면, 암의 긴지름 h는,

$$
\begin{aligned}
&M = FL = \frac{n}{4}\sigma_b \frac{\pi h^3}{64} \\
&h^3 = \frac{256FL}{\pi n \sigma_b} \quad \therefore\ h = \sqrt[3]{\frac{256FL}{\pi n \sigma_b}}
\end{aligned}
\tag{10. 44}
$$

3. 보스

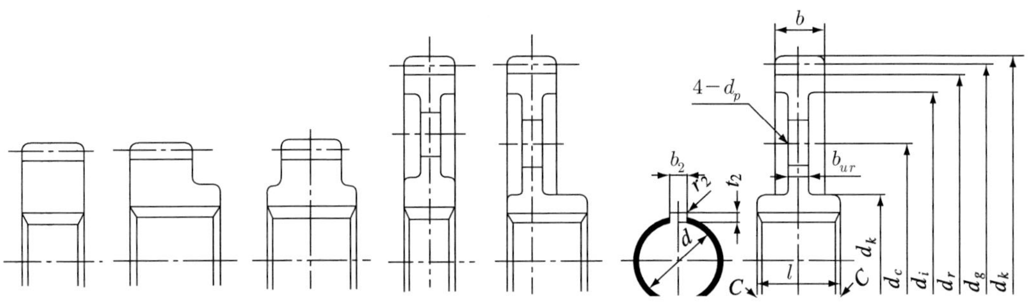

(a) OA형 (a) OB형 (a) OC형 (a) IA형 (a) IB형 (a) IC형

| 그림 10. 27 | 일반용 스퍼어 기어의 형상과 비례치수

그림 10. 27는 KS B 1414에 규정된 일반용 스퍼 기어의 모양과 치수를 나타낸 것으로 용도에 따라 적당한 것을 선정하여 사용한다.

보스의 바깥지름(d_b)는 일반적으로 축의 바깥지름을 d라고 할 때, 아래와 같이 구한다.

$$d_b = 1.8d + 20\,\text{mm} : \text{주철}$$
$$d_b = 1.6d + 20\,\text{mm} : \text{주철 및 강}$$

보스의 길이 l_b는,

$$l_b = (1.2 \sim 1.5)\,d \geqq b + 0.25d$$

여기서, b는 이나비

따라서, d_b의 크기는 $d_b \fallingdotseq 2d$가 된다. d가 커지면 보스의 길이 l_b가 길게 되어 축과의 접촉성이 곤란하므로, 그림 10. 28과 같이 축구멍의 중앙부를 깎아낸다. 이 경우의 치수는 아래와 같이 정한다. $d > 120$ mm로서 l_b가 너무 길 때,

$$d_b' = 1.9d + 20\,\mathrm{mm} : \text{주철}$$

$$d_b' = 1.8d + 20\,\mathrm{mm} : \text{주철 및 강}$$

$$d_1 = 1.4d$$

$$l_1 = (0.4 \sim 0.5)\,d$$

또, 키 홈 부분에서 보스가 약화될 우려가 있을 때에는, 그림 10. 29와 같이 살붙이를 하면 된다. 이때의 r 의 치수는 아래와 같다.

$$r = \frac{1}{2}(d_b - d) \sim \frac{1}{2}(d_b - d) + 2\,\mathrm{mm}$$

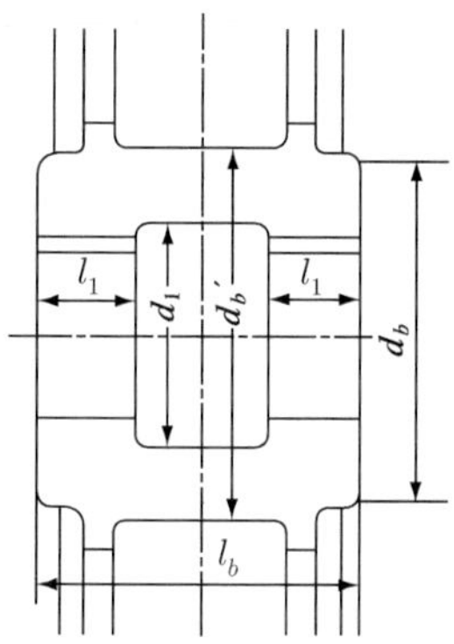

| 그림 10. 28 | 보스의 구조

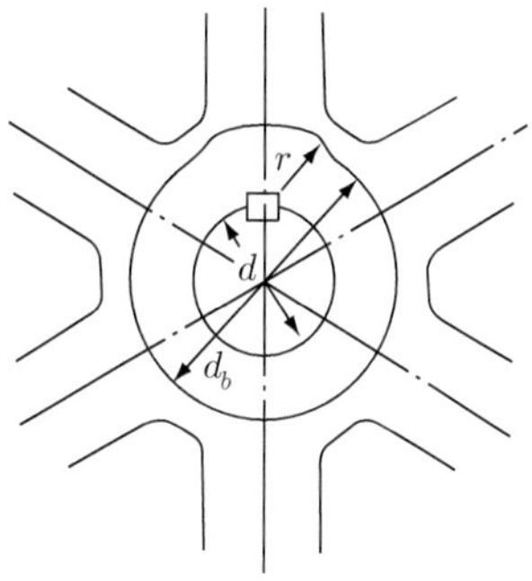

| 그림 10. 29 | 보스의 보강 예

연습문제

1. 기어의 종류를 분류하고, 각 특징을 설명하여라.

2. 기어의 물림률과 백래시에 대하여 설명하여라.

3. 전위기어를 설명하고, 설계시 전위계수를 선정하는 방법에 대하여 설명하여라.

4. 인벌류트 곡선과 사이클로이드 곡선의 차이점에 대하여 설명하여라.

5. 언더컷에 대하여 설명하여라.

6. 모듈 $m = 3$, 잇수 $z = 36$, 압력각 $\alpha = 14.5°$인 표준 스퍼기어의 피치 원지름, 원주지름, 법선피치 및 바깥지름을 구하여라.

7. 물림률 2.5, 법선피치 17.5mm인 인벌류트 표준 스퍼기어의 물림길이를 구하여라. 단, 압력각 $\alpha = 20°$이다.

8. 일반 공작 기계에 사용할 공구 압력각 $\alpha = 20°$, 모듈 $m = 3$, 잇수 $z_1 = 14$, $z_2 = 28$인 한 쌍의 전위 스퍼기어의 물림 압력각, 중심거리, 양기어의 물림 피치원 지름을 구하여라.

9. 다음과 같은 한 쌍의 스퍼 기어의 전달동력(kW)을 구하여라.

구분	재질	회전수 (rpm)	잇수	압력각	모듈	이나비 (mm)
피니언	SM 35C ($H_B = 150$)	$n_1 = 250$	$z_1 = 24$	$\alpha = 14.5°$	$m = 5$	$b = 50$
기 어	GC 20	$n_2 = 50$	$z_2 = 72$			

10. 10PS, 800rpm으로 속도비 1 : 4, 압력각 $\alpha = 14.5°$인 스퍼 기어를 설계하여라.
단, 피치원 지름 90mm, 피니언의 재질은 탄소강(SM 45C), 기어의 재질은 주철(GC 200)이다.

CHAPTER 11

헬리컬 기어, 베벨기어, 웜기어

11.1 헬리컬 기어

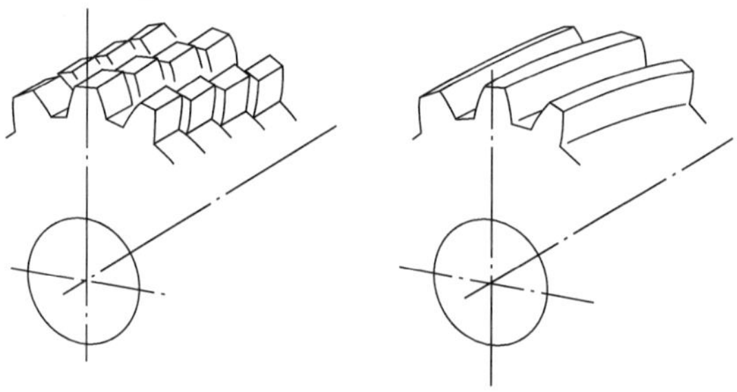

(a) 단 기어　　　(b) 헬리컬 기어

| 그림 11.1 | 헬리컬 기어

헬리컬 기어는 그림 11. 1(a)와 같이 스퍼 기어의 이나비를 여러 개로 분할하여, 이나비가 작은 스퍼어 기어를 일정한 각도 만큼 순차로 위상을 달리하여 고정한 것을 단기어(stepped gear)라고 하고, 이나비의 분할과 위상을 무한으로 하면 11. 1의 (b)와 같이 원통 면 위에 잇줄이 나선을 이루는 기어를 헬리컬 기어(helical gear)라고 한다. 이 기어는 잇줄이 경사져 있어, 기어의 맞물림이 원활하고, 물림률이 커서 큰 속도비를 얻을 수 있으나, 이가 비틀려져 있으므로 토크에 비례하여 축방향으로 스러스트가 생기며, 이 스러스트를 지지하는 스러스트 베어링이 필요하다.

11.1.1 헬리컬 기어의 치형

헬리컬 기어의 치형방식에는 정면 압력각, 정면 모듈을 표준값으로 하는 축직각 방식(normal shaft system)과 이직각 압력각과 이직각 모듈을 표준값으로 하는 치직각 방식(normal tooth system)의 2가지가 있다. 축직각 방식은 성형법으로 이를 절삭할 때 사용되며, 호빙머신으로 기어를 절삭할 때나 기어를 설계할 때에는 모두 치직각 방식을 사용한다.

① **축직각 방식** : 축과 직각인 단면의 치형이고, 피치를 축직각 피치 (p_s)라고 한다.

② **치직각 방식** : 이와 직각인 단면의 치형이고, 피치를 축직각 피치 (p_n)라고 한다.

그림 11. 2에서 비틀림 각을 β, 축지각 피치를 p_s, 치직각 피치를 p_n 이라고 하면,

$$p_n = p_s \cos\beta \tag{11. 1}$$

마찬가지로 축직각 모듈을 m_s, 치직각 모듈을 m_n 이라면,

$$\left.\begin{aligned} m_n &= \frac{p_n}{\pi} = \frac{p_s \cos\beta}{\pi} = m_s \cos\beta \\ m_s &= \frac{m_n}{\cos\beta} \end{aligned}\right\} \tag{11. 2}$$

또, 축직각 압력각 α_s 와 치직각 압력각 α_n 사이의 관계는, 그림 11. 3에서 △012로부터 $\overline{12} = h\tan\alpha_n$, △013 및 △123으로부터 $\overline{12} = \overline{13}cos\beta = h\tan\alpha_n \cos\beta$ 이므로,

$$\tan\alpha_n = \tan\alpha_s \cos\beta \tag{11. 3}$$

또한, $\alpha_n < \alpha_s$ 이다.

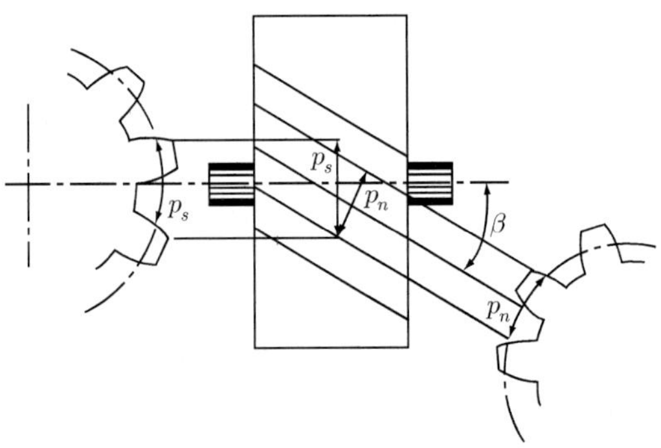

(a) 축직각 방식 (b) 치직각 방식

| 그림 11. 2 | 축직각 방식과 치직각 방식

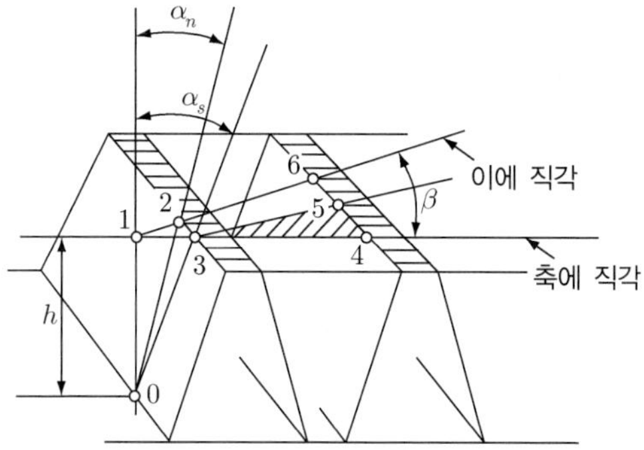

| 그림 11.3 | 압력각의 관계

헬리컬 기어는 래크 커터(rack cutter)와 또는 호브(hob)로 절삭되며, 이 경우 사용되는 공구는 잇줄 방향으로 절삭운동을 하므로 공구의 모듈과 압력각은 치직각 모듈 및 치직각 압력각과 일치한다. 헬리컬 기어의 각부의 주요치수는 아래의 식으로 구한다.

① 피치원 지름(D_s)

$$D_s = m_s z_s = \frac{m_n z_s}{\cos\beta} \tag{11.4}$$

② 바깥 지름(D_k)

$$D_k = D_s + 2m_n = \left(\frac{z_s}{\cos\beta} + 2\right) m_n \tag{11.5}$$

③ 중심거리(C)

$$C = \frac{D_{s1} + D_{s2}}{2} = \frac{(z_{s1} + z_{s2})}{2} m_s = \frac{(z_{s1} + z_{s2})}{2\cos\beta} m_n \tag{11.6}$$

④ 총이높이(h)

$$\left.\begin{array}{l} h = (2 + 0.157)m_n \ : \text{압력각 } 14.5° \\ h = (2 + 0.25)m_n \ : \text{압력각 } 20°° \end{array}\right\} \tag{11.7}$$

여기서, z_s 는 축직각 단면에서의 잇수 (헬리컬 기어의 잇수)

11.1.2 헬리컬 기어의 상당 스퍼 기어

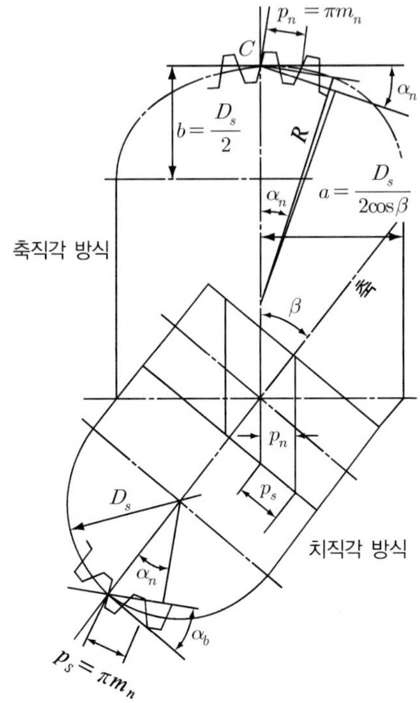

| 그림 11. 4 | 헬리컬 기어의 치형과 상당 스퍼어 기어

그림 11. 4와 같이 헬리컬 기어를 잇줄에 직각 되게 절단하면, 단면은 타원이 된다. 이 타원의 장축을 $2a$, 단축을 $2b$라고 하고, 피치점 C에서의 곡률 반지름을 R라고 하면, 장축과 단축 및 곡률 반지름은,

$$\left.\begin{aligned} a &= \frac{D_s}{2\cos\beta}, \quad b = \frac{D_s}{2} \\ R &= \frac{a^2}{b} = \frac{D_s}{2\cos^2\beta} \end{aligned}\right\} \tag{11. 8}$$

헬리컬 기어의 치형은 축직각 단면상의 치형이 실제 치형이지만, 이를 절삭할 때에는 잇줄을 따라서 가공하므로 치직각 단면상의 치형이 표준이 된다. 치직각 방식의 피치점에서 곡률 반지름 R과 같은 반지름을 피치원의 반지름으로 하는 가상원을 그려서, 이 원을 피치원으로 하는 스퍼기어를 상당 스퍼기어(equivalent spur gear)라고 하고, 이 기어의 잇수를 실제 잇수에 대하여 상당 스퍼기어의 잇수(equivalent number of tooth)라고 한다.

여기서, z_s 을 헬리컬 기어의 실제 잇수, D_e 를 상당 스퍼기어의 피치원 지름이라고 하면, 상당 스퍼기어의 잇수 z_e 는,

$$z_e = \frac{D_e}{m_n} = \frac{D_s}{m_n \cos^2\beta} = \frac{z_s\, m_n}{\cos\beta} \cdot \frac{1}{m_n \cos^2\beta} = \frac{z_s}{\cos^3\beta} \tag{11. 9}$$

11.1.3 헬리컬 기어의 강도설계

1. 굽힘강도

헬리컬 기어의 강도계산은 스퍼어 기어의 Lewis의 식에 P 대신에 P_n, 이나비 b 대신에 잇줄의 길이 $\frac{b}{\cos\beta}$ 로 치환하면,

$$\begin{aligned} P_n &= \frac{P}{\cos\beta} = f_v \sigma_b \frac{b}{\cos\beta} m_n y_e \\ \therefore\ \ P &= f_v \sigma_b b m_n y_e \end{aligned} \tag{11. 10}$$

여기서, 치형계수 y_e 는 치직각 압력각 α_n 과 상당 잇수 z_e 에 의하여 표 10. 4에서 구한다.

2. 면압강도

앞에서와 같은 방법으로 유도하면,

$$\begin{aligned} P_n &= \frac{P}{\cos\beta} = f_v\, C_w\, k\, D_{e1} \frac{b}{\cos\beta} \cdot \frac{2\, z_{e2}}{z_{e1} + z_{e2}} \\ &= f_v\, C_w\, k \frac{D_{s1}}{\cos^2\beta} \cdot \frac{b}{\cos\beta} \cdot \frac{2\, z_{e2}}{z_{e1} + z_{s2}} \end{aligned}$$

여기서, $D_{s1} = m_s z_{s1}$ 이므로,

$$P = f_v \frac{C_w}{\cos^2\beta} k b m_s \frac{2\, z_{s1} z_{s2}}{z_{s1} + z_{s2}} \tag{11. 11}$$

여기서, C_w 는 공작 정밀도를 고려한 면압 계수로, 보통의 다듬질된 기어에서는 $C_w = 0.75$ 로 잡고, 한 쌍의 기어가 똑같이 정밀하게 공작된 경우에는 $C_w = 1.0$ 로 구한다.

예제 11.1

치직각 모듈 $m_n = 4$, 비틀림각 $\beta = 20°$, 잇수가 각각 $z_1 = 25$, $z_2 = 50$ 인 한 쌍의 헬리컬 기어의 피치원 지름, 바깥지름 및 중심거리를 구하여라.

풀이 (1) 피치원지름 : $D_{s1} = \dfrac{m_n z_1}{\cos\beta} = \dfrac{4 \times 25}{\cos 20°} = 106.4\,\text{mm}$

$$D_{s2} = \frac{m_n z_2}{\cos\beta} = \frac{4 \times 50}{\cos 20°} = 212.8\,\text{mm}$$

(2) 바깥 지름 : $D_{k1} = D_{s1} + 2m_n = 106.4 + 2 \times 4 = 114.4\,\text{mm}$

$$D_{k2} = D_{s2} + 2m_n = 212.8 + 2 \times 4 = 220.8\,\text{mm}$$

(3) 중심거리 : $C = \dfrac{D_{s1} + D_{s2}}{2} = \dfrac{106.4 + 212.8}{2} = 159.6\,\text{mm}$

예제 11.2

치직각 모듈 $m_n = 3$, $z_1 = 40$, $z_2 = 120$ 인 한 쌍의 헬리컬 기어의 중심거리를 구하여라. 또, 피니언이 500rpm으로 7.5kW의 동력을 전달한다면, 이때 헬리컬 기어에 작용하는 스러스트를 구하여라. 단, 비틀림각 $\beta = 20°$ 이다.

풀이 중심거리는 식 (11. 6)에서,

$$C = \frac{(z_{s1} + z_{s2})}{2\cos\beta} m_n = \frac{(40 + 120)}{2\cos 20°} \times 3 = 255.3\,\text{mm}$$

피니언의 피치원 지름 D_{s1} 은 식 (11. 4)에서

$$D_{s1} = \frac{m_n z_{s1}}{\cos\beta} = \frac{3 \times 40}{\cos 20°} = 127.7\,\text{mm}$$

피치 원주속도는,

$$v = \frac{\pi D_{s1} n_1}{1000 \times 60} = \frac{\pi \times 127.7 \times 500}{1000 \times 60} = 6.68\,\text{m/s}$$

헬리컬 기어의 전달하중 P 는,

$$P = \frac{102H}{v} = \frac{102 \times 7.5}{6.68} = 114.5\,\text{kg}$$

축방향의 스러스트 P_a 는,

$$P_a = P\tan\beta = 114.5 \times \tan 20° = 41.8\,\text{kg}$$

11.2 베벨 기어

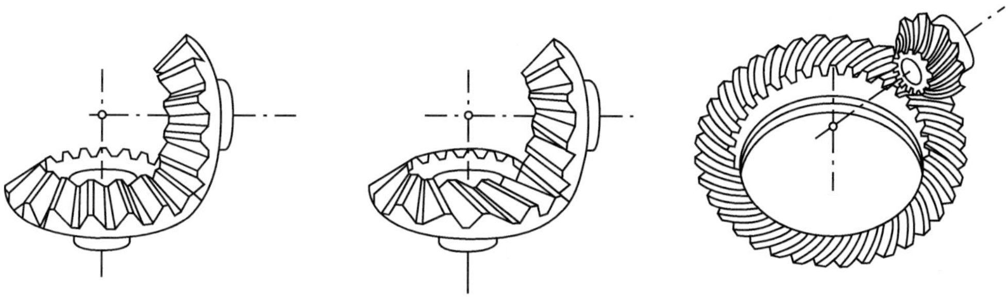

(a) 스퍼(직선) 베벨 기어　(b) 헬리컬 베벨 기어　(c) 스파이럴 베벨 기어

| 그림 11. 5 |　베벨 기어(잇줄의 형태에 따른 분류)

베벨기어(bevel gear)는 회전축이 서로 교차하는 곳에 동력과 운동을 전하는 기어로, 원주 마찰차의 원추면에 이를 깎아 만든 것이다. 베벨 기어는 잇줄의 형상에 따라 구분하는데, 잇줄이 원추의 모선과 일치하고 직선으로 되어 있는 것을 직선 베벨기어(straight bevel gear), 이 물림을 원활하게 하기 위하여 잇줄이 직선이면서 경사진 것을 헬리컬 베벨기어(helical bevel gear), 잇줄이 곡선으로 되어 있으면서 모선에 경사져 있는 것을 스파이럴 베벨기어(spiral bevel gear)라고 한다.

또, 축각이 직각이며 잇수가 같은 기어를 마이터 기어(miter gear), 스파이럴 베벨기어 중에서 이 나비의 중앙에서 비틀림 각이 0(zero)으로 되어있는 것을 제롤 베벨기어(zerol bevel gear)라고 하며, 피치면이 평면으로 된 기어를 크라운 기어(crown gear)라고 한다.

11.2.1 베벨 기어의 각부 치수

그림 11. 6에서 베벨 기어의 주요 치수식은 다음과 같다.

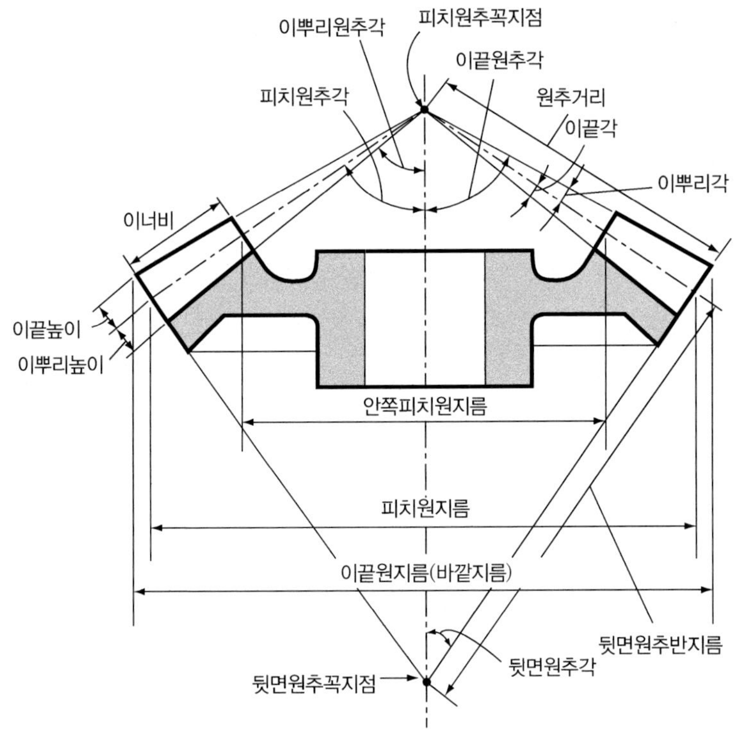

| 그림 11.6 | 베벨 기어의 각부 명칭

1. 피치 원추각(pitch cone angle)

피치 원추의 모선과 축이 이루는 각으로 피치 원추에서 꼭지각의 1/2의 값으로 된다. 마찰차의 경우와 같고, 아래의 식에서 구한다.

$$\left.\begin{aligned}\tan\delta_1 &= \frac{\sin\theta}{\dfrac{z_2}{z_1}+\cos\theta} = \frac{\sin\theta}{\dfrac{n_1}{n_2}+\cos\theta} \\ \tan\delta_2 &= \frac{\sin\theta}{\dfrac{z_1}{z_2}+\cos\theta} = \frac{\sin\theta}{\dfrac{n_2}{n_1}+\cos\theta}\end{aligned}\right\} \tag{11.12}$$

보통, $\theta = 90°$인 베벨 기어인 경우에는,

$$\tan\delta_1 = \frac{z_1}{z_2}, \quad \tan\delta_2 = \frac{z_2}{z_1}$$

여기서, θ는 축각

2. 뒷면 원추각(back cone angle)

외단부의 치형에 접하는 원추를 말하며, 반드시 피치 원추와 직교한다. 뒷면 원추 정각의 1/2를 뒷면 원추각 이라고 하며, 아래의 식에서 구한다.

$$\beta_1 = \theta - \delta_1, \quad \beta_2 = \theta - \delta_2 \tag{11.13}$$

3. 피치원 지름

m 을 베벨 기어 대단부 치형의 모듈이라고 하면, 피치원 지름은,

$$D_1 = \frac{n_2}{n_1} D_2 = m z_1, \quad D_2 = \frac{n_1}{n_2} D_1 = m z_2 \tag{11.14}$$

4. 바깥지름

$$\begin{aligned} D_{k1} &= D_1 + 2h_k \cos\delta_1 = (z_1 + 2\cos\delta_1)m \\ D_{k2} &= D_2 + 2h_k \cos\delta_2 = (z_2 + 2\cos\delta_2)m \end{aligned} \tag{11.15}$$

5. 원추거리(cone distance)

피치원추의 외단부 까지의 모선의 길이를 말한다.

$$A = \frac{D_1}{2\sin\delta_1} = \frac{D_2}{2\sin\delta_2} \tag{11.16}$$

6. 이끝각(addendum angle) θ_k과 이뿌리각(dedendum angle) θ_f

베벨기어에서 이끝 원추의 모선 및 이뿌리 원추의 모선과 피치 원추의 모선이 이루는 각을 각각 이끝각 및 이뿌리각이라고 한다.

$$\tan\theta_k = \frac{h_k}{A}, \quad \tan\theta_f = \frac{h_f}{A} \tag{11.17}$$

여기서, h_f 는 이뿌리 높이,

h_a 는 이끝높이

7. 이끝 원추각(face angle) δ_k과 이뿌리 원추각(rrot angle) δ_r

이끝 원추의 모선 및 이뿌리 원추의 모선과 베벨기어의 축선이 이루는 각을 각각 이끝 원추각 및 이뿌리 원추각이라고 한다.

$$\left.\begin{array}{ll} \delta_{k1} = \delta_1 + \theta_k & \delta_{k2} = \delta_2 + \theta_k \\ \delta_{r1} = \delta_{1} - \theta_f & \delta_{r2} = \delta_2 - \theta_f \end{array}\right\} \tag{11. 18}$$

8. 이너비

베벨 기어의 이너비는 원추거리의 1/3~1/4배로 한다.

$$b = \left(\frac{1}{3} \sim \frac{1}{4}\right) A \tag{11. 19}$$

9. 속도비

속도비는 마찰차와 같으며, 피치원 지름 $D = mz$ 에 의하여 아래와 같다.

$$i = \frac{n_2}{n_1} = \frac{D_1}{D_2} = \frac{z_1}{z_2} = \frac{\sin\delta_1}{\sin\delta_2} \tag{11. 20}$$

11.2.2 베벨 기어의 강도 설계

베벨 기어의 강도 계산은 외단부를 기준으로 하는 방법과 이나비의 중앙부를 기준으로 하는 방법이 있는데, 2가지 방법 중에 베벨 기어에서는 상당 스퍼 기어로 생각하고 구하여야 한다. 즉, 상당 스퍼어 기어의 모듈은 외단부를 기준으로 한 것이므로, 이의 굽힘 강도를 구할 때에도 외단부에 작용하는 전달력으로 계산해야 한다.

1. 외단부를 기준으로 한 굽힘강도

치형계수 y_e 는 압력각 α 와 상당잇수 z_e 에 의해서 구한다. 또한, 상당 스퍼 기어의 모듈은 외단부의 것이고, 내단부로 갈수록 전달력이나 토크는 작아지므로 이것을 수정해 주어야 한다. 여기서, 베벨 기어의 전달 토크를 T, 상당 스퍼 기어의 전달 토크를 T_e 라고 하면, 이론적인 수정계수는,

$$\frac{T}{T_e} = 1 - \frac{b}{A} + \frac{b^2}{3A^2}$$

위의 식에서 제 3항인 $\frac{b^2}{3A^2}$ 는 매우 작은 값이므로 무시하면,

$$1 - \frac{b}{A} = \frac{A-b}{A}$$

이 수정계수를 베벨 기어계수(bevel gear factor)라고 한다. 따라서, 베벨 기어의 굽힘 강도 식은,

$$P = f_v \sigma_b m y_e \frac{A-b}{A} \tag{11. 21}$$

2. 이나비의 중앙부를 기준으로 한 굽힘강도

평균 피치원 지름 D_m 에 해당되는 뒷면 원추를 전개한 상당 스퍼 기어에 대하여, 이의 크기(p_m 또는, m_m)가 이나비의 전 길이 걸쳐서 균일하다고 가정하고 구하는 방법이다. 이 경우에도 압력각과 상당잇수 z_e 는 같으므로, 모듈은 평균 모듈m_m 을 사용하고, 수정계수는 필요없다. 평균 모듈m_m 은,

$$m_m = \frac{D_m}{z} = \frac{D - b\sin\delta}{z} = m - \frac{b\sin\delta}{z} = m\left(1 - \frac{b}{2A}\right) \tag{11. 22}$$

이 경우의 굽힘 강도식은,

$$P = f_v \sigma_b m_m y_e \tag{11. 23}$$

원주 속도는 평균 피치 원주속도를 취해야하고, 베벨 기어의 피치 원주속도는 $v \leqq 5\,\text{m/s}$ 가 바람직하며, 속도계수 f_v 는 표 10.5에서 저속용의 식인 $f_v = \frac{3.05}{3.05 + v}$ 를 사용하여야 한다.

3. 면압강도

베벨 기어의 면압강도의 계산은 외단부 또는, 이나비의 중앙부에서의 상당 스퍼어 기어에 대하여 m 또는, m_m 및 z_e 를 표준 스퍼어 기어의 면압강도식은,

$$P = f_v k m b \frac{2 z_{e1} z_{e2}}{z_{e1} + z_{e2}} \tag{11. 24}$$

그러나, 위의 식은 지나치게 안전하도록 취한 값이므로 잘 사용하지 않고, 아래의 미국의 기어 제조자 협회 AGMA(American Gear Manufactur's Association)의 식이 널리 사용된다.

$$P = 1.67b\sqrt{D_1} \cdot f_m \cdot f_s \tag{11. 25}$$

여기서, D_1은 피니언의 피치 원지름(mm),

f_m은 재료계수 (표 11. 1 참조),

f_s은 사용 기계계수 (표 11. 2 참조)

| 표 11. 1 | 베벨 기어의 재료계수 f_m의 값

피니언의 재료	기어의 재료	f_m	피니언의 재료	기어의 재료	f_m
주철 또는 주강	주철	0.30	강(기름 담금질)	연강 또는 주강	0.45
조질강	조질강	0.35	침 탄 강	조 질 강	0.50
침탄강	주철	0.40	강(기름 담금질)	강(기름 담금질)	0.80
강(기름 담금질)	주철	0.40	침 탄 강	강(기름 담금질)	0.80
침탄강	연강 또는 주강	0.45	침 탄 강	침 탄 강	1.00

| 표 11. 2 | 베벨 기어의 사용 기계계수 f_s의 값

f_s	사용 기계
2.0	자동차, 전차(기동 토크에 의함)
1.0	항공기, 송풍기, 원심 분리기, 기중기, 벨트 구동 공작기계, 인쇄기, 원심펌프, 감속기, 방직기, 목공기
0.75	공기 압축기, 휴대용 전기 공구, 광산 기계, 켄베이어
0.65~0.5	분쇄기, 모터 직결 구동 공작기계, 왕복 펌프, 압연기

예제 11.3

압력각 $\alpha = 20°$, 모듈 $m = 4$, 잇수가 각각 $z_1 = 38$, $z_2 = 65$ 인 한 쌍의 직선 베벨기어의 각부의 치수 및 상당 스퍼 기어의 잇수를 구하여라. 단, 축각은 $90°$이다.

풀이 (1) 피치 원추각 : $\tan\delta_1 = \dfrac{z_1}{z_2} = \dfrac{38}{65} = 0.5846$

$\therefore\ \delta_1 = 30°19'$

$\delta_2 = 90° - 30°19' = 59°41'$

(2) 뒷면 원추각 : $\beta_1 = 90° - \delta_1 = 90° - 30°19' = 59°41'$

$\beta_2 = 90° - \delta_2 = 90° - 59°41' = 30°19'$

(3) 피치 원지름 : $D_1 = mz_1 = 4 \times 38 = 152\,\text{mm}$

$D_2 = mz_2 = 4 \times 65 = 260\,\text{mm}$

(4) 바깥지름 : $D_{k1} = D_1 + 2h_k \cos\delta_1 = 152 + 2 \times 4 \times \cos 30°19' = 158.906\,\text{mm}$

$D_{k2} = D_2 + 2h_k \cos\delta_2 = 260 + 2 \times 4 \times \cos 59°41' = 264.038\,\text{mm}$

(5) 원추거리 : $A_1 = \dfrac{D_1}{2\sin\delta_1} = \dfrac{152}{2 \times \sin 30°19'} = 150.561\,\text{mm}$

$A_2 = \dfrac{D_2}{2\sin\delta_2} = \dfrac{260}{2 \times \sin 59°41'} = 150.594\,\text{mm}$

따라서, 그 평균값인 $A = 150.577\,\text{mm}$로 한다.

(6) 이끝각 : $\tan\theta_k = \dfrac{h_k}{A} = \dfrac{4}{150.577} = 0.02656$

$\therefore\ \theta_k = 1°31'$

(7) 이뿌리각 : 이뿌리 높이 h_f는 보통 이끝 틈새 C는

$C \geq \dfrac{1}{20}p = \dfrac{\pi}{20}\text{m} = 0.157\text{m}$

$h_f = h_k + C = \text{m} + 0.157\text{m} = 1.157\text{m} = 1.157 \times 4 = 4.628\,\text{mm}$

$\tan\theta_f = \dfrac{h_f}{A} = \dfrac{4.628}{150.577} = 0.03074$

$\therefore\ \theta_f = 1°46'$

(8) 이끝 원추각 : $\delta_{k1} = \delta_1 + \theta_k = 30°19' + 1°31' = 31°50'$

$\delta_{k2} = \delta_2 + \theta_k = 59°41' + 1°31' = 61°12'$

(9) 이뿌리 원추각 : $\delta_{r1} = \delta_1 - \theta_f = 30°19' - 1°46' = 28°33'$

$\delta_{r2} = \delta_2 - \theta_f = 59°41' - 1°46' = 57°55'$

(10) 상당 스퍼어 기어의 잇수 : $z_{e1} = \dfrac{z_1}{\cos\delta_1} = \dfrac{38}{\cos 30°19'} = 44$

$z_{e2} = \dfrac{z_2}{\cos\delta_2} = \dfrac{65}{\cos 59°41'} = 129$

예제 11.4

잇수 $z_1 = 40$, $z_2 = 56$ 인 한 쌍의 주철제(GC 300)인 직각 베벨 기어가 있다. 피니언의 회전속도 $n_1 = 180$rpm, 이나비 $b = 70$mm, 공구 압력각 $\alpha_n = 14.5°$, 모듈 $m = 8$ 일 때, 전달 가능한 최대 동력을 구하여라. 단, 축각은 90° 이다.

풀이 (1) 굽힘강도의 식 (11. 21)에서

• 피치원 지름 : $D_1 = mz_1 = 8 \times 40 = 320\,\text{mm}$

$D_2 = mz_2 = 8 \times 56 = 448\,\text{mm}$

• 피치 원주속도 : $v = \dfrac{\pi D_1 n_1}{1000 \times 60} = \dfrac{\pi \times 320 \times 180}{1000 \times 60} = 3.0\,\text{m/s}$

• 속도계수 : $f_v = \dfrac{3.05}{3.05 + v} = \dfrac{3.05}{3.05 + 3.0} = 0.5$

표 10. 6에서 GC 300인 재료의 허용 굽힘응력은 $\sigma_b = 13\,\text{kg/mm}^2$이다.

피치 원추각은 축각이 90°이므로,

$$\tan\delta_1 = \frac{z_1}{z_2} = \frac{40}{56} = 0.7143$$

$$\therefore\ \delta_1 = 35°30'$$

$$\delta_2 = 90° - 35°30' = 54°30'$$

상당 스퍼 기어 잇수는,

$$z_{e1} = \frac{z_1}{\cos\delta_1} = \frac{40}{\cos 35°30'} = 49$$

$$z_{e2} = \frac{z_2}{\cos\delta_2} = \frac{56}{\cos 54°30'} = 97$$

상당 스퍼 기어의 치형계수는 z_e 와 $\alpha_n = 14.5°$ 에 대하여 표 10. 4로부터

$y_{e1} = 0.375$, $y_{e2} = 0.373$

원추거리는 $A = \dfrac{D_1}{2\sin\delta_1} = \dfrac{320}{2 \times \sin 35°30'} = 276\,\text{mm}$

재료가 같으므로, 피니언에 대하여 허용 전달 하중 P을 구한다.

$$P = f_v \sigma_b m y_{e1} \frac{A - b}{A} = 0.5 \times 13 \times 70 \times 8 \times 0.357 \times \frac{276 - 70}{276} = 997\,\text{kg}$$

(2) 면압강도의 식 (11. 25)에서 구하면,

재료에 의한 계수는 표 11. 1에서 $f_m = 0.3$, 사용 기계계수는 표 11. 2에서 $f_s = 0.65$ 로 잡으면, 허용 굽힘 전달하중은 식 (11. 25)의 AGMA식에서 구한다.

$$P = 1.67b\sqrt{D_1} \cdot f_m \cdot f_s = 1.67 \times 70 \times \sqrt{320} \times 0.3 \times 0.65 = 407\,\text{kg}$$

그러므로, 구하는 최소 허용 전달하중 $P = 407\,\text{kg}$에서 허용 최소 전달동력은

$$H = \frac{Pv}{75} = \frac{407 \times 3}{75} = 16.2PS$$

11.3 웜과 웜 기어

웜 기어(worm gear)는 나사 기어의 일종으로 축각은 90°가 많으며 평행하지도 교차하지도 않고, 동일 평면 위에도 있지 않는 두 축사이의 회전운동을 전달하는 기어이다. 나사 모양의 기어를 웜(worm)이라고 하고, 반대쪽 기어를 웜 휠(worm wheel)이라고 하며, 이 한 쌍의 나사 조합을 웜 기어라고 한다. 비교적 큰 감속비를 얻을 수 있고, 물림이 정숙하고 원활하므로 공작 기계의 분할기구, 윈치(winch) 등에 이용되며, 그 특성은 아래와 같다.

1. 장점

① 적은 용적으로 큰 감속비(1 : 8~1 : 40)를 얻고, 운전이 원활하다.

② 부하 용량이 크고, 역전 방지를 할 수 있으며, 진동과 소음이 비교적 적다.

2. 단점

① 잇면의 미끄럼이 크고, 진입각이 작으면 접촉면의 마찰이 커지므로 전동 효율이 낮다.

② 인벌류트 원통기어와 같이 교환성이 없고, 조정이 필요하다.

③ 웜 휠의 공작이 어려워 특수 공구가 필요하며, 연삭 가공이 어렵다.

④ 웜 휠의 정밀 측정이 곤란하며, 가격이 비싸며, 웜과 웜 휠에 스러스트 하중이 생긴다.

그림 11. 7과 같이 웜이 1회전 하면, 웜의 치형은 이의 나선의 리이드 만큼 움직이고, 웜 휠은 웜의 리이드와 같은 길이에 해당되는 원호만큼 회전을 한다. 따라서, 웜 기어의 감속비 i 는,

$$i = \frac{n_g}{n_w} = \frac{z_w}{z_g} \tag{11. 26}$$

여기서, n_w 는 웜의 회전속도,

n_g 는 웜 휠의 회전속도,

z_w 는 웜의 줄수,

z_g 는 웜 휠의 잇수

또한, 웜의 리이드를 l, 웜의 피치를 p, 웜 휠의 피치원 지름을 d_g 라고 하면,

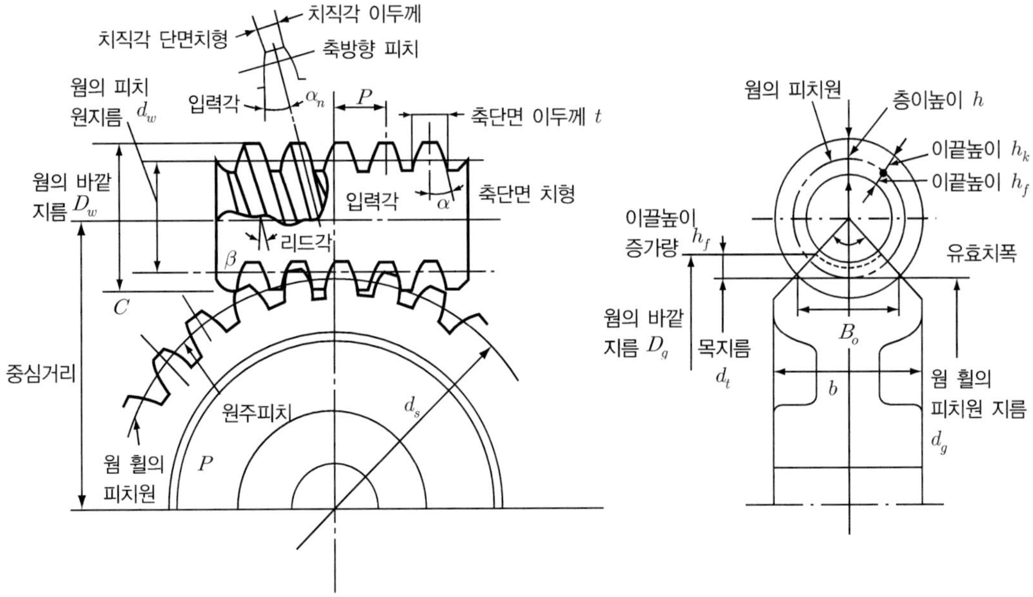

| 그림 11.7 | 웜 기어의 각부 명칭

$$l = z_w p\,,\ \ z_g = \frac{\pi d_g}{p}$$

따라서, 감속비 i 는

$$i = \frac{n_g}{n_w} = \frac{l}{\pi d_g} \tag{11. 27}$$

보통 웜의 줄 수 z_w 는 1~3 정도의 값이므로, 매우 큰 감속비를 얻을 수 있음을 알 수 있으나, 치형 접촉면의 마찰이 커지므로 전동 효율이 낮은 결점도 있다. 한 쌍의 웜 기어의 치형에 대하여는 웜의 치형을 기준으로 하고, 웜의 치형은 직선 치형을 가진 기준 랙으로 창성한다. 또, 압력각은 치직각 단면으로, 피치와 모듈 등은 축직각 단면으로 나타낸다.

11.3.1 웜 기어의 각부 치수

웜 기어의 각부 치수는, 일반적으로 축직각 단면의 치형을 기준으로 아래와 같다.

1. 축직각 피치 p_s와 축직각 모듈 m_s

$$p_s = \pi m_s \tag{11. 28}$$

2. 치직각 피치 p_n와 치직각 모듈 m_n

$$p_n = \pi m_n \tag{11.29}$$

여기서, 웜의 리드각을 β라고 하면, 아래와 같다.

$$p_n = p_s \cos\beta, \quad m_n = m\cos\beta \tag{11.30}$$

3. 이끝높이 h_k

$$\left.\begin{aligned} &\text{줄 수가 1~2인 경우} : h_k = m_s \\ &\text{줄 수가 3~4인 경우} : h_k = 0.9 m_s \end{aligned}\right\} \tag{11.31}$$

4. 총 이높이 h : 이끝 틈새$c \geq 0.25 m_s$이라고 하면

$$\left.\begin{aligned} &\text{줄 수가 1~2인 경우} : h = 2.25 m_s \\ &\text{줄 수가 3~4인 경우} : h = 2.05 m_s \end{aligned}\right\} \tag{11.32}$$

5. 웜

① 피치원 지름

$$\left.\begin{aligned} &\text{축과 일체인 경우} : d_w = 2p_s + 12.7mm \\ &\text{축 구멍이 있는 경우} : d_w = 2.4p_s + 28mm \end{aligned}\right\} \tag{11.33}$$

② 바깥지름 : $D_w = d_w + 2h_k$ (11.34)

③ 리이드 : $l = p_s + z_w$ (11.35)

④ 웜의 길이 : $L = (4.5 + 0.02 z_g) p_s$ (11.36)

⑤ 리이드 각 : $\beta = \tan^{-1}\dfrac{l}{\pi d_w}$ (11.37)

6. 웜 휠

① 피치원 지름 : $d_g = m_s z_g$ (11.38)

② 목지름(throat diameter) : $D_t = d_g + 2h_k$ (11. 39)

③ 이높이 증가량

$$\left.\begin{aligned} &\text{줄 수가 1~2인 경우 : } h_i = 0.75h_k \\ &\text{줄 수가 3~4인 경우 : } h_i = 0.5h_k(\alpha_n < 20°) \\ &\qquad\qquad\qquad\qquad = 0.375h_k(\alpha_n > 20°) \end{aligned}\right\} \quad (11.\ 40)$$

④ 이 나비

$$\left.\begin{aligned} &\text{줄 수가 1~2인 경우 : } b = 2.4p_s + 6mm \\ &\text{줄 수가 3~4인 경우 : } b = 2.15p_s + 5mm \end{aligned}\right\} \quad (11.\ 41)$$

⑤ 중심거리 : $C = \dfrac{d_w + d_g}{2}$ (11. 42)

⑥ 유효 이나비 : 웜 휠의 피치 모선이 웜의 바깥둘레에 의하여 절단되는 부분의 길이

$$B_e = \sqrt{{D_w}^2 - {d_w}^2} \quad (11.\ 43)$$

② 페이스각(face angle) : "꼭지각"이라고도 하며, 보통 60~80°를 취한다.

11.3.2 웜 기어에 작용하는 힘과 효율

그림 11. 8에서 접촉면에 작용하는 수직력을 P_n 이라고 하면, 마찰력 μP_n 이 웜의 리이드 각 방향으로 작용하므로, 아래의 식이 성립한다.

$$P = P_n \cos\alpha_n \cos\beta - \mu P_n \sin\beta$$
$$P_n = \frac{P}{\cos\alpha_n \cos\beta - \mu \sin\beta} \quad (11.\ 44)$$

또, 웜의 휠의 축방향 스러스트 P_z 와 웜 또는 웜 휠의 반지름 방향의 힘 P_y 는,

$$P_z = P_n \cos\alpha_n \sin\beta + \mu P_n \cos\beta \quad (11.\ 45)$$

$$P_y = P_n \cos\beta \quad (11.\ 46)$$

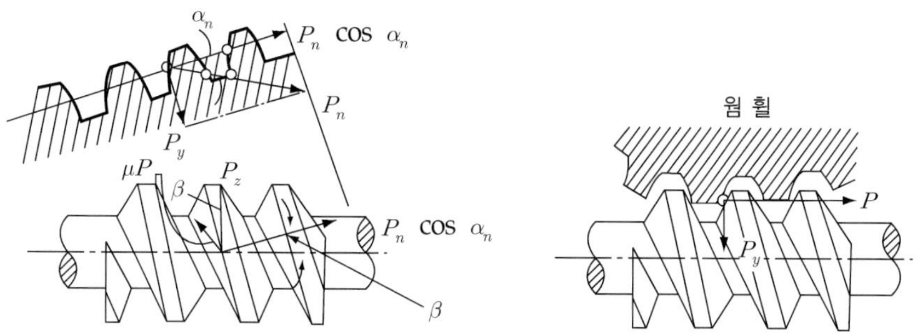

| 그림 11. 8 | 웜과 웜 휠에 작용하는 힘

위의 식 (11. 44)와 식 (11. 45)로부터,

$$P_z = P\frac{\tan\beta + \dfrac{\mu}{\cos\alpha_n}}{1 - \dfrac{\mu}{\cos\alpha_n}tan\beta}$$

여기서, $\mu' = \dfrac{\mu}{\cos\alpha_n} = \tan\rho'$ 라고 하면

$$P_z = P\tan(\beta + \rho') \tag{11. 47}$$

따라서, 웜 휠을 돌리기 위한 웜에 가해진 토크 T는,

$$T = P_z\frac{d_w}{2} = P\frac{d_w}{2}tan(\beta + \rho')$$

마찰이 없다고 하면 $\mu = 0$ 이므로, 이때의 토크 T'는,

$$T' = P\frac{d_w}{2}tan\beta$$

또, 효율 η는 아래와 같다.

$$\eta = \frac{T'}{T} = \frac{\tan\beta}{\tan(\beta - \rho')} \tag{11. 48}$$

위의 식에서 효율을 높이기 위해서는 μ를 작게 하거나, β를 크게 하면 된다. 따라서, β를 크게 하는 방법으로 웜의 나사를 여러 줄나사로 하면 되는데, 그림 11. 9와 같이 $\beta > 30°$이 되면 효율의 증가는 거의 없으므로, 3줄나사 이상은 사용하지 않는 것이 보통이다.

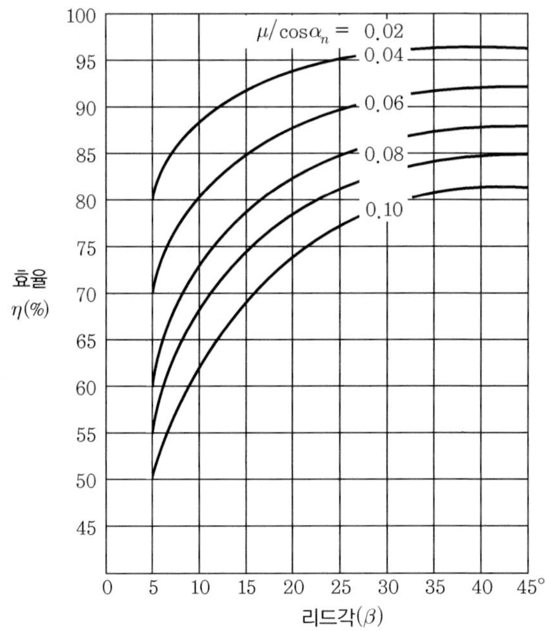

| 그림 11.9 | 웜 기어의 효율

만약, 리이드각 β를 크게 하면 이의 간섭이 일어나므로 이것을 방지하기 위해서는 압력각 α_n을 되도록 크게 취하는데 보통, 사용되는 리이드 각과 압력각과의 관계는 표 11. 3과 같다.

| 표 11.3 | 웜의 리이드각과 압력각의 관계

리이드각(β)	압력각(α_n)
15°까지	14.5°
25°까지	20°
35°까지	25°
35° 이상	30°

웜 휠을 구동기어로 하여 웜을 회전하는 경우에 회전방향이 반대가 되어 마찰각이 음(−)으로 되므로, 이때의 효율을 η' 라고 하면,

$$\eta' = \frac{\tan\beta}{\tan(\beta - \rho')} \tag{11. 49}$$

$\beta \leqq \rho'$ 일 경우에는 $\eta' \leqq 0$, 즉 자동체결(self locking)로 되기 때문에 웜 휠로 웜을 돌릴 수 는 없으므로, 이 원리를 이용하여 역전 방지용 기구로 사용할 수 있다. 또한, 웜 기어 장치를 속도를 높이는 곳에 사용하려면 $\beta > \rho'$ 이어야 한다.

11.3.3 웜 기어의 강도계산

웜 기어는 마찰이 심하므로 웜 휠에 비하여 비교적 연한 재료를 사용한다. 보통 웜 재료는 강을 사용하고, 웜 휠은 경하중 일 때는 주철을, 고하중일 때는 포금 또는 인청동을 사용한다. 따라서, 웜 휠 보다 웜이 훨씬 더 강하므로 강도 계산은 웜 휠을 기준으로 하고, 경험적 근사식이 사용하고 있다.

1. 굽힘강도

버킹엄(Buckingham)은 웜 휠을 헬리컬 기어로 생각하고, 웜 휠의 굽힘강도에 대하여 루이스(Lewis)의 식은,

$$P = f_v \sigma_b p_n b y \tag{11.50}$$

여기서, P는 피치 원주상의 최대 전달력(kg),
σ_b는 재료의 허용 굽힘응력(kg/mm^2),
p_n는 치직각 피치($p_n = p_s \cos\beta$)

이 경우 허용 굽힘응력(σ_b), 치형계수(y), 속도계수(f_v)는 아래의 표 11.4~11.6에 따른다.

| 표 11.4 | 웜 휠 재료의 허용 굽힘응력

웜 휠의 재료	σ_b(kg/mm^2)	
	일방향 회전	양방향 회전
주철	8.5	5.7
인청 동	17.0	11.3
안티몬 청동	10.5	7.0
합성 수지	3.0	2.0

| 표 11.5 | 웜 휠의 치형계수

치직각 압력각(α_n)	치형계수(y)
14.5°	0.100
20°	0.125
25°	0.150
30°	0.175

| 표 11.6 | 웜 휠의 속도계수

웜 휠의 재료	속도계수(f_v)
금속 재료	$f_v = \dfrac{6}{6+v_g}$
합성 수지	$f_v = \dfrac{1+0.25v_g}{1+v_g}$

(단, v_g 는 웜 휠의 피치 원주속도 m/s)

2. 내압강도

웜 휠의 잇면에서 압력에 대한 마멸을 고려한 허용 전달 하중은 아래와 같은 실험식에 의한다.

$$P = f_v \xi d_g B_e K \tag{11. 51}$$

여기서, ξ 는 웜의 리이드각에 의한 계수,

d_g 는 웜 휠의 피치원 지름(mm),

B_e 는 유효 이나비(mm),

K 는 내마멸 계수(kg/mm^2)

위의 웜의 리이드 각에 의한 계수 ξ 와 내마멸 계수 K 의 값은, 아래의 표 11. 7과 표 11. 8에서 결정한다.

| 표 11.7 | 웜의 리이드각에 의한 계수 ξ 의 값

웜의 리이드각(β)	ξ 의 값
$\beta < 10°$	1.00
$\beta = 10° \sim 25°$	1.25
$\beta > 25°$	1.50

3. 발열에 대한 강도

웜의 발열현상은 기어의 재료, 사용조건, 윤활유의 상태, 냉각장치 등의 영향을 받으며, 이때의 허용 전달하중은 아래의 실험식으로 구한다.

$$P = Cbp_s \tag{11.52}$$

여기서, C는 발열계수,

b는 웜 휠의 이나비(mm),

p_s는 축직각 단면에서의 웜 피치(mm)

| 표 11.8 | 내마멸 계수 K의 값

웜의 재료	웜 휠의 재료	K(kg/mm²)
강(H_B)	인청 동	42×10^{-3}
담금질 강	주철	35×10^{-3}
담금질 강	인청 동	56×10^{-3}
담금질 강	인청동(금형)	85×10^{-3}
담금질 강	안티몬 청동	85×10^{-3}
담금질 강	합성 수지	87×10^{-3}
주철	인청 동	106×10^{-3}

발열계수 C의 값은, 아래의 "Kutzbach의 실험식"을 사용한다.

$$\left.\begin{aligned} \text{주철과 주철} : C &= \frac{0.4}{1+0.5v_s} \\ \text{강과 인청동} : C &= \frac{0.6}{1+0.5v_s} \end{aligned}\right\} \tag{11.53}$$

여기서, v_s는 웜의 미끄럼 속도(m/s)이며, 웜의 원주 속도를 v_w(m/s)라고 하면,

$$\left.\begin{aligned} v_s &= \frac{v_w}{\cos\beta} \\ v_w &= \frac{\pi D_w N_w}{1000\times60} \end{aligned}\right\} \tag{11.54}$$

예제 11.5

줄수가 2인 웜에서 축직각 모듈 3, 감속비가 1/150일 때, 웜과 웜 휠의 바깥지름과 중심거리를 구하여라. 단, 웜과 축은 일체로 된 형식이다.

풀이 (1) 웜의 피치원 지름 d_w 는 식 (11. 33)에서,

$$d_w = 2p_s + 12.7 = 2\pi m_s + 12.7 = 2\pi \times 3 + 12.7 = 31.54\,\text{mm}$$

(2) 웜 휠의 피치원 지름 d_g 는,

잇수는 (11. 26)에서, $z_g = z_w \times 150 = 2 \times 150 = 300$이므로

$$\therefore\ d_g = m_s z_g = 3 \times 300 = 900\,\text{mm}$$

(3) 중심거리는 위에서 구한 값을 식 (11. 42)에서

$$C = \frac{d_w + d_g}{2} = \frac{(31.54 + 900)}{2} = 465.77\,\text{mm}$$

(4) 웜의 바깥지름 D_w 는 식 (11. 34)에서,

$$D_w = d_w + 2h_k = d_w + 2m_s = 31.4 + 2 \times 3 = 37.54\,\text{mm}$$

(5) 웜 휠의 바깥지름 D_g 를 구하려면, 이끝높이의 증가량과 목지름을 구한다.

이 끝높이의 증가량 식 (11. 46)에서,

$$h_i = 0.75h_k = 0.75m_s = 0.75 \times 3 = 2.25\,\text{mm}$$

목지름은 식 (11. 39)에서,

$$D_t = d_g + 2h_k = d_g + 2m_s = 900 + 2 \times 3 = 906\,\text{mm}$$

$$\therefore\ D_g = D_t + 2h_i = 906 + 2 \times 2.25 = 910.5\,\text{mm}$$

■

예제 11.6

웜 축이 1,150rpm으로 5PS를 전달하는 속도비가 1 : 15인 감속장치가 있다. 주요 제원으로는 웜의 모듈 $m_s = 10$, 치직각 압력각 $\alpha_n = 20°$, 줄 수 $z_w = 2$, 피치원 지름 $d_w = 75$mm, 리이드각 $\beta = 23°$, 웜 휠의 이나비 $b = 80$mm이고, 웜 재료는 니켈-크롬강, 웜 휠 재료는 인청동을 사용할 때, 소요 동력을 구하여라.

풀이 (1) 굽힘강도

속도비가 1 : 15이므로 식 (11. 26)에서,

$$i = \frac{z_w}{z_g}\quad \therefore\ z_g = 15\,z_w = 15 \times 2 = 30$$

웜 휠의 피치원 지름은 식 (11. 38)에서,

$$d_g = m_s z_g = 10 \times 30 = 300\,\text{mm}$$

$i = \dfrac{1}{15}$ 이므로, 웜 기어의 감속비 식 (11. 26)에서,

$$i = \frac{n_g}{n_w}\quad \therefore\ n_g = 1{,}150 \times i = 1{,}150 \times \frac{1}{15} = 76.6\,\text{rpm}$$

웜 휠의 피치 원주속도는,

$$\therefore\ v_g = \frac{\pi d_g n_g}{1000 \times 60} = \frac{\pi \times 300 \times 76.6}{1000 \times 60} = 1.2\,\text{m/s}$$

속도계수 표 11. 6에서,

$$f_v = \frac{6}{6 + v_g} = \frac{6}{6 + 1.2} = 0.83$$

표 11. 4로부터, 허용 굽힘응력 $\sigma_b = 11.3$, 축방향 피치 $p_s = \pi m_s = \pi \times 10 = 31.4$

따라서, 치직각 피치 $p_n = p_s \cos\beta = 31.4 \times \cos 23° = 28.9\,\text{mm}$

표 11. 5로부터 치형계수 $y = 0.125$, 이나비 $b = 80\,\text{mm}$이므로, 허용 전달 하중 P은 식 (11. 49)에서,

$$P = f_v \sigma_b p_n b y = 31.4 \times 11.3 \times 28.9 \times 80 \times 0.125 = 2{,}710\,\text{kg}$$

(2) 마멸에 대한 강도

① 이끝높이(식 11. 31) : $h_k = m_s = 10\,\text{mm}$

② 바깥지름 (식 11. 34) : $D_w = d_w + 2h_k = 75 + 2 \times 10 = 95\,\text{mm}$

③ 유효 이나비(식 11. 43) : $B_e = \sqrt{{D_w}^2 - {d_w}^2} = \sqrt{95^2 - 75^2} = 58\,\text{mm}$

표 11. 8에서 내마멸 계수는 $K = 85 \times 10^{-3}(\text{kg/mm}^2)$이므로, 식 (11. 50)에서 마멸강도를 구하면,

$$P = f_v \xi d_g B_e K = 0.83 \times 1.25 \times 300 \times 58 \times 85 \times 10^{-3} = 1{,}534\text{kg}$$

(3) 발열에 대한 강도

웜의 속도는 식 (11. 53)에서,

$$v_s = \frac{v_w}{\cos\beta} = \frac{\pi D_w N_w}{\cos\beta \times 1000 \times 60} = \frac{\pi \times 75 \times 1150}{0.9205 \times 1000 \times 60} = 4.9\,\text{m/s}$$

발열계수는 식 (11. 51)과 식 (11. 52)에서,

$$C = \frac{0.6}{1 + 0.5 v_s} = \frac{0.6}{1 + 0.5 \times 4.9} = 0.17$$

이나비 $b = 80\,\text{mm}$, $p_s = 31.4\,\text{mm}$이므로 허용 전달 하중 P는,

$$P = C b p_s = 0.17 \times 80 \times 31.4 = 427\,\text{kg}$$

위의 (1), (2), (3)에서 웜 기어의 최대 허용 전달하중은, 발열의 하중인 427kg로 잡아야 하므로,

전달동력은 $H = \dfrac{F v_g}{75} = \dfrac{427 \times 1.2}{75} = 6.8\,\text{PS}$

따라서, 5PS를 전달하는데, 충분한 강도를 가지고 있다.

연습문제

1. 헬리컬 기어와 베벨기어의 상당 스퍼기어에 대하여 설명하여라.

2. 웜 기어의 효율에 대하여 설명하여라.

3. 한 쌍이 맞물려서 회전하는 베벨 기어를 나타내고, 각 부 명칭을 기입하여라.

4. 600rpm으로 회전하면서, 12PS의 동력을 전달하는 한 쌍의 헬리컬 기어의 치직각 모듈 $m_n = 5$이고, 잇수가 각각 $z_{s1} = 50$, $z_{s2} = 150$, 비틀림각 $\beta = 20°$일 때, 헬리컬 기어의 피치원 지름, 바깥지름, 중심 거리, 축방향 하중을 구하여라.

5. 어떤 헬리컬 기어에서 전동 동력이 20kW이고, 축직각 단면에서 피치원의 원주속도가 10m/sec이다. 치직각 압력각이 $\alpha_n = 20°$이고, 비틀림각이 $\beta = 11°$인 경우, 동력전달로 인하여 베어링에 작용하는 축방향과 반경 방향 하중을 구하여라.

6. 재질이 탄소강(SM 45C), 경도 $H_B = 300$, 속도비 10 : 1, 모듈 $m = 4$, 공구 압력각 $\alpha_n = 20°$, 피니언의 잇수 $z = 25$, 피니언의 회전수 $n = 5{,}000$rpm, 비틀림각 $\beta = 30°$인 헬리컬 기어가 있다. 이때, 피니언과 기어의 재질이 동일하다면, 헬리컬 기어의 전달동력을 구하여라.

7. 주철제 마이터 베벨 기어의 회전수 $n = 180$, 잇수 $z = 40$, 이나비 $b = 65$ mm, 모듈 $m = 8$, 공구압력각 $\alpha_n = 14.5°$일 때, 면압 강도상에서 전달마력을 각각 구하여라.
단, $f_m = 0.45$, $f_s = 0.75$이다.

8. 속도비가 3.25 : 1인 직교하는 베벨 기어(재질 : GC 30, $\alpha_n = 14.5°$)의 피치원 지름이 각각 120mm, 380mm이고 1,000rpm으로 22.5PS를 전달할 때, 이나비와 모듈을 구하여라.

9. 감속비가 1/30인 웜 기어장치에서 웜의 줄수 $z_w = 2$, 모듈 $m_s = 4$, 회전속도가 1,200rpm인 웜의 재질이 니켈-크롬강이고, 웜 휠이 인청동이라고 하면, 이때의 허용전달 동력과 웜의 압력을 구하여라. 단, $\mu = 0.1$이다.

10. 속도비가 15 : 1인 웜 기어에서 15PS, 1,150rpm의 동력을 전달하는 웜(담금질강)의 모듈 $m_s = 10$, 치직각 압력각 $\alpha_n = 20°$, 줄 수 $z_w = 2$, 웜의 피치원 지름 $D_1 = 95$mm이고, 웜 휠의 이나비가 30mm일 때 소요 동력을 구하여라.

CHAPTER 12

벨트 · 로프 · 체인

구동축의 회전을 종동축에 전달할 때 두 축사이의 거리가 상당히 떨어진 거리에서 마찰차나 기어의 사용이 곤란한 경우에는 감아걸기 전동장치(wrapping transmission gear) 인 벨트(belt), 로프(rope) 및 체인(chain)을 사용하여 동력을 전달한다. 벨트나 로프는 마찰력에 의해 동력을 전달하므로, 약간의 미끄럼이 생겨 일정한 속도비를 얻을 수 없으나, 하중이 갑자기 걸리는 경우에는 접촉 부분이 미끄러져서 안전장치를 하기도 한다. 체인 전동은 스프로킷의 물림에 의해서 일정한 속도로 큰 동력을 전달 할 수 있다. 이때 축 간거리와 속도비를 고려하여 적당한 것을 선정하여야 한다. 표 12. 1은 감아걸기 전동장치의 적용범위를 나타내었다.

| 표 12. 1 | 감아걸기 전동장치의 적용 범위

종 류	축 간거리(m)	회전속도비	속도(m/sec)
평벨트	10 이하	1 : 1~6	10~30
V벨트	5 이하	1 : 1~7	10~18
로 프	10~25	1 : 1~2	15~25
롤러체인	4 이하	1 : 1~7	4 이하
사일런트체인	4 이하	1 : 1~8	8 이하

12.1 벨트 전동

12.1.1 벨트의 종류

2개의 축에 벨트 풀리(belt pulley)를 고정하여 평벨트(flat belt)로 동력을 전달시키는 것으로, 벨트 전동(belt driving)은 충분한 휨(flexibility)과 탄력성이 필요하므로 가죽, 직물, 고무 및 동등의 벨트가 사용되나, 일반적으로 고무벨트를 많이 사용한다. 벨트를 거는 방법은 그림 12. 1과 같이 평행걸기(opened type)와 십자걸기(crossed type)의 2가지가 있다. 평행걸기는 벨트를 평행하게 그대로 감는 방식이고, 십자걸기는 벨트가 도중에 한번 십자형으

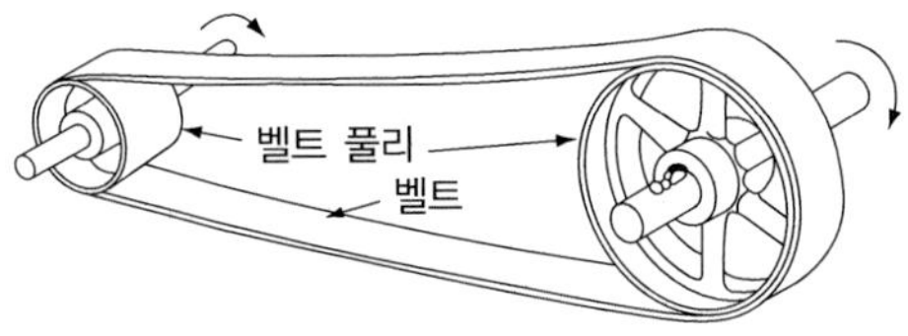

(a) 평행걸기

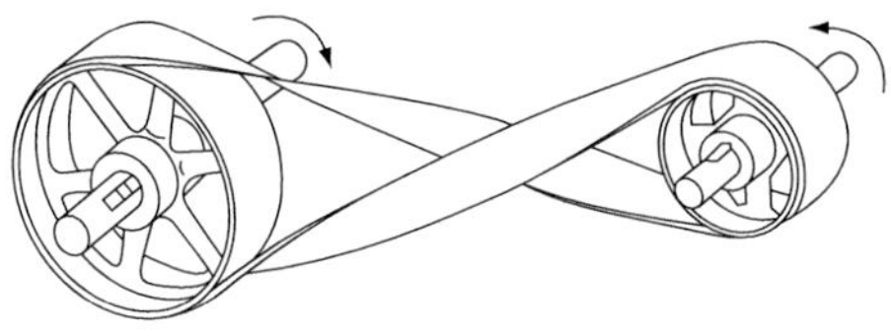

(b) 십자걸기

|그림 12.1| 벨트 거는 방법

로 마주치게 하는 방식이다. 바로걸기는 두 축사이의 회전이 서로 같고, 십자걸기는 회전 방향이 서로 반대이며, 평행걸기보다 접촉각이 크기 때문에 작은 풀리(pulley/주철 혹은 단조강)로서 큰 동력을 전달할 수 있는 잇점이 있으나, 벨트끼리 서로 접촉되어 회전하므로 벨트의 마모가 쉽게 발생하는 단점이 있다.

1. 벨트의 종류

(1) 가죽벨트(leather belt)

가죽벨트의 재료로는 소나 물소 가죽을 연하게 처리하여 사용하는데, 한 장의 두께는 보통 약 5~8mm이다. 한 장으로 만든 벨트를 1겹 벨트(single ply belt)라고 하며, 5kW 이하의 전동에 사용하고, 더 큰 동력을 전달하려면 2장 이상을 합쳐서 만든 2겹 벨트(double ply belt), 3겹 벨트 (treble ply belt)를 사용한다. 벨트의 두께에 따라 상용되는 벨트 풀리의 지름이 달라지는데 1겹 벨트는 60mm 이상, 2겹 벨트는 200mm 이상, 3겹 벨트는 500mm 이상의 것이 사용된다. 벨트를 잇는 방법으로 그림 12. 2와 같이 벨트의 끝을 예리한 칼로 경사지게 깎아서 겹쳐놓고, 접착제를 도포 한 다음에 압착하여 접합하는 방법과 가죽끈, 쇠줄, 리벳 기타 특수한 장식으로 꿰매는 방법이 있으나, 어떠한 방법을 사용하여도 접합하면 강도는 감소한다. 벨트의 이음 효율은 이음이 있는 것과 없는 것의 강도비를 말하며, 표 12. 2와 표 12. 3에 가죽벨트의 표준치수와 이음효율을 나타내었다.

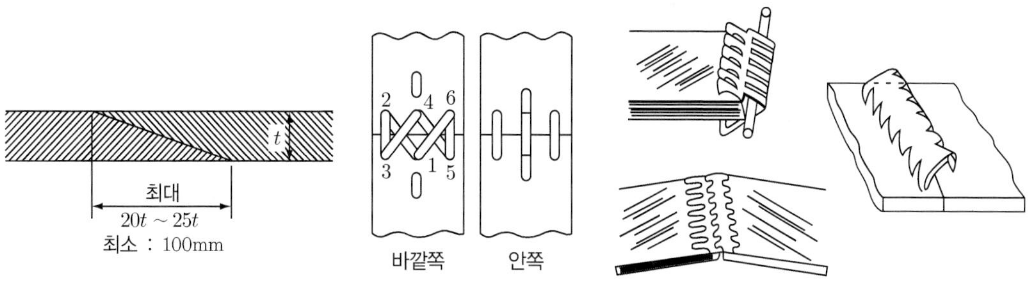

(a) 아교이음 (b) 가죽끈 (c) 벨트 레이싱 (d) 알리 게이터

| 그림 12.2 | 벨트 이음 방법

| 표 12.2 | 가죽벨트의 표준치수

1겹 벨트			2겹 벨트			3겹 벨트		
폭	허용차	두 께	폭	허용차	두 께	폭	허용차	두 께
25	±1.5	3 이상	51	±1.5	6 이상	203	±4.0	10 이상
32			63	±3.0		229	±5.0	
38			76			254		
44			89			279		
51			102			305		
57	±3.0	4 이상	114	±4.0	7 이상	330		
63			127			336		
70			140			381		
76			152			406		
83			165			432		
89			178			457		
95			191			483		
102			203			508	±1.0	
114	±4.0	5 이상	229	±5.0	8 이상	559		
127			254			610		
140			279			660		
152			305			712		

| 표 12.3 | 가죽벨트의 이음 효율

이음 방법	이음효율(%)
접착제 이음	80~90
철사 이음	85~90
가죽끈 이음	약 50
이음쇠 이음	30~65

(2) 직물벨트(textile belt)

이것은 무명, 대마, 합성수지로 이음매 없이 짤수 있고, 폭이나 길이를 필요한 대로 만들 수 있으나, 가죽벨트 보다 유연성과 풀리와의 접촉이 좋지 않아서, 전동 능력이 저하된다. 그러나, 가격이 싸고, 가벼워서 고속회전에 적합하다.

(3) 고무벨트(rubber belt)

2장 이상의 직물벨트에 고무를 포개 붙여 만든 것으로 유연하고, 풀리에 잘 흡착하므로 미끄럼이 적고, 비교적 수명이 길다. 고무벨트는 습기와 먼지에 등에 잘 견디나 기름, 열 등에는 약한 단점이 있다.

(4) 철 벨트(steel belt)

압연한 강철 박판의 벨트이며 보통 두께가 0.3~1.1mm, 폭이 150~250mm 정도이다. 인장강도가 다른 벨트에 비하여 대단히 크며, 늘어나지 않고 수명이 길다. 그러나, 두 축이 정확히 평행이고, 벨트 풀리의 형상이 정확해야 한다. 벨트의 연결은 두 끝을 겹쳐서 리벳으로 연결하든지, 서로 맞대어 다른 판을 덧 댄 다음 납땜을 한다.

(5) 타이밍 벨트(timing belt)

그림 12.3과 같이 미끄럼을 완전히 없애기 위하여 접촉면에 치형을 붙여 맞물림에 의해 전동하도록 고안된 이붙이 벨트이다. 강선 코드를 사용하여, 장력을 유지하고, 늘어나는 것을 방지하도록 한다. 특징은, 미끄럼(Slip)과 크리프(creep)가 거의 없고 속도 변화가 아주 작으며, 굽힘 저항이 작아서 작은 지름을 가진 풀리에도 사용할 수 있다. 또, 저속 및 고속에서 원활한 운전이 가능하며, 벨트전동과 체인전동의 중간적인 성능을 가지고 있다.

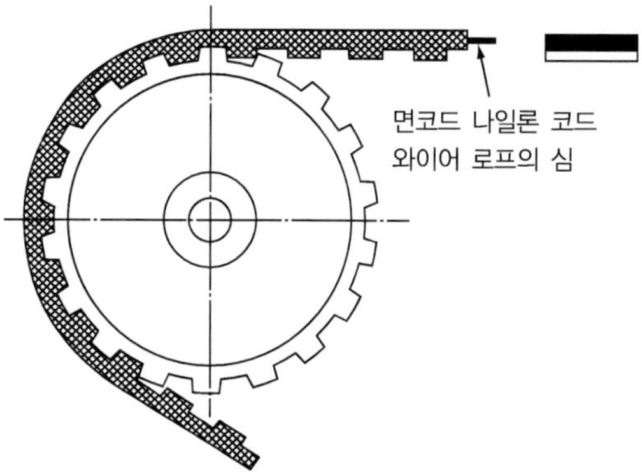

| 그림 12. 3 | 타이밍 벨트

2. 벨트 풀리

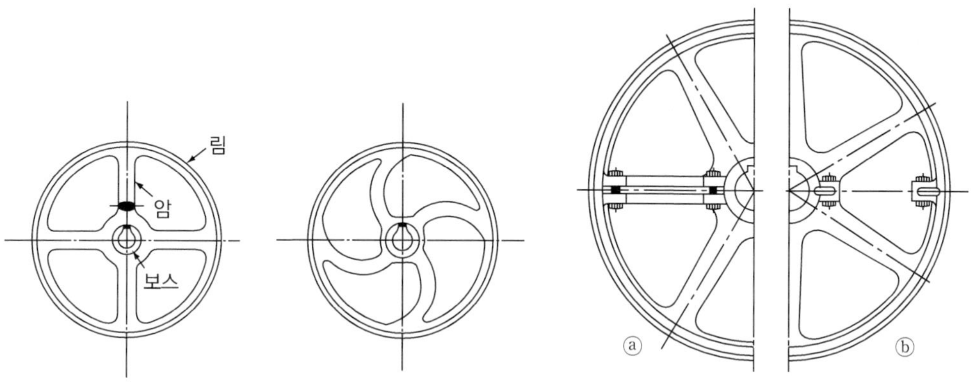

(a) 일체 풀리 (b) 분할 풀리

| 그림 12. 4 | 벨트 풀리의 구조

벨트 풀리는 그림 12. 4와 같이 주로 3부분으로 구성되어 있다. 재료로는 일반적으로 주철을 사용하며, 고속(원주 속도 30/sec)일 때에는 주강으로 만든 것을 사용한다.

① 림(rim) : 풀리의 둘레를 구성하는 얇은 살로된 원통형의 바퀴둘레를 말한다.

② 보스(boss) : 전동축이 끼워 들어가는 축구멍을 구성하는 중앙부분이다.

③ 암(arm) : 림과 보스 부분을 방사선 모양으로 연결하는 몇 개의 막대부분을 말한다.

12.1.2 벨트의 길이와 접촉각

벨트를 풀리에 거는 방법은 회전 방향이 같은 평행걸기(open belting)와 서로 반대인 십자걸기(crossed belting)의 2가지 있다. 그림 12. 1에서 축간거리 C인 벨트 풀리 A와 종동 풀리 B의 지름을 각각 D_1, D_2(mm), 벨트의 두께를 t(mm)라고 하고, 풀리의 회전 속도와

각속도를 각각 n_1, n_2, w_1, w_2 라고 하면 벨트의 속도 v (m/s)는,

$$v = \pi D_1 n_1 = \pi D_2 n_2$$

따라서, 속도비 i 는

$$i = \frac{n_2}{n_1} = \frac{w_2}{w_1} = \frac{D_1}{D_2} \tag{12. 1}$$

벨트의 두께 t 를 고려하면,

$$i = \frac{n_2}{n_1} = \frac{w_2}{w_1} = \frac{D_1 + t}{D_2 + t} \tag{12. 2}$$

보통의 평행걸이 벨트를 회전시키면, 아래쪽 벨트는 인장을 받아서 긴장측(tight side)이 되고, 윗쪽 벨트는 인장력을 받지 않으므로 느슨해져서 이완측(loose side)이 된다. 언제나 벨트의 긴장측은 아래쪽으로, 이완측은 윗쪽이 되도록 벨트를 걸어주어야 한다. 이러한 긴장측과 이완측으로 말미암아 벨트와 림의 속도 차이가 생겨서 벨트가 림면을 기어가는 벨트의 크리핑(creeping)현상과 축간 거리가 길어져서 고속으로 벨트 전동이 일어나며, 벨트가 파닥파닥 소리를 내면서 파도치는 플래핑(flapping)현상이 발생된다. 이와 같은 크리핑, 미끄럼, 플래핑 등의 원인으로 풀리의 회전이 늦어지는 것을 정확하게 계산하는 것은 곤란하지만, 대체로 2~3% 정도 늦어지는 것으로 생각한다.

1. 벨트의 길이

벨트의 길이는 평행걸기와 십자걸이에 따라 달라지며, 그림 12. 5에서 이론적으로 구한다.

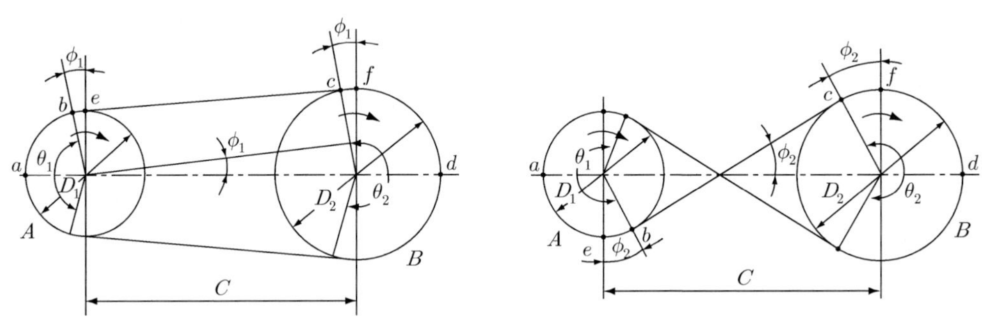

| 그림 12. 5 | 벨트의 길이

(1) 평행걸기의 경우

$$L = \frac{\pi}{2}(D_1 + D_2) + \phi_1 (D_2 - D_1) + 2\,C\cos\phi_1 \tag{12. 3}$$

여기서, $\sin\phi_1 = \frac{D_2 - D_1}{2C}$

보통, 축간거리 C는 D_1, D_2에 비하여 매우 크다. 따라서, ϕ_1가 작게되어 $\sin\phi_1 \fallingdotseq \phi$ 이고, $\cos\phi_1$는,

$$\cos\phi_1 = \sqrt{1-\sin^2\phi_1} = \sqrt{1-(\frac{D_2 - D_1}{2C})^2} = \left[1-(\frac{D_2 - D_1}{2C})^2\right]^{1/2}$$

위의 식을 이항정리에 의해 전개하면, 제 3 항 이하는 값이 작아 무시하면 $\cos\phi_1$는,

$$\cos\phi_1 = 1 - \frac{1}{2}(\frac{D_2 - D_1}{2C})^2 = 1 - \frac{1}{2}\phi^2$$

따라서, 위의 식을 식 (12. 3)에 대입하면, 평행걸기의 벨트 길이 L는 근사적으로,

$$L = 2C + \frac{\pi}{2}(D_1 + D_2) + \frac{(D_2 - D_1)^2}{4C} \tag{12. 4}$$

(2) 십자걸기의 경우

$$L = \frac{\pi}{2}(D_1 + D_2) + \phi_2 (D_1 + D_2) + 2\,C\cos\phi_2 \tag{12. 5}$$

여기서, $\sin\phi_2 = \frac{D_1 + D_2}{2\,C}$

평행걸이와 마찬가지로 ϕ_2의 매우 작게되어, 십자걸기의 벨트 길이 L는 근사적으로,

$$L = 2C + \frac{\pi}{2}(D_1 + D_2) + \frac{(D_1 + D_2)^2}{4C} \tag{12. 6}$$

2. 벨트의 접촉각

벨트가 풀리에 접촉하고 있는 부분의 중심각을 접촉각(angle of contact)이라고 하며, 벨트의 전동을 확실하게 하기 위해서는 접촉각을 크게 하는 것이 유리하다. 그림 12. 4에서

각 풀리의 접촉각을 θ_1, θ_2 라고 하면, 평행걸기에서는 $\theta_1 < \theta_2$ 가 되고, 십자걸기에서는 $\theta_1 = \theta_2$ 가 된다. 이때, 벨트의 접촉각 θ 는 아래의 식에서 구한다.

(1) 평행걸기의 경우

$$\left.\begin{aligned}\theta_1 &= 180^\circ - 2\phi_1 = 180^\circ - 2\sin^{-1}\left(\frac{D_2 - D_1}{2C}\right)\\ \theta_2 &= 180^\circ + 2\phi_1 = 180^\circ + 2\sin^{-1}\left(\frac{D_2 - D_1}{2C}\right)\end{aligned}\right\} \tag{12. 7}$$

안전을 고려하여, 작은쪽의 θ_1 을 사용한다.

(2) 십자걸기의 경우

$$\theta_1 = \theta_2 = 180^\circ + 2\phi_1 = 180^\circ + 2\sin^{-1}\left(\frac{D_1 + D_2}{2C}\right) \tag{12. 8}$$

십자걸기에서는 평행걸기에 비하여 접촉각은 커지나 벨트가 비틀리고, 서로 접촉하여 마멸되기 쉬운 단점이 있다. 이 비틀림을 작게 하기 위해서는, 축간거리를 벨트 폭의 20배 이상으로 하는 것이 좋다.

예제 12.1

벨트 전동에서 구동 풀리의 지름 $D_1 = 230$, 종동 풀리의 지름 $D_2 =$ 660mm이고, 축간거리 $C =$ 4m이다. 벨트를 평행걸기와 십자걸기를 할 때, 벨트의 길이와 접촉각을 구하여라.

풀이 (1) 벨트 길이

① 평행걸이의 경우

벨트의 길이 L 은 식 (12. 4)에서,

$$L = 2C + \frac{\pi}{2}(D_1 + D_2) + \frac{(D_2 - D_1)^2}{4C}$$

$$= 2 \times 4{,}000 + \frac{\pi}{2}(230 + 660) + \frac{(660 - 230)^2}{4 \times 4{,}000} = 9{,}410\,\text{mm}$$

② 십자걸이의 경우

벨트의 길이 L 은 식 (12. 6)에서,

$$L = 2C + \frac{\pi}{2}(D_1 + D_2) + \frac{(D_1 + D_2)^2}{4C}$$

$$= 2 \times 4{,}000 + \frac{\pi}{2}(230 + 660) + \frac{(230 + 660)^2}{4 \times 4{,}000} = 9{,}448\,\text{mm}$$

(2) 접촉각

① 평행걸이의 경우는 식 (12. 7)에서,

$$\theta_1 = 180° - 2\sin^{-1}\left(\frac{D_2 - D_1}{2C}\right) = 180° - 2\sin^{-1}\left(\frac{660 - 230}{2 \times 4{,}000}\right) = 173.8°$$

$$\theta_2 = 180° + 2\sin^{-1}\left(\frac{D_2 - D_1}{2C}\right) = 180° + 2\sin^{-1}\left(\frac{660 - 230}{2 \times 4{,}000}\right) = 186.2°$$

② 십자걸이의 경우는 식 (12. 8)에서

$$\theta_1 = 180° + 2\sin^{-1}\left(\frac{D_1 + D_2}{2C}\right) = 180° + 2\sin^{-1}\left(\frac{230 + 660}{2 \times 4{,}000}\right) = 192.8°$$

12.1.3 벨트의 전달동력

1. 벨트의 장력

구동풀리 1과 종동풀리 2를 평벨트로서 동력을 전달시키려고 할 때, 처음에 상당한 장력이 필요한데 이것을 초기 장력(initial tension)이라고 한다. 초기 장력은 벨트의 각 점에서 모두 같다고 생각하고, 벨트를 압박하여 벨트와 풀리 사이에 마찰을 생기게 하여 벨트로 하여금 풀리를 움직이게 한다. 구동풀리에 회전력을 가하여 종동풀리에 이 회전력에 대한 저항력을 생기게 할 때, 종동풀리의 저항력이 마찰력에 의한 유효장력(effective tension)보다 적으면, 벨트는 구동풀리와 더불어 돌아가게 되고, 그 결과로서 종동풀리는 그 축에 일어나는 저항을 이기고 회전하게 된다. 만약, 벨트가 회전한다고 하면 벨트의 장력은 양측이 다르므로, 장력이 증가하여 팽팽하게 되는 긴장측과 장력이 감소하여 느슨하게 되는 이완측이 생긴다. 이때 긴장측의 장력을 T_1, 이완측의 장력을 T_2라고 하면, 초기장력 T_o는,

$$T_o \fallingdotseq \frac{T_1 + T_2}{2} \tag{12. 9}$$

한편, 유효장력 P는 아래의 식과 같으며, 초기장력은 유효장력의 1.5배로 하는 것이 보통이다.

$$P = T_1 - T_2 \tag{12. 10}$$

이것이 회전력으로서 동력을 전달시키는 것이다. 그러므로, 벨트 풀리의 전달력을 구하려면 먼저, 긴장측 장력과 이완측의 장력을 구해야 한다.

그림 12. 6에서 벨트 접촉부분의 미소부분 $rd\theta$ 부분에 작용하는 힘을 고려하여 보면, 장력은 미소부분 T에서 $T+dT$로 증가하고 또, 이 부분에 원심력 dC, 수직압력 dN, 마찰력 μdN이 작용한다. 따라서, 이 모든 힘의 평행상태를 고려하여야 한다.

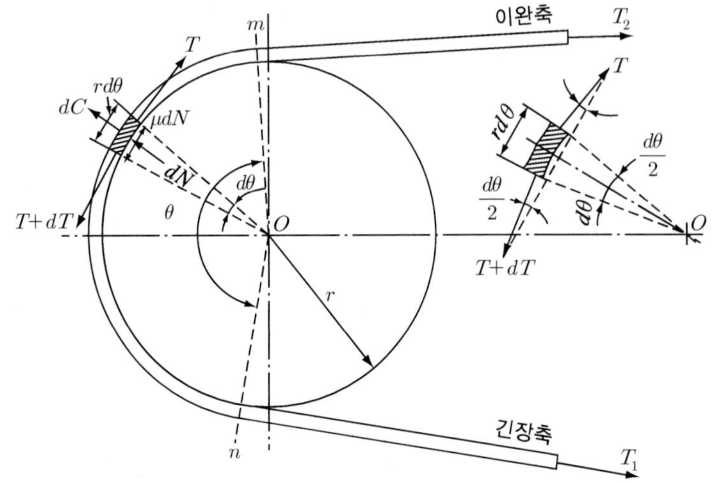

| 그림 12.6 | 벨트와 풀리 사이의 힘의 평행

먼저, 반지름 방향에서의 힘의 평행조건으로 부터,

$$dN = T\sin\frac{d\theta}{2} + (T + dT)\sin\frac{d\theta}{2} - dC \fallingdotseq Td\theta - dC \tag{12. 11}$$

원심력은,

$$dC = \frac{w r d\theta}{g} \cdot \frac{v^2}{r} = \frac{w v^2}{g} d\theta$$

여기서, r 는 벨트 풀리의 반지름(mm),

w 는 벨트의 단위 길이마다의 무게(kg/m),

v 는 벨트의 속도

위의 식을 식 (12. 11)에 대입하면,

$$dN = (T - \frac{w v^2}{g}) d\theta \tag{12. 12}$$

접선방향의 평행조건식은,

$$(T + dT)\cos\frac{d\theta}{2} = T\cos\frac{d\theta}{2} + \mu dN$$

여기서, $\cos\dfrac{d\theta}{2} \fallingdotseq 1$ 이라고 하면,

$$dT \fallingdotseq \mu dN \tag{12. 13}$$

식 (12. 12)을 식 (12. 13)에 대입하면,

$$\frac{dT}{T-\dfrac{wv^2}{g}} = \mu d\theta$$

이것을 전체에 걸쳐서 적분을 하면,

$$\int_{T_2}^{T_1} \frac{dT}{T-\dfrac{wv^2}{g}} = \int_0^{\theta} \mu d\theta$$

$$\log\frac{T_1-\dfrac{wv^2}{g}}{T_2-\dfrac{wv^2}{g}} = \mu\theta \tag{12. 14}$$

$$\frac{T_1-\dfrac{wv^2}{g}}{T_2-\dfrac{wv^2}{g}} = e^{\mu\theta}$$

벨트의 속도 $v \leqq 10$ m/s에서는 원심력의 영향을 무시할 수 있으므로, 위의 식 (12. 14)은,

$$\frac{T_1}{T_2} = e^{\mu\theta} \tag{12. 15}$$

이 식을 "아이텔바인(Eytelwein)의 식" 또는, "장력비"라고 한다. 또, 유효장력은 식 (12. 10)에서 $P = T_1 - T_2$ 이므로, 이것을 식 (12. 14)와 식 (12. 15)에 대입하면,

$$\left.\begin{aligned} T_1 &= \frac{e^{\mu\theta}}{e^{\mu\theta}-1}P \\ T_2 &= \frac{1}{e^{\mu\theta}-1}P \end{aligned}\right\} \tag{12. 16}$$

$$\left.\begin{aligned} T_1 &= \frac{e^{\mu\theta}}{e^{\mu\theta}-1}P + \frac{wv^2}{g} \\ T_2 &= \frac{1}{e^{\mu\theta}-1}P + \frac{wv^2}{g} \end{aligned}\right\} \qquad (12.\ 17)$$

여기서, $\frac{wv^2}{g}$ 은 원심력에 의하여 벨트에 부가되는 힘을 나타내며, 이것을 부가장력이라고 한다. 보통 벨트의 폭을 b (mm), 벨트의 두께를 t (mm), 벨트 재료의 밀도를 1이라고 하면 $w \fallingdotseq 0.001\,bt$ (kg/m)가 된다.

표 12. 4에는 각종 벨트의 비중을 나타내었다. 또, 벨트의 마찰계수 μ 는 속도 v 가 크면, 저하하므로 아래의 실험식이 사용되기도 한다.

$$\mu = 0.22 + 0.012\,v \qquad (12.\ 18)$$

또한, μ 의 값은 0.2~0.3 정도로 잡고, 두 축사이의 거리가 클 때는 접촉각 $\theta = \pi$ 로 생각할 수 있으므로, $\mu = 0.24$ 로 하면 $e^{\mu\theta} = 2.718^{0.24\pi} = 2.13 \fallingdotseq 2$ 가 되므로, 대체로 긴장측의 장력 T_1 는 $T_1 = 2T_2$ 로 볼 수 있다. 표 12. 5는 벨트의 종류와 림면의 라이닝 상태에 따른 안전 마찰계수 μ 의 값을 나타낸 것이다.

| 표 12. 4 | 벨트의 비중

벨트의 종류	비 중
가죽 벨트	1.0
고무 밸트	1.2
직물 밸트	0.6
철 벨트	7.8

| 표 12. 5 | 안전 마찰계수 μ

벨트 종류	벨트 풀리의 림면						
	철 또는 강철	나무	종이	습한 주철	그리스 도포 주철	기름 도포 주철	고무 또는 가죽 붙힌 것
탄닝처리벨트	0.25	0.30	0.35	0.20	0.15	0.12	0.40
크롬처리벨트	0.40	0.45	0.50	0.35	0.25	0.20	0.48
고무 벨트	0.30	0.32	0.35	0.18	–	–	0.42
투명벨트	0.21	0.24	0.26	0.15	0.12	0.10	0.30
모 벨트	0.35	0.40	0.45	0.25	0.20	0.15	0.45
발라타 벨트	0.32	0.35	0.48	0.20	–	–	0.40

2. 벨트의 전달동력

벨트의 유효장력 P(kg)를 받고, 속도 v (m/s)로 구동한다면 전달동력 H(PS)는 원심력을 무시하면($v \leq$ 10 m/s) 아래의 식과 같다.

$$H = \frac{Pv}{75} = \frac{T_1 v}{75} \cdot \frac{e^{\mu\theta} - 1}{e^{\mu\theta}} \tag{12. 19}$$

만약, 원심력을 고려한다면($v >$ 10 m/s),

$$\left.\begin{aligned} H &= \frac{Pv}{75} = \frac{v}{75}\left(T_1 - \frac{wv^2}{g}\right) \cdot \frac{e^{\mu\theta} - 1}{e^{\mu\theta}} \\ &= \frac{T_1 v}{75}\left(1 - \frac{wv^2}{T_1 g}\right) \cdot \frac{e^{\mu\theta} - 1}{e^{\mu\theta}} \end{aligned}\right\} \tag{12.20}$$

전달동력은 벨트의 속도가 증가하면, 초기에는 증가하나 어느 속도 이상이 되면 원심력으로 감소한다. 최대동력을 전달할 때의 속도는 위의 식 (12. 20)을 v로 미분하여, 이것을 0으로 놓고 구한다. 즉, $dH/dv = 0$을 풀어서 구한다.

$$\left.\begin{aligned} &\frac{e^{\mu\theta} - 1}{75^{\mu\theta}}\left(T_1 - \frac{3w}{g}v^2\right) = 0 \\ &\therefore\ v = \sqrt{\frac{T_1 g}{3w}} = v_1 \end{aligned}\right. \tag{12. 21}$$

v_1은 전달 동력 H가 최대로 되는 벨트의 속도이다.

예제 12.2

가죽으로 만들어진 벨트 평행걸기 전동장치에서 벨트 풀리는 주철제이다. 전달 동력은 15PS, 축간거리 C= 5 m, 원동풀리의 회전속도와 종동풀리의 회전수는 각각 $n_1 = 750$ rpm, $n_2 = 250$ rpm이고, 벨트의 허용응력 $\sigma_b = 0.2$ kg/mm^2, 이음효율 $\eta = 80\%$, 풀리의 지름이 300mm일 때, 벨트의 치수와 길이를 구하여라.

참고 내삽법으로 구한 $\frac{e^{\mu\theta} - 1}{e^{\mu\theta}} = 0.457$ 이다.

풀이 (1) 벨트의 치수

벨트의 속도 v는,

$$v = \frac{\pi \cdot D_1 \cdot n_1}{1000 \times 60} = \frac{\pi \times 300 \times 750}{1000 \times 60} = 12\,\text{m/s}$$

$v > 10$ 이므로, 원심력의 영향을 고려하여 부가장력을 구하면,

$$\frac{wv^2}{g} = \frac{0.001\,btv^2}{g} = \frac{0.001\,bt}{9.8} = 0.015\,bt(\text{kg})$$

종동풀리의 지름 D_2 는,

$$D_2 = D_1 \times \frac{n_1}{n_2} = 300 \times \frac{750}{250} = 900\,\text{mm}$$

식 (12. 7)로부터, 접촉각 θ 는,

$$\theta = 180° - 2\sin^{-1}\left(\frac{D_2 - D_1}{2C}\right) = 180° - 2\sin^{-1}\left(\frac{900-300}{2\times 5{,}000}\right)$$

$$= 180° - 2\sin^{-1} 0.06 = 180° - 2\times 3.5° = 173°$$

유효장력 P 는 식 (12. 19)에서,

$$P = \frac{75H}{v} = \frac{75\times 15}{12} = 93.75\,\text{kg}$$

식 (12. 17)로부터, 긴장측의 장력 T_1 은,

$$T_1 = \frac{e^{\mu\theta}}{e^{\mu\theta}-1}P + \frac{wv^2}{g} = \frac{1}{0.457}\times 93.75 + 0.015\,bt = 205 + 0.015\,bt(\text{kg})$$

$$T_2 = \sigma_a bt = 0.2 \times bt \times 0.8 = 0.16\,bt$$

$$bt = \frac{205}{0.145} = 1{,}420\,\text{mm}^2$$

표 12. 2에서 적합한 2겹 벨트 폭의 치수 191mm을 선정하면,

$bt = 191 \times 8 = 1{,}528\,\text{mm}^2$가 되어 충분히 안전하다.

(2) 벨트의 길이는 식 (12. 4)로부터,

$$L = 2C + \frac{\pi}{2}(D_1 + D_2) + \frac{(D_2 - D_1)^2}{4C}$$

$$= 2\times 5{,}000 + \frac{\pi}{2}(300+900) + \frac{(900-600)^2}{4\times 5{,}000} = 11{,}910\,\text{mm}$$

12.1.4 벨트 풀리

벨트 풀리는 보통 주철제로 만들며, 고속용으로는 경합금 강판제, 목재 등이 있다.

1. 벨트의 설계

운전 중 벨트는 큰 하중을 전달하기 위해서는 마찰계수가 큰 재료와 이음 효율이 높은 이음방법을 선택하고, 긴장측 장력에 견딜 수 있는 나비와 두께를 선택하여야 한다. 그림 12. 7과 같이 운전하는 벨트는 최대 하중 T_1 을 받고, 다음에 림에서는 굽힘을 받는다.

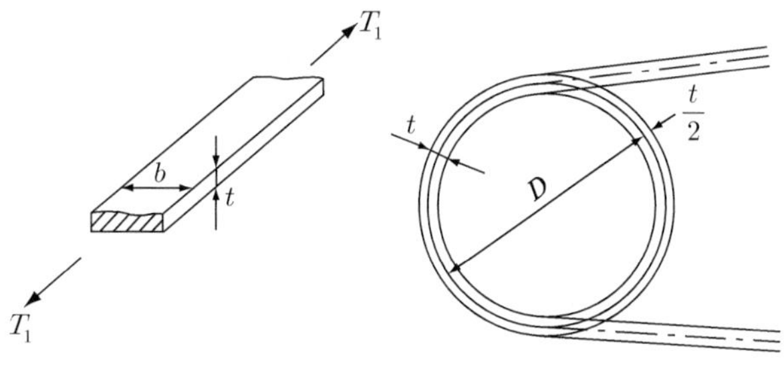

| 그림 12.7 | 벨트의 생기는 응력

즉, 벨트에 생기는 응력 σ 는 장력에 의한 응력 σ_t 와 굽힘응력 σ_b 의 합이 되고, 두께 h 인 벨트가 지름 D 인 풀리에 감겨질 때의 변형률 ϵ 는,

$$\epsilon = \frac{\left\{(\frac{D}{2}+t)-(\frac{D}{2}+\frac{t}{2})\right\}}{(\frac{D}{2}+\frac{t}{2})} \fallingdotseq \frac{t}{D} \tag{12. 22}$$

따라서, 굽힘응력 $\sigma_b = \frac{t}{D}E$ 가 되므로 벨트에 생기는 응력은,

$$\sigma = \sigma_t + \sigma_b = \frac{T_1}{bt} + \frac{tE}{D} \tag{12. 23}$$

그러나, t/D 가 작은 경우에는 굽힘응력을 무시한다. 따라서, 벨트의 소요 단면적을 결정하기 위해서는 벨트에 생기는 응력이 허용응력 σ_a 이하가 되게 하여,

$$bt = \frac{T_1}{\sigma_a \eta} \tag{12. 24}$$

여기서, η 는 벨트의 이음 효율

벨트의 두께는 풀리의 지름에 비하여 작을수록 굽힘응력이 감소하므로, 벨트의 수명을 길게 하려면 $\frac{D}{t} > 35$ 로 하는 것이 바람직하다.

2. 벨트 풀리

벨트 풀리는 림, 보스, 암으로 구성되어 있으며, 작은 것은 미끄럼이 생기기 쉬우므로 일체형으로 만들고 큰 것은 제작, 부착 등을 고려하여 분할형으로 만드는 것이 보통이다. 림의 바깥 둘레면의 모양은 그림 12. 8과 같이 평탄해도 무방하나, 벨트가 이탈되는 것을 방지하기 위하여, 가운데 부분을 높게 한 크라운(crown)형상으로 제작된다.

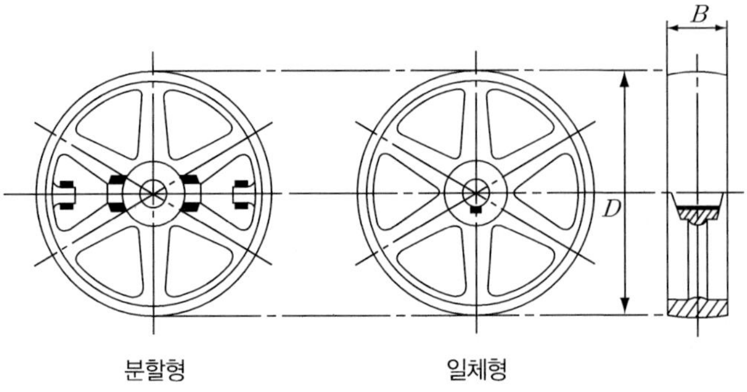

(a) 벨트 풀리의 모양

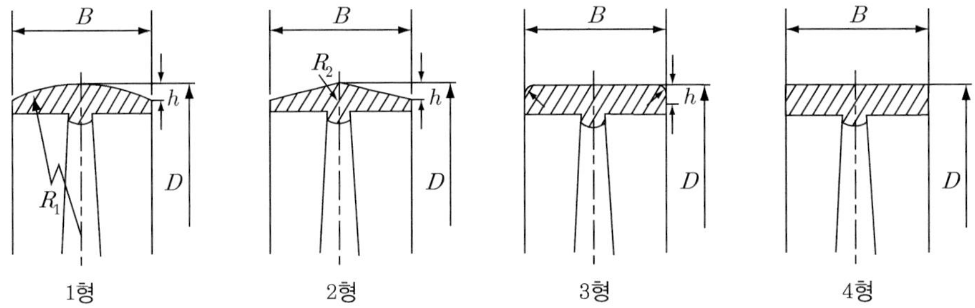

(b) 바깥 둘레면의 모양

| 그림 12.8 | 벨트 풀리의 형상

(1) 림의 설계치수

① 림의 폭 : $B = 1.16 + 10\,\text{mm}$

② 림의 두께 : $S = \dfrac{D(\text{풀리지름})}{200} + 2\,\text{mm}$ (중앙이 평면)

$S = \dfrac{D}{300} + 2\,\text{mm}$ 또는 최소 3 mm (중앙이 크라운)

③ 크라운 높이 : $h = (\dfrac{1}{50} \sim \dfrac{1}{100})B$

표 12.6에는 KS에 규정되어있는 벨트 풀리의 나비와 크라운의 크기를 나타내었다.

| 표 12.6 | 벨트 풀리의 설계 치수

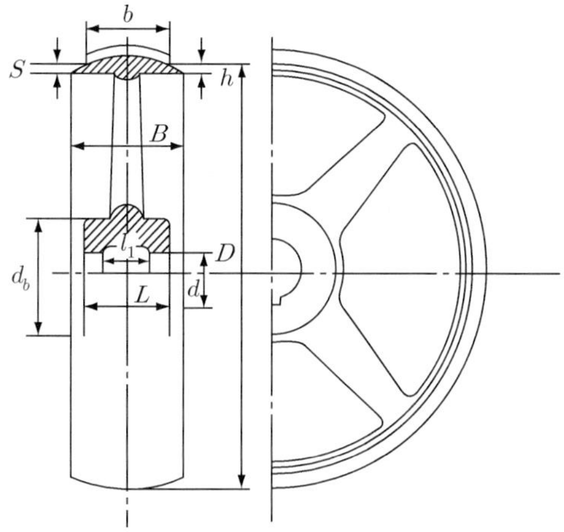

풀리나비 B(mm)	크라운 높이 h (mm)	벨트너비 b(mm)	풀리나비 B(mm)	크라운 높이 h (mm)	벨트너비 b(mm)
35	1	25	175	2	150
40		30	200		170
50		35	230		200
60		45	260	3	230
70	1.5	55	300		260
80		65	340		300
90		75	390	4	350
100		85	450		400
120		100	500		450
135	2	115	550		500
155		130	600		500

또, 고속 회전을 하는 벨트 풀리에서는 원심력 때문에 림에 인장응력이 생겨서, 림 재료의 허용응력을 넘는 경우 파열되며, 이때 림에 생기는 인장응력 σ_t 의 크기는 아래의 식과 같다. 표 12. 7에는 여러 가지 재료에 대한 림의 허용 원주속도를 나타낸다.

$$\sigma_t = 100\gamma \frac{v^2}{g} (\mathrm{kg/cm^2}) \qquad (12.\ 25)$$

여기서, γ 는 림의 단위 체적의 무게(kg/cm^3),

v 는 림의 원주속도(m/s),

g 는 중력 가속도 (m/s^2)

| 표 12.7 | 림의 허용 원주속도

벨트 풀리의 재료	림의 허용 원주속도 v(m/s)
주철	20
경합금	30
철판	30
목재	30
철심목재	40

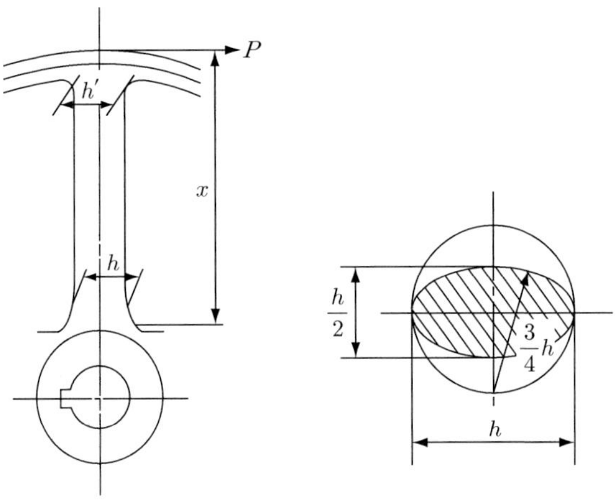

| 그림 12.9 | 벨트 풀리의 설계 치수

암의 단면은 그림 12.9와 같이 보통 타원형이며, 그 크기를 정할 때에는 암을 보스에 고정된 외팔보로 생각하고, 벨트의 풀리의 모멘트를 1/3개의 암으로 지지한다고 가정하여 계산한다.

이와 같은 가정 하에 굽힘 모멘트 M(kg · mm)를 구하면,

$$M = Px = \frac{n}{3} \cdot \sigma_b \cdot \frac{\pi h^3}{64}$$

$$h = \sqrt[3]{\frac{192\,Px}{\pi n \sigma_b}} \tag{12.26}$$

여기서, P는 유효 전달력(kg),

x는 보스와의 접촉부에서 외주까지의 거리(mm),

σ_b는 허용 굽힘응력(kg/mm^2),

h는 암의 단면의 긴지름(짧은 지름은 $h/2$로 한다.),

Z는 암의 단면계수(타원인 경우 : $Z = \frac{\pi h^3}{64}$)

림과의 접촉부에서 암의 긴지름 h_1' 라고 하면, $h_1 : h_1' = 5 : 4$의 크기를 갖도록 테이퍼를 붙인다. 만약에, 벨트 풀리의 나비B가 $B > 0.1\,D + 250$ mm 또는, $B > 400$ mm이면, 암을 2줄로 하여야 한다.

| 표 12.8 | 풀리의 지름과 암의 수

벨트 풀리의 지름(mm)	암의 수
100 이하	원 판
100~200	3~4
200~400	4~6
400 이상	6, 8, 12

(2) 보스의 설계치수

전동축이 끼어 들어가는 축구멍을 말하며, 풀리의 가운데 부분에 해당된다. 보스의 지름과 길이는,

① 보스의 지름 : $d_b = \dfrac{5}{3}D + 10$

② 보스의 길이 : $L = B \ (B = 1.2d \sim 1.5d)$

$= 0.7B \ (B > 1.5d)$

$L_1 = (0{,}4 \sim 0.5)d$ (보스가 긴 경우에 중앙부의 여유 거리)

(3) 암의 설계치수

림과 보스 부분을 방사선의 형상으로 연결하는 몇 개의 막대 부분을 말하며, 암 대신 평판형을 사용한 것도 있다. 암의 수는 아래의 식으로 구하며, 표 12.8에는 대략의 암의 수를 나타내었다.

$$n = \left(\frac{1}{3} \sim \frac{1}{6}\right)\sqrt{D} \quad (D : \text{mm})$$

예제 12.3

가죽으로 만들어진 벨트의 전달동력 $H = 2.5$ kW, 축간거리 $C = 3.6$ m, 속도비 $i = 0.5$, 구동축의 회전수와 지름이 각각 $n_1 = 400$, $D_1 = 230$ 인 평벨트 장치를 설계하여라. 단, 벨트의 허용응력 $\sigma_b = 0.25$ kg/mm^2, 내삽법으로 구한 $\dfrac{e^{\mu\theta}-1}{e^{\mu\theta}} = 0.602$ 이다.

풀이 (1) 벨트의 치수

벨트의 속도는,

$$v = \frac{\pi D_1 n_1}{1000 \times 60} = \frac{\pi \times 230 \times 400}{1000 \times 60} = 4.82\,\text{m/s}$$

$v \leq 10$ m/s이므로, 원심력의 영향은 무시해도 무방하다.

식 (12. 9)로부터, 동력의 단위가 kW인 경우에 유효장력 P는,

$$P = \frac{102\,H}{v} = \frac{102 \times 2.5}{4.82} = 52.9\,\text{kg}$$

종동 풀리의 지름 D_2는 $\dfrac{D_1}{D_2} = i = \dfrac{1}{2}$ 이므로,

$$D_2 = \frac{D_1}{i} = 230 \times 2 = 460\,\text{mm}$$

식 (12. 7)로부터 접촉각 θ는,

$$\theta = 180° - 2\sin^{-1}\left(\frac{D_2 - D_1}{2C}\right) = 180° - 2\sin^{-1}\left(\frac{460 - 230}{2 \times 3{,}600}\right)$$

$$= 180° - 2\sin^{-1} 0.032 \fallingdotseq 180° - 2 \times 2° = 176°$$

긴장측의 장력 T_1는 식 (12. 14)에서,

$$T_1 = \frac{e^{\mu\theta}}{e^{\mu\theta} - 1} P = \frac{1}{0.602} \times 52.9 \fallingdotseq 88\,\text{kg}$$

벨트의 허용응력 $\sigma_b = 0.25$ kg/mm^2, 표 12. 3으로부터 $\eta = 80\%$라고 하면

벨트의 단면적 bt는 식 (12. 24)에서

$$bt = \frac{T_1}{\sigma_a \cdot \eta} = \frac{88}{0.25 \times 0.8} = 440\,\text{mm}^2$$

표 12. 2로부터, 1겹 벨트를 사용한다고 하면 $5 \times 102 = 510$mm^{2}가 적당한 값이므로 벨트의 두께 $t = 5$ mm, 폭 $b = 102$ mm로 결정한다.

벨트의 길이 L은 식 (12. 4)로부터,

$$L = 2C + \frac{\pi}{2}(D_1 + D_2) + \frac{(D_2 - D_1)^2}{4C}$$

$$= 2 \times 3{,}600 + \frac{\pi}{2}(230 + 460) + \frac{(460 - 230)^2}{4 \times 3{,}600} = 8{,}288\,\text{mm}$$

초기장력 T_o는,

$$T_o = \frac{T_1 + T_2}{2} = T_1 \left(1 - \frac{e^{\mu\theta} - 1}{2e^{\mu\theta}}\right) = 88 \times \left(1 - \frac{1}{2} \times 0.602\right) = 61.5\,\text{kg}$$

다음에 벨트의 휨 응력을 고려하여 벨트에 작용하는 최대 응력을 검토해보면, 신제품 벨트의 탄성계수 $E = 15\,\text{kg/mm}^2$이므로, 허용 인장응력 σ_t 는 식 (12. 23)에서,

$$\sigma = \sigma_t + \sigma_b = \frac{T_1}{bt} + \frac{tE}{D} = \frac{88}{510} + \frac{5 \times 15}{230} = \fallingdotseq 0.5\,\text{kg/mm}^2$$

그러므로, 허용응력이 큰 것을 사용하여야 한다.

(2) 벨트 풀리의 치수

① 구동풀리

림의 나비 : $B = 1.1b + 10 = 1.1 \times 102 + 10 = 122\,\text{mm}$

표 12. 6으로부터, $B = 125\,\text{mm}$, 크라운 $h = 1.5\,\text{mm}$로 한다.

림의 두께는,

$$S = \frac{D_1}{300} + 2 = \frac{230}{300} + 2 = 3\,\text{mm}$$

축은 연강으로 사용하고, 허용 전단응력을 $\tau = 1.6\,\text{kg/mm}^2$라고 하면, 축지름 d는,

$$d = K^3\sqrt{\frac{H}{n_1}} = 145\,^3\sqrt{\frac{2.5}{400}} = 26.7\,\text{mm}$$

따라서, 축의 지름은 규격에 의해서 $d = 28\,\text{mm}$로 한다.

- 보스의 길이 : $L = 0.7B = 0.7 \times 125 = 87.5 \fallingdotseq 90\,\text{mm}$
- 보스의 여유 : $L_1 = 0.5d = 0.5 \times 28 = 14\,\text{mm}$
- 보스의 지름 : $d_b = \frac{5}{3}d + 10 = \frac{5}{3} \times 28 + 10 = 56.7 \fallingdotseq 60\,\text{mm}$

표 12. 8에 의하여, 암의 수는 4개로 정한다.

보스와 접촉부의 암의 치수는 식 (12. 26)에서

$$x = \frac{D_1 - d_b}{2} = \frac{230 - 60}{2} = 85\,\text{mm}$$

허용 굽힘응력을 $\sigma_b = 2\,\text{kg/mm}^2$라고 하면,

암 단면의 긴지름 h와 짧은지름은,

$$h = \sqrt[3]{\frac{192Px}{\pi n \sigma_b}} = \sqrt[3]{\frac{192 \times 52.9 \times 85}{\pi \times 4 \times 2}} = 32.5 \fallingdotseq 34\,\text{mm}$$

$$\text{짧은지름} = \frac{h}{2} = \frac{34}{2} = 17\,\text{mm}$$

림과 접촉부 암의 긴지름 h'는,

$$h' = \frac{4}{5}h = \frac{4}{5} \times 34 = 27.2 \fallingdotseq 28\,\text{mm}$$

② 종동풀리

림의 나비 : $B = 125\,\text{mm}$, 크라운 $h = 1.5\,\text{mm}$ (구동 풀리와 같다)

림의 두께는,

$$S = \frac{D_2}{300} + 2 = \frac{460}{300} + 2 = 4\,\text{mm}$$

회전속도 $n_2 = i \cdot n_1 = \frac{1}{2} \times 400 = 200\,\text{rpm}$이므로 축지름은,

$$d = K^3 \sqrt{\frac{H}{n_2}} = 145\,^3\sqrt{\frac{2.5}{200}} = 33.6\,\text{mm}$$

따라서, 축의 지름은 규격에 의해서 $d = 35\,\text{mm}$로 한다.

- 보스의 길이 : $L = 90\,\text{mm}$
- 보스의 여유 : $L_1 = 14\,\text{mm}$ (구동 풀리와 같다)
- 보스의 지름 : $d_b = \frac{5}{3}d + 10 = \frac{5}{3} \times 35 + 10 = 68.3 \fallingdotseq 70\,\text{mm}$

표 12. 8에 의하여, 암의 수는 4개로 정한다.
보스와 접촉부의 암의 단면 치수를 구동 풀리와 같은 방법으로 구하면,

$$x = \frac{D_2 - d_b}{2} = \frac{460 - 70}{2} = 195\,\text{mm}$$

암 단면의 긴지름 h와 짧은지름은,

$$h = \sqrt[3]{\frac{192\,Px}{\pi n \sigma_b}} = \sqrt[3]{\frac{192 \times 52.9 \times 195}{\pi \times 4 \times 2}} = 42.9 \fallingdotseq 44\,\text{mm}$$

$$\text{짧은지름} = \frac{h}{2} = \frac{44}{2} = 22\,\text{mm}$$

림과 접촉부 암의 긴지름 h'는,

$$h' = \frac{4}{5}h = \frac{4}{5} \times 44 = 35.2 \fallingdotseq 36\,\text{mm}$$

12.2 단차

원추 풀리(cone pulley)를 사용하여 속도비를 단계적으로 변화시키면, 연속적으로 속도비가 변하는 잇점은 있으나, 벨트가 지름이 큰 쪽으로 올라가는 경향이 있어서 벨트가 손상되기도 한다. 이것을 방지하는 장치가 별도로 필요하고 또, 폭이 큰 벨트를 사용하면 벨트 가장자리 부분에는 풀리와 미끄럼이 발생하여, 큰 동력전달에는 부적당하여 일반적으로 많이 사용하지 않는다. 이와 같은 결점을 보완하기 위하여 지름이 다른 몇 개의 풀리를 조합하여, 회전수를 단계적으로 변화시킬 수 있는 장치를 단차(stepped pulleg)라고 한다. 속도비를 단계적으로 변화시킬 때는 그림 12. 10과 같은 단차를 서로 반대 방향으로 부착하여 사용한다.

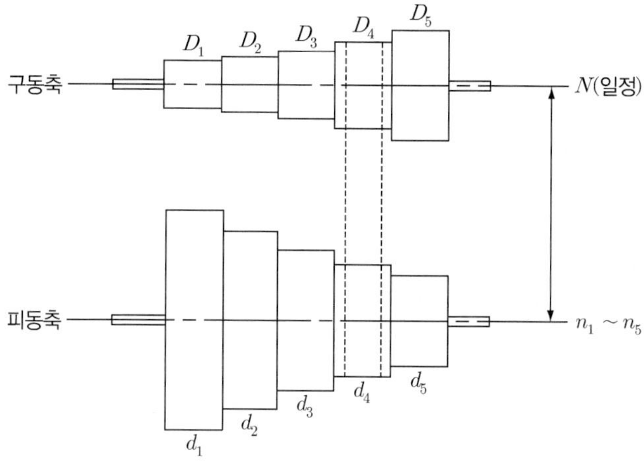

| 그림 12.10 | 단 차

여기서, D_1, D_2, ⋯, D_n 는 구동축의 단차 지름,
d_1, d_2, ⋯, d_n 는 종동축의 단차 지름,
N는 구동축의 회전속도(rpm),
n_1, n_2, ⋯, n_n 는 종동축의 각 단의 회전속도(rpm)

이 종동축의 회전속도를 등비수열로 배열하여, 그 공비를 φ 라고 하면,

$$\varphi = \frac{n_2}{n_1} = \frac{n_3}{n_3} = \frac{n_4}{n_3} \dots = \frac{n_n}{n_{n-1}}$$

$$n_2 = \varphi n_1, \ n_3 = \varphi n_2 = \varphi^2 n_1, \dots, n_n = \varphi n_{n-1} = \varphi^{n-1} n_1 \qquad (12.27)$$

$$\varphi = \sqrt[n-1]{\frac{n_n}{n_1}}$$

따라서, 공비 φ 는 종동축의 최소, 최대 회전속도와 단차 n 으로부터 구할 수 있다.
또,

$$\frac{n_1}{N} = \frac{D_1}{d_1}, \ \frac{n_2}{N} = \frac{D_2}{d_2} \dots \frac{n_n}{N} = \frac{D_n}{d_n}$$

$$\frac{n_2}{N} = \varphi \frac{n_1}{N}, \ \frac{n_3}{N} = \varphi^2 \frac{n_1}{N} \dots \frac{n_n}{N} = \varphi^{n-1} \frac{n_1}{N} \text{ 이므로,} \qquad (12.28)$$

$$D_n = \varphi^{n-1} \frac{D_1}{d_1} d_n$$

십자걸기의 경우는,

$$D_1 + d_1 = D_2 + d_2 = D_3 + d_3 = \ldots = D_n + d_n \tag{12. 29}$$

위의 식 (12. 28)과 식 (12. 29)로부터,

$$\left.\begin{aligned} d_n &= \frac{D_1 + d_1}{1 + \varphi^{n-1} \dfrac{D_1}{d_1}} \\ D_n &= D_1 + d_1 - d_n \end{aligned}\right\} \tag{12. 30}$$

따라서, 1단의 벨트 풀리의 지름과 공비를 알면, 각 단의 벨트 풀리의 지름을 구할 수 있으며, 공비 φ는 1.25~2.0의 범위 내의 값으로 설계한다.

예제 12.4

축간거리 1.8m이고, 구동축의 회전수 $n = 120$ rpm, 종동축의 회전속도가 최고 300rpm, 최저 60rpm이 되도록 4단의 단차를 평행걸기 및 십자걸기의 경우에 대하여 각각 설계하라. 단, 구동 단차 중의 최소 풀리의 지름을 300mm로 하고, 최소 0.5PS의 동력을 전달한다.

참고 내삽법으로 구한 $\dfrac{e^{\mu\theta} - 1}{e^{\mu\theta}} = 0.461$ 이다.

풀이 (1) 벨트의 평행걸기의 경우

회전속도를 등비수열로 배열하기 위한 공비를 식 (12.27)에서 구하면

$$\varphi = \sqrt[n-1]{\frac{n_n}{n_1}} = \sqrt[4-1]{\frac{300}{60}} = 1.71\,\text{mm}$$

그러므로, 회전속도 $n_1 \sim n_4$는,

$n_1 = 60\,\text{rpm},\ n_2 = \varphi n_1 = 1.71 \times 60 = 102.6\,\text{rpm}$

$n_3 = \varphi^2 n_1 = 1.71^2 \times 60 = 175.4\,\text{rpm}$

$n_4 = \varphi^3 n_1 = 1.71^3 \times 60 = 300\,\text{rpm}$

또, 벨트가 $D_1 \sim d_1$에 걸려있을 때, 속도비가 최대로 되므로 D_1을 최소로 하면 되므로, $D_1 = 100\,\text{mm}$이다.

$$d_1 = D_1 \frac{N}{n_1} = 100 \times \frac{120}{60} = 200\,\text{mm}$$

필요한 벨트의 길이 L은 식 (12. 4)에서 구하면,

$$L = 2 \times 1{,}800 + \frac{\pi}{2}(100 + 200) + \frac{(200 - 100)^2}{4 \times 1{,}800} = 4072.4\,\text{mm}$$

제2단의 풀리의 지름은,

$$\frac{D_2}{d_2} = \frac{n_2}{N} = \frac{102.6}{120} \quad ①$$

$$4072.4 = 2 \times 1,800 + \frac{\pi}{2}(D_2 + d_2) + \frac{(d_2 - D_2)^2}{4 \times 1,800} \quad ②$$

위의 ①과 ②에서

$D_2 = 138.7\,\text{mm}, \; d_2 = 162.2\,\text{mm}$

같은 방법으로 제 3단 풀리 지름은,

$$\frac{D_3}{d_3} = \frac{n_3}{N} = \frac{175.4}{120} \quad ③$$

$$4072.4 = 2 \times 1,800 + \frac{\pi}{2}(D_3 + d_3) + \frac{(d_3 - D_3)^2}{4 \times 1,800} \quad ④$$

위의 ③과 ④에서

$D_3 = 178.5\,\text{mm}, \; d_3 = 122.1\,\text{mm}$

같은 방법으로 제 4단 풀리 지름은,

$$\frac{D_4}{d_4} = \frac{n_4}{N} = \frac{300}{120} \quad ⑤$$

$$4072.4 = 2 \times 1,800 + \frac{\pi}{2}(D_4 + d_4) + \frac{(d_4 - D_4)^2}{4 \times 1,800} \quad ⑥$$

위의 ⑤와 ⑥에서

$D_4 = 214.3\,\text{mm}, \; d_4 = 85.7\,\text{mm}$

각 단의 풀리 나비를 결정하기 위하여 벨트의 폭을 구한다.

벨트는 $D_1 \sim d_1$에 걸려 있을 때, 최대의 장력이 작용하므로, 이때의 장력 T_1을 구한다. 식 (12. 7)로부터 접촉각 θ는,

$$\theta = 180° - 2\sin^{-1}\left(\frac{D_2 - D_1}{2C}\right) = 180° - 2\sin^{-1}\left(\frac{20 - 10}{2 \times 180}\right)$$

$$= 180° - 2\sin^{-1}0.028 \fallingdotseq 180° - 2 \times 1.5° = 177°$$

내삽법으로 구한 $\dfrac{e^{\mu\theta} - 1}{e^{\mu\theta}} = 0.461$ 이므로, 벨트의 속도는,

$$v = \frac{\pi D_1 n_1}{100 \times 60} = 0.628\,\text{m/s}$$

식 (12. 19)에서 전달 동력을 구하면,

$$H = \frac{Pv}{75} = \frac{T_1 v}{75} \cdot \frac{e^{\mu\theta} - 1}{e^{\mu\theta}}$$

$$T_1 = \frac{75\,H}{v} \cdot \frac{e^{\mu\theta}}{e^{\mu\theta}-1} = \frac{75 \times \frac{1}{2}}{0.628 \times 0.461} = 130\,\text{kg}$$

벨트의 허용 인장응력 $\sigma_a = 0.25\,\text{kg/mm}^2$, 표 12. 3으로부터, $\eta = 80\,\%$라고 하면, 벨트의 단면적 bt는 식 (12. 24)에서 구하면,

$$bt = \frac{T_1}{\sigma_a \cdot \eta} = \frac{130}{0.25 \times 0.8} = 650\,\text{mm}^2$$

표 12. 3으로부터, $bt = 114 \times 6 = 684\,\text{mm}^2$를 선정하면 충분히 안전하다.

치수 비례식에 의하여, 풀리의 나비 B는,

$B = 1.1b + 10 = 1.1 \times 114 + 10 = 135\,\text{mm}$

단차의 전체나비 B_o는 아래와 같다.

$B_o = 4 \times 135 = 540\,\text{mm}$

(2) 벨트의 십자걸기의 경우

앞의 계산에서 $N = 120\,\text{rpm}$, $n_1 = 60\,\text{rpm}$, $n_2 = 102.6\,\text{rpm}$, $n_3 = 175.4\,\text{rpm}$, $n_4 = 300\,\text{rpm}$, 공비 $\varphi = 1.71$ 이므로,

$$d_1 = D_1 \frac{N}{n_1} = 100 \times \frac{120}{60} = 20\,\text{mm}$$

식 (12. 30)에서 제 2단의 지름은,

$$d_2 = \frac{D_1 + d_1}{1 + \varphi \dfrac{D_1}{d_1}} = \frac{100 + 200}{1 + 1.71 \times \dfrac{100}{200}} = 161.7\,\text{mm}$$

$$D_2 = D_1 + d_1 - d_2 = 100 + 200 - 161.7 = 138.3\,\text{mm}$$

제 3단의 지름은,

$$d_3 = \frac{D_1 + d_1}{1 + \varphi^2 \dfrac{D_1}{d_1}} = \frac{100 + 200}{1 + 1.71^2 \times \dfrac{100}{200}} = 121.8\,\text{mm}$$

$$D_3 = D_1 + d_1 - d_3 = 100 + 200 - 121.8 = 178.2\,\text{mm}$$

제 4단의 지름은,

$$d_2 = \frac{D_1 + d_1}{1 + \varphi^3 \dfrac{D_1}{d_1}} = \frac{100 + 200}{1 + 1.71^3 \times \dfrac{100}{200}} = 85.7\,\text{mm}$$

$$D_4 = D_1 + d_1 - d_4 = 100 + 200 - 85.7 = 214.3\,\text{mm}$$

12.3 V벨트 전동

12.3.1 V벨트

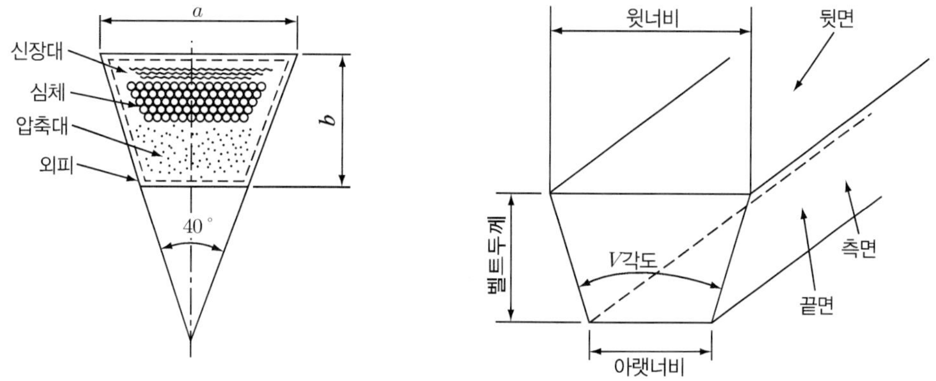

(a) V벨트 구조　　　(b) V벨트 명칭

| 그림 12. 11 | V벨트

V벨트는 그림 12. 11과 같이 벨트의 단면 윗부분에 질이 좋고, 강한 무명으로 만든 끈 또는 면포를 여러 장 겹층으로 하여 고무 중에 밀착시켜, 장력에 견딜 수 있게 하며 또, 전동 중에 늘어나는 것을 방지한다.

중앙부의 아랫부분과 윗부분은 질이 좋은 고무층으로 하여 굽히는데 유연성을 주고, 둘레에 질이 좋은 고무를 입힌 면포 또는 인조견의 직물로서 몇 겹으로 쌓아 내부를 보호하고 홈에 접하는 부분에 내마모성을 주는 구조로 되어있다. V벨트의 종류는 그림 12. 12와 같이 KS규격에 M, A, B, C, D, E형의 6종류가 있으나, 동력 전달용으로는 M형을 제외한 5종류가 주로 사용된다. 표 12. 9에는 각종 V벨트의 치수, 강도와 길이는 두께의 중앙부를 통과하는 원주의 길이 즉, 유효 원주길이로 나타내었다.

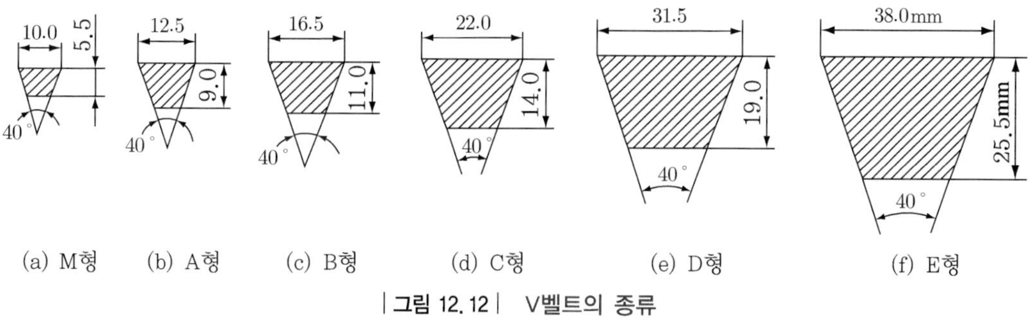

(a) M형　(b) A형　(c) B형　(d) C형　(e) D형　(f) E형

| 그림 12. 12 | V벨트의 종류

| 표 12.9 | V벨트의 치수와 강도

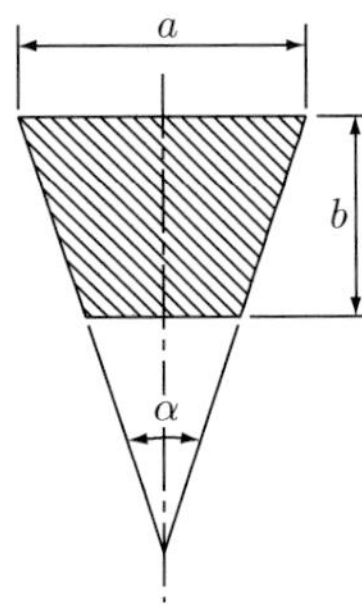

형 별	a (mm)	b (mm)	단면적 (mm^2)	$\alpha°$	인장강도	중량	허용장력
M	10.0	5.5	44.0	40	100 이상	0.528	10
A	12.5	9.0	83.0	40	180 이상	0.996	18
B	16.5	11.0	137.5	40	300 이상	0.165	30
C	22.0	14.0	236.7	40	500 이상	0.280	50
D	31.5	19.0	467.1	40	1,000 이상	0.560	100
E	38.0	25.5	732.3	40	1,500 이상	0.878	150

12.3.2 V벨트 풀리

V벨트 시브(sheave)라고도 하며 주로 특수 주철로 만들고, 강도가 요구되는 것은 주강제로 만든다. 내구력과 효율을 충분히 하기 위하여 홈의 각도와 모양을 정확하게 가공해야하고, 홈의 표면은 아주 매끈하게 다듬질해야 한다. 바퀴에는 V형 홈이 파져있고, V벨트를 감을 때 벨트의 중심선을 통과하는 피치원은 굽힘을 고려하여 되도록 큰 것을 권장한다. 홈의 각도는 풀리의 지름에 따라 적합하게 선정하고, 작은 V풀리는 홈의 각도를 작게 한다. 홈의 밑바닥은 V벨트가 들어박힐 때 6~10mm 정도의 틈이 생기도록 하고, 홈과 홈 사이의 거리는 V벨트의 너비보다 3~6mm 정도 크게 한다.

V벨트 풀리의 전체 나비 W는 z개의 V벨트를 사용할 때, 아래의 식에서 구할 수 있으며, 표 12.10에는 KS에 규정된 V벨트 풀리의 형상 및 치수를 나타내었다.

$$W = \{2Q + (z-1)P\} \tag{12.31}$$

| 표 12.10 | V벨트 풀리의 주요 치수

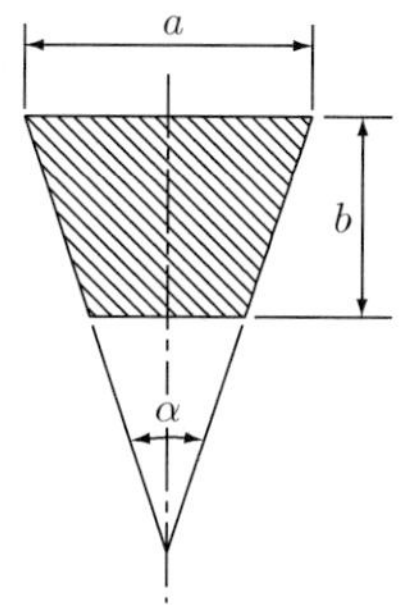

형별	호칭지름(d_p)	a'	l_0	k	k_0	P	Q	r_1	r_2	r_3
M	35 이상 50 이하 50 초과 75 이하 75 초과 150 이하 150 초과	35 34 36 38	8.0	2.7	6.3	13.0	9.5	0.2~ 0.5	0.5~ 1.0	1~2
A	75 이상 140 이하 140 초과 190 이하 190 초과	35 37 39	9.2	4.5	8.0	15.0	10.0	0.2~ 0.5	0.5~ 1.0	1~2
B	125 이상 190 이하 190 초과 225 이하 225 초과	35 37 39	12.5	5.5	9.5	19.0	12.5	0.2~ 0.5	0.5~ 1.0	1~2
C	200 이상 240 이하 240 초과 355 이하 355 초과	35 37 39	16.9	7.0	12.0	25.5	17.0	0.2~ 0.5	1.0~ 1.6	2~3
D	305 이상 380 이하 380 이상 510 이하 510 이상 610 이하 610 초과	35 37 39	24.6	9.5	15.5	37.0	24.0	0.2~ 0.5	1.6~ 2.0	3~4
E	510 이상 610 이하 610 초과 710 이하 710 초과	37 38 39	28.7	12.7	19.3	44.5	29.0	0.2~ 0.5	1.6~ 2.0	4~5

12.3.3 V벨트의 전달동력

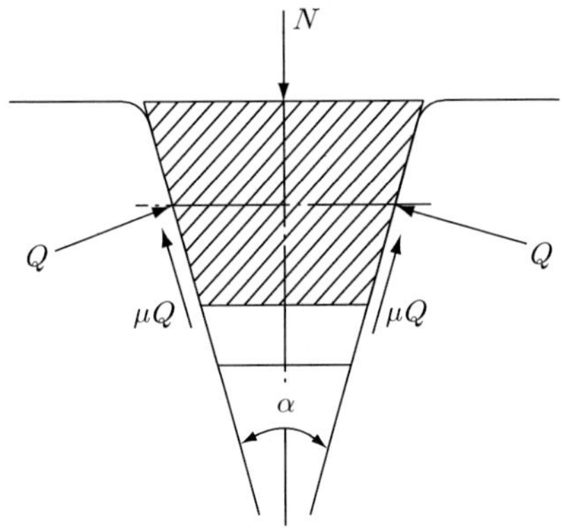

| 그림 12. 13 | V벨트 전동시 접촉면에 작용하는 힘

V벨트 전동은 평벨트 전동에 비하여 V벨트 풀리의 홈에 벨트가 쐐기 작용으로 끼워지기 때문에 마찰력이 크게 된다. 그림 12. 13에서 벨트의 장력으로 벨트를 홈 속으로 밀어붙이는 힘을 N이라고 하면, 접촉면에 작용하는 반발력 Q와 회전력 F는,

$$Q = \frac{N}{2(\sin\frac{\alpha}{2} + \mu\cos\frac{\alpha}{2})}$$

$$R = 2\mu Q = \frac{\mu}{\sin\frac{\alpha}{2} + \mu\cos\frac{\alpha}{2}} N = \mu' N$$

따라서,

$$\mu' = \frac{\mu}{\sin\frac{\alpha}{2} + \mu\cos\frac{\alpha}{2}} \tag{12. 32}$$

위 식에서 $\mu' > \mu$이므로, V벨트 쪽이 훨씬 큰 회전력을 얻는다.

V벨트 전동에서 전달동력 H(PS)는, 원심력을 무시하고 V벨트의 수를 z라고 하면,

$$H = \frac{z T_1 v}{75} \cdot \frac{e^{\mu'\theta} - 1}{e^{\mu'\theta} - 1} \tag{12. 33}$$

원심력을 고려하면,

$$H = \frac{zv}{75}(T_1 - \frac{wv^2}{g}) \cdot \frac{e^{\mu'\theta} - 1}{e^{\mu'\theta}} \tag{12. 34}$$

12.3.4 V벨트의 선정

| 표 12. 11 | 전달 동력과 V벨트의 형

전달동력(kW)	V벨트의 원주속도(m/sec)		
	10 이하	10~17	17 이상
2 이하	A	A	A
2 ~ 5	B	B	A 또는 B
5 ~ 10	B 또는 C	B	B
10 ~ 25	C	B 또는 C	B 또는 C
25 ~ 50	C 또는 D	C	C
50 ~ 100	D	C 또는 D	C 또는 D
100 ~ 150	E	D	D
150 이상	E	E	E

| 표 12. 12 | V벨트 풀리의 최소지름

(단위 : mm)

형 별	A	B	C	D	E
최소 피치지름	65	120	180	300	480

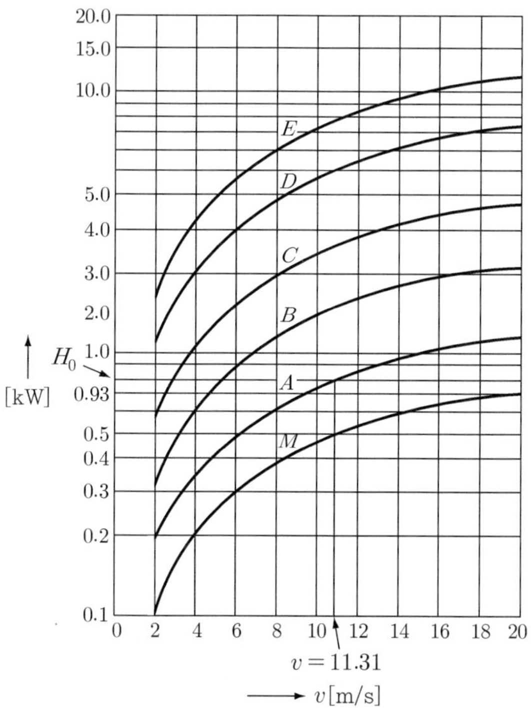

| 그림 12. 14 | V벨트 1개의 최대 전달 동력

477페이지의 표 12. 11과 같이 V벨트의 형은 전달동력에 따라 선정한다. 다음에 V벨트 풀리의 최소 지름은 표 12. 12와 같이 선정하며 또, 중심거리, 벨트의 속도, 접촉각, 벨트의 길이 등의 치수를 결정하는데 이용된다.

V벨트 1개의 전달동력 H_o(PS)는 전달동력의 식으로 계산하거나, 그림 12. 14와 동력전달의 식으로 계산하여 만든 표를 이용하면 매우 편리하게 구할 수 있다.

| 표 12. 13 | V벨트 1가닥의 최대 전달마력

속도 v(m/s)	접촉각 $\theta=180°$ 인 경우의 V벨트 1가닥의 전달마력					속도 v(m/s)	접촉각$\theta=180°$인 경우의 V벨트 1가닥의 전달마력				
	A	B	C	D	E		A	B	C	D	E
5.0	0.9	1.2	3.0	5.5	7.5	13.3	2.2	2.8	6.7	12.9	17.5
5.5	1.0	1.3	3.2	6.0	8.2	13.5	2.2	2.9	6.9	13.3	18.0
6.0	1.0	1.4	3.4	6.5	8.9	14.0	2.3	3.0	7.1	13.7	18.5
6.5	1.0	1.5	3.6	7.0	9.9	14.5	2.3	3.1	7.3	14.1	19.0
7.0	1.2	1.6	3.8	7.5	10.3	15.0	2.4	3.2	7.5	14.5	19.5
7.5	1.3	1.7	4.0	8.0	11.0	15.5	2.5	3.3	7.7	14.8	20.0
8.0	1.4	1.8	4.3	8.4	11.6	16.0	2.5	3.4	7.9	15.1	20.5
8.5	1.5	1.9	4.6	8.8	12.2	16.5	2.5	3.5	8.1	15.4	21.0
9.0	1.6	2.1	4.9	9.2	12.8	17.0	2.6	3.6	8.3	15.7	21.4
9.5	1.6	2.2	5.2	9.6	13.4	17.5	2.6	3.7	8.5	16.0	21.8
10.0	1.7	2.3	5.5	10.0	14.0	18.0	2.7	3.8	8.6	16.3	22.2
10.5	1.8	2.4	5.7	10.5	14.6	18.5	2.7	3.9	8.7	16.6	22.6
11.0	1.9	2.5	5.9	11.0	15.2	19.0	2.8	4.0	8.8	16.9	23.0
11.5	1.9	2.6	6.1	11.5	15.8	19.5	2.8	4.1	8.9	17.2	23.3
12.0	2.0	2.7	6.3	12.0	16.4	20.0	2.8	4.2	9.0	17.5	23.5
12.5	2.1	2.8	6.5	12.5	17.0						

| 표 12. 14 | V벨트 접촉각 수정계수 k_1의 값

$\theta°$	180	175	170	165	160	155	150	145	140	135	130	125	120
k_1	1.00	0.99	0.98	0.97	0.95	0.94	0.92	0.90	0.89	0.87	0.86	0.82	0.80

표 12. 13은 V벨트 1개로서 전달할 수 있는 최대 전달마력 H_o(PS)를 나타낸 것으로서 접촉각이 180°인 경우이며, 접촉각이 180°보다 작아지면 전달마력도 역시 감소한다. 따라서, 접촉각이 180°보다 작은 경우는 표 12. 14에 나타낸 접촉각 수정계수 k_1 을 최대 전달마력에 곱하여 계산한다. 그리고, 운전기계의 종류에 따라서는 과부하를 받는 경우나, 하중의 변동이 심한 것 등이 있으므로 이들에 대해서는 표 12. 15에 나타낸 부하 수정계수 k_2 를 곱한다. 즉, 전달마력에 대한 V벨트의 가닥수 z 는,

$$z = \frac{H}{H_o k_1 k_2} \tag{12. 35}$$

또, 벨트는 평행거리이므로, 벨트의 축간거리 C는 아래의 근사식에서 구한다.

$$C = \frac{K}{2}\left(1 + \sqrt{1 - \frac{(D_2 - D_1)^2}{2K^2}}\right) ≒ K\left\{1 - \frac{(D_2 - D_1)^2}{8K^2}\right\} \tag{12. 36}$$

여기서, $K = \frac{1}{2}\left\{L_o - \frac{\pi}{2}(D_1 + D_2)\right\}$,

L_o 는 규격에서 가장 가까운 거리

| 표 12. 15 | V벨트 부하 수정계수 k_2의 값

기계의 종류 또는, 하중 상태	k_2
송풍기, 원심펌프, 발전기, 켄베이어, 엘리베이터, 교반기 인쇄기, 그 밖에 하중 변화가 적고 완만한 것	1.0
공작기계, 세탁기계, 면조기계 등 약간 충격이 있는 것	0.9
왕복 압축기	0.85
제지기, 제재기, 제빙기	0.80
분쇄기, 전단기, 광산기계, 제분기, 원심 분리기	0.75
방적기계, 광산기계 100～150% 기동하중	0.72
방적기계, 광산기계 150～200% 기동하중	0.64
방적기계, 광산기계 200～250% 기동하중	0.50

예제 12.5

벨트의 속도 $v = 10$ m/s일 때의 A형 V벨트 하나의 전달동력을 구하여라. 단, 접촉각은 135°, 벨트 풀리는 주철제로 마찰계수 $\mu = 0.25$ 이다. 또, $v = 25$ m/s로 되었을 때의, 전달 마력도 구하여라.

풀이 (1) 벨트의 속도가 $v = 10$ m/s 이하에서는 원심력의 영향을 무시해도 좋다. 식 (12. 34)의 $H = \frac{zv}{75}\left(T_1 - \frac{wv^2}{g}\right) \cdot \frac{e^{\mu'\theta} - 1}{e^{\mu'\theta}}$ 는 표 12. 9에서 A형 V벨트의 허용 응력 $T_1 = 15$ kg 이다.

V벨트의 상당 마찰계수 μ'는 식 (12. 32)에서

$$\mu' = \frac{\mu}{\sin\frac{\alpha}{2} + \mu\cos\frac{\alpha}{2}} = \frac{0.25}{\sin\frac{40}{2} + \mu\cos\frac{40}{2}}$$

$$= \frac{0.25}{0.342 + 0.25 \times 0.940} = 0.433$$

$\theta = 135^\circ$, $\mu' = 0.433$ 이므로 내삽법에 의해서 $\frac{e^{\mu'\theta} - 1}{e^{\mu'\theta}} = 0.640$

$$H = \frac{15 \times 10}{102} \times 0.640 = 0.94\,\text{kW}$$

(2) $v = 25$ m/s일 때는 원심력의 영향을 고려한 원심력에 의한 부가장력 $\frac{wv^2}{g}$ 를 구한다.

표 12. 9에서 A형 V벨트의 단면적 $A = 0.83\ \text{cm}^2$, V벨트는 고무 벨트이므로,

비중 1.2로 하고 길이 1m에 대한 무게 w 를 구하면,

$$w = 0.83 \times 100 \times 1.2 \times \frac{1}{1{,}000} \fallingdotseq 0.1\,\text{kg/m}$$

$$\frac{wv^2}{g} = \frac{0.1 \times 25^2}{9.8} \fallingdotseq 6.4\,\text{kg}$$

따라서, 식 (12. 34)로부터, 전달동력 H를 구하면

$$H = \frac{zv}{75}\left(T_1 - \frac{wv^2}{g}\right) \cdot \frac{e^{\mu'\theta} - 1}{e^{\mu'\theta}} = \frac{25}{102}(15 - 6.4) \times 0.640 = 1.35\,\text{kW}$$

예제 12.6

회전속도 1,100rpm으로 10PS의 출력을 내는 모터에 의한 공기 압축기를 110rpm으로 운전할려고 한다. 시브의 지름을 각각 150mm, 1,500mm, 축간거리를 1,000mm로 할 때, C형 V벨트를 사용한다면 이때의 가닥수를 구하여라. 단, $e^{\mu'\theta} = 2.5$ 이다.

풀이 V벨트의 속도 v 는,

$$v = \frac{3.14 \times 150 \times 1{,}100}{60 \times 1{,}000} = 8.6\,\text{m/s}$$

접촉각 θ 는,

$$\theta = 180° - 2\sin^{-1}\frac{150-15}{2\times100} = 95° = 1.66\,\mathrm{rad}$$

유효 마찰계수 μ'는,

$$\mu' = \frac{\mu}{\sin 20° + \mu\cos 20°} = \frac{0.4}{0.342 + 0.4\times0.939} = 0.56$$

표 12. 9로부터, A형 V벨트의 허용 인장력 $P = 50\,\mathrm{kg}$이다.

따라서, 1개의 벨트가 받을 수 있는 전달 마력 H_o는,

$$H_o = \frac{Pv}{75}\cdot\frac{e^{\mu'\theta}-1}{e^{\mu'\theta}} = \frac{50\times8.6}{75}\cdot\left(\frac{2.5-1}{2.5}\right) = 3.5\,\mathrm{PS}$$

표 12. 14와 12. 15에서 $k_1 = 0.72$, $k_2 = 0.85$로 하여, 10PS를 전달하기 위한 V벨트의 가닥수 z는 식 (12. 35)에서

$$z = \frac{H}{H_o k_1 k_2} = \frac{10}{0.72\times0.85\times3.5} \fallingdotseq 4.6 \fallingdotseq 5\text{개}$$

12.4 로프 전동

로프(rope)는 홈이 있는 로프 풀리(rope pulley)에 감아 V벨트와 같이 로프와 로프 사이의 쐐기작용에 의한 마찰로 동력을 전달한다. 벨트에 비해 미끄럼이 적고, 전동 경로가 직선이 아닌 경우에도 사용이 가능하며, 한 개의 구동 풀리에서 몇 개의 종동 풀리로 회전을 전달시킬 때도 편리하다. 주로 광석 수송용, 엘리베이터(elevator), 리프터(lift), 크레인(crain), 윈치(winch)등에 사용된다. 그러나, 장치가 복잡해서 쉽게 로프를 벗겨낼 수 없고, 절단시 수리와 조정이 어렵우며, 전동이 불확실한 점등이 결점으로 지적된다.

12.4.1 로프

로프에는 주로 전동용으로 사용되는 섬유 로프와 크레인, 윈치와 같은 중량물 운반용으로 사용되는 와이어 로프가 있다.

1. 섬유로프(textile rope)

마(hemp) 또는 면(cotton)로프는 섬유로 만든 실(yarn)을 꼬아서 작은 스트랜드(strand)를 만들고, 그림 12. 15와 같이 3개 또는 4개의 스트랜드를 꼬아서 로프를 만든다. 보통 Z꼬임으로 제조하거나, S꼬임으로 할 수도 있으며, 섬유로프의 크기는 로프 단면적의 외접원의 지름으로 나타낸다. 면 로프는 유연해서 잘 굽어지므로, 지름이 작은 로프 풀리에서도 사용이 가능하지만, 습기의 영향을 받기 쉬우므로 옥외에 사용하면 수명이 짧아진다. 그러나, 마로프

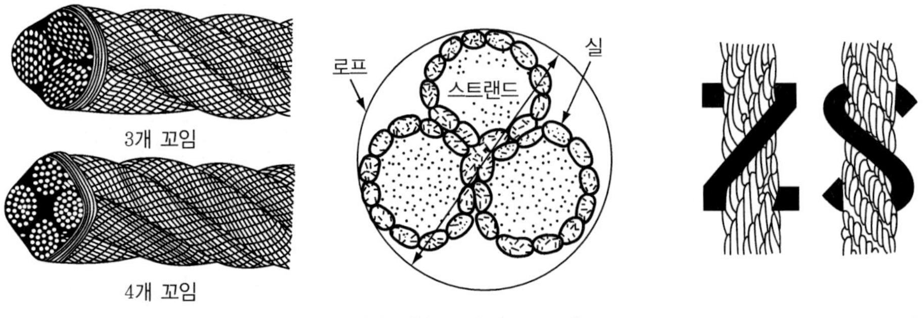

(a) 로프 (b) 실(yarn)과 스트랜드 (c) Z꼬임 (d) S꼬임

| 그림 12.15 | 섬유 로프

는 비바람에 강하기 때문에 옥외사용이 가능하다. 사용 장력은 로프 단면의 외접원의 단위 면적마다의 응력으로 표시하고 면 로프는 8~10kg/cm^2, 마 로프는 8~15kg/cm^{2}이다.

2. 와이어 로프(wire rope)

와이어 로프는 연강선을 열처리하고, 여러 번 꼬아서 가닥을 만들고, 이 가닥 6개를 다시 꼬아서 그 중심에 대마심을 집어넣어서 로프를 자유롭게 굽어지게 하며, 윤활유를 포함하게 되므로 철사 사이의 마찰을 감소시키고, 내구성을 높인다. 로프의 꼬임에는 Z꼬임(왼 꼬임)과 S꼬임(오른 꼬임)이 있으며, 그림 12. 16과 같이 스트랜드의 꼬임과 로프의 꼬임이 반대 방향인 보통 꼬임(ordinary lay)과 같은 방향인 랭 꼬임(Lang's lay)이 있다. 보통 꼬임은 랭 꼬임에 비하여 소선을 꼬는 꼬임이 경사가 급격하기 때문에 접촉 면적이 좁고, 소선의 마멸이 빠르지만 로프가 엉키지 않아 취급이 용이하다. 반면에 랭 꼬임은 꼬임의 경사가 완만하므로 접촉 면적이 넓고, 마멸에 의한 손상이 적기 때문에 내구성과 유연성이 좋으나, 엉킬 가능성이 많아 취급에 주의해야 한다.

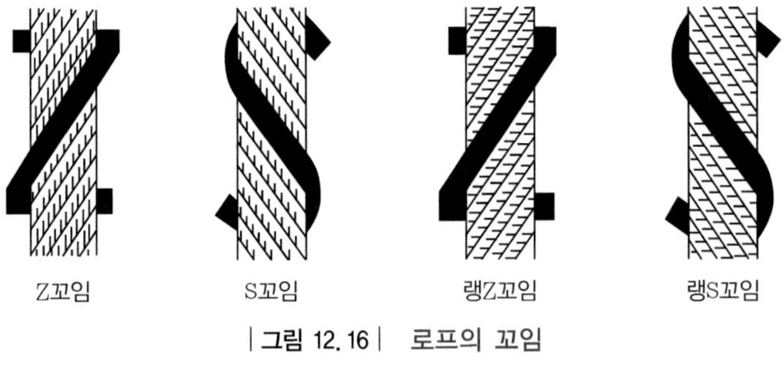

Z꼬임 S꼬임 랭Z꼬임 랭S꼬임

| 그림 12.16 | 로프의 꼬임

전동용 와이어 로프는 보통 9~30mm 것을 많이 사용하고, 연결할 때에는 로프의 끝을 약간 풀어서 양단을 꼬아서 이어야 하므로, 기술이 필요하고 그 부분이 굵어지는 결점을 갖는다. 와이어 로프의 인장강도는 소선의 인장강도(표 12. 16)의 합계보다 10~20% 정도 적다. 또, 사용 하중은 인장강도 1/5~1/10정도로 한다.

와이어 로프는 가닥을 이루는 강선의 수와 가닥의 수에 따라서 호수가 규정되어 있으며, 표 12. 17에는 와이어 로프의 규격을 나타내었다.

| 표 12. 16 | 소선의 인장강도

종류	엘리베이터용	도금 1종	도금 2종	도금 3종
인장강도 (kg/mm^2)	135	150	165	180

| 표 12.17 | 와이어 로프의 규격

호 별	1호	2호	3호	4호	5호	6호
단면	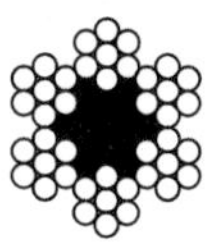					
구성	7가닥 6꼬임, 중심 섬유	12가닥 6꼬임, 중심 및 각 스트랜드 중심섬유	19가닥 6꼬임, 중심 섬유	24가닥 6꼬임, 중심 및 각 스트랜드 중심섬유	30가닥 6꼬임, 중심 및 각 스트랜드 중심섬유	37가닥 6꼬임, 중심 섬유
구성 기호	6×7	6×12	6×19	6×24	6×30	6×37
호 별	**7호**	**8호**	**9호**	**10호**	**11호**	**12호**
단면	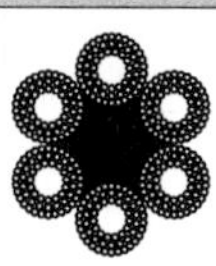	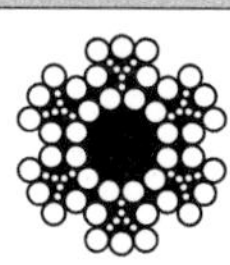	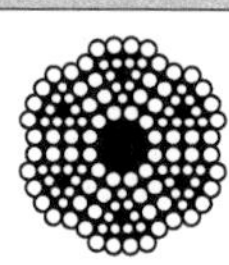	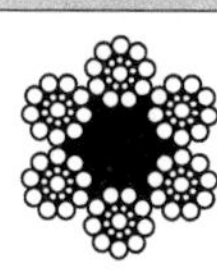		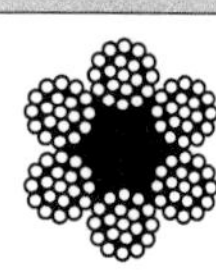
구성	61가닥 6꼬임, 중심 섬유	플레이트형 3각심, 7가닥 6꼬임 중심섬유	플레이트형 3각심 24가닥, 6꼬임 중심섬유	실형 19가닥, 6꼬임 중심 섬유	워린톤형 19가닥, 6꼬임 중심 섬유	필러형 25가닥, 6꼬임 중심 섬유
구성 기호	6×61	6×F(3×2+3)+7	6×F(3×2+3)+12+12	6×S(17)	6 ×W(19)	6×F(25)

12.4.2 로프 풀리

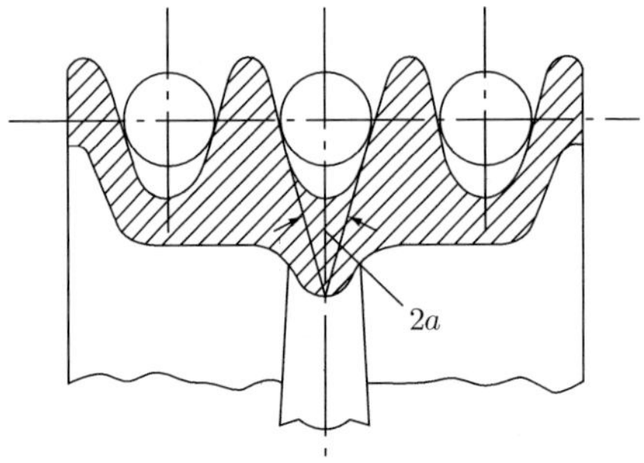

| 그림 12.17 | 로프 풀리

로프 풀리는 주철이나 주강으로 만들고, 그림 12.17과 같이 바깥 둘레에 홈이 있다. 섬유 로프를 로프 풀리에 장착하였을 때, 홈의 밑부분에 로프가 닿지 않고 V벨트와 같이 양측 경사면이 닿게 되어 있으며, 홈의 각도 α는 30~60°이나, 보통 45° 정도로 한다. 로프 풀리의 지름 D가 로프 지름 d에 비하여 작으면, 로프의 수명이 단축되므로 아래와 같이 설계한다.

$$\left.\begin{array}{ll} D \geqq 50d & : \text{와이어 로프} \\ D > 40d & : \text{마 로프} \\ D > 30d & : \text{면 로프} \end{array}\right\} \tag{12.37}$$

12.4.3 로프 거는 방법

와이어 로프를 동력 전달용으로 사용하는 경우에는, 보통 1개의 굵은 로프를 사용한 것보다 여러 가닥의 가는 로프를 쓰는 것이 동력 전달에 유리하다. 이때 로프를 거는 방법에는, 그림 12.18과 같이 병렬식(multiple system, English system)과 연속식(continuous system, American system)이 있다.

병렬식은 로프 풀리 사이에 로프를 서로 독립되게 감는 방식으로 각 로프의 장력이 고르지 못하고, 이음매에 의해 진동이 크다. 그러나, 하중이 각 로프에 고르게 분배되어 작용하고, 로프 1가닥이 절단되어도 전동이 가능하므로 널리 사용된다. 연속식은 긴 로프 1가닥을 양 로프 풀리에 여러 번 감는 방식으로 운전 중에 진동이 적고, 장력의 조절이 용이한 특징이 있으나, 로프가 한 곳이라도 절단되면 운전이 불가능하다.

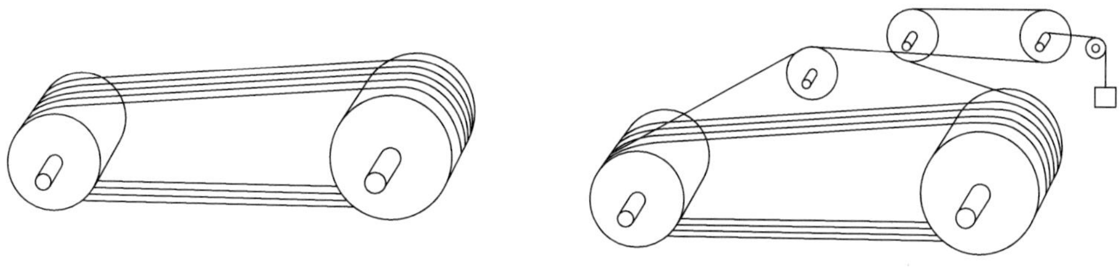

(a) 병렬식 (b) 연속식

| 그림 12.18 | 로프 거는 방법

12.4.4 전달동력

로프는 그림 12. 19와 같이 로프 풀리의 홈에 쐐기작용을 이용하여 동력을 전달하는 것이므로, 장력과 회전력과의 관계도 앞의 V벨트 전동과 같이 설계할 수 있으며, V벨트 상당 마찰계수 μ'는,

$$\mu' = \frac{\mu}{\sin\alpha + \mu\cos\alpha}$$

마 로프, 면 로프와 주철제 로프 풀리 사이의 마찰계수 $\mu = 0.1 \sim 0.3$ 정도이다. 홈의 각도 $2\alpha = 45°$로 하며, μ의 여러 값에 대한 상당 마찰계수 μ'를 구하면 표 12. 18과 같다.

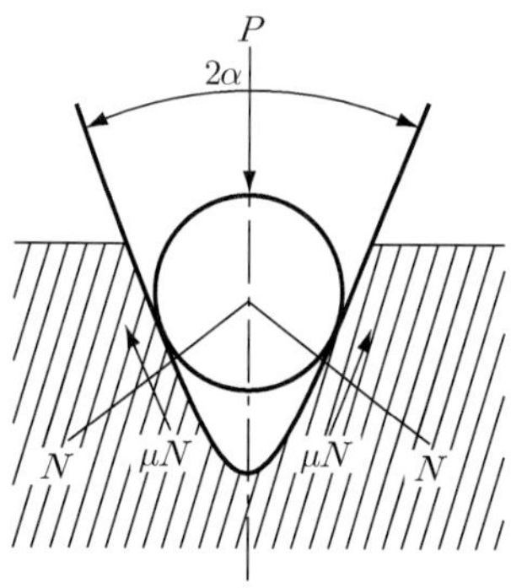

| 그림 12.19 | 홈에 작용하는 힘

| 표 12.18 | 마찰계수 μ와 여러 값에 대한 상당 마찰계수 μ' 값

μ	0.10	0.15	0.20	0.25	0.30
μ'	0.21	0.29	0.35	0.40	0.45

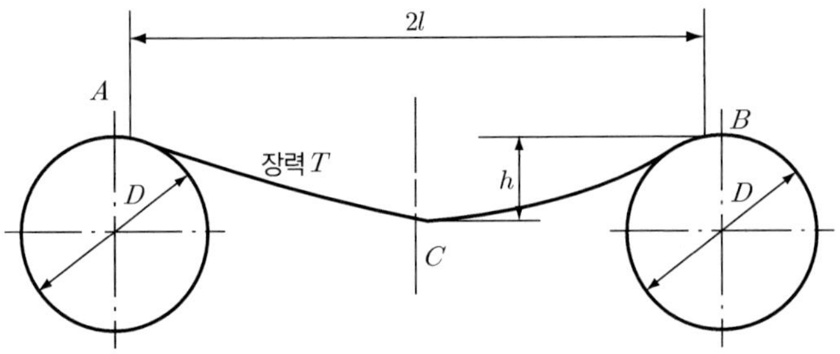

| 그림 12. 20 | 로프의 장력

로프 전동에서 로프에 초기 장력을 걸기 위해서 길이를 조절하는 것은 곤란하므로, 축간 거리를 조절하거나 긴장 풀리를 사용한다. 축간 거리가 길면, 로프에 자중에 의하여 자연히 처지는 모양은 현수선(catenary)이 되지만, 근사적으로 포물선으로 가정하여 계산한다. 그림 12. 20과 같이 자중에 의하여 로프에 생기는 인장력 T는,

$$T = \frac{wl^2}{2h} + wh \tag{12. 38}$$

여기서, $2l$은 지점 사이의 거리,
h는 처짐량,
w는 로프 단위 길이의 무게

또, 2점 사이 로프의 길이 L은,

$$L \fallingdotseq 2l\left(1 + \frac{2}{3} \cdot \frac{h^2}{l^2}\right) \tag{12. 39}$$

예제 12.7

로프 전동장치에서 7.4kW, 200rpm의 동력을 지름 750mm의 로프 풀리로 속도비 1 : 1인 종동축에 전달하기 위하여, 3호(6×19)인 와이어 로프 1개를 사용할 때, 필요한 로프의 크기를 구하여라. 단, 마찰계수 $\mu = 0.20$ 이고, $\dfrac{e^{\mu'\theta} - 1}{e^{\mu'\theta}} = 0.467$ 이다.

풀이 로프의 속도 v는,

$$v = \frac{\pi D_1 n_1}{1000 \times 60} = \frac{\pi \times 750 \times 200}{1000 \times 60} = 7.85\,\text{m/s}$$

$D_1 = D_2 = 750$ mm이므로, 접촉각 $\theta = 180°$ 이고, $\dfrac{e^{\mu'\theta} - 1}{e^{\mu'\theta}} = 0.467$,

긴장측의 장력 T_1은,

$$H = \frac{T_1 v}{102} \cdot \frac{e^{\mu'\theta} - 1}{e^{\mu'\theta}}$$

$$T_1 = \frac{102\,H}{v} \cdot \frac{e^{\mu\theta}}{e^{\mu\theta} - 1} = \frac{102 \times 7.4}{7.85} \times \frac{1}{0.467} = 206\,\text{kg}$$

안전계수를 10으로 가정하면 전단하중 T_B는,

$$T_B = 206 \times 10 = 2060\,\text{kg}$$

위의 결과에 적당한 3호(6×19) 로프의 크기를 KS표준에서 $\phi 6.3$ (2종 또는 3종) 또는 $\phi 8$ 로 정할 수 있다.

12.5 체인 전동

| 그림 12. 21 | 체인 전동장치

체인 전동(chain drive)은 그림 12. 21과 같이 체인을 2개의 스프로킷 휠(sprocket wheel)에 걸어 감아서, 체인과 휠의 이가 서로 물리는 힘으로 동력을 전달하는 장치이다.

동력 전달용에는 롤러 체인(roller chain)과 사이런트 체인(silent chain)이, 운반용에는 링크 체인(link chain)과 블록 체인(block chain)등이 사용된다. 체인 동력은 다음과 같은 장점과 단점이 있다.

1. 체인 전동의 장점

① 미끄럼이 없는 일정한 속도비를 구할수 있다.

② 초기 장력을 줄 필요가 없다.

③ 체인의 길이를 조절할 수 있다.

④ 내열, 내유 및 내습성이 강하다.

⑤ 큰 동력을 전달할 수 있고, 그 효율도 95% 이상이다.

⑥ 탄성에 의해서 어느 정도의 충격을 흡수할 수 있다.

⑦ 유지 및 수리가 용이하므로 수명이 길다.

2. 체인 전동의 단점

① 축간 거리가 긴 4m 이상의 전동이나 고속 전동에는 곤란하며, 양축은 평행하여야 한다.

② 진동과 소음의 발생이 쉽고, 마모가 심하다.

12.5.1 체인의 종류

1. 블록 체인

| 그림 12. 22 | 블록 체인

블록 체인은 그림 12. 22와 같이 플레이트(plate)의 링크를 핀으로 연결한 체인으로 모두 강철로 만들어지며, 저속(4m/s)에 주로 사용된다. 이 체인은 가격은 싸지만, 마찰 부분이 많아서 경하중에 적합하다.

2. 롤러 체인

롤러 체인의 구조는 그림 12. 23과 같이 롤러 링크(roller link)와 핀 링크(pin link)를 교대로 계속해서 연결 한 것이다. 롤러 링크는 두 개의 롤러 링크 플레이트(roller link plate)에 두 개의 부시(bush)를 고정하고, 그 바깥에 회전이 자유로운 롤러를 끼운 것이다. 링크의 수는 되도록 짝수로 하는 것이 좋으나, 홀수일 때는 오프셋 링크(offset link)를 사용하여 연

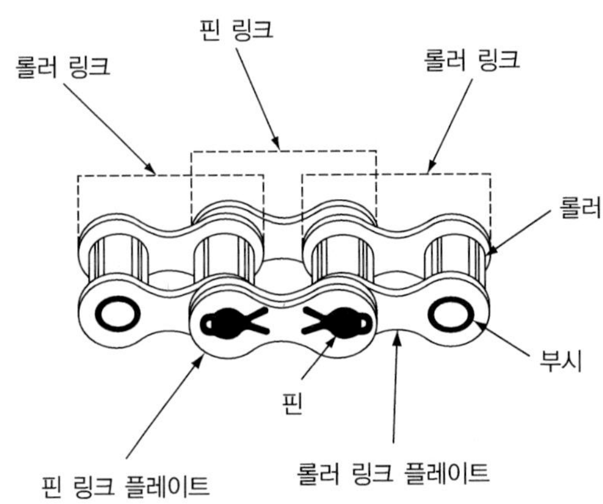

| 그림 12. 23 | 롤러 체인

결한다. 일반적으로 우리와 친숙한 자전거도 단열 롤러 체인이 사용되지만, 큰 동력을 전달할 때에는 2열, 3열로 놓고 긴 핀으로 연결한 다열 롤러 체인을 사용한다. 일반적으로 제빵용 기계, 송풍기와 팬, 보트 프로펠러, 압축기, 컨베이어, 분쇄기, 승강기, 이송기, 건조기, 기계공구, 펌프 등 다양한 장비에 널리 사용한다. 표 12. 19는 롤러 체인의 기본 치수를 나타내었다.

| 표 12.19 | 롤러 체인의 각부 치수(KS B 1407)

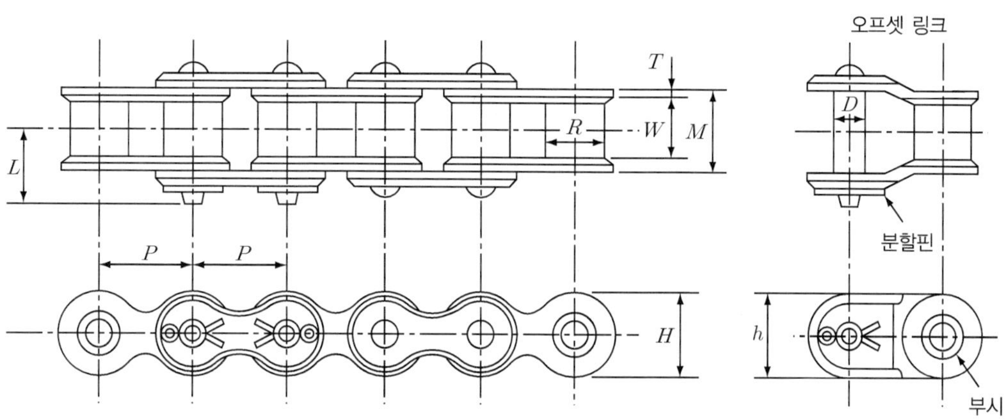

(단위 : mm)

호칭 번호	피치 p	롤러 바깥지름 R (최대)	롤러링크 내측 W (최소)	롤러링크 바깥지름 M (최대)	핀 바깥지름 D	핀의 L부치수 (최대)	링크 판 두께 T	핀 링크 판의 너비 h	롤러링크 판의 너비 H (최대)	옵셋 링크판 x (최소)	옵셋 링크판 y (최대)
25	6.35	3.38	3.18	4.80	2.31	4.8	0.75	5.2	6.0	2.7	3.1
35	9.52	5.08	4.78	7.46	3.59	8.6	1.25	7.8	9.0	4.0	4.6
40	12.70	7.94	7.90	11.23	3.97	10.6	1.50	10.4	12.0	5.3	6.1
50	15.88	10.16	9.50	13.90	5.09	12.1	2.00	13.0	15.0	6.6	7.7
60	19.05	11.91	12.70	17.81	5.96	16.2	2.40	15.6	18.1	7.9	9.2
80	25.40	15.88	15.80	22.66	7.94	20.0	3.20	20.8	24.1	10.6	12.2
100	31.75	19.05	19.05	27.51	9.54	24.1	4.00	26.0	30.1	13.2	15.3
120	38.10	22.23	25.40	35.51	11.11	29.2	4.80	31.2	36.2	15.8	18.3
140	44.45	25.40	25.40	37.24	12.71	32.2	5.60	36.4	42.2	18.5	21.4
160	50.80	28.58	31.70	45.27	14.29	37.3	6.40	41.6	48.2	21.1	24.4
200	63.50	39.69	38.10	54.94	19.85	48.5	8.00	52.0	60.3	26.3	30.4
240	76.20	47.63	47.63	67.87	23.81	55.8	9.50	62.4	72.4	31.5	36.4

3. 스프로킷 휠

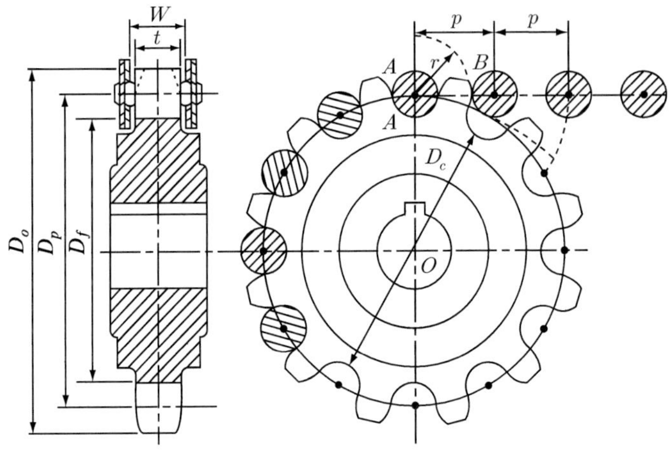

| 그림 12. 24 | 스프로킷 휠

스프로킷 휠(sprocket wheel)은 강 또는 강인 주철로 만들며, 롤러 체인용 스프로킷의 치형은 KS B 1408에서 S형과 U치형의 2종류에 대하여 규정하고 있다. 롤러 체인용 스프로킷의 잇수는 보통 10~70개의 범위가 좋고, 잇수가 작으면 굴곡 각도가 커져서 원활한 운전을 할 수가 없고, 진동을 일으켜 수명을 단축시킨다. 그러므로, 잇수가 17개 이상이면 굴곡각도가 20° 이하이고 큰 변화가 없어 좋으나, 저속의 경우에는 6개까지 사용하며, 마모를 균일하게 하려면 홀수개가 좋다.

또, 체인을 스프로킷 휠에 감았을 때, 체인에서 각 핀의 중심을 지나는 원을 스프로킷 휠의 피치원이라고 한다. 체인의 피치를 p, 롤러의 지름을 D_R, 잇수를 z 라고 하면, 그림 12. 24에서 피치원 지름 D_p 를 구할 수 있다.

$$\alpha = \frac{2\pi}{z} \quad \text{(굴곡각)} \tag{12. 40}$$

$$\overline{OA} = \frac{\overline{AB}}{\sin\frac{\alpha}{2}} = \frac{\frac{p}{2}}{\sin\frac{\pi}{z}}$$

$$D_p = 2 \times \overline{OA} = \frac{p}{\sin\frac{\pi}{z}} \tag{12. 41}$$

이의 높이를 롤러의 지름 D_R과 같다면 바깥지름 D_o는,

$$D_o = D_p + D_R$$

또, 이의 높이를 $0.3p$ 라고 하면,

$$\begin{aligned} D_o &= 2(\overline{OB} + \overline{BC}) = 2\left(\frac{\overline{AB}}{\tan\frac{\alpha}{2}} + 0.3p\right) \\ &= 2\left(\frac{p}{2}\cot\frac{\pi}{z} + 0.3p\right) = p\left(0.6 + \cot\frac{\pi}{z}\right) \end{aligned} \tag{12. 42}$$

스프로킷 휠의 이뿌리 지름을 측정하는 경우에는, 보통 버어니어 켈리퍼스나 마이크로미터를 이용하여 그림 12. 24에서 서로 마주 보고 있는 거리 mn(켈리퍼 지름 : caliper diameter)를 측정하는데, 이때에는 잘 연마된 볼을 휠의 사이에 끼워서 측정기구를 측정하여, 측정값에서 볼의 지름만큼을 감산한 것이 mn의 거리이다.

짝수의 경우 $mn = D_b$이므로, 이뿌리 지름은 $D_p = mn + D_R$에서 구할 수 있으나, 홀수의 경우에 피치원 지름 D_p는,

$$D_p = (mn + D_R)/\cos\frac{\pi}{2z} \tag{12. 43}$$

4. 사일런트 체인

롤러 체인은 장시간 사용하면 이완이 생기므로, 물림이 불량하게 되어 원활한 동력 전달을 할 수 없으며 또, 소음과 유격이 발생한다. 이러한 결점을 없애고, 정숙하고 원활한 운전을 하게 만든 것이 사이런트 체인(silent chain)이다. 이 체인은 고속에서도 소음이 없는 반면에 제작이 어렵고, 무거우며 가격이 비싸기 때문에 롤러 체인만큼 보편화되지는 못하였다. 보통 속도는 9m/s까지 사용되나, 4~6m/s가 적당하며 그 이하는 사용하지 않는다.

사일러트 체인은 그림 12. 25와 같이 강판으로 만든 링크 플레이트 여러 장을 겹쳐서 핀으로 결합한 것으로, 잇수는 17~70개 정도가 적당하며, 체인이 옆으로 벗어나지 않도록 안내링크를 중앙 또는 양면에 넣는다. 링크 플레이트의 양측이 이루는 각을 면각(face angle)α 라고 하는데, 보통 52°, 60°, 70°, 80°의 4종류가 있으나, 보통 52°가 가장 널리 사용된다.

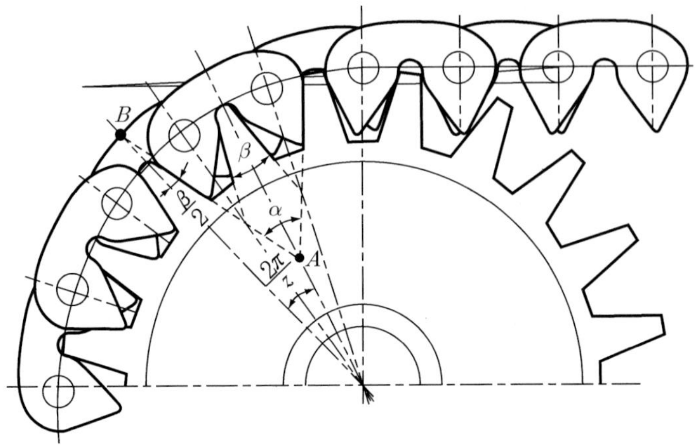

| 그림 12. 25 | 사일런트 체인

위의 그림 12.25에서 스프로킷 휠 1개의 이의 양면이 맺는 각을 β, 잇수를 z 라고 하면,

$$\frac{\alpha}{2}=\frac{\beta}{2}+\frac{2\pi}{z}$$
$$\beta=\alpha-\frac{4\pi}{z} \qquad (12.\ 44)$$

사이렌트 체인은 결합의 방법에 따라, 그림 12. 26과 같이 레이놀즈형(Reynolds type)과 모르스형(Morse type)으로 분류된다.

레이놀즈형은 분할 부시를 끼운 것으로, 부시 m은 링크 플레이트 A에 고정되고, 부시 m'은 링크 플레이트 B에 고정되어 있으므로, 체인이 굽어질 때 미끄럼 접촉을 하게 된다. 모르스형은 둥근 핀 대신에 로커 핀(rocker pin) a에 시트 핀(seat pin) b를 끼워서, 레이놀즈형의 분할 부시와 마찬가지로 링크 플레이트에 교대로 고정시킨 것으로, 체인이 굽어질 때 이 2개의 핀은 구름 접촉을 하게 되므로 고속 회전에도 마멸이 적다.

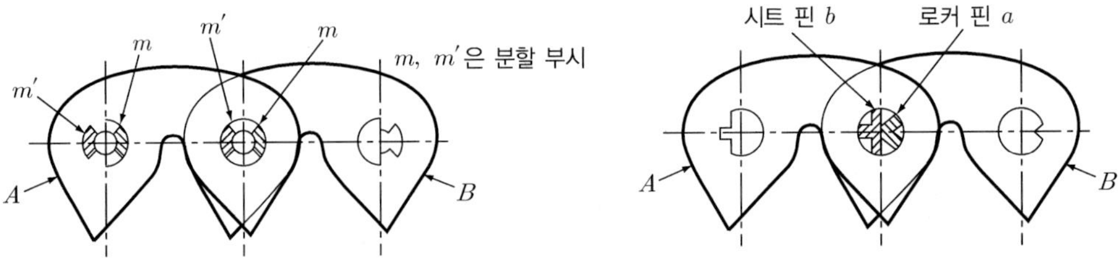

(a) 레이놀즈형 (b) 모르스형

| 그림 12. 26 | 사일런트 체인의 종류

표 12. 20과 표 12. 21에는 사이런트 체인의 주요 부분의 치수와 전달 마력을 각각 나타내었다.

| 표 12. 20 | 사일런트 체인의 주요 치수

(단위 : mm)

피치 p	링크 플레이트		핀 지름	부시 두께	와셔		면각(α°)
	길이	두께			지름	두께	
9.52	17.25	1.52	2.77	0.76	6.35	1.52	60, 70, 80
12.70	22.27	1.52	3.17	1.02	7.24	1.52	52, 60
15.88	27.48	1.52	4.75	1.27	9.52	1.52	52, 60
19.05	32.94	1.52	4.75	1.52	10.46	1.52	52, 60, 70
25.40	43.61	1.52	6.35	1.52	12.70	2.03	52
31.75	54.02	3.04	8.71	2.03	15.87	2.03	52
38.10	64.69	3.04	11.10	2.03	19.05	2.03	52, 60
50.80	86.00	3.04	14.27	2.03	22.22	2.54	52

| 표 12. 21 | 사이런트 체인의 폭 25.4mm 당 전달 마력

피치 p (mm)	폭 b (mm)	속도 v(m/s)						
		3	4	5	6	7	8	9
9.52	12.7~ 76.2	1.96	2.32	2.59	2.83	2.98	3.20	3.42
12.70	12.7~101.6	2.52	3.00	3.38	3.68	3.90	3.96	4.02
15.88	25.4~152.4	3.13	3.70	4.16	4.55	4.82	5.04	5.26
19.05	25.4~152.4	3.86	4.53	5.24	5.58	5.90	6.26	6.62
25.40	50.8~254.0	5.28	6.21	7.02	7.65	8.13	8.61	9.09
31.75	76.2~304.8	6.13	7.22	8.12	8.87	9.41	9.70	10.0
38.10	76.2~304.8	8.07	9.52	10.7	1.71	12.4	13.0	13.2
50.80	152.4~457.2	10.7	12.6	14.3	15.6	16.5	17.2	17.6

12.5.2 체인 전동의 설계

1. 속도비

체인 전동의 속도비 i는,

$$i = \frac{n_B}{n_A} = \frac{z_A}{z_B} \tag{12. 45}$$

여기서, n_A, n_B는 스프로킷의 회전속도(rpm),
z_A, z_B는 스프로킷의 잇수

체인 동력에 있어서 피치원 지름과 잇수가 비례하지 않으므로 기어와 같이 속도비를 피치원 지름의 역수로 나타낼 수 없다. i는 보통 1 : 5 정도이나, 1 : 7 이상은 되도록 피해야 한다. 속도비가 커지면 작은 스프로킷의 접촉각이 감소하여 마멸이 심하게 일어난다. 그러나, 회전속도가 10~50rpm의 경우에는 1 : 10 정도까지 가능하다.

2. 체인의 길이

체인의 길이는 피치의 정수배가 되어야 하므로, 축간 거리는 어느 정도 조정 할 수 있도록 하고, 링크의 수는 가능한 짝수가 되도록 하여야 한다. 스프로킷 휠의 잇수를 z_A, z_B, 체인의 피치를 p, 축간 거리를 C라고 하면, 체인의 길이는 평벨트의 길이를 구하는 식에서, 근사적으로 구할 수 있다.

$$L = 2C + \frac{\pi}{2}(D_1 + D_2) + \frac{(D_2 - D_1)^2}{4C}$$

스프로킷 휠의 잇수 $z = \pi D/p$로부터, $D = pz/\pi$가 되므로

$$L = \frac{2C}{p} + \frac{1}{2}(z_A + z_B) + \frac{p(\frac{z_B - z_A}{2\pi})^2}{C}$$

위의 식을 정리하면,

$$L = \frac{2C}{p} + \frac{1}{2}(z_A + z_B) + \frac{0.0257p}{C}(z_B - z_A)^2 \qquad (12.46)$$

여기서, L은 링크수로 나타낸 체인의 길이이며, 이 계산에서 소숫점 이하는 올려서 정수로 한다.

3. 체인의 속도

체인의 피치를 p(mm), 스프로킷의 회전수를 n(rpm), 잇수를 z라고 할 때, 체인의 속도 v_m은 1회전마다 z개의 링크가 이송되므로,

$$v_m = \frac{npz}{60 \times 1000} \text{ (m/s)} \qquad (12.47)$$

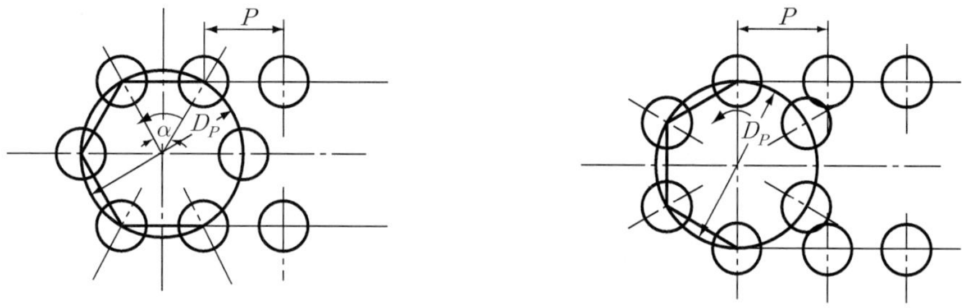

(a) v_{max} 때의 상태 (b) v_{min} 때의 상태

| 그림 12. 27 | 체인의 속도 변동률

위의 속도는 평균 속도이며, 실제로는 그림 12. 27과 같이 정다각형의 풀리에 벨트를 감은 상태가 되며, 정다각형의 정점으로 진입할 때 속도는 최대가 되고, 변에 따라 진입할 때 속도는 최소가 된다.

즉, 피치 원지름을 D_p (mm), 회전속도를 n (rpm)이라면,

$$v_{max} = \frac{\pi D_p n}{1000 \times 60} \text{ (m/s)}$$

$$v_{min} = \frac{\pi D_p n}{1000 \times 60} \cdot \cos\frac{\alpha}{2} \text{ (m/s)}$$

체인의 속도는 v_{max} 와 v_{min} 사이에서 주기적으로 변동하는 것이므로, 이 경우의 속도 변동률 ϵ 는,

$$\epsilon = \frac{v_{max} - v_{min}}{v_{max}} \times 100 \text{ (\%)}$$

$$= \left(1 - \cos\frac{\alpha}{2}\right) \times 100 \text{ (\%)}$$

위의 식에서 스프로킷의 지름을 되도록 크게하고, 피치를 작게하면 잇수가 많아져서 속도 변동률을 무시할 수 있을 정도로 감소시킬 수 있다. 가장 적당한 체인의 속도는 2~3m/s, 사일런트 체인에서는 4~6m/s정도이다. 그림 12. 28은 스프로킷 휠의 잇수와 속도 변동률과의 관계를 나타낸 것이다.

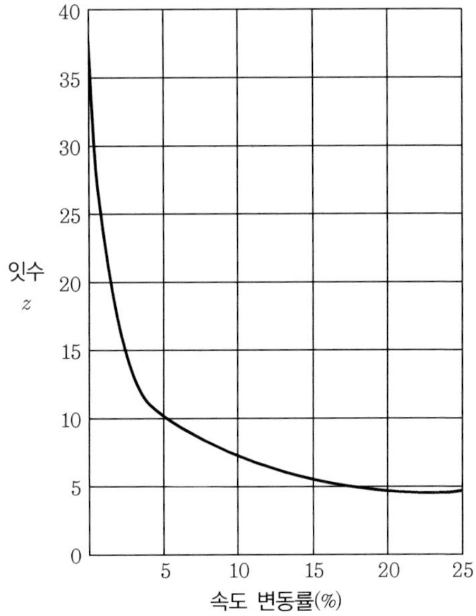

| 그림 12.28 | 스프로킷 휠의 잇수와 속도 변형률과의 관계

4. 체인의 전달 동력

체인 동력에서는 벨트의 동력 전달과는 달리 초기 장력을 주지 않고, 축간 거리가 짧아서 자중에 의한 장력도 무시할 수 있으므로, 이완측 장력은 거의 무시한다. 즉, 운전중 스프로킷 휠의 피치원에 작용하는 원주 방향의 힘인 긴장측 장력이 바로 전달력이 된다. 이 때, 긴장측의 장력을 P(kg), 체인의 평균 속도를 v_m(m/s), 전달 동력을 H(PS, kW)라고 하면,

$$H = \frac{P v_m}{75}\,(\text{PS}),\quad H = \frac{P v_m}{102}\,(\text{kW}) \qquad (12.48)$$

이 유효장력 P의 결정은 체인의 파단 강도와 안전계수 S로써 정해지며, S의 값은 속도가 빠를수록 큰 값을 가진다. 보통, 롤러 체인에서 $S=5\sim20$, 사일런트 체인에서는 $S=30\sim50$ 정도로 정하면 된다. 표 12.22는 일반적으로 사용되는 최대 장력을 나타낸 것이다.

| 표 12.22 | 체인의 최대 장력

체인의 속도	최대 장력(표준 상태)	최대 장력(악 조건)
0.12m/s 이하	파단 강도의 1/5	파단 강도의 1/8
0.12~0.25m/s	파단 강도의 1/6	파단 강도의 1/10
0.25~0.5m/s	파단 강도의 1/7	파단 강도의 1/12

연습문제

1. 십자걸기 벨트전동과 평행걸기 벨트전동을 비교 설명하여라.

2. V벨트 전동에서 유효 마찰계수와 전동마력을 구하는 식을 구하여라.

3. 로프 전동에서 감는 방법과 그 장단점을 설명하여라.

4. 아이텔바인(Eytelwein)의 식을 구하여라.

5. 사이런트 체인의 특징을 설명하여라.

6. 체인 전동의 장단점을 설명하여라.

7. 사일런트 체인의 면각과 치각의 관계를 설명하여라.

8. 평행걸기로 폭 140mm, 두께 5mm의 가죽벨트(허용 응력 0.2kg/mm^2)를 사용할 때, 전달동력(PS)을 구하여라. 단, 구동풀리의 지름 150mm, 회전속도 400rpm, 속도비 1 : 4, 축간거리 5m, 이음효율 80%, 마찰계수는 0.2이다.

9. 평벨트 전동에서 지름이 각각 300mm, 1,200mm이고 축간 거리가 3,000mm이면, 평행걸기로 했을 때 지름이 작은 풀리의 접촉각을 구하여라.

10. 3PS, 1,800rpm의 모터로부터 평행걸기의 가죽벨트로 360rpm의 공작기계를 운전하려고 한다. 축간 거리를 약 1m로 할 때 벨트의 치수, 벨트의 길이, 초기 장력을 주기 위하여 벨트를 줄이는 양 및 벨트 풀리의 치수를 구하여라.

11. 축간 거리가 2m이고, 구동차의 회전 속도가 250rpm, 종동축의 회전 속도가 최대 500rpm, 최소 100rpm이 되도록 4단의 평행걸기 단차를 설계하여라.
단, 최대 3PS의 동력을 전달하는 것으로 한다.

12. 벨트의 속도 $v = 25$ m/s일 때의 D형 V벨트 1개의 전달 동력을 구하여라.
단, 접촉각은 135°, 마찰계수는 0.4이다.

13. V벨트의 속도가 8m/s이고, 긴장측 장력이 15kg일 때, V벨트 1개의 전달 마력을 구하여라. 단, $e^{\mu'\theta} = 3.5$ 이다.

14. 속도가 10m/s인 A형 V벨트 1개의 전달마력을 구하여라. 단, 접촉각은 140°, 마찰계수는 0.3, A형의 허용 인장력은 15kg이다.

15. 1,300rpm, 20PS의 전동기로부터 V벨트를 이용하여 250rpm의 공기 압축기를 운전하려고 한다. 이때 V벨트의 형태와 벨트의 갯수를 구하여라. 단, 축간 거리는 1.7m이다.

16. 10PS, 250rpm의 동력을 지름 80cm인 로프 풀리로써 동일한 회전속도에서 종동축으로 전달하기 위하여 1호(6×7)의 와이어 로프 1개를 사용할 때, 필요한 로프의 크기를 구하여라. 단, 홈바닥에 목재를 끼워서 사용한다.

17. #100의 롤러 체인 스프로킷에서 잇수 40일 때, 피치원 지름 및 바깥지름을 구하여라.

18. 5.5kW의 동력을 회전속도 750rpm인 구동축으로부터 축간 거리 820mm, 회전속도 250rpm인 종동축에 전달하려고 한다. 롤러 체인을 사용하고, 체인의 평균속도는 3m/s, 안전계수가 15이라면 이때의 체인번호, 체인의 길이, 양 스프로킷의 피치원 지름, 바깥지름 및 잇수를 구하여라.

19. 3.7kW의 동력을 전달하는 롤러 체인의 전동장치를 설계하여라. 단, 구동축의 회전속도는 900rpm, 종동축의 회전속도는 300rpm, 축간 거리가 600mm, 안전계수를 16으로 한다. 또한, 하중은 때때로 50%정도 초과하는 것을 고려한다.

20. #50의 롤러 체인으로 3.7kW의 동력을 전달 할 때, 안전계수를 15 이상으로 유지하기 위한 체인의 속도범위를 구하여라.

21. 피치가 25.4mm, 잇수 32인 롤러 체인 스프로킷의 피치원 지름과 바깥지름을 구하여라.

22. #50의 롤러 체인의 잇수 18 및 60, 축간 거리 700mm인 스프로킷 휠에 감아걸 때 필요한 길이를 구하여라. 또, 작은 스프로킷 휠이 600rpm으로 회전 할 때, 전달 동력을 구하여라. 단, 안전율은 15이다.

23. 피치 19.05mm인 롤러 체인을 잇수가 20인 스프로킷에 걸어서 800rpm으로 50PS를 전달할 때, 필요한 롤러 체인의 줄 수를 구하여라. 단, 파단 하중은 3,200kg, 안전율은 10이다.

CHAPTER 13

브레이크

브레이크(brake)는 마찰을 이용하여 회전축의 속도를 조절하거나, 정지시키는 기계요소이다. 즉, 회전축의 운동에너지를 기계적인 마찰을 이용하여, 열에너지로 변환시켜 회전의 조절이 가능한 브레이크를 마찰 브레이크라고도 하는데, 구조는 마찰력을 생기게 하는 작동부분과 작동부분에 힘을 가해주는 조작부분으로 구성되며, 조작부분에 힘을 가하는 방법으로는 인력, 증기, 유압, 압축공기, 전기 등이 있다.

구조면에서는 클러치와 거의 같으나, 기능 면에서는 반대이다. 클러치는 토크를 가하여 가속시키는데 반해, 브레이크는 토크를 감소시켜 감속하는 역할을 한다. 보통 사용되는 마찰 브레이크는 구조상으로 블록 브레이크, 밴드 브레이크, 축압 브레이크, 자동 하중 브레이크 등이 있으며, 마찰력을 이용하지 않는 폴 브레이크(pawl brake)도 있다.

13.1 블록 브레이크

블록 브레이크(block brake)는 주철 또는 주강을 소재로 하여 만들어진 회전하는 브레이크 드럼(brake drum)에 1~2개의 브레이크 블록을 브레이크 레버에 의하여 밀어붙여, 마찰저항을 이용하여 회전을 정지시키는 것이다. 구조가 간단하여 철도 차량, 하역 기계 등에 널리 사용된다.

13.1.1 단식 블록 브레이크

단식 브레이크(single block brake)는 표 13. 1에 나타낸 것처럼 3종류가 있다. 구조가 간단하나, 제동축에 굽힘 모멘트가 작용하고, 베어링 하중이 커지므로 큰 제동력을 얻을 수가 없으므로, 일반적으로 제동축의 지름이 50mm이하에 주로 사용한다. 다음 3가지의 (a) $c>0$인 경우, (b) $c=0$인 경우, (c) $c<0$인 경우로 구분 되며, 블록은 하나를 사용하고 브레이크 드럼의 회전방향에는 우회전과 좌회전이 있다. 브레이크 레버의 치수 a/b는 3~6이며 10을 넘어서는 안되며, 브레이크 블록과 브레이크 드럼 사이의 틈새는 2~3mm정도가 적당하다.

| 표 13.1 | 단식 브레이크의 종류

형 식	(a) c>0인 경우	(b) c=0인 경우	(c) c<0인 경우
단 식 브레이크	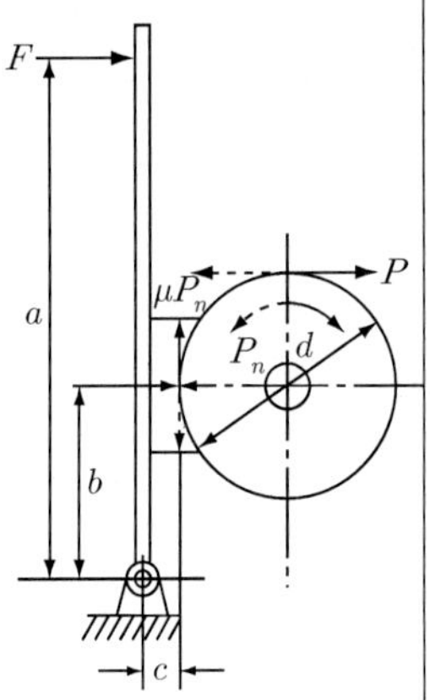	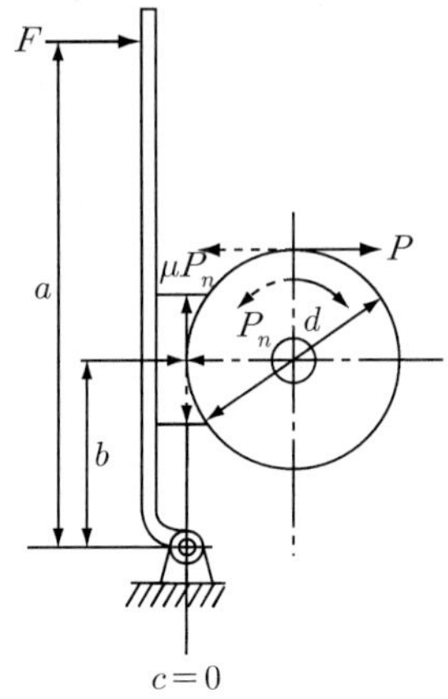	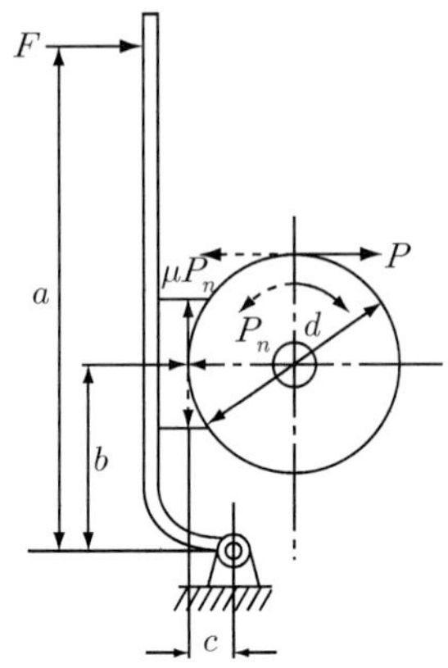
우회전 좌회전	$F=\frac{P_n}{a}(b+\mu c)$ $F=\frac{P_n}{a}(b-\mu c)$	$F=\frac{P_n \cdot b}{a}$	$F=\frac{P_n}{a}(b-\mu c)$ $F=\frac{P_n}{a}(b+\mu c)$

참고 P_n : 드럼에 작용하는 수직하중,
μ : 블록과 브레이크 드럼사이의 마찰계수,
T : 제동 토크,
F : 브레이크 레버의 조작력

표 13. 1 (a)와 (c)는 축의 회전방향에 따라 F는 $\frac{P_n}{a} \cdot \mu c$만큼 증감하나, 일반적으로 $c=\frac{1}{5}b$와 $\mu=0.1\sim0.6$로 취하면, F의 변화는 10% 이하이므로 실제 사용에는 지장이 없다. 그러나, $b-\mu c \leq 0$일 때 즉, c가 b에 비해 상당히 커지면 $F\leq 0$이 되어 브레이크 레버에 힘을 주지 않더라도, 자동적으로 브레이크가 걸리게 되는 자립 잠김(self locking)의 상태가 된다. 따라서, 이러한 경우에는 축의 회전을 멈추는 작용은 하지만, 축의 회전속도를 제어하는 브레이크로서의 작용은 하지 못한다. 작은 힘으로 마찰면의 제동력을 크게 하기 위해서는, 그림 13. 1과 같이 쐐기 작용을 하는 V형 홈을 판 블록을 사용하여야 한다.

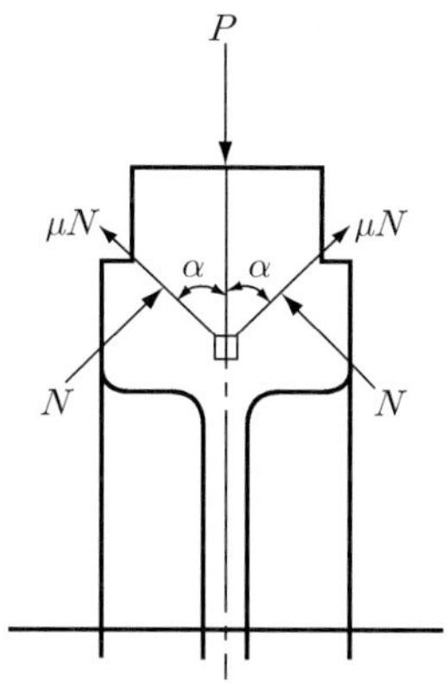

| 그림 13.1 | V형 단식 블록 브레이크

그림 13. 1에서 V블록의 홈각을 α, 블록이 브레이크 드럼을 누르는 힘을 P_n 이라고 하고, 이 힘에 의한 경사면에 수직한 반력을 N, 마찰계수를 μ 라고 하면,

$$P_n = 2N(\sin\alpha + \mu\cos\alpha)$$

$$\therefore \ N = \frac{P_n}{2(\sin\alpha + \mu\cos\alpha)}$$

브레이크 제동력 P는 브레이크 드럼과 블록의 미끄럼 방향에 작용하는 마찰력이 되고, 그 크기는 $P = 2\mu N$ 이므로,

$$P = 2\mu N = 2\mu \cdot \frac{P_n}{2(\sin\alpha + \mu\cos\alpha)} = \frac{\mu}{\sin\alpha + \mu\cos\alpha} \cdot P_n \tag{13. 1}$$

위의 식에서 $\mu' = \dfrac{\mu}{\sin\alpha + \mu\cos\alpha}$ 라고 하면,

$$P = \mu' P_n \tag{13. 2}$$

μ' 는 실제의 마찰계수 μ 가 쐐기형으로 되어서 증가한 것이다. 또한, α 가 작을수록 큰 제동력을 얻을 수 있으나, 너무 지나치게 작아지면 블록이 홈 속에 세게 끼워지므로 보통 $\alpha \geqq 45°$로 한다. 일반적으로, 단식 블록 브레이크는 축에 굽힘 모멘트가 작용하고 베어링 하중이 크게 되므로, 브레이크의 제동 토크가 큰 것에는 사용하지 못하고 복식 블록 브레이크를 사용한다.

13.1.2 복식 블록 브레이크

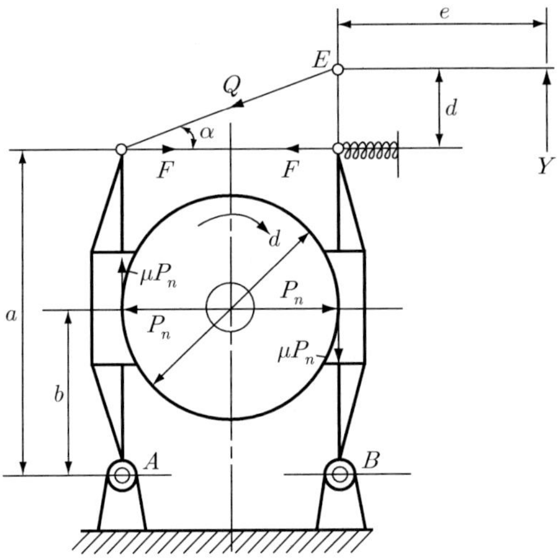

| 그림 13. 2 | 복식 블록 브레이크

그림 13. 2는 복식 블록 브레이크를 나타낸 것으로 축에 대칭으로 2개의 블록이 브레이크 드럼을 양쪽에서 죔으로써, 축에 굽힘 모멘트가 작용하지 않으며 베어링에도 별도의 하중이 걸리지 않는다. 이것은 전동 윈치나 크레인 등에 많이 사용되는 것으로서 제동력은 스프링 또는 중추(weight)에 의하여 주어지며, 제동을 풀 때에는 전자석이 많이 사용된다.

복식 블록 브레이크의 제동 토크 T는,

$$T = 2\mu P_n r$$

그림 13. 2에서 A점에 대한 모멘트의 평행을 고려하면, 브레이크 막대 끝에 가해지는 스프링의 힘 F는,

$$Fa = P_n b$$

$$F = \frac{P_n b}{a}$$

이때, 조작력을 Y라고 하면, E지점에서 모멘트의 평행조건으로부터,

$$Fd = Ye$$

$$Y = \frac{Fd}{e}$$

따라서,

$$Y = \frac{P_n b d}{a e}, \qquad P_n = Y \cdot \frac{a e}{b d}$$

제동력 $P = 2\mu P_n$ 이므로,

$$P = 2\mu Y \cdot \frac{a e}{b d} \tag{13. 3}$$

13.1.3 내부 확장식 브레이크

내부 확장식 브레이크(internal expansion brake)는 그림 13. 3과 같이 복식 블록 브레이크가 변형된 형식으로, 2개의 브레이크 슈(brake shoe)가 브레이크 휠의 안쪽에 위치하며, 이들이 바깥쪽으로 확장되어 브레이크 휠에 접촉함으로서 제동을 하게 된다. 이것은 마찰면이 안쪽에 위치하여 먼지, 기름, 오일 등이 마찰면에 부착되지 않고 또, 브레이크 드럼의 바깥면에서 열을 발산하는데 편리하다. 이 형식은 자동차의 바퀴의 제동장치에 많이 사용되고 있다.

지금, 그림 13. 3에서 브레이크 슈를 밀어내는 힘을 F_1, F_2 라고 하면, 브레이크슈가 드럼을 눌러서 드럼에는 각각 수직력 P_1, P_2 가 작용하고, 마찰계수를 μ, 브레이크 슈의 각부의 치수를 l_1, l_2, l_3 하고 하면 제동력 P 는,

$$P = \mu P_1 + \mu P_2$$

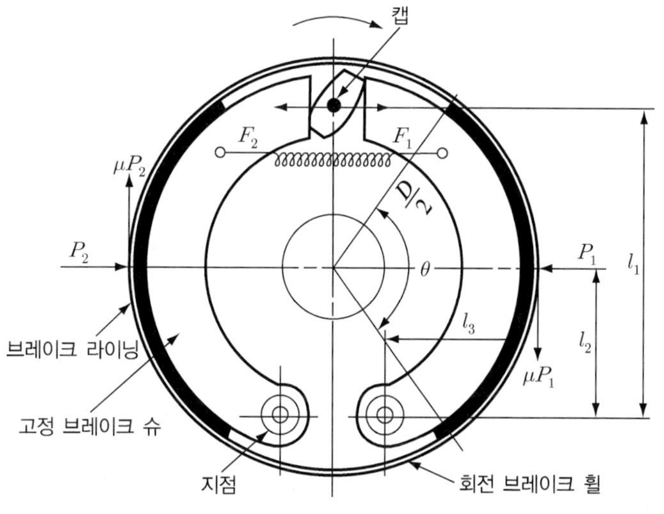

| 그림 13. 3 | 내부 확장식 브레이크

우회전 일때,

$$\left.\begin{aligned} F_1 &= \frac{P_1}{l_1}(l_2 - \mu l_3) \\ F_2 &= \frac{P_2}{l_1}(l_2 + \mu l_3) \end{aligned}\right\} \qquad (13.\ 4)$$

좌회전 일때,

$$\left.\begin{aligned} F_1 &= \frac{P_1}{l_1}(l_2 + \mu l_3) \\ F_2 &= \frac{P_2}{l_1}(l_2 - \mu l_3) \end{aligned}\right\} \qquad (13.\ 5)$$

우회전하는 경우에, 각 지점에 대한 모멘트 평행 조건으로부터,

$$\left.\begin{aligned} F_1 l_1 &= P_1 l_2 - \mu P_1 l_3 = \mu P_1 (\frac{l_2 - \mu l_3}{\mu}) \\ F_2 l_1 &= P_2 l_2 + \mu P_2 l_3 = \mu P_2 (\frac{l_2 + \mu l_3}{\mu}) \end{aligned}\right\} \qquad (13.\ 6)$$

위의 식 13.6에서, 브레이크 제동력 P를 구하면,

$$P = \mu P_1 + \mu P_2 = \frac{\mu F_1 l_1}{l_2 - \mu l_3} + \frac{\mu F_2 l_1}{l_2 + \mu l_3} \qquad (13.\ 7)$$

제동 토크 T는,

$$T = \frac{PD}{2} = (\frac{F_1 l_1}{l_2 - \mu l_3} + \frac{F_2 l_1}{l_2 + \mu l_3}) \cdot \frac{\mu D}{2} \qquad (13.\ 8)$$

좌회전의 경우는,

$$T = (\frac{F_1 l_1}{l_2 + \mu l_3} + \frac{F_2 l_1}{l_2 - \mu l_3}) \cdot \frac{\mu D}{2} \qquad (13.\ 9)$$

13.1.4 블록 브레이크의 성능

1. 브레이크 블록

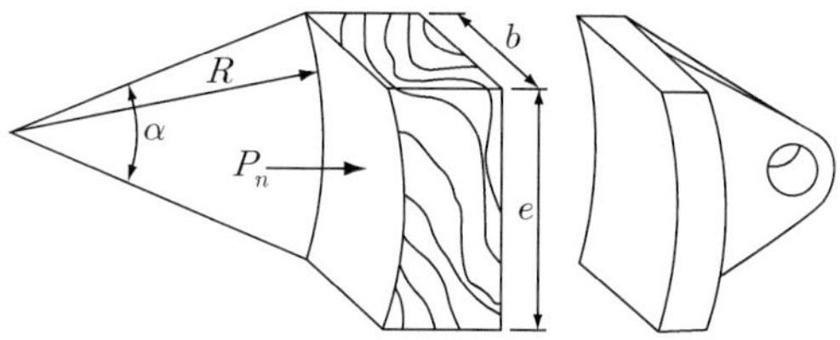

| 그림 13. 4 | 브레이크 블록

브레이크 드럼은 주철 또는 주강제로 만들고, 브레이크 블록은 주철, 주강, 목재로 만들어 여기에 석면, 직물이나 가죽을 붙여서 사용한다. 건조 상태에서는 마찰이 크기 때문에 마멸이 빨리 일어나므로, 마찰면에 약간의 오일을 발라서 사용한다. 그림 13. 4에서 블록의 나비를 b (mm), 길이를 e (mm), 브레이크 블록의 반지름을 R (mm), 접촉각을 α 라고 하면, 제동압력(braking pressure) p 는 블록의 투상 면적의 압력으로 아래와 같다.

$$p = \frac{P_n}{A} = \frac{P_n}{be} \ (\text{kg/mm}^2) \tag{13. 10}$$

접촉 중심각 α 는 대략 50~70°가 되도록 하고, 지름 D 에 비해서 e 의 값이 작을수록 브레이크 압력은 일정하다. 표 13. 2에는 브레이크 재료의 마찰계수와 허용 브레이크 압력을 나타내었다.

| 표 13. 2 | 브레이크 재료의 마찰계수 μ의 값

사용 재료	허용압력(kg/mm²)	마찰계수(μ)	사용 조건
주철	0.1 이하	0.1~0.2 0.08~0.12	건조 윤활
강철	-	0.15~0.20 0.10~0.15	건조 윤활
연강	-	0.15	건조
연철		0.18	건조
놋쇠		0.10~0.20	건조, 윤활
청동	0.04~0.08	0.10~0.20	건조, 윤활
목재	0.02~0.03	0.15~0.25	소량의 기름
화이바	0.005~0.01	0.05~0.10	건조
가죽	0.007~0.025	0.25~0.30	건조, 윤활
석면직물	0.025~0.035	0.35~0.60	건조, 윤활

2. 브레이크의 용량

브레이크 블록의 치수를 구하려면, 발생하는 마찰열의 방산을 고려하여야 한다. 마찰열은 블록의 접촉면의 마찰일로 인하여 발생한다. 이때, 제동마력 H(PS)는,

$$H = \frac{Pv}{75} = \frac{\mu P_n v}{75} = \frac{\mu p v A}{75} \text{(PS)} \tag{13. 11}$$

여기서, P는 제동력(kg),

v는 브레이크 드럼의 원주속도(m/s)

따라서, 마찰면의 단위 면적에 대한 일량은,

$$\frac{75H}{A} = \mu p v \, (\text{kg/mm}^2 \cdot \text{m/s})$$

여기서, $\mu p v$를 브레이크 용량(brake capacity)이라고 하며, 이 값을 어느 한도 이하로 제한하여야 한다. 보통, 브레이크의 부하에 발열을 고려하여, 브레이크용량은 다음의 값으로 정하는데 이때 브레이크 드럼은 자연냉각으로 한다.

① 사용 정도가 심한 경우 : $\mu p v < 0.06 \text{ kg/mm}^2 \cdot \text{m/s}$

② 사용 정도가 심하지 않는 경우 : $\mu p v < 0.1 \text{ kg/mm}^2 \cdot \text{m/s}$

③ 방열 상태가 좋고, 사용 정도가 심하지 않는 경우 : $\mu p v < 0.3 \text{ kg/mm}^2 \cdot \text{m/s}$

예제 13.1

블록 브레이크 장치에서 브레이크 드럼에 7,169kg · mm의 토크가 작용하고 있는 경우 레버에 15kg의 힘을 가하여 제동하기 위한 브레이크 드럼의 지름을 구하여라. 또, 브레이크 드럼의 회전방향이 반대로 되었을 때, 레버에 작용할 힘을 구하여라. 단, 드럼과 브레이크 사이의 마찰계수 $\mu = 0.3$이다.

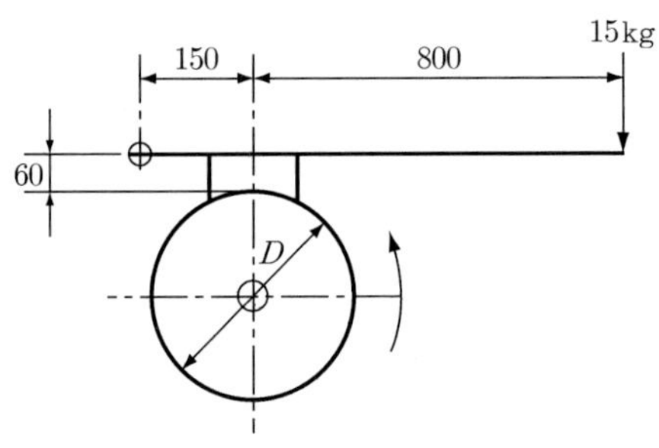

풀이 (1) 좌회전 할 때의 제동력은,

$$P=\mu P_n=\frac{\mu a F}{b-\mu c}=\frac{0.3\times 950\times 15}{150-0.3\times 60}=32.4\,\text{kg}$$

식 (13. 8)에서 브레이크 드럼의 지름 D는,

$$D=\frac{2T}{P}=\frac{2\times 7,160}{32.4}=442\,\text{mm}$$

(2) 우회전 일 때 제동력은,

$$P=\frac{2T}{D}=\frac{2\times 7,160}{442}=32.4\,\text{kg}$$

조작력은 표 13.1(a)에서,

$$F=\frac{P_n}{a}(b+\mu c)=\frac{P}{a\mu}(b+\mu c)=\frac{34.5}{950\times 0.3}(150+0.3\times 60)=19.1\,\text{kg}$$

예제 13.2

내부 확장식 브레이크에서 실린더에 흐르는 유압이 40kg/cm^{2}이고, 브레이크 드럼이 500rpm으로 회전할 때 제동마력을 구하여라. 단, 마찰계수는 $\mu=0.3$ 이다.

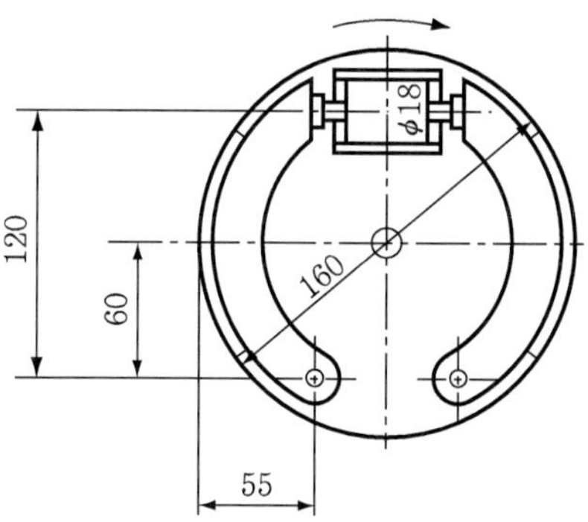

풀이 실린더에 작용하는 힘 F는,

$$F=\frac{\pi}{4}\times 1.8^2\times 40=101.5\,\text{kg}$$

우회전시 브레이크의 제동력 P_1, P_2는,

$$P_1=\frac{\mu F l_1}{l_2-\mu l_3}=\frac{0.3\times 101.5\times 120}{60-0.3\times 55}=84\,\text{kg}$$

$$P_2=\frac{\mu F l_1}{l_2+\mu l_3}=\frac{0.3\times 101.5\times 120}{60+0.3\times 55}=47.7\,\text{kg}$$

제동력 T는 식 (13. 8)에서,

$$T=\frac{(P_1+P_2)D}{2}=\frac{(84+47.7)\times 160}{2}=10,536\,\text{kg}\cdot\text{mm}$$

따라서, 이 브레이크가 제동할 수 있는 마력 H(PS)는,

$$H=\frac{T\cdot n}{716,200}=\frac{10,536\times 500}{716,200}=7.35\,\text{PS}$$

13.2 밴드 브레이크

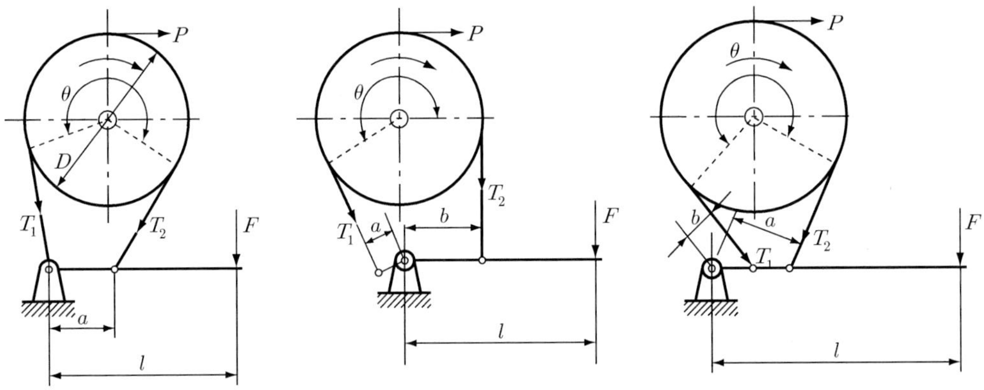

(a) 단동식 (a) 차동식 (a) 합동식

| 그림 13. 5 | 밴드 브레이크의 종류

밴드 브레이크(band brake)는 제동장치 중에서 가장 단순하며 브레이크 드럼의 외주에 강철 밴드를 감고 장력을 주어서 밴드와 드럼 사이의 마찰에 의하여 제동장치를 하는 것이다. 마찰력을 크게 하기 위하여 밴드의 안쪽에 나무 조각, 가죽, 석면 직물 등을 부착한다. 이 종류로는 그림 13. 5와 같이 브레이크 레버에 밴드를 연결하는 부착 위치에 따라 단동식, 차동식, 합동식의 3가지 형식이 있다.

드럼의 재료는 주철 또는 주강을 사용하고, 밴드 브레이크의 설계시 밴드와 브레이크 드럼 사이의 틈새 c는 브레이크 드럼의 크기에 따라 1~5mm 정도로 하며, 브레이크 막대의 치수a, b는 밴드의 감은 것이 원주의 0.7정도이면 $b=(2.5\sim3)a$, $a=30\sim50\,\text{mm}$ 정도가 적당하다. 표 13. 3에는 밴드 브레이크의 드럼과 밴드의 폭을 나타내었다.

| 표 13. 3 | 브레이크 드럼과 밴드의 폭

(단위 : mm)

드럼의 지름	250	300	350	400	450	500
제동바퀴 폭	50	60	70	80	100	120
제동밴드 폭	40	50	60	70	80	100
제동 밴드의 두께	2	3	3	4	4	4

13.2.1 밴드 브레이크의 장력

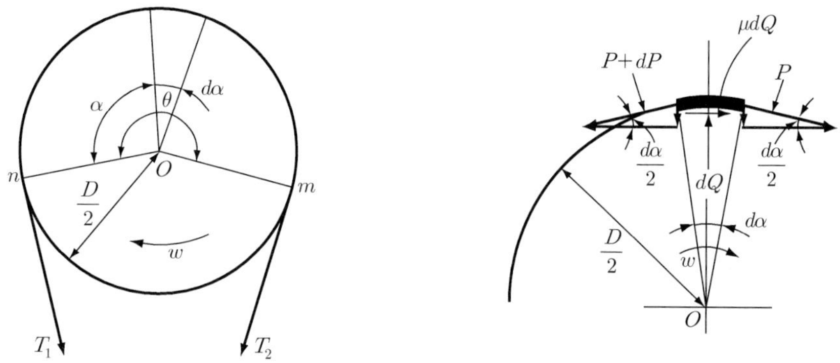

| 그림 13. 6 | 밴드의 장력

그림 13. 6에서 밴드 양끝의 장력을 T_1, T_2 (kg), 브레이크 레버에 가하는 조작력을 F (kg), 브레이크의 제동력을 P (kg), 밴드와 브레이크 드럼과의 접촉각을 θ (rad), 벤드와 브레이크 드럼 사이의 마찰계수를 μ 라고 하면 제동력 P는,

$$P = \frac{2T}{D}$$

T_1 과 T_2 의 관계식은 평벨트와 같으며 브레이크에서의 원심력 무시하면

$$\frac{T_1}{T_2} = e^{\mu\theta} \tag{13. 12}$$

$P = T_1 - T_2 \, (T_1 > T_2)$ 이므로,

$$T_1 = P\frac{e^{\mu\theta}}{e^{\mu\theta} - 1} \tag{13. 13}$$

13.2.2 밴드 브레이크의 제동력

1. 단동식 밴드 브레이크

그림 13. 5(a)를 단동식 밴드 브레이크(simple band brake)라고 하고, 레버에서 각 힘까지의 거리를 a, l 이라고 하면, 브레이크 레버의 교점에 관한 힘의 모멘트 평행조건에서 우회전의 경우에는,

$$Fl - T_2 a = 0$$

따라서,

$$F = \frac{T_2 a}{l} = \frac{Pa}{l} \cdot \frac{1}{e^{\mu\theta} - 1} \tag{13. 14}$$

좌회전의 경우에는 T_1과 T_2는 반대가 되므로,

$$F = \frac{T_1 a}{l} = \frac{Pa}{l} \cdot \frac{e^{\mu\theta}}{e^{\mu\theta} - 1} \tag{13. 15}$$

위의 식에서 제동력을 얻기 위해서는 레버의 조작력 F의 값을 $e^{\mu\theta}$배로 하여야 한다. 그러므로, 조작력을 작게 하기 위해서는 밴드의 긴장측을 고정 지점에 연결하고, 이완측을 레버에 연결하여야 한다.

2. 차동식 밴드 브레이크

그림 13. 5(b)에서 우회전의 경우는($T_1 > T_2$)

$$Fl = T_2 b - T_1 a$$

$$\therefore \ F = \frac{P(b - a e^{\mu\theta})}{l(e^{\mu\theta} - 1)} \tag{13. 16}$$

F는 b와 $ae^{\mu\theta}$의 차이에 의해서 변화하므로, 이것을 차동식 밴드 브레이크(differential band brake)라고 한다. 그러나, $b \leqq ae^{\mu\theta}$가 되면 $F \leqq 0$이 되어 자동 브레이크(self locking brake)가 되므로, 축의 회전속도를 제어하는 브레이크로써 사용할 수 없다.

좌회전의 경우에는 T_1과 T_2는 반대가 되므로,

$$F = \frac{P(b e^{\mu\theta} - a)}{l(e^{\mu\theta} - 1)} \tag{13. 17}$$

이 경우에는 $be^{\mu\theta} \leqq a$가 되면, $F \leqq 0$이 되어 자동 브레이크가 된다. 만약, 우회전의 경우 $ae^{\mu\theta} = b$이면 $F = 0$이지만, $e^{\mu\theta}$는 항상 1보다 크고 $a < b$이므로 좌회전의 경우에는 $be^{\mu\theta}$는 항상 a보다 커져서 F는 결코 0이 되지 않는다. 따라서, 이와 같은 차동식 밴드 브레이크에서 브레이크 드럼은 반시계 방향으로 자유로이 회전 할 수 있으나, 시계 방향으로는 전혀 회전할 수 없어 역전방지 장치(back stop mechanism)로 사용할 수 있다. b와 $ae^{\mu\theta}$ 또는 a와 $be^{\mu\theta}$의 비가 너무 작으면, 제동시 진동이 발생하므로 보통 2.5~3.0 정도로 한다. 그리고, a와 b 중에서 작은 편의 값은 30~50mm로 정한다.

3. 합동식 밴드 브레이크

그림 13. 5의 (c)에서 우회전의 경우 브레이크 레버에서 힘의 모멘트 평행조건으로부터,

$$Fl = T_2 a + T_1 b$$
$$\therefore \ F = \frac{P(a + b e^{\mu\theta})}{l(e^{\mu\theta} - 1)} \tag{13. 18}$$

좌회전의 경우에는 T_1과 T_2는 반대가 되므로,

$$F = \frac{P(a e^{\mu\theta} + b)}{l(e^{\mu\theta} - 1)} \tag{13. 19}$$

만약, 그림 13. 5의 (c)에서 $a = b$인 경우에 조작력은 아래 식 (13.20)과 같으며, 이때 회전 방향이 반대로 되어도 F는 변하지 않는다.

$$F = \frac{Pa(e^{\mu\theta} + 1)}{l(e^{\mu\theta} - 1)} \tag{13. 20}$$

13.2.3 밴드 브레이크의 제동마력 및 밴드의 치수

1. 밴드의 제동마력

밴드가 브레이크 드럼에 미치는 압력 p는 그림 13. 7과 같이 대수곡선으로 된다. 밴드의 나비를 w, 브레이크 드럼의 반지름을 r, 임의의 밴드의 미소 길이를 dx, dx에 해당되는 중심각을 $d\theta$, x점의 장력을 T_x, 밴드의 접촉 원호의 온 길이를 y라고 하면,

$$p\,w\,dx \fallingdotseq 2\,T_x \sin\frac{d\theta}{2} \fallingdotseq T_x\,d\theta = T_x\,\frac{dx}{r}$$
$$\therefore \ p = \frac{T_x}{wr} \tag{13. 21}$$

그러므로, F가 T_1일 때 최대가 되고, T_2일 때 최소가 된다.

$$\left.\begin{aligned} p_{max} &= \frac{T_1}{wr} = \frac{Pe^{\mu\theta}}{wr(e^{\mu\theta} - 1)} \\ p_{min} &= \frac{T_2}{wr} = \frac{P}{wr(e^{\mu\theta} - 1)} \end{aligned}\right\} \tag{13. 22}$$

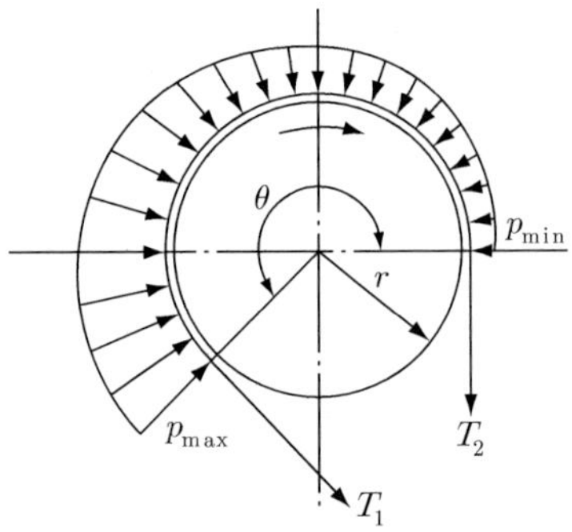

|그림 13.7| 밴드의 압력 분포

따라서, 평균 접촉압력 $p_m = \dfrac{p_{max} + p_{min}}{2}$ 이라고 하면 제동력 P는,

$$P = \mu w y p_m \tag{13. 23}$$

그러므로, 드럼의 원주속도를 v (m/s)라고 할 때 제동마력 H(PS)는,

$$H = \frac{Pv}{75} = \frac{\mu w y p_m v}{75} \tag{13. 24}$$

여기서, p_m 은 블록 브레이크의 경우에 준하고, 마찰계수 μ 는 강제의 경우 $\mu = 0.15 \sim 0.2$, 나무토막을 라이닝 한 경우 $\mu = 0.25 \sim 0.3$ 정도이다. 또, 접촉각 $\theta = (1 \sim 1.5)\pi$ 정도로 하는 것이 보통이다.

2. 밴드의 치수

밴드의 나비는 $w \leqq$ 150 mm로 하는데, 허용 인장응력을 σ_t 라고 하면, 보통 밴드의 두께 t 는,

$$t = \frac{T_1}{\sigma_t \cdot w} \tag{13. 25}$$

강철인 경우 보통 $\sigma_t = 600 \sim 800\,\text{kg/cm}^2$으로 취하고 특히, 마멸을 고려하는 경우에는 $\sigma_t = 500 \sim 600\,\text{kg/cm}^2$으로 하고, 제동할 때 적당한 힘을 얻기 위해서 $t = 2 \sim 4$ mm로 한다. 또, 라이닝의 두께를 목재에서는 30~40mm, 석면 직물에서는 5~10mm로 한다. 브레이크 레버의 치수 a 와 b 에 대해서는, 밴드의 접촉이 드럼 원주의 70% 정도의 경우 $b = (2.5 \sim 3)a$, $a = 30 \sim 50$ mm정도로 한다.

예제 13.3

밴드 브레이크 장치에서 얻어지는 최대 제동 토크 T를 구하여라. 단, 밴드는 석면직물을 라이닝 하였으며, 마찰계수 $\mu=0.4$ 이다. 또, 밴드의 두께 $t=3.5$ mm, 밴드의 허용 인장응력 $\sigma_t=7$ kg/mm^{2}이라고 할 때, 밴드의 나비 w를 구하여라.

풀이 우회전이므로 식 (13. 14)에서,

$$Fl = T_2 a$$

$$F=\frac{T_2 a}{l}=\frac{Pa}{l}\cdot\frac{1}{e^{\mu\theta}-1}$$

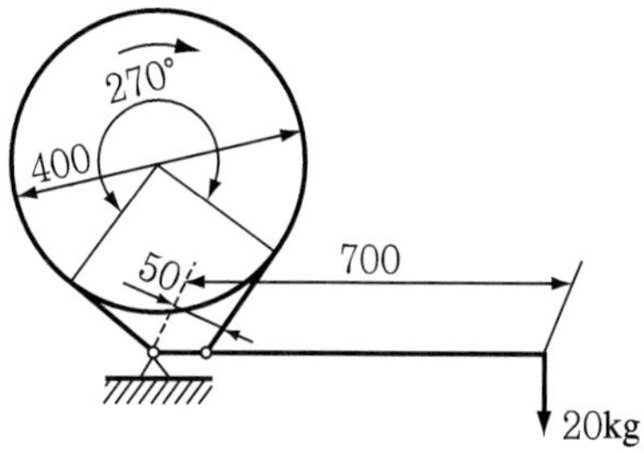

위의 식에서 제동력을 구기 위하여

$$P=\frac{Fl}{a}(e^{\mu\theta}-1)$$

여기에 $\mu=0.4$, $\theta=270°=4.71$ rad, $e^{\mu\theta}=6.58$을 대입하면,

$$P=\frac{Fl}{a}(e^{\mu\theta}-1)=\frac{20\times700}{50}\times(6.58-1)=1562.4\text{kg}$$

$$T=\frac{PD}{2}=1562,4\times\frac{400}{2}=312,480\text{ kg}\cdot\text{mm}$$

긴장측의 장력 T_1은,

$$T_1=P\cdot\frac{e^{\mu\theta}}{e^{\mu\theta}-1}=1562.4\times\frac{6.58}{6.58-1}=1842.4\text{kg}$$

$$w=\frac{T_1}{\sigma_t t}=\frac{1842.4}{7\times3.5}=75.2\text{mm}$$

예제 13.4

브레이크 드럼의 축에 8,000kg·cm의 토크가 작용하고 있는 차동식 밴드 브레이크 장치가 있다. 마찰계수 $\mu=0.3$ 으로 할 때, 축의 회전을 정지시키려면 브레이크 레버에 작용시킬 힘의 크기와 브레이크를 자동잠김제동(self locking brake)을 하고자 할 때, c 의 크기도 구하여라.

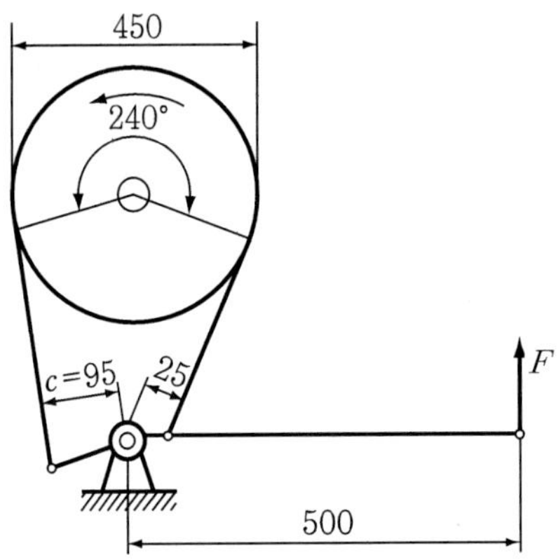

풀이 좌회전의 경우이므로, 식 (13. 17)에서 방향이 반대이므로 $-F$를 이 식에 대입하면,

$$F=\frac{P(a-be^{\mu\theta})}{l(e^{\mu\theta}-1)}$$

여기서, $a=c=95\text{ mm},\ b=25\text{ mm},\ l=500\text{ mm}$이다.

제동력 P는,

$$P=\frac{2T}{D}=\frac{2\times 8{,}000}{45}=356\text{kg}$$

$$\mu=0.3\ ,\ \theta=240=4.91\text{ rad},\ e^{\mu\theta}=3.5$$

$$\therefore F=\frac{P(a-be^{\mu\theta})}{l(e^{\mu\theta}-1)}=\frac{356\times(95-25\times 3.5)}{500\times(3.5-1)}=2.14\text{kg}$$

자동 브레이크 작용을 하기 위한 조건은 $a-be^{\mu\theta}\leqq\ 0$ 이므로,

$$c-25\times 3.5\leqq\ 0$$

$$c\leqq\ 25\times 3.5=87.5\text{mm}$$

따라서, c를 87.5mm보다 작게 하면, $F\leqq\ 0$ 이 되어 자동잠김제동이 가능하다.

13.3 축압 브레이크

축방향으로 스러스트 하중을 주어 그 마찰력으로 제동하는 브레이크이다.

1. 원판 브레이크

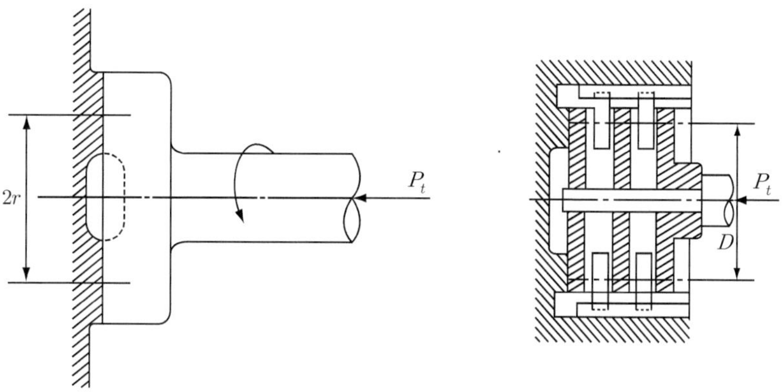

(a) (b)

| 그림 13. 8 | 원판 브레이크

원판 브레이크(disk brake)는 그림 13. 8과 같이 마찰면이 1개인 단판 브레이크와 마찰면이 2개 이상인 다판 브레이크가 있다. 원판의 재료는, 주철이나 강을 주로 사용하는데 보통 석면직물, 화이바(fiber) 등으로 라이닝 한다.

그림 13. 8(a)를 단판 브레이크라고 하며, 이때의 축방향 스러스트를 P_t (kg), 원판의 평균지름을 $D(=2r)$, 평균 반지름에서의 제동력을 P (kg)라고 하면, 제동 토크는 T는,

$$\left.\begin{aligned} T &= \mu P_t r = P r \\ P &= \mu P_t \end{aligned}\right\} \qquad (13.\ 26)$$

그림 13. 8(b)를 다판 브레이크라고 하며, 마찰면의 수를 증가시켜서 사용하고 마찰면의 수를 z 라고 하면, 제동력을 P (kg)는,

$$P = \mu z P_t \qquad (13.\ 27)$$

브레이크 압력은 아래와 같은 정도로 잡는다.

$$p = 0.04 \sim 0.08 \text{ kg/mm}^2 \text{ (강과 청동)}$$

$$p = 0.02 \sim 0.03\,\text{kg/mm}^2 \text{ (강과 직물)}$$

또, 브레이크 용량은 $\mu q v = 0.1 \sim 0.3\,\text{kg/min}^2 \cdot \text{m/s}$이다.

2. 원추 브레이크

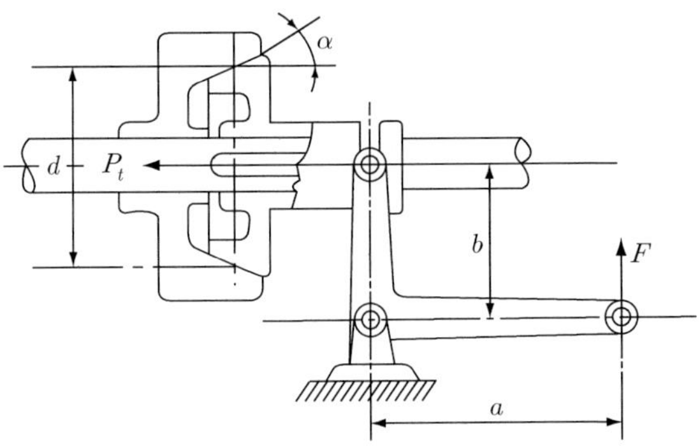

| 그림 13. 9 | 원추 브레이크

그림 13. 9와 같이 마찰면을 원추로 한 것으로, 원추면에 생기는 마찰에 의해 제동하는 것이다.

여기서, 원추의 평균지름을 d, 원추의 꼭지각을 2α, 브레이크 레버의 치수를 a, b, 원추면에 수직으로 작용하는 힘을 N이면,

$$\text{제동력} : P = \mu N \quad \text{또는,} \quad P = \frac{2T}{d}$$

$$\text{스러스트} : P_t = N(\sin\alpha + \mu\cos\alpha)$$

$$\text{조작력} : F = P_t \frac{b}{a}$$

그러므로, 레버에 가해지는 힘 F는,

$$F = P \cdot \frac{b}{a} \cdot \frac{\sin\alpha + \mu\cos\alpha}{\mu} = \frac{2T}{d} \cdot \frac{b}{a} \cdot \frac{\sin\alpha + \mu\cos\alpha}{\mu} \tag{13. 28}$$

보통 $\alpha = 10 \sim 18^\circ$, 주철은 $\mu = 0.18$, 나무를 붙인 것은 $\mu = 0.2 \sim 0.25$ 정도로 잡는다. 또한, 접촉면의 폭을 c라고 하면, 제동압력 p는,

$$p = \frac{N}{\pi dc} = \frac{P_t}{\pi dc(\sin\alpha + \mu\cos\alpha)} \tag{13. 29}$$

13.4 자동하중 브레이크

윈치(winch), 크레인(crane) 등에서 하물을 들어올릴 때는 브레이크의 작용은 하지 않고 클러치로써 작용하며, 하중을 감아 내릴 때는 브레이크로써 작용하여 하중의 속도와 조정과 정지시키는데 사용하는 것이 자동하중 브레이크(automatic load brake)이다. 자동하중 브레이크에는 웜 브레이크(worm brake), 나사 브레이크(screw brake), 캠 브레이크(cam brake), 원심 브레이크(centrifugal brake), 전자기 브레이크 등이 있다.

1. 웜 브레이크

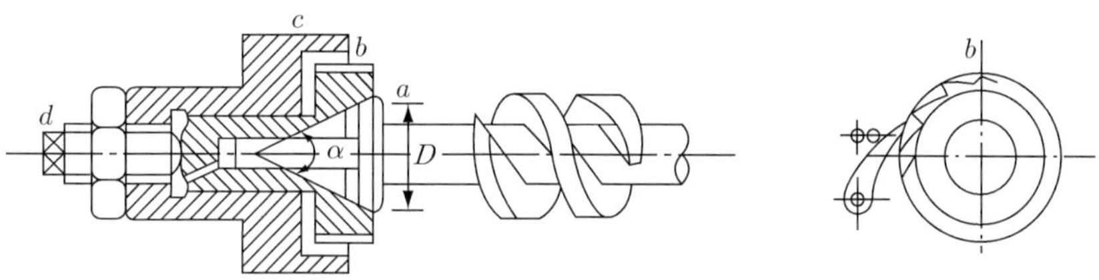

| 그림 13. 10 | 웜 브레이크

웜 기어구동의 기계에서는 하중에 의하여 생기는 웜 휘일의 원주상의 힘은 웜 축을 축방향으로 민다. 이 스러스트는 하중에 비례하므로, 이것을 이용하여 마찰저항을 얻도록 하면 브레이크로서 사용할 수 있다.

그림 13. 10은 체인블록(chain block)에 부착되어 있는 웜 브레이크를 나타낸 것으로, 웜 축 끝에 만들어진 외원추 a를 하중에 의한 스러스트로 내원추b을 밀어 붙여 브레이크 작용을 하는 구조로 되어 있다. b는 조정 볼트 d에 의하여 눌려져 있으며, b의 바깥둘레에는 래칫 휠(ratchet wheel)이 붙어있고, 이것에 포올(pawl)이 걸려있다. 하중을 감아 올릴 때는 웜 휠의 회전에 의하여 웜 축은 왼쪽으로 스러스트를 받으므로, a는 b에 압착되어 일체로 되어 회전하게 되며 이때, 포올은 래칫 휠에 걸리지 않고 자유로이 회전한다. 웜 축의 회전을 멈추면 포올은 래칫 휠에 걸리고, 축은 a, b 사이의 마찰에 의하여 제동되며, 하중을 도중에서 정지시킨 채로 지지한다. 감아 내릴 때에는 이 제동력에 극복하여 웜 축을 역전시키면 a, b는 서로 떨어지고, 브레이크는 풀리게 된다.

여기서, 웜 축방향의 스러스트를 P, 웜의 피치원 반지름을 r_2, 웜의 리드각을 θ, 웜의 마찰각을 ρ, 원추 브레이크의 평균지름을 D, 원추각을 α라고 하면, 감아올릴 때 필요한 토크 T_1는,

$$T_1 = Pr_2 \tan(\theta + \rho) \tag{13. 30}$$

감아 내리기 시작하는데 필요한 토크 T_2는,

$$T_2 = \frac{\dfrac{\mu PD}{2}}{\sin\dfrac{\alpha}{2}} - Pr_2 \tan(\theta - \rho) \tag{13. 31}$$

2. 나사 브레이크

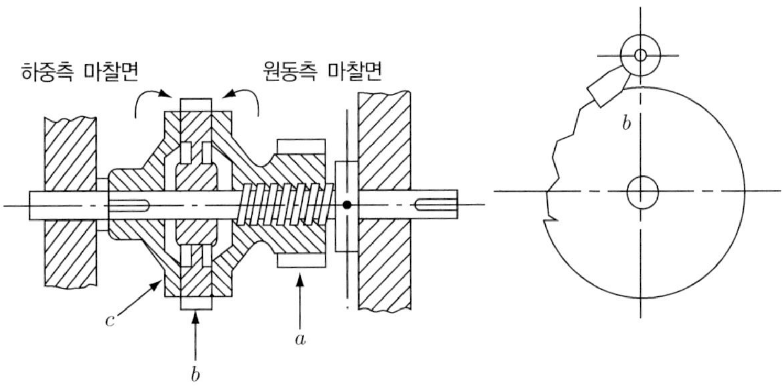

|그림 13. 11| 나사 브레이크

그림 13. 11과 같이 윈치에서 웜 기어를 사용하지 않는 경우에는 나사 또는 경사면에 의해 축방향의 스러스트를 원판 브레이크에 전하여 자동적으로 제동작용을 한다.

하중을 감아 올릴 때는 기어 a를 돌리면 나사에 의하여 b에 밀착하여 a, b, c는 일체로 되어 회전한다. 이때, 래칫 휠 b는 포올에 대하여 미끄러지고 원판 c는 축에 키(key)로써 고정되므로, 축이 회전하여 하중을 감아 올린다. 감아 내릴 때에는 래칫 휠은 포올에 걸리고, a를 반대방향으로 돌리면 나사에 의하여 a는 오른쪽으로 움직이고 a, b 사이에 틈새가 생겨 c는 하중에 의하여 회전한다. 다음에 이 축의 회전이 가속되어, a의 회전보다 빨라지면 나사에 의하여 a, b, c는 접촉하여 마찰력이 생기며, c의 회전이 늦어진다. 이와 같이, 축의 회전속도는 기어a의 회전속도와 동일하게 된다.

여기서, 하중에 의한 기어 a의 피치원주 상에 걸리는 힘을 Q, 기어 a의 피치원의 지름을 r_1, 스러스트 하중을 P, 나사의 평균 반지름을 r_2, 마찰면의 수를 n_1, n_2, 마찰면의 평균 반지름을 r_3, 마찰계수를 μ, 나사의 리드각을 θ, 나사의 마찰각을 ρ라고 하면, 감아올릴 때 필요한 토크 T_1는,

$$T_1 = Qr_1 = P\{n_1 \mu r_3 + r_2 \tan(\theta + \rho)\} \tag{13. 32}$$

또, 마찰력이 충분히 작용하여 하중이 자유낙하하지 않기 위한 필요조건은,

$$n_1 \mu r_3 \geq r_2 \tan(\theta + \rho) \tag{13. 33}$$

감아 내릴 때 필요한 토크 T_2는,

$$T_2 = P\{n_2 \mu r_3 - r_2 \tan(\theta + \rho)\} \tag{13. 34}$$

하중의 가속도가 클 때에는, 관성력으로서 $-W\dfrac{\alpha}{g}$ (α : 하중의 가속도, g : 중력의 가속도, W : 하중의 무게)를 고려하여 구하여야 한다.

3. 캠 브레이크

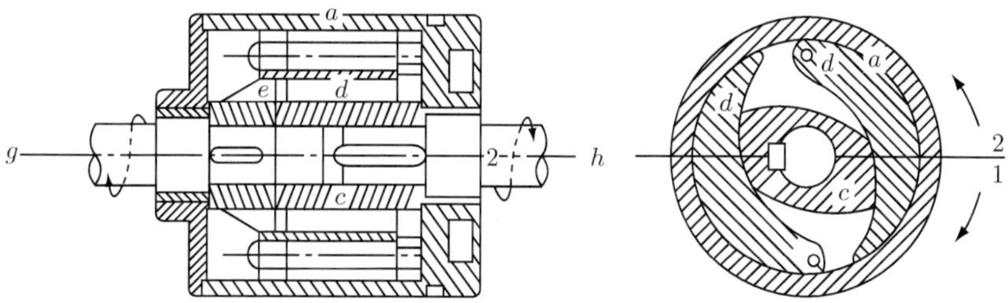

| 그림 13. 12 | 캠 브레이크

그림 13. 12는 캠 브레이크(cam brake)를 나타낸 것으로 a는 동체이며, 축 g 및 h에 헐겁게 끼워져서 자유로이 회전한다.

a의 우측 끝에 래칫 휠 b가 있고, 청동으로 만들어진 베인 d는 e에 핀으로 부착되어 동체 a에 내접하고 있다. 또, e는 원동축 g에, 캠 c는 종동축 h에 키로 고정되어 있다. 하중을 감아 올릴 때에는 축 g가 1의 방향으로 회전하면, 캠 c는 베인 d을 동체 a에 밀어붙여 g와 a는 일체가 되어 회전하며, 캠 c는 h를 회전시켜 하중을 감아 올린다. 이때, 포올은 래칫 휠 위에서 미끄러진다. 반대로, 감아 내릴 때는 g가 2의 방향으로 회전하여 캠 c가 베인 d를 풀어주므로 축 g의 회전에 따라 축 h가 회전한다. 이때에 동체 a는 포올에 의하여 고정되어 하중의 자유낙하를 방지하면서 감아 내릴 수 있다.

4. 원심 브레이크

그림 13. 13은 원심 브레이크(centrifugal brake)를 나타낸 것으로, 감아 내리는 속도를

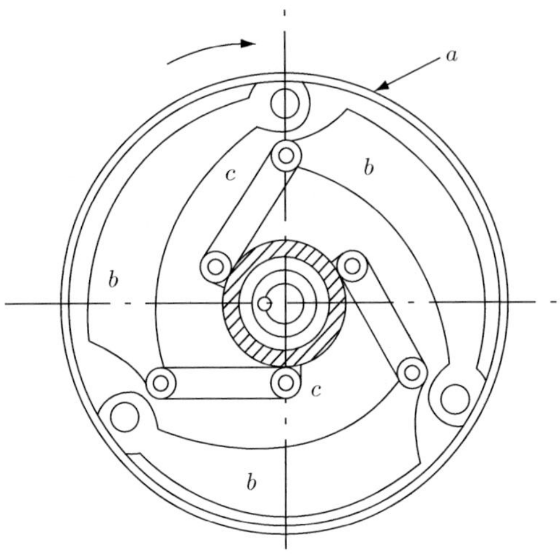

| 그림 13. 13 | 원심 브레이크

자동적으로 일정하게 내리기용으로 사용되는 브레이크이다. 케이스 a는 브레이크 드럼에 해당되는 것으로서 고정되어 있다. b는 원심력에 의하여 작동하는 브레이크 슈이다. 감아 내릴 때 축이 회전하면 b도 회전하며, b는 어느 일정한 회전속도에 이르기까지는 스프링 c에 의하여 안쪽으로 당겨져 있으나, 하중의 낙하속도가 증가하여 b의 원심력이 스프링의 인장력보다 커지면, 회전 핀을 축으로 하여 바깥쪽으로 벌어져 케이스 a의 안쪽에 밀착하여, 마찰력이 생기므로 축을 제동하게 한다. 속도가 감소되면 b는 스프링의 힘으로 안쪽으로 복귀되고, 제동력이 감소되어 하중의 낙하속도는 증가한다. 이와 같은 작용을 반복하면서 하중을 안전하게 강하시킬 수 있다.

5. 전자기 브레이크

그림 13. 14는 전자기 브레이크의 한 종류이며, 브레이크 조작력은 스프링의 힘이지만, 전자석에 의하여 스프링의 힘을 완화시켜 브레이크를 푸는 것이다. 따라서, 정전의 경우에는 자동적으로 브레이크가 작용하게 되므로 윈치, 크레인, 엘리베이터 등에 사용된다.

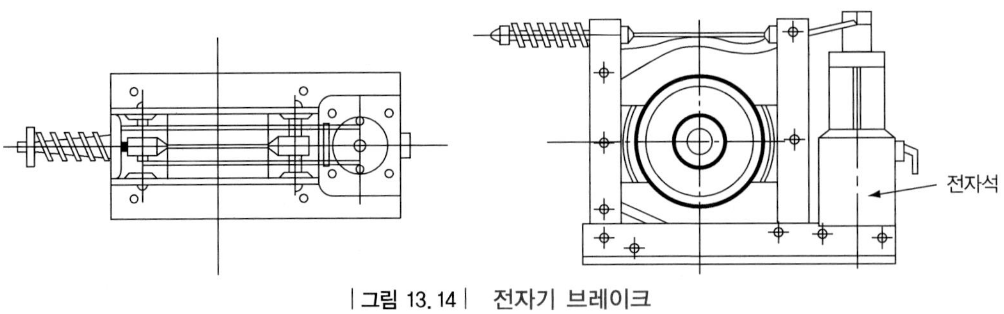

| 그림 13. 14 | 전자기 브레이크

13.5 래칫 휠

래칫 휠(ratchet wheel)은 회전 운동 또는 병진 운동을 일정한 간격이나 주기를 가지는 회전이나 병진 운동으로 바꾸는데 이용되며, 역전을 방지하기 위하여 일방향 클러치, 분할 작용 등에도 이용된다. 재료로는 보통 주철, 주강 또는 단강이며, 포올의 재료는 단강이다.

1. 외측 래칫 휠

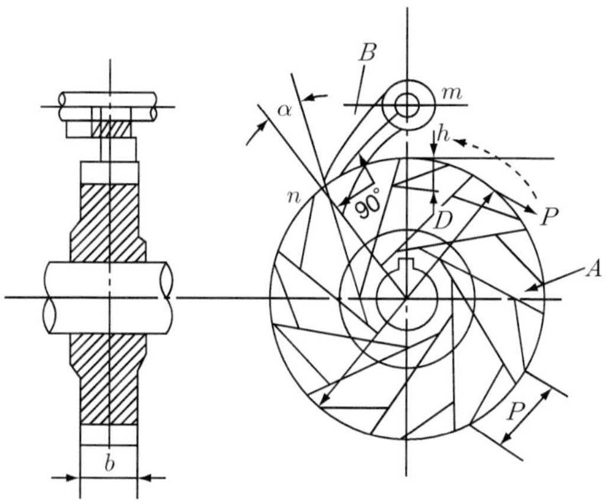

| 그림 13. 15 | 외측 래칫 휠과 포올

그림 13. 15는 래칫 휠의 바깥쪽에 이를 가진 외측 래칫 휠을 나타낸 것으로 A는 래칫 휠, B는 포올이며 래칫 휠이 화살방향으로 회전하는 것은 허용하고, 그 역전은 방지한다.

이의 각도 α는 마찰각 ρ보다 크게 하여, 포올이 이뿌리에 확실하게 미끄러 들어가도록 한다. 포올은 하중에 충분히 견딜 수 있고, 확실히 작용하여 포올이 래칫 휠에 잘 걸려야 한다. $\mu = 0.15 \sim 0.20$이라면, α는 $15°$ 정도가 되어야 한다. 그림 13.15에서 포올 축의 중심 m에서 래칫 휠의 외접원에 그은 접선의 접점 n에서 포올이 래칫 휠에 걸리도록 하면, 접선 방향에 있을 때 포올이 받는 힘 P는 최소가 된다.

여기서, 포올에 걸리는 힘을 P, 래칫 휠에 걸리는 토크를 T, 래칫 휠의 잇수를 z, 래칫 휠의 이의 피치를 p, 이의 높이를 h, 래칫 휠 외접원의 지름을 D, 래칫 휠의 폭을 b, 이에 걸리는 면압력을 f라고 하면,

$$P = \frac{2T}{D} = \frac{2\pi T}{zP} \qquad (13.\ 35)$$

$$f = \frac{P}{bh} \qquad (13.\ 36)$$

단, $f = 0.5 \sim 1 \text{ kg/mm}^2$ (주철)
$f = 1.5 \sim 3 \text{ kg/mm}^2$ (주강, 단강)

그림 13. 16에서 이뿌리의 굽힘 모멘트를 M, 허용 굽힘응력을 σ_a, 이뿌리의 두께를 e, 이끝의 두께를 c 라고 할 때, 굽힘에 의한 이의 강도를 구하면,

$$M = Ph = \frac{be^2}{6}\sigma_a \tag{13. 37}$$

보통 $h = 0.35p$, $e = 0.5p$, $c = 0.25p$ 로 하므로,

$$0.35\,p\,P = \frac{bp^2}{24}\sigma_a \tag{13. 38}$$

위의 식 (13.38)과 식 (13. 35)로부터 $\phi = \dfrac{b}{p}$ 라고 하면,

$$p = 3.75\sqrt[3]{\frac{T}{z\sigma_a\phi}} \tag{13. 39}$$

여기서, ϕ 는 이나비 계수로써 보통 주철에서는 0.5~1.0, 주강이나 단강에서는 0.3 ~0.5 정도로 잡는다. 여기서 $\phi = 0.5$ 으로 잡으면, 위의 식 (13.39)는,

$$p = 4.74\sqrt[3]{\frac{T}{z\sigma_a}} \tag{13. 40}$$

허용응력 σ_a 는 주철에서는 2~3kg/mm^2, 주철·주강에서는 4~6kg/mm^{2}로 한다. 래칫 휠의 지름을 크게 하면, 같은 토크에 대하여 피치 p 는 작게 되나, 원주 속도가 증가하면 충격력이 증가하므로, 잇수 $z = 6 \sim 25$ 정도로 한다.

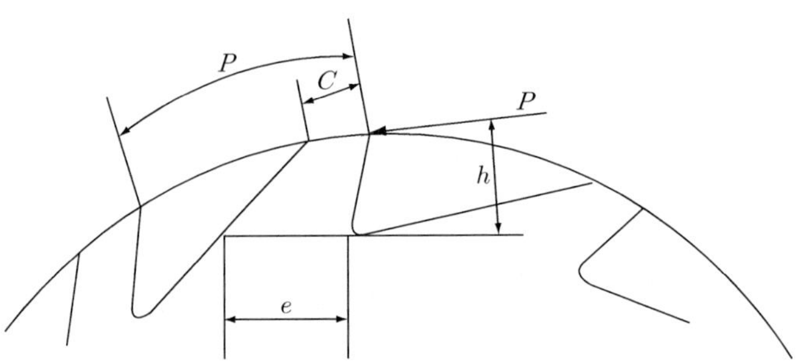

| 그림 13. 16 | 래칫 휠의 강도설계

2. 내측 래칫 휠

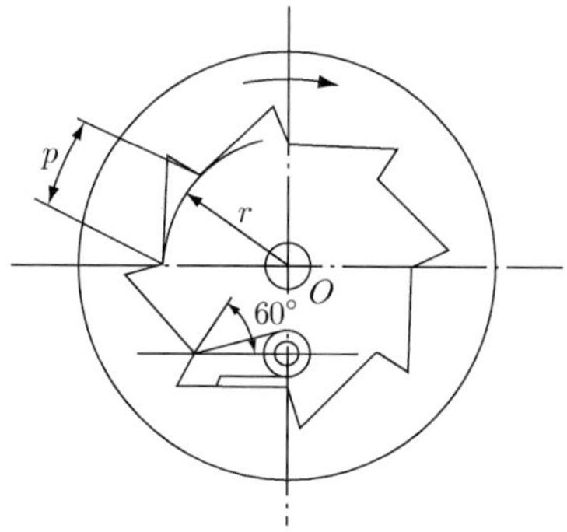

| 그림 13. 17 | 내측 래칫 휠

그림 13. 17과 같이, 래칫 휠의 내측에 이를 가지므로 소형으로 된다. 이것은 큰 장소를 필요하지 않아서 편리하나, 포올을 래칫 휠의 이끝원의 접선 상에 놓을 수 없으므로 접선과 이루는 각 $\alpha = 60°$로 하고, 이의 모양은 접촉각 $\rho = 14° \sim 17°$만큼 반지름 방향으로부터 경사시킨다. 일반적으로 잇수 $z = 16 \sim 30$, 이의 높이 $h = 15 \sim 30$ mm로 한다. 내측 래칫 휠의 경우에는 이끝의 두께 $e = p$로 하면,

$$p = 2.37\sqrt[3]{\frac{T}{z\sigma_a\phi}} \tag{13. 41}$$

예제 13.5

150,000kg · mm의 토크가 작용하는 외측 래칫 휠을 설계하여라. 단, 잇수 $z = 15$, 재질은 주강이며, 허용 응력 $\sigma_a = 5$ kg/mm²이다.

풀이 식 (13. 40)에서 피치 p를 구하면,

$$p = 4.74\sqrt[3]{\frac{T}{z\sigma_a}} = 4.74\sqrt[3]{\frac{150{,}000}{15 \times 5}} = 60\,\text{mm}$$

모듈 m은,

$$m = \frac{p}{\pi} = \frac{60}{3.14} = 19.1\,\text{mm}$$

여기서, $m = 19$는 너무 과대하므로 잇수를 $z = 25$로 가정하고,
원주피치와 모듈을 구하면,

$$p = 4.74\sqrt[3]{\frac{150{,}000}{25 \times 5}} = 51\,\text{mm}$$

$$m = \frac{p}{\pi} = \frac{51}{3.14} = 16.2\,\text{mm}$$

그러므로, $m = 16$ 으로 잡으면,

① 원주피치 : $p = \pi \times m = 3.15 \times 16 = 50\,\text{mm}$

② 외접원 지름 : $D = zm = 25 \times 16 = 400\,\text{mm}$

③ 이의 높이 : $h = 0.35p = 0.35 \times 50 = 17.5 ≒ 18\,\text{mm}$

④ 이끝의 두께 : $c = 0.25p = 0.25 \times 50 = 12.5 ≒ 13\,\text{mm}$

⑤ 이뿌리의 두께 : $e = 0.5p = 0.5 \times 50 = 25\,\text{mm}$

⑥ 잇폭 : $b = 0.5p = 0.5 \times 50 = 25\,\text{mm}$

다음에 이에 작용하는 면압력을 검토하면, 이에 걸리는 힘과 면압력은,

$$P = \frac{2T}{D} = \frac{2 \times 150{,}000}{400} = 750\,\text{kg}$$

$$f = \frac{P}{bh} = \frac{750}{25 \times 18} = 1.67\,\text{kg/mm}^2$$

주철의 경우 $f = 1.5 \sim 3\,\text{kg/mm}^2$이므로, 강도는 안전하다.

13.6 플라이 휠

플라이 휠(관성차, fly wheel)은 브레이크와 같이 일종의 속도 조정장치이다. 내연기관, 공기 압축기 등의 크랭크축에 작용하는 토크는 1사이클 동안에 그 크기와 방향이 여러 가지로 변하게 되므로, 1사이클 중에 평균 토크에 대해서 순간적으로 작용하는 토크는 작아지기도 하고, 크게 되어서 회전이 원활하지 못하게 된다. 또, 1사이클 중에 회전 방향과는 반대 방향의 토크가 작용하므로, 회전 부분에 관성이 없다면 크랭크축은 회전을 할 수 없게 된다. 실제로는 적당한 관성이 있기 때문에 회전은 하지만, 1사이클 중에 순간적인 각속도의 변동은 생긴다. 일반적으로 내연기관에 의해서 다른 기계를 회전시킬 경우에는, 이 각속도 변동이 크면 구동되는 기계에 나쁜 영향을 준다. 이와 같이, 플라이 휠은 큰 관성 모멘트를 이용하여 운동에너지를 축적하거나, 방출하므로 1사이클 중에서 토크가 역방향으로 작용하는 경우에도 회전을 가능케 하며 또, 너무 큰 각속도의 변동이 일어나지 않도록 회전을 원활하게 한다. 즉, 플라이 휠은 기계의 회전 속도 변동을 어느 한정된 범위 내로 유지하는 작용을 하므로, 그 기능상 큰 모멘트를 가져야 한다.

1. 플라이 휠의 관성 모멘트

물체의 관성 모멘트는 반지름의 제곱과 그 무게에 비례하므로 지름을 크게 하면, 같은 관성 모멘트를 갖기 위해서 무게를 줄일 수 있다. 그러나, 플라이 휠은 원주속도, 기계의 모양

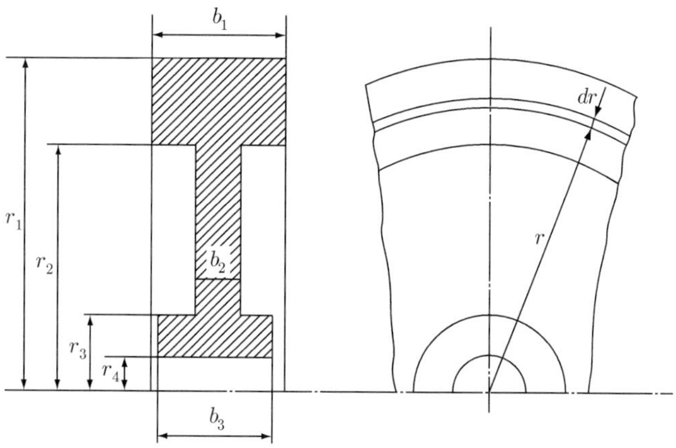

| 그림 13. 18 | 웨브형 플라이 휠

및 크기에 의해서 많은 제한을 받게 된다. 그림 13. 18과 같은 웨브형 플라이 휠의 관성 모멘트를 구하면,

$$\begin{aligned} I_1 &= \int \frac{d\,W_1}{g} r^2 = \int_{r_2}^{r_1} \frac{(2\pi\, r\, dr) b_1 \gamma}{g} \cdot r^2 \\ &= \frac{2\pi\, b_1 \gamma}{g} \int_{r_2}^{r_1} r^3\, dr = \frac{\pi\, b_1 \gamma}{2} ({r_1}^4 - {r_2}^4) \end{aligned} \tag{13. 42}$$

$$I_2 = \frac{\pi\, b_2 \gamma}{2g} ({r_2}^4 - {r_3}^4) \tag{13. 43}$$

$$I_3 = \frac{\pi\, b_3 \gamma}{2g} ({r_3}^4 - {r_4}^4) \tag{13. 44}$$

여기서, r 는 임의의 점까지의 반지름,
γ 는 플라이 휠 재료의 비중량,
I_1 는 림 부분의 관성 모멘트,
I_2 는 웨브 부분의 관성 모멘트,
I_3 는 보스 부분의 관성 모멘트,
I 는 플라이 휠 전체의 관성 모멘트

따라서, 플라이 휠 전체의 관성 모멘트 I 는,

$$I = I_1 + I_2 + I_3 \tag{13. 45}$$

실제의 플라이 휠에서 관성 모멘트는 I_1 이 대부분을 차지하고, I_3 는 매우 작기 때문에 대개 무시한다. 또, 림과 보스가 몇 개의 암으로 연결되어 있는 형식에서는 암의 관성 모멘트는 무시하고, 림의 관성 모멘트만 고려해도 충분하다.

2. 플라이 휠의 강도설계

플라이 휠이 고속으로 회전할 때에는 원심력이 작용하며, 이 원심력에 의하여 생기는 림 부분의 원주방향의 인장 응력을 검토하여야 한다. 즉, 원심력을 받는 얇은 살을 가진 회전 원통으로 생각하여 구한다.

여기서, 림의 평균 반지름을 r, 림의 평균 원주속도를 v, 림의 각속도를 w, 원주 응력을 σ_t, 림 재료의 비중량을 γ 라고 하면,

$$\sigma_t = \frac{r^2 w^2 \gamma}{g} \tag{13. 46}$$

$v = rw$ 이므로, 위의 식 (13.46)은,

$$\sigma_t = \frac{v^2 \gamma}{g} \tag{13. 47}$$

즉, 원주 응력은 림의 단면치수나 반지름에는 관계없이 원주속도에 의하여 결정된다. 이 경우, 림의 바깥지름에 대한 원주속도의 제한은 주철제의 경우에는 30~40m/s, 주강의 경우에는 70m/s 이하로 한다.

3. 플라이 휠의 운동에너지

플라이 휠에서 각속도는 에너지를 흡수할 때 빠르게 되고, 방출할 때 느리게 된다. 여기서, 플라이 휠의 각속도를 w_1, w_2, 평균 각속도를 w 라고 하면, 에너지 변화량 ΔE 는,

$$\Delta E = \frac{I({w_1}^2 - {w_2}^2)}{2} \tag{13. 48}$$

다음은 속도 변동률(coefficient of speed fluctuation)을 δ 라고 하면,

$$\delta = \frac{w_1 - w_2}{w} \tag{13. 49}$$

또, 근사적으로

$$w = \frac{w_1 + w_2}{2} \tag{13. 50}$$

이들을 식 (13. 48)에 대입하면,

$$\Delta E = I w^2 \delta \tag{13. 51}$$

위의 식에서 ΔE의 값이 일정한 경우에만 회전이 원활하게 된다. δ값은 작을수록 좋지만, 작게 하면 I의 값이 커야 하므로 플라이 휠의 바깥지름과 질량이 커야한다.

I가 커지면, w가 큰 고속 회전 기계에서는 가속과 감속에 시간이 걸리므로 적당하지 않으므로 δ값은 큰 지장이 없는 경우에는 표 13. 4와 같이 제한한다.

| 표 13. 4 | 속도 변형률 δ의 값

기계의 종류	δ
펌프, 전단기, 펀칭기계	$\frac{1}{15} \sim \frac{1}{30}$
공기 압축기, 공작기계, 일반 동력기계	$\frac{1}{30} \sim \frac{1}{40}$
제지 기계, 제정기계	$\frac{1}{40} \sim \frac{1}{50}$
벨트 구동 직류 발전기 운전용 내연기관	$\frac{1}{70} \sim \frac{1}{80}$
벨트 구동 교류 발전기 운전용 내연기관	$\frac{1}{125} \sim \frac{1}{150}$
직결 직류 발전기 운전용 내연기관	$\frac{1}{100} \sim \frac{1}{120}$
직결 교류 발전기 운전용 내연기관	$\frac{1}{175} \sim \frac{1}{200}$

4사이클 엔진에는 평균 토크를 T_m이라고 하면, 크랭크 축이 1사이클 사이에서 얻을 수 있는 운동 에너지 E는,

$$E = 4\pi T_m$$

지금, 에너지 변형률(coefficient of energy fluctuation)을 ξ라고 하면,

$$\xi = \frac{\Delta E}{E} \tag{13. 52}$$

ξ값은 각 기계에 대하여 토크 곡선을 그려서 그 결과로부터 E, ΔE의 값을 구하여 계산하지만, 내연기관의 경우에는 기관 형식에 따라 ξ의 값의 범위가 대체로 결정되기 때문에, ξ값을 적당히 잡으면 토크 곡선을 그리지 않고 대략의 I의 값을 알 수 있다. 일반적으로, 4사이클 단기통 기관에서 $\xi=1.2\sim1.3$, 2사이클 단기통에서 $\xi=0.5\sim0.9$로 잡는다.

예제 13.6

15PS, 1,200rpm의 4사이클 2실린더의 디젤 엔진에서 속도 변동률 $\delta=\frac{1}{60}$, 에너지 변동률 $\xi=1.60$ 이라고 할 때, 플라이 휠의 바깥지름을 구하여라. 단, 재질은 주철이며, 안지름 $r_2=250$ mm, 림 부분의 나비 $b_1=50\,\text{mm}$이다.

풀이 이 디젤엔진이 1사이클 중에 한 일은,

$$E=\frac{2\times75\times60\,H}{n}=\frac{2\times75\times60\times15}{1,200}=112.5\,\text{kg}\cdot\text{m}$$

식 (13. 52)에서,

$$\xi=\frac{\Delta E}{E}$$

$$\Delta E=\xi E=1.60\times112.5=180\,\text{kg}\cdot\text{m}$$

여기서,

$$w=\frac{2\pi n}{60}=\frac{2\pi\times1,200}{60}=125,6\,(\text{rad/s})$$

$$\delta=\frac{1}{60}$$

$$\therefore\ I=\frac{\Delta E}{w^2\delta}=\frac{180}{125.6^2\times\frac{1}{60}}=0.685\,\text{kg}\cdot\text{m}\cdot\text{s}^2$$

이 관성 모멘트를 림 부분이 전부 차지하는 것으로 하면 식 (13. 42)에서,

$$I=\frac{\pi b_1\gamma}{2g}(r_1{}^4-r_2{}^4)$$

$b=0.05\,\text{m}$, $\gamma=7,800\,\text{kg/m}^3$(주철), $g=9.8\,\text{m/s}^2$이므로,

$$r_1{}^4-r_2{}^4=\frac{2gI}{\pi b_1\gamma}=\frac{2\times9.8\times0.685}{\pi\times0.05\times7,800}=0.0109\,\text{m}^4$$

$r_2=250\,\text{mm}=0.25\text{m}$를 대입하여 r_1을 구하면,

$r_1=0.35\,\text{m}=350\text{mm}$

따라서, 플라이 휠의 바깥지름은 $2r_1=2\times350=700\,\text{mm}$로 된다.

연습문제

1. 클러치와 브레이크의 기능상의 차이점을 비교 설명하여라.

2. 단식 블록 브레이크와 복식 블록 브레이크를 비교 설명하여라.

3. 래칫 휠과 플라이 휠의 기능을 비교 설명하여라.

4. 표 13.1(a)에서 $a = 710\,\text{mm}$, $b = 110\,\text{mm}$, $c = 25\,\text{mm}$, $\mu = 0.15$, $D = 300\,\text{mm}$이다. 레버의 끝에 20kg을 가할 때, 브레이크의 제동력과 제동 토크를 구하여라.

5. 표 13.1(c)와 같은 단식 블록 브레이크에서 드럼의 지름 $D = 180\,\text{mm}$, $\mu = 0.20$, 조작력이 20kg, $c = 40\,\text{mm}$일 때, 제동 토크 $T = 2{,}500\,\text{kg}\cdot\text{mm}$을 얻기 위한 브레이크 레버의 치수 a와 b를 구하여라.

6. 드럼의 지름 $D = 300\,\text{mm}$의 밴드 브레이크에 의하여 10,000kg · cm의 제동 토크를 얻고자 한다. 밴드의 두께가 2mm일 때 알맞은 폭를 구하여라. 단, 마찰계수 $\mu = 0.35$, 접촉각 $\theta = 250°$, 밴드의 허용 인장응력 $\sigma_a = 8\,\text{kg/mm}^2$이다.

7. 잇수 $z = 12$, 15kg · m의 토크를 받는 래칫 휠을 설계하여라. 단, 재료는 주철로 하고, 허용 굽힘응력 $\sigma_a = 2\,\text{kg/mm}^2$이다.

8. 관성 모멘트 $0.2\,\text{kg}\cdot\text{m}\cdot\text{s}^2$를 요하는 플라이 휠 림의 바깥지름 700mm, 안지름 660mm일 때 폭을 구하여라. 단, 플라이 휠 재료의 비중은 7.8이다.

9. 20PS의 단기통 4사이클 석유기관이 있다. 회전수는 550rpm으로 속도 변동계수가 1/23이며, 폭발시 발생한 에너지의 80%를 플라이 휠에 저장하려면, 이때 플라이 휠의 관성 모멘트의 크기를 구하여라. 또, 플라이 휠의 회전 반지름을 550mm로 하면, 그 무게는 얼마인지를 구하여라.

10. 20PS, 300rpm의 4사이클 단기통 디젤기관에 있어서 속도 변형률을 1.80 이하로 유지하는데, 필요한 플라이 휠의 치수를 구하여라. 단, 이 기관의 에너지 변동률을 1.30으로 하고, 플라이 휠의 바깥지름 1.8m, 폭 $b_1 = 0.18\,\text{m}$, 재질은 주철로 한다. 또, 원심력에 의한 림의 원주 응력을 구하여라.

CHAPTER 14

스프링

탄성체는 하중을 받으면 하중의 변동에 따라 변형을 하게 되고, 그 때 한 일을 탄성 에너지로 물체 내부에 흡수하는 특성과 기능을 이용한 기계요소를 스프링(spring)이라고 한다. 스프링은 탄성이 큰 재료를 특별한 모양 또는 구조로 만들어 하중이 가해지면 큰 병형을 일으켜서 큰 탄성 에너지를 저장하고, 하중을 제거하면 저장된 에너지를 방출하는 일(work)을 하므로 일반 기계용 부품에서 가정용 부품에 이르기까지 널리 사용되고 있다.

14.1 스프링의 종류와 특성

스프링에는 강이나 구리 합금 등을 사용한 금속 스프링과 고무, 플라스틱 등을 사용한 비금속 스프링, 공기나 기름 등을 사용한 유체 스프링 등이 있으며 공업용으로는 금속 스프링이 많이 사용된다.

14.1.1 스프링의 종류

1. 코일 스프링

코일 스프링(coil spring)은 봉재를 나선상으로 감은 것으로 그림 14. 1과 같이 용도에 따라 인장 코일 스프링(extension coil spring), 압축 코일 스프링(compression coil spring), 비틀림 코일 스프링(torsion coil spring)으로 나눈다. 이 스프링은 가격이 싸고, 기능이 양호하며, 소량・경량화가 가능한 장점을 가지고 있다. 일반적으로 원통 코일 스프링이 가장 많이 사용된다.

2. 스파이럴 스프링

스파이럴 스프링(spiral)은 그림 14. 2와 같이 얇은 판의 스프링 재료를 나선 모양으로 감은 것으로 굽힘응력이 작용하며, 주로 기계의 태엽이나 장남감의 동력원으로 사용된다.

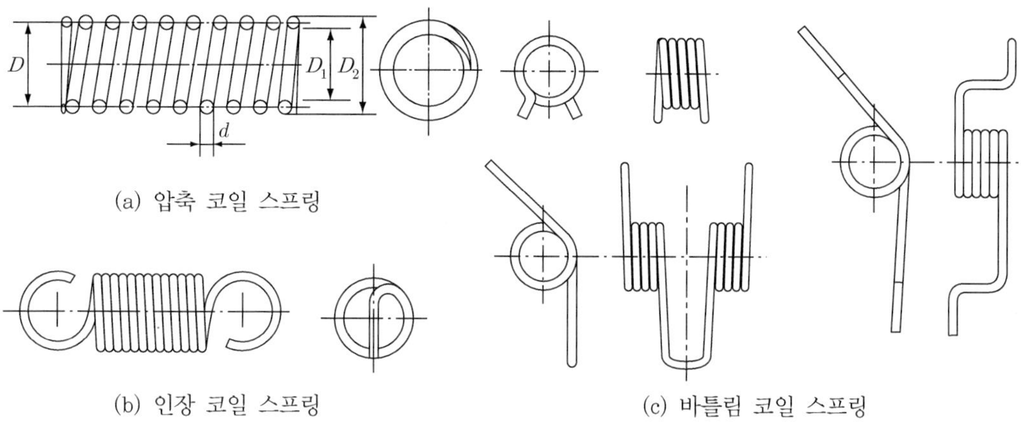

(a) 압축 코일 스프링

(b) 인장 코일 스프링

(c) 바틀림 코일 스프링

|그림 14.1| 코일 스프링의 종류

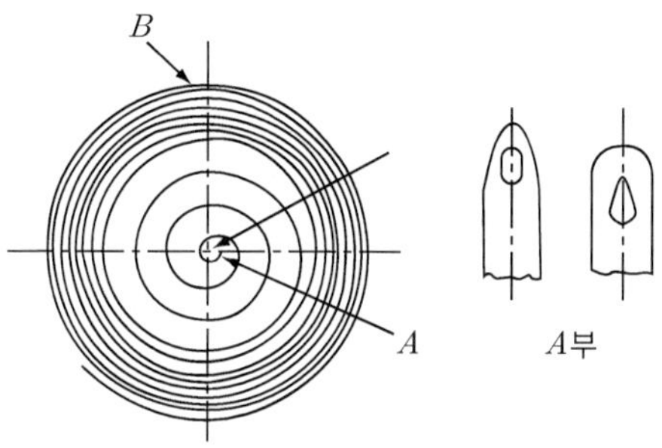

|그림 14.2| 스파이럴 스프링

3. 토션바 스프링

그림 14. 3과 같이 봉재를 비틀림으로써 스프링의 역할을 하는 것이 토션 바(torsion bar)이다. 이 스프링은 비교적 큰 에너지를 저장 할 수 있으며, 경량이고 간단한 형상을 가지는 특징이 있다. 자동차의 현가장치(suspension system)와 조향장치(steering system)에 주로 사용된다.

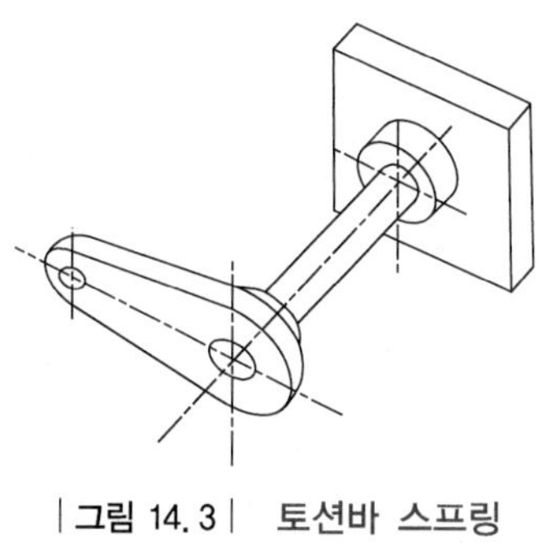

|그림 14.3| 토션바 스프링

4. 판 스프링

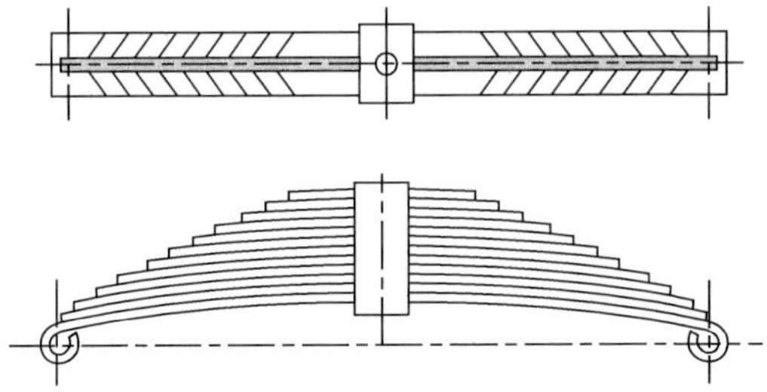

| 그림 14.4 | 판 스프링

판 스프링(plate spring)은 그림 14. 4와 같이 길고 가는 판자 모양의 평강판을 여러 장 겹쳐서 만든 것으로, 차량의 진동이나 충격을 흡수하는 현가 장치에 주로 사용된다.

5. 와이어 스프링

그림 14. 5와 같이 선재를 사용 목적에 따라 여러 가지 형상으로 감거나 굽혀서 만든 것이다.

6. 그 밖의 스프링

이 외에도 제한된 공간에서 큰 에너지를 흡수하고, 큰 감쇄력을 가지는 링 스프링(ring spring), 얇은 강판을 여러 가지 형상으로 가공하여 스프링 작용을 하게 만든 박판 스프링(plate spring), 주로 압축용과 펌프의 밸브 운동 제어에 사용되는 벌류트 스프링(volute spring) 등이 있다.

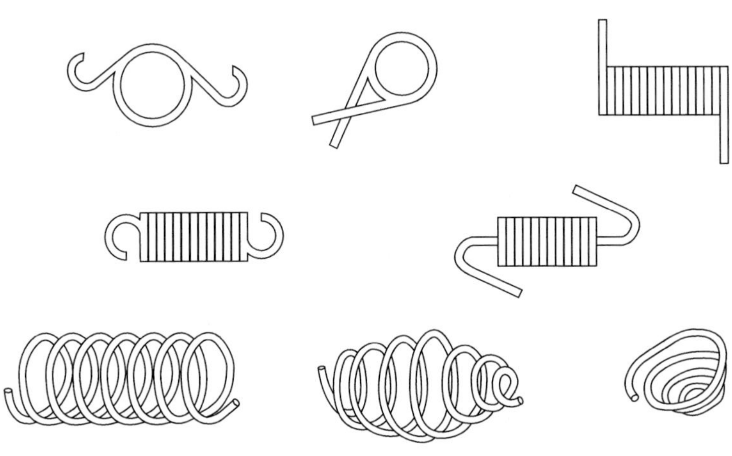

| 그림 14.5 | 와이어 스프링

14.1.2 스프링의 특성

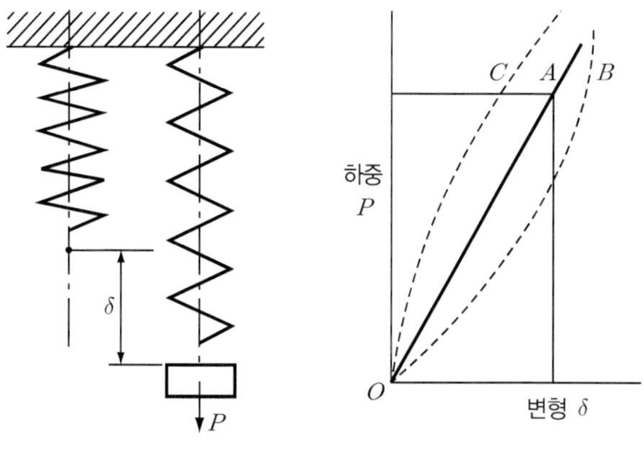

|그림 14.6| 스프링의 하중과 변형

그림 14. 6과 같이 스프링에 하중 P(kg)가 작용할 때의 변형량을 δ(mm)라고 하면, 하중의 크기와 변형과의 관계는 그림 14.6에 (b)의 A, B, C와 같이 스프링의 특성에 따라 다르다.

지금, 직선 OA처럼 하중 P와 변형 δ가 비례하는 경우, 이런 스프링을 선형 스프링이라고 하며 작용하중 P는,

$$P = k\delta \tag{14. 1}$$

위의 식에서 k를 스프링 상수(spring constant/SI단위의 N/m)라고 하고, 단위 변위에 필요한 하중의 크기로 나타낸다. OB, OC의 특성을 가진 스프링을 비선형 스프링이라고 하고, OB의 특성을 지닌 스프링을 하드 스프링(hard spring), OC의 특성을 지닌 스프링을 소프트 스프링(soft spring)이라고 한다. 이상과 같이, 하중과 변형과의 관계를 스프링 특성이라고 한다.

그림 14. 6의 (b)에서 하중이 스프링에 대하여 행해진 일량 U(kg · mm)는 스프링의 내부에 탄성 에너지로 흡수되며, 그 크기는 아래의 식 (14.2)과 같이 변형이 복원되는 경우 이 에너지는 외부에 대하여 일을 하게 된다.

$$U = \frac{1}{2}P\delta = \frac{1}{2}k\delta^2 \tag{14. 2}$$

또, 스프링을 그림 14. 7과 같이 여러 개를 조합시키면, 1개의 스프링으로는 얻을 수 없는

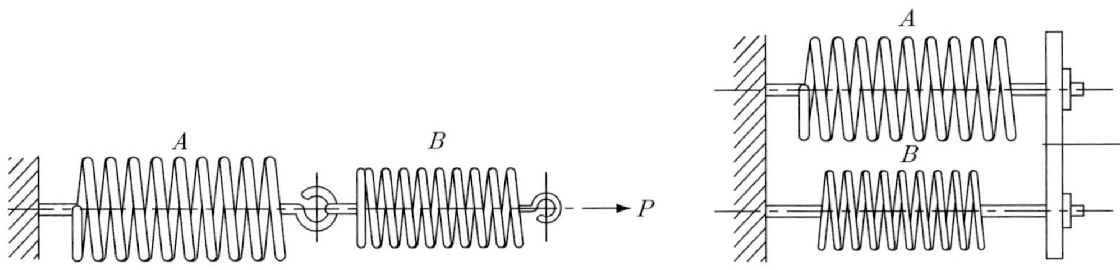

(a) 직렬접속 (b) 병렬접속

|그림 14.7| 스프링의 조합

특성을 얻을 수 있으며, 각 스프링의 스프링 상수를 각각 k_1, k_2, k_3 …라고 하고, 몇 개의 조합 스프링의 스프링 상수를 k 라고 하면,

$$\text{병렬 연결}: k = k_1 + k_2 + k_3 + \ldots$$

$$\text{직렬 연결}: \frac{1}{k} = \frac{1}{k_1} + \frac{1}{k_2} + \frac{1}{k_3} + \ldots$$

14.2 코일 스프링의 설계

1. 원통 코일 스프링

그림 14. 8과 같이 축방향에 하중 P가 작용할 때, 그 평균 반지름을 R, 평균 지름을 D 라고 하면 $2R = D$이고, 스프링에는 비틀림 모멘트 $T = PR$과 축하중 $F = P$가 작용한다고 가정한다. T에 의한 비틀림 응력 τ_1은, 봉의 비틀림의 경우와 마찬가지로,

$$T = PR = \frac{\pi d^3}{16}\tau_1 \tag{14. 3}$$

또, 직접 전단력 P에 의한 전단 응력 τ_2는,

$$P = \frac{\pi d^2}{4}\tau_2$$

따라서, 스프링 재료의 허용 전단 응력을 τ_a라고 하면,

$$\tau_a \geqq \tau_1 + \tau_2 = \frac{16PR}{\pi d^3}(1 + \frac{d}{4R}) = \frac{16PR}{\pi d^3}(1 + \frac{d}{2D}) \tag{14. 4}$$

여기서, D는 코일의 평균지름

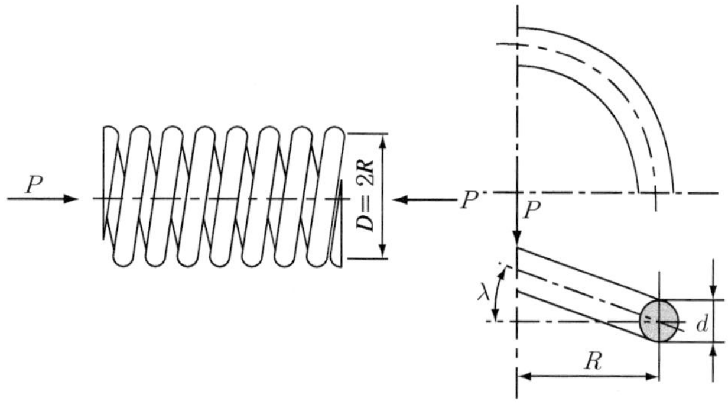

| 그림 14. 8 | 압축 코일 스프링

위의 식 (14. 4)의 ( ) 안의 제 2항은 직접 전단력의 영향을 나타낸 것으로 $\frac{D}{d}$ 가 클수록 1에 대하여 무시할 수 있다. $C=\frac{D}{d}$ 를 스프링 지수(spring index)라고 하고, 이 값은 스프링의 제조상 4 이상으로 하는 것이 보통인데, 일반적으로 $C=4\sim10$ 으로 하는 것이 좋다. 또, 최대 전단응력 τ_o 는,

$$T=\frac{\pi}{16}d^3\tau_o=PR$$

$$\therefore\ \tau_o=\frac{16PR}{\pi d^3}=\frac{8PD}{\pi d^3} \tag{14. 5}$$

그러나, 이 응력은 코일의 곡률과 직접 전단력의 영향 등을 무시하고 있으므로, 이것들을 고려한 "A.M. Wahl의 수정식"이 사용되는데, 위의 식 (14. 5)는,

$$\tau=K\tau_o=K\frac{16PR}{\pi d^3}=K\frac{8PD}{\pi d^3}$$

K를 와알(Whal)의 수정계수 또는, 응력수정계수라고 하며, 스프링 상수의 함수이다.

$$K=\frac{4C-1}{4C-4}+\frac{0.615}{C}\ \text{ 또는, }\ K=\frac{C}{C-1}+\frac{1}{4C} \tag{14. 6}$$

Whal의 수정계수 또는 응력수정계수는 스프링 지수가 작을수록 갑자기 증가한다. 그림 14. 9와 표 14. 1에 응력 수정계수 K의 값을 나타내었다.

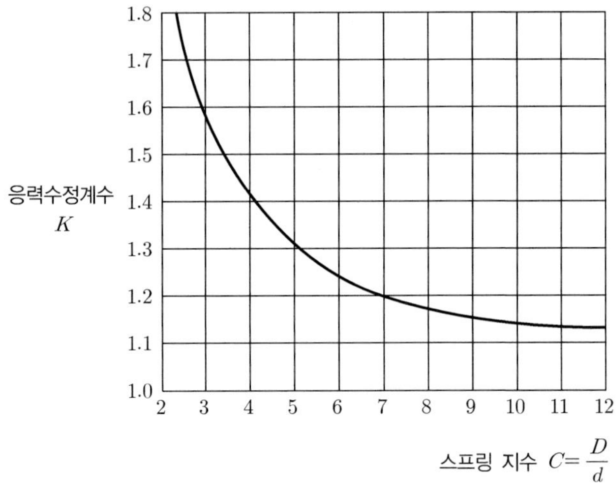

| 그림 14. 9 | 스프링 지수에 따른 응력 수정계수 K의 값

| 표 14. 1 | 원통 코일 스프링의 응력 수정계수 K, K'

D/d 또는 D/a	K	K'	D/d 또는 D/a	K	K'
2.0	2.00	1.80	6.0	1.24	1.22
2.5	1.70	1.63	6.5	1.22	1.20
3.0	1.58	1.50	7.0	1.20	1.19
3.5	1.47	1.40	7.5	1.18	1.18
4.0	1.39	1.34	8.0	1.17	1.16
4.5	1.34	1.29	9.0	1.15	1.15
5.0	1.30	1.26	10.0	1.14	1.14
5.5	1.27	1.24	11.0	1.12	1.12

비고 K는 원형단면, K'는 한변의 길이가 a인 정 4각형 단면

스프링의 처짐(defection)은 비틀림 모멘트 $T=PR$에 의한 처짐만을 고려한다. 그림 14. 10에서 비틀림 각 θ는,

$$\theta = \frac{Tl}{GI_p} \tag{14. 7}$$

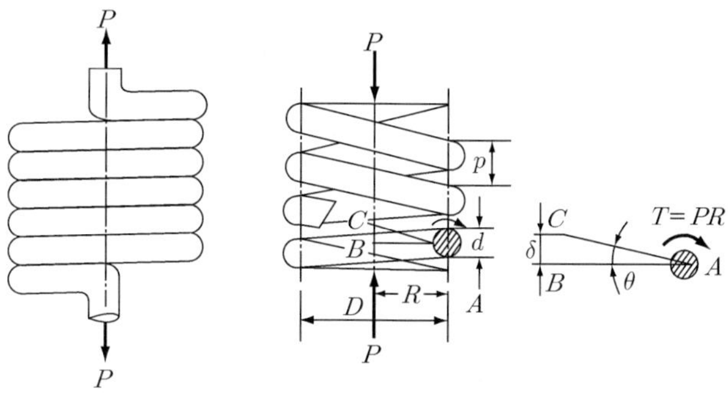

| 그림 14.10 | 코일 스프링의 처짐

이 경우 유효 감김수를 n 이라고 하면, 소선의 유효길이 $l=\pi Dn$ 이다. 처짐 $\delta=R\theta$ 에 $R=\dfrac{D}{2}$ 와 $\theta=\dfrac{PR\pi Dn}{GI_p}$ 를 대입하면,

$$\delta=R\theta=\frac{n\pi D^3P}{4GI_p}$$

원형 단면에 대한 극단면 2차 모멘트 $I_p=\dfrac{\pi d^4}{32}$ 이므로 처짐 δ 는,

$$\delta=\frac{64nR^3P}{Gd^4}=\frac{8nD^3P}{Gd^4} \tag{14. 8}$$

또, 스프링 상수 k 는,

$$k=\frac{P}{\delta}=\frac{Gd^4}{8nD^3} \tag{14. 9}$$

위의 식에 있어서 가로 탄성계수 G 는 재료에 따라 표 14. 2을 사용한다.

| 표 14. 2 | 코일 스프링 G 의 표준치

재 료	기 호	G 의 값(kg/mm^2)
스프링 강선	SPS	8×10^3
경강선	HSW	8×10^3
피아노선	PWR	8×10^3
스테인레스 강선	STSxWS	7.5×10^3
황동선	BsW	4×10^3
양백선	NSW	4×10^3
인청동선	PBW	4.5×10^3
베릴륨 동선	BeCuW	5×10^3

| 표 14. 3 | 스프링용 강재의 가로 탄성계수

소재의 지름 d (mm)	G 의 값(kg/mm²)
$d \geqq 13$	7,500
$5.5 < d < 13$	8,000
$2 < d \leqq 5.5$	8,400
$d \leqq 2$	8,800

또, 강재인 경우에는 소선의 지름에 따라 표 14. 3의 값을 사용할 수 있으나, 스프링 특성의 조정은 스프링 제작의 과정에서 감긴 수나 자유 길이로 하고, G 의 값은 $8 \times 10^3 \mathrm{kg/mm^2}$ 로 통일하는 것이 바람직하다.

압축 코일 스프링의 끝부분을 자리(end)라고 하고, 그림 14. 11과 같이 만든다. 가장 많이 사용되는 것은 냉간 성형에서는 연삭한 벌림끝(end open)이고, 열간 성형에서는 테이퍼 가공한 맞댐끝(closed end)이다.

(a) closed end(무연삭) (b) closed end(연삭) (c) closed end(테이퍼) (d) closed end(연삭)

| 그림 14. 11 | 압축 코일 스프링의 끝부분의 모양

유효 감김수는 보통 자유 감김수와 같게 하며, 압축 코일 스프링의 경우에는

$$n = n_t - (x_1 + x_2) \tag{14. 10}$$

인장코일 스프링의 경우에는,

$$n = n_t \tag{14. 11}$$

여기서, n_t 는 총 감김수,

x_1 , x_2 는 각각 코일 양단부의 자리 감김수

이 관계를 일반의 맞댐끝 및 벌림끝의 스프링에 대하여 나타내면, 아래와 같다.

① 그림 14. 11의 (b), (c)와 같이 코일 끝만이 다음 자유 코일에 접할 때 : $x_1 = x_2 = 1$ 이므로, $n = n_t - 2$

② 그림 14. 11의 (d)와 같이 코일 끝이 다음 코일에 접하지 않고, 연삭부의 길이 3/4가 감긴 경우 : $x_1 = x_2 = 0.75$ 이므로, $n = n_t - 1.5$

이 유효 감긴수는 일반적으로 3이상으로 잡는 것을 권장한다.

또, 하중, 처짐, 코일 평균지름 및 전단 응력을 주고, 소선의 지름과 유효 감김수를 구하기 위해서, 아래의 식 (14.12)이나 그림 14. 12를 사용한다.

$$\left.\begin{aligned} KC^3 &= \tau \frac{\pi D^2}{8P} \\ n &= \frac{GD\delta}{8C^4 P} \\ d &= \frac{D}{C} \end{aligned}\right\} \tag{14. 12}$$

설계 응력은 정하중, 동하중에 의하여 다르나 정하중을 받는 압축 코일 스프링은 그림 14. 13에서 구한다. 이 응력은 설계상의 최대 응력을 나타낸 것으로 코일이 밀착되었을 때의 응력도 이 값을 넘지 않는 것이 바람직하다. 또, 보통의 상용 응력을 생각 할 때에는 그림에서 80% 이하로 잡는 것이 바람직하며, 반복 횟수가 많은 정하중을 받는 스프링의 경우에는 이

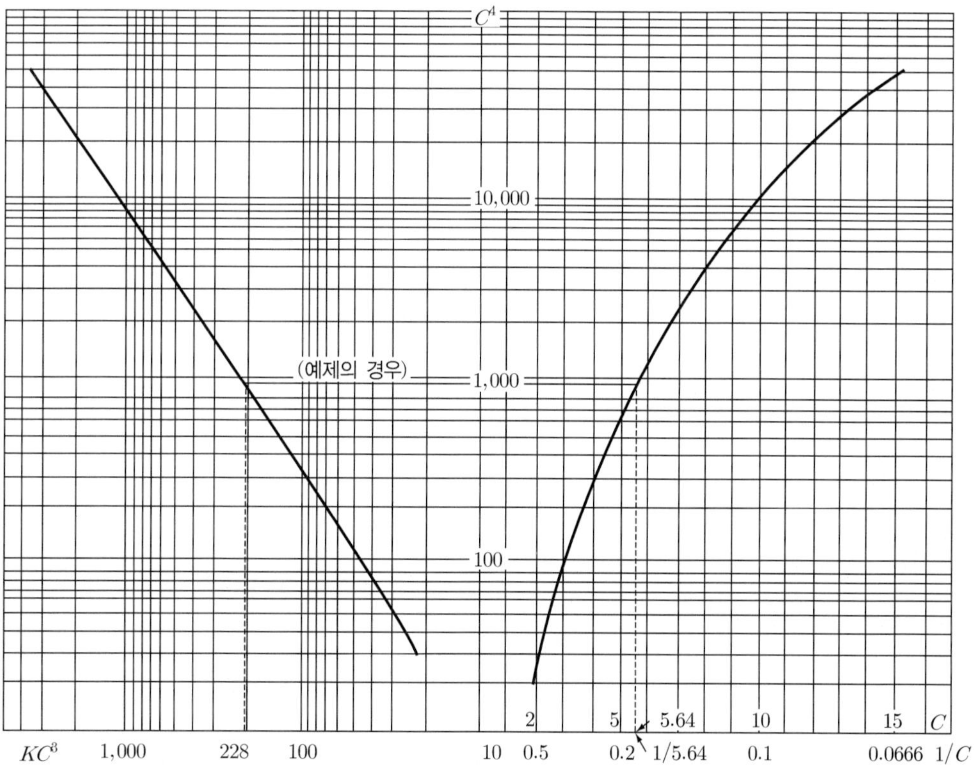

| 그림 14. 12 | K^3에서 C^4, C^4에서 C를 구하는 직선

값보다 더욱 낮게 잡아야 한다. 인장 스프링의 경우에는 정하중에 대한 허용 최대 응력을 그림의 최대 응력의 80%로 잡고, 상용 응력은 또한 그것의 80% 이하로 한다.

2. 원추 코일 스프링

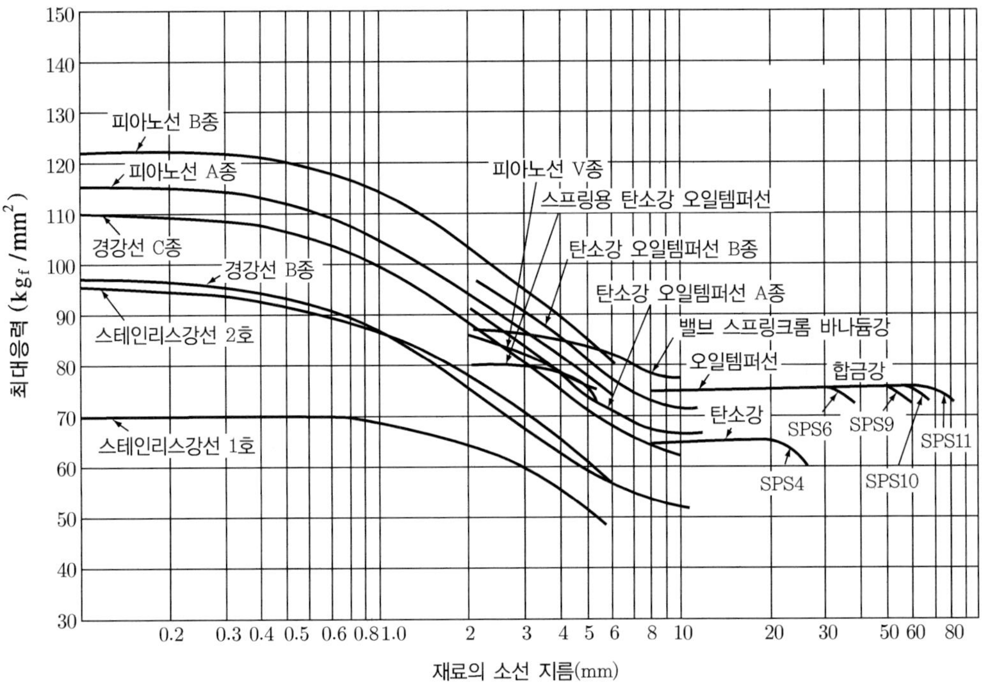

| 그림 14. 13 | 스프링 재료의 정하중에 대한 허용 응력

코일의 지름이 변하는 코일 스프링으로, 작은 공간으로 비교적 큰 하중을 견딜 수 있다. 압축 하중을 받으면 코일의 지름이 큰 부분일수록 처짐이 크므로, 이 부분에서 접촉이 이루어지며, 전혀 접촉이 일어나지 않는 동안은 직선적으로 변한다. 코일이 접촉하기 시작하면, 스프링의 유효 감김수가 점차로 적어지고 또, 스프링 지수가 작아지므로 하중의 증가에 비하여 처짐의 증가는 점차로 작아진다. 이 때문에 작은 공간으로 비교적 큰 하중에 견딜 수 있는 것이다.

최대 전단응력은 최대 비틀림 모멘트가 작용하는 곳은, 코일의 평균 지름이 최대인R_2 인 곳에서 생길 것이므로,

$$\tau = \frac{16PR_2}{\pi d^3}$$

원통 코일 스프링과 같이 수정계수를 고려하면,

$$\tau = K\frac{16PR_2}{\pi d^3} \qquad (14.13)$$

단, $K = \frac{4C-1}{4C-4} + \frac{0.615}{C}$

처짐에 대해서는, 그림 14. 14와 같이 스파이럴 곡선으로 가정하여 구한다.

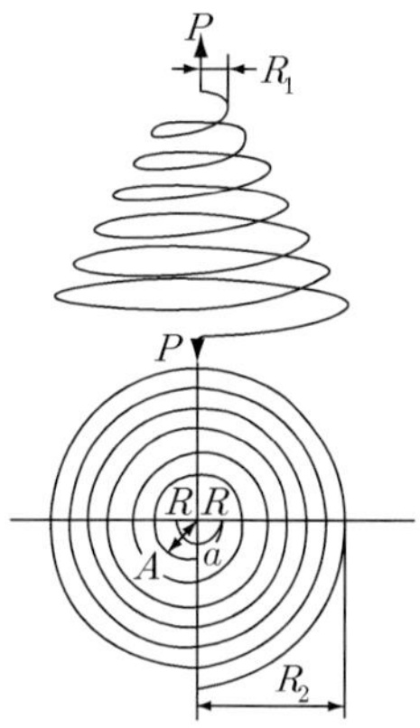

| 그림 14. 14 | 원추 코일 스프링

스프링의 상단에서 A점까지의 감김각을 α라 할 때와 A점에서의 스프링 평균 반지름을 R이라 할 때 이 점에 작용하는 비틀림 모멘트를 T라고 하면, 스파이럴 곡선의 성질에 의하여

$$R = R_1 + k\alpha \quad (k\ :\text{비례정수})$$

$R = R_2$일 때, $\alpha = 2\pi n$ (n : 감김수)이므로,

$$k = \frac{R_2 - R_1}{2\pi n}$$
$$R = R_1 + \frac{(R_2 - R_1)\alpha}{2\pi n} \qquad (14.14)$$

$$T = PR = P\left\{R_1 + \frac{(R_2 - R_1)\alpha}{2\pi n}\right\} \qquad (14.15)$$

A점에서 소선의 미소길이 $ds = Rd\alpha$의 비틀림 각 $\theta = Tds/GI_p$에 의하여 생기는 미소처짐 $d\theta$는,

$$d\delta = R\theta = R\frac{Tds}{GI_p} = \frac{P}{GI_p}\left\{R_1 + \frac{(R_2 - R_1)\alpha}{2\pi n}\right\}^3 d\alpha \tag{14.16}$$

그러므로, 전체의 처짐 δ는,

$$\begin{aligned}\delta &= \int d\delta = \frac{P}{GI_p}\int_0^{2\pi n}\left\{R_1 + \frac{(R_2 - R_1)\alpha}{2\pi n}\right\}^3 d\alpha \\ &= \frac{16Pn}{Gd^4}(R_1{}^2 + R_2{}^2)(R_1 + R_2)\end{aligned} \tag{14.17}$$

예제 14.1

압축 코일 스프링에서 하중 $P = 30$kg일 때의 처짐을 구하여라. 단, 코일의 평균지름은 $D = 40$ mm, 소선의 지름 $d = 6$mm, 유효 감김수 $n = 4$, 스프링 재료의 종탄성 계수 $G = 8 \times 10^3$kg/mm^{2}이다.

풀이 식 (14. 8)에서 처짐 δ을 구하면,

$$\delta = \frac{8nD^3P}{Gd^4} = \frac{8 \times 10 \times 40^3 \times 30}{8 \times 10^3 \times 6^4} = 14.8\,\text{mm}$$

예제 14.2

코일의 평균 지름 $D = 200$mm, 소선 지름 $d = 20$mm의 압축 코일 스프링에 작용하는 최대 하중을 구하여라. 단, 스프링 재료의 허용 전단응력은 35kg/mm^{2}이다.

풀이 스프링 지수 $C = \frac{200}{20} = 10$ 이며, 식 (14. 6)에서 응력 수정계수 K를 구하면

$$K = \frac{4C - 1}{4C - 4} + \frac{0.615}{C} = \frac{4 \times 10 - 1}{4 \times 10 - 4} + \frac{0.615}{10} = 1.14$$

이것을 A.M. Wahl의 수정식 $\tau = K\frac{8PD}{\pi d^3}$에 대입하여 최대하중을 구하면,

$$35 = 1.14 \times \frac{8 \times P \times 200}{\pi \times 20^3}$$

$$\therefore\ P = 482\,\text{kg}$$

예제 14.3

압축 코일 스프링에서 하중 $P = 30$kg, 처짐 $\delta = 10$mm, 코일의 평균지름 $D = 40$mm, 소선의 지름 $d = 5$mm일 때 유효 감김수와 전단 응력을 구하여라. 단, 스프링 재료의 종탄성 계수 $G = 8 \times 10^3$kg/mm^{2}이다.

풀이 식 (14. 8)에서 유효 감김수 n을 구하면,

$$n=\frac{Gd^4\delta}{64R^3P}=\frac{8.2\times10^3\times5^4\times10}{64\times20^2\times10}=10$$

$n=10$에서의 처짐 δ는,

$$\delta=\frac{64nR^3P}{Gd^4}=\frac{64\times10\times20^3\times10}{8.2\times10^3\times5^4}=9.9\,\text{mm}$$

응력을 구하기 전에 응력 수정계수 K를 구해야 하므로,

표 14. 1에서 스프링 지수 $D/d=40/5=8$에 대한 K의 값은 1.7이므로,

A.M. Wahl의 수정식 $\tau=K\dfrac{16PR}{\pi d^3}$에 대입하여 최대하중을 구하면,

$$\therefore\ \tau=K\frac{16PR}{\pi d^3}=1.17\times\frac{16\times10\times20}{\pi\times5^3}=9.53\,\text{kg}\cdot\text{mm}$$

14.3 비틀림 코일 스프링의 설계

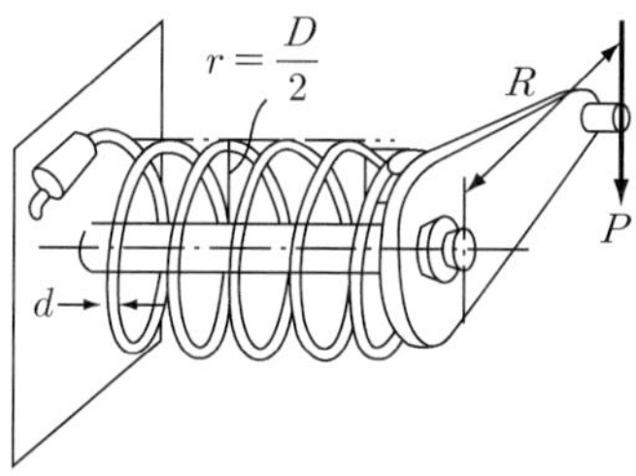

| 그림 14. 15 | 비틀림 코일 스프링

비틀림 코일 스프링은 그림 14. 15와 같이 그 축선 둘레에 비틀림 하중을 받는 스프링으로서, 이 스프링에는 굽힘응력이 가장 크게 작용한다. 따라서, 굽힘 모멘트를 $M=PR$, 선재의 단면계수를 Z, 최대 굽힘응력을 σ라고 하면,

$$\sigma=K_1\frac{M}{Z}=K_1\frac{PR}{Z} \tag{14. 18}$$

위의 식에서 K_1은 Wahl의 응력보정계수이며, 아래와 같다.

$$K_1=\frac{4C^2-C-1}{4C(C-1)},\quad C=\frac{D}{d} \tag{14. 19}$$

한편, 전체 길이 l인 소선에 굽힘 모멘트를 가했을 때의 비틀림 각 φ는, 코일의 감은 수를 n이라고 하면,

$$\varphi = \frac{Ml}{EI} = \frac{64PRDn}{d^4 E} \tag{14. 20}$$

소선의 전체길이 $l = \pi Dn$ 이므로 φ 는,

$$\varphi = \frac{64lPR}{\pi d^4 E} \tag{14. 21}$$

따라서, 하중점의 처짐 δ 는,

$$\delta \fallingdotseq R\varphi = \frac{64lPR^2}{\pi d^4 E} \tag{14. 22}$$

또, 이 경우의 스프링 상수 k 는 아래와 같다.

$$k = \frac{M}{\varphi} = \frac{Ed^4}{64Dn} \tag{14. 23}$$

14.4 토션바 스프링의 설계

토션바 스프링(torsion bar spring)은 막대를 비틀었을 때 탄성에 의하여 원래의 위치로 되돌아오는 성질을 이용한 것으로, 단위 중량당 에너지 흡수율이 대단히 크므로 가볍게 할 수 있고, 구조가 간단하다. 그림 14. 16에서 토션바의 길이를 L, 작용하는 비틀림 모멘트를 T, 재료의 전단 탄성계수를 G, 봉의 지름을 d 라고 하면, 전단 응력 τ 와 비틀림 각 θ 은,

$$\tau = \frac{16T}{\pi d^3} \tag{14. 24}$$

$$\theta = \frac{32TL}{\pi d^4 G} \tag{14. 25}$$

따라서, 스프링 상수 k 와 하중점의 처짐 δ 는,

$$k = \frac{T}{\theta} = \frac{\pi d^4 G}{32L}$$
$$\delta \fallingdotseq R\theta = \frac{32LPR^2}{\pi d^4 G} \tag{14. 26}$$

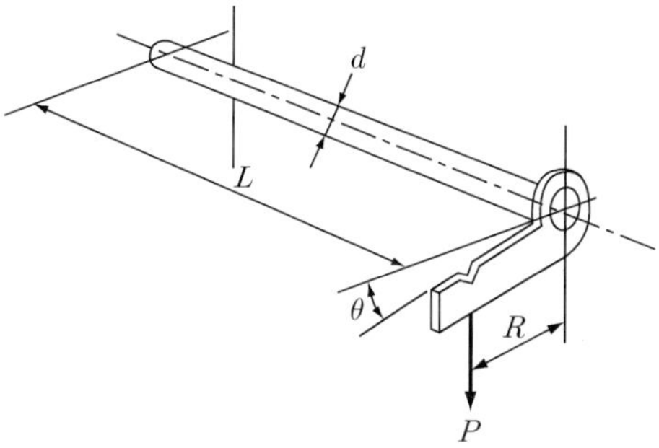

| 그림 14.16 | 토션바 스프링

토션바에 저장된 탄성에너지 U는,

$$U = \frac{1}{2} T\theta = \frac{1}{2} T \cdot \frac{32\,TL}{\pi d^4 G} = \frac{16\,T^2 L}{\pi d^4 G} \tag{14. 27}$$

단위 체적당의 평균 탄성 에너지 u는, 총에너지 U를 총 부피 $V = \frac{\pi}{4} d^2 L$로 나눈 값이므로 아래와 같다.

$$u = \frac{U}{V} = \frac{16\,T^2 L}{\pi d^4 G} \times \frac{4}{\pi d^2 L} = \frac{64\,T^4}{\pi d^6 G} \tag{14. 28}$$

한편, $\tau = \frac{16\,T}{\pi d^3}$이므로 위의 식은,

$$u = \left(\frac{16\,T}{\pi d^3}\right)^2 \times \frac{4}{16} \times \frac{1}{G} = \frac{1}{4} \cdot \frac{\tau^2}{G} \tag{14. 29}$$

예제 14.4

15,000kg · mm의 비틀림 모멘트를 받는 토션 바의 최대 비틀림 각을 20°로 하고자 한다. 재료의 허용 비틀림 응력을 60kg/mm^{2}로 제한하고, 가로 탄성계수를 8,000kg/mm^{2}로 하며, 이 토션 바의 지름과 길이를 구하여라.

풀이 식 (14. 24)와 식 (14. 25)에서 토션 바의 지름 d를 구하면,

$$d \geq \sqrt[3]{\frac{16\,T}{\pi\tau}} = \sqrt[3]{\frac{16 \times 15{,}000}{\pi \times 60}} = 10.84\,\text{mm}$$

비틀림 각 θ의 식은 그 단위가 rad이므로, 이것을 도(degree)로 고치면,

$$\theta = \frac{32\,TL}{\pi d^4 G} \times \frac{180}{\pi} = \frac{584\,TL}{G d^4}$$

그러므로, 구하는 토션 바의 길이 L은,

$$L \leqq \frac{Gd^4\theta^\circ}{584T} = \frac{8{,}000 \times 10.84^4 \times 20}{584 \times 15{,}000} = 252\,\mathrm{mm}$$

14.5 판 스프링의 설계

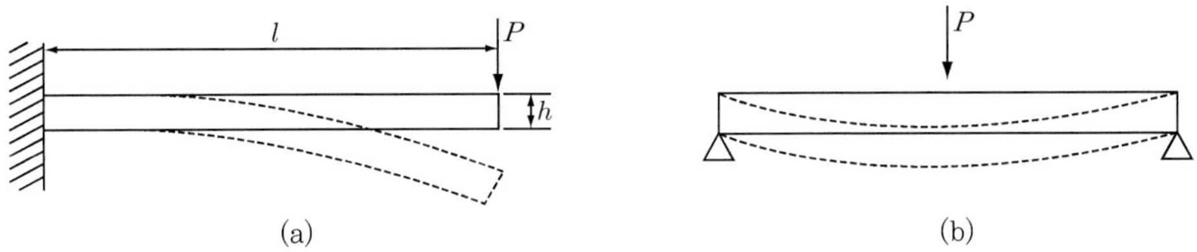

| 그림 14. 17 | 평판 스프링

그림 14. 17과 같은 하나의 판재를 적당히 지지하여 스프링으로 한 것을 판 스프링(leaf spring)이라고 한다. 그림 (a)에서 단면의 폭을 B, 두께 h인 직 4각형이라면 고정단의 표면에 생기는 최대 수직 응력 σ와 자유단의 최대 처짐 δ는,

$$\left.\begin{aligned} \sigma &= \frac{6Pl}{Bh^2} \\ \delta &= \frac{4Pl^3}{EBh^3} \end{aligned}\right\} \qquad (14.\ 30)$$

이 외팔보 두께를 일정하게 하고, 폭을 변화시켜서 균일 강도의 보라고 하면, 그림 14. 18의 (a)와 같이 2등변 삼각형의 평판 스프링으로 된다. 이와 같은, 3각 판 스프링의 응력 σ과 처짐 δ은,

$$\left.\begin{aligned} \sigma &= \frac{6Pl}{Bh^2} \\ \delta &= \frac{6Pl^3}{EBh^3} \end{aligned}\right\} \qquad (14.\ 31)$$

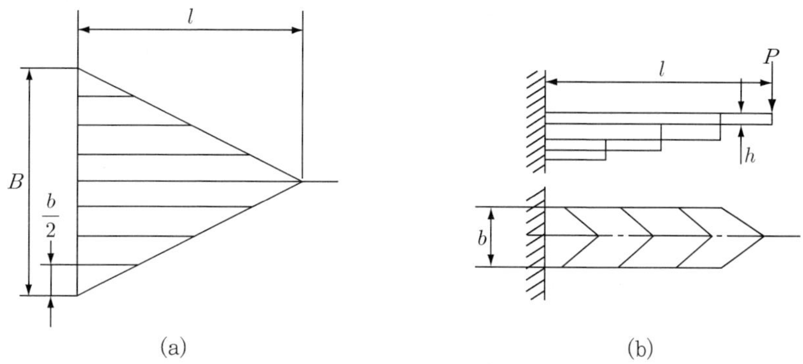

| 그림 14. 18 | 삼각 판 스프링

이 경우 처짐은 균일 단면 보의 처짐에 비해 크므로, 같은 하중에 의하여 저장되는 탄성 에너지도 커져서 스프링으로 매우 적합하다. 그러나, 이 스프링은 고정단의 나비가 너무 넓어서 실제로 사용하는 데에는 불편하므로, 그림 4. 18의 (b)와 같이 몇 장으로 분할하여 겹치면 같은 효과를 갖는 균일 강도의 보가 된다. 이것을 겹판 스프링(laminated spring)이라고 하며 특히, 그림 4. 18의 (b)를 외팔보형 겹판 스프링이라고 한다. 이 경우에 겹치는 판의 나비를 b, 판의 장수를 n이라고 하면 $B = nb$이므로, 외팔보형 겹판 스프링의 응력 σ와 처짐 δ을 식 (14. 31)에서 구하면,

$$\left.\begin{aligned} \sigma &= \frac{6Pl}{nbh^2} \\ \delta &= \frac{6Pl^3}{nbh^3E} \end{aligned}\right\} \qquad (14.\ 32)$$

다음에, 그림 14. 19는 위와 같은 원리로 만들어진 양단 지지형 스프링에서, 겹판 스프링을 밴드를 중심으로 하여 반으로 절단된 겹판 스프링은 길이 $\frac{l}{2}$, 하중 $\frac{P}{2}$인 외팔보형 겹판스프링으로 생각하여, 응력과 처짐의 식은 식 (14. 32)에 l 대신에 $\frac{l}{2}$을, P 대신에 $\frac{P}{2}$를 대입하면,

$$\left.\begin{aligned} \sigma &= \frac{3}{2} \cdot \frac{Pl}{nbh^2} \\ \delta &= \frac{3}{8} \cdot \frac{Pl^3}{nbh^3E} \end{aligned}\right\} \qquad (14.\ 33)$$

여기서, l는 겹판 스프링의 스팬,

P는 겹판 스프링의 중앙에 작용하는 집중하중

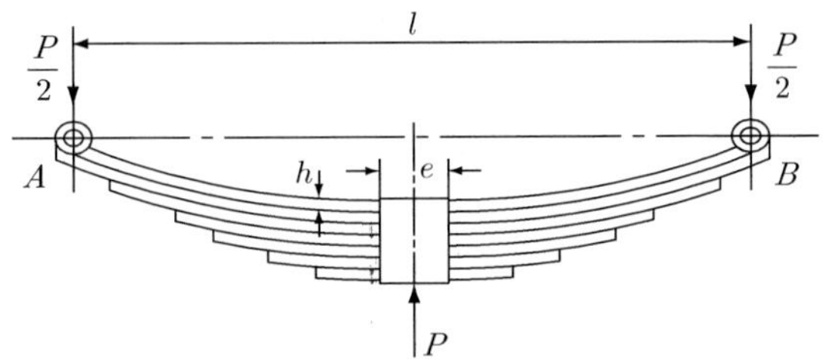

| 그림 14.19 | 겹판 스프링

스프링의 길이는 중앙에 밴드(band buckle)로 움직이지 않도록 죄어져 있기 때문에, 스팬으로써 유효하게 작용하는 길이는 양 지점 사이의 거리보다 작을 것이다. 실제로 작용하는 스프링의 길이인 유효 스팬을 l_1 이라고 하면, 밴드의 나비 e 가 스프링의 길이에 영향을 주므로, 아래와 같이 유효 스팬을 정한다.

$$l_1 \fallingdotseq l - 0.5e \tag{14. 34}$$

겹판 스프링의 경우에 판과 판 사이에는 마찰력이 작용하게 되고, 이 마찰력은 하중에 대한 저항이 되어 하중을 가할 때는 마찰이 없는 경우보다 힘이 더 필요하고, 하중을 제거할 때는 그 반대가 된다. 따라서, 마찰을 고려하는 경우 겹판 스프링의 처짐 δ_1, δ_2 는 실험적으로 아래와 같다.

$$\left.\begin{aligned} \delta_1 &= \frac{5(1-\mu)}{5+\mu}\delta \\ \delta_2 &= \frac{5(1+\mu)}{5+\mu}\delta \end{aligned}\right\} \tag{14. 35}$$

여기서, δ_1 는 하중을 가할 때,
δ_2 는 하중을 제거할 때,
δ 는 마찰이 없는 경우의 처짐,
μ 는 마찰계수(보통 0.14~0.20)

각 판의 두께와 그 판의 수가 다를 때에는 식 (14. 32) 또는, 식 (14. 33)의 σ 의 식에서 $1/nh^2$ 대신에 $h_1/(n_1h_1{}^3+n_2h_2{}^3+\ldots)$을 대입하고, δ 의 식에서 nh^3 대신에 $(n_1h_1{}^3+n_2h_2{}^3+\ldots)$를 대입하면 된다.

여기서, h_1, h_2, …는 각 판의 두께(h_1 : 모판의 두께),
n_1, n_2, …는 판의 두께가 h_1, h_2…인 판의 장수

또, 겹판 스프링의 판의 수 n 중 n'장이 온 길이 판인 경우의 최대 처짐 δ는,

$$\delta = \frac{3}{8}\left\{\frac{2}{2-(n'/n)}\right\}\frac{Pl^3}{nbh^3E} \tag{14. 36}$$

표 14. 4에는 여러 가지 스프링 재료의 세로 탄성계수를 나타내었다.

| 표 14. 4 | 스프링 재료의 세로 탄성계수

스프링 재료	세로 탄성계수 E(kg/mm^2)
탄소강	2.1×10^4
Cr-V 강	2.1×10^4
피아노선	2.1×10^4
담금질강선	2.1×10^4
스레인레스강	1.9×10^4
스프링용 황동	1.05×10^4
인청동	1.05×10^4

예제 14.5

강재의 외팔보형 겹판 스프링이 있다. 판의 수는 6이고, 각각의 폭은 50mm, 두께는 9mm이다. 스프링의 길이를 600mm, 하중을 70kg로 할 때, 최대 처짐과 최대 응력을 구하여라. 단, 세로 탄성계수 $E=2.1\times10^4$kg/mm^{2}이다.

풀이 식 (14. 32)에서, 최대 응력 σ는,

$$\sigma = \frac{6Pl}{nbh^2} = \frac{6\times70\times600}{6\times50\times9^2} = 10.38\,\text{kg/mm}^2$$

최대 처짐 δ는,

$$\delta = \frac{6Pl^3}{nbh^3E} = \frac{6\times70\times600^3}{6\times50\times9^2\times2.1\times10^4} = 200\,\text{mm}$$

예제 14.6

스프링 길이 $l=750$mm인 겹판 스프링이 10겹으로 이루어져 있다. 그 중에서 2겹은 스프링의 길이와 같으며 두께 $h=6$mm, 나비 $b=50$mm이다. 이것을 평균지름 $D=100$mm의 원통 코일 스프링으로 대체하려고 한다. 코일 스프링에 작용하는 응력과 처짐에 겹판 스프링의 경우와 같도록 하려면, 적당한 강선의 지름과 감김수를 구하여라. 단, 코일 스프링의 응력 수정계수는 무시하며 $E=2.1\times10^4$kg/mm^2, $G=8.1\times10^3$kg/mm^{2}이다.

풀이 양단 지지형 겹판 스프링의 응력은 식 (14. 33)에서,

$$\sigma = \frac{3}{2}\cdot\frac{Pl}{nbh^2}$$

한편, 코일 스프링에 걸리는 전단응력 τ는 식 (14. 24)에서,

$$\tau = \frac{16PR}{\pi d^3}$$

위의 식에서 d를 구하면,

$$d^3 = \frac{2 \times 16 \times Rnbh^2}{3\pi l} = \frac{32 \times 50 \times 10 \times 50 \times 6}{3 \times \pi \times 750} = 4{,}076$$

$\therefore\ d = 16\,\mathrm{mm}$

처짐에 관한 식은 식 (14. 36)과 식 (14. 8)을 같다고 놓으면,

$$\delta = \frac{3Pl^3}{8(2+n'/n)Enbh^3},\ \delta = \frac{8PD^3n}{Gd^4}$$

$$\frac{3 \times 750^2}{8(2+0.2) + E \times 10 \times 50 \times 6^3} = \frac{8 \times 100^3 n}{Gtimes 19^4}$$

위의 식에 E, G를 대입하여 n을 구하면, $n \fallingdotseq 6$이 된다.

연습문제

1. 스프링의 종류와 그 용도를 설명하여라.

2. 스프링의 상수에 대하여 설명하여라.

3. 압축 코일 스프링에 생기는 전단 응력식을 유도하여라.

4. Wahl의 응력 수정계수를 설명하여라.

5. 토션바의 스프링의 특성을 설명하여라.

6. 허용 응력 35kg/mm^2인 강제 코일 스프링에서, 강선의 지름 1.6mm로 코일의 평균지름과 소선의 비가 6이라면, 4.5kg의 축하중에 대해 발생하는 최대 응력을 구하고, 25mm의 처짐에 필요한 코일의 감김수를 구하여라. 단, $G = 8.1 \times 10^3 \text{kg/mm}^2$이다.

7. 25kg의 하중을 걸었을 때 100mm만큼 늘어나는 인장 코일 스프링을 만들고자 한다. 코일의 평균 반지름은 소선 지름의 3배이고, 최대 응력은 55kg/mm^2일 때, 소선의 지름, 코일의 평균지름 및 유효 감김수를 구하여라. 단, $G = 8.1 \times 10^3 \text{kg/mm}^2$이다.

8. 스프링 상수 2.5kg/mm^2 원통 코일 스프링에서 45kg의 하중을 작용시킬 때, 이 스프링 의 처짐과 스프링에 저장된 탄성에너지를 구하여라.

9. 소선의 단면이 3×3mm의 정 4각형인 원통 코일 스프링이 있다. 코일의 평균지름 $D = 90\text{mm}$, 유효 감김수 $n = 10$, 탄성계수 $G = 8.1 \times 10^3 \text{kg/mm}^2$, 허용 응력 $\tau = 35\text{kg/mm}^2$라고 할 때, 최대 안전하중과 처짐을 구하여라.

10. 토션바 스프링에서 암의 길이 $R = 50\text{mm}$, 바의 길이 $L = 800\text{mm}$, 하중 $P = 170\text{kg}$, 바 재료의 비틀림 응력을 $\tau = 35\text{kg/mm}^2$로 할 때 이 토션바의 지름, 온 비틀림각 및 하중점의 처짐을 구하여라.

CHAPTER 15 관, 관이음, 밸브

물, 수증기, 가스, 기름등 유체를 이동하거나 수송하기 위하여 관(pipe)을 사용하는데, 이때 관을 이음하는 것을 관이음(pipe joint)이라고 하고, 유체의 유량을 관내에서 변화시키기 위한 기계요소로 밸브(valve)를 사용한다.

15.1 관

관으로 수송되는 유체의 종류, 유량, 압력, 온도 등에 따라서 관의 재료, 강도, 크기 등을 결정한다. 관은 유체의 수송을 위한 것으로 단면 2차 모멘트가 중량에 비하여 크기 때문에, 구조용의 형강으로도 이용된다. 관과 관의 이음을 배관(pipe line)이라 하며 관에는 금속관과 비금속관이 있으며, 사용 목적에 따라 수도용, 압력 배관용, 열 교환기용, 구조용 등이 있다.

15.1.1 관의 종류

1. 주철관(cast iron pipe)

주철관은 값이 싸고, 내식성이 우수하므로 수도, 가스, 배수관, 가스 수송관, 전선의 지하 케이블용 등의 매설관으로 많이 사용된다. 그러나, 강관에 비해서 단위 길이당 무게가 무겁고, 파괴 강도가 낮은 단점이 있다. 사용 압력은 7~10kg/cm^2 이하, 사용 온도는 250℃ 이하이며, 크기는 보통 근사 안지름으로 나타낸다.

2. 강관(steel pipe)

리벳으로 이음한 관과 용접한 관, 이음매 없는 관(seamless pipe)등이 있고, 이음매 없는 관은 질이 좋은 평로강 또는 전기로강을 열간 압연 또는 냉간 인발에 의해서 제작된다. 종류로는 배관용(KS D 3507), 압력 배관용(KS D 3562), 보일러용(KS D 3536), 고온 고압용(KS D 3564) 등이 있으며, 화학 공업용으로도 널리 사용된다.

① **배관용 탄소 강관** : 주로 사용 압력이 낮고(0~15kg/cm^2), 온도가 −15~350℃를 넘

지 않는 증기, 가스, 기름, 물 및 공기 등의 배관으로 사용되며, 아연 도금을 하지 않은 흑관과 아연 도금 을 한 백관 등이 있다. 관 1개의 길이는 3,600mm 이상으로 한다.

② **압력 배관용 탄소강 강관** : 고압용 이외의 사용 압력(15~100kg/cm^2)으로 350℃를 초과하지 않는 경우의 압력 배관용에 사용하는 탄소강 강관으로 1종, 2종, 3종이 있다. 호칭치수는 안지름을 기준으로 하고, 관 1개의 길이는 4,000mm이상으로 한다.

③ **고압 배관용 탄소강 강관** : 사용 압력이 높고(100~200kg/cm^2), 350℃를 초과하지 않는 경우의 압력 배관용에 사용된다. 이 관은 이음매가 없는 관이어야 하며, 길이는 6,000mm이상의 것과 이하의 것으로 구분한다.

④ **고온 배관용 탄소강 강관** : 350℃를 초과하는 고온(350~450℃)에 사용되며 특히, 고온에서 재료의 크리프(creep)를 고려하여야 한다.

⑤ **보일러 열교환용 탄소강 강관** : 강의 내외에서 열의 흡수를 목적으로 하는 장소에 사용되는 탄소강 강관이다.

⑥ **스테인레스 강관** : 내식성, 내열성 및 고온용(650~800℃)의 배관에 사용되지만, 저온 배관용(-200~-100℃)으로서도 사용할 수 있다. 사용 압력은 0~100kg/cm^{2}이며, 열교환용으로도 사용된다.

⑦ **합금강 강관** : 주로 고온용의 배관에 사용되며 Ni, Cr, V등을 함유하는 합금강 강관으로, 배관용 합금강 강관 및 보일러, 열 교환기용 합금강 강관이 있다. 최고 사용 온도는 450~650℃, 사용 압력은 0~200kg/cm^{2}이다.

3. 동관

이음매가 없는 강으로 굴곡성과 전기 및 열의 전도성, 내식성이 좋아 전열 부품에 많이 사용된다.

4. 납관

압출 제관기에 의해서 제작되고, 굴곡이 자유로우며 내산성이 강해 수도, 가스, 산성 액체 및 오수용 관으로 사용된다.

5. 휨관(flexible pipe)

강, 구리, 구리합금, 알루미늄 등의 박판을 나선형으로 감아서 기밀을 유지하도록 만들어진 관으로 열, 가스, 증기, 물, 기름 등의 수송용, 전선의 보호관 또는 신축이음으로 사용한다.

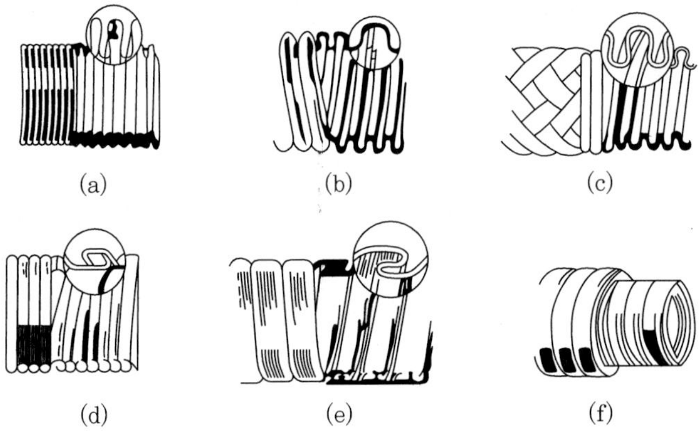

| 그림 15.1 | 휨 관

치수는 안지름으로 나타내고, 사용 압력이 높은 것은 이중관으로 만들며 15kg/cm^2 정도까지 견딘다. 그림 15.1에서는 휨 관의 단면으로 (a), (b), (c)는 이음매가 없는 관으로부터 만들어 낸 것이고 (d), (e), (f)는 스트립(strip)을 나선형으로 감아서 만든 것이다. 후자의 것은 맞물림부에 고무 또는 석면의 패킹을 넣어서 기밀을 유지하도록 하지만, 고압용으로는 전자의 것이 적당하다.

15.1.2 관의 설계

1. 관의 안지름

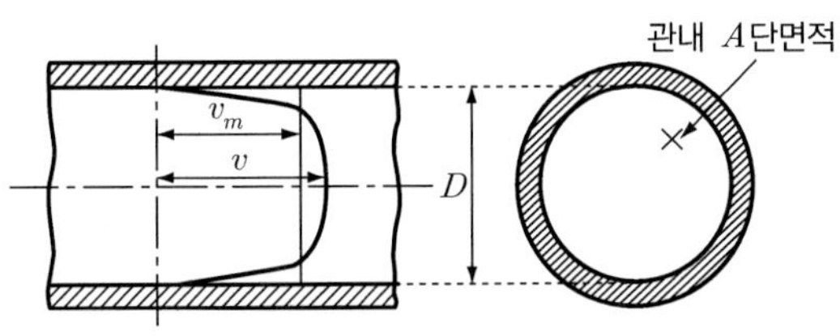

| 그림 15.2 | 관내의 유속 분포

유체의 유량에 의해 안지름을 정하는데, 유체가 관내를 충만하여 흐를 때 유속은 그림 15.2와 같이 마찰 때문에 관벽 부근에서는 늦어지고, 관의 중앙부에서는 빠르게 된다.

여기서, 평균 유속을 v_m (m/s), 관의 안지름을 D (mm), 유체의 유량을 Q (m^3/s)라고 하면,

$$Q = \frac{\pi}{4}\left(\frac{D}{1,000}\right)^2 v_m \tag{15.1}$$

$$D = \sqrt{\frac{4,000,000}{\pi}} \cdot \sqrt{\frac{Q}{v_m}} = 1,128\sqrt{\frac{Q}{v_m}} \quad (15.\ 2)$$

그러므로, 평균 유속 v_m 과 유체의 유량 Q가 주어지면 안지름 D를 구할 수 있다. 이때 v_m 을 크게 하면 안지름은 작게되나, 손실수두가 증가하여 에너지 손실이 크게 된다. 표 15. 1은 각종 용도에 사용되는 평균속도 v_m 의 값을 나타내었다.

2. 관의 두께

관의 내압을 p(kg/mm²), 관의 지름을 D(mm), 재료의 허용 인장응력을 σ_a(kg/mm²), 관의 이음효율을 η, 부식과 마모에 대한 정수를 C라고 할 때, 관의 두께 t는,

$$t = \frac{pD}{2\sigma_a \eta} + C \quad (15.\ 2)$$

표 15. 2에 σ_a, η, C의 값을 나타내었다.

| 표 15.1 | 관내 유속의 기준

유 체	용 도	평균속도(m/s)
물	상수도 (장거리)	0.5~0.7
	상수도 (단거리)	~1
	상수도 (근거리) : 1) 지름 5~15mm	~0.5
	2) 지름 3~30mm	~1
	3) 지름 3~100mm	~2
	수력 발전소 도수관	2~5
	소화용 호스	6~10
	저수두 원심 펌프 흡입 배출관	1~2
	고수두 원심 펌프 흡입 배출관	2~4
	왕복 펌프 흡입관 (긴관)	0.5~0.7
	왕복 펌프 흡입관 (짧은 관)	0.7~1
	왕복 펌프 배출관 (긴관)	1
	왕복 펌프 배출관 (짧은 관)	2
	난방 탕관	0.1~3
공기	저압 공기관, 소형 가스 석유기관 흡입관 소형 디젤기관 흡힙관 고압 공기관, 대형 가스 석유기관 흡입관 대형 디젤기관 흡입관	10~15 14~20 20~30
가스	석탄 가스관	2~6
증기	포화 증기관	12~40
	과열 증기관	40~80

|표 15.2| 내압을 받는 얇은 판의 허용응력

<table>
<tr><th colspan="2">재 질</th><th colspan="2">이음효율 η</th><th>인장강도σ (kg/mm^2)</th><th>허용강도σ_a (kg/mm^2)</th><th colspan="2">C(mm)</th></tr>
<tr><td rowspan="2">주철</td><td>보통</td><td colspan="2" rowspan="2">–</td><td rowspan="2">–</td><td>2.5</td><td>$t \leqq 55$</td><td>$6(1-pD/27{,}500)$</td></tr>
<tr><td>고급</td><td>4.0</td><td>$t \geqq 55$</td><td>0</td></tr>
<tr><td colspan="2" rowspan="2">주 강</td><td colspan="2" rowspan="2">–</td><td rowspan="2">45</td><td rowspan="2">6.0</td><td>$t \leqq 55$</td><td>$6(1-pD/66{,}000)$</td></tr>
<tr><td>$t \geqq 55$</td><td>0</td></tr>
<tr><td colspan="2" rowspan="3">강</td><td>이음매 없는관</td><td>1.00</td><td rowspan="2">34~45</td><td rowspan="2">8</td><td colspan="2" rowspan="3">1</td></tr>
<tr><td>용접관</td><td>0.80</td></tr>
<tr><td>1열 리벳이음</td><td>0.57
~0.63</td><td>45~55</td><td>10</td></tr>
<tr><td colspan="2" rowspan="2">동</td><td colspan="2" rowspan="2">–</td><td rowspan="2">20~25</td><td rowspan="2">2.0</td><td>$d \leqq 100$</td><td>1.5</td></tr>
<tr><td>$100 < d \leqq 125$</td><td>0</td></tr>
<tr><td rowspan="2">연</td><td>순연</td><td colspan="2">–</td><td>1.25</td><td>0.25</td><td colspan="2" rowspan="2">0~3</td></tr>
<tr><td>1~3%Sb</td><td colspan="2">–</td><td>–</td><td>0.50</td></tr>
</table>

15.1.3 관의 열팽창 및 열응력

관은 열에 의해서 팽창을 하게 되는데, 고정된 관은 늘어나지 못하기 때문에 압축 하중을 받는 것과 같은 결과를 가져온다. 즉, 관이 온도 변화에 의해 늘어나거나, 줄어들게 되어 외부에서 힘을 받는 것과 같게 되므로, 관 재료 내부에 열 응력이 생긴다.

이때, 관의 길이를 l(mm), 재료의 열 팽창계수를 α, 관 외부의 온도를 t_o(℃), 관의 사용 온도를 t(℃), 관의 바깥지름을 D_2(mm), 관의 안지름을 D_1(mm)이라고 하면 신축량, 열응력, 관의 양끝을 고정했을 때 가해지는 관단하중 p는 아래와 같다.

$$\text{신축량} : \Delta l = \alpha(t - t_o)l \tag{15. 3}$$

$$\text{열응력} : \sigma_t = E\alpha(t - t_o) \tag{15. 4}$$

$$\text{관단하중} : P = \frac{\pi}{4}({D_2}^2 - {D_1}^2)\sigma_t \tag{15. 5}$$

표 15.3은 각종 재료의 열팽창 계수를 나타낸 것이다.

| 표 15. 3 | 각종 재료의 열팽창 계수

재 질	열팽창 계수 α
주철	9.8×10^{-6}
강	11.2×10^{-6}
동	16.7×10^{-6}
알루미늄	24.1×10^{-1}

15.2 관이음

관, 밸브 및 관련 부속품을 체결하는데 사용되는 기계요소를 관이음(pipe joint)이라고 한다. 관과 관 또는 관과 다른 부품을 접합시키는 데는 납땜이나, 용접 등에 의한 영구이음과 나사식 이음, 관의 방향을 바꾸기 위한 휨 이음, 온도 변화를 조절하기 위한 신축이음 등이 있다.

1. 나사식 관이음

관의 양단에 관용나사나 가는 나사로 가공하여 파이프를 이음 한 것으로 물, 기름, 증기, 가스등의 일반 배관에 사용된다. 그림 15. 3에는 각종 나사식 관이음의 종류를 나타내었다.

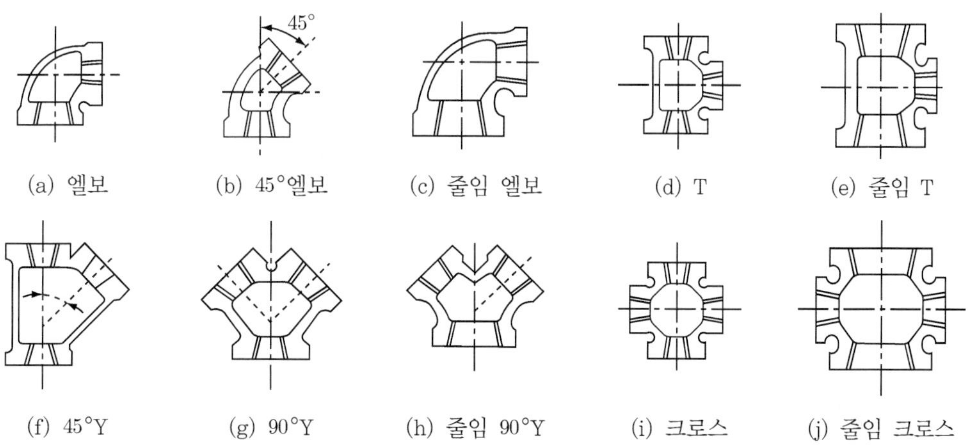

| 그림 15. 3 | 나사식 관이음

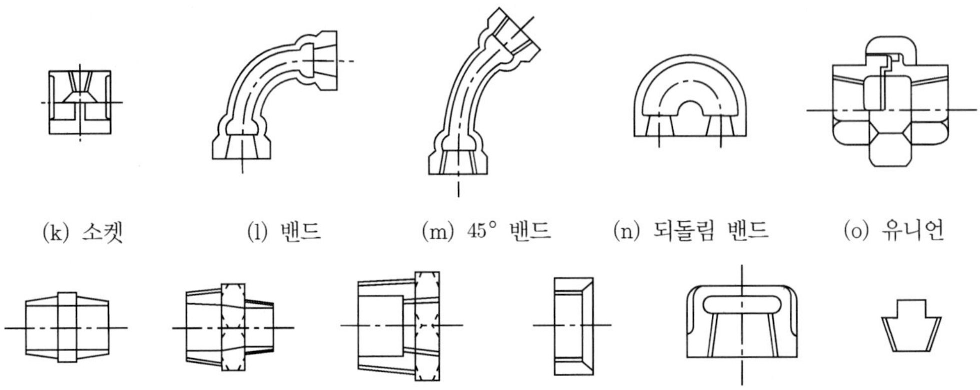

(k) 소켓 (l) 밴드 (m) 45° 밴드 (n) 되돌림 밴드 (o) 유니언

(p) 니플 (q) 줄임니플 (r) 부싱 (s) 멈춤너트 (t) 캡 (u) 플러그

| 그림 15. 3 | 나사식 관이음(계속)

2. 플랜지 관이음

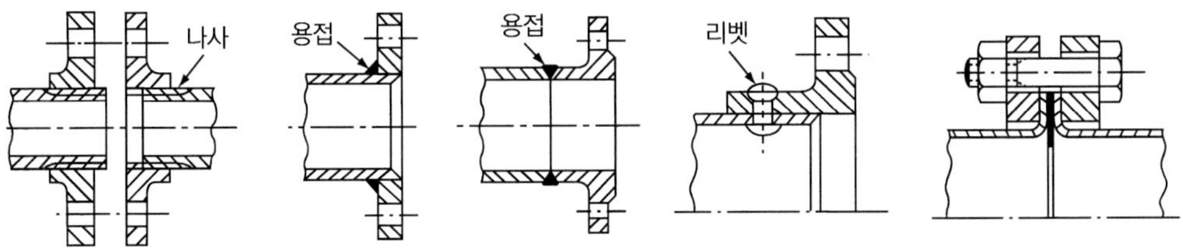

(a) 나사결합형 (b) 용접형 (c) 용접형 (d) 리벳형 (e) 활동형

| 그림 15. 4 | 플렌지 이음의 종류

플랜지 관이음(flange joint)은 플랜지를 관 끝에 붙여 만들며, 서로 합쳐지는 면에는 패킹(packing)하여 밀려나오지 못하게 오목하고, 볼록하게 만들어 볼트로 체결한다. 그림 15. 4에는 플랜지 관이음의 종류를 나타내었다.

3. 신축이음

온도의 변화로 인한 관의 신축 때문에 관 및 관이음이 파손되는 것을 방지하기 위한 이음을 신축이음(expansion pipe joint)이라고 한다.

① **신축형 밴드(expansion band)** : 각종 신축형 밴드는 강 또는 기타 금속제이며 휨의 성질이 양호하고, 밴드의 탄성과 신축에 잘 견딘다. 또, 자유로운 형으로 굽어지므로 몇 개의 조인트를 사용하는 것은 1개의 밴드로 대신하여 유동 마찰을 감소시키고, 기둥 등은 장애물을 피하여 쉽게 배관 할 수 있기 때문에 고온 · 고압의 긴증기 관로 등에는 극히 유효하다. 밴드의 곡률 반지름의 최소 허용치는 관벽의 두께나

관 지름에 의하여 다르지만, 좌굴이 발생하지 않는 한도 내에서 정해야 한다. 그림 15. 5는 각종 재료의 온도차에 의한 팽창량을 나타낸 것이며, 그림 15. 6에는 여러 종류의 벤드를 나타내었다.

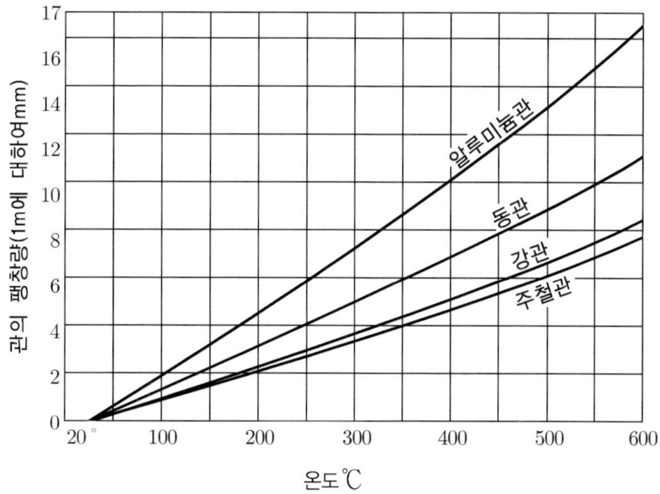

| 그림 15. 5 | 관의 팽창량

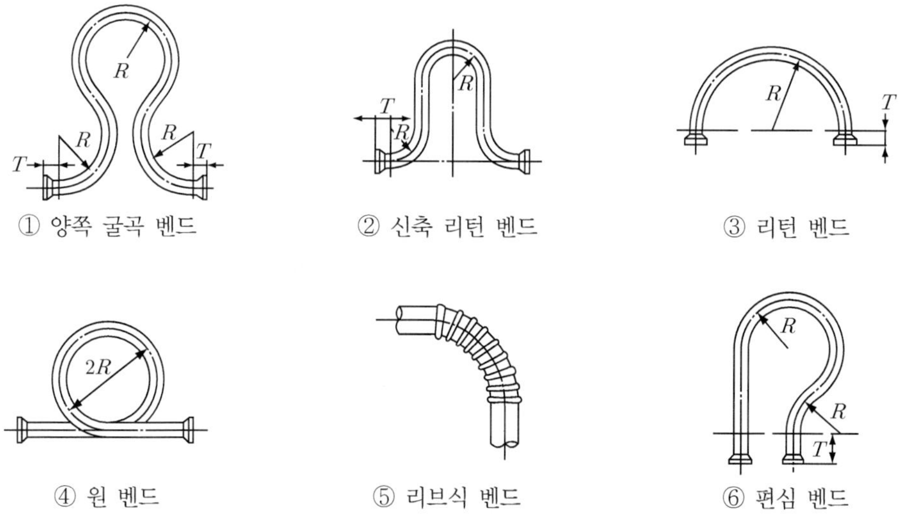

| 그림 15. 6 | 신축 관이음

② 파형 파이프 이음(corrugated joint) : 저압 증기, 물, 공기, 가스등의 비교적 짧은 관로 또는 진공용 신축 조인트로서 널리 사용된다. 신축량은 관의 지름, 벨로즈의 파형수, 사용 압력 등에 의하여 다르지만 저압 증기, 물, 공기, 가스용에 6~12mm, 진공용에는 20~50mm 정도의 것이 사용되며, 중압의 증기 관로에는 이 조인트를 보강하여 사용하는 수도 있다. 이것을 일명 벨로스형 관이음(steel bellows pipe joint)이라고 하며, 그림 15. 7은 여러 종류의 파형 벨로스 파이프 조인트를 나타내었다.

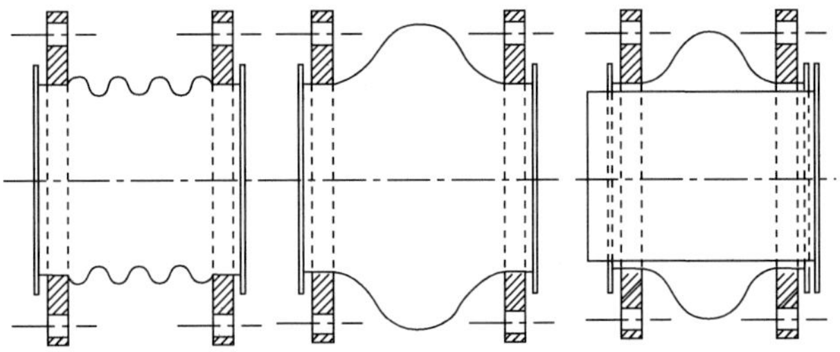

파형 파이프 조인트

| 그림 15. 7 | 파형 신축이음

③ 미끄럼 관이음(sliding joint) : 그림 15. 8과 같이 한편의 끝단을 굵게 하여 이것에 다른 관을 삽입하여, 패킹에 의하여 누설을 방지하고 관의 신축을 자유롭게 한 것으로, 물 또는 포화증기, 공기, 가스의 배관용으로 사용된다. 이 미끄럼 파이프 이음은 배관을 위한 사용 장소는 협소하여도 되며, 벤드를 사용할 때와 같은 굽힘응력이나 추력이 거의 발생하지 않는 장점이 있다. 일반적으로, 저압 증기 배관용에서는 30m마다 1개정도로 이 죠인트를 설치한다.

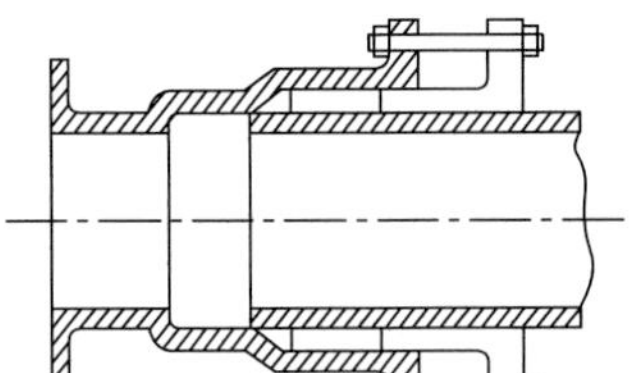

| 그림 15. 8 | 미끄럼 이음

④ 시이웰(Siwel) 이음 : 배관용과 같이 지름이 작은 것은 그림 15. 9와 같이 배관에 의한 관로의 신축을 굽힘이나 비틀림 등으로 바꾸어 흡수하는 방법이 사용되며 굴곡부분의 길이는, 관의 길이 30m에 대하여 1.5m 정도가 필요하다.

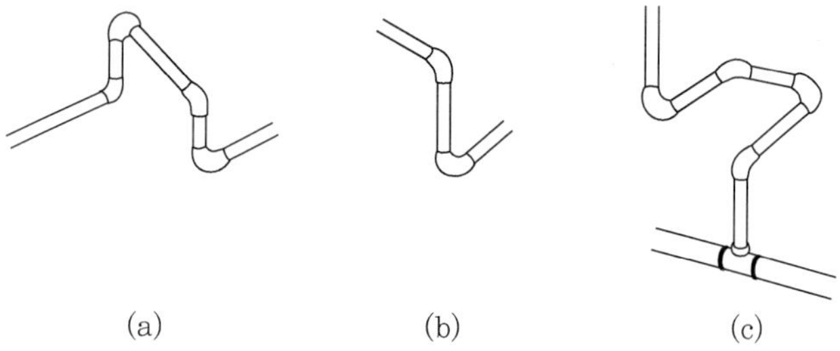

| 그림 15. 9 | 시이웰 이음

⑤ 고무 조인트 : 고무형의 신축형 관이음으로 주로 진공 또는 저압용으로 90 ℃ 이하의 경우에 사용하며, 신축량은 약 15~25mm이다. 고온 또는 기름에 대하여서는 각각 내열성과 내유성이 있는 합성고무를 사용한다.

15.3 밸브

물, 증기, 공기, 가스등의 유량을 제어하는데 사용되는 것으로 슬루스 밸브(sluice valve), 스톱 밸브(stop valve), 앵글 밸브(angle valve), 체크 밸브(check valve) 등이 있다.

15.3.1 밸브의 종류

1. 스톱 밸브(stop valve)

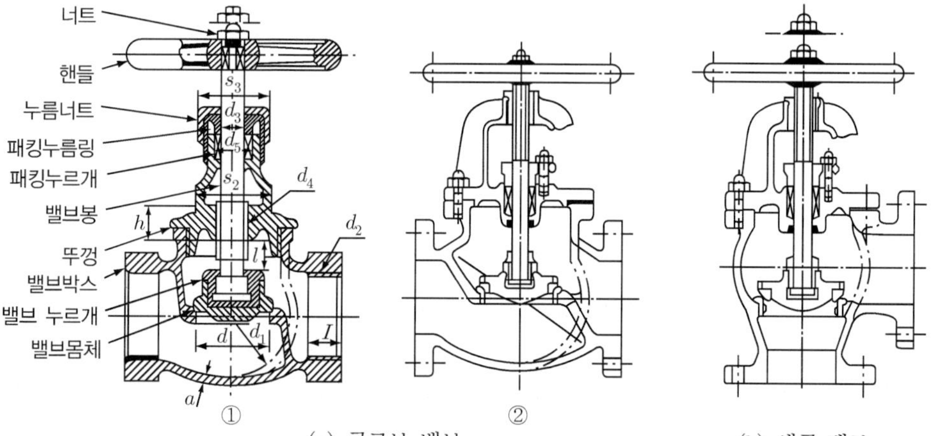

(a) 글로브 밸브 (b) 앵글 밸브

| 그림 15. 10 | 스톱 밸브(플렌지형)

유체를 차단하는 장치로 가장 많이 사용되며, 유체의 유출 방향에 따라 그림 15. 10과 같이 유체가 흐르는 방향으로 입구와 출구가 일직선으로 되어있는 글러브 밸브(glove valve)와 유체가 흐르는 입구와 출구가 직각으로 되어 있는 앵글 밸브(angle valve)가 있으며, 이음 방식에는 나사식과 플랜지식이 있다.

2. 슬루스 밸브(sluice valve)

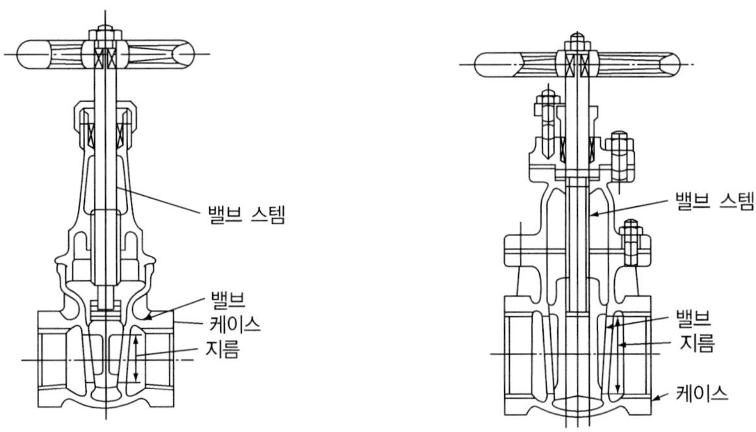

| 그림 15. 11 | 슬루스 밸브

일명 "게이트 밸브(gate valve)"라고도 하며, 밸브가 파이프의 축선에 직각 방향으로 개폐되는 밸브로 모두 열었을 경우에는 유체 흐름의 면적과 방향이 변하지 않으므로 유체의 에너지 손실은 적으나, 1/2정도 개폐시에는 흐름이 아주 느려져서 밸브 판 뒤에서 발생하는 와류로 밸브가 심한 진동을 일으키는 단점이 있다. 그림 5-11에는 스루스 밸브의 구조로, 상수도 파이프와 같이 지름이 크고, 밸브를 자주 개폐할 필요가 없는 곳에 사용된다.

3. 감압 밸브(reducing valve)

감압 벨브는 고압의 유체를 보다 낮은 압력으로 감압하여, 일정한 압력으로 유지하는데 사용되며 이 밸브은 추나 스프링, 다이어프램 등으로 제어하며, 고압 측에는 반드시 체크 밸브(check valve)를, 저압 측에는 안전밸브(safety valve)를 반드시 설치하여야 한다. 그림 15. 12에는 감압 밸브와 감압 밸브에 대한 안전밸브의 위치를 나타내었다.

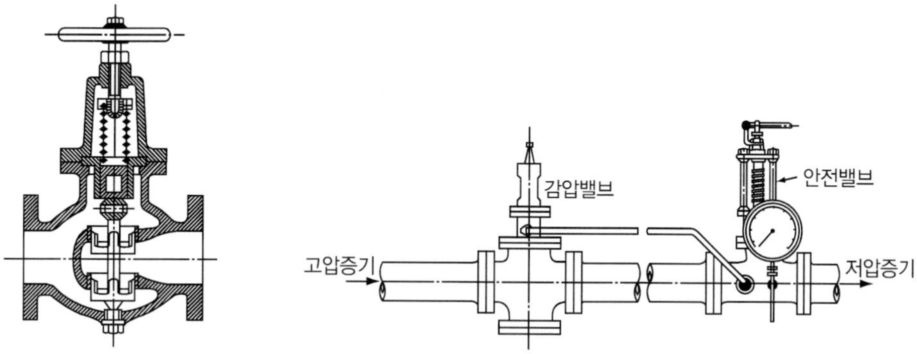

(a) 감압 밸브의 구조 (b) 감압 밸브에 대한 안정밸브의 위치

| 그림 15. 12 | 감압 밸브와 감압 밸브에 대한 안전밸브의 위치

4. 안전밸브

증기, 가스 등의 유체가 제한된 최고 압력을 초과하였을 때, 자동적으로 밸브가 열려서 유체를 외부로 방출하여, 규정된 일정한 압력을 유지시키도록 하는 자동제어 밸브이다. 안전밸브의 구조와 원리는 그림 15. 13과 같이 체크 밸브의 추 또는 스프링을 이용하여, 밸브 시트에 소정의 하중을 눌러 접촉하게 되어 있다.

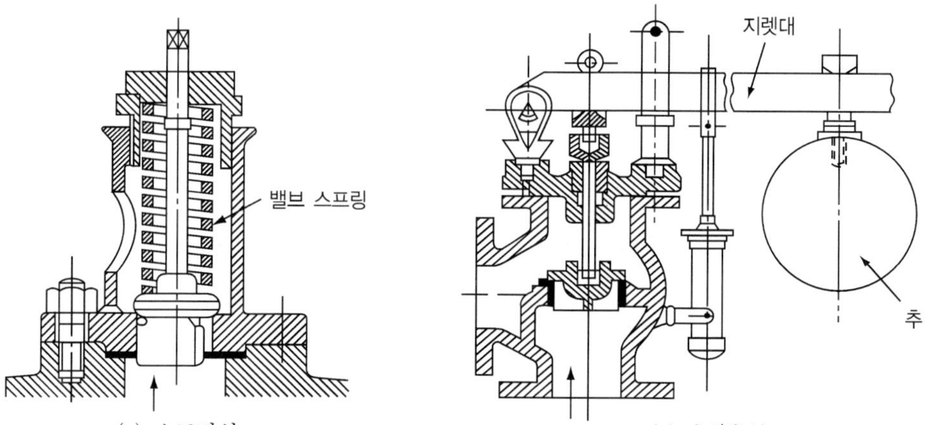

(a) 스프링식 (b) 추(錘)식

| 그림 15. 13 | 안전밸브

5. 나비형 밸브

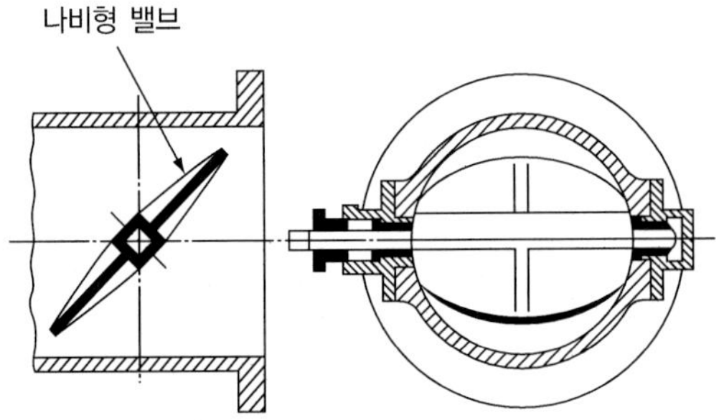

| 그림 15.14 | 나비형 밸브

이 밸브를 "스로틀 밸브(throttle valve)"라고도 하며, 그림 15. 14와 같이 원판의 회전으로 관로의 개도를 변경시켜 유량의 가감을 한다. 주로 관지름이 큰 관로에 사용한다.

6. 콕(cock)

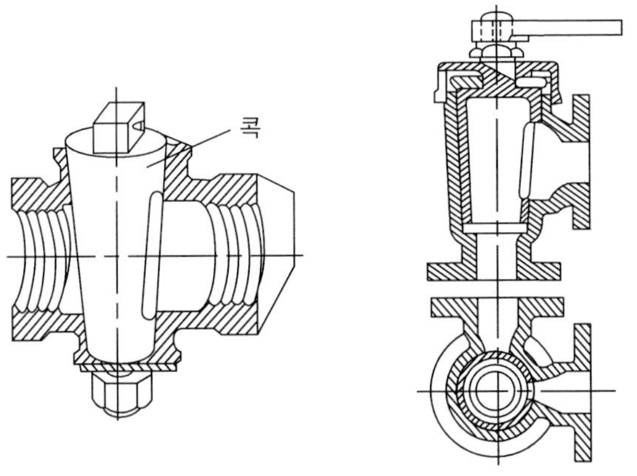

(a) 2방콕 (b) 3방콕

| 그림 15.15 | 콕

콕은 유체를 똑바로 흐르게 하고 꼭지를 1/4회전하면, 완전히 열 수 있으므로 개폐가 빠른 장점이 있으나, 온도에 의한 불균형 팽창으로 완전한 기밀유지가 어려운 단점도 있다. 콕의 구조는 그림 15. 15와 같다.

7. 체크 밸브(check valve)

유체의 역류를 방지하는데 사용되는 밸브로 무게와 밸브 양쪽에 걸리는 압력 차에 의해 자동적으로 작동한다.

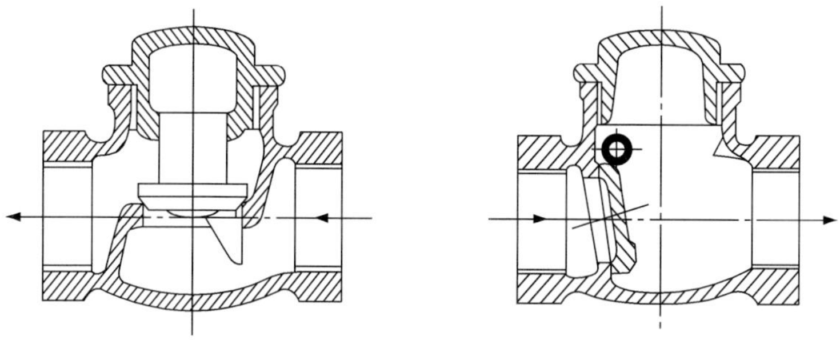

(a) 리프트형 (b) 스윙형

| 그림 15. 16 | 체크 밸브

15.3.2 밸브의 설계

1. 밸브의 양정(lift)

그림 15. 17과 같은 스톱 밸브의 밸브 시트(valve seat)와 밸브를 설계하기 위하여, 임펠러(impeller)에서 베인(vane)이 없는 것과 있는 것으로 나누어서 설계한다.

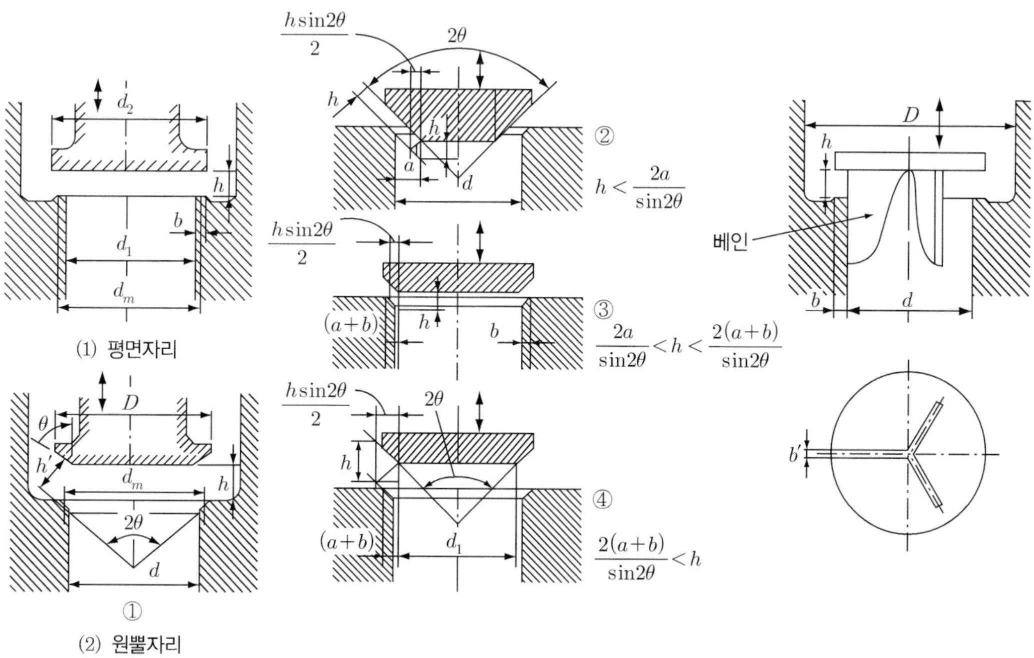

(a) 베인 없는 밸브 (b) 베인 붙임 밸브

| 그림 15. 17 | 밸브의 자리

(1) 베인이 없는 경우

임펠러 다리가 없는 밸브에 해당되며, 밸브 구멍의 면적과 밸브 가장 자리의 면적이 같다고 하면, 유량 계수가 1일 때 피스턴의 면적 A'와 양정 h는,

$$A' = \pi D h = \frac{\pi}{d} D^2 \tag{15. 6}$$

$$h = \frac{d}{4}\,(\text{평면자리}) = \frac{d^2}{4\,dm\sin\theta}\,(\text{원뿔자리}) \tag{15. 7}$$

여기서, d는 밸브 자리의 구멍지름(mm),
D는 실린더의 지름(mm),
dm는 유로 평균 나비(mm)

실제로는 밸브에서 흘러나오는 유체는 축류이며, 방향 변화에 의한 손실을 고려하여야 하므로, 양정은 $h = \dfrac{D}{4}$ 보다 크게 잡아야 한다. 원뿔자리 밸브 시트는 45°의 경사를 사용한다.

(2) 베인이 있는 경우

임펠러 다리붙임 밸브에 해당되며 밸브의 면적을 A, 피스톤의 평균속도를 v' 라고 할 때, 연속의 조건에서

$$A_v = A' v' \tag{15. 8}$$

베인의 수를 n, 베인의 관 두께를 b' 라고 할 때, 밸브의 유효면적 A_m과 양정 h는,

$$A_m = \frac{\pi}{4} d^2 \left(1 - \frac{2nb'}{\pi d}\right) \tag{15. 9}$$

$$h = \frac{d}{4} \cdot \frac{1 - \dfrac{2nb'}{\pi d}}{1 - \dfrac{nb'}{\pi d}} \tag{15. 10}$$

특별한 경우 $n = 3$, $b' = 0.1d$로 하면,

$$d = 1.112 d_o, \quad h = 0.895 \times \frac{d}{4} \tag{15. 11}$$

규격에서 $d/d_o = 1.10 \sim 1.12$로 한다.

2. 밸브 봉이 밸브를 누르는 압력

이것은 밸브와 시트 사이에 작용하는 접촉압력 p''를 발생시키기 위하여, 밸브를 시트에 누르는 벨브 스템(valve stem)의 축력P를 구할 때는 밸브 시트의 윗면에 유체 압력이 가해지면, 힘의 관계는

$$P = p\frac{\pi}{4}(d+2b)^2 = p''\pi(d+b)b \qquad (15.\ 12)$$

이 식에서, 밸브 시트의 나비 $b\,(b=d/p)$를 구할 수 있다.

보통 $b/d = 1/50 \sim 1/10$ 으로 하며, p''는 허용 압력 이하로 취해야한다. 표 15. 4에 허용 압력의 값을 나타내었다.

| 표 15. 4 | 밸브 시트의 허용압력

밸브시트 재질	연한고무	단단한 고무	주철	포금	청동	인청동	니켈
허용압력(kg/cm^2)	15	50	80	150	200	250	300

또, p'는 $p' \cong p''/3$ 로 한다. 밸브 스템의 축력을 P를 발생시키기 위한 핸들의 토크 T는,

$$T = P\frac{d_2}{2}tan(\alpha+\rho) \qquad (15.\ 13)$$

여기서, d_2 는 나사의 유효지름,

α 는 나사의 리드 각,

ρ 는 암나사와 수나사의 사이의 마찰계수가 μ 인 경우 $\mu = \tan\rho$로 주어지는 마찰각

15.3.3 관이음의 설계

1. 나사식 관이음

나사부에 필요한 길이 l 는 근사적으로,

$$l \geq \frac{d_1}{4}\left(\frac{K^2-1}{K^2}\right)\frac{\sigma}{\tau} \qquad (15.\ 14)$$

여기서, d_1 는 나사의 골지름(mm),

K는 관의 안지름과 바깥지름의 비,

σ는 관의 인장 응력(kg/mm^2),

τ는 관의 전단 응력(kg/mm^2)

2. 플렌지 관이음

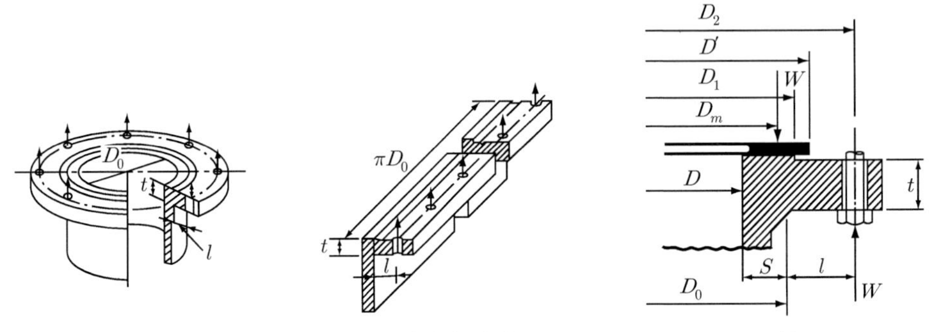

(a) (b) 플랜지의 전개도 (c)

| 그림 15.18 | 플렌지 이음의 응력

그림 15. 18에서 플렌지 관이음의 특별한 경우를 제외하고는, 아래의 식으로 구한다.

$$P = \frac{\pi}{d} D_m\, p \tag{15. 15}$$

$$l = \frac{D_2 - D_1}{2} = \frac{D_2 - (D + 2S)}{2} \tag{15. 16}$$

$$M = \sigma_b \cdot Z = \frac{\pi D_o t^2}{6} \sigma_b \tag{15-17}$$

$$t = \sqrt{\frac{6\,Wl}{\pi D_o \sigma_b}} \tag{15. 18}$$

여기서, P는 플렌지 보스의 하중(kg),

p는 관의 내압(kg/cm^2),

D는 관의 지름(mm),

D'는 가스킷의 바깥지름(mm),

t는 플렌지의 두께(mm),

D_m는 가스킷의 평균지름(mm)$(= D_1 + D/2)$,

D_1는 플렌지 접촉부의 지름(mm),

D_2는 볼트 중심원의 지름(mm),

s는 관의 두께+보스의 두께(mm)

3. 신축이음

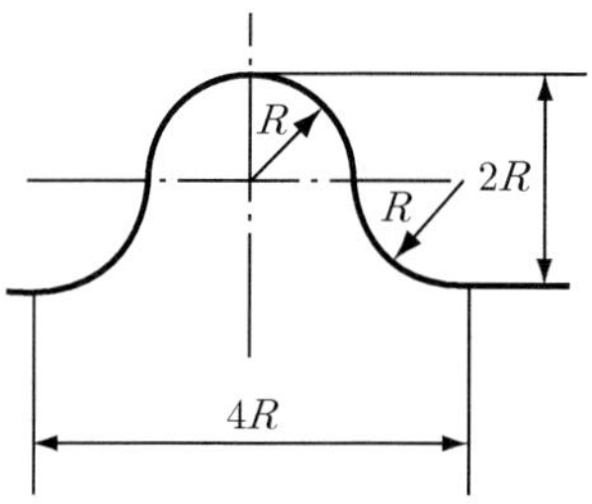

$K_1 = 4.62, C_1 = 0.108$

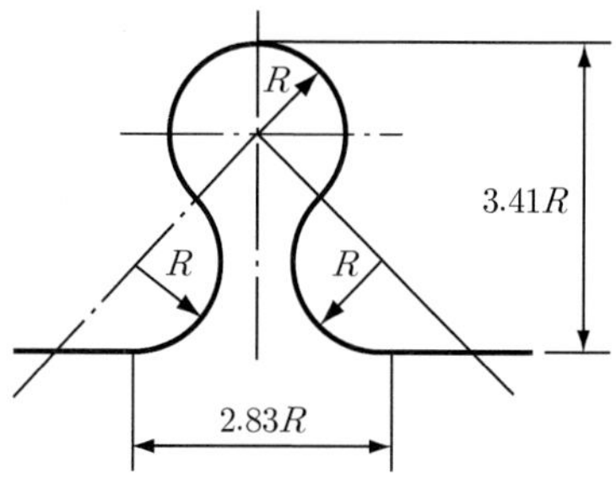

$K_1 = 18.7, C = 0.091$

| 그림 15. 19 | U자형 신축밴드

그림 15. 19와 같이 곡관을 삽입하였을 때, 직관의 양단에서 고정하는 힘P(kg)와 관벽에 생기는 굽힘응력 σ_b(kg/cm^2)는,

$$P = \frac{\delta E I}{K_1 R^3} \tag{15. 19}$$

$$\sigma_b = C_1 \frac{D E \delta}{R^2} \tag{15. 20}$$

여기서, δ는 고정점 사이에서 관이 자유로이 팽창하는 경우의 늘어난 길이(cm), I는 관벽 단면의 관성 모멘트(cm^4), $I \fallingdotseq 0.4 D_m{}^3 t$, K_1, C_1는 상수이다.

연습문제

1. 관의 기능과 관련 신뢰성 시험을 설명하여라.

2. 관의 이음과 목적과 그 종류를 분류 하고 설명하여라.

3. 밸브의 종류와 그 용도를 설명하여라.

4. 관의 온도 상승으로 인한 열팽창으로 열응력이 발생하는데 이에 대하여 설명하여라.

5. 신축이음의 종류와 특성을 설명하여라.

6. 안지름 $D=1,200\,\text{mm}$, 두께 $t=12\,\text{mm}$인 강관에 생기는 압력을 구하여라. 단, 재료의 허용 응력 $\sigma_a=7\,\text{kg/cm}^2$, 이음 효율은 68%, $C=1\,\text{mm}$이다.

7. 두께 $t=10$, 인장강도 45kg/mm^2의 연강판으로 7kg/cm^2의 내압을 받는 원관을 만들려고 할때 안지름은 구하여라. 단, 안전계수는 4 로 한다.

8. 안지름 $D=220\,\text{mm}$, 두께 $t=10\,\text{mm}$인 관의 유량 $Q=40l/s$ 알 때 평균 유속을 구하여라. 단, 관의 허용 인장응력 $\sigma_a=7\,\text{kg/mm}^2$이다.

9. 사용 압력 10kg/cm^2, 호칭지름 9.7cm^2인 스톱 밸브에서 밸브와 자리 사이의 접촉 압력 $p''=400\,\text{kg/cm}^2$일 때 양정과 밸브 자리 윗면에 작용하는 압력을 구하여라.

10. 스톱 밸브의 사용압력 $p=10\,\text{kg/cm}^2$, 접촉압력 420kg/cm^2일 때, 밸브 밑면에 작용하는 하중을 구하여라. 단, 양정은 25mm이다.

APPENDIX

1. 각종 단위의 환산표
2. 보의 처짐 공식
3. 각종 평면도형의 성질
4. 인벌류트 함수표

부록 1. 각종 단위의 환산표

양명칭	기호	차원	의미	단위 사이의 관계					
				$Pa=N/m^2$	bar	kgf/cm^2	표준기압 atm	수은주 mmHg	Ib/m^2(psi)
압력	P	KL^{-2} $ML^{-1}T^{-2}$	$\frac{(힘)}{(면적)}$	1	10^{-5}	1.0197×10^{-5}	0.9869×10^{-5}	750.1×10^{-5}	14.50×10^{-5}
				10^{5}	1	1.0197	0.9869	750.1	14.50
				0.9807×10^{5}	0.9807	1	0.9678	735.6	14.22
				1.0133×10^{-5}	1.0133	1.0332	17	760	14.70
				1.332×10^{5}	1.332	1.3595	1.3158	1000	19.34
				0.60895×10^{5}	0.60895	0.07031	0.06805	51.71	1
				J	kcal	kWh	PSh	Btu	Chn(Pcu)
열량	Q	H (KL)	(중량)× (온도차) ×(비열)	1	2.389×10^{-4}	0.2778×10^{-6}	0.3777×10^{-6}	0.9480×10^{-3}	0.52667×10^{-3}
				4186	1	1.163×10^{-3}	1.581×10^{-3}	3.968	2.205
				3.6×10^{6}	860.0	1	1.3596	3412	1896
				2.648×10^{6}	632.5	0.7355	1	2510	1395
				1054.9	0.2520	0.2931×10^{-3}	0.3984×10^{-3}	1	0.5556
				1898.8	0.4536	0.5275×10^{-3}	0.7169×10^{-3}	1.800	1
				J=Nm	kgf m	kWh	PSh	kcal	ft-lb
열 (에너지)	W	KL ML^2T^{-2}	(힘)× (변위)	1	0.10197	0.2778×10^{-6}	0.3777×10^{-4}	0.2389×10^{-3}	0.7376
				9.807	1	2.724×10^{-6}	3.704×10^{-6}	2.343×10^{-3}	7.233
				3.6×10^{6}	3.671×10^{5}	1	1.3596	860.0	2.655×10^{6}
				2.648×10^{6}	2.700×10^{5}	0.7355	1	632.5	1.953×10^{6}
				4186	426.9	1.163×10^{-3}	1.581×10^{-3}	1	3087
				1.356	0.1383	0.3766×10^{-6}	0.5121×10^{-6}	0.3239×10^{-3}	1
				kW=kJ/s	PS	kgf m/s	kcal/s	HP	ft-lb/s
중력	L	KLT^{-1} ML^2T^{-3}	$\frac{(일)}{(시간)}$	1	1.3596	101.97	0.2389	1.3405	737.6
				0.7355	1	75	0.1757	0.9859	542.5
				0.9807×10^{-2}	0.01333	1	0.002343	0.01315	7.233
				4.186	5.691	426.7	1	5.611	3087
				0.746	1.0143	76.07	0.1782	1	550.2
				0.001356	0.001843	0.1383	0.3289×10^{-3}	0.001817	1

주 1. 단위의 고딕문자는 국제단위(SI단위)

2. 차원기호 : M=질량, K=중량, L=길이, T=시간, H=열량, θ=온도

부록 2. 보의 처짐 공식

번호	하중, 전단력 선도, 만곡 모멘트 선도, 처짐량 곡선도	처짐량 y	처짐각 $\theta=\frac{dy}{dx}$
1	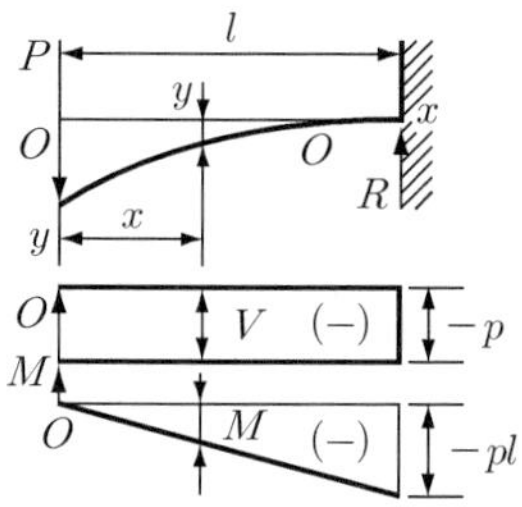	$y=\frac{Pl^3}{3EI}$ $\left(1-\frac{3x}{2l}+\frac{x^3}{2l^3}\right)$ $x=0$; $y_{\max}=\frac{Pl^3}{3EI}$	$\theta=-\frac{Pl^2}{2EI}\left(1-\frac{x^2}{l^2}\right)$ $x=0$; $\theta_{\max}=-\frac{Pl^2}{2EI}$ $=-\frac{3}{2l}y_{\max}$
2	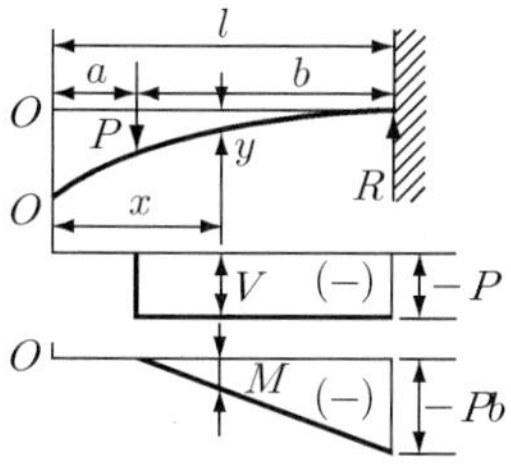	$a\leqq x\leqq l$; $y=\frac{Pb^3}{3EI}\left\{1-\frac{3(x-a)}{2b}\right.$ $\left.+\frac{(x-a)^3}{2b^3}\right\}$ $x=0$ $y_{\max}=\frac{Pb^3}{3EI}\left(1+\frac{3a}{2b}\right)$ $y_{x=a}=\frac{Pb^3}{3EI}$	$a\leqq x\leqq 1$; $\theta=-\frac{Pb^2}{2EI}\cdot$ $\left\{1-\frac{(x-a)^2}{b^2}\right\}$ $0\leqq x\leqq a$; $\theta_{\max}=-\frac{Pb^2}{2EI}$
3	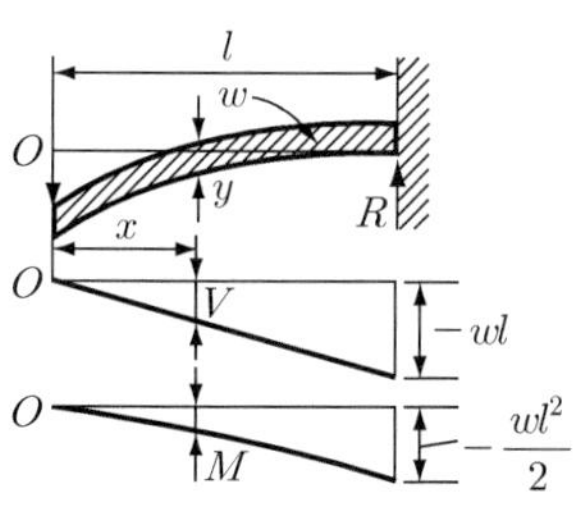	$y=\frac{w}{24EI}$ $(x^4-4l^3x+3l^4)$ $x=0$; $y_{\max}=\frac{wl^4}{8EI}$	$\theta=-\frac{wl^3}{6EI}\left(1-\frac{x^3}{l^3}\right)$ $x=0$; $\theta_{\max}=-\frac{wl^3}{6EI}$ $=-\frac{4}{3l}y_{\max}$
4	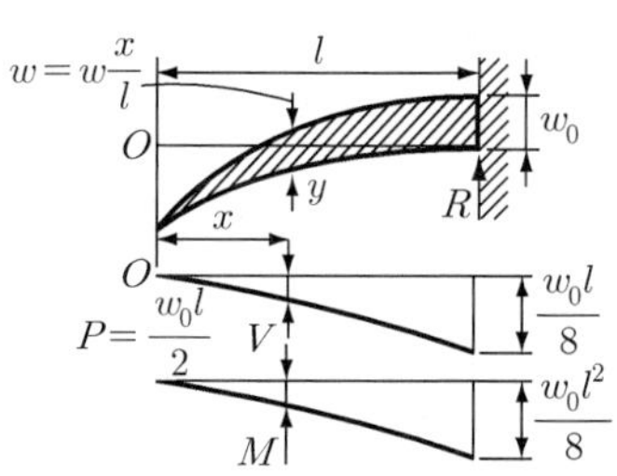	$y=\frac{Pl^3}{15EI}$ $\left(1-\frac{5x}{4l}+\frac{x^5}{45l^5}\right)$ $x=0$; $y_{\max}=\frac{Pl^3}{15EI}$	$\theta=-\frac{Pl^2}{12EI}\left(1-\frac{x^4}{l^4}\right)$ $x=0$; $\theta_{\max}=-\frac{Pl^2}{12EI}$ $=-\frac{5}{4l}y_{\max}$

부록 2. 보의 처짐 공식(계속)

번호	하중, 전단력 선도, 만곡 모멘트 선도, 처짐량 곡선도	처짐량y	처짐각 $\theta = \dfrac{dy}{dx}$
5	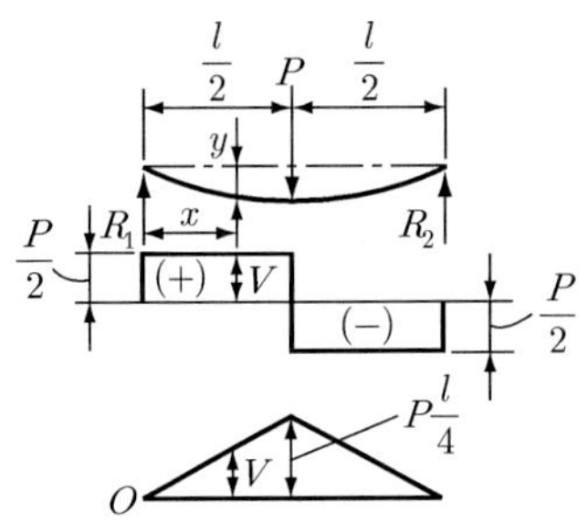	$0 \leqq x \leqq \dfrac{1}{2}$; $y = \dfrac{Pl^3}{48EI}\left(\dfrac{3x}{l} - \dfrac{4x^3}{l^3}\right)$ $x = \dfrac{1}{2}$; $y_{\max} = \dfrac{Pl^3}{48EI}$	$0 \leqq x \leqq \dfrac{l}{2}$; $\theta = \dfrac{Pl^2}{16EI}\left(1 - \dfrac{4x^2}{l^2}\right)$ $\left.\begin{matrix} x=0 \\ x=1 \end{matrix}\right\}$; $\theta_{\max} = \pm \dfrac{Pl^2}{16EI}$ $= \pm \dfrac{3}{l} y_{\max}$
6	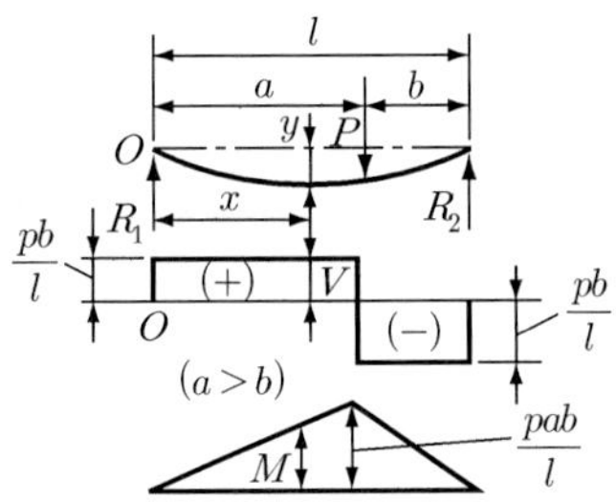	$0 \leqq x \leqq a$ $y = \dfrac{Pbx}{6lEI}(l^2 - b^2 - x^2)$ $x = \dfrac{\sqrt{l^2-b^2}}{\sqrt{3}}$; (단, $a > b$) $y_{\max} = \dfrac{Pb(l^2-b^2)^{\frac{3}{2}}}{9\sqrt{3}\, lEI}$ $y_{x=\frac{l}{2}} = \dfrac{Pb}{48EI}(3l^2 - 4b^2)$ $y_{x=a} = \dfrac{Pa^2b^2}{3lEI}$	$0 \leqq x \leqq a$; $\theta = \dfrac{Pb}{6lEI}(l^2 - b^2 - 3x^2)$ $\theta_1 = \dfrac{Pb(l^2-b^2)}{6lEI}$ $\theta_2 = \dfrac{-Pa(l^2-a^2)}{6lEI}$ $\theta_{x=a} = \dfrac{-Pab(a-b)}{3lEI}$
7	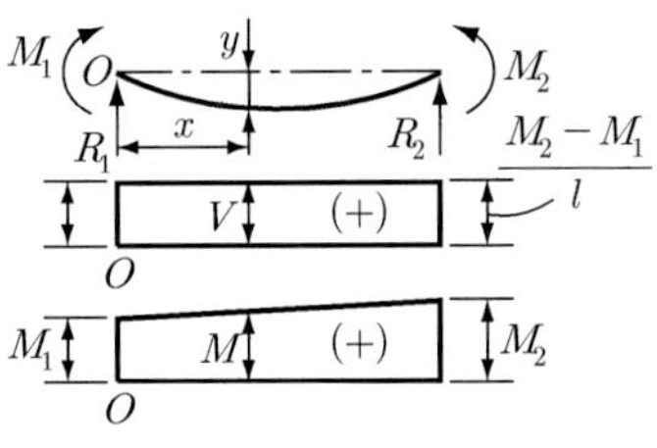	$y = \dfrac{M_1 l^2}{6lEI}\dfrac{x}{l}$ $\left\{\left(2 + \dfrac{M_2}{M_1}\right) - \dfrac{3x}{l} - \left(\dfrac{M_2}{M_1} - 1\right)\dfrac{x^2}{l^2}\right\}$	$\theta = \dfrac{M_1 l}{6EI}\left\{2 + \dfrac{M_2}{M_1} - \dfrac{6x}{l} - 3\left(\dfrac{M_2}{M_1} - 1\right)\dfrac{x^2}{l^2}\right\}$, $\theta_1 = \dfrac{(2M_1 + M_2)l}{6EI}$ $\theta_2 = -\dfrac{(M_1 + 2M_2)l}{6EI}$
8	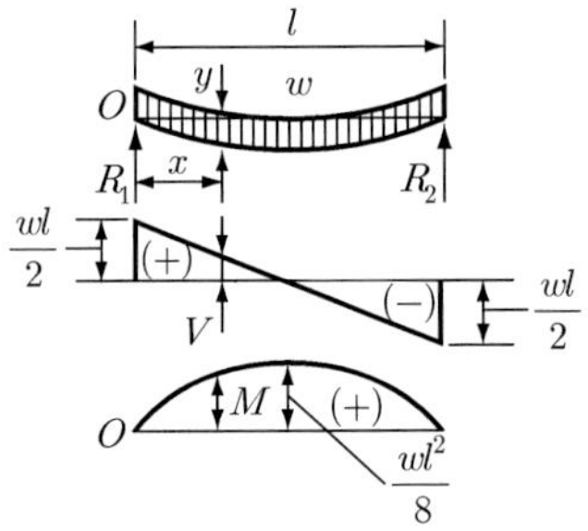	$y = \dfrac{wx}{24EI}(l^3 - 2lx^2 + x^3)$ $x = \dfrac{1}{2}$; $y_{\max} = \dfrac{5wl^4}{384EI}$	$\theta = \dfrac{wl^3}{24EI}\left(1 - \dfrac{6x^2}{l^2} + \dfrac{4x^3}{l^3}\right)$ $\left.\begin{matrix} x=0 \\ x=l \end{matrix}\right\}$; $l = \pm \dfrac{wl^3}{24EI}$ $= \pm \dfrac{16}{5l} y_{\max}$

부록 3. 각종 평면도형의 성질

I_x, I_y, I_{xy} : 관성모멘트

I_p : 극관성모멘트

$\bar{x}$, $\bar{y}$: 도심

A : 단면적

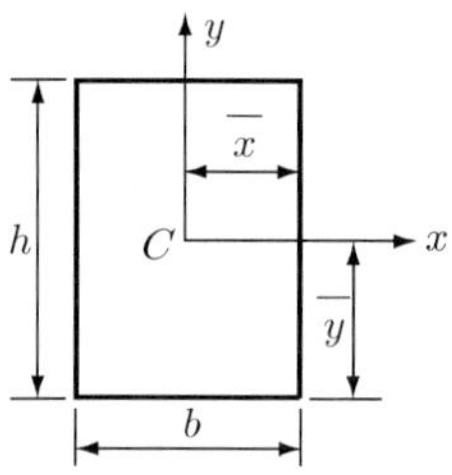

사각형(1)

$$A = bh, \quad \bar{x} = \frac{b}{2}, \quad \bar{y} = \frac{h}{2}$$

$$I_x = \frac{bh^3}{12}, \quad I_y = \frac{hb^3}{12}$$

$$I_x = 0, \quad I_p = \frac{bh}{12}(h^2 + b^2)$$

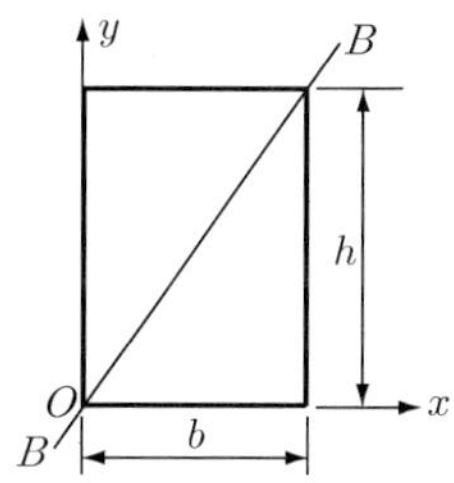

사각형(2)

$$I_x = \frac{bh^3}{3}, \quad I_y = \frac{hb^3}{3}$$

$$I_{xy} = \frac{b^2h^2}{4}, \quad I_p = \frac{bh}{3}(h^2 + b^2)$$

$$I_{BB} = \frac{b^3h^3}{6(b^2 + h^2)}$$

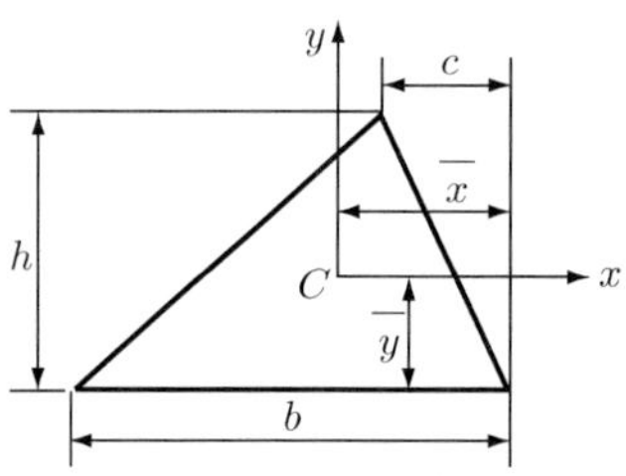

삼각형(1)

$$A =- \frac{bh}{2}, \quad \bar{x} = \frac{b+c}{3}, \quad \bar{y} = \frac{h}{2}$$

$$I_x = \frac{bh^3}{36}, \quad I_y = \frac{hb}{36}(b^2 - bc + c^2)$$

$$I_{xy} = \frac{bh^2}{72}(b - 2c), \quad I_p = \frac{bh}{36}(h^2 + b^2 - bc + c^2)$$

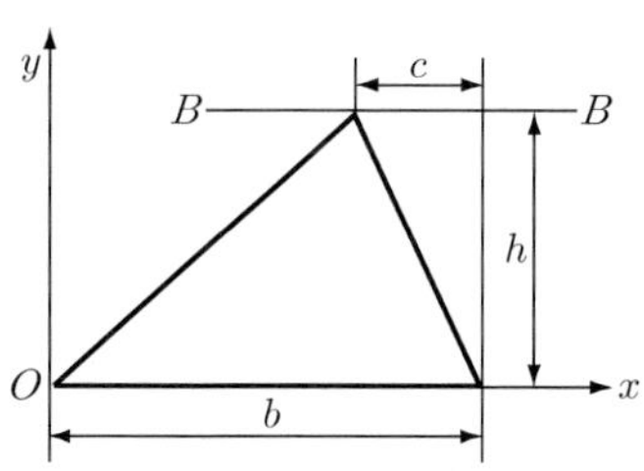

삼각형(2)

$$I_x = \frac{bh^3}{12}, \quad I_y = \frac{hb}{12}(3b^2 - 3bc + c^2)$$

$$I_{xy} = \frac{bh^2}{24}(3b - 2c), \quad I_{BB} = \frac{bh^3}{4}$$

부록 3. 각종 평면도형의 성질(계속)

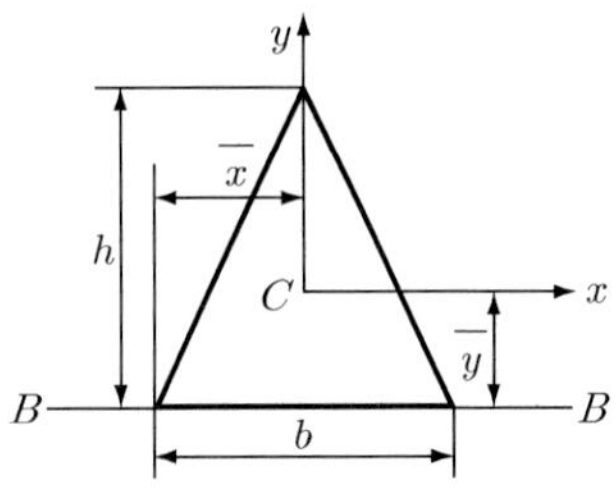

이등변삼각형

$$A=\frac{bh}{2},\quad \bar{x}=\frac{b}{2},\quad \bar{y}=\frac{h}{3},\quad h=\frac{\sqrt{3}}{2}b$$

$$I_x=\frac{bh^3}{36},\quad I_y=\frac{hb^3}{48},\quad I_{xy}=0$$

$$I_p=\frac{bh}{144}(4h^2+3b^2),\quad I_{BB}=\frac{bh^3}{12}$$

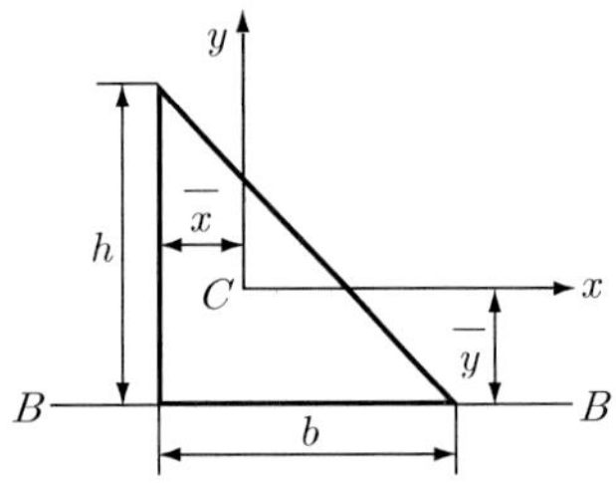

직각삼각형(1)

$$A=\frac{bh}{2},\quad \bar{x}=\frac{b}{3},\quad \bar{y}=\frac{h}{3}$$

$$I_x=\frac{bh^3}{36},\quad I_y=\frac{hb^3}{36},\quad I_{xy}=-\frac{b^2h^2}{72}$$

$$I_p=\frac{bh}{36}(h^2+b^2),\quad I_{BB}=\frac{bh^3}{12}$$

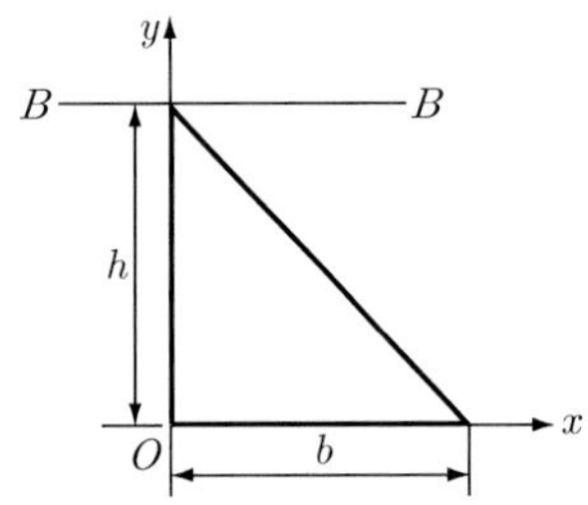

직각삼각형(2)

$$I_x=\frac{bh^3}{12},\quad I_y=\frac{hb^3}{12},\quad I_{xy}=\frac{b^2h^2}{24}$$

$$I_p=\frac{bh}{12}(h^2+b^2),\quad I_{BB}=\frac{bh^3}{4}$$

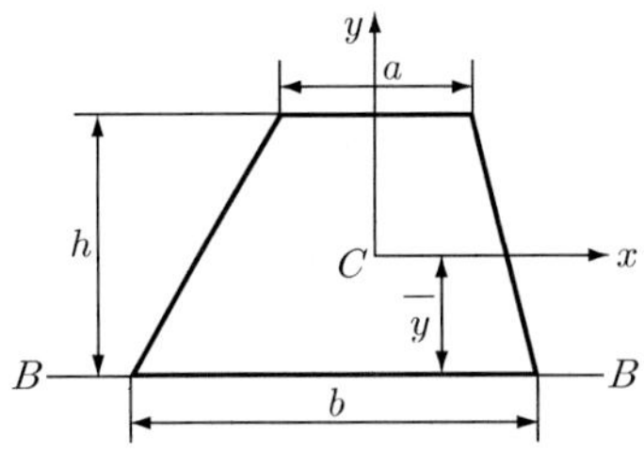

사다리꼴

$$A=\frac{h(a+b)}{2},\quad \bar{y}=\frac{h(2a+b)}{3(a+b)}$$

$$I_x=\frac{h^3(a^2+4ab+b^2)}{36(a+b)},\quad I_{BB}=\frac{h^3(3a+b)}{12}$$

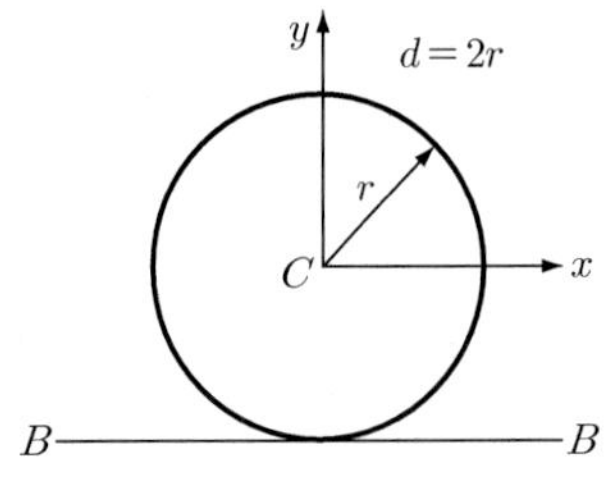

원형

$$A=\pi r^2=\frac{\pi d^2}{4},\quad I_x=I_y=\frac{\pi d^2}{4}=\frac{\pi d^4}{64}$$

$$I_{xy}=0,\quad I_p=\frac{\pi r^4}{2}=\frac{\pi d^4}{32}$$

$$I_{BB}=\frac{5\pi r^4}{4}=\frac{5\pi d^4}{64}$$

부록 3. 각종 평면도형의 성질(계속)

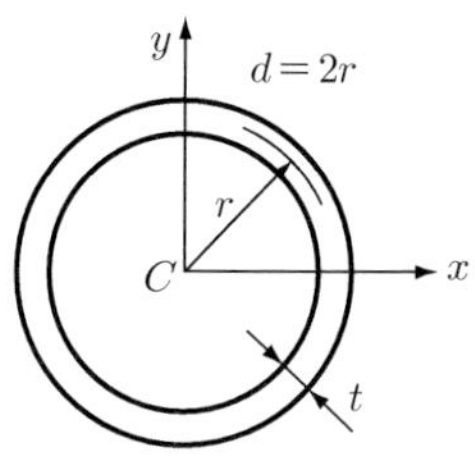

원형링(t 가 작을 때 근사식)

$$A = 2\pi rt = \pi dt, \quad I_x = I_y = \pi r^{3t} = \frac{\pi d^3 t}{8}$$

$$I_{xy} = 0, \quad I_p = 2\pi r^{3t} = \frac{\pi d^3 t}{4}$$

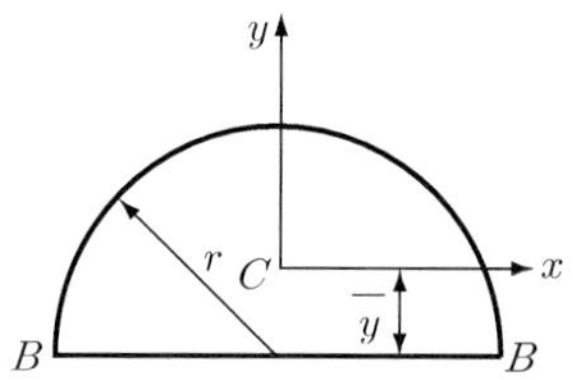

반원

$$A = \frac{\pi r^2}{2}, \quad \bar{y} = \frac{4r}{3\pi}$$

$$I_x = \frac{(9\pi^2 - 64)r^4}{72\pi} \approx 0.1098r^4, \quad I_y = \frac{\pi r^4}{8}$$

$$I_{xy} = 0, \quad I_{BB} = \frac{\pi r^4}{8}$$

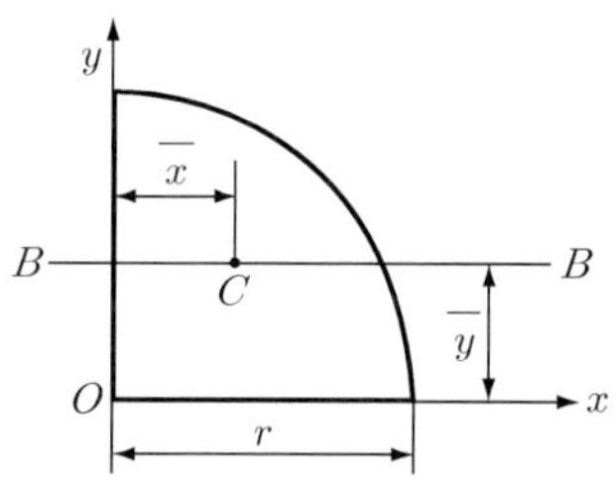

1/4 원

$$A = \frac{\pi r^2}{4}, \quad \bar{x} = \bar{y} = \frac{4r}{3\pi}$$

$$I_x = I_y = \frac{\pi r^4}{8}$$

$$I_{BB} = \frac{(9\pi^2 - 64)r^4}{144\pi} \approx 0.05488r^4$$

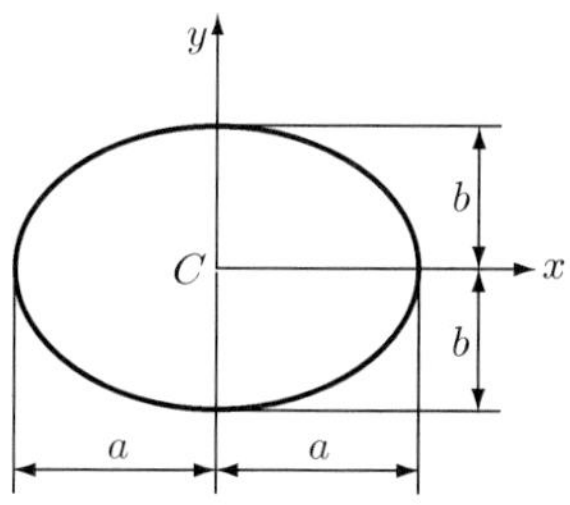

타원

$$A = \pi ab, \quad I_x = \frac{\pi ab^3}{4}, \quad I_y = \frac{\pi ba^3}{4}$$

$$I_{xy} = 0, \quad I_p = \frac{\pi ab}{4}(b^2 + a^2)$$

$$\text{Circumference} \approx \pi\left[1.5(a+b) - \sqrt{ab}\,\right] a/3 \le b \le a$$

$$\approx 4.17b^2/a + 4a \qquad 0 \le b \le a/3$$

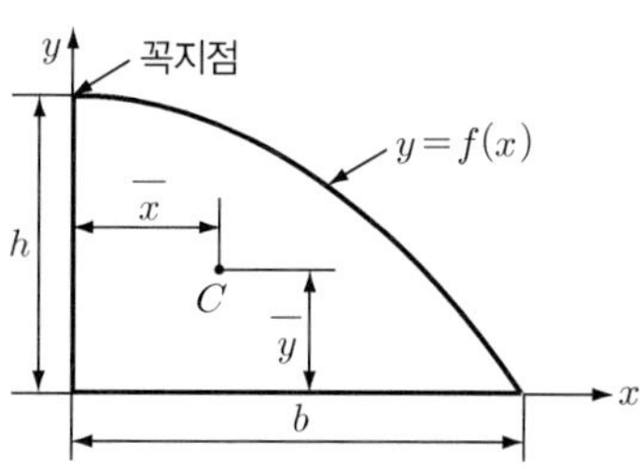

포물선의 일부

$$y = f(x) = h\left(1 - \frac{x^2}{b^2}\right)$$

$$A = \frac{2bh}{3}, \quad \bar{x} = \frac{3b}{8}, \quad \bar{y} = \frac{2h}{5}$$

$$I_x = \frac{16bh^3}{105}, \quad I_y = \frac{2hb^3}{15}, \quad I_{xy} = \frac{b^2h^2}{12}$$

부록 3. 각종 평면도형의 성질(계속)

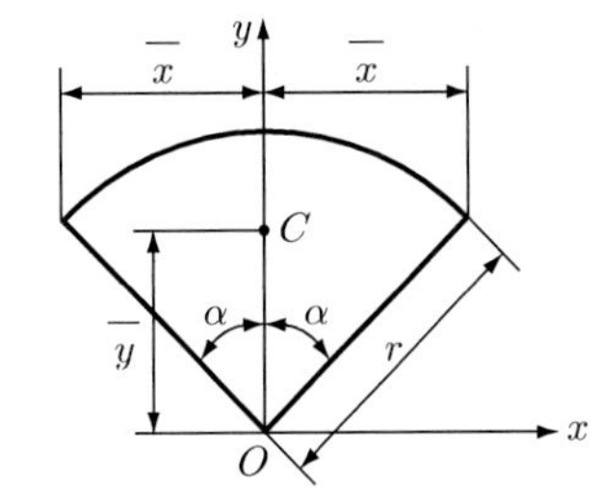

부채꼴

$\alpha = \text{angle in radians}(\alpha \geq \pi/2)$

$A = ar^2, \quad \bar{x} = r\sin\alpha, \quad \bar{y} = \dfrac{2r\sin\alpha}{3\alpha}$

$I_x = \dfrac{r^4}{4}(\alpha + \sin\alpha\cos\alpha)$

$I_y = \dfrac{r^4}{4}(\alpha - \sin\alpha\cos\alpha)$

$I_{xy} = 0, \quad I_p = \dfrac{\alpha r^4}{2}$

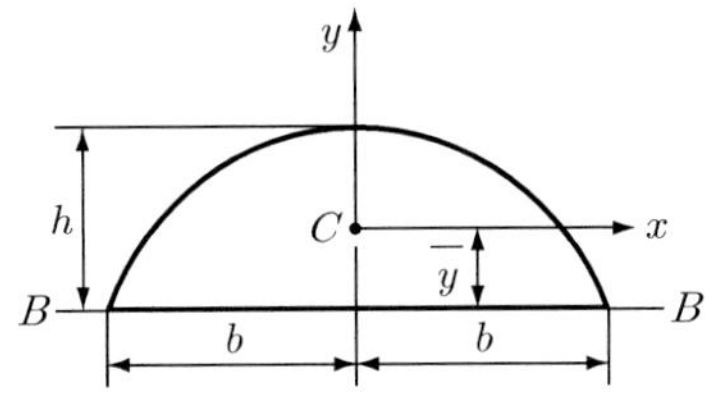

사인함수 곡선

$A = \dfrac{4bh}{\pi}, \quad \bar{y} = \dfrac{\pi h}{8}$

$I_x = \left(\dfrac{8}{9\pi} - \dfrac{\pi}{16}\right) bh^3 \approx 0.08659bh^3$

$I_y = \left(\dfrac{4}{\pi} - \dfrac{32}{\pi^3}\right) bh^3 \approx 0.2412hb^3$

$I_{xy} = 0, \quad I_{BB} = \dfrac{8bh^3}{9\pi}$

부록 4. 인벌류트 함수표

α	inv.α	α	inv.α	α	inv.α	α	inv.α
10.00	0.0017941	.60	0.0036150	.20	0.0064039	.80	0.0103963
.05	0.0018213	.65	0.0036588	.25	0.0064686	.85	0.0104865
.10	0.0018489	.70	0.0037029	.30	0.0065337	.90	0.0105773
.15	0.0018767	.75	0.0037474	.35	0.0065992	.95	0.0106686
.20	0.0019048	.80	0.0037923	.40	0.0066652	18.00	0.0107604
.25	0.0019332	.85	0.0038375	.45	0.0067361	05	0.0108528
.30	0.0019619	.90	0.0038831	.50	0.0067985	.10	0.0109458
.35	0.0019909	.95	0.0039291	.55	0.0068659	.15	0.0110393
.40	0.0020201	13.00	0.0039754	.60	0.0069337	.20	0.0111334
.45	0.0020496	05	0.0040221	.65	0.0070019	.25	0.0112280
.50	0.0020795	.10	0.0040692	.70	0.0070706	.30	0.0113231
.55	0.0021096	.15	0.0041166	.75	0.0071398	.35	0.0114189
.60	0.0021400	.20	0.0041644	.80	0.0072095	.40	0.0115151
.65	0.0021707	.25	0.0042126	.85	0.0072796	.45	0.0116120
.70	0.0022017	.30	0.0042612	.90	0.0073501	.50	0.0117094
.75	0.0022330	.35	0.0043102	.95	0.0074212	.55	0.0118074
.80	0.0022646	.40	0.0043595	16.00	0.0074927	.60	0.0119059
.85	0.0022966	.45	0.0044092	.05	0.0075647	.65	0.0120051
.90	0.0023288	.50	0.0044593	.10	0.0076372	.70	0.0121048
.95	0.0023613	.55	0.0045098	.15	0.0077101	.75	0.0122050
11.00	0.0023941	.60	0.0045607	.20	0.0077835	.80	0.0123059
.05	0.0024272	.65	0.0046120	.25	0.0078574	.85	0.0124073
.10	0.0024607	.70	0.0046636	.30	0.0079318	.90	0.0125093
.15	0.0024944	.75	0.0047157	.35	0.0080067	.95	0.0126119
.20	0.0025285	.80	0.0047681	.40	0.0080820	19.00	0.0127151
.25	0.0025628	.85	0.0048210	.45	0.0081578	05	0.0128189
.30	0.0025975	.90	0.0048501	.50	0.0082342	.10	0.0129232
.35	0.0026325	.95	0.0049279	.55	0.0083110	.15	0.0130281
.40	0.0026678	14.00	0.0049819	.60	0.0083883	.20	0.0131336
.45	0.0027035	.05	0.0050364	.65	0.0084661	.25	0.0132398
.50	0.0027394	.10	0.0050912	.70	0.0085444	.30	0.0133465
.55	0.0027757	.15	0.0051465	.75	0.0086232	.35	0.0134538
.60	0.0028123	.20	0.0052022	.80	0.0087025	.40	0.0135617
.65	0.0028493	.25	0.0052582	.85	0.0087823	.45	0.0136702
.70	0.0028865	.30	0.0053147	.90	0.0088626	.50	0.0137794
.75	0.0029241	.35	0.0053716	.95	0.0089434	.55	0.0138891
.80	0.0029620	.40	0.0054290	17.00	0.0090247	.60	0.0139995
.85	0.0030002	.45	0.0054867	.05	0.0091065	.65	0.0141104
.90	0.0030389	.50	0.0055448	.10	0.0091889	.70	0.0142220
.95	0.0030778	.55	0.0056034	.15	0.0092717	.75	0.0143342
12.00	0.0031171	.60	0.0056624	.20	0.0093551	.80	0.0144470
.05	0.0031567	.65	0.0057218	.25	0.0094390	.85	0.0145604
.10	0.0031966	.70	0.0057817	.30	0.0095231	.90	0.0146744
.15	0.0032369	.75	0.0058420	.35	0.0096083	.95	0.0147891
.20	0.0032775	.80	0.0059027	.40	0.0096937	20.00	0.0149044
.25	0.0033185	.85	0.0059638	.45	0.0097797	.05	0.0150203
.30	0.0033598	.90	0.0060254	.50	0.0098662	.10	0.0151369
.35	0.0034014	.95	0.0060874	.55	0.0099532	.15	0.0152540
.40	0.0034434	15.00	0.0061498	.60	0.0100407	.20	0.0153719
.45	0.0034858	.05	0.0062127	.65	0.0101288	.25	0.0154903
.50	0.0035285	.10	0.0062760	.70	0.0102174	.30	0.0156094
.55	0.0035716	.15	0.0063937	.75	0.0103066	.35	0.0157291

부록 4. 인벌류트 함수표(계속)

α	inv.α	α	inv.α	α	inv.α	α	inv.α
.40	0.0158495	23.00	0.0230491	.60	0.0323154	.20	0.0440125
.45	0.0159705	05	0.0232067	.65	0.0325162	.25	0.0442639
.50	0.0160922	.10	0.0233651	.70	0.0327179	.30	0.0445164
.55	0.0162145	.15	0.0235242	.75	0.0329205	.35	0.0447699
.60	0.0163375	.20	0.0236842	.80	0.0332240	.40	0.0450245
.65	0.0164611	.25	0.0238449	.85	0.0333283	.45	0.0452801
.70	0.0165854	.30	0.0240063	.90	0.0335336	.50	0.0455369
.75	0.0167103	.35	0.0241686	.95	0.0337339	.55	0.0457947
.80	0.0168359	.40	0.0243316	26.00	0.0339470	.60	0.0460535
.85	0.0169621	.45	0.0244954	05	0.0341550	.65	0.0463135
.90	0.0170891	.50	0.0246600	.10	0.0343640	.70	0.0465745
.95	0.0172166	.55	0.0248254	.15	0.0345739	.75	0.0468366
21.00	0.0173449	.60	0.0249915	.20	0.0347847	.80	0.0470998
.05	0.0174738	.65	0.0251585	.25	0.0349965	.85	0.0473641
.10	0.0176034	.70	0.0253263	.30	0.0352092	.90	0.0476295
.15	0.0177337	.75	0.0254948	.35	0.0354228	.95	0.0478960
.20	0.0178646	.80	0.0256642	.40	0.0356374	29.00	0.0481636
.25	0.0179963	.85	0.0258344	.45	0.0358529	05	0.0484322
.30	0.0181286	.90	0.0260053	.50	0.0360694	.10	0.0487021
.35	0.0182616	.95	0.0261771	.55	0.0362868	.15	0.0489730
.40	0.0183953	24.00	0.0263497	.60	0.0365051	.20	0.0492450
.45	0.0185296	.05	0.0265231	.65	0.0367244	.25	0.0495181
.50	0.0186647	.10	0.0266973	.70	0.0369447	.30	0.0497924
.55	0.0188004	.15	0.0268723	.75	0.0371659	.35	0.0500678
.60	0.0189369	.20	0.0270481	.80	0.0373881	.40	0.0503442
.65	0.0190740	.25	0.0272248	.85	0.0376113	.45	0.0506219
.70	0.0192119	.30	0.0274023	.90	0.0378354	.50	0.0509007
.75	0.0193504	.35	0.0275806	.95	0.0380605	.55	0.0511806
.80	0.0194897	.40	0.0277598	27.00	0.0382866	.60	0.0514616
.85	0.0196297	.45	0.0279398	.05	0.0385136	.65	0.0517438
.90	0.0197703	.50	0.0281206	.10	0.0387416	.70	0.0520271
.95	0.0199117	.55	0.0283023	.15	0.0389706	.75	0.0523116
22.00	0.0200538	.60	0.0284848	.20	0.0392006	.80	0.0525973
.05	0.0201066	.65	0.0286681	.25	0.0394316	.85	0.0528841
.10	0.0203401	.70	0.0288523	.30	0.0396636	.90	0.0531721
.15	0.0204844	.75	0.0290373	.35	0.0398966	.95	0.0534612
.20	0.0206294	.80	0.0292232	.40	0.0401306	30.00	0.0537515
.25	0.0207750	.85	0.0294100	.45	0.0403655	.05	0.0540430
.30	0.0209215	.90	0.0295976	.50	0.0406015	.10	0.0543356
.35	0.0210686	.95	0.0297860	.55	0.0408385	.15	0.0546295
.40	0.0212165	25.00	0.0299754	.60	0.0410765	.20	0.0549245
.45	0.0213651	.05	0.0301655	.65	0.0413155	.25	0.0552207
.50	0.0215145	.10	0.0303566	.70	0.0415555	.30	0.0555181
.55	0.0216646	.15	0.0305485	.75	0.0417966	.35	0.0558166
.60	0.0218154	.20	0.0307413	.80	0.0420387	.40	0.0561164
.65	0.0219670	.25	0.0309350	.85	0.0422818	.45	0.0564174
.70	0.0221193	.30	0.0311295	.90	0.0425259	.50	0.0567196
.75	0.0222724	.35	0.0313250	.95	0.0427710	.55	0.0570230
.80	0.0224262	.40	0.0315213	28.00	0.0430172	.60	0.0573276
.85	0.0225808	.45	0.0317185	05	0.0432645	.65	0.0576334
.90	0.0227361	.50	0.0319166	.10	0.0435128	.70	0.0579404
.95	0.0228922	.55	0.0321156	.15	0.0437621	.75	0.0582487

부록 4. 인벌류트 함수표(계속)

α	inv.α	α	inv.α	α	inv.α	α	inv.α
.80	0.0585582	.40	0.0928165	36.00	0.0982240	.60	0.1245924
.85	0.0588690	.45	0.0932580	05	0.0986855	.65	0.1251495
.90	0.0591810	.50	0.0937012	.10	0.0991487	.70	0.1257087
.95	0.0594941	.55	0.0941460	.15	0.0996136	.75	0.1262698
31.00	0.0598086	.60	0.0779678	.20	0.1000802	.80	0.1268329
.05	0.0601242	.65	0.0783537	.25	0.1005485	.85	0.1273980
.10	0.0604411	.70	0.0787411	.30	0.1010185	.90	0.1279652
.15	0.0607594	.75	0.0791300	.35	0.1014903	.95	0.1285344
.20	0.0610788	.80	0.0795204	.40	0.1019637	39.00	0.1291056
.25	0.0613995	.85	0.0799122	.45	0.1024390	05	0.1296789
.30	0.0617215	.90	0.0803055	.50	0.1029160	.10	0.1302542
.35	0.0620447	.95	0.0807003	.55	0.1033946	.15	0.1308316
.40	0.0623692	34.00	0.0810966	.60	0.1038750	.20	0.1314110
.45	0.0626950	.05	0.0814944	.65	0.1043572	.25	0.1319925
.50	0.0630221	.10	0.0818936	.70	0.1048412	.30	0.1325761
.55	0.0633504	.15	0.0822944	.75	0.1053270	.35	0.1331618
.60	0.0636801	.20	0.0826967	.80	0.1058144	.40	0.1331495
.65	0.0640110	.25	0.0831005	.85	0.1063037	.45	0.1343394
.70	0.0643432	.30	0.0835058	.90	0.1067947	.50	0.1349313
.75	0.0646767	.35	0.0839127	.95	0.1072876	.55	0.1355254
.80	0.0650116	.40	0.0843210	37.00	0.1077822	.60	0.1361216
.85	0.0653477	.45	0.0847310	.05	0.1082787	.65	0.1367199
.90	0.0656852	.50	0.0851424	.10	0.1087769	.70	0.1373203
.95	0.0660240	.55	0.0855554	.15	0.1092770	.75	0.1379228
32.00	0.0663640	.60	0.0859699	.20	0.1097788	.80	0.1385275
.05	0.0667054	.65	0.0863860	.25	0.1102825	.85	0.1391344
.10	0.0670481	.70	0.0868036	.30	0.1107880	.90	0.1397434
.15	0.0673922	.75	0.0872228	.35	0.1112954	.95	0.1403546
.20	0.0677376	.80	0.0876436	.40	0.1118046	40.00	0.1409679
.25	0.0680843	.85	0.0880659	.45	0.1123156	.05	0.1415835
.30	0.0684324	.90	0.0884898	.50	0.1128285	.10	0.1422012
.35	0.0687818	.95	0.0889152	.55	0.1133433	.15	0.1428211
.40	0.0691326	35.00	0.0893423	.60	0.1138599	.20	0.1434432
.45	0.0694848	.05	0.0897710	.65	0.1143784	.25	0.1440675
.50	0.0698383	.10	0.0902012	.70	0.1148987	.30	0.1446940
.55	0.0701931	.15	0.0906331	.75	0.1154209	.35	0.1453227
.60	0.0705493	.20	0.0910665	.80	0.1159451	.40	0.1459237
.65	0.0709070	.25	0.0915016	.85	0.1164711	.45	0.1465869
.70	0.0712660	.30	0.0919382	.90	0.1169990	.50	0.1472223
.75	0.0716263	.35	0.0923765	.95	0.1175288	.55	0.1478600
.80	0.0719880	.40	0.0928165	38.00	0.1180605	.60	0.1485000
.85	0.0723512	.45	0.0932580	05	0.1185942	.65	0.1491422
.90	0.0727157	.50	0.0937012	.10	0.1191297	.70	0.1497867
.95	0.0730816	.55	0.0941460	.15	0.1196672	.75	0.1504335
33.00	0.0734489	.60	0.0945925	.20	0.1202066	.80	0.1510825
05	0.0738177	.65	0.0950406	.25	0.1207480	.85	0.1517339
.10	0.0741878	.70	0.0954904	.30	0.1212913	.90	0.1523875
.15	0.0745594	.75	0.0959418	.35	0.1218366	.95	0.1530435
.20	0.0749324	.80	0.0963948	.40	0.1223838	41.00	0.1537017
.25	0.0753068	.85	0.0968496	.45	0.1229330	.05	0.1543623
.30	0.0756826	.90	0.0973061	.50	0.1234842	.10	0.1550253
.35	0.0760599	.95	0.0977641	.55	0.1240378	.15	0.1556906

부록 4. 인벌류트 함수표(계속)

α	inv.α	α	inv.α	α	inv.α	α	inv.α
.20	0.1563582	.80	0.1945113	.40	0.2402707	49.00	0.2951571
.25	0.1570282	.85	0.1953152	.45	0.2412347	05	0.2963140
.30	0.1577005	.90	0.1961220	.50	0.2422020	.10	0.2974749
.35	0.1583752	.95	0.1969315	.55	0.2431728	.15	0.2986400
.40	0.1590523	44.00	0.1977439	.60	0.2441469	.20	0.2998092
.45	0.1597318	.05	0.1985591	.65	0.2451245	.25	0.3009825
.50	0.1604136	.10	0.1993772	.70	0.2461055	.30	0.3021599
.55	0.1610979	.15	0.2001982	.75	0.2470899	.35	0.3033416
.60	0.1617846	.20	0.2010220	.80	0.2480778	.40	0.3045274
.65	0.1614737	.25	0.2018487	.85	0.2490691	.45	0.3057174
.70	0.1631652	.30	0.2026783	.90	0.2500639	.50	0.3069116
.75	0.1638592	.35	0.2035108	.95	0.2510622	.55	0.3081100
.80	0.1645556	.40	0.2013461	47.00	0.2520640	.60	0.3093127
.85	0.1652544	.45	0.2051845	.05	0.2530693	.65	0.3105197
.90	0.1659557	.50	0.2060257	.10	0.2540781	.70	0.3117309
.95	0.1666595	.55	0.2068699	.15	0.2550904	.75	0.3129464
42.00	0.1673658	.60	0.2077171	.20	0.2561064	.80	0.3141662
.05	0.1680745	.65	0.2085672	.25	0.2571258	.85	0.3153904
.10	0.1687857	.70	0.2094203	.30	0.2581489	.90	0.3166189
.15	0.1694994	.75	0.2102764	.35	0.2591755	.95	0.3178517
.20	0.1702157	.80	0.2111354	.40	0.2602058	50.00	0.3190890
.25	0.1709344	.85	0.2119975	.45	0.2612396	.05	0.3203306
.30	0.1716577	.90	0.2128626	.50	0.2622771	.10	0.3215766
.35	0.1723795	.95	0.2137307	.55	0.2633182	.15	0.3228271
.40	0.1731059	45.00	0.2146018	.60	0.2643630	.20	0.3240820
.45	0.1738348	.05	0.2154760	.65	0.2654115	.25	0.3253414
.50	0.1745662	.10	0.2163533	.70	0.2664636	.30	0.3266052
.55	0.1753003	.15	0.2172336	.75	0.2675190	.35	0.3278736
.60	0.1760369	.20	0.2181170	.80	0.2695790	.40	0.3291464
.65	0.1767761	.25	0.2190035	.85	0.2909422	.45	0.3304238
.70	0.1775179	.30	0.2198930	.90	0.2707092	.50	0.3317057
.75	0.1782622	.35	0.2207857	.95	0.2717800	.55	0.3329922
.80	0.1790092	.40	0.2216815	48.00	0.2728545	.60	0.3342834
.85	0.1797588	.45	0.2225805	05	0.2739328	.65	0.3355790
.90	0.1805111	.50	0.2234826	.10	0.2750148	.70	0.3368793
.95	0.1812660	.55	0.2243878	.15	0.2761007	.75	0.3381843
43.00	0.1820235	.60	0.2252962	.20	0.2771904	.80	0.3394936
05	0.1827837	.65	0.2262078	.25	0.2782840	.85	0.3408082
.10	0.1835465	.70	0.2271226	.30	0.2793814	.90	0.3421271
.15	0.1843121	.75	0.2280406	.35	0.2804826	.95	0.3434508
.20	0.1850803	.80	0.2289618	.40	0.2815877	51.00	0.3447792
.25	0.1858512	.85	0.2298862	.45	0.2826968	.05	0.3461124
.30	0.1866248	.90	0.2307138	.50	0.2828097	.10	0.3474503
.35	0.1844011	.95	0.2317447	.55	0.2849265	.15	0.3487931
.40	0.1881801	46.00	0.2326789	.60	0.2860473	.20	0.3501406
.45	0.1889619	05	0.2336163	.65	0.2871721	.25	0.3514929
.50	0.1897463	.10	0.2345570	.70	0.2883008	.30	0.3528501
.55	0.1905336	.15	0.2355010	.75	0.2894334	.35	0.3522122
.60	0.1913236	.20	0.2364482	.80	0.2905701	.40	0.3555791
.65	0.1921163	.25	0.2373988	.85	0.2917108	.45	0.3569510
.70	0.1929119	.30	0.2383528	.90	0.2928555	.50	0.3583277
.75	0.1937102	.35	0.2393101	.95	0.2940044	.55	0.3597094

부록 4. 인벌류트 함수표(계속)

α	inv.α	α	inv.α	α	inv.α	α	inv.α
.60	0.3610961	.20	0.4082124	.80	0.4611499	.40	0.4207553
.65	0.3624878	.25	0.4097746	.85	0.4629069	.45	0.4227360
.70	0.3638844	.30	0.4113424	.90	0.4646703	.50	0.4247242
.75	0.3652861	.35	0.4129160	.95	0.4664403	.55	0.4267199
.80	0.3666928	.40	0.4144953	55.00	0.4682169	.60	0.5287232
.85	0.3681045	.45	0.4160804	05	0.4700001	.65	0.5307342
.90	0.3695214	.50	0.4176713	.10	0.4717900	.70	0.5327528
.95	0.3709433	.55	0.4192680	.15	0.4735865	.75	0.5437791
52.00	0.3723704	.60	0.4208705	.20	0.4753897	.80	0.5368132
.05	0.3738026	.65	0.4224789	.25	0.4771996	.85	0.5388550
.10	0.3752400	.70	0.4240932	.30	0.4790163	.90	0.5409046
.15	0.3766826	.75	0.4257134	.35	0.4808398	.95	0.5429620
.20	0.3781304	.80	0.4273396	.40	0.4826701	57.00	0.5450273
.25	0.3795834	.85	0.4289718	.45	0.4845073	05	0.5471005
.30	0.3810416	.90	0.4306098	.50	0.4863513	.10	0.5491816
.35	0.3825051	.95	0.4322540	.55	0.4882022	.15	0.5512708
.40	0.3839739	54.00	0.4339041	.60	0.4900601	.20	0.5533679
.45	0.3854481	.05	0.4355604	.65	0.4919249	.25	0.5554731
.50	0.3869275	.10	0.4372227	.70	0.4937968	.30	0.5575864
.55	0.3884123	.15	0.4388911	.75	0.4956757	.35	0.5597078
.60	0.3899025	.20	0.4405657	.80	0.4975616	.40	0.5618374
.65	0.3913981	.25	0.4422465	.85	0.4994546	.45	0.5639752
.70	0.3928991	.30	0.4439335	.90	0.5013548	.50	0.5661213
.75	0.3944056	.35	0.4456267	.95	0.5063210	.55	0.5682756
.80	0.3959175	.40	0.4473261	56.00	0.5051766	.60	0.5704382
.85	0.3974349	.45	0.4490318	.05	0.5070983	.65	0.5726092
.90	0.3989578	.50	0.4507439	.10	0.5090273	.70	0.5747886
.95	0.4004863	.55	0.4524622	.15	0.5109635	.75	0.5769764
53.00	0.4020203	.60	0.4541869	.20	0.5129071	.80	0.5791727
.05	0.4035599	.65	0.4559180	.25	0.5148581	.85	0.5813776
.10	0.4051051	.70	0.4576555	.30	0.5168164	.90	0.5835910
.15	0.4066559	.75	0.4593995	.35	0.5187821	.95	0.5858129

참고문헌

1. 기계설계학, 이치우 저, 보성각, 2008.
2. 기계설계공학, 이치우 저, 구민사, 1999.
3. 기계설계 공학, 류헌일 저, 동명사, 1985.
4. 기계설계, 박영조 저, 보성문화사, 1999.
5. 기계설계, 정태환, 문운당, 2001.
6. 기계설계 연습, 박영조 외 8인, 동명사, 1989.
7. 기계설계, 김학은, 보문당, 1998.
8. 신편 기계설계학, 박재춘·이중호 저, 동명사, 1989.
9. 핵심 기계요소 설계, 홍장표 저, 북스 힐, 2002.
10. 신기계설계학, 강형모 저, 구민사, 1999.
11. 기계설계 공학, 송지복 외 3인, 보성각, 1998.
12. 기계설계학, 김종주 저, 보성각, 2000.
13. 기초 기계요소 설계, 이원평 저, 청문각, 1999.
14. 신 기계설계학, 박재춘 외 3인, 청문각, 1993.
15. 機械設計演習(增補版), 岩浪繁藏, 産業図書株式會社, 1966.
16. SI단위로 배우는 기계설계학, 김남웅 외 7인, 북스힐, 2016.

찾아보기

ㅎ

저자소개

이치우 경남대학교 기계공학부 명예교수
김범준 오산대학교 스마트기계과
김서현 한국폴리텍 Ⅶ 대학 메카트로닉스공학과
이병문 한국폴리텍 Ⅶ 대학 메카트로닉스공학과
이상권 T & C 코퍼레이션 CTO
이상익 한국재료연구소 선임연구원
이태근 대덕대학교 정밀기계공학과
조경래 동서울대학교 기계자동차공학과

기 계 설 계

3쇄 발행 • 2022년 2월 28일
저 자 • 이치우 · 김범준 · 김서현 · 이병문 · 이상권 · 이상익
이태근 · 조경래
발 행 자 • 최 봉 조
발 행 처 • 진샘미디어
주 소 • 서울시 은평구 연서로 5길 28 부호아파트 102동 상가5호
전 화 • 02)353-4421 / FAX 02)353-4431
홈페이지 • www.jinsaem.co.kr

신고번호 • 제311-2005-000025호
ISBN • 979-11-85504-89-6 93550

정가 26,000원